COURS COMPLET
DE
GÉOGRAPHIE
PHYSIQUE ET POLITIQUE
DE LA FRANCE ET DES CINQ PARTIES DU MONDE

COURS COMPLET

GÉOGRAPHIE

PHYSIQUE ET POLITIQUE

DE LA FRANCE ET DES CINQ PARTIES DU MONDE

PAR

H. PIGEONNEAU

PROFESSEUR D'HISTOIRE A LA SORBONNE
VICE-PRÉSIDENT DE LA SOCIÉTÉ DE GÉOGRAPHIE COMMERCIALE

revue par

E. GUILLOT

AGRÉGÉ DE L'UNIVERSITÉ, PROFESSEUR D'HISTOIRE ET DE GÉOGRAPHIE
AU LYCÉE CHARLEMAGNE, ET DE GÉOGRAPHIE COMMERCIALE
A L'ÉCOLE SUPÉRIEURE DE COMMERCE

VINGT-SEPTIÈME ÉDITION

entièrement refondue
accompagnée de 47 cartes et de 38 figures intercalées dans le texte

PARIS

LIBRAIRIE CLASSIQUE EUGÈNE BELIN

BELIN FRÈRES

RUE DE VAUGIRARD, 52

1902

Tout exemplaire de cet ouvrage non revêtu de notre griffe sera réputé contrefait.

Belin frères

PRÉFACE
De la vingt-septième édition

En présentant au public la vingt-septième édition du Cours de Géographie générale de M. Pigeonneau, il nous semble superflu de faire l'éloge d'un ouvrage dont le succès continu a démontré l'utilité et la valeur. D'ailleurs, parmi ceux qui depuis 1870 ont consacré leurs efforts à la rénovation de l'enseignement géographique, M. Pigeonneau avait été un des premiers à déplorer notre ignorance coupable en matière de géographie et à protester contre les variations incessantes des programmes officiels qui, disait-il, « s'imposent à tous et font la loi aux auteurs comme aux professeurs ».

Toutefois, malgré ses qualités indiscutables, ce manuel, qui avait déjà à plusieurs reprises subi d'utiles modifications, avait besoin pour conserver sa réputation de corrections que l'on eût voulu pouvoir faire encore plus nombreuses qu'elles ne sont. Depuis son apparition, en effet, des événements nouveaux se sont produits et continuent à se produire chaque jour ; la science géographique s'est développée ; la connaissance de bien des pays s'est précisée grâce aux explorations multiples qui les ont sillonnés, aux conquêtes lointaines accomplies par les nations européennes, grâce enfin à la colonisation qui a transformé la situation économique de certains États.

Dans cette revision devenue nécessaire, on n'a pas cru pouvoir modifier la méthode suivie par l'auteur, qui constitue en quelque sorte le trait dominant de l'ouvrage, et, quelque critique que puissent lui adresser ceux qui se glorifient, parfois un peu bruyamment, d'avoir renouvelé la science géographique, il n'est pas téméraire d'affirmer qu'une méthode quelle qu'elle soit ne peut être qualifiée de mauvaise si elle contribue à vulgariser avec succès les connaissances au moins élémentaires dont personne ne saurait être dépourvu.

Il nous a cependant paru nécessaire d'atténuer l'ancienne théorie, plus commode que rationnelle et aujourd'hui universellement abandonnée, des bassins fluviaux et des lignes de partage des eaux, de diminuer parfois la part faite à la géographie politique dont les énumérations fastidieuses doivent être réduites au strict minimum, enfin, en rectifiant les chiffres des populations et de quelques statistiques, qui étaient déjà fort anciens, de donner à l'ouvrage un caractère d'exactitude et de nouveauté qui ne peut que lui être profitable.

Mais il est un pays, l'Afrique, dans lequel les progrès de la science et de la colonisation ont été si merveilleux depuis dix ans qu'ils semblent vraiment faits pour décourager le géographe le plus scrupuleux. Aussi n'avons-nous pas hésité à transformer presque dans leur totalité et à refaire parfois les chapitres consacrés aux contrées de l'Afrique, où s'étaient produits des changements trop nombreux pour que l'on pût se contenter de modifications de détails.

L'ouvrage de M. Pigeonneau ainsi corrigé et complété sera, nous l'espérons, en mesure de rendre encore de longs et utiles services : il aura du moins le mérite de la clarté et de la précision, qualités que l'on ne rencontre pas toujours au même degré dans les manuels parfois plus savants mais plus prétentieux dont nous avons été gratifiés depuis quelques années.

E. GUILLOT.

GÉOGRAPHIE POLITIQUE

ET REVISION DE LA GÉOGRAPHIE PHYSIQUE

DE LA FRANCE

ET DES

CINQ PARTIES DU MONDE

LIVRE PREMIER

NOTIONS GÉNÉRALES

CHAPITRE PREMIER

NOTIONS DE GÉOGRAPHIE MATHÉMATIQUE ET ASTRONOMIQUE

Objet de la géographie. Ses grandes divisions. — La géographie a pour objet, comme son nom l'indique, la description de la terre. Elle comprend quatre divisions principales :

1° **La géographie mathématique** ou **astronomique** qui étudie la planète que nous habitons considérée comme corps céleste et par rapport à l'ensemble de l'univers ;

2° **La géographie physique** (naturelle) qui étudie la terre considérée en elle-même, et telle que la nature l'a faite ;

3° **La géographie politique** qui s'attache aux œuvres de l'homme, comme la géographie physique à celles de la nature ;

4° **La géographie économique** qui a pour but de faire connaître les produits de l'agriculture et des industries extractives ou manufacturières, d'indiquer la nature des échanges qui constituent le commerce et d'étudier les voies de communication, routes, chemins de fer, canaux, lignes de navigation fluviale et maritime, télégraphes, etc.

I

Pour bien décrire la terre et pour la connaître, au moins dans son ensemble, il ne suffit pas d'aligner dans un ordre quelconque les noms qu'il nous a plu de donner à telle ou telle rivière, à telle ou telle montagne et à tel ou tel pays, ou même d'animer par des détails plus vivants cette aride énumération. Une promenade de quelques heures ou un bon tableau nous en apprendront mille fois plus sur un paysage que la description la plus fidèle et la plus détaillée; le plan en relief d'une ville nous la fera beaucoup mieux connaître que le dictionnaire le plus complet de ses rues, de ses places et de ses monuments. Ce qui est vrai pour un coin de la terre ne l'est pas moins pour la terre tout entière. La géographie s'apprend par les yeux beaucoup plus que par les mots. Les globes terrestres et les cartes, qui sont à la terre ce que le tableau est au paysage, sont donc les auxiliaires indispensables de toute étude géographique, et les premières leçons de géographie doivent avoir pour but de montrer à quoi ils servent et d'apprendre à les consulter.

Forme de la terre. Les globes. — La terre a la forme d'une sphère mesurant 40,000 kilomètres de tour.

Il semble tout d'abord difficile d'admettre la rotondité de la terre : quand on se trouve dans une plaine, la surface du sol paraît à peu près droite ; dans un pays de montagnes, elle se brise en lignes tortueuses, se creuse en replis plus ou moins profonds, se redresse en saillies plus ou moins escarpées ; rarement elle paraît former une ligne courbe : mais il ne faut pas oublier qu'un cercle qui ferait le tour du globe aurait 40,000 kilomètres de circonférence. Une fraction insignifiante de cette immense ligne courbe, 7 ou 8 kilomètres, par exemple, diffère donc bien peu d'une ligne droite.

Il est possible, du reste, avec quelque esprit d'observation, de se rendre compte par soi-même de la rotondité du globe. Quand on découvre de loin, dans une vaste plaine, un édifice élevé, ou qu'on rencontre un navire en mer, on aperçoit le sommet du monument avant d'en

Fig. 1. — Courbure de la terre.

voir le pied, les mâts et les voiles du vaisseau avant d'en distinguer la coque. Ce fait ne peut s'expliquer que par la courbure de la terre ; car, sur une surface plate, on apercevrait en même temps toutes les parties de l'édifice ou du navire. Enfin les voyages autour du monde ont fourni une démonstration plus évidente encore. En partant d'un point quelconque de la surface terrestre et en marchant toujours dans la même direction on finit par revenir au point de départ. La terre est donc un corps sphérique, et les globes terrestres en reproduisent exactement la forme, mais dans des proportions très réduites, puisqu'un globe de 4 mètres de tour ne représenterait que la deux cent cinquante millionième partie du volume de la terre. Les observations de l'astronomie moderne ont démontré que la terre n'est pas une sphère parfaite. Elle est légèrement aplatie aux deux pôles, et légèrement renflée à l'équateur. La circonférence du globe étant de 40 millions de mètres, la ligne droite ou rayon mené du centre de la terre à l'équateur mesurerait 6,377,398 mètres, tandis que le rayon mené du centre aux pôles ne dépasse pas 6,356,080 mètres : il s'en faut donc de 21,318 mètres que la terre ne soit complètement sphérique.

Les cartes planes. — Les globes sont toutefois des instruments coûteux, difficiles à manier, et dont les dimensions ne permettent pas de donner assez de développement à la géographie particulière des diverses contrées ; aussi, pour toute étude de détail, est-il nécessaire de les remplacer par des cartes planes.

Ces cartes sont moins chères et plus commodes pour l'étude : on peut en varier à l'infini les dimensions et l'*échelle* (1), c'est-à-dire le rapport qui existe entre les longueurs mesurées sur le terrain et ces mêmes longueurs reportées sur la carte ; mais elles ont aussi leurs inconvénients. Elles ne sauraient reproduire exactement la forme et les proportions véritables du globe ou de ses parties ; en effet, il est impossible d'appliquer une surface sphérique sur une surface plane, sans la déchirer et sans lui faire subir des altérations. La science est arrivée, il est vrai, par des procédés qui ne sont pas du domaine de l'enseignement géographique proprement dit, à compenser ou à atténuer ces déformations, mais sans les supprimer complètement. Un autre inconvénient des cartes planes, c'est de ne pouvoir représenter le relief du sol que par des signes convenus, hachures, courbes continues ou teintes plates, qui n'en donnent pas toujours une idée très nette.

Les cartes en relief. — Voilà pourquoi on a construit des cartes en relief qui reproduisent les montagnes, les plateaux et les vallées tels que nous les voyons dans la nature ; mais le relief est toujours exagéré, car, sur un globe de 4 mètres de tour, les plus hautes montagnes, celles qui dépassent 8,000 mètres, seraient représentées, en conservant les proportions réelles, par un grain de poussière épais d'un demi-millimètre et sur une carte en relief de la France à l'échelle du huit cent millième (un mètre pour 800 kilomètres), le mont Blanc n'aurait que six millimètres de haut.

---

(1) — *Exemple.* Dans une carte à l'échelle du deux cent millième une longueur de 200 kilomètres, prise sur le terrain, sera représentée sur la carte par une longueur d'un mètre.

Principes de la construction des cartes. — La construction des cartes exige l'emploi de procédés et d'instruments, dont la mise en œuvre suppose des connaissances spéciales ; cependant on peut la réduire à une

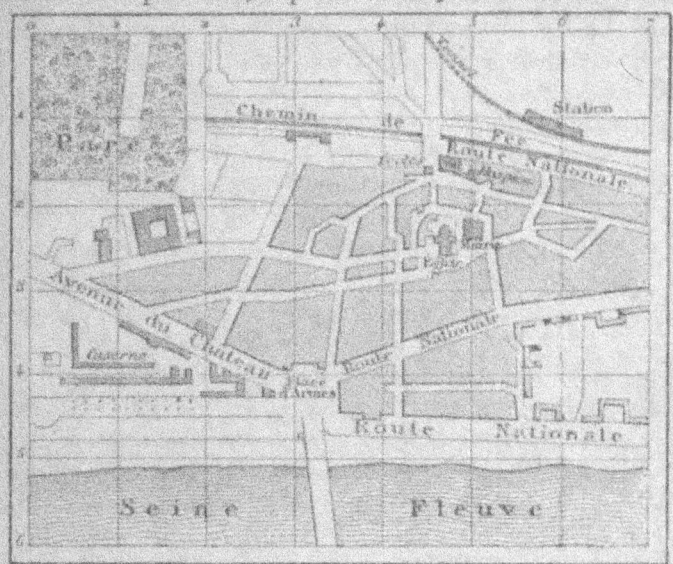

Plan à l'Échelle du dix-millième — (1 centimètre pour 100 mètres.)

Carte à l'Échelle du quarante millième (2 millimètres et demi pour 100 m.)

Carte à l'Échelle du deux cent quatre-vingt millième (3 dixièmes et demi de millimètre pour 100 m.)

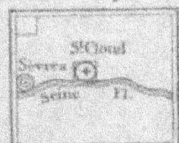

Carte I.

méthode élémentaire et facile à comprendre. Supposons qu'on veuille lever le plan (1), ou, ce qui revient au même, tracer la carte d'un village. On commencera par

(1) On donne le nom de plan à des cartes très détaillées et dressées à une très grande échelle.
Le plan ci-dessus est celui de la petite ville de Saint-Cloud (département de Seine-et-Oise) telle qu'elle existait avant d'avoir été brûlée par les Prussiens du 5ᵉ corps, du 26 au 30 janvier 1871.

choisir un point central, l'église, la mairie ou tout autre, on mesurera exactement la superficie qu'occupe l'édifice et on la reportera sur la carte, en la réduisant au millième, au deux millième, etc., suivant l'échelle qu'on aura choisie. Autour de ce point central, on groupera peu à peu les autres édifices, les rues, les places, les routes, les cours d'eau, s'il y a lieu, en ayant soin d'observer exactement les mêmes proportions, et d'indiquer avec non moins de scrupule la direction des rues, ou des routes, et la situation des édifices, par rapport au point central une fois déterminé.

Si l'échelle était plus petite, au quarante ou cinquante millième, au lieu de dessiner la forme de l'édifice, on ne pourrait plus l'indiquer que par un point, qui en marquerait l'emplacement sans en reproduire les contours; et à l'échelle d'un trois cent millième, le village lui-même ne serait plus qu'un point par rapport à l'ensemble de la carte. (*Voir la carte* I, plan de Saint-Cloud.)

L'opération que nous venons de décrire présenterait de graves difficultés et peu de chances d'exactitude si on se bornait, comme nous l'avons supposé, à prendre pour base un point unique auquel on serait obligé de rapporter toutes les mesures, et les embarras grandiraient en proportion de l'espace qu'on essaierait de reproduire. On diminuerait de beaucoup les chances d'erreur en traçant d'avance une sorte de canevas, en divisant, par exemple, le terrain au moyen de jalons plantés de distance en distance et dessinant des lignes droites qui se couperaient comme les cases d'un damier, et que l'on reproduirait sur le papier à une échelle réduite. On multiplierait ainsi les points de repère et on rendrait le travail à la fois plus facile et plus exact.

Les cercles géographiques. Leur origine. — Tel est l'usage des lignes droites ou courbes que nous voyons tracées sur tous les globes et sur toutes les cartes et que nous chercherions vainement dans la nature, mais qui servent, pour ainsi dire, de jalons et qui dessinent le canevas d'après lequel on groupe dans leur situation réelle les divers points de la surface terrestre. Ces lignes ont été déterminées avec l'aide d'une science intimement unie à la géographie, l'*astronomie*, qui s'occupe du mouvement des astres, c'est-à-dire des étoiles, du soleil, de la lune, de la terre et des autres planètes.

II

Mouvements vrais de la terre. Rotation et translation (déplacement). — Les anciens croyaient la terre immobile au centre de l'univers, qu'ils se représentaient comme une immense sphère creuse entraînant dans son mouvement de rotation le soleil, les étoiles et les autres corps lumineux destinés à éclairer notre globe. Ce que nous appelons le ciel, c'est-à-dire l'espace infini où se meuvent les astres, n'est pas une sphère : la terre n'en occupe pas le centre : enfin, elle n'est pas immobile comme se le figuraient les anciens. Suspendue dans l'espace, sans point d'appui, comme la lune, le soleil et les étoiles, elle tourne sur elle-même en vingt-quatre heures. En même temps qu'elle accomplit ce mouvement de *rotation*, elle se déplace dans le ciel et décrit autour du soleil une ligne courbe qui diffère peu d'un cercle, bien qu'elle soit un peu plus allongée ; on l'appelle *écliptique* ou *orbite terrestre*.

Fig. 2. — La terre éclairée par le soleil.

Il faut à la terre un peu plus de 365 jours, c'est-à-dire une année, pour parcourir l'orbite entière et pour revenir à son point de départ, et cependant elle marche avec une vitesse de 30 kilomètres par seconde, soixante fois plus vite qu'un boulet de canon !

La lune. Jours. Mois. Saisons. — La terre et

les autres corps célestes qui tournent autour du soleil dont le volume est 1,250,000 fois plus considérable que celui de notre globe, sont les *satellites* de cet astre. La terre a aussi un satellite, la *lune*, qui tourne autour d'elle en trente jours moins quelques heures.

Le mouvement de rotation de la terre en 24 heures, détermine les jours et les nuits suivant qu'elle présente aux rayons solaires l'une ou l'autre de ses faces : les différentes positions qu'elle occupe par rapport au soleil, dans sa course annuelle autour de cet astre, déterminent les saisons : enfin la révolution de la lune autour de la terre a servi à mesurer les mois.

Mouvements apparents du soleil. — Il y a à peine deux siècles et demi que le grand astronome Galilée a démontré d'une manière complète les vrais mouvements de la terre, inconnus ou contestés jusqu'alors. Les apparences sont, en effet, contraires à la réalité. Quand on s'en rapporte seulement au témoignage des yeux, il semble que le soleil et les étoiles tournent en 24 heures, d'orient en occident, autour de la terre qui paraît immobile, et que le soleil se déplace en outre sur la sphère céleste dont il n'occupe pas toujours le même point. Voilà pourquoi l'antiquité et le moyen âge ignorant ce que la science moderne est parvenue à découvrir, ont adopté ces expressions que nous employons encore : la marche du soleil, le coucher et le lever des astres. Cette illusion est due aux véritables mouvements de la terre qui s'opèrent d'occident en orient, dans le sens opposé à celui de la marche apparente des astres.

A l'exception des corps célestes que l'on appelle *planètes* et qui se déplacent comme la terre, les étoiles et le soleil restent toujours au même point du ciel et ne se lèvent ni se couchent. L'homme entraîné dans la marche de la terre ressemble au voyageur emporté par un bateau à vapeur sur une rivière tranquille : le bateau, c'est la terre ; la rivière, c'est l'orbite qu'elle décrit dans le ciel ; les arbres et les maisons qui paraissent s'enfuir dans le sens opposé à la marche du navire, ce sont les étoiles et le soleil devant lesquels nous passons et qui nous semblent passer devant nous.

Le zodiaque. — Le mouvement réel de translation explique donc les mouvements apparents du soleil, pen-

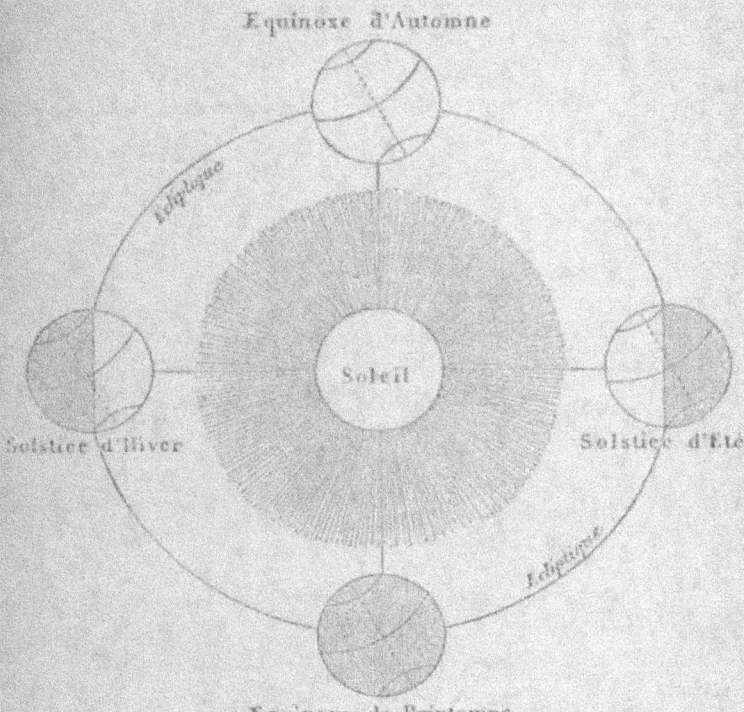

Fig. 3. — Orbite terrestre. — (On n'a pas observé dans cette figure les proportions réelles de la distance de la terre au soleil, ni celles de la grosseur du soleil qui est 1,280,000 fois plus gros que la terre).

dant une révolution annuelle. Les anciens avaient remarqué que sur l'orbite circulaire que cet astre paraît décrire annuellement autour de la terre, les diverses positions du soleil correspondent à un certain nombre de points invariables qu'occupent dans le ciel des constellations ou groupes d'étoiles fixes : c'était ainsi qu'ils avaient tracé le *zodiaque* et ses douze signes.

10   NOTIONS GÉNÉRALES.

L'astronomie moderne a rétabli la vérité en se dégageant de l'illusion des sens et en restituant à la terre le déplacement attribué autrefois au soleil.

Axe de la terre. Les deux pôles. — La rotation de la terre sur elle-même paraît s'effectuer autour d'une ligne immobile qui lui servirait de pivot et qui la traverserait de part en part en passant par son centre. On a donné à cette ligne imaginaire le nom d'*axe* de la terre, et à ses deux extrémités celui de *pôles*. L'un a été nommé pôle *arctique*, parce que, prolongé dans l'espace, l'axe terrestre irait passer non loin d'une étoile, toujours visible

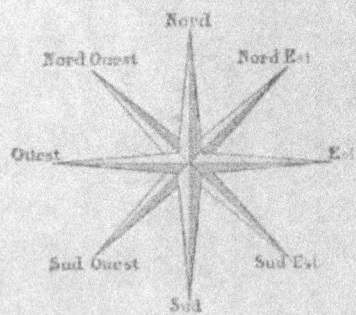

Fig. 4. — Points cardinaux.

dans notre hémisphère, qui a reçu le nom d'étoile polaire, et qui fait partie d'une constellation appelée par les Grecs *arctos* (petite Ourse). On l'appelle aussi pôle *boréal*, du nom que les anciens donnaient au vent du nord (Borée), ou pôle *nord*. Le pôle opposé porte le nom de pôle *antarctique*, pôle *austral* (Auster, le vent du sud), ou pôle *sud*. (*Voir la figure 6.*)

Horizon. Points cardinaux. — Le point de l'horizon (1) qui correspond au pôle arctique est le *nord* ou

(1) On appelle horizon d'un lieu le cercle qui semble former la ligne de séparation entre le ciel et la terre et qui borne la vue de l'observa-

POINTS CARDINAUX.

septentrion, celui qui correspond au pôle opposé, le *sud* ou le *midi*. Quand un observateur tourne le dos au pôle sud et regarde le pôle nord, le côté où les astres paraissent se lever est à sa droite, celui où ils paraissent se coucher à sa gauche ; ces deux derniers points ont reçu le nom d'*est* ou *orient* (levant) et d'*ouest* ou *occident* (couchant). Tels sont les quatre points *cardinaux* ou fondamentaux, ainsi nommés parce qu'ils servent de base pour déterminer la situation relative de toutes les parties de la surface terrestre. Entre les quatre points cardinaux on peut en imaginer une foule d'autres intermédiaires, tels que le sud-ouest entre le sud et l'ouest, le nord-est, le nord-ouest, le nord-nord-ouest, etc...

Détermination des points cardinaux. — La boussole. — Pour déterminer sur le terrain le nord, et par conséquent les autres points cardinaux, il est facile de s'orienter pendant le jour d'après le point où le soleil se lève et celui où il se couche, pendant la nuit d'après les deux constellations appelées *grande Ourse* et *petite Ourse* qui aideront à trouver l'étoile polaire, reconnaissable à

Fig. 5. — Boussole marine.

son éclat et située à peu de distance de la dernière étoile de la queue de la petite Ourse.

Si le ciel est couvert on sera obligé de recourir à la *boussole*, aiguille aimantée, suspendue sur un pivot et qui dirige toujours une de ses pointes vers le nord. Tou-

---

tour en supposant qu'elle ne rencontre pas d'obstacle quand il se tourne successivement vers les quatre points cardinaux. Ce cercle est dans un plan perpendiculaire à la verticale du lieu, c'est-à-dire à la ligne droite qu'y suivrait un corps en tombant vers la terre. La verticale prolongée rencontrerait la voûte céleste en deux points : celui qui est situé au-dessus de l'horizon s'appelle le *zénith*; celui qui est situé au-dessous, le *nadir*. L'*horizon rationnel* d'un lieu est le grand cercle perpendiculaire à la verticale. On nomme grands cercles tous ceux dont le rayon est égal à celui de la sphère.

tefois la boussole subit des déviations variables avec les temps et les lieux, et connues sous le nom de *déclinaison*.

Il peut donc se faire, qu'au lieu d'indiquer exactement le nord, la pointe se détourne plus ou moins à l'ouest ou à l'est. Outre les oscillations régulières, la boussole éprouve des variations accidentelles qui se produisent brusquement et qui tiennent à certaines perturbations du sol ou de l'atmosphère (éruptions volcaniques, orages) et à d'autres causes encore mal définies.

III

Les méridiens. — L'axe de la terre et les pôles une fois déterminés, supposons que la masse du globe se compose d'une matière molle, comme du beurre ou du mastic; choisissons une surface mince et plane, une lame de verre, par exemple, ou une feuille de métal et faisons-la pénétrer dans l'intérieur du globe, de manière qu'elle le coupe en passant par les deux pôles : cette lame tracera à la surface un grand cercle qui aura pour centre le centre même de la sphère. Comme on peut varier à l'infini la position de la surface pénétrante on obtiendra un nombre illimité de grands cercles égaux, faisant le tour de la sphère, passant par les deux pôles et se coupant tous suivant une ligne verticale (1) qui n'est autre que l'axe du globe. Les côtes d'un melon ou celles d'une orange peuvent donner une idée de cette disposition. (*Voir la figure* 6.)

On a donné à ces grands cercles le nom de *méridiens* c'est-à-dire lignes de *midi*. En effet, grâce à la rotation de la terre qui, en 24 heures, présente successivement aux rayons du soleil toutes les parties de sa surface, il est midi ou minuit au même instant pour tous les points situés sur un même cercle, midi pour ceux qui appartiennent à la moitié qu'éclaire le soleil, minuit pour

---

(1) On appelle ligne *verticale* la ligne droite que suit un corps abandonné à lui-même et tombant à terre par l'effet de sa pesanteur.

celle qui est plongée dans l'ombre. C'est donc en observant le mouvement de rotation de la terre sur elle-même, qu'on a déterminé la situation des deux pôles, celle des points cardinaux, et le tracé des méridiens.

L'équateur. Les équinoxes. — C'est par des ob-

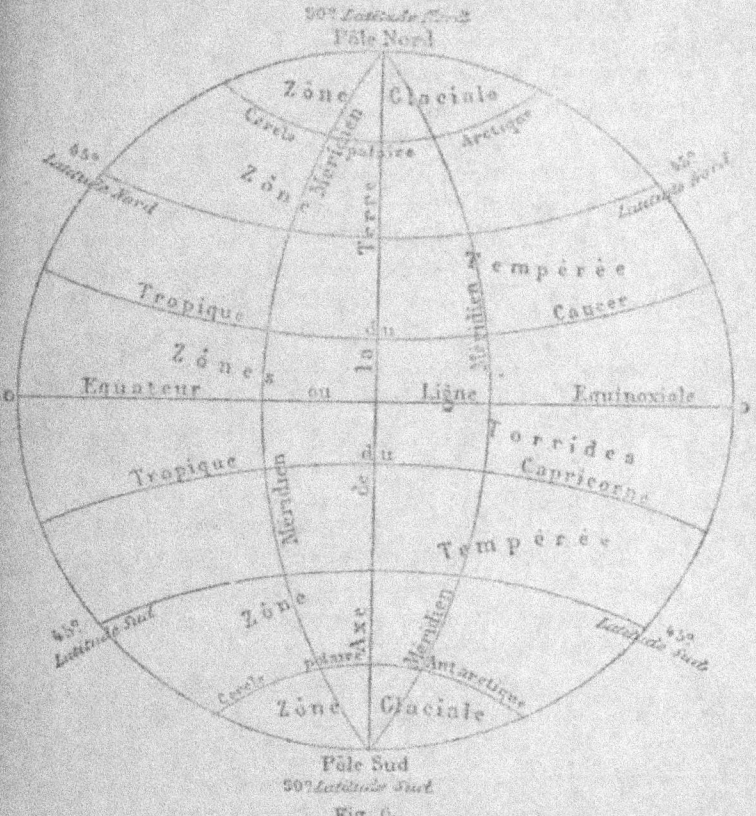

Fig. 6.

servations analogues faites sur le mouvement de déplacement ou de translation de la terre autour du soleil qu'on a été conduit à tracer d'autres lignes qui viennent couper les premières et qui complètent le canevas de la carte du globe. On a remarqué que l'axe de la terre est incliné par rapport à l'orbite terrestre. Si l'axe de notre globe ne penchait ni à droite ni à gauche, la durée des jours égalerait celle des nuits pendant toute l'année, il n'y aurait pas de saisons et le soleil enverrait toujours à chaque partie du globe la même quantité de lumière et de chaleur. C'est l'inclinaison de l'axe terrestre qui produit l'inégalité des jours et des nuits et la variété des saisons. Deux fois seulement en une année, au moment où le soleil paraît passer dans le ciel à distance égale des deux pôles, la durée des jours est la même que celle des nuits dans toutes les parties de la terre. On a donné à ces deux points le nom d'*équinoxes* (moment où les nuits sont égales), et par les points qui correspondent sur la surface du globe à ceux que le soleil occupe dans le ciel à cette époque de l'année, on a fait passer un grand cercle nommé *ligne équinoxiale* ou *équateur* (d'un mot latin qui signifie égaliser). Ce grand cercle situé à distance égale des deux pôles coupe la terre par la moitié et la divise en deux *hémisphères* ou moitiés de sphère, l'un austral, l'autre boréal. Les deux points équinoxiaux se déplacent lentement dans le ciel, comme s'ils marchaient au devant du soleil, par un mouvement qu'on appelle précession des équinoxes (1) et qui a pour effet d'avancer chaque année l'époque du passage du soleil à l'équinoxe du printemps.

Les tropiques. Les solstices. — Grâce à l'inclinaison de l'axe et à l'angle que l'orbite terrestre fait avec l'équateur, le soleil paraît tour à tour monter vers le pôle nord et redescendre vers le pôle sud. Quand il semble passer au dessus de l'équateur, en venant de l'hémisphère austral et en se dirigeant vers l'hémisphère boréal, le printemps commence pour la région du nord, l'automne pour celle du midi, et les rayons solaires éclairent à la fois les deux pôles; c'est le moment de l'équinoxe du printemps. A mesure qu'il s'élève dans

(1) Le point d'intersection de l'écliptique et de l'équateur ou nœud des équinoxes avance chaque année d'un arc d'environ cinquante secondes; aussi les divisions du zodiaque ne répondent plus aux constellations dont elles portent le nom.

l'hémisphère boréal, les jours grandissent au pôle nord, tandis que les nuits s'accroissent au pôle sud, et la chaleur, qui augmente dans notre hémisphère, décroît dans l'hémisphère opposé. Quand l'astre atteint le point le plus septentrional de sa course apparente, il semble s'arrêter avant de revenir sur ses pas ; c'est le *solstice d'été* (1) pour l'hémisphère que nous habitons et le *solstice d'hiver* pour l'autre hémisphère. Enfin quand il paraît redescendre vers le sud et traverser de nouveau l'équateur, l'automne commence pour nous et le printemps pour l'autre moitié du globe ; le solstice d'hiver de l'hémisphère nord sera donc le solstice d'été de l'hémisphère sud.

Les deux cercles parallèles (2) à l'équateur, qui correspondent sur la surface du globe aux points où le soleil semble s'arrêter dans le ciel (solstices), c'est-à-dire aux deux points de l'orbite terrestre les plus éloignés de l'équateur, ont reçu le nom de *tropiques* (d'un mot grec qui signifie *retour*).

L'un est situé au nord de l'équateur, le tropique du *Cancer*, l'autre au sud, celui du *Capricorne*. Ces noms de *Cancer* et de *Capricorne* étaient donnés par les anciens à deux constellations que le soleil semble traverser quand il atteint le plus haut et le plus bas point de sa course apparente. (*Voir la fig.* 6.)

Cercles polaires. — Selon que le soleil, par suite de la révolution annuelle de la terre, se trouve au nord ou au sud de l'Équateur, ses rayons cessent d'éclairer les régions voisines du pôle Antarctique ou du pôle Arctique ; on a donné le nom de *cercles polaires* arctique et antarctique aux deux cercles parallèles à l'équateur, qui marquent vers chaque pôle le point où le soleil est visible pendant vingt-quatre heures au solstice d'été, et invisible

(1) *Solstice* signifie point d'arrêt du soleil. L'équinoxe du printemps tombe du 19 au 21 mars, l'équinoxe d'automne du 21 au 23 septembre ; le solstice d'hiver a lieu vers le 21 décembre et le solstice d'été vers le 21 juin.

(2) On appelle ligne parallèle à une autre, celle dont tous les points sont situés à égale distance de cette autre ligne.

pendant vingt-quatre heures au solstice d'hiver. (*Voir la fig. 6.*)

Zones. — « Les cercles polaires et les tropiques par-
» tagent la surface terrestre en cinq portions qu'on
» nomme zones, c'est-à-dire *bandes :* celles qui sont ren-
» fermées dans chaque cercle polaire étant privées du
» soleil une partie de l'année, ou n'en recevant jamais
» les rayons que très obliquement, à cause de la courbure
» de la terre, ont mérité le nom de *zones glaciales.* Deux
» autres zones comprises dans chaque hémisphère, entre
» le cercle polaire et le tropique, n'ont jamais le soleil à
» plomb, mais reçoivent ses rayons moins obliquement
» que les zones glaciales ; ce sont les *zones tempérées.*
» Enfin, la bande circonscrite par les deux tropiques
» dont chaque point passe deux fois sous le soleil dans
» l'année, et qui reçoit toujours les rayons de cet astre
» dans une direction peu oblique, a reçu la dénomina-
» tion exagérée de *zone torride* (brûlante). — Malte-Brun.
» *Précis de géographie universelle.* (*Voir la fig. 6.*)

IV

Division de la sphère en degrés. Longitudes.
— L'équateur, les méridiens, les tropiques, les cercles
polaires, fournissaient déjà un certain nombre de points
de repère pour déterminer la situation relative des différentes parties du globe ; mais il était nécessaire de les
rapporter à une mesure commune. On a tracé sur la circonférence de l'équateur, en prenant pour point de départ
un méridien quelconque, 360 divisions égales ou *degrés*,
dont chacune se subdivise en 60 minutes et 3,600 secondes (1).

Par les deux pôles, et par chacun des points où ces
360 divisions coupent l'équateur, on a fait passer de

---

(1) Pour exprimer les degrés, on se sert du signe °, pour les minutes du signe ', pour les secondes du signe ". Exemple : 50° 25' 30" de lat. N. se lira : cinquante degrés, vingt-cinq minutes, trente secondes de lati tude nord ou septentrionale.

grands cercles ou méridiens, ayant pour centre commun le centre même de la sphère terrestre. On les a nommés *longitudes*. Un degré de longitude est donc l'intervalle entre deux de ces grands cercles, mesuré sur l'équateur, et la longitude d'un lieu est l'écart qui existe entre le méridien qui passe par ce lieu et un premier méridien convenu et choisi comme point de départ. En France, on compte les longitudes à partir du méridien de Paris; en Angleterre, à partir du méridien de Greenwich, près de Londres, et les différents peuples ont, en général, choisi comme premier méridien celui qui passe par leur capitale. Sur les cartes françaises, le premier méridien est marqué 0, et à partir de ce point, on compte, à l'est et à l'ouest, 180 degrés de longitude orientale et 180 degrés de longitude occidentale.

Latitudes. — Les méridiens étant des cercles égaux entre eux et sensiblement égaux à l'équateur, on peut porter sur les cercles de longitude, en prenant l'équateur pour point de départ, 360 divisions égales à celles qu'on aura tracées sur l'équateur même. Par les points où ces divisions coupent les méridiens, on a imaginé de tracer 180 cercles parallèles à l'équateur, ayant leur centre sur un des points de l'axe terrestre, plus petits à mesure qu'ils se rapprochent des pôles, et dont les deux derniers sont réduits à leur point central, c'est-à-dire au point même qui marque le pôle terrestre. On les a nommés *parallèles* ou *latitudes*. Un degré de latitude sera donc la partie du méridien comprise entre deux de ces parallèles, et la latitude d'un lieu sera la distance qui le sépare de l'équateur, mesurée sur la portion du méridien qui le traverse, comprise entre l'équateur et le parallèle du lieu.

Dans tous les pays, on mesure les latitudes en partant de l'équateur (0) et en marchant vers les deux pôles; chaque hémisphère comprend 90 degrés. On dira donc que le pôle sud est situé par 90 degrés de latitude méridionale, le pôle nord par 90 degrés de latitude septentrionale : que le tropique du Cancer est situé par 23° 27′

38″ de latitude septentrionale, et celui du Capricorne par 23° 27′ 38″ de latitude méridionale ; les deux cercles polaires par 66° 32′ 22″ de latitude nord ou sud. (*Voir la fig. 6.*)

La distance entre deux degrés, mesurée soit sur l'équateur, soit sur le méridien, est d'environ 111 kilomètres (un peu moins de 28 lieues kilométriques) (1) ; mais, tandis que l'intervalle qui sépare les latitudes reste constant, sauf une légère différence produite par l'aplatissement de la terre aux pôles, l'écartement des longitudes diminue régulièrement depuis l'équateur jusqu'aux pôles, où il est réduit à zéro, puisque tous les méridiens viennent s'y rencontrer.

Grades. — Dans certaines cartes, et entre autres dans la carte de France dressée par l'état-major français, on a substitué à la division en 360 degrés une division en 400 grades qui avait été adoptée, lors de l'établissement du système métrique, mais qui, dans l'usage ordinaire, n'a pas prévalu contre l'ancien mode de numération des degrés.

Détermination des longitudes et des latitudes. — Pour déterminer la longitude d'un lieu, il suffit de connaître la différence des heures comptées au même instant dans ce lieu et dans celui que traverse le premier méridien. La sphère terrestre tourne à raison de 24 heures par 360 degrés, d'une heure par 15 degrés, de 4 minutes par degré. S'il est au même instant midi dans un lieu et midi 4 minutes dans un autre, on en conclura que la différence de longitude est de 1 degré. Il suffit donc d'avoir un chronomètre bien réglé, marquant l'heure du premier méridien, et d'observer par un procédé quelconque (2) l'heure exacte du lieu où on se trouve pour connaître la longitude.

---

(1) La lieue kilométrique est de 4 kilomètres.
(2) Si on n'a pas à sa disposition une horloge bien réglée marquant l'heure du lieu, on peut y suppléer par une observation directe. La méthode la plus ancienne et l'une des plus simples sinon des plus parfaites est celle du *gnomon*. On donne ce nom à une aiguille, à une baguette, à un obélisque placés dans une position verticale, et exposés aux rayons

On a reconnu que la latitude d'un lieu, c'est-à-dire la distance qui le sépare de l'équateur, mesurée sur le méridien est égale à la hauteur du pôle céleste au-dessus de l'horizon de ce lieu. Certaines étoiles, l'étoile polaire, par exemple, qui ne se couche jamais, paraissent tourner autour du pôle céleste, et dans le cercle qu'elles décrivent passent deux fois en vingt-quatre heures au même méridien, une fois au-dessus et une fois au-dessous du pôle. En mesurant à chacun de ces passages leur élévation au-dessus de l'horizon, et en prenant la moyenne, on obtient la hauteur du pôle et par conséquent la latitude du lieu où s'est placé l'observateur (1).

Projections géographiques. — La division en degrés de longitude et de latitude sert de base à la construction des globes et des cartes planes. Ces dernières, comme nous l'avons vu plus haut, sont nécessairement imparfaites. Le seul résultat que l'on puisse obtenir par les procédés les plus ingénieux c'est d'atténuer ou de compenser les erreurs, qui portent, soit sur la configuration des parties du globe qu'on veut représenter, soit sur le rapport des surfaces.

Tous les systèmes peuvent se ramener à deux principaux : la méthode des *perspectives* et la méthode des *développements*.

Dans le premier cas, l'observateur est censé considérer la sphère terrestre soit par sa face extérieure ou convexe, soit par sa face intérieure ou concave. On comprend que la perspective variera suivant la distance, si l'observateur se place en dehors de la sphère, et suivant le point qu'il choisira, s'il se place dans l'intérieur.

Les méthodes dites de *développement* consistent à substituer à la véritable figure de la sphère ou d'une de ses

---

du soleil. Les variations de l'ombre du gnomon projetée sur un plan horizontal indiqueront les différentes heures de la journée.

(1) Exemple : Les deux hauteurs méridiennes de l'étoile polaire observées à Paris étant de 59° 37′, et de 47° 4′, = 97° 41°, la latitude de Paris sera 48° 50′.

20 NOTIONS GÉNÉRALES.

parties une figure qui s'en écarte le moins possible, un cylindre par exemple (projection dite de *Mercator* (1) :

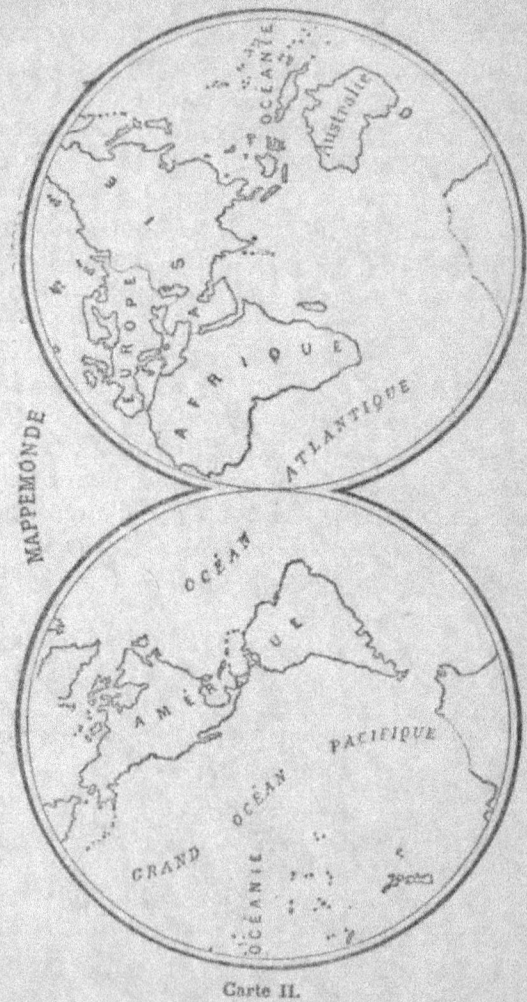

Carte II.

voir la carte IV), ou un cône dont la surface soit régulè-

(1) Mercator était un géographe du seizième siècle, originaire des Pays-Bas.

rement développable sur un plan. Tous les procédés de construction ne sont que des modifications plus ou moins heureuses de ces deux méthodes qui ne réussissent jamais à concilier complétement l'exactitude des configurations et le rapport des surfaces.

Mappemonde. — On donne le nom particulier de *mappemonde* ou de *planisphère* à une carte qui reproduit l'ensemble du globe terrestre.

Comme on ne peut voir en même temps les deux faces d'une boule on est obligé, ou de les dérouler et de les étaler comme une nappe, d'où vient le nom de *mappemonde* (*Voir la carte* IV), ou de les aplatir et de les faire ensuite tourner comme autour d'une charnière, pour qu'elles se présentent à la fois sous la forme de deux cercles, reproduisant chacun un des deux hémisphères, coupés suivant un méridien quelconque. (*Voir la carte* II.) Les *projections* ou méthodes géométriques de représentation du globe les plus usitées pour la construction des mappemondes et des planisphères sont la projection *stéréographique* (de deux mots grecs qui signifient *représentation des solides*) qui a pour but de représenter chacun des deux hémisphères sur le plan d'un méridien, (*voir la carte II*) et la projection de Mercator où les méridiens sont représentés par des lignes droites parallèles entre elles et équidistantes, et les parallèles à l'équateur par des droites perpendiculaires aux premières, parallèles entre elles, mais dont la distance s'accroît à mesure qu'elles s'éloignent de l'équateur. (*Voir la carte IV.*)

Cartes générales ou spéciales. — Les cartes proprement dites se bornent à indiquer à grands traits le relief du sol, les principaux cours d'eau, les voies de communication les plus importantes, les villes, qui n'y sont représentées que par des points ou des figures de peu d'étendue.

On appelle **carte topographique** celle qui donne la description détaillée d'un lieu particulier ou même de tout un pays. La carte de France au quatre-vingt millième, levée par les officiers de l'état-major, et à laquelle nous avons emprunté le plan de Saint-Cloud, est une carte topographique.

Enfin un **plan** est une carte topographique à une très grande échelle et qui reproduit dans tous ses détails une ville, une forêt ou tout autre espace restreint.

Dans les cartes ordinaires, le nord est placé en haut, le sud en bas, l'ouest à gauche et l'est à droite.

RÉSUMÉ

I

La *Géographie* est la description de la terre.

Les *globes* et les *cartes* sont indispensables à l'étude de la géographie.

Les globes seuls donnent une idée exacte de la figure de la terre qui a la forme d'une *sphère*, mesurant 40,000 kilomètres de circonférence.

Les cartes planes, au contraire, en altèrent plus ou moins les proportions réelles.

Pour construire une carte, il est nécessaire de fixer d'abord un certain nombre de points de repère et de dresser une sorte de canevas.

Tel est l'usage des lignes que nous voyons tracées sur les cartes et sur les globes : les mouvements apparents du soleil, qui sont les mouvements vrais de la terre, ont servi de points de départ pour déterminer le tracé de ces lignes.

II

La terre tourne sur elle-même en 24 heures (mouvement d'où proviennent les *jours* et les *nuits*), et décrit en même temps autour du soleil, en 365 jours (une année), une immense ellipse qu'on appelle l'*écliptique* (mouvement qui détermine les saisons). Elle n'a qu'un satellite, la *lune*, qui tourne autour d'elle à peu près en un *mois*.

On a appelé *axe* du globe, la ligne imaginaire autour de laquelle semble s'opérer le mouvement de la terre sur elle-même, et *pôles* de la terre (pôle *nord* ou *arctique*, et pôle *sud* ou *antarctique*), les deux extrémités de cette ligne. L'axe est incliné par rapport à l'orbite terrestre.

Les *quatre points cardinaux* sont le *nord* et le *sud* qui correspondent aux deux pôles, l'*est* ou *orient* (côté où les astres se lèvent), à droite en regardant le nord; et l'*ouest* ou *occident* (côté où les astres se couchent), à gauche en regardant le nord.

III

L'inégalité des jours et des nuits et la succession des saisons proviennent de l'inclinaison de l'axe terrestre.

On donne le nom de *méridien* à tout grand cercle qui fait le tour du globe, en passant par les deux pôles.

L'*équateur* est un grand cercle qui divise la terre en deux *hémisphères* ou moitiés de sphères, en coupant tous les méridiens à distance égale des deux pôles. Il passe par le centre de la terre et par les deux points qui correspondent sur la surface du globe à ceux que la terre occupe dans le ciel au moment des *équinoxes*.

Les deux *tropiques*, celui du *Cancer*, au nord de l'équateur, et celui du *Capricorne*, au sud, sont deux cercles plus petits que l'équateur et qui passent par les deux points correspondant, sur la surface du globe, à ceux que la terre occupe dans le ciel au moment des *solstices*.

Les *cercles polaires* sont deux cercles parallèles à l'équateur et qui terminent vers chaque pôle la partie que le soleil éclaire lorsqu'il paraît passer dans l'hémisphère opposé.

Ces différents cercles divisent la terre en cinq *zones* ou bandes : une *zone torride* entre les deux tropiques; deux *zones tempérées* entre les deux tropiques et les deux cercles polaires; deux *zones glaciales* entre les cercles polaires et les pôles.

IV

En prenant pour bases les méridiens et l'équateur, on a divisé la surface du globe en 360 *degrés de longitude*, suivant le tracé des méridiens, et 180 *degrés de latitude*, marqués par des cercles parallèles à l'équateur. Les degrés se subdivisent en 60 *minutes*, et les minutes en 60 *secondes*.

Les longitudes se comptent à partir d'un premier méridien

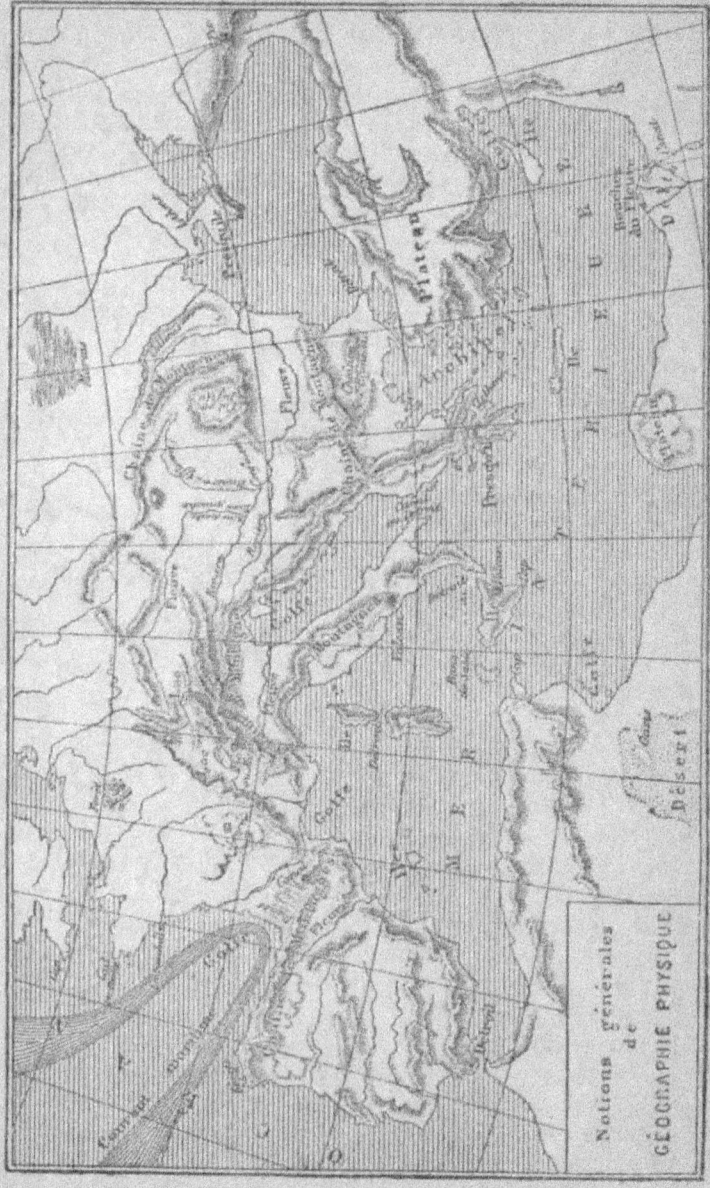

Carte III.

convenu (en France, le méridien de Paris). Il y a 180 degrés de longitude orientale et 180 degrés de longitude occidentale.

Les latitudes se comptent à partir de l'équateur; il y a 90 degrés de latitude au nord de l'équateur et 90 au sud.

La longitude d'un lieu est donc la distance qui sépare ce lieu du premier méridien, mesurée sur l'équateur, et la latitude d'un lieu, la distance qui le sépare de l'équateur, mesurée sur le méridien.

Les lignes tracées sur les cartes sont les méridiens (degrés de longitude), l'équateur, les parallèles à l'équateur (degrés de latitude), les tropiques et les cercles polaires.

Sur les cartes ordinaires, le nord est placé en haut, le sud en bas, l'est à droite et l'ouest à gauche.

Les méthodes de construction des cartes planes peuvent se réduire à deux principales: système des perspectives et système des développements; les *projections* les plus usitées sont la projection *stéréographique* employée pour les mappemondes et les cartes générales, la *projection de Mercator* employée pour les planisphères et les cartes marines, et la *projection conique* plus ou moins modifiée employée pour les cartes *topographiques*.

Exercices.

Reproduire sur le papier ou mieux sur le tableau noir et à main levée les figures du livre 1, 3 et 6, et en donner en même temps l'explication.

Indiquer sur un globe terrestre les pôles, l'équateur, les tropiques, les cercles polaires et le tracé de deux ou trois méridiens.

Reproduire à une échelle réduite le plan de la ville ou la carte du département, tracés au tableau noir.

Écrire avec les signes convenus un certain nombre de latitudes et de longitudes. (Choisir de préférence celles de la ville où l'on se trouve.)

CHAPITRE II

NOTIONS GÉNÉRALES DE GÉOGRAPHIE PHYSIQUE ET POLITIQUE.

Les terres et les mers. — Quand on jette les yeux sur un globe terrestre, on est frappé tout d'abord de la division des terres et des eaux. Dans les parties les plus creuses s'est formé un immense dépôt d'eaux salées, qui couvrent près des trois quarts de la superficie du globe (3,834,000 myriamètres carrés sur 5,100,000 myriamètres carrés) : c'est l'océan ou la mer. Les mers, qui n'occupent que les trois cinquièmes de l'hémisphère boréal, couvrent, au contraire, près des huit neuvièmes de l'hémisphère austral.

Au-dessus de l'Océan qui les enveloppe de toutes parts émergent des terres d'une étendue plus ou moins considérable. Les plus petites sont des îles, les plus grandes, des continents.

Grandes divisions des terres. Les cinq parties du monde. — Les deux principales masses de terres séparées par de vastes mers sont désignées sous le nom d'*ancien* et de *nouveau continent*. Les Grecs et les Romains divisaient déjà l'ancien continent en trois parties : l'*Europe*, l'*Asie* et la *Libye*, plus tard l'*Afrique*, noms mythologiques dont il est difficile de préciser l'origine. Les modernes ont donné au nouveau continent, ou *Amérique*, le nom d'un de ses premiers explorateurs, le Florentin Amérie Vespuce. Enfin on est convenu de regarder comme une cinquième partie du monde les terres disséminées dans l'Océan qui s'étend entre l'Amérique et l'Asie, et on les a nommées *Océanie*.

Grandes divisions des mers. — Bien que toutes les parties de l'Océan communiquent et forment une masse continue, les géographes y reconnaissent cinq divisions principales :

1° L'océan *Atlantique*, entre l'Europe et l'Afrique à l'est et l'Amérique à l'ouest ;

2° L'océan *Pacifique* ou *Grand-Océan*, entre l'Amérique à l'est et l'Asie à l'ouest ;

3° L'océan *Indien*, entre l'Océanie à l'est, l'Asie au nord et l'Afrique à l'ouest ;

4° L'océan *Glacial arctique*, dans la région voisine du pôle nord ;

5° L'océan *Glacial antarctique*, dans la région voisine du pôle sud.

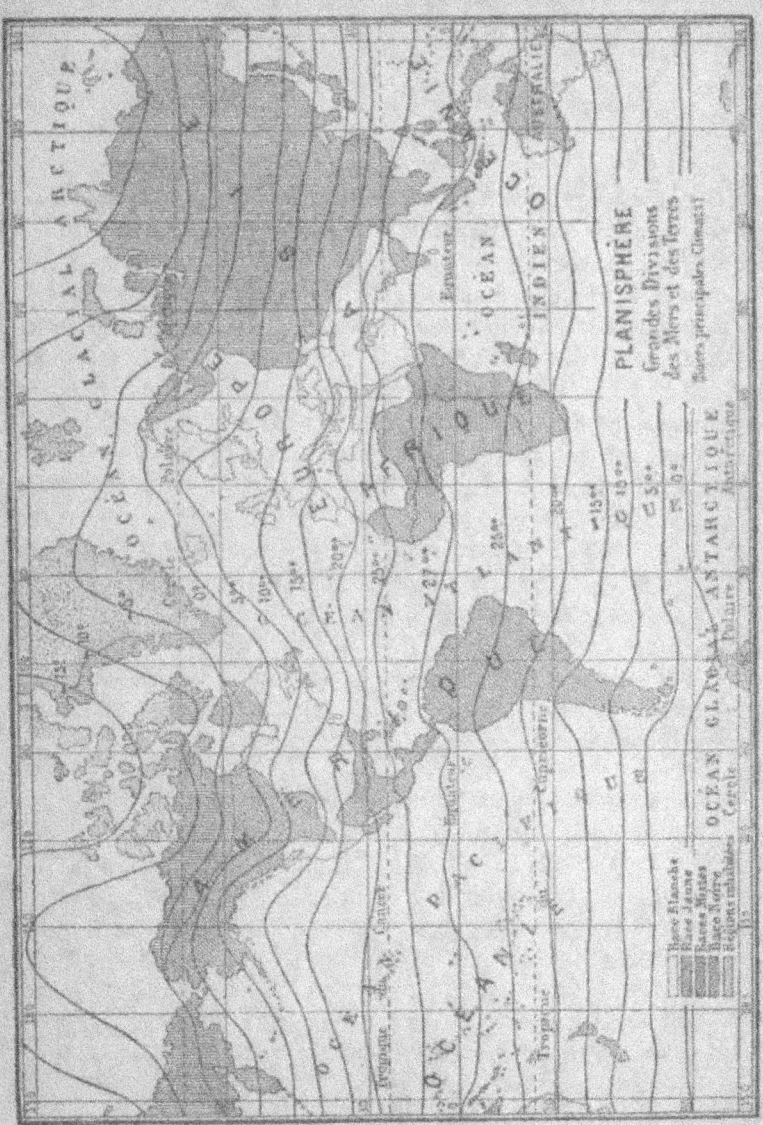

Carte IV.

I

LES CONTINENTS

Le relief du sol. Versants et bassins. — Si on examine avec attention une carte en relief, représentant exactement une portion assez considérable du globe, on ne tarde pas à démêler, au milieu de la confusion apparente qu'offrent les inégalités du sol, un certain nombre de lois générales.

Il est impossible d'apprécier exactement le relief en se contentant de déterminer les hauteurs par rapport à la région environnante. Les noms de montagnes, de plaines, de plateaux n'ont rien d'absolu. Les montagnes ne sont, en général, que les sommets d'une longue pente ou les derniers gradins d'un amphithéâtre, et telle colline est aussi élevée au-dessus des plaines qui l'entourent que les cimes des plus hautes montagnes au-dessus des massifs qu'elles dominent.

On a donc choisi comme base de l'évaluation des hauteurs un niveau constant et à peu près uniforme sur toute la surface du globe, celui de la mer (1).

Notions sur la formation des continents. — Pour se rendre compte des phénomènes qui ont déterminé le relief actuel du sol et la direction des eaux qui l'arrosent, la géographie est obligée d'emprunter le secours d'une autre science, la géologie, c'est-à-dire l'étude de la formation du globe et des révolutions successives qui ont modifié la forme des continents, l'étendue et l'emplacement des mers.

Pendant des périodes, dont chacune a duré des milliers

---

(1) Le poids de la colonne d'air qui pèse sur une portion quelconque de la superficie du globe diminuant à mesure qu'on s'élève dans l'atmosphère, on se sert souvent, pour mesurer les hauteurs, d'un instrument qui indique l'intensité de la pression atmosphérique, le *baromètre*.

d'années, les soulèvements des principaux massifs montagneux ont apparu au-dessus de la mer primitive, en même temps que s'accumulaient à leur base les dépôts de nature très diverse accomplis par la mer elle-même.

Période des roches cristallisées. — On admet généralement que la terre était à l'origine une masse incandescente de matières en fusion. Peu à peu les couches supérieures se refroidirent, une croûte solide se forma, et les montagnes de la période primitive ne furent autre chose que les sillons ou les gerçures de cette croûte analogues à celles qui se forment à la surface d'une masse de métal fondu et refroidi. Cette première enveloppe de notre globe se compose de roches compactes à texture cristalline, dont le type est le granit. Nulle trace de vie; nuls débris de plantes et d'animaux : la terre déserte et nue était noyée au milieu de chaudes vapeurs, réservoir des mers futures qui ne s'étaient pas encore condensées sur ce sol embrasé. Peu à peu le refroidissement du globe permet aux vapeurs de se liquéfier et de remplir les dépressions de l'écorce terrestre sans cesse agitée par les bouillonnements du foyer central, et secouée par des convulsions dont nos tremblements de terre et nos éruptions volcaniques ne peuvent donner qu'une faible idée.

Terrains sédimentaires. — C'est alors que commence une période nouvelle, marquée par l'apparition des premiers êtres organisés et des premiers terrains sédimentaires qui se déposent au fond des mers. C'est là que s'élaborent les matériaux de nos continents provenant de la décomposition des roches primitives (matières *siliceuses*, plus ou moins pures, telles que grès, sables, argiles, schistes ou roches feuilletées, etc.), ou des innombrables coquillages qui représentent à eux seuls presque toute la faune des premières époques de notre globe (substances *calcaires* ayant pour base la chaux, telles que marbres, pierres, marnes, etc.).

Soulèvements. — Époques géologiques. Si les diverses couches de terrains s'étaient formées par

30   NOTIONS GÉNÉRALES.

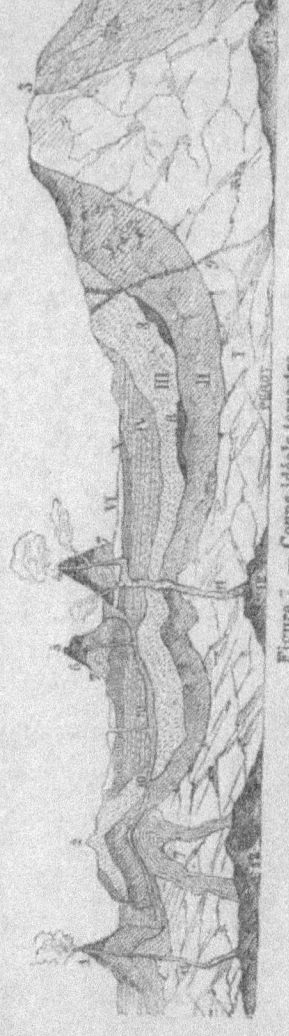

Figure 7. — Coupe idéale terrestre.

I. Roches cristallisées.
II. Terrains de transition.
III. Terrains secondaires.
IV. Terrains tertiaires.
V. Terrains diluviens.
VI. Alluvions modernes.

1. Ile volcanique soulevée après la période de transition.
2. Terrains soulevés après la période secondaire.
3. Terrains soulevés après la période tertiaire.
4. Volcan en activité.
5. Volcan éteint.

6. Laves.
7. Basaltes, porphyres et autres roches éruptives solidifiées.
8. Dépôts de houille.
9. Faille et filon.
10. Nappe d'eau souterraine.
11. Cheminée volcanique.
12. Matières en fusion.

une action lente et continue, sans dislocation et sans bouleversements, elles devraient se superposer par étages horizontaux dans l'ordre correspondant à la date de formation, de telle façon que les couches les plus anciennes fussent partout les plus profondes, et que les plus récentes occupassent toute la superficie du sol. Il n'en est pas ainsi dans la nature. A mesure que l'on s'approche d'une chaîne de montagnes, on voit les couches perdre peu à peu leur direction horizontale, se tordre, se redresser, et les terrains anciens apparaître à la surface, comme si, soulevées par une force inconnue, les roches primitives avaient débordé à travers une déchirure de l'écorce terrestre, en disloquant les couches qu'elles traversaient. Ces couches rompues et soulevées, servent à leur tour de point d'appui à des couches horizontales qui sont évidemment de date plus récente, et qui se sont déposées dans les mers ou dans les lacs auxquels les montagnes servaient de rivages. Ces divers phénomènes ont conduit les géologues à conclure que « chaque révolution terrestre correspondait avec l'apparition d'un ensemble de montagnes formées par soulèvement, et que chaque époque géologique correspondait à la formation de nouveaux terrains déposés suivant un plan discordant avec celui des dépôts antérieurs (1). » (*Voir la fig. 7.*)

Ces soulèvements s'expliquent par la contraction progressive du globe, conséquence nécessaire du refroidissement, et par la pression qu'exerce la croûte solide sur les parties encore liquides qu'elle force à déborder par les crevasses, ou à soulever l'enveloppe terrestre en y déterminant des boursouflures qui ne sont autre chose que nos montagnes et les parties les plus élevées de nos continents. Ces révolutions semblent s'être produites tantôt lentement, tantôt brusquement et avoir eu pour conséquence le déplacement des mers, l'émersion de terres nouvelles, la destruction des espèces animales ou végétales contemporaines de la catastrophe, et vivant

(1) Charles Grad. *Bulletin de la Société de géographie*, mois de juin 1871.

dans les régions qui en ont été le théâtre, et l'apparition de nouvelles espèces correspondant à des conditions différentes de sol et de climat. L'examen des débris fossiles d'animaux et de végétaux peut donc servir, comme la direction des couches, à déterminer l'âge des terrains.

Depuis le moment où la vie apparut sur la terre jusqu'à celui où les continents et les mers prirent à peu près leur configuration actuelle et furent peuplés par les espèces encore vivantes, on admet généralement quatre périodes, subdivisées en un grand nombre d'époques géologiques.

1° **Période de transition ou période primaire.** — La période de transition voit apparaître en même temps que les terrains sédimentaires, les premiers habitants des mers et des eaux douces, madrépores, coquillages, poissons de toute espèce, et les premiers végétaux, dont les débris accumulés au fond des lacs et des marais des continents primitifs, ont formé en se carbonisant les dépôts de houille. Cette période se termine par le soulèvement d'une partie des montagnes de l'Europe septentrionale et des terrains granitiques de la France occidentale, qui désormais ne disparaîtront plus sous les mers.

2° **Période secondaire.** — La période secondaire, la plus longue sans doute des grandes périodes géologiques, voit s'entasser de riches dépôts calcaires, puis crétacés, au fond des mers qui couvrent presque toute la superficie du globe, et que peuplent d'innombrables espèces de mollusques, de poissons, de tortues, de sauriens (1) aux formes bizarres et gigantesques, tandis que sur les continents vivent à côté d'êtres étranges, intermédiaires entre le reptile et l'oiseau, des quadrupèdes appartenant à l'ordre des *marsupiaux*, et caractérisés par un repli de la peau du ventre qui forme une sorte de bourse (en latin *marsupium*), et qui leur a valu leur nom. Cette période se termine par un soulèvement qui donne naissance aux principales chaînes de montagnes de l'Eu-

---

(1) Ce mot dérive d'un mot grec qui signifie *lézard*.

rope (Pyrénées, Apennins, Carpathes, Balkans, Alpes orientales), et qui inaugure la période tertiaire.

3° **Période tertiaire**. — Les animaux terrestres, les oiseaux se multiplient, les fougères et les plantes des premiers âges disparaissent pour faire place à une végétation qui se rapproche déjà de celle de nos continents actuels ; à l'ombre des forêts de palmiers, de bouleaux, de chênes et de platanes, errent des espèces aujourd'hui perdues d'éléphants, de rhinocéros, de tapirs, de singes, d'antilopes, de sangliers, et d'autres grands herbivores, appartenant à des races éteintes, qui n'offrent que de lointaines analogies avec nos espèces actuelles. La fin de la période tertiaire est marquée par une immense révolution qui soulève une partie du massif des Alpes et des montagnes de la France méridionale et de l'Espagne, et qui creuse le lit de la Méditerranée.

4° **Période contemporaine**. — L'âge qui précède immédiatement l'ère actuelle et qui porte le nom d'époque *diluvienne*, s'est terminé par une catastrophe plus grandiose encore, et à laquelle l'homme a pu assister. Le soulèvement, en Amérique, de la chaîne des Andes, en Asie de la chaîne volcanique qui dessine le bassin de l'océan Pacifique, en Europe de celle qui traverse la Méditerranée, secoua les continents, lança les mers hors de leur lit, déplaça d'immenses étendues de terrain, entraîna au milieu des plaines des blocs de rochers arrachés aux montagnes, et détruisit une partie des êtres vivants. Quant à la période moderne, elle n'a vu se produire aucune révolution comparable à ces grands cataclysmes, mais le soulèvement ou l'affaissement lent et progressif de certaines parties des continents, les tremblements de terre, les éruptions des volcans (1), ces soupapes de sûreté du globe, semblent prouver que malgré l'épaississement de la croûte solide, le foyer intérieur conserve sa redoutable activité.

(1) Les terrains volcaniques se rencontrent à toutes les époques géologiques. Les roches volcaniques, *porphyres*, *basaltes*, *laves*, sont des matières fondues et refroidies analogues par leur composition aux roches primitives.

Failles, cavernes, eaux souterraines. — On comprend facilement que l'écorce solide du globe, bouleversée par tant de secousses et de révolutions, ne doit pas offrir une masse compacte et sans solution de continuité. Tantôt la direction régulière des couches est brusquement interrompue par des *failles* ou fissures, qui sont quelquefois remplies de substances métalliques, et qui prennent alors le nom de *filons;* tantôt se creusent dans le sein de la terre de vastes cavités qui se rencontrent surtout dans les terrains volcaniques, dans les terrains de grès, dans les terrains calcaires compactes. Souvent ces cavités sont remplies d'eau et forment de véritables lacs qui servent de réservoirs aux puits, aux sources et aux eaux courantes. Ces lacs sont sans cesse alimentés par les nappes liquides dues à l'infiltration des eaux pluviales qui passent à travers les couches perméables de la surface du sol, jusqu'à ce qu'elles rencontrent des bancs de roches ou des couches argileuses qui les arrêtent et qui servent de lit à ces espèces de fleuves souterrains.

De la formation géologique dépendent donc en même temps que la configuration et le relief des terres, le régime des eaux, la distribution des métaux et des minéraux, la stérilité ou la fertilité du sol, la nature des productions végétales, et, par conséquent, une grande partie des conditions qui déterminent le genre de vie et la civilisation des peuples disséminés à la surface du globe.

II

LES MERS.

Le fond des mers. — Les mers comme les terres doivent leurs contours et leur emplacement actuel aux révolutions successives du globe. Il est donc naturel que le fond des mers offre les mêmes accidents que la superficie des continents.

Les rochers, les bancs de sable, les îles et les archipels

ne sont que les sommets des pics, des plateaux et des chaînes de montagnes sous-marines, et les profondeurs de l'océan, aussi variables que le relief de la terre ferme, ne dépassent guère les plus grandes hauteurs des montagnes terrestres, c'est-à-dire 8,000 à 9,000 mètres.

Salure et température des mers. — On a reconnu que les mers n'étaient pas uniformément salées. La salure est plus faible vers les pôles que vers l'équateur, et dans les mers septentrionales que dans les mers méridionales. La température varie également avec les latitudes et les températures de l'air, mais elle change aussi avec les profondeurs : au-dessous de 300 mètres, l'influence des saisons est à peu près inappréciable, et au-dessous de 1,200 mètres, la température des mers polaires, comme celle des mers tropicales, est de 2 à 3 degrés au-dessus de 0.

Les courants. — La surface des mers est continuellement agitée par les vents, dont l'action n'est du reste sensible qu'à une assez médiocre profondeur ; mais on y observe d'autres mouvements plus réguliers et plus constants : ce sont les *courants* et les *marées*. Dans certaines parties de l'Océan, soit le long des côtes, soit en pleine mer, les eaux semblent entraînées dans une direction particulière par une force cachée, comme les fleuves le sont par la pente de leur lit. Ces espèces de fleuves maritimes, que l'on nomme *courants*, sont tantôt permanents, tantôt périodiques, quelquefois même temporaires ; les uns sont plus chauds, les autres plus froids que la masse des eaux qui les environne et qui dessine pour ainsi dire leurs rivages.

Ces mouvements divers peuvent se ramener à deux causes principales : 1° la différence de température qui existe entre les mers équatoriales et les mers polaires, et qui produit des courants d'eau froide descendant du pôle vers l'équateur, et des courants d'eau chaude se dirigeant de l'équateur vers les pôles ; 2° la rotation du globe qui produit, dans les régions voisines de l'équateur, un courant de l'est à l'ouest.

Chacune de ces deux grandes circulations, l'une dans le sens du méridien, l'autre dans le sens de l'équateur, présente deux mouvements en sens inverse et deux courants contraires, dont l'un compense l'autre, par un phénomène analogue à celui qu'on observe dans les appareils de chauffage par l'eau chaude.

Les marées. — Les marées sont le gonflement et l'abaissement périodique que l'on observe chaque jour à intervalles à peu près égaux dans les mers ouvertes. La marée montante se nomme le *flux*, la marée descendante le *reflux*; chacun de ces mouvements dure environ six heures et détermine par jour deux *hautes* et deux *basses mers*. Dans les mers intérieures, le flux et le reflux sont peu sensibles, et les circonstances locales exercent une grande influence sur le niveau, l'heure et les proportions de la marée. On attribue ce phénomène à l'attraction exercée par le soleil et par la lune sur les parties liquides du globe qui ont moins de cohésion que les parties solides.

III

L'ATMOSPHÈRE, LES CLIMATS.

L'atmosphère. — La masse entière du globe est environnée d'une couche d'air épaisse de 50 à 70 kilomètres, mais qui se raréfie rapidement à mesure qu'on s'élève. Cette enveloppe gazeuse de la terre porte le nom d'*atmosphère*. Bien plus mobile que l'eau, sans cesse dilatée par la chaleur ou resserrée par le froid, l'atmosphère est dans une perpétuelle agitation, et ces mouvements capricieux produisent les *vents*, les *tempêtes* et les *ouragans*, qui sont comme les vagues de l'air.

Les courants atmosphériques. — Cependant il existe dans l'atmosphère, comme dans l'Océan, des courants réguliers et que l'on peut considérer comme constants. Les courants atmosphériques s'expliquent par les mêmes causes que les courants maritimes.

L'air froid des pôles tend continuellement à venir

remplacer l'air chaud des zones tropicales, dilaté par l'ardeur du soleil. A l'équateur même, la colonne d'air échauffée s'élève verticalement par une sorte de tirage comme dans une gigantesque cheminée ; aussi le vent y est-il à peine sensible : c'est la région des calmes. Dans les régions situées à peu de distance au nord de l'équateur, un courant froid venant du pôle, et soufflant par conséquent du nord au sud, devrait glisser à la surface du sol, tandis que la colonne d'air plus chaud et plus léger se déverserait du sud au nord, pour remplacer l'air qui s'est porté vers la zone équatoriale et formerait dans les couches supérieures de l'atmosphère un contre-courant constant. Mais la déviation produite par la rotation du globe qui agit sur l'atmosphère comme sur la mer, transforme le courant polaire en vents du nord-est dans l'hémisphère boréal, du sud-est dans l'hémisphère austral, tandis que le courant de l'équateur prend la direction du sud-ouest et du nord-ouest. On donne aux vents réguliers du nord-est et du sud-est, qui soufflent dans le voisinage des tropiques, le nom de vents *alizés*. A mesure qu'ils se rapprochent des pôles, les courants supérieurs tendent à se refroidir et, par conséquent, à s'abaisser vers la surface du sol où ils rencontrent les courants inférieurs. Ces chocs continuels altèrent la régularité de la direction primitive et produisent des vents variables qui dominent dans la zone tempérée des deux hémisphères.

Les pluies. — L'atmosphère est le récipient des vapeurs qui montent continuellement de la surface des mers, des lacs et des eaux courantes. Quand ces vapeurs se condensent, elles forment, suivant l'intensité du refroidissement, les nuages, la pluie, la neige, la grêle ; si elles flottent dans l'atmosphère, le brouillard ; le givre, la rosée, la gelée blanche, si elles rampent sur le sol.

L'atmosphère rend ainsi aux parties liquides du globe ce qu'elles ont perdu par l'évaporation. D'après ce qui précède, il est facile de comprendre que les pluies sont plus fréquentes dans les régions maritimes que dans l'intérieur des terres, dans le voisinage des hautes montagnes qui arrêtent les nuées et en favorisent la condensation que dans les pays de plaines, dans les contrées au sol humide et marécageux que dans les régions sèches et sablonneuses (1).

Dans les zones tempérées, il pleut dans toutes les saisons, bien que les pluies d'hiver soient plus fréquentes dans la région chaude de ces deux zones, les pluies d'été dans la région froide, les pluies d'automne dans la région intermédiaire; sous les tropiques, au contraire, les pluies sont inconnues dans certaines contrées éloignées de la mer, desséchées par des vents brûlants, couvertes de sables, et où l'évaporation est presque nulle : elles sont périodiques dans les pays maritimes et correspondent à la saison chaude où l'ardeur du soleil provoque une évaporation rapide et puissante et où les brises de mer qui soufflent pendant le jour condensent les nuages et déterminent, depuis le milieu de la journée jusqu'au coucher du soleil, des averses violentes qui, sous l'équateur, deviennent presque quotidiennes pendant toute l'année.

Température. Climats. — La nature géologique du sol, les courants maritimes, la direction des vents, la distribution des pluies sont autant d'éléments qui contribuent à déterminer la différence des températures et la diversité des climats, mais les principales causes qui agissent sur la température (2) sont l'exposition, la latitude et l'altitude.

1° **Exposition.** — Dans l'hémisphère boréal, les

---

(1) La quantité d'eau pluviale qui tombe annuellement sur une égale superficie dans deux contrées différentes n'est pas toujours proportionnelle à la fréquence des pluies. Pour mesurer la quantité de pluie qui tombe dans un lieu donné, on se sert du *pluviomètre*, vase cylindrique fermé par un couvercle en forme d'entonnoir, et muni d'un tube gradué qui sert à indiquer la hauteur du liquide dans le cylindre. Dire qu'en une année il tombe dans un endroit 300 millimètres de pluie, c'est dire que, si le sol y était horizontal et imperméable, la pluie l'aurait recouvert en un an d'une couche de 300 millimètres.

(2) On se sert pour mesurer la température d'un instrument nommé *thermomètre*, et fondé sur la propriété qu'ont les corps de se dilater par la chaleur et de se contracter par le froid.

expositions les plus chaudes sont celles du sud-ouest et du sud-sud-ouest (1), tandis que les plus froides sont celles du nord-est. Plus le terrain est incliné et plus l'effet de l'exposition est sensible, à cause de l'obliquité plus ou moins grande des rayons du soleil.

2° **Latitude. Lignes isothermes.** — La tempé-

Fig. 6. — Glacier.

rature décroît de l'équateur aux pôles (2), mais les courbes

(1) Les terrains exposés à l'est ne reçoivent que les rayons du matin qui ont à combattre l'effet du refroidissement nocturne ; la plus grande chaleur de la journée se développe au contraire vers deux heures de l'après-midi, point de la course du soleil qui correspond à l'exposition sud-sud-ouest.

(2) L'expérience a prouvé que cette règle n'est pas absolue. Dans la région polaire arctique, c'est vers le 80° degré de latitude septentrionale que l'intensité du froid semble la plus grande ; elle paraît diminuer quand on se rapproche du pôle, où, du reste, nul voyageur n'est encore parvenu. Dans le voisinage du pôle sud, le froid semble plus vif encore qu'au pôle nord.

qui réunissent les différents points où la moyenne de la température annuelle est égale et qui ont reçu le nom de lignes *isothermes* (lignes de chaleur égale) ne coïncident pas avec les cercles de latitude parallèles à l'équateur et décrivent des sinuosités qu'il serait difficile de ramener à une règle générale (voir le planisphère, page 27). Toutefois, les *climats maritimes* sont toujours plus doux et plus uniformes que les *climats continentaux*, où l'écart est souvent énorme entre les températures extrêmes de l'hiver et de l'été.

Altitude. Limite des neiges perpétuelles. Glaciers. — La température décroît à mesure que l'on s'élève dans l'atmosphère. Au delà d'une certaine limite, les vapeurs d'eau qui flottent dans l'air se condensent en neiges au lieu de se résoudre en pluies, et ces neiges entassées sur le sommet des montagnes ne fondent pas, même dans la saison chaude. La limite des *neiges perpétuelles* est à 5,000 mètres au-dessus du niveau de la mer dans le voisinage de l'équateur, entre 2,700 et 2,800 dans les montagnes de notre pays, et à moins de 1,500 mètres sous les cercles polaires.

Lorsque les neiges et le grésil s'accumulent dans les hautes vallées, les couches successives se durcissent et arrivent peu à peu à former une masse solide que l'on appelle *glacier*. Entraînés par leur poids sur la pente qui les supporte, ces blocs immenses de glace glissent lentement vers le fond de la vallée en poussant devant eux des débris de roches éboulées et en usant de leur frottement les parois des montagnes voisines. Les glaciers, qui mesurent quelquefois jusqu'à 10 kilomètres carrés de superficie, sont les réservoirs des fleuves et des rivières et exercent une grande influence sur la température des régions qui les environnent.

IV

L'HOMME.

Les races humaines. — L'homme et quelques animaux domestiques sont les seuls qui vivent dans tous les climats et sous toutes les latitudes, tandis que la plupart des animaux sauvages et presque tous les végétaux ont leur zone et comme leur patrie déterminée ; cependant certaines régions semblent plus particulièrement destinées à servir d'habitation aux diverses variétés de la grande famille humaine. On compte d'ordinaire trois races ou types principaux.

La race blanche. — 1° La race *blanche* ou *caucasique* (1), supérieure à toutes les autres par son aptitude à la civilisation, a peuplé l'Europe, domine en Amérique, dans le nord de l'Afrique, dans le sud et dans l'ouest de l'Asie, et compte de nombreux représentants dans toutes les parties du globe, où son activité l'a disséminée. On la reconnaît à la couleur blanche de la peau, au profil droit, à la coupe ovale du visage, à la chevelure longue et soyeuse variant du roux au noir.

La race jaune. — 2° La race *jaune* ou *mongolique* (2) domine dans l'Asie septentrionale et orientale et dans la zone glaciale arctique ; ses caractères distinctifs sont la couleur jaune ou brune de la peau, la largeur de la face et les pommettes saillantes, les yeux fendus obliquement, les cheveux rudes et presque toujours noirs, la bouche large et les lèvres proéminentes.

La race noire. — 3° La race *noire* occupe la partie centrale et méridionale de l'Afrique, une portion de l'Océanie, et s'est multipliée en Amérique, où les Européens l'ont transplantée. Elle se distingue par la coloration noire de la peau, l'épaisseur et la saillie des lèvres, l'épatement du nez, la chevelure noire et crépue ressemblant à de la laine, et l'infériorité de sa civilisation.

Races intermédiaires. — Entre ces trois types principaux se glissent, sans compter une foule de variétés produites par le mélange des races, un certain nom-

---

(1) Le Caucase est une chaîne de montagnes qui sépare l'Europe de l'Asie. On a cru, sans raisons historiques bien sérieuses, y voir le berceau de la race blanche.

(2) On appelle Mongolie une vaste contrée de l'Asie centrale dont les habitants offrent le type le plus complet de la race jaune.

bre de types intermédiaires sur lesquels la science n'est pas encore complètement fixée : les *Peaux-Rouges* d'Amérique, à la peau bistrée, variant de la couleur du chocolat à celle du cuivre rouge, aux cheveux noirs, longs et rudes, aux pommettes saillantes et aux yeux légèrement obliques, comme ceux des peuples mongoliques ; les *Polynésiens* ou *Océaniens*, à la taille élevée, aux traits presque européens, à la longue chevelure noire, au teint cuivré, mais se rapprochant de la couleur basanée des populations du midi de l'Europe ou du nord de l'Afrique ; les *Malais*, dont le teint est plus foncé, les lèvres plus épaisses, et les yeux plus obliques.

Population du globe. — La population totale du globe est d'environ 1,500,000,000 d'habitants, dont plus de 700 millions de race blanche.

V

Divisions politiques. — Outre les divisions naturelles et indépendantes de la volonté humaine, telles que l'Océan et les continents, les bassins des fleuves et des mers, il en est d'autres que l'homme a créées, et qu'il peut modifier à son gré : ce sont les divisions politiques, c'est-à-dire les espaces déterminés par la tradition ou par les traités, qu'occupent à la surface du globe certains groupes d'hommes qui s'en réservent la jouissance et la domination exclusive.

Peuplades et tribus. — Quand ces groupes sont peu nombreux et peu civilisés, et qu'ils consistent seulement dans la réunion de quelques familles autour d'un chef commun, on les appelle des *peuplades* ou des *tribus*. Un grand nombre de ces tribus, surtout celles qui vivent dans les steppes ou dans les déserts, sont *nomades*, c'est-à-dire errantes, habitent sous des tentes ou sous des abris temporaires, et se déplacent quand leurs bestiaux ont épuisé un pâturage ou qu'un territoire de chasse ne suffit plus à leur subsistance.

États et nations. — Les groupes plus nombreux,

plus avancés dans la civilisation, vivant sous un gouvernement commun dans un espace déterminé, portent le nom d'*Etats*. Il ne faut pas confondre un *Etat* et une *nation*, bien que ces deux mots s'emploient souvent l'un pour l'autre. Une nation est une réunion d'hommes occupant un territoire dont les limites sont en général indiquées par des accidents naturels, tels que des mers, des montagnes, de grands fleuves, et liés entre eux par la communauté de langue et d'origine, ou du moins de traditions historiques, d'intérêts et de sentiments. Une nation peut former plusieurs Etats, et un Etat peut se composer de plusieurs nations.

Les Etats se subdivisent en circonscriptions moins étendues, qui portent le nom de *provinces*, de *cercles*, de *départements*, etc. Les groupes d'habitations portent, suivant qu'ils sont plus ou moins considérables, le nom de *villes*, de *bourgs*, de *villages* et de *hameaux*.

Formes de gouvernement. Républiques et monarchies. — Tous les Etats n'ont pas la même forme de gouvernement. On appelle *républiques* ceux où le peuple se gouverne lui-même, soit par des décisions auxquelles prennent part directement tous les citoyens, soit par l'intermédiaire d'assemblées moins nombreuses chargées de faire les lois, et d'un ou de plusieurs magistrats responsables de leurs actes et non héréditaires, chargés de les faire exécuter.

Une *monarchie* est un Etat où la direction suprême du gouvernement appartient à un seul chef, le plus souvent héréditaire. Si ce pouvoir est sans limites et sans contrôle, la monarchie est dite *absolue* ou *despotique*. S'il est limité par des conventions écrites entre le souverain et ses sujets, c'est-à-dire par une *constitution*, et contrôlé par des assemblées soit *électives* (nommées par les citoyens), soit *héréditaires* (où le fils succède de droit au père), la monarchie est dite *constitutionnelle*.

Civilisation. Diversités morales des races humaines. — La civilisation d'un peuple consiste dans l'ensemble de ses croyances, de ses mœurs, de ses lois, dans les moyens qu'il emploie pour satisfaire ses besoins et pour exprimer ses sentiments ou ses idées. Il serait inutile de contester l'influence qu'exercent sur le développement physique et moral des races humaines le milieu où elles ont grandi, le climat, et la configuration du sol. L'habitant de la steppe ou des sables est naturellement nomade ; celui de la forêt, chasseur ; celui de la montagne, pasteur ; celui de la plaine, sédentaire et agriculteur ; celui des îles, pêcheur et navigateur ; mais, à côté de ces influences matérielles et fatales, il ne faut pas oublier les causes morales et libres qui contribuent à fixer le caractère d'un peuple, et le développement d'une civilisation. Parmi ces traits qui constituent le type moral d'une race ou d'une société, la géographie doit signaler les langues, les religions, les grandes institutions sociales et politiques.

Les langues. — Les langues, si remarquables par leur persistance à travers les siècles et les révolutions de toute sorte, sont trop nombreuses (1) et beaucoup sont encore trop peu connues pour qu'on puisse établir un classement définitif. Cependant les progrès de la linguistique ont permis de diviser les langues les plus répandues en un certain nombre de grandes familles dont chacune se distingue par des formes et des procédés communs et paraissant se rapporter à une même origine.

1° La famille *indo-européenne*, comprend presque tous les idiomes parlés en Europe, une partie des langues de l'Asie méridionale (Perse, Indoustan) et celles qui dominent chez les peuples d'origine européenne en Amérique, en Afrique et en Océanie.

2° La famille *sémitique* ou *araméenne* (2), dont les types principaux sont l'hébreu et l'arabe, comprend la

---

(1) On en évalue le nombre à plus de 2000 sans compter les dialectes ou variétés d'une même langue.
(2) La plupart des peuples qui parlent ces langues se *regardent* comme descendants de *Sem*, fils aîné de Noé. Quant au nom d'*araméens*, il s'appliquait aux peuples qui habitaient le pays correspondant à la Syrie moderne.

plupart des idiomes parlés dans l'Asie occidentale, dans le nord et dans l'est de l'Afrique.

Ces deux premières familles de langues ont des écritures alphabétiques, des grammaires régulières, de riches et antiques littératures.

3° La famille *turco-mongolique* domine dans le nord et dans le centre de l'Asie, et peut revendiquer une parenté plus ou moins éloignée avec quelques-uns des idiomes parlés dans l'Europe orientale et septentrionale. Les systèmes d'écriture varient avec les langues, alphabétiques chez les unes, syllabiques chez les autres.

4° La famille des langues *monosyllabiques*, qui n'a d'autres mots que des monosyllabes, « signes d'idées » très générales, et qui selon la place qu'ils occupent dans » une phrase, y remplissent le rôle de noms, de verbes, » d'adverbes, etc... (1), » a pour type principal le chinois et domine dans toute l'Asie orientale. La plupart de ces langues ont une écriture symbolique, semblable aux hiéroglyphes égyptiens, et qui exprime non des sons mais des idées ; elles ont produit des œuvres littéraires qui, par l'antiquité et par le nombre, peuvent le disputer aux plus riches littératures.

5° La famille *malaise* comprend les nombreux dialectes parlés par les indigènes des archipels de l'Océanie ; à l'exception des peuples de race noire et de quelques autres tribus qui parlent des idiomes distincts : les langues malaises se sont même répandues dans quelques régions de l'Asie méridionale et de l'Afrique orientale.

Quant aux langues des peuples indigènes de l'Amérique, de l'Afrique centrale, occidentale, et méridionale, langues primitives qui n'ont ni littérature, ni système d'écriture, on les connaît encore trop imparfaitement pour qu'il soit possible de les classer.

Religions. — Toutes les religions peuvent se ramener à deux grands types : celles qui n'admettent qu'un seul Dieu et celles qui en admettent plusieurs.

---

(1) Egger, *Eléments de grammaire comparée*. p. 48.

Les religions *monothéistes* (qui n'admettent qu'un seul Dieu) sont :

1° Le CHRISTIANISME qui se subdivise en *catholicisme* (240 millions) [1], — *église grecque schismatique* (100 millions), ainsi nommée parce qu'elle s'est séparée du catholicisme et ne reconnaît pas l'autorité du pape, — et *protestantisme* (140 millions), fondé au seizième siècle après Jésus-Christ par *Luther* et *Calvin*.

L'Europe et l'Amérique presque tout entières sont chrétiennes.

2° Le JUDAÏSME, encore professé par les juifs répandus dans toutes les parties du monde (9 à 10 millions).

3° Le MAHOMÉTISME, ainsi nommé de son fondateur l'Arabe Mahomet, et dominant dans l'Asie occidentale et centrale et l'Afrique septentrionale (200 millions ?).

Les principales religions *polythéistes* (qui admettent plusieurs dieux) sont :

1° Le FÉTICHISME, la plus grossière de toutes les religions, qui consiste dans l'adoration de toutes sortes de choses animées ou inanimées, utiles ou nuisibles, et douées aux yeux de leurs adorateurs d'une puissance mystérieuse. La plupart des populations nègres de l'Afrique et des indigènes de l'Océanie sont fétichistes.

2° Le BRAHMANISME, qui doit son nom à son principal dieu *Brahma*, et qui est pratiqué dans l'Asie méridionale (200 millions).

2° Le BOUDDHISME (520 millions?) dominant dans l'Asie orientale et ainsi nommé parce que ses sectateurs attribuent l'origine de leur religion à un être divin nommé le *Bouddha*.

Institutions sociales et politiques. — Ce sont les peuples de race blanche, et parmi eux les peuples chrétiens qui marchent à la tête de la civilisation. Eux seuls ont compris la dignité de la famille, proscrit l'esclavage, organisé des gouvernements fondés sur le respect des droits de tous, et sur la souveraineté de la loi :

(1) Ces chiffres ne peuvent être qu'approximatifs.

eux seuls se sont élevés à l'idée de nation et de patrie.

Les peuples de race jaune, bien que la civilisation soit chez quelques-uns d'entre eux aussi ancienne que chez les races blanches, ne conçoivent guère d'autres formes politiques que le gouvernement patriarcal chez les tribus nomades, le despotisme chez les peuples sédentaires, et malgré leurs aptitudes agricoles, commerciales et industrielles, paraissent à peu près étrangers à ce génie du progrès qui a fait la grandeur de nos nations occidentales. Enfin l'infériorité de la condition des femmes, l'absence de toute garantie pour le faible, placent les sociétés orientales fort au-dessous de nos sociétés européennes.

Après les peuples de race jaune, mais à une longue distance, viennent ces populations basanées de l'Océanie, ces populations noires de l'Afrique, divisées en tribus, habitant des demeures fixes, ayant quelques notions d'agriculture et d'industrie, mais dont les mœurs, les institutions, les religions portent l'empreinte de l'ignorance, de la superstition, et souvent de la cruauté.

Enfin, à mesure qu'on descend l'échelle de la barbarie, on rencontre successivement les Peaux-Rouges d'Amérique, guerriers, chasseurs et nomades, sans industrie, sans agriculture, incapables de se plier à la vie civilisée ; quelques peuplades noires de l'Afrique intérieure, et presque toute la race nègre de l'Océanie, dont plusieurs tribus sont encore anthropophages, races déshéritées, plongées dans la misère et l'abjection les plus profondes, n'ayant d'autres préoccupations que celles de la vie animale, mais séparées cependant de la brute par cet abîme infranchissable que la nature a creusé entre le dernier des êtres raisonnables et le premier de ceux à qui elle a refusé la parole et la raison.

Industrie. Commerce. Voies de communication. — Quand un peuple a atteint un certain degré de civilisation, il ne se contente plus des produits de la pêche ou de la chasse et des fruits sauvages que la terre lui offre sans travail : il défriche et cultive le sol et crée l'*agriculture*, il exploite les mines, il transforme par son *industrie* les matières premières que lui fournissent la nature vivante et inanimée, la terre et les mers, il échange l'excédant de ses produits contre ceux qui lui manquent et qu'il va chercher dans les autres contrées du globe, échange qui constitue le *commerce* : il imagine, pour faciliter ces échanges, des systèmes de monnaies, de poids et de mesures ; il ouvre des *voies de communication* pour triompher des obstacles naturels. Des *routes* traversent les forêts, les montagnes, les vallées ; des *ponts* franchissent les fleuves et les rivières : des *canaux* coupent les isthmes et réunissent les cours d'eau d'un même bassin ou de deux bassins différents, soit par une simple tranchée, soit par des *écluses* qui forment comme les marches d'un escalier et permettent aux bateaux de s'élever et de redescendre sur la pente des collines trop hautes pour être franchies à ciel ouvert et trop étendues pour être percées par un souterrain. Des *chemins de fer* rapprochent les distances ; des lignes de *bateaux à vapeur* triomphent des vents et des courants; des *fils électriques* plongent sous les mers, sillonnent les continents et transmettent les messages avec la rapidité de l'éclair.

L'étude de la géographie agricole, industrielle et commerciale, que l'on a proposé d'appeler géographie économique, est le complément de la description physique et politique des diverses contrées du globe.

RÉSUMÉ.

Les continents.

La superficie du globe est occupée par les *terres* et par les *mers*.

L'*Océan* ou la *mer* couvre les trois quarts de la surface du globe (3,830,000 myriamètres carrés, sur 5,100,000 myriamètres carrés).

Il y a deux grands continents : l'*Ancien* qui comprend trois parties, l'*Europe*, l'*Asie* et l'*Afrique* ; le *Nouveau* qui en comprend une seule, l'*Amérique*.

Une cinquième partie du monde, l'*Océanie*, est composée du

continent de l'*Australie* et de nombreux groupes d'îles disséminés entre l'Amérique et l'Asie.

Le relief des continents et, par conséquent, l'emplacement des mers et la direction des eaux courantes, ont été déterminés par les révolutions géologiques lentes, ou brusques, qui ont modifié successivement la surface de notre globe.

La géologie distingue aujourd'hui dans l'histoire de la terre cinq grandes périodes : 1° *celle des roches cristallisées*; 2° celle des terrains *sédimentaires primitifs* (période primaire); 3° celle des terrains *secondaires*; 4° celle des terrains *tertiaires*; 5° la période contemporaine qui s'ouvre par l'époque diluvienne.

II

Les mers.

Les grandes divisions des mers sont :
1° L'*océan Atlantique*, entre l'Europe et l'Afrique, à l'est, et l'Amérique, à l'ouest;
2° L'*océan Pacifique* ou *Grand-Océan*, entre l'Amérique, à l'est, et l'Asie, à l'ouest;
3° L'*océan Indien*, entre l'Océanie, à l'est, l'Asie, au nord, et l'Afrique, à l'ouest;
4° L'*océan Glacial arctique*, dans la région voisine du pôle Nord;
5° L'*océan Glacial antarctique*, dans la région voisine du pôle Sud.

Il existe dans toutes ces mers des courants plus ou moins rapides, les uns temporaires, les autres permanents. Parmi ces derniers, les plus importants sont les *courants équatoriaux* qui se dirigent de l'est à l'ouest dans le sens contraire à celui de la rotation du globe et le double courant du *nord au sud* et du *sud au nord* dans chacun des deux hémisphères : *courant froid* venant des pôles et *courant chaud* venant des régions tropicales.

La *marée* est le gonflement et l'abaissement, ou le *flux* et le *reflux* des eaux de la mer qui montent deux fois et qui descendent deux fois par jour.

Les plus grandes profondeurs connues des mers ne dépassent pas 8,000 à 9,000 mètres, c'est-à-dire la hauteur des plus grandes montagnes du globe.

III

L'atmosphère, les climats.

L'ATMOSPHÈRE. — L'atmosphère est la couche d'air épaisse de 50 à 70 kilomètres qui enveloppe le globe : les mouvements de l'atmosphère produisent les *vents* et les *tempêtes*; il y a dans l'atmosphère comme dans les mers des courants constants, les uns chauds, les autres froids. Les plus importants sont les vents *alisés* qui soufflent dans la direction générale de l'est à l'ouest, dans les régions tropicales. Les vapeurs d'eau, qui s'amassent dans l'atmosphère, produisent les *nuages*, le *brouillard*, les *pluies*, la *grêle*, la *neige*. La température décroissant, à mesure qu'on s'élève dans l'atmosphère, les neiges ne fondent plus au dessus de 2,700 ou 2,800 mètres dans nos contrées, et forment des *glaciers* en s'accumulant sur les pentes et dans les vallées des hautes montagnes. Les différences de température et de variations atmosphériques constituent les *climats*.

LES CLIMATS. — Le climat varie avec l'élévation du terrain au-dessus du niveau de la mer, la nature du sol ou même des cultures, et surtout avec la situation du pays par rapport à l'équateur. La température décroît de l'équateur aux pôles, mais les îles ou les pays baignés par la mer ont presque toujours un climat plus doux et moins variable que ceux qui sont situés dans l'intérieur des continents.

LES VÉGÉTAUX ET LES ANIMAUX. — Peu de végétaux ou d'animaux vivent sous tous les climats : l'homme seul est répandu sur toute la surface du globe.

IV

L'homme.

Les principales races humaines sont : la *race blanche* ou *caucasique* (Europe, Asie occidentale et méridionale, Afrique septentrionale et pays peuplés par les Européens en Amérique et en Océanie) ; la *race jaune* ou *mongolique* (Asie orientale et septentrionale, et Océanie) ; la *race noire* (Afrique et Océanie) ; la *race rouge* (Amérique) ; la race *brune* ou *malaise* (Océanie et Asie méridionale).

La population du globe est d'environ 1,500 millions d'habitants.

Géographie politique.

La géographie *politique* a pour but de décrire : 1° les divisions créées sur la surface du globe par la volonté de l'homme, et qui portent le nom d'*Etats* (espaces déterminés où vivent sous un gouvernement commun des hommes civilisés), de *provinces*, de *départements* (subdivisions d'un Etat) ; 2° les groupes d'habitations construites par l'homme (villes, bourgs, villages). 3° Elle comporte, en outre, des notions générales sur les formes de gouvernement, les langues, les religions, les mœurs et la civilisation des divers groupes d'hommes.

La géographie *économique* a pour but de faire connaître les produits de l'*agriculture* et de l'*industrie*, d'indiquer la nature des échanges qui constituent le *commerce*, et de décrire les voies de communication, *routes, chemins de fer, lignes de navigation, canaux, lignes télégraphiques*.

LANGUES. — Les principaux groupes de langues sont : 1° le groupe *indo-européen* ; 2° le groupe *sémitique* ; 3° le groupe *turco-mongolique* ; 4° le groupe *monosyllabique* ou *chinois* ; 5° le groupe *malais*.

RELIGIONS. — Les religions qui n'admettent qu'un seul Dieu sont :

1° Le CHRISTIANISME, qui se subdivise en *catholicisme*, — *Église grecque schismatique*, — et *protestantisme*.

L'Europe et l'Amérique presque tout entières sont chrétiennes.

2° LE JUDAÏSME. Les juifs sont dispersés dans le monde entier.

3° Le MAHOMÉTISME, dominant dans l'Asie occidentale et centrale et l'Afrique septentrionale.

Les principales religions qui admettent plusieurs dieux sont :

1° Le FÉTICHISME, la plus grossière de toutes les religions. La plupart des populations nègres de l'Afrique et des peuplades de l'Océanie sont fétichistes.

2° Le BRAHMANISME qui est pratiqué dans l'Asie méridionale.

3° Le BOUDDHISME, dominant dans l'Asie orientale.

Exercices.

Expliquer par des dessins à main levée les principaux termes de la géographie physique (Ex. : une île, un détroit, etc.).

Dessiner au tableau une mappemonde où on indiquera par des lignes droites l'équateur, les tropiques, les cercles polaires, le méridien de Paris. Montrer sur ce planisphère les cinq parties du monde et les cinq grandes divisions des mers. — Tracer quelques-unes des lignes isothermes. — Expliquer la nature de l'erreur que l'on commet en représentant par des lignes droites de longueur égale à l'équateur, les tropiques et les cercles polaires.

LIVRE II

RÉVISION DE LA GÉOGRAPHIE PHYSIQUE DE L'EUROPE.

LA FRANCE

Grandes divisions de l'Europe. — La partie du monde que nous habitons, l'Europe, peut se diviser en cinq régions qui renferment 20 États ou groupes d'États.

1° La région du NORD-OUEST et de l'OUEST comprend quatre États : la *France*, le *Royaume-Uni de Grande-Bretagne et d'Irlande* ou *Iles Britanniques*, la *Belgique* et les *Pays-Bas* ou *Hollande*.

2° La région CENTRALE comprend trois États ou groupes d'États : l'*Empire d'Allemagne*, la *Suisse* et l'empire *Austro-Hongrois*.

3° La région MÉRIDIONALE comprend neuf États : l'*Espagne*, le *Portugal*, l'*Italie*, la *Turquie d'Europe*, la *Bulgarie*, la *Roumanie*, la *Serbie*, le *Monténégro* et la *Grèce*.

4° La région de l'EST et du NORD-EST ne comprend qu'un État : la *Russie*.

5° La région SEPTENTRIONALE comprend trois États : le *Danemark*, la *Suède* et la *Norvège* (Péninsule scandinave).

CHAPITRE I.

RÉVISION DE LA GÉOGRAPHIE PHYSIQUE DE L'EUROPE.

I.

Situation et Limites. — L'Europe est située entre 36° (pointe de Tarifa) et 71° (cap. Nord) de latitude septentrionale, 63° de longitude orientale (Fl. Kara), et 12°35' de longitude occidentale (île Valentia en Irlande). Elle est bornée, au nord, par l'océan Glacial arctique et l'océan Atlantique, à l'ouest, par l'océan Atlantique, au sud, par le détroit de Gibraltar et la mer Méditerranée, qui la séparent de l'Afrique ; l'Archipel, le détroit des Dardanelles, la mer de Marmara, le détroit de Constantinople, la mer Noire et la chaîne du Caucase, qui la séparent de l'Asie occidentale ; à l'est, par la mer Caspienne, le fleuve Oural, les monts Ourals, le fleuve et le golfe de Kara, qui la séparent de l'Asie centrale et septentrionale.

Superficie. — La superficie totale du continent et des îles qui en dépendent est, en chiffres ronds, de dix millions de kilomètres carrés. Elle est dix-neuf fois plus considérable que celle de la France.

Relief général de l'Europe. — Versants. — Le relief général de l'Europe est considéré comme résultant de trois grandes contractions de l'écorce terrestre :
1° La première a produit dans le nord de l'Europe la **chaîne Calédonienne** qui s'étend de l'Ecosse jusqu'en Norvège où elle est encore représentée par les Alpes Scandinaves ;

2° La **chaîne Hercynienne** plus récente, composée de massifs séparés par des fractures, traverse la plus grande partie de l'Allemagne et contient de riches bassins houillers ;

3° La **chaîne Méditerranéenne** de formation plus récente, et beaucoup mieux conservée, comprend surtout le grand soulèvement des Alpes (mont Blanc, 4,810^m) avec leurs divers prolongements.

Tandis que l'Europe orientale, où se développe la Russie, présente l'aspect d'une immense plaine à peine rayée par quelques légères ondulations (*plateau de Valdaï*, 350 mètres), l'Europe occidentale est couverte de massifs montagneux. Les *Alpes* se prolongent au sud-est par l'*Apennin*, au nord-est par les *Karpathes* ; plus loin, les *Pyrénées* (Pic de Néthou, 3,404^m), entre la France et l'Espagne, le *Jura* entre la France et la Suisse, les *Vosges* entre la France et l'Allemagne. La péninsule Hispanique, que domine le *plateau de Castille* circonscrit par de hautes sierras, possède également l'important soulèvement de la *Sierra Nevada*.

Bien que l'on ait aujourd'hui renoncé à considérer en Europe ce que l'on désignait avec beaucoup d'exagération sous le nom de ligne de partage des eaux, on peut cependant reconnaître qu'il existe dans le continent européen deux *versants*, c'est-à-dire deux grandes pentes dont l'une descend vers le nord-ouest (océan Glacial et océan

Atlantique), et l'autre vers le sud-est (Méditerranée et Caspienne).

II

VERSANT NORD-OUEST

1° Océan Glacial arctique.

L'océan Glacial ne forme qu'une mer secondaire, la mer **Blanche**, couverte de glaces pendant sept ou huit mois de l'année.

Des hauteurs d'*Uvaldi* descendent la *Dwina* et l'*Onéga*, et les monts Ourals donnent naissance à la *Petchora* (océan Glacial, Russie).

Cette région est une vaste plaine au climat sec et froid (moyenne de la température annuelle 0°), aux terrains granitiques, coupés de tourbières et de marécages.

2° Mer Baltique.

L'océan Atlantique forme la mer Baltique, la mer du Nord, la Manche, la mer d'Irlande, la mer de France, et la mer de Portugal.

La mer **Baltique**, en général peu profonde, et où la navigation est interrompue par les glaces du mois de novembre au mois d'avril, est située entre la péninsule scandinave et la péninsule danoise, au nord-ouest et à l'ouest, l'Allemagne, au sud, la Russie, à l'est et au nord-est: elle baigne l'archipel danois, et les îles sablonneuses ou rocheuses semées sur les côtes de Suède (*Gotland*, *OEland*), de Russie (*Dago*, *OEsel*) et d'Allemagne (*Rugen*). Elle forme sur le littoral russe les golfes de *Botnie*, de *Finlande* et de *Livonie*, sur le littoral allemand ceux de *Dantzick* et de *Stettin*.

Sur le versant de la Baltique s'étendent en Suède des vallées humides, en Russie, de vastes plaines calcaires et des plateaux granitiques, en Allemagne, des sables et des marécages qui semblent le lit d'une mer desséchée.

Du plateau de *Valdai* descendent la *Düna* (golfe de Livonie), et les petits cours d'eau qui alimentent les lacs

Ilmen et *Peïpous* (Russie), et des *collines de Pologne* sort le *Niémen*. Au sud, des *Karpathes* et des *Sudètes* descendent la *Vistule* (1,000 kil.), et l'*Oder* (950 kil.); les *Alpes scandinaves* donnent naissance aux nombreux cours d'eau de la Norvège et de la Suède. Une partie de ces derniers forment des lacs (lacs *Vetter*, *Vener*, *Mælar*). Au nord-est, de nombreuses rivières alimentent les lacs de la Russie septentrionale : lacs *Onéga*, *Ladoga*, *Saïma*, déversés dans le golfe de Finlande par la *Néva*.

3° Mer du Nord.

La mer Baltique communique avec la mer du Nord par les détroits du *Sund* entre la Suède et l'île danoise de Seeland, du *Cattégat* et du *Skager-Rak* entre le Danemark et la Norvège, du *grand Belt* entre l'île de Seeland et celle de Fionie et du *petit Belt* entre l'île de Fionie et le Sleswig (Allemagne).

La mer du **Nord** baigne, à l'est, la Norvège et la péninsule danoise ; au sud, l'Allemagne, la Hollande, la Belgique ; à l'ouest, les îles Britanniques, et forme en Hollande le golfe du *Zuïderzée* (mer du Sud).

Cette région, où dominent les terrains secondaires et qui s'abaisse graduellement depuis les sommets des Alpes jusqu'aux plaines inondées de la Hollande et de l'Allemagne septentrionale, s'étend au sud jusqu'aux monts de *Moravie* et de *Bohême*, au *Jura Franconien* dont un rameau, la forêt de *Thuringe*, prolongée par le *Harz*, donne naissance au *Wéser*, aux *Alpes de Souabe*, aux plateaux de *Constance*, aux *Alpes Algaviennes* et *Centrales*, aux *Alpes Bernoises* et au *Jorat*. Des Alpes Centrales et Bernoises sortent le *Rhin* (Suisse, Allemagne, Hollande) et ses affluents, qui forment les lacs de la Suisse : lacs de *Constance*, de *Zurich*, des *Quatre-Cantons*, de *Neuchâtel*. A l'ouest, la région inclinée vers la mer du Nord s'étend jusqu'au *Jura*, aux monts *Faucilles*, d'où descend la *Meuse* (France, Belgique et Hollande), aux hauteurs de l'*Argonne*, aux *collines* du *Vermandois* et de l'*Artois*, d'où sort l'*Escaut* (France et Belgique), aux collines de l'Angleterre, d'où descendent la *Tamise* et l'*Humber*, et aux montagnes de l'Ecosse, jusqu'au cap *Duncansby* ; à l'est, les monts des *Géants* donnent naissance à l'*Elbe* (1,090 kil.).

4° Mer de la Manche.

La **Manche** communique avec la mer du Nord par le *Pas de Calais :* elle baigne, au sud, la France (presqu'île du Cotentin terminée par le cap de la *Hague* ; îles de *Jersey, Guernesey* et *Aurigny*) ; au nord, l'Angleterre, sur les côtes de laquelle est située l'île de *Wight*.

La région tournée vers la Manche est formée, à l'est, de plaines et de vallons, au sol crayeux ou argileux, à l'ouest, de terrains granitiques ; on y trouve, en France, les collines de l'*Artois* à partir du cap *Gris-Nez*, les hauteurs de l'*Argonne*, le *plateau de Langres*, la *Côte d'Or*, d'où descend la *Seine* ; les *monts du Morvan*, les *plateaux de la Beauce*, les *collines de Normandie* et de *Bretagne* jusqu'au cap *Saint-Mathieu* ; en Angleterre, une chaîne de collines qui s'étend du cap *Sud* (*Sud-Foreland*) au cap *Land's End*.

5° Mer d'Irlande.

La mer d'**Irlande** n'est qu'un bras de l'océan Atlantique septentrional, resserré entre l'Angleterre à l'est et l'Irlande à l'ouest, et communiquant avec l'Atlantique par le canal du *Nord* et le canal de *Saint-Georges*. Elle ne reçoit aucun cours d'eau de premier ordre.

6° Mer de France.

La mer de **France**, dont la partie méridionale porte le nom de *golfe de Gascogne*, est un grand golfe qui communique librement avec l'océan Atlantique et qui s'étend entre la pointe *Saint-Mathieu* (France) et le cap *Finisterre* (Espagne). Cette région, qu'arrosent la *Loire* et la *Garonne*, présente comme relief les *collines de Bretagne*, *de Normandie*, les plateaux situés au nord de la Loire, les *monts du Morvan*, les *Cévennes*, et les *Pyrénées* ; en Espagne, les monts *Cantabres*.

7° Mer de Portugal.

On peut donner le nom de mer de **Portugal** à la partie de l'Atlantique qui baigne les côtes occidentales de l'Espagne et le Portugal. Les *monts Cantabres*, à partir du cap *Finisterre* ; à l'est, les *monts Ibériques*, d'où descendent le *Douro*, le *Tage*, la *Guadiana* et le *Guadalquivir* ; au sud, la *Sierra-Névada*, jusqu'à la pointe de *Tarifa* (Espagne), limitent la région tournée vers la mer de Portugal.

VERSANT SUD-EST.

Méditerranée et mers secondaires.

La mer Méditerranée forme la mer Ibérique, la mer Tyrrhénienne, la mer Adriatique, la mer Ionienne, l'Archipel et la mer de Marmara, la mer Noire et la mer d'Azof. Elle communique avec l'Atlantique par le détroit de Gibraltar, entre l'Espagne et l'Afrique.

1° Mer Ibérique (1).

La mer **Ibérique** baigne les côtes orientales de l'Espagne et le groupe des îles *Baléares* (îles *Majorque*, *Minorque*, etc.).

A la limite de cette région, dont la pente est rapide et les terrains fort accidentés depuis la pointe de *Tarifa* jusqu'au cap *Creus*, au sud-ouest et à l'Ouest, se dressent

(1) L'Espagne portait autrefois le nom d'*Ibérie*.

la *Sierra Nevada* et les monts *Ibériques* au nord, les monts *Cantabres*, d'où descend l'*Ebre*, et les *Pyrénées* (Espagne).

2° Golfes du Lion et de Gênes.

Entre la mer Ibérique et la mer Tyrrhénienne, la Méditerranée creuse sur les côtes de France et d'Italie, du cap *Creus* à la pointe de la *Spezia* (Italie), les golfes du **Lion** et de **Gênes**, qui peuvent être regardés comme appartenant à un même bassin, celui du *Rhône*, qui va à l'est et au nord jusqu'aux *Apennins*, aux *Alpes*, au *Jura*, et aux monts *Faucilles* ; à l'ouest, jusqu'aux *Cévennes* et aux *Pyrénées*.

3° Mer Tyrrhénienne.

La mer **Tyrrhénienne** (du nom des Tyrrhéniens ou Étrusques, ancien peuple de l'Italie centrale) baigne les côtes occidentales de l'Italie et les grandes îles de *Corse* et de *Sardaigne*, séparées par le détroit de *Bonifacio*, ainsi que celle de *Sicile*, séparée de l'Italie par le détroit de *Messine*. Dans cette mer n'arrivent que de grands torrents, l'*Arno*, le *Tibre*, le *Garigliano*. Au nord, à l'est et au sud, s'étend la chaîne des *Apennins*, au système desquels appartiennent les deux principaux volcans de l'Europe, le *Vésuve*, en Italie, et l'*Etna*, en Sicile.

4° Mer Adriatique.

La mer **Adriatique** baigne, à l'ouest, l'Italie, à l'est, l'Autriche-Hongrie et la Turquie, et forme le golfe de *Venise*. Cette région littorale, formée en partie par des dépôts marins, en partie par des alluvions fluviales, est circonscrite, au nord, par les *Alpes*, d'où descendent l'*Adige* et le *Pô*, qui reçoit par ses affluents les eaux des lacs de l'Italie septentrionale (lacs *Majeur*, de *Côme*, de

Garde); à l'ouest, par les *Apennins*, jusqu'à la pointe extrême de l'Italie (cap *Leuca*); à l'est, par les *Alpes Dinariques* (Autriche-Hongrie) d'où descend la *Narenta*, et les *Alpes Helléniques* (Turquie) d'où sortent de nombreux torrents, la *Boyana*, déversoir du lac de *Scutari*, le *Drin*, le *Voïoussa*.

5° Mer Ionienne.

La mer **Ionienne** communique avec la mer Adriatique par le *canal d'Otrante*; avec la mer Tyrrhénienne, par le *détroit de Messine*. Elle baigne, au nord-ouest, l'Italie, où elle forme le golfe de *Tarente*; à l'est, la Turquie et la Grèce, où elle forme le golfe de *Lépante*. Elle renferme le groupe des *Iles Ioniennes* et sa limite occidentale est marquée par la Sicile et par le groupe de *Malte*.

Dans cette région dominent les terrains calcaires.

6° Archipel et Mer de Marmara.

L'Archipel baigne, à l'ouest, la Grèce et la Turquie d'Europe; au nord, la Turquie; à l'est, l'Asie; au sud, la grande île de *Candie*, et communique avec la mer Noire par le détroit des *Dardanelles*, la mer de *Marmara* et le *Bosphore* ou détroit de *Constantinople*. Les principales îles européennes sont le groupe des *Cyclades*, l'*Eubée*, *Lemnos*, *Imbros*, *Samothrace* et *Thasos*.

Le trait principal du relief de cette région est la chaîne des *Balkans* qui se prolonge en Grèce par les *Alpes Helléniques*.

7° Mer Noire et Mer d'Azof.

La mer Noire baigne, à l'ouest, la Turquie d'Europe; au nord et à l'est, la Russie; au sud, la Turquie d'Asie. Elle forme la mer d'**Azof**, golfe ensablé, avec lequel elle communique par le détroit de *Kertch* ou d'*Iéni-Kalé*.

Dans les plaines que baignent ces mers se rencontrent toutes les variétés de terrains, depuis les roches volcaniques et le granit, jusqu'aux alluvions fluviales. Là, se développent les *Alpes Dinariques*, *Juliennes*, *Rhétiques* et *Centrales* ; à l'ouest, les *Alpes Algaviennes*, les plateaux de *Constance* et la *Forêt-Noire*, d'où descend le *Danube* (2,800 kil.). Ce fleuve arrose l'Allemagne, l'Autriche-Hongrie, la Serbie, la Bulgarie et la Roumanie. Le versant oriental des *Karpathes* donne naissance au *Dniester* (Karpathes), et au *Dniéper* ; des *collines du Volga* (Russie) descend le *Don*, qui se jette dans la mer d'Azof ; au sud-est est la grande chaîne du *Caucase* d'où sort le *Kouban* (mer Noire).

8° Mer Caspienne.

La mer **Caspienne** est un grand lac, sans écoulement, bordé de plaines immenses où dominent les terrains d'alluvion et les terrains calcaires. De la chaîne du *Caucase* descend le *Térek* ; du plateau de *Valdaï* sort le Volga, le plus long des fleuves européens (3,900 kil.), et des monts *Ourals* descend le fleuve *Oural*.

III

Configuration générale de l'Europe. — D'après le relief du sol on peut diviser l'Europe en neuf grandes régions :

1° A l'est, la plaine basse de *Russie* qui occupe plus de la moitié du continent ;

2° Au nord, le massif isolé qui forme la *péninsule scandinave* ;

3° Au nord-ouest, le groupe des *Iles Britanniques*, pays de plaines et de collines, au sud et à l'est, de montagnes peu élevées au nord et à l'ouest ;

4° A l'ouest, une région de plaines maritimes (*Pays-Bas*, *Belgique*, *France* septentrionale et occidentale), qui dans l'intérieur se relève peu à peu en plateaux dominés eux-mêmes par un massif volcanique (*massif central français*). La limite de cette région est dessinée par les plus hautes montagnes de l'Europe, les Pyrénées, au sud, et les Alpes, à l'est ;

5°, 6° et 7° Au sud, les trois grandes péninsules, *ibérique, italique, turco-hellénique*, correspondant au triple massif des Pyrénées, des Apennins et des Balkans ;

8° et 9° Enfin, au centre, une région de hautes terres (*Suisse, Haute-Allemagne, Autriche-Hongrie*), dominée par les Alpes et les Carpathes entre lesquelles s'étend une vaste dépression, la plaine du Danube (*Hongrie*); et une région de plaines basses, l'*Allemagne septentrionale* et le *Jutland* qui se prolongent jusqu'à la mer du Nord et à la Baltique.

L'Europe est de toutes les parties du monde celle dont les côtes offrent les découpures les plus variées, les échancrures les plus profondes ; au sud, les trois péninsules de Grèce, d'Italie et d'Espagne, et les presqu'îles moins considérables de la *Morée*, rattachée à la Grèce par l'isthme de *Corinthe*, et de la *Crimée*, rattachée à la Russie par l'isthme de *Pérécop* ; au nord, la péninsule scandinave, la presqu'île danoise du *Jutland*, les îles Britanniques ; partout des golfes et des mers intérieures.

Le versant nord-ouest est une région de plaines, bien arrosées, et où on ne retrouve ni la stérilité, ni la monotonie des steppes ou des déserts des trois autres continents. Le versant sud-est est plus accidenté, mais peu de chaînes de montagnes atteignent la limite des neiges éternelles, et opposent aux communications de sérieux obstacles. Aussi, nulle part les relations commerciales ne sont-elles plus faciles : des mers libres, des fleuves nombreux, pas de déserts, un climat tempéré (1), peu de

(1) On distingue, en Europe, trois climats principaux : 1° le climat *méditerranéen* (moyenne de la température annuelle entre 15° et 20°, maximum des pluies en hiver), en Espagne, en Italie, en Turquie et en Grèce ; 2° le climat *océanique* (moyenne de la température annuelle entre 5° et 15°, maximum des pluies au printemps et en automne), en France, en Belgique, en Hollande et dans les îles Britanniques ; 3° le climat *continental* (moyenne annuelle entre 10° et 0°, maximum des pluies en été et en automne), en Allemagne, en Autriche, en Russie et dans la péninsule scandinave.

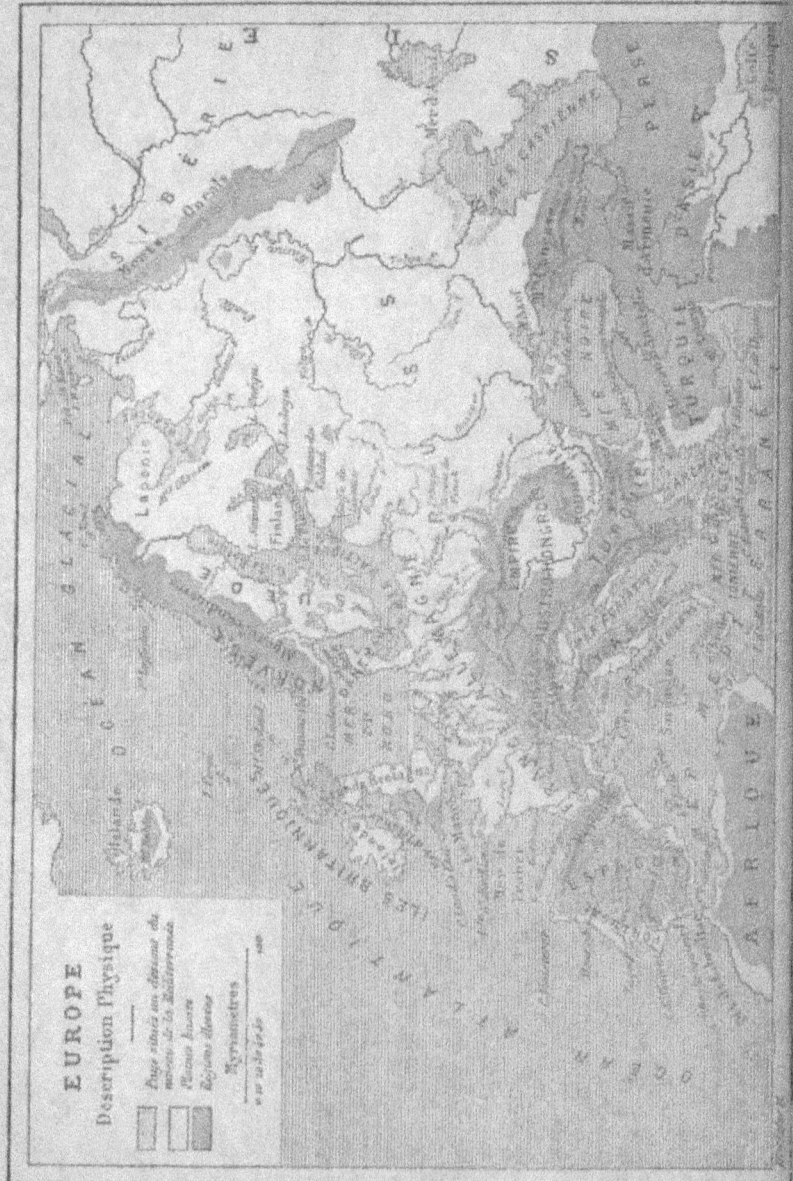

Carte V.

montagnes élevées, peu de terres stériles, une grande variété de terrains et par conséquent de productions : tels sont les avantages qui ont fait de la plus petite des cinq parties du monde, la plus riche, la plus commerçante et la plus peuplée, par rapport à son étendue.

IV

Population et races diverses. — La population totale de l'Europe est d'environ 370 millions d'habitants, appartenant presque tous à la race blanche, et divisés en trois grandes familles presque égales en nombre :

1° A l'orient, la **famille slave**, qui comprend les *Russes* (Russie), les *Polonais* (Russie, Prusse et Autriche), les *Lithuaniens* (Russie), les *Ruthènes* (Russie et Autriche), les *Tchèques* (Autriche), les *Croates* et les *Slavons* (Autriche-Hongrie), les *Serbes* et les *Bosniaques* (Autriche-Hongrie, Serbie et Turquie d'Europe), les *Bulgares* (Turquie et Bulgarie);

2° Au nord et au centre, la **famille germanique**, qui comprend les *Allemands* (Allemagne, Suisse, Autriche, 65 millions); les *Scandinaves* (Danemark, Suède et Norvège); les *Anglo-Saxons* (Grande-Bretagne); les *Bataves* (Hollande);

3° Au sud, la **famille néo-latine** qui comprend les *Français* (France, Belgique, Suisse), les *Italiens* (Italie), les *Espagnols* et les *Portugais* (péninsule ibérique), et les *Roumains* (Roumanie et Autriche-Hongrie) et à laquelle on peut rattacher les *Grecs* (Grèce et Turquie).

A ces trois familles puissantes il faut ajouter des groupes moins nombreux, les peuples de **race turco-finnoise**, les *Turcs* et les *Tartares* (Turquie d'Europe et Russie); les *Madgyars* (Hongrie), les *Lapons* (Russie et Scandinavie); les **Albanais** (Turquie d'Europe), qui appartiennent probablement à la souche pélasgique; les **Juifs** répandus dans toute l'Europe.

Enfin les vestiges de l'ancienne langue *celtique*, parlée avant la conquête romaine par les populations des contrées qui forment aujourd'hui la Grande-Bretagne, la France, la Belgique, etc., subsistent encore dans les îles Britanniques, et en France, dans une partie de la Bretagne ; et ceux de la langue des *Ibères*, population primitive de l'Espagne et de la France méridionale, chez les Basques français et espagnols.

Religions. — Le christianisme est presque seul professé en Europe. Le *catholicisme* (160 millions) domine chez les peuples de race latine (France, Italie, Espagne, Portugal, Belgique) ; chez les Allemands du sud (Autriche, Bavière, Suisse,), chez les Polonais et en Irlande (îles Britanniques).

Le *protestantisme* (95 millions), chez les peuples de race germanique (culte *anglican* et *presbytérien* dans la Grande-Bretagne ; culte *évangélique* ou *luthéranisme* en Suède, en Norvège, en Danemark, en Prusse et dans une partie de l'Allemagne du Nord ; *calvinisme* en Hollande, en Suisse).

La religion *grecque schismatique* (75 millions), chez les peuples de race slave et grecque (Russie, Bulgarie, Serbie, Roumanie, Turquie, Grèce).

La religion *musulmane* n'existe qu'en Turquie et dans quelques parties de la Russie ; le *judaïsme* est encore professé par la plupart des Israélites répandus en Europe.

RÉSUMÉ.

Géographie physique de l'Europe

Bornes. Au *nord*, l'océan Glacial arctique et l'océan Atlantique ; à l'*ouest*, l'océan Atlantique ; au *sud*, le détroit de Gibraltar, la mer Méditerranée, la mer Noire et les monts Caucase ; à l'*est*, la mer Caspienne, le fleuve Oural et les monts Ourals. *Longitudes extrêmes*, 12°35' ouest et 63° est. — *Latitudes extrêmes*, 36° et 71° nord. — *Superficie*, 10,000,000 kil. carrés.

Mers secondaires. *Océan glacial*, mer Blanche. — *Océan Atlantique*, mer Baltique, mer du Nord, mer de la Manche, mer d'Irlande, mer de France, mer du Portugal. — *Méditerranée*, mer Ibérique, mer Tyrrhénienne, mer Adriatique, mer Ionienne, Archipel, mer de Marmara, mer Noire, mer d'Azof.

GÉOGRAPHIE PHYSIQUE.

PRINCIPAUX GOLFES. — *Baltique*, golfes de Botnie, Finlande, Livonie. *Mer du Nord*, Zuiderzée. *Mer de France*, golfe de Gascogne. *Méditerranée*, golfes du Lion et de Gênes. *Adriatique*, golfe de Venise. Mer *Ionienne*, golfes de Tarente et de Lépante.

PRINCIPAUX DÉTROITS. — *Entre la Baltique et la mer du Nord*, Petit-Belt, Grand-Belt, Sund, Cattégat, Skager-Rak. — *Entre la mer du Nord et la Manche*, Pas-de-Calais. — *Entre l'Atlantique et la Méditerranée*, détroit de Gibraltar. — *Entre les îles de Corse et la Sardaigne*, détroit de Bonifacio. — *Entre la Sicile et l'Italie*, détroit de Messine. — *Entre l'Adriatique et la mer Ionienne*, canal d'Otrante. — *Entre l'Archipel et la mer de Marmara*, détroit de Gallipoli ou Dardanelles. — *Entre la mer de Marmara et la mer Noire*, Bosphore ou détroit de Constantinople. — *Entre la mer Noire et la mer d'Azof*, détroit de Kertch ou Iénikalé.

PRINCIPALES ILES — *Baltique*, Archipel danois, Gotland, OEland, Dago, OEsel, Rügen. — *Mer du Nord et Atlantique*, îles Britanniques (Grande-Bretagne, Irlande, etc.). — *Manche*, île de Wight, îles Jersey, Guernesey, Aurigny. — *Mer Ibérique*, îles Baléares (Majorque, Minorque, etc.). — *Mer Tyrrhénienne*, Corse, Sardaigne, Sicile. — *Mer Ionienne*, îles Ioniennes. — *Méditerranée*, île de Malte, Candie. — *Archipel*, Cyclades, Eubée, Lemnos.

PRESQU'ILES ET ISTHMES. — *Grandes péninsules*, scandinave, danoise (presqu'île de Jutland), dans le versant de l'Atlantique : Ibérique, Italienne, Hellénique (presqu'île de Morée, isthme de Corinthe), dans le versant de la Méditerranée : presqu'île de Crimée (isthme de Pérécop) dans la mer Noire.

PRINCIPAUX CAPS. — *Océan Glacial*, cap Nord (Norvège). — *Mer du Nord*, cap Lindesness (Norvège), cap Duncansby (Grande-Bretagne), Sud-Foreland (*id.*), cap Grisnez (France). — *Manche*, cap Land's End (Grande-Bretagne), cap de la Hague (France). — *Atlantique*, pointe Saint-Mathieu (France), cap Finisterre (Espagne). — *Méditerranée*, cap Tarifa, cap Creus (Espagne), pointe de la Spezzia (Italie). — *Mer Ionienne*, cap Leuca (Italie), cap Matapan (Grèce).

MONTAGNES ET PLATEAUX. — Trois soulèvements différents : 1° *chaîne Calédonienne*; 2° *chaîne Hercynienne*; 3° *chaîne Méditerranéenne*. — *Montagnes de l'Europe occidentale*: chaîne des Alpes se prolongeant par les Karpathes et les Apennins ; Pyrénées ; Massif Central ; Jura ; Vosges ; Ardennes. — Forêt Noire ; Jura de Souabe et Jura Franconien ; plateau de Bohême. — *Montagnes des péninsules*: Alpes Scandinaves ; Plateau de Castille ; Apennin ; Balkans.

RELIEF DE L'EUROPE ORIENTALE. — Monts Ourals ; plateau de Valdaï ; collines d'Uvaldi ; collines de Pologne ; collines du Volga ; montagnes de la Crimée.

PRINCIPAUX FLEUVES. — *Océan Glacial* et *mer Blanche*, Petchora, Dwina, Onéga (Russie). — *Baltique*, Néva, Duna, Niémen (Russie), Vistule, Oder (Allemagne). — *Mer du Nord*, Elbe, Weser (Allemagne), Rhin, Meuse, Escaut (Allemagne, France, Belgique et Pays-Bas), Tamise, Humber (Angleterre). — *Manche*, Seine (France). — *Océan Atlantique*, Loire et Garonne (France), Douro, Tage, Guadiana, Guadalquivir (Espagne). — *Mer Ibérique*, Ebre (Espagne). — *Golfe du Lion*, Rhône (France). — *Mer Tyrrhénienne*, Arno et Tibre (Italie). — *Adriatique*, Pô et Adige (Italie). — *Archipel*, Maritza (Turquie). — *Mer Noire*, Danube (Allemagne, Autriche-Hongrie, Serbie, Bulgarie, Roumanie), Dniester, Dniéper, Kouban (Russie), — *Mer d'Azof*, Don (Russie). — *Mer Caspienne*, Térek, Volga (3,900 kilomètres), le plus grand fleuve de l'Europe, Oural (Russie).

PRINCIPAUX LACS. — Onéga, Ladoga, le plus grand de l'Europe, Saïma, Peipous, Ilmen (Russie), Vetter, Vener, Mœlar, Miœsen (Scandinavie), Lacs de Genève, de Constance, de Zurich, des Quatre-Cantons, de Neuchâtel (Suisse), Lacs Majeur, de Côme, de Garde (Italie).

POPULATION. — 370 millions d'habitants.

PRINCIPALES RACES. — *Slaves* (Russie, Autriche-Hongrie, Serbie, Turquie). *Germains* (Allemagne, Autriche, Suisse, Scandinavie, Iles Britanniques). *Latins* (France, Belgique, Espagne, Portugal, Italie, Roumanie).

Races secondaires. — Madgyars (Autriche-Hongrie), Turcs et Tartares (Turquie et Russie), Albanais (Turquie), Grecs (Grèce et Turquie), Juifs.

RELIGIONS. — *Catholique* (France, Italie, Espagne, Portugal, Suisse, Belgique, Autriche-Hongrie, Allemagne du Sud, Pologne, Irlande). — *Protestante* (Grande-Bretagne, Allemagne du Nord, Pays-Bas, Scandinavie, Suisse). — *Grecque schismatique* (Russie, Grèce, Roumanie, Turquie, Autriche-Hongrie). — *Musulmane* (Turquie, Russie).

Exercices.

Tracer au tableau la carte physique de l'Europe. — Tracer la carte du bassin de la mer Baltique, de la mer Noire, ou de toute autre mer secondaire.

Indiquer par des teintes différentes les régions de plaines basses, de plateaux et de montagnes. — Les régions occupées par les différentes races européennes (slaves, germains, etc.).

GÉOGRAPHIE DE LA FRANCE

PREMIÈRE PARTIE
Notions générales et révision de la géographie physique

CHAPITRE II
SITUATION. LIMITES MARITIMES. PRINCIPAUX PORTS.

I

Bornes. — La France est bornée ; au NORD-OUEST, par la *mer du Nord*, le *Pas de Calais* et la *Manche*, qui la séparent de l'Angleterre ; à l'OUEST, par l'*océan Atlantique* ; au SUD, par la rivière de *Bidassoa* et les *Pyrénées*, qui la séparent de l'Espagne ; à l'EST, par la chaîne des *Alpes*, qui la sépare de l'Italie, le lac de *Genève*, la chaîne du *Jura*, qui la séparent de la Suisse, et celle des *Vosges* jusqu'au mont *Donon*, qui lui sert aujourd'hui de limites du côté de l'Allemagne ; au NORD-EST et au NORD, par une ligne de convention qui sépare notre pays de l'*Allemagne*, du *Grand-Duché de Luxembourg* et de la *Belgique*.

Elle comprend en outre quelques petites îles disséminées sur le littoral, et une grande île, la *Corse*, située dans la Méditerranée, à 180 kilomètres au sud des côtes françaises.

Superficie. Population. — La superficie actuelle de la France est d'environ 536,000 kilomètres carrés ou 53,600,000 hectares ; elle représente la dix-neuvième partie de celle de l'Europe. Avant les traités de 1871, qui nous ont enlevé l'Alsace et une partie de la Lorraine, la superficie de la France était de 543,000 kilomètres carrés.

La population, qui s'élevait à 38 millions d'habitants en 1866, est aujourd'hui de 38,518,000.

Sa plus grande longueur, du sud au nord, entre Perpignan et Dunkerque, est de 1,000 kilomètres (250 lieues kilométriques) ; sa plus grande largeur, de l'est à l'ouest, entre le mont Donon et la pointe Saint-Mathieu, d'environ 900 kilomètres (225 lieues kilométriques).

Configuration de la France. — La France offre la forme d'un *hexagone*, c'est-à-dire d'une figure à six côtés régulièrement disposés. Deux de ces côtés regardent la *Manche* (nord-ouest), de Dunkerque à la pointe Saint-Mathieu ; et l'*océan Atlantique* (ouest), de la pointe Saint-Mathieu à l'embouchure de la Bidassoa ; deux autres, les *Pyrénées* (sud-ouest), et la *Méditerranée* (sud-est) ; les deux derniers forment notre frontière continentale de l'est, depuis la Roya jusqu'au mont Donon, et du nord, entre le mont Donon et Dunkerque.

Longitudes et latitudes extrêmes. — La France est située entre quarante-deux degrés vingt minutes (42° 20') et cinquante-un degrés (51°) de latitude septentrionale, sept degrés de longitude occidentale (7°) et cinq degrés de longitude orientale (5°) mesurés à partir du méridien de Paris. Les longitudes extrêmes sont prises à la pointe Saint-Mathieu (ouest), et à Menton près de l'embouchure de la Roya (est) ; les latitudes extrêmes à la frontière de Belgique, au nord de Dunkerque, et au cap Cerbéra, sur la Méditerranée.

Situation. — La France est le seul pays qui touche à la fois à la Méditerranée, à l'Atlantique et à la mer du Nord ; elle réunit et résume, pour ainsi dire, tous les climats européens, toutes les natures de terrains, toutes les variétés de cultures ; elle est limitrophe de cinq des États les plus riches de l'Europe continentale, la Belgique, l'Allemagne, la Suisse, l'Italie et l'Espagne ; elle n'est séparée de l'Angleterre que par un détroit ; aussi ne doit-on pas s'étonner du rôle qu'elle joue aussi bien au point de vue commercial qu'au point de vue politique et auquel la nature même semble l'avoir préparée.

LIMITES MARITIMES

II

La mer du Nord, le Pas de Calais et la Manche.

Mer du Nord. — De la frontière de Belgique à la pointe Saint-Mathieu, où se termine la Manche, le développement des côtes qui se dirigent du nord-est au sud-ouest est d'environ 900 kilomètres.

La mer du Nord ne baigne le littoral français (*département du Nord*) que sur une étendue de 70 kilomètres environ, de la frontière de Belgique au cap *Gris-Nez*. Elle est bordée de dunes d'un sable grisâtre qu'interrompent quelques plages marécageuses. Poussées par les vents d'ouest qui soufflent dans ces parages pendant les deux tiers de l'année, ces dunes avancent peu à peu dans l'intérieur des terres, détruisant les cultures et engloutissant même des villages entiers : aussi a-t-on essayé de les fixer en y semant des plantes dont les racines pénètrent dans le sable et finissent par donner à ce terrain mouvant assez de consistance pour résister à l'action des vents de mer. Au pied des dunes, du côté du continent, s'étendent des terres à demi noyées, situées au-dessous du niveau des hautes mers, et qui formaient autrefois de vastes marais. Des travaux de dessèchement et d'endiguement ont transformé ces *moëres* en un sol fertile, coupé d'innombrables canaux et couvert de moissons et de prairies.

La principale ville maritime est **Dunkerque** (église des Dunes), grande ville (40 000 hab.), aux rues larges et régulières, entourée d'imposantes fortifications et dont le port ne cesse de faire d'immenses progrès.

Le Pas de Calais. — Le *Pas de Calais* baigne les côtes du *département* du même nom, de *Calais* à *Boulogne*. C'est un étroit bras de mer qui, dans sa partie la plus resserrée, n'a pas plus de 28 kilomètres de largeur, et dont les profondeurs extrêmes ne dépassent pas 50 mètres. Il est semé de bancs de sable dont quelques-uns s'élèvent presque au niveau des basses mers. Entre la France et l'Angleterre se prolonge, sous la mer, un épais banc de craie, imperméable à l'eau, et où de nombreux sondages n'ont révélé aucune fissure : aussi avait-on songé à y creuser un tunnel sous-marin qui réunirait Calais, en France, et Douvres, en Angleterre, et dont le percement a été arrêté par l'opposition de l'Angleterre.

Les côtes du Pas de Calais sont bordées de dunes et de falaises de craie blanche, où s'ouvrent des brèches étroites, et que dominent le cap Blanc-Nez (Black Ness, cap Noir, 134 mètres au-dessus du niveau de la mer), et le cap Gris-Nez (Craig-Ness, cap des Roches), derniers escarpements des collines de l'Artois.

Les principaux ports du Pas de Calais sont : **Calais**, qui, pendant deux siècles, 1347 à 1558, appartint aux Anglais, et dont les paquebots emportent ou débarquent chaque année plus de 25 000 voyageurs passant de France en Angleterre ou d'Angleterre en France ;

Boulogne, à l'embouchure de la *Liane*, situé au pied d'une colline escarpée que couronne la ville haute, avec ses vieux remparts plantés d'arbres, a été doté d'un port accessible en tout temps aux navires.

La Manche. — 1° De Boulogne à l'embouchure de la *Somme*, la côte, bordée en général de dunes, où la sombre verdure des jeunes bois de pins tranche çà et là sur la couleur grisâtre et uniforme des sables, se détourne brusquement vers le sud. Entre la pointe du *Crotoy* et les mamelons escarpés qui portent la vieille ville de *Saint-Valery*, témoin du départ de Guillaume le Conquérant pour l'Angleterre, s'ouvre la baie de *Somme*, golfe à la marée haute, plaine de sable à la marée basse, sans cesse resserrée par les travaux de desséchement et par les digues qui font reculer la mer (*département de la Somme*).

2° Au delà de l'embouchure de la Somme, du *Bourg d'Ault* à la pointe de la *Hève*, qui domine l'estuaire de la Seine, la côte s'incline vers l'ouest. Les plateaux de la Haute-Normandie, qui s'étendent jusqu'à la mer, se terminent brusquement par des falaises, murailles crayeuses

battues et rongées par les flots et qui souvent se dressent
à pic jusqu'à une hauteur de plus de cent mètres (falaises
du *Tréport* et d'*Etretat*, cap d'*Antifer*). Au pied des fa-

Fig. 9. — Falaises d'Etretat.

laises s'entassent des bancs de galets, cailloux roulés et
polis par les vagues, et qui proviennent de débris de
falaises écroulées, où le silex est mêlé à la craie.

Les principales villes maritimes de cette côte (*département
de la Seine-Inférieure*) sont **Dieppe**, dans une
échancrure des falaises ouverte par la rivière de l'Arques,
l'antique rivale de Dunkerque et de Saint-Malo, dont le
port, envahi par les galets, ne peut plus soutenir aujourd'hui
la concurrence du Havre et est devenu un important
port de pêche ; **Fécamp**, l'un de nos ports d'armement
pour la grande pêche, et **Le Havre** (119 000 hab.),
à l'embouchure de la Seine, créé par François Ier et qui
est devenu, grâce à sa situation, l'entrepôt de notre
commerce avec le nord de l'Europe et les deux Amériques
et le second port de commerce de la France.

3° De l'embouchure de la Seine à la presqu'île du *Cotentin*
(*département du Calvados*), s'étendent d'abord des

plages basses et sablonneuses, puis, au delà de l'embouchure de l'*Orne*, des falaises ou des plages de galets bordées d'une ceinture d'écueils à fleur d'eau. Le plus connu de ces bancs de roches sous-marines est celui qui a reçu le nom de *Calvados*, corruption populaire du nom espagnol de Salvador, porté par un vaisseau qui s'y brisa en 1588, avec une partie de la flotte armée par le roi d'Espagne, Philippe II, contre l'Angleterre. Les ports de cette côte, tels que *Honfleur, Trouville, Port-en-Bessin*, obstrués par les sables ou la vase, ne peuvent recevoir que des barques de pêche ou des bâtiments de faible tonnage, mais leurs plages unies attirent les baigneurs et font de cette partie de la côte de Normandie une des plus fréquentées pendant la saison d'été.

4° Entre la baie d'Isigny, à l'est, et la baie du *mont Saint-Michel*, à l'ouest (*département de la Manche*), s'allonge une presqu'île triangulaire aux côtes rocheuses, sans cesse rongées par les courants : c'est la presqu'île du *Cotentin* (pays de Coutances, l'ancienne *Cotentia*), qui projette vers le nord-est la pointe de *Barfleur*, vers le nord, le cap de la **Hague**. Au sud de la pointe de Barfleur, dans la rade de *Saint-Waast* ou de la *Hougue*, l'amiral français Tourville, après avoir combattu une flotte anglaise double de la sienne, fut contraint de détruire ses vaisseaux, désemparés par le combat et la tempête, pour ne pas les laisser tomber entre les mains de l'ennemi (1692).

Les deux principaux ports de la presqu'île sont : à l'ouest, *Granville*, port de pêche ; au nord, **Cherbourg** (41,000 h.), un de nos premiers ports militaires et l'une des créations les plus merveilleuses du génie moderne. On a dû, pour protéger la rade complètement ouverte aux vents du large, construire une digue immense, longue de près de 4 kilomètres, formée de blocs de granit, et jetée hardiment en pleine mer. Commencés en 1782, ces travaux ne furent achevés qu'en 1853 et coûtèrent 67 millions, mais ils ont donné à la France un port vaste et sûr que lui avait refusé la nature, et qui commande toute la Manche.

A l'ouest de la presqu'île sont semés des écueils granitiques, les îles *Chausey*, le banc des *Minquiers*, et trois îles plus considérables, *Jersey*, *Guernesey* et *Auriqny*, séparées de la côte par le *Passage de la Déroute* et le *Raz-Blanchard*. Elles appartiennent à l'Angleterre : c'est le dernier débris du duché de Normandie et de l'héritage de Guillaume le Conquérant.

Entre *Granville* et *Cancale* s'ouvre une large baie dont le fond est couvert de sables mouvants, de vases et de coquilles pilées qui, sous le nom de *tangues*, sont employées comme engrais par les cultivateurs de la Bretagne et de la Normandie. La profondeur est si peu considérable et la pente si insensible que la baie est presque à sec à marée basse ; mais les jours de grandes marées, le flux s'y engouffre avec une violence irrésistible et s'élève à 15 mètres au-dessus du niveau des basses mers. Au milieu du golfe se dresse un rocher, véritable pyramide de granit, chargé d'antiques constructions qui furent à la fois une abbaye et une forteresse. C'est le *mont Saint-Michel*, qui a donné son nom à la baie.

5° Sur la rive gauche du *Couesnon*, le principal des petits cours d'eau qui se jettent dans la baie du mont Saint-Michel, commence la presqu'île de **Bretagne** (*départements d'Ille-et-Vilaine*, *des Côtes-du-Nord* et du *Finistère*), terre de granit dont les découpures profondes, les saillies innombrables contrastent avec l'uniformité du littoral picard et normand.

De l'est à l'ouest, le navigateur voit se creuser successivement le golfe de *Saint-Malo*, où se jette la Rance, la baie de *Saint-Brieuc*, entre les escarpements formidables du cap *Fréhel* et les roches noirâtres de *Saint-Quay*, la rade de *Morlaix* avec ses innombrables écueils qui disparaissent à marée haute sous des flots d'écume. Sur la côte sont dispersés des îlots granitiques, l'île *Bréhat*, les *Sept-Iles*, l'île de *Batz*. Les seuls ports accessibles aux navires d'un assez fort tonnage sont **Saint-Malo** (département d'Ille-et-Vilaine), à l'embouchure de la Rance, entassé sur un rocher qui ne se rattache à la terre que par un isthme sablonneux, et **Morlaix** (Finistère), dans une étroite vallée, à quelques kilomètres de la mer.

Les principales pêches de la Manche sont celles des *huîtres* (Cancale), et du *hareng*.

III

Atlantique. — L'Atlantique et le golfe de Gascogne baignent la France depuis la pointe Saint-Mathieu jusqu'à l'embouchure de la Bidassoa, sur une étendue de près de 1,100 kilomètres.

1° *De la pointe Saint-Mathieu à l'embouchure de la Loire*, la côte de **Bretagne** (*départements du Finistère, du Morbihan et de la Loire-Inférieure*) conserve son aspect tour à tour imposant et sauvage. Entre le cap Saint-Mathieu et la pointe septentrionale de la presqu'île de *Crozon* s'ouvre un étroit passage semé de roches sous-marines : c'est le goulet de Brest ; mais au delà de ce canal, les côtes s'écartent, et l'on voit tout à coup se déployer une rade qui pourrait abriter quatre cents vaisseaux de ligne, et s'élever sur deux collines, que sépare la petite rivière de la *Penfeld*, la ville de **Brest**, notre premier port militaire sur l'Atlantique et l'un des plus beaux du monde (75.000 hab. ; Finistère), avec ses remparts, ses arsenaux, ses casernes, ses ateliers gigantesques, œuvre du grand ministre Colbert et du grand ingénieur Vauban. De l'autre côté de la presqu'île de Crozon, entre le cap de la *Chèvre* et la pointe du *Raz* s'ouvre la baie de *Douarnenez*, bordée d'un amphithéâtre de vertes collines. Entre la pointe du Raz et celle de *Penmarch* (Tête du cheval) s'arrondit en demi-cercle la baie d'*Audierne*, l'une des plus sauvages et des plus dangereuses de la côte de Bretagne. C'est au milieu de ces rochers, enveloppés d'un éternel brouillard et battus par une mer toujours houleuse que la tradition bretonne a placé la scène de ses légendes les plus terribles et les plus fantastiques : c'est là que la barque infernale venait chercher les âmes des morts pour les emporter au pays des ombres, et le souvenir de la légende s'est conservé dans le nom sinistre de *baie des Trépassés*, donné à une anse voisine de la pointe du Raz.

Au delà de la pointe de Penmarch, la côte s'incline vers le sud-est et se creuse en arc de cercle jusqu'à l'embouchure de la Loire. Moins élevée et moins sauvage, elle offre des rades nombreuses : la baie de *Concarneau*, la baie de **Lorient**, formée par le Scorf et le Blavet, et où s'élève la ville de Lorient, fondée sous Louis XIV par la Compagnie des Indes-Orientales, et devenue au XVIII⁰ siècle l'un de nos ports militaires ; la baie de *Quiberon*, qui doit son nom à une presqu'île rocheuse, célèbre par un désastre des émigrés pendant les guerres de la Révolution ; le golfe du **Morbihan** (petite mer), semé d'îles verdoyantes ; l'estuaire de la *Vilaine* et la rade du *Croisic*, où la côte s'abaisse et où succèdent aux rochers les sables et les marais salants.

Fig. 10. — Marais salants.

Entre la pointe du *Croisic* et la pointe *Saint-Gildas* s'ouvre le large estuaire de la **Loire**, avec le port de **Saint-Nazaire**, village de pêcheurs au commencement du siècle, aujourd'hui l'un de nos ports les plus actifs, destiné à remplacer Nantes comme le Havre a détrôné Rouen.

La côte de Bretagne est parsemée de nombreuses îles : *Ouessant*, près la pointe Saint-Mathieu ; *Sein* qui fut un des derniers asiles de la religion des druides, en face de la pointe du Raz ; les îles de *Glénan* et de *Groix*, entre la pointe de Penmarch et la presqu'île de Quiberon, et **Belle-Isle**, en face de l'embouchure de la Vilaine.

2° De la pointe *Saint-Gildas* à la pointe d'*Arvert*, au sud de l'embouchure de la *Seudre* (départements de la *Loire-Inférieure*, de la *Vendée*, de la *Charente-Inférieure*), s'étend une plage basse, sablonneuse ou couverte de marais salants, creusée par quelques baies ensablées, la baie de *Bourgneuf*, au sud de la pointe Saint-Gildas ; l'anse de l'*Aiguillon*, à l'embouchure de la Sèvre Niortaise ; la rade des *Basques*, au nord de l'embouchure de la Charente.

L'île de **Noirmoutier**, en face de la baie de Bourgneuf ; un peu plus au sud, l'île d'**Yeu** ; en face de l'embouchure de la Sèvre, l'île de **Ré**, séparée du continent par le pertuis ou détroit *Breton* ; en face de l'embouchure de la Charente, la petite île d'*Aix* et la grande île d'**Oléron**, séparée de l'île de Ré par le pertuis d'*Antioche* et du continent par la passe étroite de *Maumusson*, forment comme une digue naturelle qui brise les vagues de la haute mer, retient les alluvions apportées par les fleuves et tend peu à peu à combler les échancrures de la côte et les canaux qui la séparent des îles. A marée basse, Noirmoutier devient une presqu'île : le pertuis Breton n'a pas 10 mètres de profondeur, et la partie de la Vendée qui porte encore le nom de *Marais* était un golfe au moyen âge. En outre, la côte, soulevée par un mouvement qui dure depuis des siècles, émerge lentement au-dessus de l'Océan ; près de l'embouchure de la Sèvre, on trouve les traces de bancs d'huîtres qui sont de nos jours à une hauteur de 20 mètres au-dessus du niveau de la mer, et les cales des vaisseaux établis à Rochefort du temps de Louis XIV sont aujourd'hui à plus d'un mètre au-dessus des cales modernes. Aussi les ports de cette région perdent-ils peu à peu leur importance. Les **Sables-d'Olonne** (Vendée) ne reçoivent que des bateaux de pêche ; **La Rochelle** (Charente-Inférieure), qui était encore une des reines de l'Atlantique au moment où les protestants français en faisaient leur capitale, et où Richelieu s'en emparait (1628), voit chaque jour décliner son commerce ; près d'elle a été créé le port de **La Palice** accessible en tout temps à tous les navires ; enfin **Rochefort** même (Charente-Inférieure), un de nos cinq grands ports militaires, à l'embouchure de la Charente, paraît sérieusement menacé par l'exhaussement progressif du fond de cette rivière.

De la pointe d'Arvert à la pointe de la *Coubre* (embouchure de la Gironde), le littoral change de caractère : il est couvert de dunes, hautes en quelques endroits de plus de 60 mètres, et qui, dans leur marche envahissante, ont déjà englouti des villages et des forêts.

3° Entre la pointe de la Coubre au nord et celle de *Grave* au sud s'ouvre l'estuaire de la **Gironde**, en avant duquel s'élève, sur un îlot couvert à marée haute, le phare ou tour de *Cordouan*. La Gironde, qui ronge sans cesse sa rive gauche, et qui accumule sur sa rive droite les sables qu'elle roule dans ses flots, n'a pas de port à son embouchure : les navires, pour trouver un bon mouillage, doivent remonter jusqu'à Pauillac ou Bordeaux. Quelques travaux feraient, cependant, de la rade du *Verdon*, sur la rive gauche du fleuve, en face de *Royan*, un des bons ports de France.

A la pointe de Grave commence le golfe de **Gascogne**. Jusqu'à l'embouchure de l'**Adour**, la côte court en ligne droite du nord au sud, sans ports, sans abris, sans autre échancrure que le bassin vaseux d'*Arcachon* (départements de la *Gironde* et des *Landes*). Rien de plus morne et de plus désolé que l'aspect des Landes. Sur le littoral, des dunes hautes de 30 à 50 mètres, mobiles et ondoyantes comme les vagues de l'Océan, poussées comme elles par le souffle furieux des vents d'ouest et s'avançant lentement à la conquête de la terre habitée et cultivée ;

dans l'intérieur, au pied des dunes qui arrêtent les eaux, de vastes étangs (étangs de *Carcans*, de *Lacanau*, de *Cazau*, de *Parentis*, d'*Aureilhan*, de *Soustons*) d'où montent, vers le soir, des vapeurs blanchâtres, haleine empestée des marais, qui souffle la fièvre et la mort : des plaines monotones semées jadis de maigres bruyères où erraient en liberté des troupes de chevaux sauvages, et que parcourait, monté sur ses longues échasses, le pâtre landais, triste et silencieux comme la nature qui l'entourait. Aujourd'hui, les Landes ont changé peu à peu de face. Des forêts de pins, dont les premiers semis ont été faits au siècle dernier, d'après les plans de l'ingénieur Brémontier, ont fixé les dunes ; et, en même temps qu'elles arrêtent leur marche envahissante, elles fournissent au commerce le bois et la résine : des canaux ouvrent aux eaux stagnantes un chemin vers la mer ; 600,000 hectares, autrefois stériles, sont livrés à la culture. L'homme a vaincu le désert, mais il reste impuissant contre l'Océan, qui continue à ronger la côte des Landes, et qui gagne en un siècle plus de 200 mètres sur la terre.

4° De l'embouchure de l'Adour, à l'entrée duquel s'élève le port de **Bayonne** (département des *Basses-Pyrénées*), obstrué par une barre de sables qui se déplace, à l'embouchure de la *Bidassoa*, la côte est formée de rochers et de falaises, derniers escarpements des Pyrénées, et creusée de baies pittoresques où se cachent les petits ports de *Biarritz*, de *Saint-Jean-de-Luz*, d'*Hendaye*, sur la Bidassoa.

Les principales pêches de l'Atlantique sont celles des huîtres (rade de Brest, *Morbihan*, embouchure de la Charente), de la sardine (côte de Bretagne) et des crustacés (homards, langoustes, etc., côtes de Bretagne).

Tandis que dans la Manche les profondeurs les plus considérables ne dépassent pas 150 mètres, et que sur les côtes de la Bretagne, de la Vendée et de l'Aunis le fond de l'Atlantique s'abaisse lentement, la pente est beaucoup plus rapide dans le golfe de Gascogne où la sonde atteint, à 150 kilomètres des côtes, des profondeurs de 500 mètres.

IV

Méditerranée. — La Méditerranée, séparée de l'Atlantique par l'isthme des Pyrénées, baigne la France sur une étendue de plus de 600 kilomètres du cap *Cerbéra*, pointe extrême des Pyrénées orientales, au ruisseau Saint-Louis.

1° Les côtes du **golfe du Lion** (*Pyrénées-Orientales, Aude, Hérault, Gard*), escarpées et rocheuses du cap Cerbéra à l'embouchure de la *Têt*, s'abaissent à partir de ce point jusqu'aux bouches du Rhône et décrivent un vaste demi-cercle, bordé de plages sablonneuses, de marais salants, de lagunes et d'étangs, tels que ceux de *Leucate* et de *Sijean*, entre l'embouchure de la Têt et celle de l'*Aude*; de *Thau*, de *Maguelonne*, de *Mauguio* et d'*Aigues-Mortes*, entre l'Aude et le Rhône; de *Valcarès*, dans l'île marécageuse de la *Camargue*, formée par les deux bras principaux du fleuve; enfin, à l'est du delta du Rhône, le grand étang de *Berre*, qui communique avec le golfe de *Fos* par un étroit canal. Sur presque tout le littoral du golfe du Lion, les alluvions apportées par les nombreux cours d'eau qui s'y jettent et peut-être un soulèvement progressif de la côte analogue à celui qu'on a observé dans l'Atlantique, font reculer peu à peu la Méditerranée, transforment les golfes en étangs, séparés de la mer par de petites dunes sablonneuses, et menacent les ports envahis peu à peu par les sables et les galets. Tel a été le sort de *Narbonne* (Aude) et de *Maguelonne* (Hérault), et tel est le danger qui menace les ports d'*Agde* et de **Cette** (Hérault), l'un des plus actifs de la Méditerranée. **Port-Vendres** et *Collioure* (*Pyrénées-Orientales*), situés au pied des Pyrénées, sont des ports peu étendus, mais n'ont pas à redouter l'ensablement.

2° Au delà de l'étang de Berre, la côte se relève, les sables font place aux rochers; les îlots de *Pomègue*, de *Ratonneau* et du *château d'If* se dressent à l'entrée d'une baie ouverte qui, avec ses eaux bleues et ses roches rougeâtres, ressemble à un golfe de la Grèce. C'est là qu'une colonie de Phocéens est venue fonder **Marseille** (Bouches-du-Rhône, 442,000 hab.), aujourd'hui notre premier port français, et l'une des reines du commerce de l'Orient.

La côte de **Provence** (départements des *Bouches-du-Rhône*, du *Var* et des *Alpes-Maritimes*), qui s'avance en arc de cercle, devient de plus en plus rocheuse et découpée. Ses profondes échancrures (rade de *Toulon*, golfe de *Giens*, rade d'*Hyères*, golfes de *Saint-Tropez*, de *Fréjus*, de la *Napoule*, golfe *Jouan*, célèbre par le débarquement de Napoléon en 1815, rade de *Villefranche*), ses caps escarpés et couronnés de verdure (caps *Couronne*, *Sicié*, cap *Cépet*, presqu'île de *Giens*, cap *Lardier*, cap de *Saint-Tropez*) ; ses îlots granitiques, les îles d'**Hyères** (Porquerolles, Port-Cros et île du Levant), les îles de **Lérins** (Sainte-Marguerite et Saint-Honorat), avec leurs bois de pins et de chênes-verts, annoncent le voisinage des Alpes, qui plongent jusque dans le golfe de Gênes leurs pentes couvertes de villas, de bois d'oliviers et d'orangers.

Les principaux ports depuis Marseille jusqu'à l'embouchure de la Roya sont : **Toulon** (96,000 hab.), œuvre de Vauban, avec sa rade immense protégée par la presqu'île de *Cépet*, ses arsenaux et ses chantiers de construction les plus vastes de la Méditerranée ; *Fréjus*, envahi par les sables ; *Cannes*, avec ses avenues de palmiers et son délicieux climat ; *Antibes*, non loin de l'embouchure du Var ; **Nice** (130,000 hab.), le chef-lieu des Alpes-Maritimes ; *Villefranche*, *Menton*, villes françaises depuis 1860 ; *Monaco*, petite principauté indépendante, rendez-vous de la foule élégante, qui vient chercher sous ce beau ciel la santé ou le plaisir.

3° La **Corse**, terminée au nord par le cap *Corse* et séparée de la grande île de Sardaigne, qui appartient à l'Italie, par un détroit hérissé d'écueils, celui de *Bonifacio*, est une île montagneuse, dont les côtes, très élevées et très découpées au nord et à l'ouest (golfes de *Saint-Florent*, d'*Ajaccio*, de *Valinco*), sont moins accidentées et souvent marécageuses à l'est. Les principaux ports de la Corse sont : au nord, **Bastia**, sur la côte orientale, et *Saint-Florent*, sur la côte occidentale ; à l'ouest, **Ajaccio**.

La profondeur de la Méditerranée, qui est de moins de 200 mètres dans le golfe du Lion, atteint 300 mètres à peu de distance du littoral sur les côtes de Provence : les marées, comme dans toutes les mers intérieures, y sont à peine sensibles.

En résumé, malgré l'étendue de ses côtes, la France a peu de bons ports : à l'exception de Boulogne, du Havre et de Cherbourg, création tout artificielle, ceux de la Manche sont menacés par l'invasion des sables ou des galets ; ceux de l'Océan et de la Méditerranée ont à redouter le même danger et, de plus, le soulèvement progressif des côtes. Les plus profonds et les plus sûrs sont ceux qui s'ouvrent au milieu des rochers de la Provence et de la Bretagne.

RÉSUMÉ

I

SITUATION. — La France est située entre 42 degrés 20 minutes et 51 degrés de latitude septentrionale, 7 degrés de longitude occidentale et 5 degrés de longitude orientale mesurés à partir du méridien de Paris.

BORNES. — Elle est bornée, au nord-ouest, par la *mer du Nord* et la *Manche*, à l'ouest, par l'*Atlantique*, au sud, par les *Pyrénées* qui la séparent de l'Espagne et par la *Méditerranée*, à l'est, par les *Alpes* qui la séparent de l'Italie, le *lac de Genève* et le *Jura* qui la séparent de la Suisse ; au nord-est, par les *Vosges* et par une ligne de convention qui la sépare de l'Allemagne ; au nord, par le grand-duché de Luxembourg et la Belgique.

SUPERFICIE. DIMENSIONS. — La France offre à peu près la forme d'un hexagone ou figure à six côtés, dont trois forment la frontière maritime et les trois autres la frontière continentale. La superficie totale est d'environ 536,000 kilomètres carrés ou 53,600,000 hectares, y compris l'île de Corse. Avant les traités de 1871, la superficie de la France était de 543,000 kilomètres carrés.

La plus grande longueur du sud au nord est de 1,000 kilomètres (250 lieues kilométriques) : la plus grande largeur, de l'ouest à l'est, est de 900 kilomètres (225 lieues kilométriques).

II

LIMITES DU NORD-OUEST. MER DU NORD. MANCHE. — De la frontière de Belgique à la pointe Saint-Mathieu, où se termine la Manche, le développement des côtes est d'environ 900 kilomètres. La direction générale est du nord-est au sud-ouest. Elles sont baignées par la mer du Nord, par le pas de Calais, qui n'a nulle part plus de 50 mètres de profondeur, et par la Manche dont les profondeurs extrêmes ne dépassent pas 150 mètres. On y remarque les caps *Gris-Nez* et d'*Antifer*, de la *Hève*, la presqu'île du *Cotentin* terminée par le cap de la *Hague*, le cap *Fréhel*.

Les *principaux golfes* sont la baie de la *Somme*, le golfe de la *Seine* ou du *Calvados*, la baie du *mont Saint-Michel*, le golfe de *Saint-Malo*, la baie de *Saint-Brieuc*.

Les *principales îles* sont les îles anglo-normandes : *Aurigny, Guernesey, Jersey*, séparées du littoral par le *Raz de Blanchard* et le *passage de la Déroute*, les îles *Chausey*, l'île *Bréhat*, les *Sept-Îles*.

Les *départements du littoral* sont le Nord, le Pas-de-Calais, la Somme (dunes et plages sablonneuses); la Seine-Inférieure (falaises); l'Eure, le Calvados, la Manche (plages et falaises bordées d'écueils); l'Ille-et-Vilaine, les Côtes-du-Nord, le Finistère (rochers).

Les *principaux ports* sont *Dunkerque* (Nord); *Calais* et *Boulogne* (Pas-de-Calais); *Dieppe*, Fécamp, le HAVRE (Seine-Inférieure); Honfleur (Calvados); CHERBOURG et Granville (Manche); *Saint-Malo* (Ille-et-Vilaine) et Morlaix (Finistère).

III

LIMITES DE L'OUEST. ATLANTIQUE. — L'Atlantique et le golfe de Gascogne baignent la France depuis la pointe Saint-Mathieu jusqu'à l'embouchure de la Bidassoa, sur une étendue de 1,100 kilomètres. La direction générale des côtes est du nord au sud.

De la pointe *Saint-Mathieu* à la pointe du *Croisic* (embouchure de la Loire) s'avance la presqu'île de *Bretagne* (pointes du *Raz*, de la *Chèvre*, de *Penmarch*, presqu'île de *Quiberon*; baies de *Brest*, de *Douarnenez*, d'*Audierne*, du *Morbihan*; îles d'*Ouessant*, de *Sein*, de *Glenan*, de *Groix* et de *Belle-Isle*).

De la pointe *Saint-Gildas* (embouchure de la Loire) à celle de la *Coubre* (embouchure de la Gironde, rive droite), on rencontre les îles de *Noirmoutier*, d'*Yeu*, de *Ré*, d'*Aix*, d'*Oléron*.

De la pointe de *Grave* (embouchure de la Gironde, rive gauche), à la *Bidassoa*, les côtes sont bordées d'étangs (bassin d'*Arcachon*, étangs de *Carcans*, de *Lacanau*, de *Cazau*, de *Parentis*).

Le fond de l'Atlantique s'abaisse par une pente de plus en plus rapide, à mesure qu'on s'éloigne des côtes.

Les *départements du littoral* sont sur l'Atlantique, le Finistère, le Morbihan (rochers et côtes granitiques); la Loire-Inférieure (marais salants); la Vendée, la Charente-Inférieure (plages basses, marais salants); sur le golfe de Gascogne, la Gironde, les Landes (dunes et étangs); et les Basses-Pyrénées (rochers).

Les *principaux ports* sont BREST (Finistère); LORIENT (Morbihan), ports militaires; SAINT-NAZAIRE et NANTES (Loire-Inférieure); *La Rochelle* avec LA PALICE et ROCHEFORT, port militaire (Charente Inférieure); PAUILLAC et BORDEAUX (Gironde); et *Bayonne* sur l'Adour (Basses-Pyrénées).

IV

LIMITES DU SUD-EST. MÉDITERRANÉE. — La Méditerranée baigne la France sur une étendue de plus de 600 kilomètres, du cap *Cerbéra* à l'embouchure de la *Roya*.

Les *principaux golfes* ou baies sont le *golfe du Lion*, les rades de Marseille et de Toulon, les golfes de *Giens*, de *Saint-Tropez*, de *Fréjus*, le golfe *Jouan*.

Les *principaux étangs* sont ceux de *Leucate*, de *Sijean*, de *Thau*, de *Valcarès* et de *Berre*.

Les *caps et presqu'îles* sont le cap *Cerbéra*, le cap *Couronne*, le cap *Sicié*, la presqu'île de *Giens*, le cap *Lardier*.

Les *îles* sont celles d'*Hyères*, de *Lérins* et la CORSE (golfes d'Ajaccio, de Valinco, de Saint-Florent, cap *Corse*), séparée de la Sardaigne par le détroit de *Bonifacio*.

Les *départements du littoral* sont les Pyrénées-Orientales (rochers), l'Aude, l'Hérault, le Gard (plages sablonneuses et lagunes); les Bouches-du-Rhône, le Var, les Alpes-Maritimes (côtes rocheuses et découpées).

Les *principaux ports* sont *Port-Vendres* (Pyrénées-Orientales); CETTE (Hérault); MARSEILLE (Bouches-du-Rhône); TOULON, port militaire, et Antibes (Var); *Nice* et Villefranche (Alpes-Maritimes); *Bastia* et Ajaccio (Corse).

(*Voir pour les exercices, page* 92.)

CHAPITRE III

LIMITES CONTINENTALES. LES PLACES FORTES.

I

Limites méridionales. Les Pyrénées.

La Bidassoa. — La limite entre la France et l'Espagne est formée depuis *Hendaye* par la petite rivière de la **Bidassoa**, que le chemin de fer de Paris à Madrid franchit entre *Hendaye*, sur la rive française, et *Irun* sur la rive espagnole : puis par un rameau des Pyrénées, les *montagnes de la basse Navarre*, qui se prolongent jusqu'au col de *Maya*. C'est la partie la plus faible de cette frontière, celle par où l'armée anglaise pénétra, en 1814, sur le territoire français. Elle est défendue par la place forte de **Bayonne**, place médiocre mais qui n'a jamais été prise depuis sa réunion à la France.

Les Pyrénées. — Du col de Maya au cap *Cerbéra*, sur la Méditerranée, sur une longueur d'environ 360 kilomètres, la frontière se dirige de l'ouest à l'est en suivant presque toujours la crête des Pyrénées, sauf sur deux points, les sources de la Garonne (val d'*Aran*), qui appartiennent à l'Espagne, et les sources de la *Segre* (Cerdagne française), qui appartiennent à la France.

Dominées par des pics escarpés, les Pyrénées sont sillonnées par un grand nombre de vallées presque perpendiculaires à la crête, que séparent de puissants contreforts et qui forment dans la ligne de faîte des échancrures connues sous le nom de cols ou de *ports*. Elles sont couvertes à leur base de forêts de sapins, plus haut de bois d'ifs et de pins, enfin de pâturages qui s'étendent jusqu'à la cime : elles s'élèvent du côté de l'Espagne comme une muraille presque perpendiculaire ; la pente septentrionale, plus longue et moins rapide, est couverte sur les sommets les plus élevés de neiges éternelles, quelques glaciers se sont formés dans les hautes vallées, et plus bas dorment des lacs, aux eaux froides et profondes (lacs d'Oo, de Gaube, etc...).

Les Pyrénées franco-espagnoles se divisent en trois parties : 1° des sources de la Bidassoa au massif du mont *Perdu* (mont *Cylindre*, 3330 mètres) et *Pic du Midi de Bigorre* (2880 mètres), les **Pyrénées occidentales** ou Basses-Pyrénées (1600 mètres de hauteur moyenne) avec le pic d'*Anie* (2530 mètres), le pic du *midi d'Ossau* (2900 mètres), le *Vignemale* (3290 mètres), le *Taillon* (3080 mètres), les Tours de *Marboré*.

2° Du cirque de *Troumouse* au pic de *Carlitte* (2920 mètres), les **Pyrénées centrales**, la partie la plus large, la plus élevée et la plus abrupte de la chaîne avec ses sommets granitiques, le pic *Posets* (3370 mètres), la *Maladetta* et le *Néthou* point culminant (3404 mètres) sur le revers espagnol ; le *Mont-Vallier* (2840 mètres) et le *Mont-Calm* (3080 mètres) dans le versant français ; plusieurs cols sont élevés de 1900 à 2500 mètres, le port d'*Oo*, le port de *Venasque*, le col de *Puymorens*.

3° Du pic de Carlitte à la pointe Cerbéra, les **Pyrénées orientales** (hauteur moyenne 1500 mètres), d'où se détache dans le versant septentrional le massif du *Canigou* (2785 mètres).

Le massif des Pyrénées, bien qu'il soit traversé par de nombreux passages (plus de 150), forme une frontière à peu près infranchissable aux armées, sauf aux deux extrémités de la chaîne qui s'abaissent vers le golfe de Gascogne et la Méditerranée. Les principales routes praticables aux voitures sont, dans les Pyrénées occidentales, celle de *Pampelune*, capitale de la Navarre espagnole, à *Bayonne* par les cols de Maya et de Bélate ; celle de Pampelune à *Saint-Jean-Pied-de-Port* (Basses-Pyrénées), par le *col de Roncevaux*, témoin du désastre si fameux de l'armée de Charlemagne, et où la route carrossable s'interrompt pendant quelques kilomètres, et n'est plus qu'un chemin de mulets ; celle de Pau à Saragosse par le col de *Canfranc* ; dans les Pyrénées orientales, celle de *Puycerda* (Cerdagne espagnole), à *Prades* (Pyrénées-

Orientales), par le col de la *Perche*, que défend la forteresse française de *Mont-Louis*, et celle de *Figuières*, en Catalogne, à *Perpignan* (Pyrénées-Orientales), par le col de *Perthus*, que défend le fort de *Bellegarde*. Un chemin de fer qui réunit Perpignan à Barcelone longe le littoral par *Port-Vendres*, *Banyuls* et le col de *Bélistre*. Les Pyrénées-Orientales sont défendues par la place forte de **Perpignan**, qui domine toute la plaine du Roussillon, et qui a toujours arrêté les invasions du côté de la frontière.

Les départements qui touchent à la frontière sont : de l'ouest à l'est, les *Basses-Pyrénées*, les *Hautes-Pyrénées*, la *Haute-Garonne*, l'*Ariège* et les *Pyrénées-Orientales*.

II

Limites du sud-est. Les Alpes.

Les Alpes. — La frontière entre la France et l'Italie qui, avant l'annexion du Comté de Nice (1860), était formée par le Var, a été reportée à l'est de cette ancienne limite depuis le ruisseau Saint-Louis jusqu'à la crête des collines qui dominent la rive droite de la *Roya*. Elle longe ensuite cette rivière et passe sur sa rive gauche, puis la franchit de nouveau, au sud du col de **Tende**, pour se diriger vers l'ouest et atteindre enfin la crête des Alpes, qu'elle suit aujourd'hui jusqu'au mont *Blanc* (4810 mètres).

Les Alpes, dont le massif du *Saint-Gothard* occupe à peu près le centre, se divisent en trois grandes sections : *Alpes orientales* (Alpes Juliennes, Carniques), *Alpes centrales* (Alpes Rhétiques, Lépontiennes et Pennines), et *Alpes occidentales*. Cette dernière partie de la chaîne, dont le versant occidental appartient à la France et qui court du nord au sud, comprend elle-même trois divisions :

1° Des sources de la Roya (col de *Tende*), au mont *Viso* (3836 mètres), les **Alpes maritimes** d'où se détachent dans la direction du sud-ouest les *Alpes de Pro-*

vence prolongées sur le littoral de la Méditerranée par les monts de l'*Esterel* (hauteur moyenne 600 mètres), les monts des *Maures* (600 à 700 mètres), la montagne *Sainte-Victoire* et les *Alpines*.

2° Du mont Viso au col du mont *Cenis*, les **Alpes Cottiennes** dont les points culminants atteignent 3600 mètres et dont le sommet le plus connu est le mont *Tabor* (3172 mètres). Du mont *Tabor* se détachent les *Alpes de Maurienne*, dominées par le pic des *Trois-Ellions* (3880 mètres), et les *Alpes du Dauphiné*, chaîne tortueuse dont les glaciers, les gorges sauvages, les pics escarpés (barre des *Ecrins*, 4100 mètres, dans le massif du *Pelvoux de Vallouise*), le disputent à ceux de la grande chaîne. Elles vont s'épanouir au nord de la Provence dans les massifs du mont *Ventoux* (1900 mètres) et du mont *Lubéron*.

3° Du col du mont Cenis au mont *Blanc*, la plus haute montagne de l'Europe, dont la cime domine à la fois la France, l'Italie et la Suisse, les **Alpes Grées** et le massif de la *Vanoise* avec des pics qui atteignent 3800 mètres, et les cols du *Petit Saint-Bernard* et de la *Seigne*.

Du massif du mont Blanc se détachent, au nord, les *Alpes du Chablais* ou du *Valais* qui se prolongent du col de *Balme* jusqu'au lac de Genève, à l'ouest les *Alpes de Savoie*, au sud-ouest les monts des *Bauges* et plus loin les *Monts de la Grande-Chartreuse*.

Malgré leurs glaciers et leurs neiges éternelles, les Alpes sont moins inaccessibles que les Pyrénées. Les routes qui les franchissent sont nombreuses. Quelques-unes, comme celles du *col de Larche* ou de *l'Argentière* traversé par François Ier avant la bataille de Marignan (route de *Barcelonnette* à *Coni*), sont carrossables; d'autres (col *Agnel*, route de *Briançon*, dans les Hautes-Alpes, à *Saluces*, en Piémont, etc.) ne sont que des sentiers de mulets; mais celles du mont **Genèvre** et du mont **Cenis** qui partent, l'une de *Briançon*, l'autre de *Saint-Jean-de-Maurienne* (Savoie), et viennent se réunir à *Suse*, en Piémont, sont praticables aux voitures et ont été plus d'une fois franchies par les armées depuis Annibal jusqu'à nos jours. La route de *Moutiers* (Savoie) à *Aoste* (Piémont), par le col du *Petit Saint-Bernard*, est également importante.

Le chemin de fer de Lyon à Turin perce les Alpes entre le mont *Cenis* et le mont *Tabor* par un tunnel de plus de 12 kilomètres qui passe sous le col de *Fréjus*.

Les principales places fortes de cette frontière sont : *Briançon* (Hautes-Alpes), qui défend la vallée de la Durance, et **Grenoble** (Isère), l'une de nos plus importantes forteresses, située au débouché des montagnes, dans la vallée de l'Isère.

Les départements limitrophes de l'Italie sont, du sud au nord, les *Alpes-Maritimes*, les *Basses-Alpes*, les *Hautes-Alpes*, la *Savoie* et la *Haute-Savoie*.

III

Limites de l'est. Le Jura (Suisse) et les Vosges.

Le lac de Genève. — A partir du mont Blanc, la frontière se redresse vers le nord, s'éloigne de la chaîne principale et suit jusque sur les bords du lac de Genève un rameau des Alpes qui sépare le département de la *Haute-Savoie* du canton suisse du Valais.

Elle longe ensuite la rive méridionale du lac, l'abandonne à peu de distance de la ville de Genève, atteint le Rhône qu'elle remonte pendant quelques kilomètres, traverse le fleuve et le chemin de fer de Lyon à Genève près de Pougny, et se dirige de nouveau vers le nord, séparée du lac par une étroite bande de terrain. Le défilé par lequel le Rhône se fraie un chemin entre le Jura et les derniers contreforts des Alpes de Savoie, est fermé par le fort l'*Ecluse ;* et la place de **Lyon**, au confluent du Rhône et de la Saône, est la citadelle de la région de l'est et du sud-est.

Le Jura. — A partir du massif de la Dôle, la limite suit la crête du Jura, puis le Doubs, qui séparent la France des cantons de Vaud, de Neuchâtel et de Berne, coupe deux fois le cours capricieux de cette rivière et vient rejoindre les Vosges au ballon d'Alsace en embrassant le territoire de Belfort, le dernier débris de l'Alsace que nous aient laissé les traités de 1871.

Le Jura (hauteur moyenne 1000 à 1100 mètres) se compose de plusieurs chaînes parallèles que séparent des vallées longitudinales et qui vont en s'abaissant de l'est à l'ouest. La longueur totale est d'environ 300 kilomètres, et la largeur de 60 à 70. La chaîne orientale, qui renferme les sommets les plus élevés (Crêt de la *Neige*, 1724 m., *Reculet*, 1720 mètres, et mont *Colombey*, 1689 mètres, en France; mont *Dôle*, 1680 mètres, et mont *Tendre*, 1680 mètres, en Suisse), offre l'aspect d'une longue muraille calcaire qui s'abaisse à mesure qu'elle s'éloigne vers le nord et dont le pied est baigné par les lacs de Genève, de Neuchâtel et de Bienne. Du haut de cette crête escarpée le regard plonge du côté de la France sur des vallées profondes où courent des torrents, où dorment des lacs aux eaux limpides, sur des plateaux couverts de pâturages et couronnés de bois de sapins et sur des chaînes aux croupes arrondies dont les dernières ondulations viennent mourir dans les plaines marécageuses de la Bresse et les vallons de la Franche-Comté. On divise ordinairement le Jura français, en *Jura méridional* du Rhône au col des *Rousses*, au pied du mont Dôle; *Jura central*, du col des *Rousses* au col des *Verrières*, et *Jura septentrional* du col des Verrières à la trouée de Belfort.

Le Jura est franchi par un grand nombre de routes: les principales sont: celles de Lons-le-Saulnier à Genève par le col des *Rousses*; de Pontarlier à Neuchâtel, par le col des *Verrières*, défendue par le fort de *Joux*, et de Besançon à Neuchâtel, par le col des *Roches*.

Quatre lignes de chemins de fer traversent le Jura: celle de Pontarlier à Lausanne (Suisse) par *Jougne*; celle de Pontarlier à Neuchâtel, par le col des *Verrières*; celle de Besançon à Neuchâtel et celle de Belfort à Bâle par *Delle, Sainte-Ursanne* et *Délémont*.

La principale place forte est **Besançon**, sur le Doubs (département du Doubs).

La Trouée de Belfort. — Entre le Jura et les Vosges, le terrain s'abaisse; aux montagnes succèdent des collines ou des plateaux peu élevés: c'est la trouée de Belfort, franchie par le canal de l'Est, par la grande route de Paris à Bâle (Suisse), et par le chemin de fer de Belfort à Mulhouse et à Bâle. Ce point vulnérable n'est couvert que par le camp retranché de *Belfort*, la principale des forteresses assiégées par les Prussiens en 1871, qui ait résisté jusqu'à la fin des hostilités. Les fortifications de *Langres* (Haute-Marne) forment une seconde ligne de défense.

Les départements limitrophes de la Suisse sont la *Haute-Savoie*, l'*Ain*, le *Jura*, le *Doubs* et le territoire de *Belfort*.

La frontière avant 1871. — Avant les traités de 1871, la frontière française de l'est, à partir de la trouée de Belfort, suivait le cours du Rhin depuis *Huningue*, place forte démantelée en 1814, jusqu'à *Lauterbourg*, au confluent du fleuve avec la Lauter. Le Rhin avait donné son nom aux deux départements qui formaient autrefois la province d'Alsace, le Haut-Rhin et le Bas-Rhin. La grande place de **Strasbourg** couvrait à la fois le passage du fleuve et les défilés des Vosges. Les traités de 1871, en nous enlevant l'Alsace, à l'exception du territoire de Belfort, ont ramené la frontière aux Vosges et donné à l'empire d'Allemagne les deux rives du Rhin.

Les Vosges. — Les Vosges forment aujourd'hui la frontière entre l'Allemagne et la France, depuis le ballon d'Alsace (1258 mètres) jusqu'au mont Donon (1017 mètres). Ces montagnes boisées et percées de nombreux défilés: le col de *Bussang* (route d'Épinal à Mulhouse); le col du *Bonhomme* (route de Saint-Dié à Colmar); le col de *Sainte-Marie-aux-Mines* (route de Saint-Dié à Schelestadt); le col de *Schirmeck* (route de Saint-Dié à Strasbourg), ne seraient une défense que si nous possédions tout le versant occidental de la chaîne; les Prussiens étant maîtres des deux versants, au nord du mont Donon, il est impossible de défendre sérieusement la ligne des *Vosges*, qui est couverte, du reste, par de nombreux forts détachés et le camp retranché d'*Epinal*, dans le département des Vosges.

IV

Frontières du nord-est et du nord.

Allemagne. — A partir du mont Donon, la frontière cesse d'être **naturelle** ; ce ne sont plus des fleuves, des montagnes ou des mers qui limitent la France, mais des frontières de convention.

Avant 1871, la frontière, à partir du confluent du Rhin et de la Lauter, suivait d'abord la vallée de cette petite rivière où se livrèrent les premiers combats de la campagne de 1870 (bataille de Wissembourg), puis coupait les Vosges, la vallée de la Sarre, l'une des routes de l'invasion prussienne en 1870, et celle de la Moselle, défendue par les places de *Thionville* et de **Metz**, aujourd'hui occupées par la Prusse.

Depuis les traités de 1871, qui nous ont enlevé le département presque entier de la Moselle et une partie de celui de la Meurthe avec toutes les places fortes qui défendaient les passages des Vosges et les vallées de la Sarre et de la Moselle, la frontière se dirige vers le nord-ouest en coupant à Avricourt le chemin de fer de Nancy à Strasbourg, le canal de la Marne au Rhin, puis le cours de la Moselle et la ligne de Verdun à Metz. *Toul*, sur la Moselle, et *Longwy* sont les seules anciennes forteresses que nous ayons conservées.

Le département de *Meurthe-et-Moselle*, devenu frontière, est limitrophe de l'Alsace-Lorraine, la nouvelle conquête allemande, du grand-duché de Luxembourg et de la province du Luxembourg belge.

Belgique. — Depuis *Longwy* (Meurthe-et-Moselle), jusqu'à *Dunkerque*, la France n'est séparée de la Belgique que par une ligne de convention. La frontière, qui continue de courir vers le nord-ouest, traverse les plateaux des Ardennes orientales, coupe le cours de la Meuse au nord de Givet, se creuse en arc de cercle entre la Meuse et la Sambre, traverse la Sambre, l'Oise presque à sa source, l'Escaut et son affluent, la Lys, et vient aboutir à la mer du Nord, non loin de Dunkerque. Les départements limitrophes de la Belgique sont, de l'est à l'ouest, les départements de *Meurthe-et-Moselle*, de la *Meuse*, des *Ardennes*, de l'*Aisne* et du *Nord*.

Cette frontière étant complètement ouverte aux invasions, Louis XIV confia au grand ingénieur Vauban le soin de la fortifier et de suppléer par l'art aux défenses naturelles. *Montmédy* (Meuse) défend imparfaitement la trouée entre la Moselle et la Meuse ; sur la Meuse, s'élève le grand camp retranché de *Verdun* (Meuse). *La Fère* et *Laon* (Aisne) défendent la trouée de l'Oise ; *Maubeuge* (Nord), la vallée de la Sambre ; *Condé* (Nord), celle de l'Escaut ; **Lille**, une des plus fortes places de la région, sert de citadelle à tout ce système de fortifications. En seconde ligne, **Reims** (Marne), *Péronne* (Somme), couvrent les routes de **Paris** qui, avec son enceinte bastionnée et son immense ceinture de forts détachés, est devenu la base sur laquelle s'appuie toute l'organisation défensive de notre nouvelle frontière, si largement ouverte à toutes les attaques.

RÉSUMÉ

I

1° Les Limites du sud entre l'Espagne et la France sont formées par la *Bidassoa*, les *Pyrénées occidentales* (cols de Maya, de Roncevaux et de Canfranc) ; les *Pyrénées centrales* dont les passages sont impraticables pour une armée ; et les *Pyrénées orientales* (cols de la Perche, de Perthus). Deux lignes de chemins de fer franchissent cette frontière à l'ouest et à l'est.

Les *départements frontières* sont les Basses-Pyrénées (place forte, Bayonne), les Hautes-Pyrénées, la Haute-Garonne, l'Ariège, les Pyrénées-Orientales (Perpignan).

2° Les Limites du sud-est et de l'est sont formées : Entre la France et l'Italie, par les *Alpes maritimes* du col de Tende au mont Viso (col de Larche) ; les *Alpes Cottiennes* du mont Viso au mont Cenis (cols du mont Genèvre et du mont Cenis, tunnel du chemin de fer de Lyon à Turin) ; les *Alpes Grées* du col du mont Cenis au mont Blanc (col du Petit Saint-Bernard).

Les *départements frontières de l'Italie* sont les Alpes-Maritimes, les Basses-Alpes, les Hautes-Alpes, la Savoie et la Haute-Savoie. Nice (Alpes-Maritimes), Briançon (Hautes-Alpes), Grenoble (Isère) et Lyon (Rhône) sont les principales défenses de cette frontière.

3° Entre la France et la Suisse ; par le *lac de Genève* et le *Jura* jusqu'à la trouée de Belfort ; le Jura est traversé par plusieurs routes ou lignes de chemins de fer (col des Rousses, col des Verrières, chemin de fer de Pontarlier à Neuchâtel).

Les *départements frontières de la Suisse* sont la Haute-Savoie, l'Ain, le Jura, le Doubs (Besançon).

4° Entre la France et l'Allemagne, au delà de la trouée défendue en première ligne par Belfort, en seconde ligne par Langres (Haute-Marne), s'élèvent les Vosges (territoire de Belfort et département des Vosges), coupées par les cols de Bussang, du Bonhomme, de Sainte-Marie-aux-Mines et de Schirmeck, dans leur partie française (camp retranché d'Épinal).

5° La LIMITE DU NORD-EST ET DU NORD est une ligne conventionnelle qui sépare la France de l'*Allemagne* (département de Meurthe-et-Moselle, place forte de Toul) ; du *grand-duché de Luxembourg* (département de Meurthe-et-Moselle, place forte de Longwy), et de la *Belgique* (départements de Meurthe-et-Moselle, de la Meuse (Verdun), des Ardennes, de l'Aisne (Laon), et du Nord (Maubeuge, Condé, Lille). Reims, Soissons, Péronne forment une seconde ligne de défense.

Paris avec ses forts détachés est devenu la citadelle de la France septentrionale. (*Voir, pour les exercices, page 98.*)

CHAPITRE IV

RELIEF DU SOL. MONTAGNES INTÉRIEURES

Le Massif central

Entre les Pyrénées, le Jura et les Alpes, le *Massif central* forme le principal trait du relief de la France. Composé d'une longue ligne montagneuse, les *Cévennes*, à laquelle viennent, vers l'ouest, se rattacher de nombreuses ramifications, il est nettement délimité au nord par le *seuil de Chagny* qui le sépare de la Côte d'Or, au sud par le *seuil de Naurouse* qui l'isole des Corbières, c'est-à-dire des dernières terrasses des Pyrénées. C'est une région accidentée, froide et pauvre, n'ayant rien qui puisse retenir, encore moins attirer l'homme ; aussi, pendant longtemps les voies de communication l'ont contourné sans chercher à le pénétrer, et, de nos jours seulement, des voies ferrées de plus en plus nombreuses ont remonté les vallées, franchi ou percé les montagnes, apportant enfin quelques ressources à ces régions si longtemps déshéritées.

Au sud du *Morvan*, massif granitique (900 mètres) qui forme une sorte de bastion du Massif central auquel il était jadis rattaché, une ligne de hauteurs d'aspect et de composition géologique très variables sépare la Loire de la Saône et du Rhône. A partir des *monts du Charolais* (775 m.), le sol s'élève du nord au sud par les monts du *Beaujolais* et du *Lyonnais* (1,000 m.). Les monts du *Vivarais* (mont Mézenc, 1,754 m.) développent leurs cratères éteints et leurs coulées de laves entre la dépression du *Pas de l'âne* et la trouée de *Villefort* qu'emprunte aujourd'hui la voie ferrée de Paris à Nîmes.

Plus au sud, les véritables Cévennes aux pentes abruptes vers le Rhône et la Méditerranée, aux terrains en général granitiques se prolongent jusqu'au seuil de Naurouse. Les *monts de la Lozère* (1,700 m.) sont arides et déboisés ; les *monts Garrigues*, calcaires comme les plateaux des Causses dont ils semblent le prolongement, se continuent par les monts de l'*Espinouse* et la *montagne Noire* dont les eaux abondantes sont recueillies dans de vastes réservoirs qui alimentent le canal du Midi.

Parmi les ramifications qui se rattachent aux Cévennes, les plateaux du *Vélay*, les *monts du Forez* et de la *Madeleine* séparent entre elles les vallées de la Loire et de l'Allier.

Aux crêtes noirâtres et boisées des *monts de la Margeride* succèdent, entre les affluents de la Loire et ceux de la

Garonne, les *monts d'Auvergne* dont le soubassement granitique est recouvert des laves vomies par les anciens volcans de la France centrale. Là s'élèvent les plus hauts sommets de la France intérieure (Puy de Sancy, 1,886 m.; Plomb du Cantal, 1,858 m.; Puy de Dôme, 1,465 m.), qui dominent des vallées profondes couvertes de prairies naturelles, de pâturages et de forêts de châtaigniers; les *monts du Limousin* marquent la fin du Massif central vers l'ouest.

Enfin, entre la Dordogne, le Lot, le Tarn et ses affluents se développent les *Causses*, plateaux calcaires aux énormes escarpements, au climat froid, au sol aride, dont les profondes cavités sont sillonnées de rivières souterraines et à la surface desquels s'étendent d'énormes entassements de pierre qui présentent l'image d'un véritable chaos.

Collines et plateaux secondaires. — Les plateaux calcaires de la *Côte d'Or* (636 m.), de *Langres*, des *monts Faucilles* et l'*Argonne* qui enveloppe la Meuse forment la transition entre le Massif central et les Vosges. Mais, au-dessus des plaines basses qui occupent toute la partie occidentale de la France se dressent çà et là quelques rares massifs de collines isolées: les *collines de la Saintonge*, du *Poitou* et de *Gatine* entre la Charente, la Garonne et la Loire; les *collines de Bretagne*, dans la péninsule armoricaine, couvertes de bruyères et d'ajoncs; les *collines de Normandie*, à la source de l'Orne, prolongées par les *collines boisées du Perche*; enfin, au nord de la Seine, les *collines de Picardie* et de l'*Artois* dont les légères ondulations dominent à peine la plaine basse où coulent la Somme et l'Escaut.

Enfin, le plateau schisteux de l'*Ardenne* (500 m.), l'*Argonne* et le *plateau de Lorraine* couvrent la plus grande partie de la région nord-est de la France, encaissant les vallées profondes et étroites de la Meuse, de la Moselle et de leurs affluents, et préparant la transition avec la chaîne déjà plus élevée des Vosges.

Les plaines françaises. — On a longtemps exagéré le tracé de ce que l'on appelait, non sans inexactitude,

96 RELIEF DU SOL. MONTAGNES INTÉRIEURES.

Carte VI.

la ligne de partage des eaux de la France, qui, loin de présenter un relief nettement marqué et continu, ne présente qu'une succession de collines, plateaux et montagnes séparés par des dépressions et des passages naturels.

On peut, en réalité, distinguer en France, d'après la pente générale du sol et la direction des eaux, deux versants : d'une part la plaine de la Saône et la vallée du Rhône inclinées vers la Méditerranée ; de l'autre, la plaine française que traversent la Garonne, la Loire, la Seine et l'Escaut et dont la pente parfois presque insensible s'abaisse lentement vers l'Océan, la Manche et la mer du Nord.

RÉSUMÉ

Entre les vallées de la Garonne, de la Loire et du Rhône, se dresse le *Massif central* composé des Cévennes. Le sol s'élève du seuil de Chagny à la trouée de Villefort par les monts du Charolais, du Beaujolais, du Lyonnais et du Vivarais ; et s'abaisse vers le sud jusqu'au seuil de Naurouse par les monts de la Lozère, Garrigues et la montagne Noire.

Aux Cévennes viennent se rattacher, à l'ouest : 1° Les plateaux du *Velay*, les *monts du Forez* et de la *Madeleine*; 2° les *monts de la Margeride*, que prolongent au nord-ouest les monts d'Auvergne et les collines du Limousin ; 3° les plateaux des *Causses*.

A la surface de la vaste plaine qui, commençant au nord des Pyrénées, occupe toute la partie occidentale de la France, se continue en Belgique et en Allemagne, se dressent quelques massifs isolés de collines (collines de la *Saintonge*, du *Poitou*, de *Gâtine*; collines de *Bretagne* et de *Normandie*; collines de *Picardie* et de l'*Artois*).

Les plateaux de la *Côte-d'Or*, de *Langres*, des *monts Faucilles*, de l'*Argonne* et de l'*Ardenne* forment la transition entre le Massif central et la chaîne des Vosges.

Sans chercher à tracer, comme on l'a fait trop souvent, une ligne de partage des eaux continue, on peut distinguer en France deux versants : 1° le versant méditerranéen où coulent le Rhône et la Saône ; 2° les plaines de l'ouest et du nord-ouest traversées par la Garonne, la Loire, la Seine, la Somme et l'Escaut.

Exercices (chapitres I, II, III, IV).

Tracer au tableau noir et à main levée le contour de la France.
Indiquer sur cette carte les îles, golfes, caps et les départements du littoral avec les principaux ports.
Tracer la carte spéciale des Alpes et des Pyrénées.
Indiquer sur une carte de France la répartition générale du relief du sol et des plaines.

CHAPITRE V

LES EAUX, FLEUVES ET LACS

Le versant de la **Méditerranée** ne comprend qu'une grande vallée, celle du Rhône. Sur le versant de l'Atlantique, à travers la grande plaine française coulent l'Escaut, la Somme, la Seine, la Loire et la Garonne.

I

Versant de la Méditerranée : Région du Rhône.

Limites. — La région qui correspond au versant méditerranéen est assez nettement délimitée. Comprise entre les Alpes, le Jura et le Massif central, elle est faiblement séparée de la région du nord-est par les monts Faucilles, de celles de la Seine par les plateaux de Langres et de la Côte d'Or que franchissent sans difficulté de nombreuses voies de communication.

Cours du Rhône. — Le **Rhône**, le plus grand fleuve du versant français de la Méditerranée (812 kil. de cours), prend sa source à une hauteur de près de 1,800 mètres dans un glacier du massif du Saint-Gothard, au pied du mont *Furka*, et coule d'abord de l'est à l'ouest dans une étroite et sauvage vallée, encaissée entre les Alpes Ber-

(1) Voir la carte en relief de la France, par MM. H. Pigeonneau et F. Drivet. Librairie Belin.

noises et les Alpes Pennines, et qui forme le canton suisse du Valais. A partir de *Sion*, capitale du Valais, le torrent, grossi par les eaux des glaciers, est déjà presque un fleuve. A *Martigny*, dans le Valais, un rameau des Alpes le force à se détourner vers le nord, et il entre dans le lac de Genève entre le *Bouveret* et *Villeneuve*.

Le lac **Léman**, ou lac de **Genève**, est un vaste bassin (54,000 hectares de superficie), encadré de collines verdoyantes et dont les eaux limpides et profondes (plus de 300 mètres dans la plus grande profondeur) baignent, en Suisse, les riants coteaux de *Vevey* et de *Lausanne*; en France, les baies pittoresques au bord desquelles s'étagent, sur le flanc des collines, les villes d'*Evian* et de *Thonon* (Haute-Savoie).

Le Rhône sort du lac à *Genève*, au milieu des vergers et des vignobles; ses eaux bleues et transparentes, bientôt troublées par le limon du torrent de l'*Arve*, viennent se heurter, à quelques kilomètres au delà de la frontière française, contre la barrière que lui oppose le Jura méridional, dont les Alpes de Savoie ne sont que le prolongement. Le fleuve s'est creusé à travers les rochers un passage encaissé entre les escarpements du *Grand-Credo* (département de l'Ain) et les pentes du mont *Vuache* (Haute-Savoie), et dominé par le fort de l'*Ecluse*, au delà duquel, sur le Rhône, s'élève Bellegarde.

Rejeté brusquement vers le sud par le massif du Jura, le fleuve, redevenu torrent, s'engouffre sous une voûte de rochers où, dans la saison des basses eaux, il disparaît presque entièrement et semble se perdre dans le sein de la terre; c'est ce qu'on appelle la Perte du Rhône. Jusqu'à *Seyssel* le lit du Rhône n'est qu'une fissure étroite et profonde, creusée dans la montagne, mais à partir de ce point le fleuve s'élargit, devient navigable et, un peu avant son confluent avec l'Ain, entre dans une vaste plaine où il reprend sa direction primitive de l'est à l'ouest.

A *Lyon* (département du Rhône), il n'est qu'à 162 mètres au-dessus du niveau de la mer. C'est là qu'il reçoit la

Saône, son plus grand affluent. Sa direction change de nouveau. Arrêté par la barrière des Cévennes, il se détourne brusquement vers le sud, et descend vers la mer en roulant des flots rapides qui, dans les inondations, s'élèvent quelquefois jusqu'à 10 mètres au-dessus de l'étiage (1). Il arrose *Givors* (département du Rhône, rive droite), *Vienne* (Isère, rive gauche), *Tournon* (Ardèche, rive droite), *Valence* et *Montélimar* (Drôme, rive gauche), *Pont-Saint-Esprit* (Gard, rive droite), qui doit son nom à un pont construit au moyen âge, *Avignon* (Vaucluse, rive gauche), *Beaucaire* (Gard, rive droite), célèbre autrefois par ses foires, et situé presque en face de *Tarascon* (Bouches-du-Rhône, rive gauche); enfin *Arles* (Bouches-du-Rhône, rive gauche), en amont de laquelle commence le delta. Au delà d'Arles (à 45 kilomètres de la mer), le fleuve se partage en deux branches qui embrassent l'île marécageuse de la *Camargue*. La branche occidentale, le *Petit-Rhône*, ne représente que 14 °/₀ de la masse totale des eaux. Elle se bifurque elle-même avant d'arriver à la mer.

La principale branche, le *Grand-Rhône*, qui a plusieurs fois changé de lit, verse à la mer 86 °/₀ des eaux du fleuve; elle se divise également en deux bras, l'un sinueux et presque desséché, le *Bras-de-Fer* ou *Vieux-Rhône*, l'autre puissant mais peu profond, le *Grand-Rhône*, qui se jette à la mer par plusieurs embouchures, ou *graus*, souvent obstrués par les sables. Toutes les bouches du Rhône emportent annuellement à la mer 54 milliards de mètres cubes d'eau, dix fois plus que la Loire, et près de 21 millions de mètres cubes de limon.

Les bouches du Rhône étant difficilement accessibles pour les gros navires, on a creusé du golfe de Fos au *port Saint-Louis*, sur le Grand-Rhône, un canal long de 4,000 mètres qui permet d'arriver directement à la partie navigable du fleuve. Un autre canal, moins profond, se détache du Grand-Rhône (rive gauche) d'*Arles* à *Bouc*.

(1) On appelle étiage le niveau du fleuve à l'époque où les eaux sont le plus basses, c'est-à-dire en général, sauf pour le Rhône, en été.

Affluents de droite. — Les principaux affluents du Rhône sont sur la rive droite :

1° L'**Ain**, navigable en partie à l'époque des eaux moyennes, qui descend du Jura et coule du nord au sud dans une profonde et sauvage vallée (départements du Jura et de l'Ain).

2° La **Saône** (455 kilomètres), qui naît dans les monts Faucilles (dép. des Vosges), et coule du nord au sud en traversant la Haute-Saône où elle arrose *Gray*, la Côte-d'Or où elle passe à *Auxonne* et à *Saint-Jean-de-Losne*, la Saône-et-Loire où elle baigne *Châlon-sur-Saône*, *Tournus* et *Mâcon*. Elle sépare le département de l'Ain, où elle arrose *Trévoux*, de ceux de Saône-et-Loire et du Rhône où elle vient finir à Lyon.

C'est une rivière tranquille, paresseuse et dont les eaux paisibles contrastent avec l'impétuosité du Rhône. Elle reçoit à droite la *Tille* et l'*Ouche* qui passe à *Dijon*; à gauche, l'*Ognon* qui descend du ballon de Servance, le *Doubs* (430 kilomètres), torrent sinueux aux eaux bleues et limpides, qui prend sa source au mont Risoux, traverse le lac de *Saint-Point*, roule dans une gorge profonde d'où il sort en se précipitant d'une hauteur de 20 mètres (*Saut-du-Doubs*), serpente à travers les vallées du département du Doubs (*Pontarlier*, *Baume-les-Dames*, *Besançon*), traverse le département du Jura (*Dôle*) et finit près de Châlon.

La *Seille*, qui passe à *Louhans* (Saône-et-Loire), est le dernier affluent important de la Saône sur sa rive gauche.

3°, 4°, 5°, 6°, 7°. Le **Gier** (*Rive-de-Gier*, dans la Loire, *Givors*, dans le Rhône), avec les innombrables usines entassées sur ses bords; l'**Ouvèze** qui arrose *Privas* (Ardèche); l'**Ardèche** qui passe à *Aubenas* (Ardèche); la **Cèze**, grands torrents redoutables par leurs inondations, descendent des Cévennes.

8° Le **Gard** naît dans les monts Lozère et arrose *Alais* (Gard).

Affluents de gauche. — Les affluents de gauche sont :

1° L'**Arve**, torrent qui sort des glaciers du mont Blanc, coule dans la vallée de Chamonix, et se jette dans le fleuve près de Genève.

2° Le **Fier**, dont un affluent sert de déversoir au lac d'**Annecy** (Haute-Savoie).

3° Le canal de *Savières*, déversoir du lac du **Bourget**, un des plus pittoresques de la région des Alpes (Savoie), et le plus vaste de France après celui de Genève. A l'est du lac est Aix-les-Bains et un peu au sud s'élève Chambéry.

4° L'**Isère** (290 kilomètres) naît dans les glaciers des Alpes Grées, au col d'Iseran, coule dans l'étroite vallée qui a reçu le nom de Tarentaise, où elle traverse *Moutiers*, longe le pied des montagnes de la Grande-Chartreuse, en arrosant la riche vallée du Grésivaudan, passe à *Montmélian* (Savoie), à *Grenoble*, au pied des coteaux de *Saint-Marcellin* (département de l'Isère), et finit dans le département de la Drôme au nord de Valence. Malgré l'impétuosité de son cours, elle est navigable dans son cours inférieur.

Elle reçoit à gauche l'*Arc* qui descend des glaciers du col Iseran et passe à *Modane*, à *Saint-Jean-de-Maurienne* (Savoie), et le *Drac*, grossi de la *Romanche*, qui descendent des Alpes du Dauphiné.

5° La **Drôme** (département de la Drôme) prend sa source dans les Alpes du Dauphiné et passe à *Die*.

6° L'**Aigues** passe à *Nyons* (Drôme).

7° La **Sorgues** déverse dans le Rhône les eaux de la fontaine de *Vaucluse*, qui a donné son nom à un département.

8° La **Durance** (350 kilomètres) naît au mont Genèvre, coule du nord-est au sud-ouest, dans une vallée étroite encaissée entre les Alpes du Dauphiné et les Alpes de Provence, où elle arrose *Briançon* et *Embrun* (Hautes-Alpes), puis elle entre dans la région du midi à *Sisteron* (Basses-Alpes), et sépare, dans la partie inférieure de son cours, le département des Bouches-du-Rhône de celui de Vaucluse. Elle reçoit, à gauche, l'*Ubaye* (*Barcelonnette*) et le *Verdon* (*Castellane*). Malgré la longueur de son cours et la largeur de son lit, la Durance, terrible dans les crues, mais desséchée en été, ne sert qu'au flottage des bois.

Cours d'eau côtiers. — Les bassins côtiers que l'on rattache à celui du Rhône sont à l'est du fleuve (rive gauche), ceux de la **Roya** (Alpes-Maritimes), du **Var** (Basses-Alpes et Alpes-Maritimes) ; de l'**Argens** (Var) et de l'*Huveaune* (Bouches-du-Rhône), torrents qui descendent des Alpes de Provence :

A l'ouest (rive droite), ceux du *Vidourle* (Gard), du *Lez* qui passe à *Montpellier*, de l'**Hérault** et de l'*Orb* qui arrose *Béziers* : ces cours d'eau, qui appartiennent au département de l'Hérault, descendent des Cévennes.

L'**Aude** prend sa source dans les Pyrénées près du pic de Carlitte (Pyrénées-Orientales), roule d'abord dans des gorges ombragées de sapins, passe à *Limoux* et à *Carcassonne* (département de l'Aude), et, après avoir traversé une riche plaine couverte de vignobles, finit près de l'étang de Vendres entre Agde et Narbonne.

Les Corbières orientales et les Pyrénées envoient à la mer d'autres petits cours d'eau qui arrosent le département des Pyrénées-Orientales, l'*Agly*, la *Têt* qui passe à *Prades* et à *Perpignan*, et le *Tech* qui passe à *Céret*.

La Corse n'a que des torrents : à l'ouest, le *Liamone* (golfe de Sagone) et le *Gravone* ; à l'est, le *Tavignano* qui passe à *Corte*, et le *Golo* qui descend du mont Cinto, terribles à la fonte des neiges, mais presque à sec en été.

RÉSUMÉ

Le versant méditerranéen est compris entre les Alpes, le Jura et le Massif central et il s'étend au nord jusqu'aux monts Faucilles, au plateau de Langres et à la Côte d'Or.

Le Rhône prend sa source en Suisse, dans le massif du *Saint-Gothard*, coule de l'est à l'ouest, dans le canton suisse du *Valais*, entre dans le lac *Léman* ou de *Genève*, en sort à *Genève* et franchit la frontière française près de Pougny.

Après avoir reçu la Saône, en sortant de *Lyon*, il coule du nord au sud jusqu'à la mer. A 45 kilomètres de son embouchure, le fleuve se partage en deux bras principaux, le *Grand-Rhône*, à l'est, le *Petit-Rhône*, à l'ouest, qui embrassent l'île de la *Camargue*.

Son cours est de 812 kilomètres dont 480 navigables (de Seyssel à la mer).

Il arrose sur sa rive droite : l'Ain, le Rhône (*Lyon*), l'Ardèche (*Tournon*), le Gard (*Beaucaire*); sur sa rive gauche : la Haute-Savoie, la Savoie, l'Isère (*Vienne*), la Drôme (*Valence*), le département de Vaucluse (*Avignon*), les Bouches-du-Rhône (*Tarascon* et *Arles*).

Les *affluents de droite* du Rhône sont : l'AIN (départements du Jura et de l'Ain).

La SAÔNE (455 kilomètres), rivière tranquille qui prend sa source dans les monts Faucilles et arrose les départements des Vosges, de la Haute-Saône (*Gray*), de la Côte-d'Or, de Saône-et-Loire (*Châlon* et *Mâcon*), de l'Ain (*Trévoux*) et du Rhône (*Lyon*); elle reçoit à gauche l'*Ognon*, le *Doubs*, torrent sinueux qui descend du Jura (Doubs : *Pontarlier*, *Besançon*; Jura : *Dôle*; Saône-et-Loire), et la *Seille*; à droite, l'*Ouche* (*Dijon*).

Le GIER (départements de la Loire et du Rhône), l'ARDÈCHE (département de l'Ardèche), la CÈZE (*id.*), le GARD (départements de la Lozère et du Gard : *Alais*); torrents qui descendent des *Cévennes*.

Les affluents de gauche sont : l'ARVE (Haute-Savoie), qui descend du mont Blanc, le FIER et le canal de *Savières*, qui servent d'écoulement aux lacs d'*Annecy* et du *Bourget*, en Savoie.

L'ISÈRE, rivière impétueuse qui descend des Alpes Grées (Savoie : *Moutiers*; Isère : *Grenoble*, et Drôme);

La DRÔME, qui descend des Alpes du *Dauphiné* (département de la Drôme : *Die*);

La DURANCE (350 kil.), torrent qui naît au mont *Genèvre* et coule, du nord-est au sud-ouest, entre les *Alpes du Dauphiné* et les *Alpes de Provence* (Hautes-Alpes : *Embrun* et *Briançon*; Basses-Alpes : *Sisteron*; Vaucluse et Bouches-du-Rhône).

Les bassins côtiers du versant de la Méditerranée sont : à l'est du Rhône (rive gauche), ceux du *Var* (Alpes-Maritimes), de l'*Argens* (Var), de l'*Huveaune* (Bouches-du-Rhône), séparés de la vallée de la Durance par les Alpes de Provence;

A l'ouest des Bouches-du-Rhône (rive droite), ceux du *V-*

dourle, du *Lez*, de l'*Hérault*, qui descendent des Cévennes; de l'*Aude*, qui prend sa source dans les Pyrénées (Pyrénées-Orientales, Aude : *Carcassonne*); de la *Tét* (Pyrénées-Orientales : *Perpignan*), et du *Tech*.

II

Région du nord-est et du nord de la France.

Une très petite partie de la France seulement appartient au versant de la mer du Nord. C'est une région de plateaux et de plaines : à l'est, vers la frontière allemande s'étend la chaîne des Vosges qui se prolonge à l'ouest jusqu'à la Moselle par le plateau de Lorraine. Autour de la Meuse se développent les plateaux calcaires et boisés des monts *Faucilles*, de l'*Argonne*, et le plateau schisteux de l'*Ardenne*.

Dans le nord de la France, la vaste plaine tertiaire de l'*Escaut*, qui se continue en Belgique, est rayée de quelques légères ondulations comme les collines de l'*Artois* et de *Picardie* qui vont se réunir au plateau de *Saint-Quentin*.

Cours du Rhin. — Le Rhin, le principal fleuve de ce versant, prend sa source dans le massif du *Saint-Gothard* (mont *Adula*), en Suisse, coule d'abord du sud au nord, traverse le lac de *Constance*, se détourne brusquement à l'ouest, franchit, par la chute de *Laufen*, un chaînon détaché des Alpes, qui se croise avec un des rameaux de la *Forêt-Noire*, et continue à se diriger vers l'ouest jusqu'à *Bâle* (Suisse). Arrêté par les Vosges et rejeté vers le nord par le Jura, le fleuve roule entre les Vosges et la Forêt-Noire, dans un large lit semé d'îles et de bancs de sable qui traçait, avant 1871, la frontière entre la France et l'Allemagne. Un peu au-dessous de son confluent avec le *Main*, il incline vers le nord-ouest et garde cette direction à travers l'Allemagne du Nord et la Hollande, jusqu'à ce qu'il se confonde à son embouchure avec la Meuse en Hollande (1,350 kilomètres).

Affluents. — Il reçoit sur sa rive gauche, en *Alsace*, l'**Ill**, qui prend sa source dans le Jura et coule du sud au nord, en arrosant *Mulhouse*, *Colmar* et *Strasbourg*, et la **Lauter** (*Wissembourg* et *Lauterbourg*), qui formait, avant 1871, la limite entre la France et la Bavière rhénane ; en *Allemagne* (Prusse rhénane), la **Moselle**, qui descend des Vosges (col de Bussang), traverse le département des Vosges (*Remiremont*, *Epinal*), celui de Meurthe-et-Moselle (*Toul*), et la Lorraine, dite allemande depuis 1871 (*Metz*, *Thionville*), arrose *Trèves* (Prusse rhénane) et finit à *Coblentz*. Elle reçoit, à droite, la *Meurthe* (*Saint-Dié*, dans les Vosges, *Lunéville* et *Nancy*, dans le département de Meurthe-et-Moselle), la *Seille* (*Metz*) et la *Sarre* (*Sarrebourg* et *Sarreguemines* en Lorraine, *Sarrebruck* et *Sarrelouis* dans la Prusse rhénane), sorties de la chaîne des Vosges, dont le massif épais sépare la vallée du Rhin de celle de la Moselle.

La Meuse. — La Meuse prend sa source au *plateau de Langres*, dans le département de la Haute-Marne, coule du sud au nord dans une vallée étroite, en arrosant le département des Vosges (*Neufchâteau*), celui de la Meuse (*Commercy* et *Verdun*), et celui des Ardennes (*Sedan*, *Mézières-Charleville* et *Givet*), et va se confondre avec le *Rhin*, après avoir franchi la frontière française et traversé la Belgique et la Hollande (900 kilomètres, dont 233 navigables, de Verdun à la frontière).

Elle reçoit en France (rive droite), le *Chiers* et la *Semoy*, qui coulent dans des gorges profondes ; en Belgique, la *Sambre* (rive gauche), rivière sinueuse qui prend sa source dans le département de l'Aisne, et passe à *Landrecies* et à *Maubeuge* (Nord).

L'Escaut. — Ce fleuve prend sa source à la jonction des collines d'*Artois*, de *Belgique* et de *Picardie*, au plateau de Saint-Quentin (département de l'Aisne), et coule en plaine, du sud au nord, jusqu'à son entrée en Belgique (62 kilomètres navigables en France depuis Cambrai). Il passe à *Cambrai*, à *Valenciennes* et à *Condé*, dans le département du Nord.

Il reçoit, à gauche, la *Sensée*, la *Scarpe* (*Arras*, dans le Pas-de-Calais, et *Douai*, dans le Nord), et la *Lys*, qui descend des collines de l'Artois et finit en Belgique.

Le plus important des petits fleuves côtiers du bassin de l'Escaut est l'*Aa*, qui passe à *Saint-Omer* (Pas-de-Calais), finit à *Gravelines* (Nord) et est réuni par des canaux avec l'Escaut.

RÉSUMÉ

Le versant de la mer du Nord, qui n'appartient qu'en très petite partie à la France, comprend deux régions : une région de montagnes et de plateaux (chaîne des Vosges, plateaux de Lorraine, des monts Faucilles, de l'Argonne et des Ardennes), et une région de plaines traversée par quelques ondulations telles que les collines de l'Artois et de Picardie qui se réunissent au plateau de Saint-Quentin.

Le RHIN prend sa source en Suisse, au mont Saint-Gothard, coule du sud au nord, traverse le lac de Constance, tourne de l'est à l'ouest, puis du sud au nord à partir de Bâle jusqu'à son confluent avec le Main. Il traverse la Suisse, l'Allemagne et les Pays-Bas.

Les affluents de gauche sont : l'ILL (Mulhouse et Strasbourg en Alsace) ;

La LAUTER (Wissembourg en Alsace) ;

La MOSELLE (en partie française) et dont la vallée est séparée de celle du Rhin par les Vosges (Vosges : *Épinal* ; Meurthe-et-Moselle : *Toul* ; Lorraine : *Metz* et *Thionville*). Elle reçoit, à droite, la *Meurthe* (Vosges Meurthe-et-Moselle : *Nancy*), et la *Sarre* (*Sarrebourg* et *Sarreguemines*, dans la Lorraine allemande).

La MEUSE (en partie française) coule entre l'Argonne et le talus occidental du plateau de Lorraine. Elle prend sa source au plateau de *Langres* (Haute-Marne), arrose en France les départements de Haute-Marne, Vosges, Meuse (*Commercy, Verdun*), et Ardennes (*Sedan, Mézières*), traverse la Belgique et finit dans les Pays-Bas. Elle reçoit, à gauche, la *Sambre* (Aisne, Nord, Belgique).

L'ESCAUT (en partie français) coule entre les collines de l'Artois et celles de Belgique (Aisne, Nord : *Cambrai, Valenciennes*) ; il traverse la Belgique et finit dans les Pays-Bas ; il reçoit, à gauche, la *Scarpe* (Pas-de-Calais : *Arras* ; Nord : *Douai*), et la *Lys*, qui finit en Belgique.

III

Le bassin de Paris.

Le bassin de Paris. — La région qu'arrose la Seine, pas plus que celle traversée par la Loire, ne peut recevoir, au point de vue géographique, le nom de « bassin ». Le relief y est en général peu accentué, et des communications naturelles existent au nord avec la Somme et l'Escaut, au sud-ouest entre la Seine et la Loire.

Mais on distingue, au point de vue géologique, le bassin de Paris, correspondant à l'ancien golfe marin comblé par des dépôts successifs et que limitent au nord-est l'Ardenne ; à l'est le plateau de Lorraine ; au sud-est les monts Faucilles, le plateau de Langres, la Côte d'Or ; au sud le massif granitique du Morvan et les premières terrasses du Massif central ; à l'ouest les collines de Poitou et les terrains anciens de la Bretagne.

Ce bassin géologique de Paris, qui comprend, outre la vallée de la Seine, la région nord de la France, une partie de la vallée de la Meuse, toute la vallée moyenne de la Loire, une portion du Poitou, du Maine, de l'Anjou et la plus grande partie de la Normandie, se distingue par la régularité avec laquelle les dépôts se sont accumulés autour des massifs qui en forment la limite.

Si de Paris, qui occupe le centre d'une vaste plaine tertiaire, on s'éloigne dans une direction quelconque, on traverse toujours, après le terrain tertiaire, des bandes plus ou moins larges de terrain crétacé, puis de terrain jurassique disposées par rapport à Paris en bourrelets concentriques, si bien que l'on a pu comparer le bassin parisien à une série de vases emboîtés les uns dans les autres, et au centre desquels serait placée la capitale de la France.

Cours de la Seine. — La **Seine** (776 kil.), le principal tributaire de la Manche, prend sa source non loin du mont *Tasselot*, dans le département de la Côte-d'Or, sur le territoire de la commune de Chanceaux, à 471 mètres d'altitude. A *Châtillon-sur-Seine* c'est encore un ruisseau qui se tarit en été, mais peu à peu elle se grossit des eaux que lui envoient les plateaux crayeux de la Champagne et devient navigable dans le département de l'Aube (*Bar*, *Troyes*, *Nogent-sur-Seine*), qu'elle sépare un instant du département de la Marne.

Dans le département de Seine-et-Marne (*Montereau*, *Melun*), c'est déjà un fleuve qui roule, dans les eaux moyennes, près de 200 mètres cubes par seconde. Après avoir traversé la partie orientale du département de Seine-et-Oise (*Corbeil*), la Seine entre dans le département qui porte son nom, et où elle arrose *Paris*, et, dans une banlieue très peuplée, *Saint-Denis*. Jusque-là le fleuve a coulé du sud-est au nord-ouest, mais, à partir de Paris, il serpente lentement entre des coteaux couverts de bois, de maisons de campagne, de villes florissantes (*Saint-Germain*, *Poissy*, *Mantes*, dans le département de Seine-et-Oise; les *Andelys*, *Vernon* (Eure); *Elbeuf*, *Rouen*, dans la Seine-Inférieure), et décrit d'innombrables méandres qui sont un des traits caractéristiques de son cours.

A partir de *Quillebeuf* (Eure), elle s'élargit, les marées la remplissent: c'est là que commence l'estuaire qui se prolonge jusqu'au *Havre* (rive droite), et à *Honfleur* (rive gauche).

Le lit de la Seine est, en général, bien encaissé, sa pente modérée, et les travaux de canalisation et d'endiguement ont triomphé en partie des difficultés qu'offraient les bancs de sable ou de roches, et la barre ou courant violent produit à son embouchure par la lutte du fleuve contre la marée.

Affluents de droite. — Ses affluents de droite sont :

1° L'**Aube**, qui descend du *plateau de Langres*, et dont la direction est presque parallèle à celle de la Seine (Haute-Marne, Aube, où elle arrose *Bar* et *Arcis-sur-Aube*).

2° La **Marne**, qui prend sa source au *plateau de Lan-*

gres, dans le département de la Haute-Marne, où elle passe non loin de *Chaumont* et arrose *Saint-Dizier*. Elle traverse le département de la Marne (*Vitry*, *Châlons*, *Épernay*), ceux de l'Aisne (*Château-Thierry*), de Seine-et-Marne (*Meaux*), de Seine-et-Oise, et finit à *Charenton* (Seine), après avoir tracé un vaste demi-cercle. Elle reçoit, à droite, l'*Ornain* (*Bar-le-Duc*), grossi de la *Saulx*, et l'*Ourcq*; à gauche, le *Petit-Morin* et le *Grand-Morin*.

3° L'**Oise** prend sa source en Belgique et coule du nord-est au sud-ouest, en traversant les départements de l'Aisne (*la Fère*), de l'Oise (*Compiègne* et *Creil*), et de Seine-et-Oise (*Pontoise*). A gauche, l'Argonne lui envoie l'*Aisne*, grossie de l'*Aire* et de la *Vesle* qui passe à *Reims*. L'Aisne arrose la Meuse, la Marne (*Sainte-Menehould*), les Ardennes (*Vouziers* et *Rethel*), l'Aisne (*Soissons*) et l'Oise.

4° et 5° L'**Epte** (*Gisors*, dans l'Eure) et l'**Andelle** sortent des collines du pays de Bray.

Affluents de gauche. — Les principaux affluents de gauche sont :

1° L'**Yonne** qui descend des monts du *Morvan*. Elle passe à *Château-Chinon* et *Clamecy* (département de la Nièvre), à *Auxerre*, *Joigny* et *Sens* (Yonne), et finit à *Montereau* (Seine-et-Marne). Elle reçoit, à droite, la *Cure*, le *Serein* et l'*Armançon* (*Tonnerre*).

2° Le **Loing**, qui passe à *Montargis* (Loiret) et finit à *Moret* (Seine-et-Marne).

3° L'**Essonne**, qui se jette à *Corbeil*, après avoir arrosé, sous le nom d'*Œuf* (*Pithiviers*), les plateaux du Loiret.

4° L'**Eure**, qui descend des collines du Perche (Orne), traverse les riches plateaux de la Beauce (département d'Eure-et-Loir, où elle passe à *Chartres*), et les vallées boisées de l'Eure (*Louviers*). Elle reçoit l'*Iton*, qui passe à *Évreux* (rive gauche).

5° La **Rille**, qui se jette dans la baie de Seine, arrose *Laigle* (Orne), et *Pont-Audemer* (Eure).

Cours d'eau secondaires. — La **Somme**, rivière

marécageuse, prend sa source au pied du plateau de *Saint-Quentin*, et coule du sud-est au nord-ouest, en arrosant *Péronne*, *Amiens* et *Abbeville* (département de la Somme). Elle finit à *Saint-Valéry* (Somme). Les petites rivières de la *Bresle* (le *Tréport*), de l'*Arques* (*Dieppe*), sont situées au sud de la Somme.

A l'ouest de la Seine, l'**Orne** descend des collines de Normandie et coule du sud-est au nord-ouest en arrosant les départements de l'Orne (*Argentan*), et du Calvados (*Caen*). Les rivières de la *Touques* (*Lisieux*, et *Pont-l'Evêque*, dans le Calvados), de la *Dives*, de la *Vire* (*Vire*, dans le Calvados, et *Saint-Lô*, dans la Manche), peuvent se rattacher au bassin côtier de l'Orne.

Entre les collines du *Cotentin* et celles de *Bretagne*, de la pointe de la Hague à la pointe Saint-Mathieu, on trouve : la *Sélune* (Manche), le *Couesnon*, qui passe à *Fougères* (Ille-et-Vilaine) et finit dans la baie du mont Saint-Michel, la *Rance* qui arrose *Dinan* (dans les Côtes-du-Nord) et finit à *Saint-Malo* (Ille-et-Vilaine), le *Trieux* qui passe à *Guingamp* (Côtes-du-Nord), etc. Ces petits fleuves côtiers descendent des collines de Bretagne.

RÉSUMÉ

Il n'y a pas de bassin de la Seine, mais il existe un bassin géologique de Paris correspondant à l'ancien golfe marin limité par l'Ardenne, le plateau de Lorraine, les monts Faucilles, le plateau de Langres, la Côte d'Or, le Morvan, le Massif central, les collines du Poitou et la Bretagne.

Ce bassin géologique, qui dépasse de beaucoup la vallée de la Seine, se distingue par la régularité des terrains qui se sont déposés dans l'ancien golfe parisien. En s'éloignant de Paris, qui occupe le centre d'une vaste plaine tertiaire, on traverse dans toute direction des terrains crétacés, puis des terrains jurassiques. Ces divers terrains sont disposés en bourrelets concentriques autour de Paris.

La Seine prend sa source près de Chanceaux (Côte-d'Or, à la jonction du plateau de Langres et de la côte d'Or), et coule, du sud-est au nord-ouest, jusqu'à la Manche.

Elle traverse les départements de la Côte-d'Or (*Châtillon*), de l'Aube (*Bar-sur-Seine, Troyes, Nogent-sur-Seine*), de Seine-et-Marne (*Montereau* et *Melun*), de Seine-et-Oise (*Corbeil*), de la Seine (*Paris, Saint-Denis*), de Seine-et-Oise (*Mantes*), de l'Eure, de la Seine-Inférieure (*Elbeuf, Rouen*, le *Havre*).

Les *affluents de droite* sont : l'AUBE (Haute-Marne, Côte-d'Or, Aube : *Bar-sur-Aube, Arcis-sur-Aube*).

La MARNE (Haute-Marne, plateau de Langres : *Saint-Dizier* ; Marne : *Vitry, Châlons, Epernay* ; Aisne : *Château-Thierry* ; Seine-et-Marne : *Meaux* ; Seine-et-Oise, Seine : *Charenton*).

L'OISE (Belgique, Aisne, Oise : *Compiègne, Creil* ; Seine-et-Oise : *Pontoise*) qui reçoit, à gauche, l'AISNE (Meuse, Marne : *Sainte-Ménehould* ; Ardennes : *Vouziers, Rethel* ; Aisne : *Soissons* ; Oise).

L'EPTE et l'ANDELLE.

Les *affluents de gauche* sont : l'YONNE, qui descend des monts du Morvan (Nièvre : *Clamecy* ; Yonne : *Auxerre, Joigny, Sens* ; Seine-et-Marne : *Montereau*) ;

Le LOING (Yonne, Loiret : *Montargis* ; Seine-et-Marne) ;

L'ESSONNE ;

L'EURE (Eure-et-Loir : *Chartres* ; Eure : *Louviers*), grossie de l'*Iton* (*Evreux*) ;

La RILLE (Orne : *Laigle* ; Eure : *Pont-Audemer*).

COURS D'EAU SECONDAIRES. — Au nord (rive droite), la SOMME, entre les collines de l'Artois et les collines de la Picardie et du pays de Caux jusqu'à la pointe de la Hève, arrose l'Aisne (*Saint-Quentin*), et la Somme (*Péronne, Amiens, Abbeville, Saint-Valéry*) ;

A l'ouest (rive gauche), la TOUQUES (Calvados : *Lisieux* et *Pont-l'Evêque* ; la DIVES, l'ORNE, (Orne : *Argentan*, et Calvados : *Caen*) ; la VIRE (départements du Calvados : *Vire*) et de la Manche : *Saint-Lô*), coulent entre les collines du Lieuvin à l'est, celles de Normandie, au sud, et du Cotentin, à l'ouest, jusqu'à la pointe de la Hague.

La SÉLUNE, le COUESNON, la RANCE (Côtes-du-Nord : *Dinan* ; Ille-et-Vilaine : *Saint-Malo*), coulent entre les collines du Cotentin et les collines de Bretagne, jusqu'à la pointe Saint-Mathieu.

IV

Région de la Loire.

Région de la Loire. — La région de la Loire, qui s'étend sur une partie du centre de la France, ne présente aucune unité dans son relief, dans sa composition géologique, dans son climat; si l'on voulait entreprendre son étude d'une façon rationnelle, il faudrait joindre la première partie de la vallée jusqu'au bec d'Allier au Massif central, celle de la plaine moyenne au bassin géologique de Paris et celle du cours inférieur à la Bretagne, division qui serait une source perpétuelle de confusion.

Seules la vallée supérieure de la Loire et celle de son principal affluent, l'Allier, possèdent un relief nettement accusé; ces deux cours d'eau, jusqu'à leur réunion, coulent généralement entre des montagnes granitiques ou volcaniques, c'est-à-dire sur des terrains imperméables. Cette première région est soumise au climat du Massif central avec ses hivers rudes, ses grandes différences de température, ses neiges et ses pluies abondantes.

Entre le confluent de l'Allier et le sillon de Bretagne, s'étend la plaine moyenne, très légèrement ondulée, formée comme la région de la Seine de terrains tertiaires et secondaires et soumise au climat séquanien doux, régulier et assez pluvieux.

Enfin, sur le cours inférieur de la Loire, le long duquel apparaissent les terrains anciens de la Bretagne, domine le climat armoricain avec sa température douce et constante, ses hivers tièdes mais très pluvieux.

Cours de la Loire. — La **Loire** (980 kil.), le plus grand fleuve de cette région, et le plus long de nos cours d'eau français, prend sa source dans les Cévennes, au mont Gerbier-des-Joncs (Ardèche), à 1,375 mètres d'altitude, et coule d'abord du sud au nord dans une vallée étroite enfermée entre les monts du Vivarais et les montagnes du Vélay et du Forez (départements de la Haute-Loire et de la Loire). Jusqu'à *Roanne* (Loire), c'est un torrent aux eaux claires roulant sur un lit de rochers et de gravier.

A partir de Roanne, où elle devient navigable, la vallée s'élargit; le fleuve traverse le département de Saône-et-Loire qu'il sépare de celui de l'Allier, puis le département de la Nièvre (*Nevers* et *Cosne*, rive droite), qu'il sépare de celui du Cher. Serrée de près par les pentes des collines du Nivernais, et les plateaux de l'Orléanais, la Loire se détourne peu à peu vers le nord-ouest, puis vers l'ouest, à partir de *Gien* (Loiret). Elle atteint à *Orléans* le point le plus septentrional de sa course, descend vers le sud-ouest par *Blois* (Loir-et-Cher) et *Tours* (Indre-et-Loire), reprend la direction de l'ouest à *Saumur* (Maine-et-Loire) et la garde jusqu'à son embouchure. Depuis Gien c'est un fleuve sans lit, encombré de sables mouvants, desséché en été, sujet, grâce à la nature imperméable des terrains de son bassin supérieur, à des crues subites dont la double levée qui l'endigue entre Orléans et Angers ne conjure pas toujours les effets désastreux.

Après avoir arrosé le département de la Loire-Inférieure et traversé *Ancenis* et *Nantes*, où elle ne peut porter que des bâtiments de 800 à 1000 tonneaux, elle se jette dans l'océan Atlantique entre *Saint-Nazaire* et *Paimbœuf*.

Affluents. — Les affluents de droite sont :

1° Le **Furens**, qui passe à *Saint-Étienne*, centre du grand bassin houiller de la Loire.

2° L'**Arroux**, qui descend des monts du Morvan et arrose *Autun* (Saône-et-Loire); entre cette rivière et son affluent, la Bourboule, s'étend la région industrielle du Creusot.

3° La **Nièvre**, qui prend sa source dans les collines du Nivernais et finit à *Nevers* (Nièvre).

4° La **Maine**, formée près d'*Angers* (Maine-et-Loire), par la jonction de la *Mayenne* qui arrose *Mayenne*, *Laval* et *Château-Gontier*, de la *Sarthe* qui passe à *Alençon* et au *Mans* (Sarthe), et du *Loir* qui passe à *Châteaudun* (Eure-et-Loir), à *Vendôme* (Loir-et-Cher), à *la Flèche*

(Sarthe). Ces trois rivières naissent sur le rebord méridional des collines du Perche et de Normandie.

5° L'**Erdre**, qui se jette à Nantes.

Les affluents de gauche sont :

1° L'**Allier** (370 kilomètres), qui descend des monts de la Margeride, à 1,420 mètres d'altitude, et coule du sud au nord entre les monts d'Auvergne à l'ouest et les montagnes du *Vélay*, du *Forez* et de la *Madeleine* à l'est, en traversant les départements de la Lozère, de la Haute-Loire (*Brioude*), la riche plaine de la Limagne (Puy-de-Dôme), où est situé Clermont-Ferrand, et où il reçoit la *Dore*, le département de l'Allier, où il arrose *Vichy* et *Moulins*, et où il reçoit la *Sioule* (rive gauche).

2° Le **Loiret**, petite rivière navigable de 12 kilomètres de cours, qui n'est qu'une infiltration de la Loire.

3° et 4° Le **Cosson** et le **Beuvron**, déversoirs des marais de la Sologne.

5° Le **Cher**, qui naît sur le plateau de Combrailles et coule d'abord au nord (départements de la Creuse, de l'Allier : *Montluçon*; et du Cher : *Saint-Amand* et *Vierzon*); puis à l'ouest (départements de Loir-et-Cher et d'Indre-et-Loire, où il passe près de Tours). Ses principaux affluents sont l'*Yèvre*, qui passe à *Bourges*, et la *Sauldre*.

6° L'**Indre**, qui prend sa source dans un des derniers rameaux des monts de la Marche et coule du sud-est au nord-ouest en arrosant le département de l'Indre (*la Châtre* et *Châteauroux*) et celui d'Indre-et-Loire (*Loches*).

7° La **Vienne**, qui descend des monts du Limousin, dans le département de la Corrèze, coule d'abord de l'est à l'ouest, dans les vallées étroites de la Haute-Vienne (*Limoges*), puis du sud au nord, dans la Charente (*Confolens*), la Vienne (*Châtellerault*) et l'Indre-et-Loire (*Chinon*) et reçoit à droite la *Creuse* (*Aubusson* dans la Creuse et *le Blanc* dans l'Indre), grossie de la *Gartempe*; à gauche le *Clain* (*Poitiers*), dont la vallée conduit vers la Charente.

8° Le **Thouet**, qui arrose *Parthenay* (Deux-Sèvres).

9° La **Sèvre-Nantaise**, qui descend du plateau de Gâtine et finit à Nantes.

10° L'**Acheneau**, déversoir du lac de *Grandlieu*, marais à demi desséché.

La Vilaine. — Au nord de la Loire, la Vilaine descend des collines de Bretagne et coule de l'est à l'ouest jusqu'à son confluent avec l'*Ille*, puis du nord au sud jusqu'à son embouchure, en arrosant *Vitré*, *Rennes* et *Redon* (Ille-et-Vilaine), et la *Roche-Bernard* dans le Morbihan (145 kilomètres navigables). Les petits bassins du *Blavet* (*Pontivy* et *Lorient*), de l'*Odet* (*Quimper*), de l'*Aulne* (*Châteaulin*), peuvent être regardés comme une dépendance de celui de la Vilaine.

La Charente. — Entre les collines de *Saintonge* et du *Périgord* au sud, les collines du *Poitou* et le plateau de *Gâtine* au nord, s'étend la vallée de la Charente.

La Charente sort du revers occidental des monts du Limousin, coule d'abord du sud au nord, puis rencontre les collines du Poitou qui la rejettent vers le sud. Elle prend un peu au-dessous d'Angoulême la direction du nord-ouest qu'elle garde jusqu'à son embouchure. Elle arrose *Civray* (Vienne), *Ruffec*, *Angoulême* et *Cognac* (Charente), *Saintes* et *Rochefort* (Charente-Inférieure), et finit en face de l'île d'Oléron, après un cours de 340 kilomètres, dont 192 navigables. Elle reçoit à gauche la *Tardoire*, qui s'engouffre en partie dans des cavités souterraines ; à droite la *Boutonne*, qui passe à *Saint-Jean-d'Angély*.

Le *Lay*, qui reçoit l'*Yon* (*la Roche-sur-Yon* dans la Vendée), la *Sèvre-Niortaise*, qui passe à *Niort* et reçoit la *Vendée* (*Fontenay-le-Comte*), et la *Seudre*, qui finit à *Marennes*, peuvent être regardés comme se rattachant à la région de la Charente.

RÉSUMÉ
Versant de l'Atlantique

La vallée de la Loire présente trois parties bien distinctes par l'aspect et la composition du sol et le climat : 1° De la source du fleuve au confluent de l'Allier, montagnes granitiques

BASSIN DE L'OCÉAN ATLANTIQUE. 117

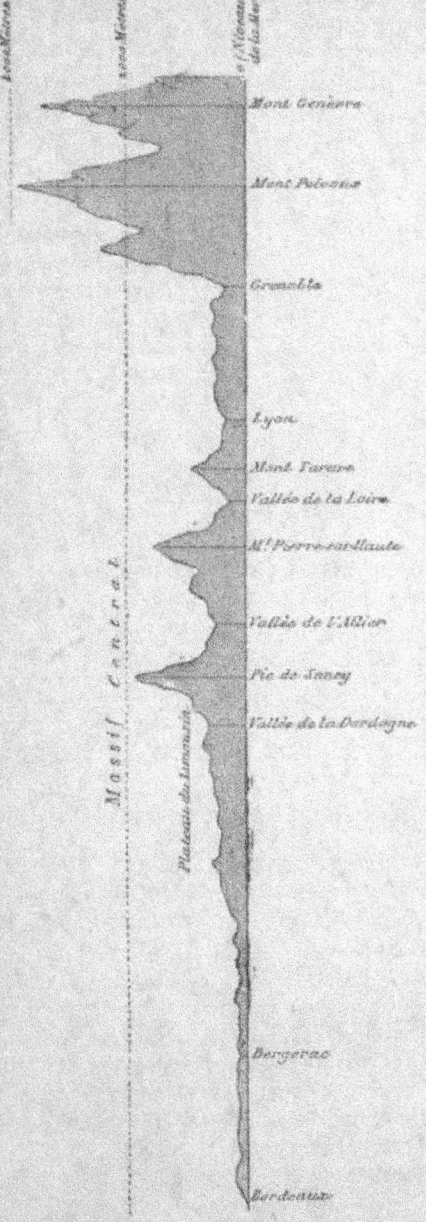

Profil de la France, de Bordeaux (Embouchure de la Gironde) au Mont Genèvre (1)

(1) L'échelle horizontale est de 3 à 4 000, les hauteurs sont exagérées par rapport aux longueurs dans la proportion de 20 à 1.

Carte VII.

ou volcaniques, terrains imperméables, climat du Massif central ; 2° du confluent de l'Allier au sillon de Bretagne, plaine tertiaire ou secondaire se rattachant au bassin de Paris, climat séquanien ; 3° du sillon de Bretagne à la mer, terrains anciens, climat armoricain.

La LOIRE prend sa source dans les Cévennes, au mont Gerbier-des-Joncs (Ardèche), coule du sud au nord jusqu'à Gien, décrit un demi-cercle en inclinant à l'ouest de Gien à Tours, et se dirige de l'est à l'ouest, jusqu'à son embouchure.

Elle traverse les départements de l'Ardèche, Haute-Loire, Loire (*Roanne*), Saône-et-Loire, qu'elle sépare de l'Allier, Nièvre (*Nevers*), qu'elle sépare du Cher, Loiret (*Gien*, *Orléans*), Loir-et-Cher (*Blois*), Indre-et-Loire (*Tours*), Maine-et-Loire (*Saumur*), Loire-Inférieure (*Ancenis*, *Nantes*, *Saint-Nazaire*, *Paimbœuf*).

Les affluents de droite sont : le FURENS (*Saint-Etienne*, dans la Loire), l'ARROUX (*Autun*, dans Saône-et-Loire), la NIÈVRE (*Nevers*, dans la Nièvre).

La MAINE (Maine-et-Loire : *Angers*), formée du LOIR (Eure-et-Loir : *Châteaudun* ; Loir-et-Cher : *Vendôme* ; Sarthe : la *Flèche* ; Maine-et-Loire), de la SARTHE (Orne : *Alençon* ; Sarthe : *le Mans* ; Maine-et-Loire), et de la MAYENNE (Mayenne : *Mayenne*, *Laval*, *Château-Gontier* ; et Maine-et-Loire).

L'ERDRE (Maine-et-Loire, Loire-Inférieure).

Les affluents de gauche sont : l'ALLIER, séparé de la Loire par les monts du Vélay et du Forez (Lozère, Haute-Loire : *Brioude* ; Puy-de-Dôme, Allier : *Vichy*, *Moulins* ; Nièvre). Il reçoit, à gauche, la *Sioule*, à droite, la *Dore*.

Le LOIRET (Loiret).

Le CHER (Creuse, Allier : *Montluçon* ; Cher : *Saint-Amand*, *Vierzon* ; Loir-et-Cher, Indre-et-Loire).

L'INDRE (Indre : *Châteauroux* ; Indre-et-Loire : *Loches*).

La VIENNE (Corrèze : *Mont Odouze* ; Haute-Vienne : *Limoges* ; Charente : *Confolens* ; Vienne : *Châtellerault* ; Indre-et-Loire : *Chinon*). Elle reçoit, à droite, la *Creuse* (Creuse : *Aubusson* ; Indre : *Le Blanc* ; Indre-et-Loire), grossie de la *Gartempe* ; à gauche, le *Clain* (Vienne : *Poitiers*).

Le THOUET (Deux-Sèvres, Maine-et-Loire).

La SÈVRE-NANTAISE (Deux-Sèvres, Vendée, Loire-Inférieure).

L'ACHENEAU, déversoir du lac de *Grandlieu*.

Au nord (rive droite de la Loire), la VILAINE passe à *Vitré*, *Rennes*, *Redon* (Loire-Inférieure, Morbihan).

Elle reçoit l'*Ille* à Rennes.

Les principaux cours d'eau côtiers sont : le *Blavet* (Côtes-du-Nord, Morbihan : *Pontivy, Lorient*) et l'*Aulne* (Finistère : *Châteaulin*), ce dernier entre les monts d'Arrée et les Montagnes-Noires.

Au sud (rive gauche de la Loire), la CHARENTE coule entre les monts du Limousin, les collines du Poitou et le plateau de Gâtine au nord, les collines du Périgord et de la Saintonge au sud (Haute-Vienne, Charente, Vienne : *Civray* ; Charente : *Angoulême, Cognac* ; Charente-Inférieure : *Saintes, Rochefort*). A la région de la Charente peuvent se rattacher le *Lay* (Vendée), la *Sèvre-Niortaise* (Deux-Sèvres : *Niort* ; Vendée, Charente-Inférieure), qui reçoit la *Vendée* (*Fontenay-le-Comte*), et la *Seudre* (Charente-Inférieure).

V

Versant du golfe de Gascogne

Région de la Garonne. — La région de la Garonne est assez nettement délimitée entre le Massif central et les Pyrénées et ne communique facilement avec les autres parties de la France que par le seuil de Naurouse et vers les collines peu élevées de la Saintonge.

La Garonne coule dans une vaste plaine tertiaire qu'entourent les roches primitives abondantes dans le Massif central et les Pyrénées ; les terrains calcaires composent les plateaux des Causses.

La plaine soumise au climat girondin, climat assez chaud et assez humide, est d'une merveilleuse fertilité.

Cours de la Garonne. — La Garonne (656 kil. avec la Gironde) prend sa source en Espagne, au val d'*Aran*, au pied du massif de la Maladetta, et coule d'abord du sud-est au nord-ouest, dans les gorges étroites et sauvages du val d'Aran. A partir de *Montréjeau* (Haute-Garonne), elle se détourne au nord-est et entre dans des plaines monotones, où elle arrose *Muret* et *Toulouse* (Haute-Garonne). Au-dessous de Toulouse, elle reprend la direction du nord-ouest en longeant les dernières terrasses du Massif central ; sa vallée, plus étroite, est d'une merveilleuse fertilité ; elle arrose *Castelsarrasin* (Tarn-et-Garonne), *Agen, Tonneins, Marmande* (Lot-et-Garonne), *la Réole* (Gironde). A *Bordeaux* (Gironde), la Garonne est large de 700 mètres, elle porte les plus gros navires et roule plus de 800 mètres cubes par seconde aux eaux moyennes. Elle prend, dans sa partie maritime, du *Bec d'Ambez* à la *tour de Cordouan*, le nom de **Gironde** et se jette dans le golfe de Gascogne entre la pointe de Grave et celle de la Coubre. Elle est navigable depuis Cazères dans la Haute-Garonne. Ses crues sont fréquentes et terribles ; quelques-unes se sont élevées à plus de 10 mètres au-dessus de l'étiage, et, dans les grandes inondations, le volume des eaux est 200 ou 300 fois plus fort qu'en temps ordinaire.

Affluents. — Ses principaux affluents sont, à droite :

1° Le **Salat**, qui passe à *Saint-Girons* (Ariège) ;

2° L'**Ariège**, qui descend du massif de Montcalm et arrose *Foix* et *Pamiers* (Ariège) ;

3° Le **Tarn** prend sa source dans les monts de la *Lozère* (Lozère), coule dans un profond défilé entre le causse Méjean et le causse de Sauveterre, traverse les départements de l'Aveyron (*Millau*), du Tarn (*Albi* et *Gaillac*), où il entre dans la plaine, et finit dans le Tarn-et-Garonne ; où il arrose *Montauban* et *Moissac*. Il est navigable depuis Albi.

Ses principaux affluents sont, à droite : l'*Aveyron*, qui descend des monts Lévezou, passe à *Rodez* et à *Villefranche* (Aveyron), reçoit le *Viaur*, sorti du même massif de montagnes, et finit dans le Tarn-et-Garonne ; à gauche, l'*Agout*, qui descend des monts de l'Espinouse (Hérault) et arrose *Castres* et *Lavaur* (Tarn).

4° Le **Lot** descend des monts de la Lozère, coule dans une vallée profonde, où il arrose *Mende* (Lozère), *Espalion* (Aveyron), *Cahors* (Lot), et finit en plaine en face d'*Aiguillon* (Lot-et-Garonne), après avoir traversé *Villeneuve-sur-Lot*. Son principal affluent est la *Truyère*, qui sort des monts de la Margeride.

5° La **Dordogne** naît dans les monts Dore, à 1,694 mètres d'altitude au pied du Sancy (Puy-de-Dôme), longe le département du Cantal, traverse ceux de la Corrèze et de la Dordogne, où elle arrose *Bergerac*, et finit au Bec-d'Ambez après avoir arrosé *Libourne* (Gironde).

Son cours est de 470 kilomètres, dont 380 navigables.

Elle reçoit à gauche la *Cère*, qui lui apporte les eaux du massif du Cantal; à droite la *Vezère*, grossie de la *Corrèze*, qui arrose *Tulle* et *Brive* (Corrèze), et l'*Isle* (Haute-Vienne, Dordogne : *Périgueux*; Gironde), grossie de la *Dronne*, qui descendent des monts du Limousin.

Les affluents de gauche de la Garonne, la **Neste**, grand torrent des Pyrénées, la **Save** (Gers : *Lombez*, Haute-Garonne), qui finit à *Grenade* (Haute-Garonne); le **Gers** (Gers : *Auch*, *Lectoure*; Lot-et-Garonne); la **Baïse** (Gers : *Mirande* et *Condom*; Lot-et-Garonne : *Nérac*), ne sont pas navigables. Ces trois derniers cours d'eau naissent au plateau de Lannemezan.

L'Adour. — Entre la Gironde et la frontière d'Espagne coulent la **Leyre**, qui se jette dans le golfe d'Arcachon, et l'**Adour**, grand cours d'eau navigable de 335 kilomètres. Il descend des monts de Bigorre (1,930 mètres d'altitude), arrose *Bagnères-de-Bigorre*, *Tarbes* (Hautes-Pyrénées), *Aire*, *Saint-Sever*, où il devient navigable, *Dax* (Landes), et finit au-dessous de *Bayonne* (Basses-Pyrénées). — Il reçoit à droite la *Midouze*, la rivière de *Mont-de-Marsan* (Landes), à gauche le *Gave de Pau*, qui naît au cirque de Gavarnie, la *Bidouze* et la *Nive*, qui finit à Bayonne.

On peut encore citer les petits fleuves côtiers de la *Nivelle* et de la *Bidassoa*.

Comparaison des grands fleuves. — L'étendue réellement navigable des cours d'eau français atteint presque 8,000 kilomètres. Quatre des grands fleuves de l'Europe, la Garonne, la Loire, la Seine et le Rhône, appartiennent à la France dans toute la partie navigable de leur cours.

Coulant dans un pays de montagnes, alimenté par les

neiges et les glaciers des Alpes, ce dernier n'est qu'un grand torrent, aux eaux abondantes, mais impétueuses, et redoutable par ses crues subites, bien que l'encaissement de sa vallée ne permette pas aux inondations de s'étendre sur d'aussi vastes espaces que celles de la Garonne ou de la Loire. Le lac de Genève, qui lui sert de réservoir, et le peu de largeur de son lit maintiennent ses eaux à un niveau assez élevé pour que la navigation n'ait pas à subir d'interruption ; mais les brusques détours du fleuve, les roches qui l'obstruent, la rapidité de la pente, les sables et la vase qui s'amoncellent dans la partie inférieure de son cours rendent la navigation difficile et dangereuse ; il n'existe pas de port à son embouchure et les navires de 500 tonneaux ne peuvent remonter jusqu'à Arles.

La *Garonne*, la *Loire* et la *Seine*, alimentées surtout par les pluies et coulant en plaine ou dans des pays peu accidentés, dont les terrains perméables absorbent une partie des eaux pluviales, ont un volume d'eau moins considérable, un cours plus lent, des crues en général moins soudaines. Les sables qu'elles emportent, au lieu de s'entasser à l'embouchure et de former un delta, se déposent dans toute l'étendue de leur parcours, où ils forment quelquefois, surtout dans la Loire, des bancs dangereux pour la navigation. Elles débouchent à la mer par de larges et profonds *estuaires*, accessibles aux plus forts navires, et où s'élèvent des ports florissants. La Garonne, la Loire et la Seine commencent par n'être que des sentiers et finissent par devenir de grandes routes ; le Rhône est une grande route qui aboutit à un sentier.

Lacs, étangs et marais. — La France ne possède de grands lacs que dans la région tourmentée des Alpes. Nous avons déjà décrit le lac de *Genève* (54,000 hectares de superficie), les lacs du **Bourget** et d'**Annecy** en Savoie. Les lacs du Dauphiné (lacs de **Paladru**, d'*Allos*, etc.), ceux du Jura (lacs de **Saint-Point**, de *Nantua*, de *Chalin*, de *Grandvaux*), des Vosges (lacs de **Gérardmer**, de *Longemer*), des Pyrénées (lacs d'*Oo*, de *Gaube*), les lacs volcaniques de l'Auvergne (lac *Pavin*, lac *Chambon*) et du Vélay (lac du *Bouchet*) ne sont que des étangs si on les compare à ces larges nappes d'eau qui dorment au pied des grandes Alpes. Le lac de *Grandlieu* est plus vaste : il a près de 7,000 hectares de superficie, mais c'est un marais vaseux plutôt qu'un lac, et on songe à le dessécher.

Outre les étangs du littoral de la Méditerranée et des Landes, que nous avons décrits plus haut, et les marais de la Basse-Vendée, les régions d'étangs et de marécages sont, au pied du Jura, la *Bresse* et les *Dombes* (département de l'Ain) ; au sud de la Loire, la *Sologne* (départements de Loir-et-Cher, du Loiret et du Cher) et la *Brenne* (départements de l'Indre et de l'Indre-et-Loire), dont le sous-sol argileux retient les eaux pluviales ; la région des *Brières*, prairies inondées au nord de la Loire, près de son embouchure ; les vastes tourbières de la *Somme* et du *Pas-de-Calais*, désignées dans le pays sous le nom de *clairs*, la forêt d'*Argonne* et la partie méridionale de la Lorraine dite allemande (environs de Dieuze).

RÉSUMÉ

Versant du golfe de Gascogne

La région de la Garonne, qui s'étend entre les Pyrénées et le massif Central, comprend une vaste plaine tertiaire très fertile entourée de terrains primitifs (Massif central et Pyrénées) et de terrains calcaires (Causses). Cette région est soumise au climat girondin.

La GARONNE prend sa source en Espagne, au val d'Aran, dans le massif de la Maladetta, coule du sud-ouest au nord-est jusqu'à Toulouse, puis du sud-est au nord-ouest jusqu'à la mer. Elle prend le nom de Gironde à partir de son confluent avec la Dordogne.

Elle traverse les départements de la Haute-Garonne (*Toulouse*), de Tarn-et-Garonne, de Lot-et-Garonne (*Agen, Marmande*), de la Gironde (*La Réole, Bordeaux, Blaye*).

Les *affluents de droite sont* : le SALAT (Ariège : *Saint-Girons*), l'ARIÈGE (Ariège : *Foix, Pamiers*, Haute-Garonne), qui descend du Montcalm.

Le TARN, qui descend du mont Lozère (Lozère, Aveyron : *Millau ;* Tarn : *Albi, Gaillac ;* Tarn-et-Garonne : *Montauban, Moissac*). Il reçoit, à droite, l'*Aveyron* (Aveyron : *Rodez, Villefranche ;* Tarn, Tarn-et-Garonne) ; à gauche, l'*Agout* (Hérault, Tarn : *Castres*).

Le LOT, qui naît dans les monts Lozère (Lozère : *Mende ;* Aveyron : *Espalion ;* Lot : *Cahors ;* Lot-et-Garonne : *Villeneuve*).

La DORDOGNE (Puy-de-Dôme : *Mont-Dore ;* Cantal, Corrèze, Lot, Dordogne : *Bergerac ;* Gironde : *Libourne*). Elle reçoit, à droite, la *Vézère,* grossie de la *Corrèze* (Corrèze : *Tulle* et *Brive ;* et l'*Isle* (Haute-Vienne, Dordogne : *Périgueux,* Gironde).

Les *affluents de gauche* sont : la NESTE (Hautes-Pyrénées), la SAVE (Haute-Garonne, Gers).

Le GERS (Hautes-Pyrénées, Gers : *Auch,* Lot-et-Garonne).

La BAÏSE (Hautes-Pyrénées, Gers : *Condom ;* Lot-et-Garonne : *Nérac*).

Au sud du bassin de la Garonne s'étendent ceux de la LEYRE (Landes, Gironde) et de l'ADOUR, entre les Pyrénées et les monts du Bigorre, les collines de l'Armagnac et du Bordelais jusqu'à la pointe de Grave (Hautes-Pyrénées : *Bagnères-de-Bigorre, Tarbes ;* Gers, Landes : *Saint-Sever, Dax ;* Basses-Pyrénées : *Bayonne*).

L'Adour reçoit, à sa droite, la *Midouze* (Gers, Landes : *Mont-de-Marsan*) ; à gauche, le *Gave de Pau* (Hautes-Pyrénées, Basses-Pyrénées : *Pau ;* Landes).

LACS, ÉTANGS ET MARAIS. — Les principaux lacs de France sont ceux de GENÈVE, du BOURGET, d'ANNECY (en Savoie), de GRANDLIEU (Loire-Inférieure), de *Saint-Point* (Doubs), de *Gérardmer* (Vosges).

Les régions marécageuses sont les *Dombes* et la *Bresse* (Ain), la *Sologne* (Loir-et-Cher), la *Brenne* (Indre), le *marais vendéen,* les *Landes,* le littoral de la Méditerranée, depuis l'embouchure de la *Têt* jusqu'à l'étang de Berre, et les tourbières de Picardie et d'Artois.

Exercices

Tracer au tableau le cours du Rhône (de la Seine et de la Loire, etc.), et de ses grands affluents. — Indiquer la situation des principales villes qu'il arrose.

DEUXIÈME PARTIE

GÉOGRAPHIE POLITIQUE.

Étude des départements

CHAPITRE PREMIER

FORMATION TERRITORIALE DE LA FRANCE.

La Gaule indépendante et la Gaule Romaine. — Le pays qui porte aujourd'hui le nom de France était jadis appelé par les Romains la Gaule, du nom de ses anciens habitants les Gaulois.

Venus d'Asie, les Celtes ou Gaulois trouvèrent établis en Gaule les Ibères entre la Garonne et les Pyrénées, les Ligures dans la Provence actuelle et des colons phéniciens et grecs qui avaient fondé des établissements sur les côtes de la Méditerranée.

Les Romains fondèrent au deuxième siècle avant Jésus-Christ la province Romaine (v. pr. *Aquæ Sextiæ* ou *Aix* et *Narbo-Martius* ou *Narbonne*), qui s'étendit le long des côtes entre les Alpes et les Pyrénées, et conquirent toute la Gaule sous Jules César (58-50 av. J.-C.), refoulant les Celtes dans l'Armorique ou Bretagne.

La Gaule, dotée par les Romains de ses limites naturelles du Rhin, du Jura, des Alpes et des Pyrénées, adopta la langue, la religion et la civilisation de ses vainqueurs. Sous les Romains, elle fut partagée en 4 provinces : Narbonnaise, Aquitaine, Celtique ou Lyonnaise et Belgique : la ville romaine de Lugdunum (Lyon) en devint la capitale. Au quatrième siècle, cette division était modifiée, et la Gaule comptait 17 provinces, subdivisées en 115 cités.

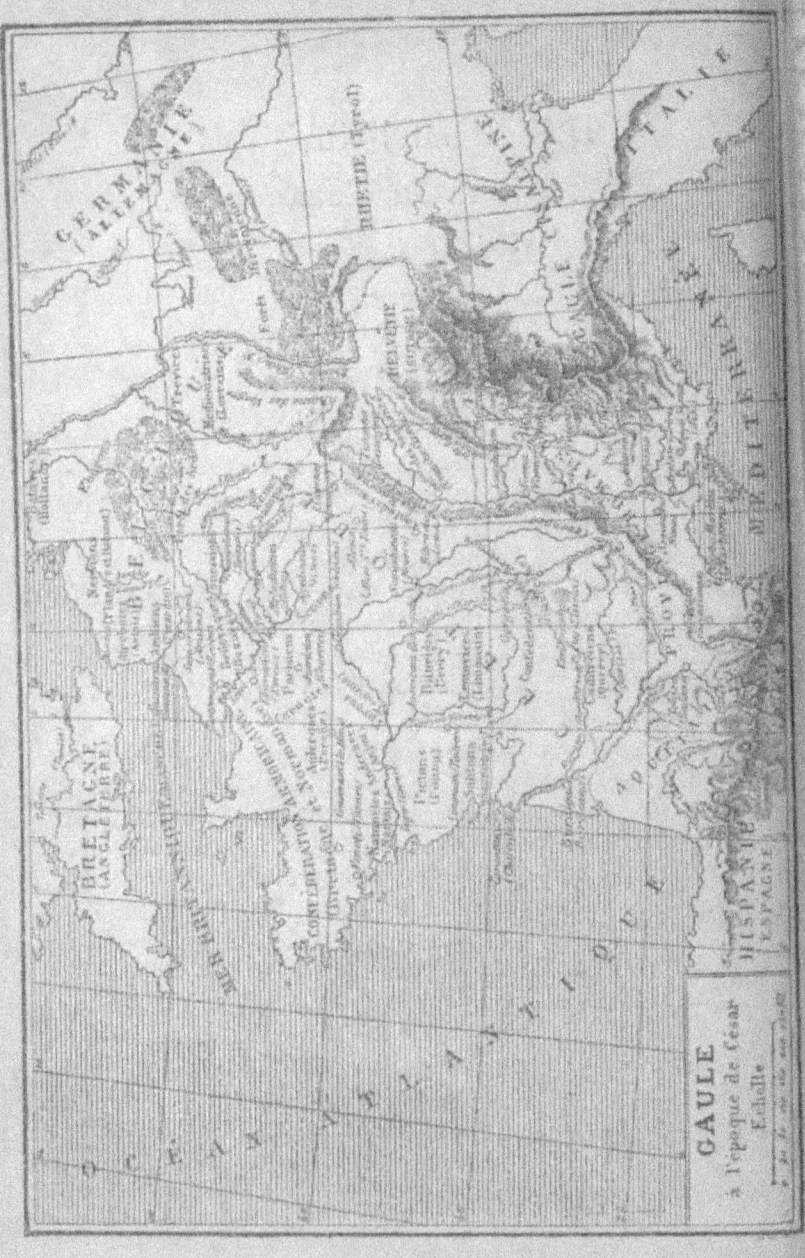

Carte VIII.

La Gaule sous les Mérovingiens et les Carlovingiens. — Vers le cinquième siècle, les invasions germaniques détruisirent peu à peu la domination romaine en Gaule; les Visigoths s'établirent entre la Loire et les Pyrénées, les Burgondes dans la vallée de la Saône et du Rhône, et les Francs avec Clovis et ses successeurs accomplirent la conquête de tout le pays. Mais ce ne fut guère avant le neuvième ou dixième siècle, qu'on commença à appeler France la partie septentrionale de la Gaule et ce nom ne s'étendit que beaucoup plus tard aux provinces du Midi qui formaient l'ancienne Aquitaine. L'Empire Franc atteint sa plus grande puissance sous la domination mérovingienne, vers le règne de Dagobert au septième siècle.

Charlemagne étendit considérablement par ses conquêtes les limites de l'Empire Franc, qui comprit, outre la Gaule entière, le nord de l'Espagne, le nord et le centre de l'Italie, une grande partie de l'Allemagne actuelle et eut pour capitale Aix-la-Chapelle.

Les guerres entre les petits-fils de Charlemagne amenèrent le morcellement de ce vaste empire, et le traité de Verdun (843) consacra l'existence de trois royaumes: 1° la Germanie (Allemagne) fut donnée à Louis ; Lothaire eut l'Italie avec le pays appelé Lotharingie entre les Alpes et le Jura d'un côté, le Rhône, la Saône et la Meuse de l'autre ; enfin Charles le Chauve régna sur les pays situés à l'ouest de la Meuse, de la Saône et du Rhône.

La France sous les Capétiens, les Valois et les Bourbons. — Le travail d'unification des diverses contrées de la France, et de fusion entre les diverses races qui les ont occupées, fut l'œuvre de la monarchie française et constitue l'histoire même de notre pays.

Hugues Capet (987) et ses successeurs commencèrent le lent et pénible rattachement des diverses provinces françaises autour de l'Ile-de-France et de l'Orléanais, son domaine particulier.

Philippe Ier acquiert le vicomté de Bourges ; sous la

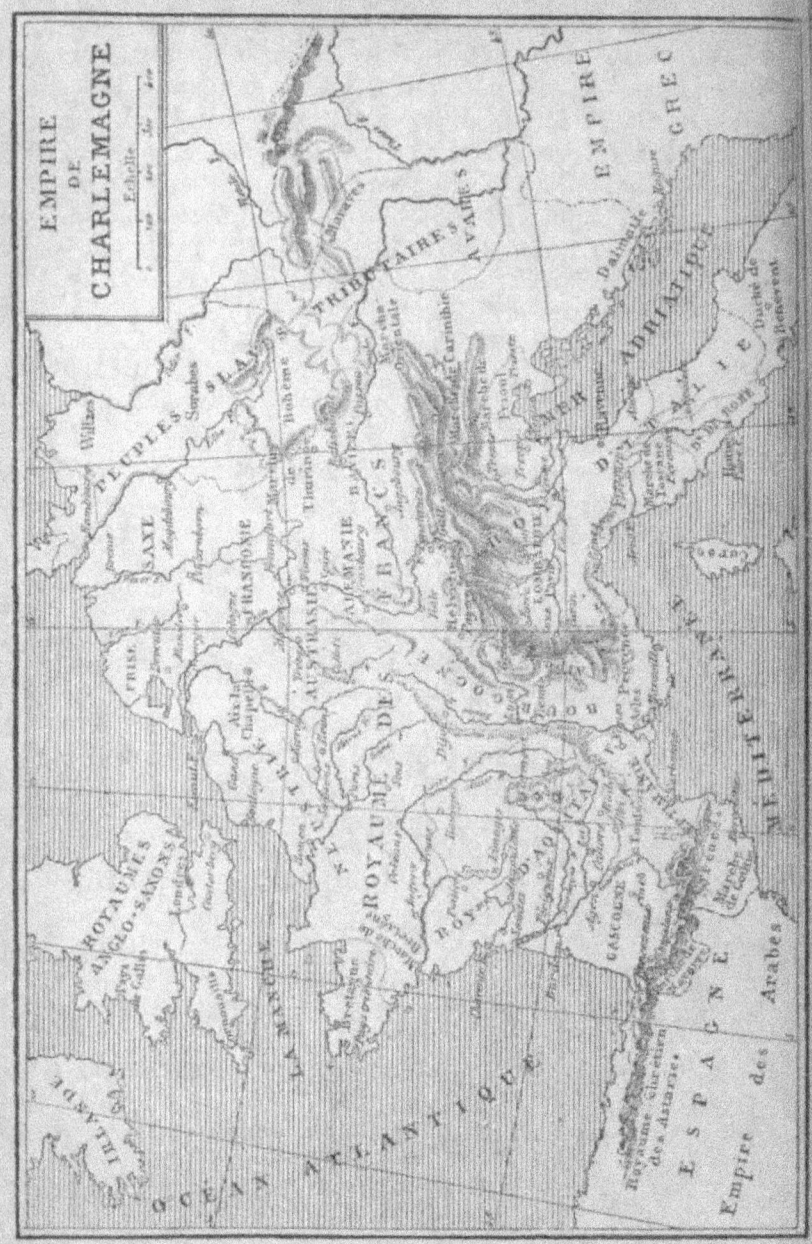

Carte IX.

régence de Blanche de Castille, le traité de Meaux donna à la France le Bas-Languedoc (Beaucaire et Carcassonne); Philippe le Hardi hérita du comté de Toulouse et le Lyonnais fut réuni à la France par Philippe le Bel.

Bien que Philippe VI eut acquis le Dauphiné, l'œuvre d'unification territoriale fut arrêtée et compromise par la guerre de Cent ans jusqu'au moment où Charles VII chassa définitivement les Anglais de France en leur enlevant la Normandie (1450) et la Guyenne (1453).

Louis XI, en combattant la féodalité apanagée, accrut puissamment le domaine royal de la Bourgogne, de l'Anjou, du Maine et de la Provence.

Après Louis XII qui obtint la Bretagne, François Ier, maître du duché d'Angoulême, confisqua sur le connétable de Bourbon, le Bourbonnais, l'Auvergne, la Marche et le Forez.

Sous Henri II, la Lorraine est entamée par la cession des Trois Evêchés (1559) et Calais est repris aux Anglais.

La France qui, à la fin de la dynastie des Valois, forme déjà un vaste État, est grandement accrue par le domaine royal de Henri IV (1589 : Comté de Foix, Béarn, partie de la Gascogne, Limousin), puis par l'acquisition de la Bresse, du Bugey, du Valromey et du pays de Gex (1601, traité de Lyon) sur le duc de Savoie. Pendant la guerre de Trente ans, Richelieu assure à la France la plus grande partie de l'Alsace que donneront les traités de Westphalie (1648), l'Artois, le Roussillon et la Cerdagne, que l'Espagne abandonnera au traité des Pyrénées (1659).

A ces territoires, Louis XIV joint Dunkerque, puis la Flandre, au traité d'Aix-la-Chapelle (1668), la Franche-Comté au traité de Nimègue (1678) et Strasbourg.

Sous Louis XV, la Lorraine est réunie à la mort de Stanislas Leczinski (1766) et la Corse est vendue par les Génois (1768).

La France de 1789 à 1815. — A la veille de la Révolution, la France entourée par la Manche, l'Océan et la Méditerranée, n'a de limites régulières que vers les

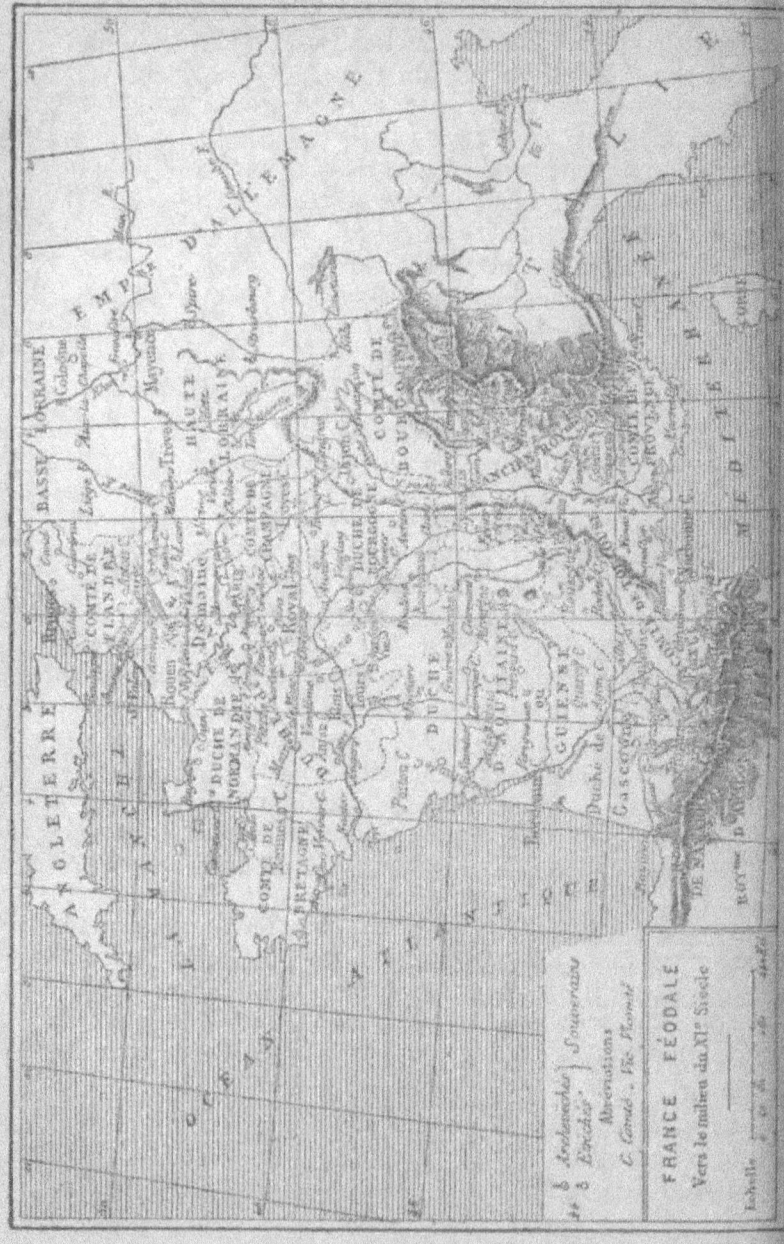

Carte X.

Pyrénées, le Rhin et le Jura ; la Savoie et le comté de Nice, qui appartiennent au roi de Sardaigne, l'empêchent d'atteindre les Alpes. Elle est divisée en 35 généralités ou intendances et en 40 gouvernements militaires.

L'Assemblée constituante créa l'unité territoriale de la France en instituant 83 départements divisés en districts et en communes, et dont les limites furent tout à fait artificielles pour faciliter la fusion entre les diverses parties du territoire.

Bientôt accrue du Comtat Venaissin confisqué sur le pape et de la principauté de Montbéliard, la France atteignit dès le début des guerres de la République ses frontières naturelles, puis les dépassa sous le premier Empire, étendant vers 1810 jusqu'à la Trave, au Saint-Gothard et au royaume de Naples, son territoire qui comprit un moment 130 départements.

Acquisitions et pertes territoriales depuis 1815. — Réduite par le congrès de Vienne et les traités de 1815 à ses anciennes limites de 1790, elle ne compta plus que 86 départements dont le nombre fut porté à 89 par l'acquisition en 1860 de la Savoie et du comté de Nice.

La désastreuse guerre de 1870-71, enlevant l'Alsace et une partie de la Lorraine, réduisit le territoire français à 86 départements plus le territoire de Belfort, seul débris de l'ancien département du Haut-Rhin, conservé par l'énergie patriotique de Thiers.

RÉSUMÉ

L'histoire de la formation du territoire français peut se subdiviser en six époques :

1° et 2° La *Gaule indépendante et romaine* a pour limites, au nord, le Rhin ; à l'est, le Rhin et les Alpes ; au sud, la Méditerranée et les Pyrénées ; à l'ouest, l'Atlantique ; au nord-ouest, la Manche. La Gaule romaine se divise d'abord en quatre provinces : *Narbonnaise, Aquitaine, Lyonnaise* ou Celtique et *Belgique*, puis en 17 provinces et 115 cités.

3° L'*Empire franc sous les Mérovingiens et les Carlovingiens*

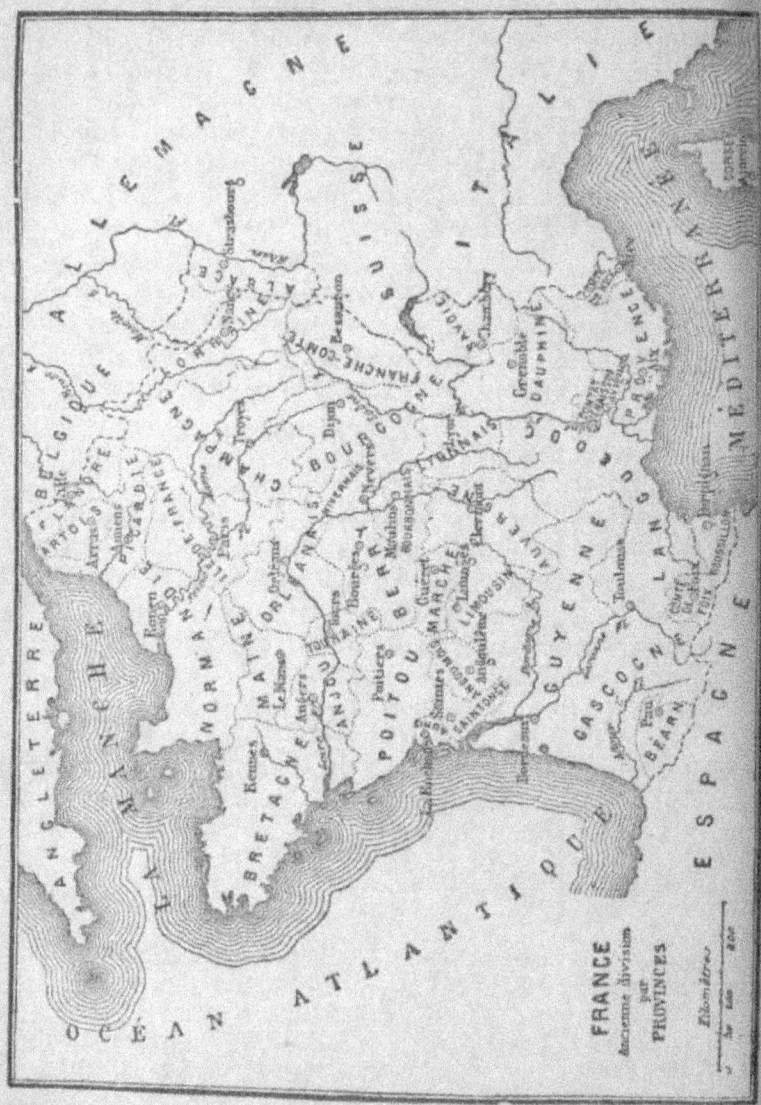

Carte XI.

comprend l'ancienne Gaule et la plus grande partie de l'Allemagne, à laquelle les Carlovingiens ajoutent les deux tiers de l'Italie et le nord de l'Espagne.

Le *royaume de France*, formé en 843 par le premier démembrement de l'empire carlovingien, comprend la partie de l'ancienne Gaule située entre la mer du Nord, la Manche, l'Atlantique, les Pyrénées, la Méditerranée, le Rhône, la Saône, la Meuse et l'Escaut.

4° Les Capétiens perdent le Roussillon et le pays au nord de la Somme, mais ils recouvrent ou acquièrent successivement le Lyonnais, sous Philippe IV, le Dauphiné sous Philippe VI, la Provence sous Louis XI, une partie de la Lorraine sous Henri II, la Bresse sous Henri IV, l'Alsace, le Roussillon, l'Artois, la Flandre française, la Franche-Comté sous Louis XIV, la Lorraine et la Corse sous Louis XV, et réunissent au domaine royal tous les grands fiefs organisés au moyen âge. En 1789, la France était divisée en 35 généralités et 40 gouvernements.

5° En 1791, l'acquisition du Comtat Venaissin, enlevé au pape, donne à la France pour frontières la Manche, l'Atlantique au nord-ouest et à l'ouest, les Pyrénées et la Méditerranée au sud, la Savoie, le Rhône, le Jura et le Rhin à l'est, et une ligne conventionnelle au nord.

La République donne à la France ses frontières naturelles, au nord et à l'est, par l'acquisition de la Savoie, de la Belgique, et des provinces allemandes du Rhin ; l'Empire dépasse ces limites et s'empare de la Hollande, d'une partie de l'Allemagne, de la Suisse et de l'Italie. Il y a alors 130 départements.

Les traités de 1815 nous ramènent aux limites de 1791, moins quelques places du nord.

6° En 1860, l'annexion de Nice et de la Savoie nous rend nos limites naturelles à l'est.

En 1871, le traité de Francfort nous enlève l'Alsace et une partie de la Lorraine, qui sont réunies à l'Allemagne.

La France compte aujourd'hui 86 départements plus le territoire de Belfort.

Exercices

Cartes de la Gaule avant la conquête de César.
Carte de la Gaule romaine au quatrième siècle après J.-C.
Carte de l'Empire carlovingien.
Le royaume de Gaule en 843.
Cartes des agrandissements du domaine royal et de la France de 987 à 1789.

134 EUROPE. FRANCE.

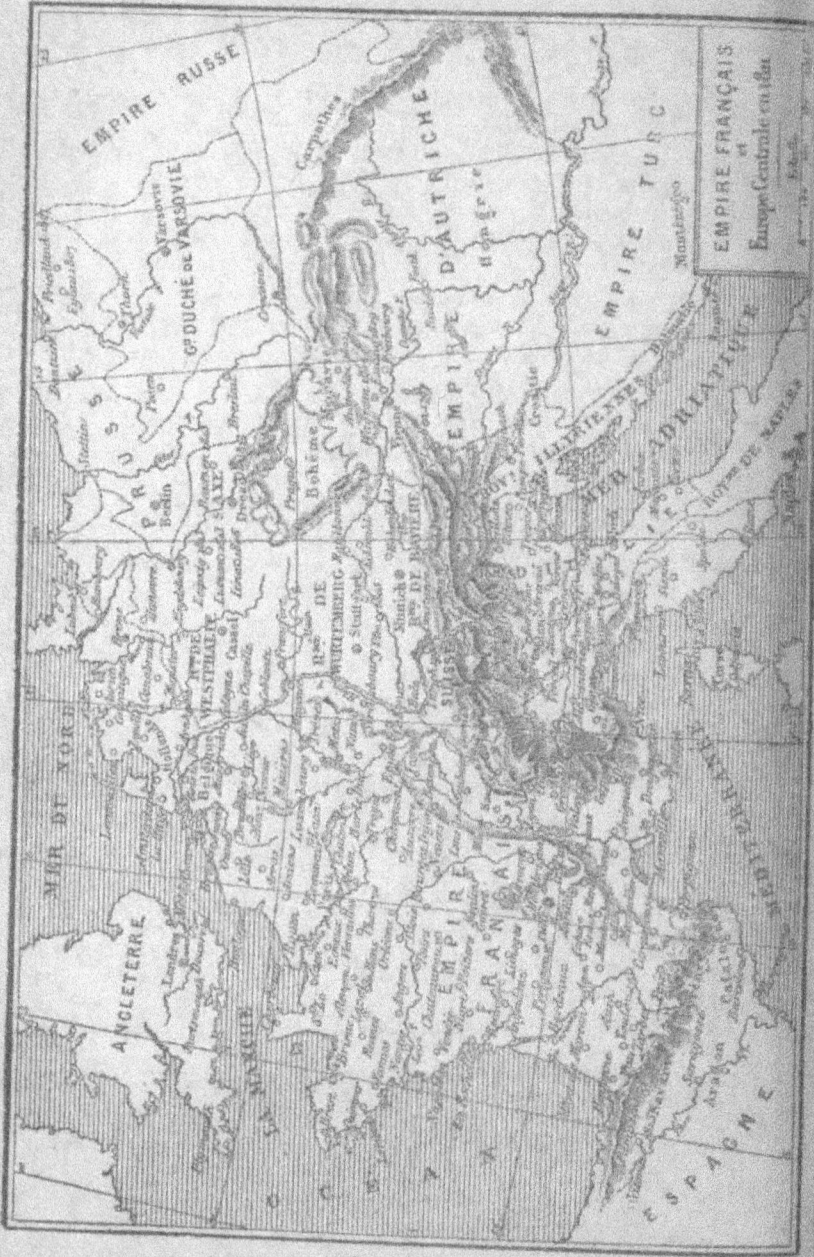

Carte XII.

CHAPITRE II

DESCRIPTION DES DÉPARTEMENTS. VERSANT DE LA MÉDITERRANÉE.

Aspect général de la région. — La région de la Méditerranée, qui comprend l'est, le sud-est et une partie du midi de la France, est une des régions les plus accidentées, les plus pittoresques et les plus variées de notre pays : d'un côté, les *Alpes*, avec leurs vallées sauvages, leurs glaciers et leurs neiges éternelles, le *Jura*, avec ses forêts de chênes et de sapins ; de l'autre, les *Cévennes*, avec leurs sommets arides et dépouillés ; au nord, une large et riche vallée, bordée de prairies, de champs de blé et de maïs, de coteaux où mûrit la vigne, c'est celle de la Saône à laquelle succède la vallée plus étroite et plus tourmentée du Rhône avec ses vignobles et ses plantations de mûriers ; au sud-est, sur le littoral de la Méditerranée, des hauteurs déchirées et couronnées de chênes-verts dominent de riantes vallées où croissent l'olivier, le mûrier et la vigne, et des baies innombrables au bord desquelles grandissent l'oranger et le palmier, et que séparent des caps hérissés de rochers. Les montagnes viennent mourir aux bords du Rhône dans une vaste plaine, couverte de cailloux roulés, brûlée par le soleil, mais qui se revêt en hiver d'une herbe fine et savoureuse, et où émigrent alors les troupeaux de moutons qui descendent des Alpes. A l'ouest des bouches du Rhône, sur le littoral du golfe du Lion, succèdent aux rochers et aux montagnes des côtes basses et sablonneuses, des lagunes, des plaines sillonnées de canaux d'irrigation, couvertes de moissons et d'oliviers, des coteaux plantés de vignes et de mûriers et qui prolongent jusqu'à la mer les dernières ondulations des Cévennes, des Corbières et des Pyrénées.

Climat. — Au point de vue du climat, le versant de la Méditerranée peut se diviser en deux grandes régions. Dans la partie septentrionale et centrale jusqu'à la Voulte sur Rhône (*climat rhodanien*), la température moyenne est de 11 degrés centigrades, les pluies et les orages sont fréquents, les vents dominants sont ceux du sud et du nord. Dans la partie inférieure et dans les bassins secondaires du littoral (*climat méditerranéen*), la moyenne de la température s'élève à 15 degrés ; les hivers sont doux, les étés brûlants, les pluies torrentielles mais assez rares ; les vents dominants sont celui du nord-ouest, le terrible *mistral*, si redouté des marins de la Méditerranée, et le vent du sud ou *siroco*, tout chargé encore des effluves brûlants qu'il a recueillis en passant sur les sables de l'Afrique.

Ancienne division en provinces. — La région du Rhône comprend le territoire entier de quatre des anciennes provinces continentales : la *Franche-Comté*, le *Dauphiné*, la *Provence* et le *Roussillon*, et la plus grande partie de trois autres, le *Lyonnais*, la *Bourgogne* et le *Languedoc*. Il faut y ajouter l'île de *Corse*, ainsi que le *Comtat Venaissin*, la *Savoie* et le *Comté de Nice* qui ne faisaient pas partie de la France en 1789.

Départements. — Les départements que renferme cette région représentent le quart de la superficie de la France. Le Rhône ne coupe aucun de ces départements et sert de limite entre ceux qui bordent sa *rive gauche* : Haute-Savoie, Savoie, Isère, Drôme, Vaucluse, Bouches-du-Rhône, et ceux qui longent sa *rive droite* : Ain, Rhône, Loire, Ardèche et Gard.

Rive gauche du Rhône.

PROVINCE DE SAVOIE.

Résumé historique. — La Savoie, dont les habitants portaient à l'époque gauloise le nom d'*Allobroges*, ne prit le nom de *Sabaudia* ou *Sapaudia* (pays des sapins) que vers le neuvième siècle. Elle devint au moyen âge un comté, puis un duché, souvent mêlé aux affaires de France et dont les souverains, possesseurs du Piémont au delà des Alpes, devinrent rois de Sardaigne en 1720. Réunie à la France en 1792, la Savoie forma le département du Mont-Blanc ; les rois de Sardaigne la recouvrèrent en 1815, et la cédèrent à la France en 1860, quand ils placèrent sur leur tête la couronne royale d'Italie. Elle a formé deux départements.

1° **Département de Haute-Savoie.** (*Chablais, Faucigny, Pays des Bauges, Haute-Savoie* [1]).

Le chef-lieu de ce département montagneux est **Annecy**, petite ville assise au bord d'un lac qui porte son nom ; les trois sous-préfectures : *Bonneville* (Faucigny), sur l'Arve, *Saint-Julien*, et *Thonon* (Chablais), sur le lac de Genève.

Evian, sur le lac de Genève, a des eaux minérales célèbres. *Chamonix* est une station estivale très fréquentée au pied du mont Blanc.

Saint François de Sales est originaire des environs d'Annecy.

2° **Département de Savoie** (*Tarentaise, Maurienne, Basse-Savoie*). — Au sud de la Haute-Savoie s'étend le département de Savoie, couvert de montagnes entre lesquelles s'ouvrent des vallées fertiles.

Le chef-lieu est **Chambéry**, ancienne capitale de la Savoie, archevêché, chef-lieu d'académie, cour d'appel, dans une riante vallée qui vient aboutir au lac du *Bourget* et qui renferme des carrières de plâtre et de pierre à chaux. Elle fabrique les gazes.

Les sous-préfectures sont : *Moutiers-sur-l'Isère* (Tarentaise), évêché ; on y exploite des sources salines ; *Saint-Jean-de-Maurienne*, évêché, sur l'*Arc*, affluent de l'Isère, et *Albertville*, au pied d'une montagne qui renferme des mines de plomb argentifère.

Aix-les-Bains, près du lac du Bourget, possède des sources thermales. *Modane* est la douane française située à l'entrée du tunnel de Fréjus.

(1) Ces noms de pays, dont beaucoup sont encore très usités, correspondent soit à des divisions naturelles du sol, soit à d'anciennes divisions politiques.

PROVINCE DU DAUPHINÉ

Résumé historique. — Le Dauphiné, dont le principal peuple étaient les *Allobroges*, correspondait, à l'époque romaine, à une partie des provinces de *Viennoise* et des *Alpes-Maritimes*; érigé en comté au moyen âge, il fut cédé vers 1349 au roi Philippe de Valois à condition qu'il deviendrait l'apanage des fils aînés des rois de France, et que ceux-ci porteraient le nom de *Dauphins*, comme les anciens comtes du Viennois. Ils devaient ce surnom à un dauphin qui figurait dans leurs armoiries. Le Dauphiné a formé trois départements.

1° **Département de l'Isère** (*Grésivaudan, Viennois*). — Le département de l'Isère est séparé de la Savoie par les *Alpes de Maurienne*, du département de l'Ain et de celui du Rhône par le *Rhône*. Il est couvert par le massif boisé de la *Grande-Chartreuse* et traversé par l'*Isère*.

Le chef-lieu est **Grenoble** (Grésivaudan), sur l'Isère, siège d'un évêché, d'une académie, d'une cour d'appel, ancienne capitale du Dauphiné, place de guerre et ville d'industrie (fabrication de gants, de liqueurs, exploitation de ciments (64,000 hab.).

Les trois sous-préfectures sont : *Saint-Marcellin*, près de l'Isère, la *Tour-du-Pin*, avec ses houillères et ses fonderies, et *Vienne*, sur la rive gauche du Rhône, vieille ville romaine, importante aujourd'hui par ses manufactures de draps.

Parmi les villes principales on peut encore citer : *Voiron* qui possède des fonderies, des manufactures de toiles, des papeteries et qui est l'entrepôt des liqueurs de la Grande-Chartreuse; *Uriage* et *Allevard*, où se trouvent des eaux minérales ; *la Mure*, près de laquelle on exploite des mines d'anthracite. Le célèbre monastère de la *Grande-Chartreuse* fondé au moyen âge par saint Bruno, dans un site des plus sauvages, se rattache encore à ce département.

Le département de l'Isère a vu naître le chevalier Bayard (quinzième et seizième siècle).

2° **Département de la Drôme** (*Valentinois*). — Le département de la Drôme traversé par la rivière qui lui a donné son nom a pour chef-lieu **Valence**, sur le Rhône, l'un des principaux centres de la production et du commerce de la soie ;

Les trois sous-préfectures sont *Die*, sur la *Drôme*; *Nyons* et *Montélimar*, près du Rhône.

La petite ville de *Romans*, sur l'Isère, a d'importantes fabriques de cordonnerie.

3° **Département des Hautes-Alpes.** — Le département des HAUTES-ALPES est un des plus pauvres de France, car ses seules ressources sont de maigres pâturages, des forêts de sapins et quelques mines de houille, de fer et de plomb.

Le chef-lieu est **Gap**; les deux sous-préfectures sont : *Briançon*, puissant camp retranché qui protège la route du mont Genèvre, et *Embrun*, place forte déclassée.

PROVENCE ET COMTAT VENAISSIN

RÉSUMÉ HISTORIQUE. — La Provence doit son nom à l'ancienne province romaine de Narbonnaise (*provincia*) dont elle faisait partie. Érigée en comté au dixième siècle, elle passa par le mariage de l'héritière des comtes de Provence à la maison d'Anjou issue de Louis VIII (1245). La seconde maison d'Anjou, issue de Jean le Bon, en hérita à la fin du quatorzième siècle, et en 1481 Louis XI en prit possession après l'extinction de cette nouvelle dynastie. La Provence a formé trois départements.

Le *Comtat Venaissin* (du nom de la ville de *Venasque*) et le *Comtat d'Avignon*, qui appartenaient en partie aux comtes de Toulouse, en partie aux comtes de Provence, furent cédés aux papes, l'un en 1274, l'autre en 1348. Ils en restèrent maîtres jusqu'à la réunion de ce pays à la France en 1791.

1° **Département des Basses-Alpes** (*Haute-Provence*). — Le département des BASSES-ALPES, couvert par les contreforts escarpés des Alpes, est un de ceux dont la population diminue le plus en France.

Le chef-lieu est **Digne**; les quatre sous-préfectures : *Barcelonnette*, sur l'*Ubaye*, affluent de la Durance, dont la fertile vallée contraste avec la stérilité du reste du département ; *Sisteron*, petite place forte sur la Durance ; *Forcalquier*, dont l'arrondissement possède des mines de charbon de terre, et *Castellane*, sur le *Verdon*, affluent de la Durance.

Tournoux et *Fort-Saint-Vincent* sont des forteresses qui défendent le col de l'Arche et la vallée de l'Ubaye.

2° **Département des Bouches-du-Rhône** (*Basse-Provence*). — Le département des BOUCHES-DU-RHÔNE contient l'île de la *Camargue*, formée par les alluvions du Rhône, parcourue par des troupeaux de moutons, de bœufs et de chevaux à demi sauvages et la plaine aride et pierreuse de la *Crau*.

Le chef-lieu est **Marseille** (442,000 hab.), siège d'un évêché et du 15ᵐᵉ corps d'armée, la reine de la Méditerranée, avec sa flotte de plus de 200 vapeurs qui sillonnent, dans tous les sens, la Méditerranée, l'océan Pacifique et même l'Atlantique, son commerce qui dépasse deux milliards, sa florissante industrie (fabriques de savon, de bougies, d'allumettes chimiques, machines à vapeur, fonderies de cuivre, minoteries, chapellerie) et ses antiques traditions qui font remonter son origine jusqu'aux colonies grecques et phéniciennes. Marseille est la patrie du sculpteur Puget (dix-septième siècle) et de Thiers.

Les deux sous-préfectures sont : *Aix* (archevêché, académie, cour d'appel, école d'arts et métiers), ville romaine, l'ancienne capitale de la Provence, centre du commerce des huiles et des laines du département, et *Arles*, sur le Rhône, dont les arènes et les temples romains attestent l'antique prospérité.

Le petit port de *la Ciotat* a des chantiers assez actifs, et *Tarascon* sur le Rhône, des fabriques de draps et de soieries.

3° **Département du Var**. — Le Var ne coule plus aujourd'hui dans le département qui porte son nom depuis qu'on a réuni au département des Alpes-Maritimes l'arrondissement de Grasse. En avant de la côte s'étendent les îles d'*Hyères* où croissent le palmier et l'oranger.

Le chef-lieu est **Draguignan**; les deux sous-préfectures, *Brignoles*, centre du commerce des prunes dites de Brignoles, et *Toulon* (96,000 hab.), siège d'une préfecture maritime et notre premier port de guerre sur la Méditerranée.

La petite ville de *Fréjus* est le siège d'un évêché et le centre d'une exploitation houillère assez importante. *Hyères*, si renommé pour son doux climat, est la patrie du prédicateur Massillon (dix-huitième siècle).

4° **Comtat Venaissin. Département de Vaucluse** (*Comtat Venaissin* et *Comtat d'Avignon*). — Séparé du Gard par le *Rhône*, des Bouches-du-Rhône par la *Durance*, dominé au nord par le massif du mont *Ventoux*, qui le sépare de la Drôme, l'ancien Comtat-Venaissin est une des régions les mieux cultivées du Midi, on y rencontre le mûrier, la vigne et les arbres fruitiers.

Le chef-lieu est **Avignon** (archevêché), sur le Rhône, antique résidence des papes, dont le palais est encore debout (44,000 hab.); les trois sous-préfectures : *Carpentras*, au pied du mont Ventoux; *Apt* et *Orange* avec leurs antiquités romaines.

Cavaillon, dans une plaine très riche, exporte les melons.

COMTÉ DE NICE

Résumé historique. — Nice (*Nicæa*), ancienne colonie de Marseille, a été au moyen âge la capitale d'un comté qui, dès le quatorzième siècle, appartenait à la maison de Savoie, et qui, après avoir été réuni à la France de 1792 à 1814, fut restitué aux rois de Sardaigne et cédé à Napoléon III en même temps que la Savoie.

Département des Alpes-Maritimes. — La vallée du *Var* est comprise presque tout entière dans le département des Alpes-Maritimes séparé de l'Italie, au nord par les *Alpes*, à l'est par le ruisseau *Saint-Louis*, et couvert des ramifications dénudées des *Alpes Maritimes* qui dominent la Méditerranée, et qui abritent de riantes et fraîches vallées où croissent l'oranger, l'olivier, les arbres fruitiers, le mûrier.

Le chef-lieu est **Nice**, sur la Méditerranée (103,000 hab.), siège d'un évêché, renommée pour la douceur de son climat et son admirable situation. Elle forme avec Villefranche un important camp retranché.

Les deux sous-préfectures sont : *Grasse*, centre d'un commerce de parfumerie sans rival en France, et *Puget-Théniers*, sur le Var.

Antibes, *Menton*, sur la Méditerranée, sont comme Nice des villes d'hiver.

La principauté indépendante de *Monaco* est enclavée dans les Alpes-Maritimes.

Le maréchal Masséna est originaire de Nice.

Rive droite du Rhône.

PROVINCE DE BOURGOGNE.

RÉSUMÉ HISTORIQUE. — La Bourgogne, habitée à l'époque gauloise par les *Éduens*, et comprise à l'époque romaine dans la province de Lyonnaise, doit son nom aux *Burgondes* ou Bourguignons, peuple germain qui l'occupa au cinquième siècle après J.-C. Le duché de Bourgogne date du neuvième siècle ; après avoir appartenu à diverses dynasties, il fut donné par Jean le Bon à son fils Philippe le Hardi, et réuni au domaine royal par Louis XI après la mort de Charles le Téméraire, en 1477. La partie du duché située sur la rive gauche de la Saône fut conquise par Henri IV, en 1601, sur les ducs de Savoie. La Bourgogne a formé quatre départements, dont trois dans la vallée du Rhône et un dans celle de la Seine.

1° Département de l'Ain (*Bresse, Bugey, pays des Dombes, pays de Gex, Valromey*). — Le premier département français que l'on rencontre sur la rive droite du Rhône est celui de l'Ain, limité au nord-est par la Suisse, à l'est et au sud par le *Rhône*, qui le sépare de la Haute-Savoie, de la Savoie et de l'Isère, à l'ouest par la *Saône*, qui le sépare des départements du Rhône et de Saône-et-Loire. Couvert à l'est par la chaîne du *Jura*, le département de l'Ain présente, dans sa partie occidentale, entre l'Ain et la Saône, une vaste plaine marécageuse, entrecoupée d'étangs, la Bresse et la Dombes.

Le chef-lieu est **Bourg** en Bresse, centre du commerce des grains, des volailles et des bestiaux ; les quatre sous-préfectures sont : *Belley* (Bugey), siège d'un évêché ; *Nantua* (Valromey), sur les bords d'un lac que dominent les premières terrasses du Jura ; *Gex*, sur le revers oriental du Jura, centre du commerce des fromages, et *Trévoux* (Dombes), sur la Saône.

On exploite à *Seyssel* d'importants gisements d'asphalte. *Culoz* est un point de séparation de voies ferrées ; *Fort-l'Écluse* et *Pierre-Châtel* sont deux petites forteresses.

2° **Département de Saône-et-Loire** (*Mâconnais, Charolais, Morvan*). — Le département de Saône-et-Loire, divisé en deux parties par les monts du *Charolais*, contient dans sa partie occidentale le bassin industriel du *Creusot*, est couvert dans le centre de prairies et de pâturages où l'on élève les bœufs de race charolaise, et possède entre la Saône et les collines l'importante région vinicole du *Mâconnais*.

Le chef-lieu est **Mâcon**, sur la Saône, centre du commerce des vins. A l'arrondissement de Mâcon appartiennent *Cluny* avec son antique abbaye, siège de l'École normale pour l'enseignement secondaire spécial, et *Romanèche* avec ses vignobles et ses mines de manganèse.

Les quatre sous-préfectures sont *Autun* (évêché), la cité gauloise et romaine qui, malgré ses tanneries, le cède aujourd'hui pour la population et pour l'importance à la ville industrielle du *Creusot*, centre métallurgique important; *Châlon-sur-Saône*, où commence le canal du Centre qui passe à *Chagny* et finit à *Digoin*, sur la Loire; *Charolles*, dans le versant de la Loire, et *Louhans*, dans la partie du département située à l'est de la Saône.

Tournus, sur la Saône, a des carrières de pierres, *Montceau-les-Mines* et *Montchanin* ont des mines de houille et des briqueteries.

<small>Le département de Saône-et-Loire est la patrie du poète Lamartine (dix-neuvième siècle).</small>

3° **Département de la Côte-d'Or** (*Morvan* et *Bourgogne*). — Le département de la CÔTE-D'OR, traversé par les plateaux ondulés qui lui ont valu son nom, déborde au nord-ouest dans les deux vallées de la *Seine* et de l'*Armançon*, et dans sa partie orientale s'étagent, des bords de la Saône au sommet de la côte d'Or, de belles prairies, des champs de blé, des plantations de houblon, des vignobles parmi lesquels figurent les crus les plus estimés de Bourgogne, *Clos-Vougeot*, *Chambertin*, *Pomard*, *Volnay*, *Meursault*, *Montrachet*, *Nuits*, enfin des forêts et des pâturages sur les pentes les plus élevées du plateau.

Le chef-lieu est **Dijon** (68,000 hab.), sur l'*Ouche*, affluent de la Saône, et sur le canal de Bourgogne; évêché, cour d'appel et chef-lieu d'académie, autrefois capitale de la Bourgogne, aujourd'hui ville de commerce et d'industrie (fabriques de moutarde, de vinaigres, de cassis, de pains d'épice), grand entrepôt des bois et des grains de la Côte-d'Or et centre important du commerce des vins de Bourgogne.

Les trois sous-préfectures sont : *Beaune*, au centre des vignobles les plus renommés de la Côte-d'Or; *Châtillon-sur-Seine*, avec ses forges et ses hauts fourneaux, et *Semur*, sur un affluent de l'Yonne, l'Armançon.

Citons encore *Auxonne* et *Saint-Jean-de-Losne*, sur la Saône, où commencent le canal de Bourgogne, qui réunit la Saône à l'Yonne, affluent de la Seine, et le canal du Rhône au Rhin, *Fontaine-Française* où Henri IV vainquit les Espagnols, et *Alise-Sainte-Reine*, l'ancienne Alésia, illustrée par la défense de Vercingétorix.

Le département de la Côte-d'Or a vu naître Bossuet, évêque de Condom et de Meaux, l'un des plus grands écrivains du dix-septième siècle (Dijon); Buffon, le célèbre naturaliste (Montbard, dix-huitième siècle), et saint Bernard, le prédicateur de la seconde croisade (douzième siècle).

Fig. 11. — Statue de Vercingétorix à Alésia.

FRANCHE-COMTÉ

Résumé historique. — La Franche-Comté appartient à l'ancien territoire des *Séquanes* et à la province romaine de Séquanaise. Elle fit plus tard partie du royaume des Burgondes, et fut érigée en comté au dixième siècle, sous le nom de comté de Bourgogne ; elle finit après de nombreuses vicissitudes par être réunie au duché de Bourgogne en 1384 ; le mariage de Marie de Bourgogne, héritière de Charles le Téméraire, avec Maximilien d'Autriche, en fit une dépendance des domaines autrichiens, et elle resta dans la branche espagnole de la maison d'Autriche

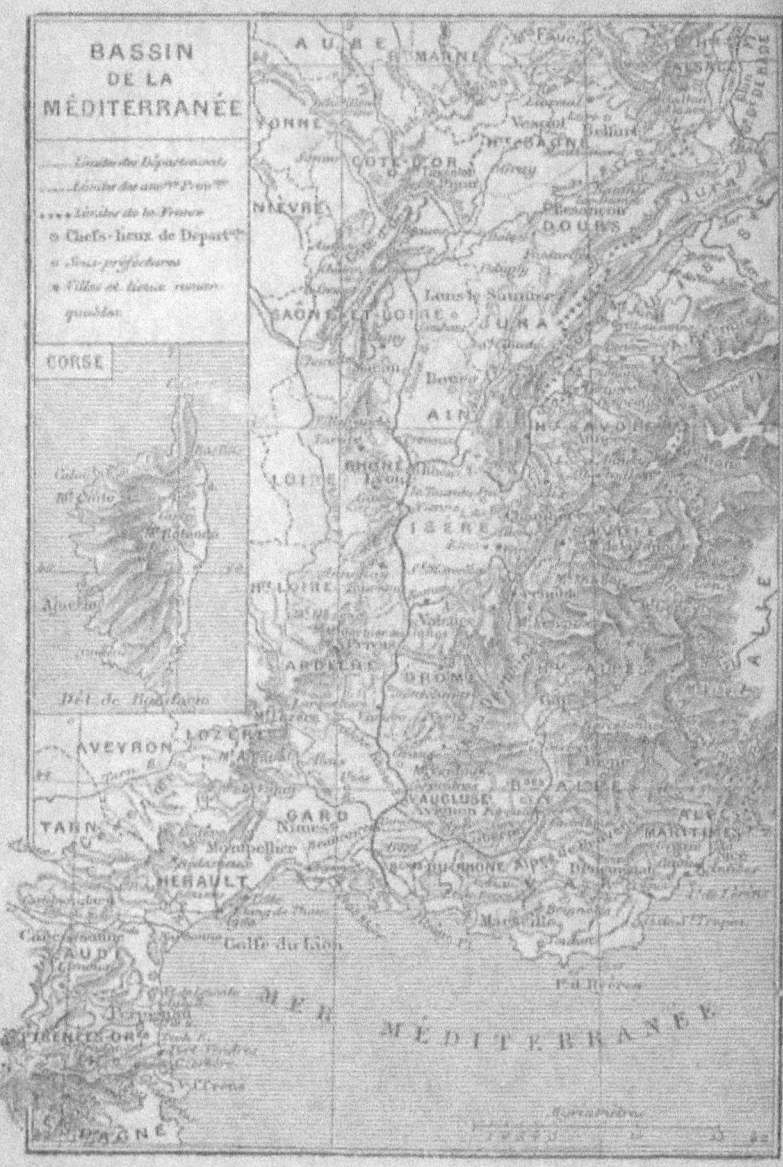

Carte XIII.

jusqu'au traité de Nimègue (1678), qui la céda à Louis XIV. — Elle a formé trois départements.

1º Département de la Haute-Saône. — En continuant à remonter le cours de la *Saône*, on pénètre avec cette rivière dans le département de la HAUTE-SAÔNE, pays de prairies souvent inondées et de coteaux fertiles au sud et à l'ouest, de hauteurs boisées au nord et à l'est.

Le chef-lieu est **Vesoul**; les deux sous-préfectures : *Gray*, sur la *Saône*, avec ses minoteries, et *Lure*, près de l'*Ognon*, affluent de la Saône, centre d'exploitation houillère (*Ronchamp*) et d'industrie métallurgique.

Non loin de Lure est située la petite ville de *Luxeuil*, célèbre par ses eaux thermales et son antique abbaye, et, au sud de Belfort, celle d'*Héricourt*, une des colonies de l'industrie alsacienne (fabrication des indiennes).

2º Département du Doubs. — Le département de la Haute-Saône est borné au sud par celui du DOUBS, limitrophe de la Suisse. Couvert par le massif du Jura avec ses forêts de sapins, ses vastes pâturages, ses terrasses creusées par la profonde et sinueuse vallée du Doubs, habité par une race vigoureuse, énergique et intelligente, ce département est à la fois agricole et industriel.

Le chef-lieu est **Besançon** (58,000 hab.), sur le Doubs, ancienne capitale de la Franche-Comté, archevêché, académie, cour d'appel, quartier général du 7º corps d'armée, place forte de premier ordre, centre d'une région industrielle des plus actives (horlogerie et métallurgie).

Les trois sous-préfectures sont : *Baume-les-Dames*, sur le Doubs et sur le canal du Rhône au Rhin ; *Montbéliard* (sur le canal), qui a vu naître le grand naturaliste Cuvier, et dont l'arrondissement possède des forges (*Audincourt*, *Blamont*), des fabriques d'outils (*Valentigney* et *Pont-de-Roide*) ; et *Pontarlier*, sur le Doubs, avec son horlogerie, sa boissellerie, ses forges et son commerce de fromages dits de Gruyère, fabriqués dans la montagne.

Victor Hugo est né à Besançon.

3° **Département du Jura**. — En descendant le cours du Doubs, on entre dans le département du JURA, limitrophe de la Suisse comme le précédent, dont le sol offre les mêmes caractères. Il est arrosé par l'Ain et par le Doubs.

Le chef-lieu est **Lons-le-Saulnier**, qui doit son nom aux sources salines assez nombreuses dans le département (*Salins*, etc.).

Les trois sous-préfectures sont : *Dôle*, sur le Doubs et sur le canal du Rhône au Rhin ; *Poligny*, avec ses vignobles (vins d'*Arbois*) et ses carrières de marbre, et *Saint-Claude*, évêché, avec ses papeteries et ses ateliers pour la taille des pierres précieuses et pour la fabrication de la tabletterie.

Morez fabrique de la grosse horlogerie. *Champagnole* possède des forges.

LYONNAIS

RÉSUMÉ HISTORIQUE. — Le Lyonnais qui doit son nom à la première capitale de la Gaule romaine, *Lugdunum* (Lyon), fit partie, après les invasions du cinquième siècle ap. J.-C., du royaume de Burgondie, puis de l'empire franc. Après le démembrement de l'empire carlovingien, la plus grande partie du Lyonnais, du Forez et du Beaujolais resta soumise à la suzeraineté des rois de France ; le reste avec la ville de Lyon devint une dépendance de l'empire germanique. Lyon fut réuni au domaine royal en 1307 sous Philippe le Bel ; le Forez et le Beaujolais, possessions de la maison de Bourbon, revinrent à la couronne après la trahison du connétable de Bourbon, sous François Ier. Le Lyonnais a formé deux départements, dont un seul dans la région du Rhône.

Département du Rhône (*Beaujolais, Lyonnais*). — Le département du RHÔNE est l'un des plus riches et des plus peuplés de la France malgré son peu d'étendue.

Limité à l'est par la *Saône*, qui le sépare du département de l'Ain, et par le *Rhône*, qui le sépare de celui de l'Isère, à l'ouest par les montagnes boisées du *Lyonnais* et du *Beaujolais*, ce département réunit à la culture des arbres fruitiers, du mûrier, des légumes, du tabac, de la vigne (crus de *Condrieu*, *Côte-Rôtie*, etc.), l'exploitation de la houille, du cuivre, du fer, et une industrie d'une activité et d'une prospérité sans égale.

Le chef-lieu est **Lyon** (467,000 hab.), au confluent de la Saône et du Rhône, siège d'un archevêché, d'une cour d'appel, d'une académie, la seconde ville de France par sa population, l'une des premières par son commerce, la métropole de l'industrie des soieries, qui doit sa richesse à l'inventeur du métier mécanique, à un enfant de Lyon, l'ouvrier Jacquard ; l'un des principaux centres pour la fabrication de la charcuterie, de la bière, des liqueurs, de la chapellerie, des machines à vapeur, des produits chimiques ; l'antique capitale des Gaules au temps des premiers Césars ; la patrie de l'empereur romain Claude, de saint Ambroise, de l'architecte des Tuileries, Philibert Delorme, des botanistes Laurent et Bernard de Jussieu. Lyon est en outre un grand camp retranché.

La seule sous-préfecture est *Villefranche*, près de la Saône.

Tarare, au pied des montagnes du Lyonnais, fabrique des broderies et des mousselines ; *Givors*, sur le Rhône, du verre et de la poterie, et possède des forges de même que *Oullins*.

LANGUEDOC.

Résumé historique. — Ce nom vient de celui qu'on donna au moyen âge au dialecte de la France méridionale où *oui* se disait *oc*. Cette vaste région, habitée à l'époque gauloise par la puissante confédération des *Volques*, prit plus tard le nom de *Narbonnaise*, celui de *Septimanie* et enfin celui de *Gothie* après la conquête de la Gaule méridionale par les Wisigoths ; les Arabes la conquirent en grande partie au huitième siècle et la perdirent sous Pépin le Bref. Elle se morcela après la chute de l'empire franc en un grand nombre de fiefs qui relevaient des comtes de Toulouse. Le *Bas-Languedoc* et le *Littoral* furent conquis par Louis VII sur les comtes de Toulouse et formèrent les sénéchaussées de Beaucaire et de Carcassonne. Le *Haut-Languedoc*, qui était resté à l'héritière du dernier comte de Toulouse, Raymond VII, mariée à un frère de saint Louis, Alphonse, comte de Poitiers, fut réuni après leur mort au domaine royal en 1271. Le Languedoc a formé huit départements dont quatre dans la région de la Méditerranée.

1° Département de l'Ardèche (*Vivarais*). — Le département de l'Ardèche, séparé par le Rhône de celui

Fig. 12. — Chaussée de basalte (Ardèche).

de la Drôme, est sillonné en tous sens par les contreforts arides et pierreux des *Cévennes*, dont les premières pentes sont plantées de vignes (cru de *Saint-Péray*), et de mûriers, auxquels succèdent des forêts de châtaigniers et de maigres pâturages.

Le chef-lieu est **Privas**, qui exporte les châtaignes ; les deux sous-préfectures, *Tournon*, sur le Rhône, et *Largentière*.

Les autres villes importantes du département sont : *Annonay*, avec ses mégisseries et ses papeteries ; *Aubenas*, centre du commerce des soies et des fruits ; *la Voulte*, avec ses mines de houille et ses forges ; *Viviers*, sur le Rhône, siège d'un évêché ; *Vals*, avec ses eaux minérales.

L'Ardèche a vu naître le grand agriculteur Olivier de Serres (seizième siècle).

2° **Département du Gard**. — Le département du GARD, que le Rhône sépare de ceux de Vaucluse et des Bouches-du-Rhône, et dont les *Cévennes méridionales* forment la limite au nord-ouest, est montagneux dans la partie qui touche aux Cévennes mais à peine sillonné de quelques collines dans les riches et fertiles plaines couvertes de vignes qui s'étendent au sud du *Gard*, marécageux et sablonneux sur les bords de la Méditerranée.

Ce département a pour chef-lieu **Nîmes** (75,000 hab.), évêché, cour d'appel, l'une des plus anciennes villes des Gaules, toute parsemée de ruines romaines, les Arènes, la Maison-Carrée, qui attestent son antique splendeur. Nîmes fabrique des soieries, des tapis, des châles, de la passementerie.

Les trois sous-préfectures sont : *Alais*, avec ses tanneries, ses fabriques de produits chimiques, ses verreries et ses établissements métallurgiques qui doivent leur existence aux mines de houille de *Bessèges* et de la *Grand'-Combe* ; *Uzès* et *le Vigan*, avec leurs magnaneries et leurs filatures de soie.

Beaucaire, sur le Rhône, doit sa renommée à ses foires aujourd'hui déchues, et *Aigues-Mortes* à son port ensablé par les alluvions du fleuve et qui fut témoin de l'embar-

152   EUROPE. FRANCE.

quement de saint Louis pour la septième et pour la huitième croisade.

3° **Département de l'Hérault**. — Bordé sur la côte de lagunes et de marais salants, traversé au nord

Fig. 13. — Maison-Carrée.

par la chaîne des *Cévennes*, ce département renferme dans sa partie centrale une région fertile, plantée de mûriers, d'oliviers et d'arbres fruitiers, sillonnée de coteaux où mûrissent sous les rayons d'un soleil ardent les muscats de *Frontignan* et de *Lunel*.

Le chef-lieu est **Montpellier** (74,000 hab.), évêché, cour d'appel, académie, chef-lieu du 16° corps d'armée, grand centre de commerce de vins. Les trois sous-préfectures sont : *Béziers* (45,000 hab.), patrie de Riquet, qui creusa le canal du Midi, et entrepôt des vins et des eaux-de-vie de l'Hérault; *Lodève* et *Saint-Pons*, au pied des Cévennes, renommées pour leurs fabriques de draps communs qui le cèdent cependant à celles de *Bédarieux*.

Sur le littoral on doit citer *Pézenas* près de l'Hérault, commerce d'eaux-de-vie, *Agde*, **Cette** (33,000 hab.), au débouché du canal du Midi, notre second port de commerce sur la Méditerranée, centre d'un immense trafic de vins, d'eaux-de-vie, de poissons salés; dans la montagne, *Graissessac* avec ses mines de houille. *Lunel* et *Frontignan* exploitent des vins muscats.

4° **Département de l'Aude** (*Carcassez, Lauraguais, Narbonnais*). — Le département de l'AUDE est dominé au nord par les *Cévennes*, à l'ouest par les *Corbières occidentales* et traversé par les *Corbières orientales*, dont les dernières ondulations viennent mourir sur les bords marécageux et sablonneux de la Méditerranée. La vallée inférieure de l'Aude est une plaine ondulée, couverte de moissons, de vergers, d'oliviers et surtout de vignes, et traversée par le *canal du Midi*, qui longe le cours de l'Aude.

Le chef-lieu est **Carcassonne** (28,000 hab.), sur l'Aude, siège d'un évêché, dans une plaine que domine la vieille cité du moyen âge avec son château et ses remparts encore debout. Elle fait le commerce des vins et fabrique les draps.

Les trois sous-préfectures sont : *Castelnaudary*, sur le canal du Midi; *Limoux*, sur l'Aude, avec ses vins et ses draps, et *Narbonne* (29,000 hab.), l'antique colonie romaine, centre d'un commerce important de vins, d'eaux-de-vie, de miel et de grains. *La Nouvelle*, qui lui sert de port avancé, communique avec elle par le canal de la *Roubine*.

PROVINCE DE ROUSSILLON

RÉSUMÉ HISTORIQUE. — Le Roussillon doit son nom à l'ancienne ville de *Ruscino* et faisait partie de la Narbonnaise. — Il passa au douzième siècle sous la suzeraineté des rois d'Aragon, fut un moment occupé par Louis XI, mais conquis seulement sous Louis XIII et cédé à la France par la paix des Pyrénées, en 1659.

Département des Pyrénées-Orientales (*Roussillon* et *Cerdagne*). — Les vallées du *Tech* et de la *Têt* renferment la partie la plus fertile du département des PYRÉNÉES-ORIENTALES qu'enveloppent au sud les *Pyrénées* et le mont *Canigou*, à l'ouest les *Corbières occidentales*, à l'est la Méditerranée bordée d'étangs et de plages sablonneuses. Autant la région de la montagne avec ses torrents et ses sommets dépouillés, et celle du littoral avec ses marais salants et ses plages nues balayées par le vent, sont stériles et désolées, autant la plaine qu'arrose la Têt, avec ses innombrables canaux d'irrigation, ses plants de vigne et d'oliviers, ses moissons et ses admirables cultures maraîchères, est peuplée et fertile. Les Pyrénées-Orientales possèdent des carrières de marbre, des mines de fer et de nombreuses sources minérales dont les plus connues sont celles d'*Amélie-les-Bains*.

Le chef-lieu est **Perpignan** (35,000 hab.), sur la Têt, place forte, siège d'un évêché, ancienne capitale du Roussillon et centre du commerce des vins ; les deux sous-préfectures : *Prades*, sur la Têt, et *Céret* près du Tech.

Port-Vendres et *Collioure*, sur la Méditerranée, sont les débouchés maritimes du département. *Banyuls* fait le commerce des vins ; *Bellegarde* et *Montlouis* défendent les passages des Pyrénées.

CORSE

RÉSUMÉ HISTORIQUE. — La Corse (*Corsica*), soumise tour à tour par les Carthaginois, les Romains, les Lombards, les Francs, puis par les républiques de Pise et de Gênes, fut vendue, en 1767, à la France par les Génois et annexée en 1768 après une assez vive résistance.

Département de la Corse. — La CORSE est une grande île (8,747 kilom. carrés), située à 180 kilom. au sud des côtes de France, terminée au nord par le *cap*

Corse, et séparée de la Sardaigne par le *détroit de Bonifacio*. Traversée du nord au sud par une chaîne de montagnes dont le point culminant, le mont *Cinto*, dépasse 2,700 mètres, couverte de forêts de pins, de châtaigniers et de chênes verts, ou de fourrés inextricables qui portent le nom de *maquis*, la Corse est ravinée par des torrents qui inondent les vallées plutôt qu'ils ne les arrosent, et qui transforment les plaines basses en marécages ; ses rudes et belliqueuses populations gardent encore leur langue (l'italien) et une partie de leurs habitudes nationales ; c'est un pays primitif, mais réservé à un brillant avenir agricole et industriel : les céréales, toutes les variétés d'arbres fruitiers, l'olivier, le mûrier, le tabac, le chanvre, réussissent sur le littoral ; le bétail y trouve de magnifiques pâturages ; des forêts épaisses couronnent les montagnes qui recèlent dans leurs flancs des carrières de marbre, des mines de fer, de cuivre et de plomb.

Le chef-lieu est **Ajaccio**, sur la côte occidentale, siège d'un évêché et patrie de Napoléon 1er. Les quatre sous-préfectures sont : *Bastia*, sur la côte nord-est, le principal port de l'île, siège d'une cour d'appel ; *Calvi*, sur la côte nord-ouest ; *Corte*, au centre de l'île, et *Sartène*, au sud-ouest. L'*Ile Rousse* et *Saint-Florent* sont des ports assez actifs ; *Bonifacio* est situé en face de la Sardaigne (1).

Une voie ferrée unit Ajaccio à Bastia par le col de Vizzavona et Corte.

CHAPITRE III

VERSANT DE LA MER DU NORD.

Aspect général de la région. — Le versant de la mer du Nord comprend le nord-est et le nord de la France, et se divise en quatre grandes vallées, celle du

(1) Pour le résumé et les exercices, voir le tableau des départements pages 225 et suivantes.

Rhin, celle de la Moselle, celle de la Meuse et celle de l'Escaut.

La vallée du Rhin, que dominent les sommets arrondis et les pentes boisées des Vosges, est une des régions les plus fertiles et les mieux cultivées de l'Europe. Habitée par une race énergique et intelligente, française de cœur, bien qu'elle parle un dialecte allemand, et que l'Allemagne vienne de nous l'arracher par la conquête, elle a vu l'industrie se développer en même temps que l'agriculture, et la population s'accroître, malgré l'émigration, dans une proportion inconnue aux régions du Midi.

La vallée de la Moselle, plus accidentée que celle du Rhin, bien arrosée, sillonnée de nombreuses collines, contraste avec l'étroite vallée de la Meuse, que dominent des plateaux boisés, au sol âpre et pierreux et presque partout rebelle à la culture.

La région de l'Escaut est une vaste plaine, d'une fertilité sans égale, entrecoupée de quelques tourbières et bordée sur le littoral de dunes sablonneuses et de marais desséchés.

Climat. — Dans les vallées du Rhin, de la Moselle et de la Meuse (*climat vosgien*), la température moyenne de l'année ne dépasse pas 9° 5 centigrades ; les étés sont chauds, les hivers rigoureux, les pluies et les orages assez fréquents, les vents dominants sont ceux du nord-est et du sud-ouest, l'un sec, l'autre humide ; dans le bassin de l'Escaut, le climat est plus égal, les orages plus rares, les pluies plus abondantes, le ciel plus brumeux, et les vents dominants sont ceux de l'ouest et du sud-ouest, qui apportent les brouillards et les vapeurs de l'océan Atlantique. La vigne n'y réussit guère à cause des gelées précoces ou tardives.

Divisions anciennes et contemporaines. — Le bassin du Rhin comprend cinq de nos anciennes provinces, l'*Alsace*, la *Lorraine*, une partie de la *Champagne*, l'*Artois* et la *Flandre*.

Il était divisé avant 1871 en 9 départements qui représentaient un dixième de la superficie de la France. Aujourd'hui il ne comprend plus, dans sa partie française, que six départements et le territoire de Belfort.

Vallée du Rhin.

PROVINCE D'ALSACE (1).

RÉSUMÉ HISTORIQUE. — L'Alsace (*Elsass*) doit son nom à la rivière de l'Ill ou l'Ell. Elle fit partie au moyen âge de l'empire franc (Austrasie) et de l'empire germanique. Sous Louis XIII elle fut occupée par les troupes françaises et cédée à la France sous Louis XIV en 1648, par les traités de Westphalie. Strasbourg ne fut réuni qu'en 1681. — Les traités de 1871 en ont fait une dépendance de l'empire d'Allemagne. Elle formait deux départements.

1º Ancien département du Haut-Rhin (*Sundgau, Haute-Alsace*). — A partir de la ville suisse de *Bâle*, le cours du Rhin traçait, avant 1871, la frontière française entre le grand-duché de Bade (Allemagne) et le département du HAUT-RHIN que limitaient au sud le *Jura septentrional* et à l'ouest les *Vosges*, couvertes de pâturages et d'épaisses forêts de sapins. Sur les bords du *Rhin* et de l'*Ill* s'étendent des prairies, des champs de blé, de maïs, de houblon, de riches cultures maraîchères, des plantations de chanvre et de tabac; la pomme de terre est cultivée dans la montagne, la vigne sur les coteaux.

Le chef-lieu était **Colmar**, cour d'appel; sous-préfectures: *Belfort*, place forte au débouché du col de Valdieu, et *Mulhouse* (70,000 hab.), sur l'Ill et sur le canal du Rhône au Rhin, centre d'une région manufacturière sans rivale pour la filature du coton, les étoffes imprimées, et la construction des machines.

Citons encore *Ribeauvillé*, *Guebwiller*, *Altkirch*, *Thann* avec leurs filatures de coton et leurs produits chimiques, *Sainte-Marie-aux-Mines* avec ses manufactures

(1) Tout en enregistrant des changements imposés par la nécessité et consacrés par des traités, il est bon de ne pas laisser oublier que l'Alsace et la Lorraine dite allemande ont été françaises et le sont encore par le cœur et par les intérêts. Les traités passent et les traditions restent.

de draps. De ce département la France n'a conservé, par suite des traités de 1871, que la ville et une partie de l'arrondissement de Belfort. Le reste est annexé à l'empire d'Allemagne.

2° **Vallées du Rhin et de l'Ill. Ancien département du Bas-Rhin** (*Basse-Alsace*). Le département du BAS-RHIN, limité à l'ouest par les *Vosges*, au nord par la *Lauter*, qui le séparait de la Bavière rhénane (Allemagne), à l'est par le *Rhin*, qui le séparait du grand-duché de Bade, offre les mêmes caractères et les mêmes cultures que le précédent ; on y trouve de nombreuses sources minérales, *Niederbronn*, *Seltz*, etc.

Le chef-lieu était **Strasbourg** (135,000 hab.), sur l'Ill, près du Rhin, siège d'un évêché et d'une académie, place forte de premier ordre, ville de commerce et d'industrie (fabriques de machines à vapeur et de machines-outils, horlogerie, tanneries, pâtisserie), remarquable, en outre, par ses monuments et surtout par son admirable cathédrale. Strasbourg est la patrie du général Kléber, l'un des héros de nos guerres de la Révolution.

Les trois sous-préfectures étaient : *Saverne*, au pied des Vosges, sur le canal de la Marne au Rhin, avec ses fabriques de quincaillerie ; *Schelestadt*, sur l'Ill, avec ses toiles métalliques, et *Wissembourg* (bataille de 1870), sur la Lauter.

Mais les villes industrielles de *Niederbronn* (forges et hauts-fourneaux et eaux minérales), de *Bischwiller* (manufactures de draps), de *Bouxwiller* (produits chimiques), de *Haguenau*, égalent l'importance des chefs-lieux d'arrondissements.

Ce département, qui a vu commencer les désastres de la campagne de 1870 (*Wissembourg*, *Reichshofen*), nous a été enlevé tout entier par les traités de 1871.

Vallée de la Moselle.

LORRAINE.

RÉSUMÉ HISTORIQUE. — La Lorraine faisait partie de l'Austrasie. Elle doit son nom (*Lotharingia*, *Lothringen*) à Lothaire, fils de Louis Iᵉʳ, auquel elle fut assignée par le traité de Verdun. — La partie de la Lotharingie qui correspond à la Lorraine moderne, devint un duché héréditaire au onzième siècle sous la suzeraineté des rois de Germanie. Henri II conquit en 1552 les trois évêchés de Metz, Toul et Verdun ; le duché de Lorraine, cédé en 1738 au roi détrôné de Pologne, Leczinski, beau-père de Louis XV, revint à la France après sa mort en 1766. Les traités de 1871 nous en ont enlevé une partie. La Lorraine formait avant 1871 quatre départements, depuis 1871 elle n'en forme plus que trois.

1° **Département des Vosges**. — La *Moselle* naît au col de Bussang dans le département des Vosges, qu'elle coupe du sud au nord. Couvert par les rameaux des *Vosges* et des monts *Faucilles*, dominé au nord-ouest par les premières terrasses des côtes de *Meuse*, semé de lacs et d'étangs, traversé par la *Meuse*, arrosé par la *Moselle*, la *Meurthe* et la *Saône* qui y prennent leur source, ce département se divise en deux régions, la plaine riche en prairies et en céréales, et la montagne où l'on cultive la pomme de terre, le lin, le chanvre, le houblon, le merisier, et qui possède de vastes pâturages et des forêts de chênes et de sapins.

Le chef-lieu est **Épinal**, sur la Moselle, avec d'importantes fabriques d'imagerie et de fécule de pommes de terre ; les quatre sous-préfectures sont : *Mirecourt*, avec ses broderies, ses dentelles et ses fabriques de lutherie ; *Neufchâteau* sur la Meuse ; *Remiremont* sur la Moselle, avec ses filatures ; *Saint-Dié* sur la Meurthe, avec ses papeteries et ses cotonnades, est le siège d'un évêché.

On doit encore citer *Plombières* pour ses eaux thermales et ses fabriques de quincaillerie, *Gérardmer* pour ses fromageries, *Contrexéville*, *Vittel* et *Bussang* pour leurs eaux minérales, *Rambervillers* pour ses papeteries et ses tanneries, et *Domremy*, petit village où naquit Jeanne d'Arc.

2° **Département de Meurthe-et-Moselle**. — Arrosé par la *Moselle* et par la *Meurthe*, dominé à l'est par les pentes boisées des Vosges, à l'ouest par les terrasses qui bordent la Meuse, ce département est le plus riche de la Lorraine ; les céréales, les cultures maraîchères, la pomme de terre, le colza, le chanvre, le lin, le tabac, la vigne même y réussissent ; le bétail est nombreux, et l'industrie active et prospère.

Le chef-lieu est **Nancy** (96,000 hab.), sur la Meurthe et sur le canal de la Marne au Rhin, ancienne capitale de la Lorraine, siège d'un évêché, d'une cour d'appel, d'une académie, centre de l'industrie des broderies, l'une des plus florissantes du département, de celle des draps, des chapeaux de paille, des forges, des brasseries. Les trois sous-préfectures sont : *Lunéville*, sur la Meurthe, avec sa ganterie et ses faïences, *Toul*, place forte sur la Moselle, et *Briey*, ancien chef-lieu d'arrondissement du département de la Moselle.

Les cristalleries de *Baccarat*, les manufactures de glaces de *Cirey*, les verreries de *Pont-à-Mousson*, les forges de *Frouard* et de *Longwy* (place forte), comptent parmi nos premiers établissements français. Les deux arrondissements de *Sarrebourg* et de *Château-Salins* nous ont été enlevés par les traités de 1871.

L'ancien département de la MOSELLE (*Messin* et *Lorraine*), arrosé par la *Moselle* et par la *Sarre*, limité, avant 1871, à l'est, par les *Vosges*, au nord, par la Bavière rhénane, la Prusse rhénane et le grand-duché de Luxembourg, et sillonné, à l'ouest, par les premiers rameaux des *Ardennes*, offrait les mêmes caractères et les mêmes cultures que la Meurthe, avec des plaines plus étendues, plus de prairies artificielles et moins de vignobles. Les richesses minérales étaient considérables : des houillères, des mines de fer ; à Ars-sur-Moselle, à Attange, des forges et des fonderies d'une haute importance. Les verreries de Forbach (bataille de 1870) et la cristallerie de Saint-Louis rivalisaient avec les établissements du département de la Meurthe.

Le chef-lieu était **Metz** sur la Moselle (55,000 hab.), siège d'un évêché et d'une cour d'appel, place forte de premier ordre, centre d'une active industrie qui produit surtout de la papeterie, de l'imagerie, des draps et de la chapellerie. Les trois sous-préfectures étaient : *Briey*, *Sarreguemines* sur la Sarre, avec ses fabriques de faïences et d'allumettes chimiques, et *Thionville*, place forte sur la Moselle. Les traités de 1871 ne nous ont laissé que l'arrondissement de Briey, et quelques cantons de l'arrondissement de Metz, réunis aujourd'hui au département de la Meurthe.

Bassin de la Meuse.

3° **Département de la Meuse** (*Barrois*, *Rethélois*). — La plus grande partie de ce département est comprise dans la vallée de la Meuse, bien que le chef-lieu soit situé en dehors. Arrosé par la *Meuse*, par quelques affluents de la Moselle, et par des cours d'eau qui appartiennent à la région de la Seine (l'*Aisne*, etc.), le département de la Meuse touche à la frontière de Belgique ; il est dominé à l'ouest et à l'est par les collines boisées de l'*Argonne* et les *côtes lorraines*, mais la vallée de la Meuse produit en abondance les céréales, les fourrages, les légumes, la pomme de terre, le colza, le chanvre et le lin, et l'exploitation du fer y a créé de grands établissements métallurgiques.

Le chef-lieu est **Bar-le-Duc** sur l'*Ornain*, affluent de la Marne, et sur le canal de la Marne au Rhin, renommé pour ses filatures de coton. Les trois sous-préfectures sont : *Commercy* sur la Meuse, la ville forte de *Montmédy* et *Verdun*, place forte sur la Meuse, siège d'un évêché et célèbre par sa confiserie.

PROVINCE DE CHAMPAGNE
(Voir le versant de la Manche).

Département des Ardennes. — Le département des ARDENNES est limité au nord par la Belgique, arrosé par la *Meuse*, par le *Chiers* et par l'*Aisne* et presque entièrement couvert, sauf dans sa partie méridionale, par

162 EUROPE. FRANCE.

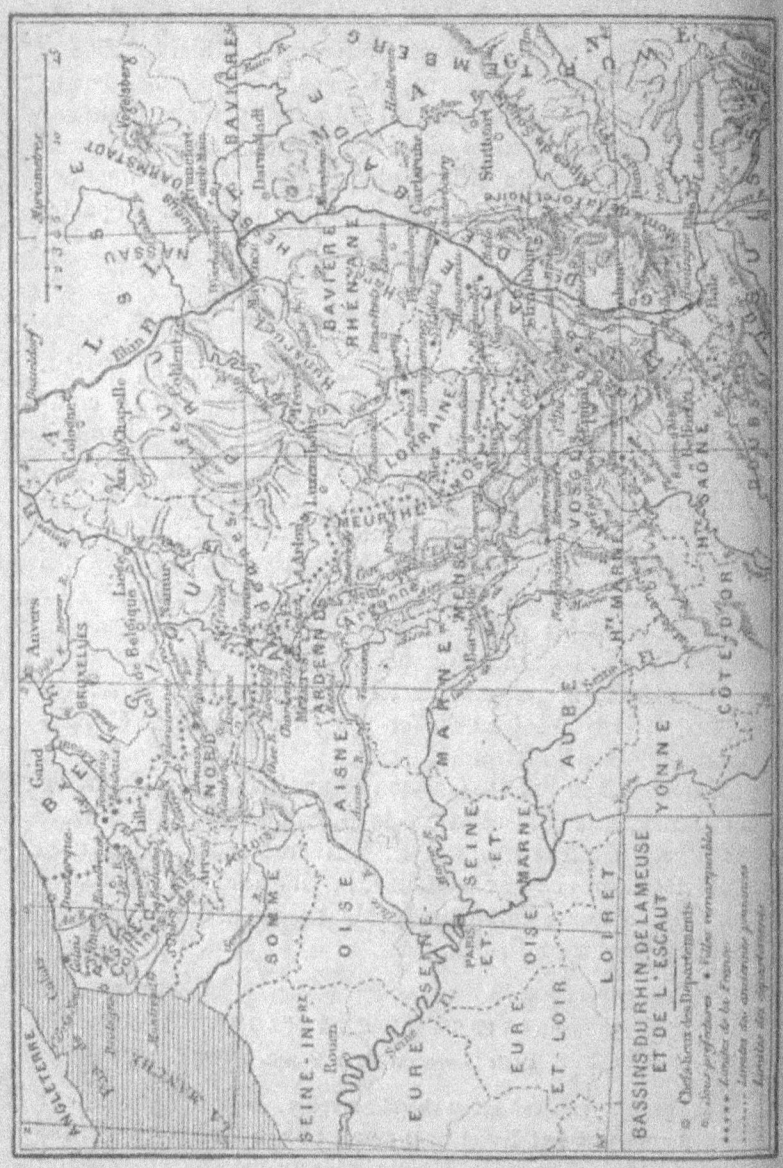

Carte XIV.

les plateaux boisés de l'Argonne et des Ardennes. Les pâturages nourrissent de nombreux moutons estimés pour leur chair et pour leur laine, et malgré l'âpreté du sol, le froment, le seigle, la pomme de terre, le chanvre, les prairies naturelles et artificielles, concourent avec les mines de fer, les carrières d'ardoises de *Fumay*, à la prospérité croissante d'une région où le travail a dû tout créer malgré la nature.

Le chef-lieu est **Mézières**-*Charleville* sur les deux rives de la Meuse, avec ses forges et ses manufactures d'armes et de clouterie ; les quatre sous-préfectures : *Rethel* sur l'Aisne, l'un de nos plus grands centres pour la filature de la laine, et la fabrication des châles et des mérinos ; *Rocroy*, fameuse par une victoire du grand Condé (1643) ; *Sedan* sur la Meuse, patrie de Turenne (xvii° siècle), l'une des métropoles de l'industrie des draps, et le théâtre d'un de nos plus sanglants désastres (1ᵉʳ septembre 1870), et *Vouziers*, centre d'une importante fabrication de vannerie.

Givet, sur la Meuse, possède des tanneries, des fabriques de colle forte, des lamineries de zinc et de cuivre, *Nouzon* et *Carignan* des usines métallurgiques importantes.

Plaine de l'Escaut.

PROVINCE D'ARTOIS.

Résumé historique. — L'Artois doit son nom à un peuple gaulois, les *Atrébates*. Au moyen âge, il forma un comté vassal de la Flandre, et qui passa tour à tour à la maison royale d'Artois, issue de Louis VIII, à celle de Bourgogne et enfin à la maison d'Autriche. — Les rois d'Espagne perdirent cette province sous Louis XIII et la cédèrent à la France par la paix des Pyrénées en 1659.

Département du Pas-de-Calais (*Boulonnais, Ponthieu*). — Le département du Pas-de-Calais est une plaine, arrosée par la *Scarpe*, la *Lys*, et par quelques petits fleuves côtiers (*Canche, Authie, Liane*), traversée par les *collines de l'Artois*, bordée sur les côtes de la Manche et du détroit qui lui a donné son nom, de dunes et de plages marécageuses, semée de tourbières, mais presque partout fertile, couverte de prairies, de champs de blé, de betteraves, de colza, de lin, de chanvre, de pommes de terre, de plantations de tabac et de cultures maraîchères.

Le chef-lieu est **Arras** (26,000 hab.), sur la Scarpe, évêché, place forte et ville industrielle (dentelles, huiles de graines, fabriques de sucre de betteraves). Les cinq sous-préfectures sont : *Béthune*, centre d'une importante exploitation de houille; *Boulogne* (47,000 hab.), port sur le pas de Calais, l'un des principaux débouchés de notre commerce avec l'Angleterre et l'Europe du Nord, centre de l'exploitation des marbres du Pas-de-Calais; *Montreuil*, petit port sur la Canche; *Saint-Omer*, patrie de l'abbé Suger, le conseiller des rois Louis VI et Louis VII (xii° siècle), et *Saint-Pol*, centre d'un grand commerce de porcs, de volailles et de laines.

Calais (58,000 hab.), sur le détroit, en relations actives avec l'Angleterre, se livre à la fabrication des tulles et des blondes de soie (*Saint-Pierre-les-Calais*); *Lens*, centre houiller, où Condé vainquit les Espagnols en 1648, exploite des mines de houille. Le village d'*Azincourt* est célèbre par une victoire anglaise (1415), et à *Bapaume* Faidherbe vainquit les Prussiens en 1871.

PROVINCE DE FLANDRE.

Résumé historique. — La Flandre (pays des *Morins* et des *Nerviens*, plus tard dépendance du royaume de Neustrie), doit probablement son nom (*Wænderen*), qui apparaît pour la première fois au septième siècle, aux émigrations qui en ont renouvelé la population. Elle fut érigée en comté souverain au neuvième siècle, et ne tarda pas à devenir une des contrées les plus peuplées et les plus industrieuses de l'Europe. Elle passa par mariage dans la maison de Bourgogne, puis dans la maison d'Autriche, et fut conquise, comme l'Artois, sur les rois d'Espagne. Louis XIV l'annexa à la France en 1668 par le traité d'Aix-la-Chapelle, et en 1678 par celui de Nimègue. On parle encore dans quelques parties de la Flandre, dite *flamingant*, un dialecte flamand.

Vallée de l'Escaut. Département du Nord.
— Le département du Nord, limité au nord par la Belgique, à l'ouest par la mer du Nord, arrosé par l'*Escaut*, la *Scarpe*, la *Lys*, la *Sambre* et de nombreux canaux, est une plaine ondulée et couverte de forêts et d'herbages dans sa partie orientale, marécageuse et sablonneuse sur les bords de la mer, formée au centre de magnifiques terrains d'alluvion qui produisent la betterave, les céréales, le lin, les graines oléagineuses (colza, œillette, etc.), le houblon, le tabac, les plantes fourragères et qui nourrissent des races estimées de chevaux, de bœufs et de moutons. Les riches houillères d'*Anzin* et d'*Aniche* ont créé des établissements métallurgiques qui rivalisent avec ceux de la Belgique, et qui ne craignent en France aucune concurrence.

Le chef-lieu est **Lille** (215,000 hab.), quartier général du 1er corps d'armée, place forte de premier ordre (sièges de 1708 et de 1792), et l'un de nos grands centres manufacturiers pour la filature du coton et du lin, la fabrication des toiles, les raffineries de sucre de betterave, les fabriques d'huiles de graines, les teintureries, les produits chimiques, la construction des machines à vapeur et des métiers mécaniques.

Les six sous-préfectures sont : *Avesnes, Cambrai* sur l'Escaut, siège d'un archevêché occupé par Fénelon, et centre de la fabrication des batistes, *Douai* (32,000 hab.), sur la Scarpe, siège d'une cour d'appel et d'une académie (raffineries, verreries), *Dunkerque* sur la mer du Nord (40,000 hab.), patrie du marin Jean-Bart (xviie siècle), l'un de nos ports les plus actifs et notre principale fabrique de toiles à voiles, *Hazebrouck*, petite ville commerçante, et *Valenciennes* (29,000 hab.), ancienne place forte sur l'Escaut, centre de l'exploitation des houilles, de l'industrie métallurgique (Anzin, Denain, Aniche), de la fabrication des dentelles, des distilleries d'alcool de betterave et des fabriques de café-chicorée.

A côté ou au-dessus des chefs-lieux d'arrondissement se placent *Roubaix* (125,000 hab.), et *Tourcoing* (74,000 hab.), centres industriels de premier ordre pour la filature de la laine et du coton, les coutils, les tissus mélangés, les lainages, les tapis; *Armentières*, sans rivale pour la filature du lin; *Maubeuge* (place forte), avec ses forges; *Landrecies*, sur la Sambre, *Gravelines*, port à l'embouchure de l'Aa. On doit citer en outre Bouvines (1214), Cassel (1328), Malplaquet (1709), Denain (1712), Hondschoote et Wattignies (1793), illustrés par les armes françaises (1).

CHAPITRE IV

VERSANT DE LA MANCHE.

Aspect général de la région. — Le versant de la Manche, qui correspond à la région du nord-ouest et à une partie de celle du nord, offre un aspect tout autre que celui du Rhône ou du Rhin; plus de neiges éternelles, plus de montagnes élevées, plus de vallées sauvages; partout des collines ou des plateaux d'une médiocre hauteur; la pente des rivières est modérée, leur lit bien tracé, les inondations rares et peu redoutables; au nord de la Marne et de la Seine, s'étend jusqu'à la mer une plaine accidentée, sillonnée de collines boisées, semée dans le bassin de la Somme de tourbières et de marécages, riche en céréales et en cultures industrielles de toute espèce. Entre la Marne et la Seine s'élève un plateau crayeux, stérile, creusé de quelques vallées marécageuses. Sur la rive gauche de la Seine, aux plateaux boisés qui dominent le cours de l'Yonne, succèdent les vastes plaines de la Beauce et les vallées de la Normandie avec leurs magnifiques her-

(1) Pour le résumé et les exercices voir pages 225 et sqq.

bages; enfin sur le littoral de la Manche, du golfe de Saint-Malo à la pointe Saint-Mathieu, se prolonge une bande de terrains granitiques, de plaines sablonneuses et de landes stériles.

Climat séquanien. — Dans cette région soumise au climat séquanien, la moyenne de la température annuelle s'élève à près de 11 degrés; les hivers sont assez doux sur le littoral, les pluies fréquentes, le ciel brumeux; la vigne ne réussit pas dans toute la région maritime. Les vents dominants sont ceux de l'ouest, du sud-ouest et du nord-est.

Divisions anciennes et contemporaines. — Le versant de la Manche comprend trois de nos anciennes provinces, l'*Ile-de-France*, la *Picardie* et la *Normandie*, et une partie de quatre autres, la *Bourgogne*, la *Champagne*, l'*Orléanais* et la *Bretagne*.

Il renferme 17 départements qui représentent un peu plus du cinquième de la superficie de la France. Ceux que la Seine traverse sont la Côte-d'Or, l'Aube, la Seine-et-Marne, la Seine, la Seine-et-Oise, l'Eure et la Seine-Inférieure.

VALLÉE SUPÉRIEURE DE LA SEINE (DE LA SOURCE A PARIS).

Rive droite.

PROVINCE DE CHAMPAGNE.

RÉSUMÉ HISTORIQUE. — La Champagne, du latin *Campania* (pays des plaines), fut habitée à l'époque gauloise par les *Lingons*, les *Rèmes*, les *Sénons*. Érigée en comté souverain au dixième siècle, elle fut réunie à la couronne sous Philippe IV par son mariage avec l'héritière de ce comté. — Elle a formé quatre départements dont trois dans le versant de la Manche, et un dans celui de la mer du Nord.

1° Département de l'Aube (*Champagne* et *Vallage*). — En sortant du département de la Côte-d'Or, où elle prend sa source, la *Seine* entre dans le département de l'AUBE, qui doit son nom au premier des affluents du fleuve sur la rive droite. Les plateaux crayeux situés sur les deux rives de l'*Aube*, pays moins favorable à la culture qu'à l'éducation du bétail, ne produisent guère que du seigle, de l'orge et de l'avoine; mais le froment, la vigne, les légumes, réussissent dans la partie méridionale du département.

Le chef-lieu est **Troyes**, sur la rive gauche de la Seine (53,000 hab.), ancienne capitale de la Champagne, siège d'un évêché et ville industrielle où la filature du coton et la bonneterie ont pris un développement assez rapide. Les quatre sous-préfectures sont : *Arcis-sur-Aube*, *Bar-sur-Aube* (Vallage), *Bar-sur-Seine* et *Nogent-sur-Seine*.

Arcis-sur-Aube, *Méry-sur-Seine*, et les petites villes de *Brienne* et de la *Rothière* ont été illustrées par la campagne de Napoléon Ier en 1814.

2° **Département de la Haute-Marne** (*Bassigny*, *Perthois*, *Vallage*). — Le second des grands affluents de la rive droite de la Seine, la *Marne*, prend sa source dans le département de la HAUTE-MARNE, au pied du plateau de Langres, et coule dans une vallée que dominent d'un côté les collines boisées du Bassigny, de l'autre les plateaux arides de la rive droite de l'Aube. Sur les pentes méridionales du plateau de Langres, qui appartiennent au bassin du Rhône, s'étagent des champs de blé et de riches vignobles; dans la vallée supérieure de la *Marne*, de la *Meuse* et de l'*Aube*, s'étendent les plaines du Bassigny, espèce de bassin entouré de collines et d'une remarquable fertilité; enfin le nord du département cultive avec succès les céréales, la vigne et les plantes fourragères.

Le chef-lieu est **Chaumont** (Bassigny), sur la Marne, qui fabrique de la bonneterie de laine et des gants de peau; les deux sous-préfectures, *Langres*, place forte, siège d'un évêché, sur un plateau longé par la Marne, avec sa coutellerie renommée dont la plus grande partie sort des fabriques de *Nogent-le-Roi*, et *Vassy* (Vallage);

dont l'arrondissement renferme des forges considérables (*Saint-Dizier*, sur la Marne, etc.). — L'établissement thermal de *Bourbonne-les-Bains* est situé dans la Haute-Marne.

Le sire de Joinville, l'ami et l'historien de saint Louis, est originaire de ce département.

3° **Vallée de la Marne. Département de la Marne** (*Perthois*, *Champagne Pouilleuse*, *Rémois*). — En entrant dans le département qui a pris son nom, la MARNE incline au nord-ouest et coule entre deux plateaux crayeux aux rebords escarpés, et sillonnés par quelques petits cours d'eau marécageux.

La principale culture de la vallée de la Marne est celle de la vigne, qui produit sur les coteaux de la rive droite les fameux vins de Champagne (Aï, Sillery, Épernay); les pâturages nourrissent de nombreux troupeaux de moutons, dont la laine est une des richesses de ce pays déshérité. La vallée de l'*Aisne*, à l'est, et celle de l'*Aube*, au sud du département, sont plus fertiles et mieux cultivées.

Le chef-lieu est **Châlons-sur-Marne**, siège d'un évêché, du 6ᵉ corps d'armée et d'une école d'arts et métiers. Les quatre sous-préfectures sont : *Épernay*, sur la rive gauche de la Marne, l'un des principaux centres du commerce et de la fabrication des vins de Champagne; *Reims* (107,000 hab.), sur la Vesle, affluent de l'Aisne, et sur le canal de la Marne à l'Aisne, siège d'un archevêché, patrie du grand ministre Colbert (dix-septième siècle) et la cité sainte de l'ancienne monarchie française, dont les rois se faisaient sacrer dans sa magnifique cathédrale. Reims possède, outre ses filatures de laine et ses manufactures de flanelle et de mérinos qui n'ont pas d'égales en France, des fabriques de produits chimiques, de vins de Champagne, de pains d'épice, de biscuits. *Sainte-Menehould*, sur l'Aisne, et *Vitry-le-François* (Perthois) font le commerce des laines et des grains.

Le département de la Marne a été le théâtre des plus

glorieuses victoires de Napoléon Ier en 1814 (*Champaubert, Montmirail*) et du premier triomphe de la Révolution française (*Valmy*, 1792).

Rive gauche.

PROVINCE DE BOURGOGNE.

Département de l'Yonne. — Le seul grand affluent de la rive gauche de la Seine dans la partie supérieure de son cours est l'*Yonne*, qui, après avoir arrosé le département de la Nièvre, où elle prend sa source, entre dans celui de l'YONNE, auquel elle a donné son nom et que traversent ses nombreux affluents, la *Cure*, le *Serain* et l'*Armançon*.

Couvert de forêts et de plateaux rocailleux, ce département ne cultive en grand que la vigne (Chablis, Tonnerre, etc.), le chanvre et les céréales, surtout l'avoine.

Le chef-lieu est **Auxerre**, sur l'Yonne. Les quatre sous-préfectures sont : *Joigny*, sur l'Yonne ; *Sens*, sur l'Yonne, siège d'un archevêché et célèbre par sa cathédrale, *Avallon* et *Tonnerre* qui exploite des carrières de pierres de taille et fabrique du ciment romain.

Rive droite et rive gauche.

ILE-DE-FRANCE.

RÉSUMÉ HISTORIQUE. — L'Ile-de-France ou duché de France était habitée à l'époque gauloise par les Parisiens, les Meldes (Meaux), les Suessions (Soissons), les Bellovaques (Beauvais), les Véromanduens (Vermandois) ; à l'époque franque elle faisait partie de la Neustrie. Le duché de France, créé sous Charles le Chauve pour Robert le Fort, fut dès l'origine le domaine des Capétiens (987), et resta toujours attaché à la couronne.

1° **Département de Seine-et-Marne** (*Brie* et *Champagne*). — L'*Yonne*, en sortant du département qui porte son nom, et la *Marne*, après avoir traversé la partie méridionale du département de l'Aisne, limitrophe de celui de la Marne, pénètrent toutes deux dans le département de SEINE-ET-MARNE, que la *Seine* coupe en deux parties inégales. Sur la rive gauche, arrosée par le *Loing*, s'étend une région boisée, dont les clairières sont occupées par des champs de blé et des prairies, et où mûrissent sur les coteaux des bords de la Seine les fameux chasselas de Fontainebleau. Sur la rive droite, les dernières ondulations des plateaux de Champagne viennent se perdre dans les plaines et les vallons de la Brie, où la culture du blé, de l'avoine, de la betterave, des légumes, la production de la laine, la fabrication des fromages de Brie développent une prospérité agricole inconnue à la stérile Champagne.

Le chef-lieu est **Melun**, sur la Seine, dont la principale industrie est la fabrication de la faïence. Les quatre sous-préfectures sont : *Coulommiers*, centre agricole, *Fontainebleau*, près de la Seine, avec son château, sa forêt et ses carrières de grès ; *Meaux*, sur le canal de l'Ourcq et sur la Marne, siège d'un évêché occupé jadis par Bossuet, centre d'un grand commerce de farines, de grains, de fromages de Brie, et *Provins*, sur la Voulzie.

La ville de *Montereau*, au confluent de l'Yonne et de la Seine, témoin d'une des dernières victoires de Napoléon Ier en 1814, possède d'importantes fabriques de faïences, et la *Ferté-sous-Jouarre*, sur la Marne, est le centre d'une exploitation de pierres meulières sans rivale en France.

Le grand orateur Mirabeau (Révolution française) est originaire du département de Seine-et-Marne.

VALLÉE MOYENNE DE LA SEINE (DE PARIS A ROUEN).

2° Département de la Seine (*Parisis*). — La Seine et la Marne traversent, avant d'entrer dans le département de la SEINE, la partie orientale de celui de Seine-et-Oise, qui l'enveloppe tout entier. Occupant seulement une superficie de 475 kilomètres carrés que couvrent en partie des vergers et des cultures maraîchères, ce département est à la fois le plus petit, le plus peuplé et le plus important de la France. Il a pour chef-lieu **Paris**, avec sa superficie de 257,588,000 mètres carrés, et sa population de 2,512,000 habitants qui s'est accrue malgré les funestes événements de 1870-1871.

Siège des administrations, des grands corps de l'État, de la Banque de France, des établissements de crédit les plus solides, des compagnies de commerce les plus puissantes, situé sur un grand fleuve, la Seine, à 40 lieues de la mer, au centre de nos lignes de chemins de fer, de télégraphie électrique et de toutes nos voies de communication, habité par une immense population, foyer d'une industrie dont le chiffre d'affaires s'élève à près de 4 milliards (industries du bâtiment, du vêtement, de l'ameublement, industries alimentaires, orfèvrerie et bijouterie, bronzes, carrosserie et sellerie, tannerie et maroquinerie, ganterie, imprimerie et gravure, instruments de musique et de précision, produits chimiques, métallurgie, articles de Paris), ville de luxe et de travail, d'activité et de plaisir, Paris est à la fois la capitale politique, commerciale et industrielle de la France. En même temps ses monuments (l'ancien et le nouveau Louvre, le Luxembourg, le Palais-de-Justice, le Palais-Royal, les églises Notre-Dame, de la Sainte-Chapelle, du Val-de-Grâce, de Saint-Sulpice, du Panthéon, de la Madeleine; l'Opéra, l'hôtel des Invalides, l'Arc de Triomphe, etc.), ses musées, ses bibliothèques, ses établissements scientifiques (Jardin des Plantes, Observatoire, Conservatoire des arts et métiers, etc.), ses écoles, ses théâtres en font le rendez-vous du monde civilisé, la capitale des arts et de l'intelligence, la tête de la France et de l'Europe.

Paris est le siège d'un archevêché, d'une cour d'appel, d'un gouvernement militaire spécial, d'une académie, etc. Le département de la Seine a vu naître les grands ministres Richelieu et Louvois (dix-septième siècle), Turgot (dix-huitième); les écrivains Boileau, Molière, Regnard (dix-septième siècle), Rollin, Voltaire et Beaumarchais (dix-huitième), Béranger, Alfred de Musset et Michelet (dix-neuvième) ; le chimiste Lavoisier (dix-huitième siècle); les peintres Lesueur (dix-septième), David (dix-huitième et dix-neuvième), Horace Vernet et Delaroche (dix-neuvième), les architectes Mansard et Perrault (dix-septième), le sculpteur Jean Goujon (seizième) ; les généraux Condé, Eugène de Savoie, Catinat (dix-septième), etc.

La ville de *Sceaux* et celle de *Saint-Denis*, sur la Seine, avec son antique abbaye, sépulture des rois de France, et ses nombreuses usines, fonderies de fer et de cuivre, filatures de laine, distilleries, etc., étaient jadis des sous-préfectures aujourd'hui supprimées.

3° **Département de Seine-et-Oise** (*Hurepoix, Mantois, Vexin français*). — Le département de SEINE-ET-OISE, qui enveloppe de toutes parts celui de la Seine, est arrosé par la *Marne* et par la *Seine*. Ce fleuve y reçoit, à droite, l'*Oise*. Grâce au voisinage de Paris et à une culture perfectionnée plutôt qu'à la fertilité du sol, le département de Seine-et-Oise se place au premier rang pour la production du froment, de l'avoine, de la pomme de terre, de la betterave, des légumes, des arbres fruitiers et des plantes fourragères. On y élève un grand nombre de moutons mérinos; enfin la pierre de taille, la pierre meulière, la craie, les argiles, y sont largement exploitées.

Le chef-lieu est **Versailles** (54,000 hab.), siège d'un évêché, patrie du général Hoche (Révolution); célèbre par son parc, son château, son musée historique, par les souvenirs de Louis XIV, de la Révolution et les événements de 1870-71.

Les cinq sous-préfectures sont : *Corbeil* (Hurepoix), sur la Seine, qui possède d'immenses minoteries; *Étampes*, qui fait un grand commerce de grains, de laines, et qui exploite des grès; *Mantes*, sur la Seine ; *Pontoise*, sur l'Oise, et *Rambouillet*, avec sa forêt et son château.

Peu de départements sont plus riches en souvenirs historiques : *Saint-Cloud*, *Meudon*, *Saint-Germain-en-*

Laye ont leurs châteaux (1) et leurs parcs; *Saint-Cyr*, son école militaire; *Poissy*, son antique église qui vit baptiser saint Louis; *Montlhéry*, sa tour féodale; *Marly*, sa machine et son aqueduc qui alimentent les réservoirs de Versailles; *Sèvres* enfin, sa fameuse manufacture de porcelaine.

Rive droite.

4° **Département de l'Oise** (*Valois, Noyonnais, Beauvaisis*). — En remontant le cours de l'Oise, on pénètre dans le département de l'OISE, grande plaine sillonnée au nord par les collines de *Picardie*, en partie boisée, sur les bords de l'*Oise* et de l'*Aisne*, en partie couverte des cultures les plus variées, avoine, froment, betteraves, légumes, chanvre, lin, prairies.

Le chef-lieu est **Beauvais**, siège d'un évêché, remarquable par son antique cathédrale et par ses industries, manufactures de tapisseries, de boutons, de bonneterie, ateliers de tabletterie. Les trois sous-préfectures sont : *Clermont; Compiègne*, sur l'Oise, célèbre par son château et sa forêt; *Senlis* (Valois), centre d'un grand commerce de laines.

Citons encore *Noyon*, patrie de Calvin, le fondateur du protestantisme en France (seizième siècle); *Chantilly*, avec son château et ses fabriques de dentelles; *Creil*, avec ses manufactures de faïences fines; *Montataire*, avec ses forges et ses fonderies; *Pierrefonds*, avec sa vieille forteresse féodale.

5° **Département de l'Aisne** (*Laonnais, Soissonnais, Thiérache*). — En continuant à remonter l'*Oise*, on entre dans le département de l'AISNE, limitrophe de la Belgique, traversé de l'est à l'ouest par la rivière qui lui a donné son nom, arrosé au sud par la *Marne*, sillonné au nord par les collines boisées de l'*Artois* et de la *Thiérache*, d'où descend l'*Escaut*, et à l'ouest par celles de *Picardie*, où la *Somme* prend sa source. Il est peu de dé-

---

(1) Ceux de Saint-Cloud et de Meudon ont été détruits par les Allemands en 1870-71.

partements dont les productions naturelles soient plus variées : dans la plaine, l'avoine, le froment, la betterave, les cultures maraîchères, le chanvre, le lin et le colza ; dans la partie montagneuse, la pomme de terre ; sur les coteaux qui bordent la Marne, les vignes ; dans toutes les

Fig. 14. — Château de Pierrefonds.

fermes, de nombreux bestiaux et des moutons estimés à la fois pour la viande et pour la laine.

Le chef-lieu est **Laon**, sur une colline escarpée que dominent la citadelle et une antique cathédrale.

Les quatre sous-préfectures sont : *Château-Thierry*, sur la Marne, patrie du fabuliste La Fontaine (dix-septième siècle) ; *Saint-Quentin*, sur la Somme et sur le canal qui réunit la Somme et l'Oise à l'Escaut (50,000 hab.), l'un des grands centres de la fabrication des tissus légers de coton, des mérinos, des fils de coton et de laine, du sucre de betterave, énergiquement défendu en 1557 contre les Espagnols, et en 1871 contre les Prussiens ; *Soissons*, place forte, sur l'Aisne, siège d'un évêché, et *Vervins* (traité de 1598), qui fabrique de la vannerie.

Au département de l'Aisne appartiennent *la Ferté-Milon*, patrie de notre grand poète tragique Racine (dix-septième siècle); *Saint-Gobain*, connu par sa manufacture de glaces; *Chauny*, par ses produits chimiques; *Coucy*, par son château féodal; *Guise* et *la Fère*, places fortes.

Vallée de la Somme.

PROVINCE DE PICARDIE (1).

RÉSUMÉ HISTORIQUE. — La Picardie (ancien pays des *Ambiani* et des *Veromandui*) fut une des premières provinces occupées par les Francs. Divisée au moyen âge en fiefs qui relevaient du comté de Flandre, elle ne fut définitivement réunie à la couronne qu'après la mort de Charles le Téméraire, duc de Bourgogne, en 1477.

Département de la Somme (*Amiénois, Santerre, Ponthieu*). — La Somme, en sortant du département de l'Aisne, où elle prend sa source, coule de l'est à l'ouest en arrosant le département de la SOMME. A peine sillonné de quelques collines, et bordé, sur le littoral de la Manche, de dunes peu élevées, ce département est une vaste plaine entrecoupée de tourbières et couverte de magnifiques cultures, blés, avoines, lin, chanvre, betteraves, pommes de terre, colza, œillette, prairies où paissent de nombreux troupeaux de chevaux, de bœufs et de moutons.

Le chef-lieu est **Amiens** (89,000 hab.), sur la Somme, évêché, cour d'appel, siège du 2ᵉ corps d'armée; l'une des métropoles de la filature de la laine, de l'industrie des velours de coton et de laine, des tissus mélangés, de la bonneterie de laine, des toiles de chanvre et de lin, des tapis, de la papeterie. La cathédrale est une des plus belles de France. C'est à Amiens que fut signée, en 1802, la paix avec l'Angleterre.

(1) De *Picardus*, piquier, à cause de l'habileté des habitants de cette province à se servir de la pique.

Les quatre sous-préfectures sont : *Abbeville* (Ponthieu), sur la Somme, qui fabrique des draps et des velours de laine et centralise les produits des ateliers de serrurerie et de ferronnerie répandus dans tout l'arrondissement; *Doullens*, qui fabrique des toiles ; *Montdidier* (Santerre), patrie de Parmentier, le propagateur de la culture de la pomme de terre, et *Péronne*, place forte, sur la Somme, dans une région marécageuse.

Le petit bourg de *Crécy*, au nord d'Abbeville, fut témoin d'une de nos plus sanglantes défaites dans la guerre de Cent ans contre les Anglais (1346). Le port de *Saint-Valery*, à l'embouchure de la Somme, la citadelle de *Ham*, et la petite ville de *Corbie* (siège de 1636) méritent aussi une mention.

Rive gauche de la Seine.

ORLÉANAIS.

(Voir page 191).

Département d'Eure-et-Loir (*Dunois, Beauce*). — L'*Eure*, le plus important des affluents de gauche de la Seine entre Paris et Rouen, prend sa source sur le revers septentrional des *collines du Perche*, et traverse le département d'EURE-ET-LOIR, coupé en deux par le large plateau de la Beauce et par les collines du Perche, qui séparent la région de la Seine (Eure) de celle de la Loire (Loir). Ce département est occupé presque tout entier par les plaines de la *Beauce*, la région des céréales et des prairies artificielles, le grenier de Paris et l'un des centres d'élevage pour le mouton et le cheval.

Le chef-lieu est **Chartres** sur l'Eure, siège d'un évêché, célèbre par sa cathédrale. Chartres possède des tanneries et fabrique des pâtés renommés.

Les trois sous-préfectures sont : *Châteaudun* (Dunois) près du Loir, illustré par sa défense contre les Prussiens en 1870; *Dreux* et *Nogent-le-Rotrou* sur l'*Huisne*, affluent de la Sarthe, qui fabrique des serges et autres lainages.

NORMANDIE.

Résumé historique. — La Normandie doit son nom aux conquérants normands (scandinaves) qui l'occupèrent au dixième siècle. Elle avait été autrefois désignée comme la Bretagne sous le nom d'Armorique; les Francs l'avaient attribuée au royaume de Neustrie. En 911, Charles le Simple la céda au Normand Rollon dont les descendants conquirent l'Angleterre et conservèrent le duché de Normandie jusqu'en 1204. Philippe-Auguste l'enleva par confiscation à Jean sans Terre et Charles VII la reconquit sur les Anglais (1450) qui s'en étaient rendus maîtres après la bataille d'Azincourt. La Normandie a formé cinq départements.

1° Département de l'Eure (*Beauce, Vexin normand, etc.*). — En sortant du département d'Eure-et-Loir, l'Eure pénètre dans celui auquel elle a donné son nom; ce département est une plaine légèrement accidentée et boisée au nord et à l'est, arrosée par le cours sinueux de la *Seine*, par l'*Eure* et la *Rille*, ses affluents, et par un grand nombre d'autres petites rivières, riche en céréales, en cultures maraîchères, en lins, en vergers, en prairies où paissent de nombreux bestiaux et des chevaux de grande taille.

Le chef-lieu est **Évreux** sur l'Iton, affluent de l'Eure, siège d'un évêché et l'une des succursales de Rouen pour la fabrication des cotonnades.

Les quatre sous-préfectures sont : les *Andelys*, patrie du peintre Nicolas Poussin (dix-septième siècle); *Bernay*, important par ses filatures et son commerce de grains, de lins et de chevaux; *Louviers* sur l'Eure, l'une des métropoles de l'industrie des draps, des lainages et de la construction des machines, et *Pont-Audemer* sur la Rille (tanneries et papeteries).

Citons, en outre, *Pont-de-l'Arche* et *Vernon* sur la Seine, *Ivry*, célèbre par une victoire de Henri IV (1590), et *Cocherel* par une victoire de Duguesclin (1364).

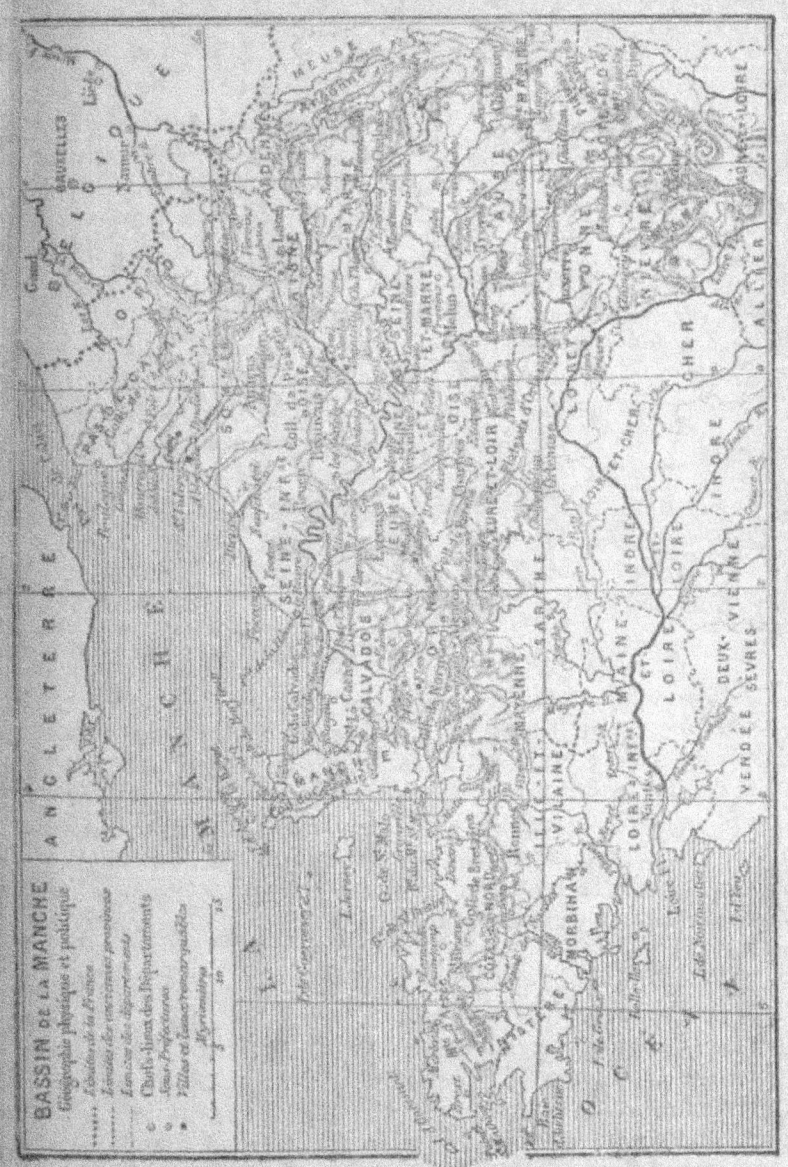

Carte XV.

VALLÉE INFÉRIEURE DE LA SEINE.

2° Département de la Seine-Inférieure (*Pays de Caux* et *Normandie*). — La vallée inférieure de la Seine forme le département de la SEINE-INFÉRIEURE, arrosé en outre par plusieurs petits cours d'eau qui se jettent directement dans la mer. Couvert, sur les bords de la *Seine*, de forêts, de coteaux plantés de pommiers à cidre et d'arbres fruitiers, de riches prairies où paissent de nombreux troupeaux de chevaux et de bœufs ; formé au centre et à l'est de belles plaines où réussissent les céréales, les plantes fourragères, le lin, le chanvre, le colza, le houblon ; bordé sur le littoral de falaises escarpées, et de pâturages où l'herbe imprégnée d'une saveur saline nourrit les fameux moutons de Prés-Salés, le département de la Seine-Inférieure exploite en outre la craie, la pierre à bâtir et les sources minérales dont les plus connues sont celles de *Forges*. L'industrie des cotonnades y est fort active.

Le chef-lieu est **Rouen** sur la Seine (113,000 hab.), siège d'un archevêché, d'une cour d'appel et du 3ᵉ corps d'armée, patrie du grand tragique Corneille (dix-septième siècle) et du compositeur Boïeldieu (dix-neuvième siècle), ancienne capitale de la Normandie, célèbre par ses monuments et plus encore par son commerce et par son active industrie, qui s'applique à la filature et au tissage du coton, à la teinturerie, à la fabrication des produits chimiques, à la construction des machines, à la confiserie, etc.

Les quatre sous-préfectures sont : *Dieppe* sur la Manche, à l'embouchure de l'Arques, l'un de nos ports d'armements pour la pêche du hareng et de la morue, patrie du marin Duquesne (dix-septième siècle) ; *le Havre* sur la Manche, à l'embouchure de la Seine (119,000 hab.), le second de nos ports de commerce, le grand marché des cotons et des cafés, le centre de nos relations avec l'Angleterre, l'Amérique et les Indes, ville industrielle en même temps que commerçante et dont les raffineries de sucre, les corderies, les usines pour la construction des machines à vapeur et les chantiers maritimes ne craignent aucune concurrence; *Neufchâtel* et *Yvetot*, qui font surtout le commerce du beurre et des fromages.

On doit citer en outre, *Elbeuf* sur la rive gauche de la Seine, l'une des métropoles de la filature de la laine et de l'industrie des draps; les ports du *Tréport*, de *Saint-Valery-en-Caux* et de *Fécamp*, *Caudebec* sur la Seine et *Jumièges* avec les ruines de son abbaye.

Vallées de l'Orne et de la Vire.

3° Département de l'Orne (*Perche*). — La vallée de l'Orne renferme la plus grande partie du département de l'Orne, bien que le chef-lieu soit situé sur le versant, et le département presque entier du Calvados.

Le département de l'Orne, traversé par les collines du *Perche* et de *Normandie* qui séparent la vallée de l'*Orne* de celle de la *Sarthe* (bassin de la Loire), est accidenté, en partie boisé, assez pauvre en céréales et en grandes cultures industrielles, mais riche en prairies naturelles qui nourrissent de nombreux et magnifiques bestiaux et une race de chevaux célèbre sous le nom de *race percheronne*.

Le chef-lieu est **Alençon** sur la Sarthe, l'un des centres de la fabrication des dentelles.

Les trois sous-préfectures sont : *Argentan* sur une colline près de l'Orne; *Domfront*, centre du commerce des chevaux, et *Mortagne* (Perche) qui fabrique des toiles et des coutils.

La petite ville de *Sées*, sur l'Orne, est le siège d'un évêché; *Laigle*, sur la Rille, fabrique des épingles et de la quincaillerie fine; *Flers* et la *Ferté-Macé*, des coutils de coton.

4° Département du Calvados (*Basse-Normandie, Pays d'Auge, Pays de Lieuvin, Bessin*). — Le département du Calvados est baigné par la Manche et arrosé à l'est par la *Touques*, au centre par l'*Orne*, à l'ouest par la *Vire*; sur le littoral, des falaises interrompues par des plages basses et sablonneuses et bordées d'une ceinture d'écueils auxquels ce département doit son nom ; peu de plaines, peu de grandes cultures, à l'exception de celle du colza, du froment et des pommiers à cidre ; de riantes vallées, de magnifiques herbages qui nourrissent les plus beaux bestiaux et les chevaux les plus robustes de France : tel est l'aspect que présente le Calvados.

Le chef-lieu est **Caen**, sur l'Orne canalisée, à 14 kilomètres de la mer (45,000 hab.), siège d'une académie et d'une cour d'appel, port assez actif, ville de commerce et d'industrie (dentelles, bonneterie, huiles de graines). Caen a vu naître le poète Malherbe (seizième et dix-septième siècles).

Les cinq sous-préfectures sont : *Bayeux*, siège d'un évêché et le principal centre de la fabrication des dentelles du Calvados ; *Falaise*, patrie de Guillaume le Conquérant, premier roi normand d'Angleterre (onzième siècle); *Lisieux*, sur la Touques, qui fabrique des toiles ; *Pont-l'Évêque*, sur la Touques, et *Vire* sur la Vire, qui possède des fabriques de draps et des papeteries.

Citons encore *Condé-sur-Noireau*, important par ses filatures de coton, *Trouville* par ses bains de mer, et *Honfleur*, petit port à l'embouchure de la Seine.

5° **Département de la Manche** (*Cotentin*). — Le département de la Manche est divisé en deux versants par les collines du Cotentin qui finissent au cap de la *Hague;* le versant oriental est arrosé par la *Vire*, le versant occidental par un grand nombre de petites rivières qui se jettent dans la baie du Mont-Saint-Michel. La presqu'île du Cotentin est bordée à l'ouest, au nord et au nord-ouest de hautes falaises séparées par un chenal étroit des îles rocheuses semées sur le littoral, depuis l'embouchure de la *Vire* jusqu'à celle du *Couesnon*.

L'intérieur est un pays d'herbages, des plus favorables à l'élève du bétail et des chevaux; la culture du lin, cel'e des céréales, des légumes et des pommiers à cidre sont les seules qui se soient largement développées.

Le chef-lieu est **Saint-Lô** sur la Vire, qui fabrique des toiles et des draps.

Les cinq sous-préfectures sont : *Avranches*, avec ses carrières de granit; *Cherbourg*, siège d'une préfecture maritime (41,000 hab.), notre seul grand port militaire de la Manche, créé par une série de travaux gigantesques qui ont duré plus d'un demi-siècle; *Coutances* (évêché), non loin de laquelle naquit le célèbre marin Tourville (dix-septième siècle); *Mortain*, avec ses toiles et ses papeteries, et *Valognes*.

Au département de la Manche appartiennent la ville de *Carentan*, les ports de *Saint-Waast-la-Hougue* (bataille de 1692) et de *Granville*, l'un des plus actifs pour la pêche des huîtres, du hareng et de la morue, et la fameuse abbaye du *Mont-Saint-Michel*, sur un rocher qui domine des grèves redoutables par leurs sables mouvants.

PROVINCE DE BRETAGNE

(Voir les vallées de la Vilaine et de la Loire.)

Département des Côtes-du-Nord. — Le département des CÔTES-DU-NORD, arrosé par la *Rance* et plusieurs autres petits fleuves, est séparé du département de la Manche par celui d'Ille-et-Vilaine dont la plus grande partie appartient au bassin de la Vilaine. Traversé par la chaîne aride et dépouillée des collines de *Bretagne*, occupé en partie par des bruyères et des plaines sablonneuses qui ne laissent à la culture qu'une étroite bande de terrain située sur le littoral, hérissé sur les bords de la Manche de rochers et d'îles granitiques, pour la plupart inhabitées, ce département nourrit un grand nombre de bestiaux, de chevaux, de moutons et de porcs; mais si l'on excepte la culture du lin, du chanvre, des légumes verts, de la pomme de terre et des fruits à cidre, l'agri culture est peu avancée ; la production du sarrasin dépasse celle du froment.

Le chef-lieu est **Saint-Brieuc**, près d'une large baie qui porte son nom, siège d'un évêché et centre d'une importante exploitation de granits. Les quatre sous-préfectures sont : *Dinan* sur la Rance, *Guingamp*, *Lannion* et *Loudéac* ; les principaux ports, *Paimpol* et *Tréguier* (1).

CHAPITRE V

VERSANT DE L'OCÉAN ATLANTIQUE

Aspect général de la région. — La partie supérieure de la région de la Loire forme le revers septentrional d'un vaste plateau granitique élevé de 600 à 700 mètres au-dessus du niveau de la mer et circonscrit à l'est par les Cévennes, à l'ouest par la vallée de la Vienne, au nord par une ligne droite tirée des monts du Morvan à la jonction des collines du Limousin et de celles du Poitou, au sud par les dernières terrasses des monts d'Auvergne et du Limousin. Pays tourmenté, sillonné de vallées profondes, hérissé de montagnes volcaniques, couvert de bruyères et de pâturages, le Massif central porte encore dans ses cratères éteints, dans ses coulées de laves, dans les déchirures qui ont donné passage aux eaux de ses lacs desséchés les traces des convulsions de la nature à l'époque où il se dressait comme une île gigantesque au-dessus des flots de l'Océan qui recouvraient encore presque tout le reste de la France.

La pente septentrionale du plateau vient mourir dans une plaine marécageuse et légèrement ondulée dont la Loire forme la limite. Sur la rive droite, les collines, qui dans la vallée supérieure de la Loire sont très rappro-

---

(1) Pour le résumé et les exercices voir pages 225 et sqq.

chées du fleuve, s'écartent à partir d'Orléans, et aux pâturages de la région des Cévennes, aux forêts du Nivernais succèdent les riches et fertiles plaines de l'Orléanais, du Maine et de la Touraine, le jardin de la France.

A partir de la vallée de la Mayenne, le sol change encore une fois de caractère; le granit reparaît; c'est l'Anjou avec ses étroits vallons, ses champs bordés de haies, ses plantations de pommiers et de poiriers, c'est la Bretagne avec ses bruyères, ses landes stériles, ses champs de blé noir et sa ceinture de rochers, battus par une mer houleuse.

Climat. — Le climat du Massif central est froid et en général pluvieux; les neiges y sont abondantes, et commencent dès la fin d'octobre; dans la vallée moyenne domine le climat séquanien; dans la vallée inférieure de la Loire et sur le littoral, la température plus douce et plus égale se rapproche de celle de la plaine de la Seine, avec des pluies plus fréquentes et des hivers moins rigoureux; c'est le climat armoricain.

Divisions anciennes. — Le versant de l'Atlantique proprement dit comprend le territoire entier de dix de nos anciennes provinces : la *Marche*, le *Bourbonnais*, le *Berri*, la *Touraine*, le *Maine* et l'*Anjou*, le *Poitou*, l'*Aunis* et la *Saintonge* et l'*Angoumois*, et une partie plus ou moins considérable de sept autres : le *Languedoc*, l'*Auvergne*, le *Lyonnais*, le *Nivernais*, l'*Orléanais*, la *Bretagne* et le *Limousin*.

Départements. — Il renferme vingt départements, qui représentent plus du quart de la superficie de la France. Les départements traversés par le fleuve sont, entre celui de l'*Ardèche*, où il prend sa source (région du Rhône), ceux de la *Haute-Loire*, de la *Loire*, de *Saône-et-Loire* (région du Rhône), séparé par le cours de la Loire de celui de l'*Allier*; de la *Nièvre*, séparé par le cours de la Loire du département du *Cher*; du *Loiret*, de *Loir-et-Cher*, d'*Indre-et-Loire*, de *Maine-et-Loire* et de la *Loire-Inférieure*.

Vallée supérieure de la Loire (de la source à Briare).

PROVINCE DE LANGUEDOC

Département de la Haute-Loire (*Vélay*). — En sortant du département de l'Ardèche, la Loire, qui n'est encore qu'un torrent, entre dans celui de la HAUTE-LOIRE. Ce département se compose de deux vallées : celle de la *Loire*, dominée par les pentes abruptes et dénudées des *Cévennes* avec leurs pâturages, leurs champs de seigle et de pommes de terre, et celle de l'*Allier*, enfermée entre la chaîne volcanique des *monts du Vélay* et celle des *monts de la Margeride*, avec leurs forêts de châtaigniers et de sapins ; la fabrication des dentelles est la principale industrie du département.

Le chef-lieu est **le Puy**, siège d'un évêché et centre d'un important commerce de dentelles, bâti non loin de la Loire, au milieu d'un chaos de montagnes volcaniques, de coulées de laves et de rochers basaltiques.

Les deux sous-préfectures sont : *Brioude*, sur l'Allier, et *Yssingeaux*, qui exploite des mines de houille.

PROVINCE DE LYONNAIS

Département de la Loire (*Forez*). — Le département de la LOIRE, où le fleuve, toujours resserré entre les Cévennes et les monts du Forez, n'est pas encore navigable, n'a, comme le précédent, d'autres ressources agricoles que la culture des pommes de terre et du seigle, quelques vignobles, des forêts de châtaigniers et des pâturages où paissent des bestiaux et des moutons de race médiocre. Mais les richesses minérales compensent la pauvreté du sol : de magnifiques houillères (*Rive-de-Gier, Firminy, Saint-Chamond, Terrenoire*) en ont fait un des centres les plus actifs de notre industrie métallurgique.

Le chef-lieu est **Saint-Étienne** (136,000 hab.), sur le *Furens*, l'une des métropoles de l'industrie française, avec ses mines de houille, ses fabriques de rubans, ses manufactures d'armes, de quincaillerie, de serrurerie, et ses verreries.

Les deux sous-préfectures sont : *Montbrison*, l'ancien chef-lieu, et *Roanne*, sur la Loire, qui fabrique des cotonnades rayées.

Rive-de-Gier et *Saint-Chamond* sont deux centres d'exploitation de houille et d'industrie métallurgique; *Saint-Galmier* possède des eaux minérales.

PROVINCE DE NIVERNAIS

RÉSUMÉ HISTORIQUE. — Le Nivernais, qui doit son nom à la ville gauloise de *Nevirnum* (Nevers), forma au moyen âge un comté érigé plus tard en duché et qui resta jusqu'en 1789 dans la famille du grand ministre Mazarin.

Département de la Nièvre (*Morvan* et *Nivernais*). — En sortant du département de la Loire, le fleuve arrose le département de *Saône-et-Loire*, que nous avons déjà décrit, et le sépare de celui de l'*Allier*, puis il entre dans le département de la NIÈVRE.

Couvert en partie par le massif des monts du *Morvan*, qui se prolongent par les collines du *Nivernais*, arrosé par l'*Yonne*, par la *Loire*, par l'*Allier* et par la *Nièvre*, ce département se divise en deux régions séparées par les montagnes qui le traversent : celle du nord, le *Morvan*, froide, sauvage, couverte de rochers et de forêts, ne produit que du seigle et des pommes de terre ; celle du sud, plus fertile et moins accidentée, cultive la vigne, le froment, le chanvre, nourrit de nombreux bestiaux et possède en outre des sources minérales très fréquentées (*Pouques-les-Eaux*, *Saint-Honoré-les-Bains*) et des mines de fer et de houille, qui ont développé à *Fourchambault*, à *Imphy*, à *Decize*, la fabrication du fer et de l'acier.

Le chef-lieu est **Nevers**, sur la Loire et sur la Nièvre, siège d'un évêché et renommé pour ses faïences, ses fonderies et ses forges.

Les trois sous-préfectures sont : *Château-Chinon*, près de l'Yonne, *Clamecy*, sur l'Yonne, entrepôt des bois et des charbons du Morvan, et *Cosne*, sur la Loire, qui fabrique de la quincaillerie.

Decize exploite la houille; *Fourchambault* a été un

grand centre d'industrie métallurgique; *Pouilly* exporte des vins renommés.

PROVINCE D'AUVERGNE

Résumé historique. — L'Auvergne doit son nom aux *Arvernes*, un des peuples les plus puissants de la Gaule ; conquise par les Romains, puis par les Visigoths et par les Francs, elle devint au moyen âge un comté qui fut définitivement réuni à la couronne par confiscation sur le connétable de Bourbon. L'Auvergne a formé deux départements, le Puy-de-Dôme et le Cantal.

Département du Puy-de-Dôme (*Limagne*). — Le seul grand affluent de la Loire dans la partie supérieure de son cours est l'*Allier*, qui prend sa source dans le département de la *Lozère*, traverse celui de la *Haute-Loire*, et pénètre par un étroit défilé dans celui du Puy-de-Dôme.

Quand, du haut de la montagne qui a donné son nom au département, on jette les yeux sur l'immense horizon qui embrasse presque toute l'ancienne Auvergne, on voit se prolonger au nord et au sud un plateau aride et tourmenté, dominé par une chaîne de volcans avec leurs cônes dépouillés et leurs lacs qui dorment au fond de cratères encore béants. C'est la chaîne des *Dômes*, qui se rattache, sur les limites du Cantal, au mont *Dore*, dont les deux sommets jumeaux, le *Sancy* et le *Puy-Ferrand*, sont les plus élevés du Massif central. A l'ouest s'étend une longue pente qui se relie au plateau de la Creuse, et que couvrent des champs de seigle, de pommes de terre et des pâturages où paissent d'innombrables moutons.

A l'est enfin s'ouvre un large bassin dominé à l'horizon par les montagnes du *Forez* et arrosé par l'*Allier*. C'est la plaine de la Limagne avec ses moissons, ses vignes, ses champs de betteraves, ses arbres fruitiers, ses cultures maraîchères et sa fertilité sans égale.

Les forêts de sapins et de châtaigniers, l'élevage du bétail, l'exploitation des anciennes mines de plomb argentifère (*Pontgibaud*), des laves de *Volvic*, de la pierre à chaux, des sources minérales (*Mont-Dore*, la *Bourboule*, *Royat*), ajoutent de nouvelles ressources à celles de l'agriculture.

Le chef-lieu est **Clermont-Ferrand** (51,000 hab.), bâti au pied du Puy-de-Dôme avec des pierres volcaniques, siège d'un évêché, d'une académie et du 13e corps d'armée, centre d'une fabrication importante de toiles, de caoutchouc, de pâtes alimentaires et de conserves de fruits.

Les quatre sous-préfectures sont : *Ambert* (papeteries et dentelles); *Issoire*, près de l'Allier ; *Riom*, siège d'une

Fig. 15. — La chaîne des Puys.

cour d'appel, et *Thiers*, la première fabrique de coutellerie française.

Royat, le *Mont-Dore* et la *Bourboule* possèdent des eaux minérales renommées.

L'illustre savant Pascal est né à Clermont-Ferrand.

PROVINCE DE BOURBONNAIS

Résumé historique. — Le Bourbonnais, qui doit son nom à la ville de Bourbon-l'Archambault et qui faisait partie du territoire des Éduens et des Bituriges, fut érigé au moyen âge en duché, en faveur de la maison de Bourbon. Il fut confisqué en 1523 par François Ier après la trahison du connétable de Bourbon.

Département de l'Allier. — En sortant du Puy-de-Dôme, l'Allier entre dans le département qui porte son nom, et que les derniers contreforts des monts d'Auvergne et du Forez divisent en trois larges vallées ouvertes du sud au nord, celle de la *Loire*, celle de l'*Allier* et celle du *Cher*. De belles prairies qui nourrissent un grand nombre de bœufs et de moutons, des plaines fertiles où l'on cultive la pomme de terre, le chanvre, le froment, le seigle et l'avoine, des vignobles médiocres, telles sont les richesses agricoles de ce département où les terres incultes occupent encore beaucoup trop de place; mais les mines de houille (*Commentry*) y ont développé une industrie florissante, et les sources minérales de *Vichy*, de *Cusset*, de *Néris*, de *Bourbon-l'Archambault*, comptent parmi les plus célèbres de France.

Le chef-lieu est **Moulins**, sur l'Allier, évêché, patrie du maréchal Villars (xviie et xviiie siècles); les trois sous-préfectures : *Gannat*, *La Palisse* et *Montluçon*, sur le Cher, qui exploite des forges et des verreries.

A *Commentry*, on exploite la houille ; *Vichy* est la ville d'eaux la plus fréquentée de France.

Vallée moyenne de la Loire (de Briare à Saumur)

PROVINCE D'ORLÉANAIS

RÉSUMÉ HISTORIQUE. — L'Orléanais (ancien pays des *Carnutes* et des *Senons*) faisait partie du domaine des Capétiens. Morcelé plus tard en plusieurs fiefs (comté de Blois, duché d'Orléans, etc.), il fut souvent donné comme apanage à des princes du sang royal. Il a formé trois départements, dont deux dans la région de la Loire, et un dans celle de la Seine.

Département du Loiret (*Orléanais* et *Gâtinais*). — A partir de *Briare*, le lit du fleuve s'élargit, sa direction change, et sa vallée prend un autre aspect.

Le département du LOIRET se compose de deux plateaux séparés par la *Loire* : l'un au nord du fleuve, en partie boisé, en partie couvert de champs de blé et d'avoine, où paissent en automne de nombreux troupeaux de moutons; c'est le plateau d'Orléans, dont le *Loing* arrose le revers septentrional; l'autre, au sud, riche et bien cultivé sur les rives mêmes de la Loire, et dans la riante vallée du *Loiret* (vignobles et cultures maraîchères), devient sablonneux, marécageux et stérile à mesure qu'on s'éloigne du fleuve et qu'on s'enfonce dans les plaines de la Sologne.

Le chef-lieu est **Orléans** (67,000 hab.), sur la Loire, évêché, cour d'appel, siège du 5° corps d'armée, ancienne capitale de l'Orléanais, centre d'un grand commerce de vinaigres, d'eaux-de-vie et de vins, et d'une industrie assez active qui s'applique à la fabrication des couvertures de laines, des casquettes et des tricots. C'est en faisant lever le siège d'Orléans aux Anglais que Jeanne d'Arc commença la délivrance de la France (1429).

Les trois sous-préfectures sont : *Gien*, sur la Loire, avec ses fabriques de porcelaine ; *Montargis*, sur le Loing, et *Pithiviers*, sur une branche de l'Essonne (l'*Œuf*). *Beaugency*, sur la Loire, *Coulmiers*, *Patay*, *Artenay*, *Beaune-la-Rolande*, ont été le théâtre de combats sanglants en 1870.

Département de Loir-et-Cher (*Vendomois, Blaisois, Sologne*). — Le département de LOIR-ET-CHER est coupé comme le précédent par la *Loire* : au nord du fleuve s'étend une région assez accidentée, traversée par le *Loir*, riche en céréales, en vignobles et en prairies ; au sud, entre la Loire et le *Cher*, une plaine monotone, semée d'étangs et de landes où paissent des troupeaux de moutons ; c'est la *Sologne*, pays de fièvres et de marais que régénèrent lentement le drainage, les canaux de dessèchement et les plantations de bois de pins et de chênes.

Le chef-lieu est **Blois**, siège d'un évêché, vieille cité bâtie en amphithéâtre sur les bords de la Loire et dominée par son château, où résidèrent souvent les derniers Valois, et où l'un d'eux, Henri III, fit assassiner le fameux duc de Guise (1588).

Les deux sous-préfectures sont : *Romorantin*, au sud de la Sologne, et *Vendôme* sur le *Loir*.

Lamothe-Beuvron est le principal centre agricole de la Sologne.

Le département de Loir-et-Cher a vu naître le poète *Ronsard* (XVI° siècle), le physicien *Papin* (XVII° siècle) et l'historien *Augustin Thierry* (XIX° siècle).

Carte XVI.

Le château de *Chambord*, élevé par François Iᵉʳ, est situé dans le département de Loir-et-Cher, non loin de la Loire.

PROVINCE DE TOURAINE

Résumé historique. — La Touraine doit son nom à un peuple gaulois, les *Turons*. Elle devint au moyen âge un fief souverain qui fut réuni aux domaines de la maison d'Anjou et confisqué en 1204 par Philippe-Auguste sur Jean sans Terre.

Département d'Indre-et-Loire. — Le département d'Indre-et-Loire, traversé par la *Loire*, est arrosé au sud par le *Cher*, l'*Indre*, la *Vienne* et la *Creuse*. L'aspect de la riche vallée de la Loire avec ses prairies, ses vignobles (*Vouvray*, etc.), ses champs de blé, ses arbres fruitiers, contraste avec le caractère monotone du reste du département, où la seule grande culture est celle du chanvre, et dont une partie est couverte de bois et de landes incultes.

Le chef-lieu est **Tours** (63,000 hab.), près du confluent du Cher et de la Loire, sur la rive gauche du fleuve, siège d'un archevêché et du 9ᵉ corps d'armée, célèbre autrefois par son abbaye de *Saint-Martin*, l'une des plus anciennes de France, et par le château du *Plessis*, séjour favori du roi Louis XI. Le commerce des vins et des fruits, l'industrie des étoffes pour ameublement, de la passementerie, de la tannerie, ont conservé à Tours une assez grande activité.

Les deux sous-préfectures sont : *Chinon*, sur la Vienne, et *Loches*, sur l'Indre.

Citons encore *Amboise*, sur la Loire, et *Chenonceaux* avec leurs châteaux de la Renaissance ; *Château-Renault* avec ses nombreuses tanneries, et *la Haye*, patrie du grand philosophe Descartes (dix-septième siècle).

PROVINCE D'ANJOU

Résumé historique. — L'Anjou doit son nom à un peuple gaulois, les *Andecavi*. Au moyen âge, il devint la propriété de la maison des Plantagenets à qui Philippe-Auguste l'enleva en 1204. Donné comme apanage à un fils de Louis VIII, puis à un fils de Jean II, il fut réuni à la couronne en 1482 par Louis XI.

Département de Maine-et-Loire. — Le département de MAINE-ET-LOIRE est, comme les précédents, divisé par la Loire en deux parties : l'une, sur la rive gauche du fleuve, couverte de prairies qui nourrissent de nombreux et magnifiques bestiaux, ou de champs de blé que bordent des haies de grands arbres et qu'ombragent des plantations de pommiers; l'autre, sur la rive droite, arrosée par la *Mayenne*, la *Sarthe* et le *Loir*, qui se réunissent pour former la *Maine*, sillonnée par d'innombrables vallons, riches en céréales, en prairies artificielles, en chanvres, lins, pommes de terre, en herbages où paissent des chevaux de race percheronne, en pépinières dont les produits donnent lieu à un important commerce, et qui font des environs d'Angers un vaste jardin. A ces richesses agricoles il faut joindre les *ardoisières* d'Angers, les plus riches de France, des mines de fer et des mines de charbon de terre qui alimentent les fours à chaux de l'arrondissement de Cholet.

Le chef-lieu est **Angers** (77,000 hab.), sur la Maine, ancienne capitale de l'Anjou, siège d'un évêché, d'une cour d'appel et d'une école d'arts et métiers, ville de commerce et d'industrie (filatures de chanvre, corderies, toiles à voiles, fabriques d'allumettes chimiques, de chaussures clouées).

Les quatre sous-préfectures sont : *Baugé*; *Cholet*, centre d'une importante fabrication de toiles et d'un grand commerce de bestiaux; *Saumur*, sur la rive gauche de la Loire (tanneries, vins et eaux-de-vie), et *Segré*.

Trélazé est le centre de l'exploitation des ardoises.

Affluents de la rive droite.

PROVINCE DU MAINE

RÉSUMÉ HISTORIQUE. — Le Maine doit son nom à un peuple gaulois, les *Cenomans*. Érigé en comté au dixième siècle, il fut conquis par les ducs de Normandie, puis confisqué par Philippe-Auguste en 1204 sur Jean sans Terre, plusieurs fois donné en apanage et réuni à la couronne par Louis XI en 1481. Il a formé deux départements.

1° Département de la Sarthe. — La *Sarthe* et le *Loir*, les deux principaux cours d'eau qui contribuent à former la Maine, après avoir arrosé, le premier, le département de l'Orne, le second ceux d'Eure-et-Loir et de Loir-et-Cher, entrent dans le département de la Sarthe, grande plaine coupée de quelques collines, bien cultivée (céréales, pommes de terre, chanvre, vergers, forêts de pins), et l'une des régions les plus importantes pour l'élevage du bétail, du porc et surtout de la volaille.

Le chef-lieu est **le Mans** (60,000 hab.), sur la Sarthe, siège d'un évêché et du 4° corps d'armée, ancienne capitale du Maine, enrichi par le commerce des volailles, par l'industrie des toiles, de la minoterie.

Les trois sous-préfectures sont : *la Flèche*, sur le Loir (prytanée militaire); *Mamers* et *Saint-Calais*.

2° Département de la Mayenne. — Le troisième affluent de la Maine, la *Mayenne*, naît dans le département qui porte son nom, et qu'elle traverse du nord au sud. C'est un pays plat, sauf sur la limite occidentale du département (*collines du Maine*), riche en prairies naturelles qui nourrissent de nombreux bestiaux, et en plantations de pommiers à cidre et de châtaigniers. Les ardoisières de *Rénazé* le disputent à celles d'Angers. Des mines de charbon de terre, qui s'étendent jusque dans le département de la Sarthe, entretiennent de nombreux fours à chaux dont les produits sont employés à l'amélioration du sol.

Le chef-lieu est **Laval** (31,000 hab.), sur la Mayenne, évêché, l'un des centres de la fabrication des coutils. Les deux sous-préfectures, *Château-Gontier* et *Mayenne*, qui fabrique des toiles, sont également situées sur la Mayenne.

Affluents de la rive gauche.

PROVINCE DE BERRI

Résumé historique. — Le Berri, qui doit son nom aux *Bituriges*, devint au moyen âge un comté héréditaire que Philippe 1er acheta en 1100. Il fut plusieurs fois donné en apanage et définitivement réuni à la couronne en 1601. Il a formé deux départements.

1° Département du Cher. — Le Cher, qui prend sa source dans la Creuse, traverse le département de l'Allier, celui du Cher, longe la limite méridionale de celui de Loir-et-Cher et finit dans l'Indre-et-Loire. Nous avons déjà décrit ces départements, à l'exception de celui du CHER.

Séparé de la Nièvre par le cours de la *Loire*, traversé par le *Cher* et par le canal du *Berri*, ce département est une plaine sillonnée par quelques collines peu élevées, plus riche en terrains boisés et en prairies naturelles qu'en céréales, très favorable à l'élevage du bétail, et surtout des moutons. On y cultive avec succès le chanvre et la vigne, mais les vins sont plus abondants qu'estimés. On exploite à ciel ouvert des gisements ou minières de fer, dont les minerais n'ont pas de rivaux en France.

Le chef-lieu est **Bourges** (44,000 hab.), sur l'Auron, affluent de l'*Yèvre*, ancienne capitale du Berri, siège d'un archevêché, d'une cour d'appel, du 8° corps d'armée; patrie du roi Louis XI et du marchand Jacques Cœur, qui prodigua sa fortune pour aider Charles VII à chasser les Anglais de France. Sa maison, qui sert aujourd'hui d'hôtel de ville, est un des chefs-d'œuvre de l'architecture du quinzième siècle, et la cathédrale de Bourges est un des plus beaux monuments du moyen âge. Grand centre militaire, Bourges possède une fonderie de canons.

Les deux sous-préfectures sont : *Sancerre*, sur un rocher qui domine la Loire, et *Saint-Amand*, sur le Cher.

Vierzon, sur le Cher, possède des manufactures de porcelaine qui en font la seconde ville du département.

2° Département de l'Indre. — L'Indre, qui finit dans le département d'Indre-et-Loire, prend sa source dans la Creuse, et traverse le département de l'INDRE. Les vallées de l'*Indre* et de la *Creuse*, qui coule au sud du département, sont fertiles et bien cultivées ; mais, entre ces deux rivières, s'étend un plateau marécageux et stérile, la *Brenne*, où, comme en Sologne, la pêche des étangs et l'éducation du mouton forment à peu près les seules ressources d'une contrée dévastée par les fièvres.

Le chef-lieu est **Châteauroux**, sur l'Indre, important par ses fabriques de gros draps.

Les trois sous-préfectures sont : *le Blanc*, sur la Creuse ; *la Châtre*, sur l'Indre ; *Issoudun* et *Argenton*, sur la Creuse, possèdent des filatures.

PROVINCE DE LA MARCHE

RÉSUMÉ HISTORIQUE. — La Marche, province frontière de Limousin (pays des *Lemovices*), fut érigée en comté par les ducs d'Aquitaine, devint un des fiefs de la maison de Bourbon et fut confisquée par François Ier, après la trahison du connétable de Bourbon.

Département de la Creuse. — La Vienne, qui naît dans le département de la Corrèze, et qui finit dans celui d'Indre-et-Loire, arrose, en outre, la Haute-Vienne, la Charente et la Vienne. Son principal affluent est la *Creuse*.

Le département de la CREUSE, sillonné par les rameaux des *monts d'Auvergne* et *de la Marche*, arrosé par le *Cher*, la *Creuse*, affluent de la Vienne, et la *Gartempe*, affluent de la Creuse, qui y prennent leur source, est un pays de prairies et de pâturages, au sol maigre et sablonneux, au climat froid et humide, où la vigne ne mûrit pas, et où le seigle, le blé noir, les châtaignes et la pomme de terre remplacent le froment. La houille (*Ahun*) et l'étain (*Montebras*) sont l'objet d'exploitations assez actives.

Le chef-lieu est **Guéret**, ancienne capitale de la Marche; les trois sous-préfectures : *Aubusson*, sur la Creuse, célèbre par ses manufactures de tapis; *Bourganeuf* et *Boussac*.

PROVINCE DE LIMOUSIN

RÉSUMÉ HISTORIQUE. — Le Limousin, ancien pays des *Lemovices*, fit partie au moyen âge du duché d'Aquitaine. Il fut conquis sur les rois d'Angleterre, ducs d'Aquitaine, sous le règne de Charles V. Il a formé deux départements, dont un, la Corrèze, dans la région de la Garonne.

Département de la Haute-Vienne (*Limousin, Marche, Poitou, Berri*). — Le département de la HAUTE-VIENNE, où la Vienne pénètre en sortant de la Corrèze, est une région humide, couverte par les ramifications des *monts du Limousin* et des *monts de la Marche*, et arrosée par d'innombrables ruisseaux. Les pâturages, les prairies naturelles, les châtaigniers, qui suppléent à la production insuffisante des céréales, couvrent plus de la moitié du département; mais l'élevage du mouton et du porc et l'exploitation des richesses minérales, minerais de fer, terre à porcelaine de Saint-Yrieix, etc., compensent dans une certaine mesure la pauvreté du sol.

Le chef-lieu est **Limoges** (78,000 hab.), sur la Vienne, siège d'un évêché, d'une cour d'appel et du 12ᵉ corps d'armée, ancienne capitale du Limousin et l'une de nos premières villes industrielles pour la fabrication de la porcelaine, celle des flanelles et des étoffes de laine.

Les trois sous-préfectures sont : *Bellac, Rochechouart* et *Saint-Yrieix*.

Le département de la Haute-Vienne a vu naître le chirurgien Dupuytren, le grand orateur Vergniaud (Révolution) et le maréchal Bugeaud (dix-neuvième siècle).

PROVINCE DE POITOU

RÉSUMÉ HISTORIQUE. — Le Poitou (ancien pays des *Pictavi*) était au moyen âge une dépendance du duché d'Aquitaine. Il fut conquis par Philippe-Auguste sur Jean sans Terre, restitué aux Anglais par la paix de Brétigny (1360) et repris par Charles V. Il a formé trois départements.

Département de la Vienne. — Après avoir traversé l'extrémité septentrionale du département de la Charente, la VIENNE entre dans le département qui porte son nom, et qu'arrosent le *Clain*, un de ses affluents, la *Gartempe*, affluent de la Creuse, et la *Charente*. Le sol, accidenté sans être montagneux, est médiocrement cultivé. Les landes et les bruyères en disputent encore une partie à la culture des céréales, du chanvre, de la pomme de terre et de la vigne, les seules qui s'y soient développées ; mais les chevaux, les moutons, les porcs, sont nombreux ; l'élevage de la volaille y prospère, et l'exploitation de la pierre meulière et de la pierre lithographique y est assez importante.

Le chef-lieu est **Poitiers**, sur une hauteur qui domine le Clain (37,000 hab.), siège d'un évêché, d'une académie et d'une cour d'appel, ancienne capitale du Poitou.

Les quatre sous-préfectures sont : *Châtellerault*, sur la Vienne, avec sa manufacture d'armes et ses fabriques de coutellerie ; *Civray*, sur la Charente ; *Loudun* qui fait un commerce important de cire et de truffes, et *Montmorillon*, sur la Gartempe.

Le Poitou compte un grand nombre de champs de bataille célèbres : *Voulon* (507), *Moussais-la-Bataille* (732), *Maupertuis* (1356), *Moncontour* (1569).

Vallée inférieure de la Loire.

PROVINCE DE BRETAGNE

RÉSUMÉ HISTORIQUE. — La Bretagne, ancienne Armorique, doit son nom aux émigrés de la Grande-Bretagne qui vinrent s'y établir au cinquième siècle après J.-C. Les Francs ne furent jamais complètement maîtres de la Bretagne, qui forma au moyen âge un comté, puis un duché vassal du duché de Normandie, mais en réalité indépendant. Le mariage de la dernière héritière du duché, Anne de Bretagne, avec Charles VIII, puis avec Louis XII, prépara sa réunion à la couronne, qui fut décidée sous François Ier en 1532. La Bretagne a formé cinq départements.

1° Département de la Loire-Inférieure. — La vallée inférieure de la Loire appartient tout entière au département de la LOIRE-INFÉRIEURE. Sur le littoral, des marais salants (le *Croisic*, *Batz* et *Guérande*) et des plages sablonneuses ; sur les bords du fleuve, semé de grandes îles verdoyantes, des coteaux granitiques interrompus çà et là par des prairies marécageuses ; au sud de la Loire, des étangs (lac de *Grand-Lieu*, etc.), des plaines humides, arrosées par la *Sèvre-Nantaise*, coupées de haies qui entourent des champs de blé, de pommes de terre ou de lin; au nord du fleuve, dans la région comprise entre la *Loire*, la *Vilaine*, le canal *de Nantes à Brest* et la rivière de l'*Erdre*, des tourbières, des marais desséchés, des prairies où paissent de nombreux bestiaux; dans celle qui s'étend jusqu'aux limites de la Mayenne et d'Ille-et-Vilaine, des collines boisées, des landes, des pâturages et des étangs; tel est l'aspect général du département. On y exploite la houille et la pierre à chaux.

Le chef-lieu est **Nantes** (124,000 hab.), sur la rive droite de la Loire, à 60 kilomètres de la mer, siège d'un évêché et du 11° corps d'armée, l'un de nos grands ports de commerce, le principal marché des sucres coloniaux, et le centre d'une active industrie qui s'applique à la raffinerie du sucre, à la préparation des conserves alimentaires et surtout de la sardine, à la construction des navires, à la fabrication des machines à vapeur (établissements d'Indret et de la Basse-Indre, non loin de Nantes) et des machines agricoles.

Les quatre sous-préfectures sont : *Ancenis*, sur la rive droite de la Loire; *Châteaubriant*, au nord du département; *Paimbœuf*, petit port sur la rive gauche de la Loire, et *Saint-Nazaire*, à l'embouchure du fleuve (rive droite), ville improvisée en quelques années par le commerce et par la grande navigation, point de départ des lignes régulières de la Compagnie transatlantique qui desservent l'Amérique centrale et les Antilles, et dès aujourd'hui l'un de nos ports de commerce les plus florissants.

Savenay, ancienne sous-préfecture, a été le théâtre des derniers désastres de l'armée vendéenne en 1793. *Indret* possède des forges; *le Croisic* et *Pornic* sont des stations de bains de mer.

Vallée de la Vilaine.

2° Département d'Ille-et-Vilaine. — La vallée supérieure de la Vilaine appartient au département d'ILLE-

ET-VILAINE, que traversent les *collines de Bretagne*, et dont la partie septentrionale est comprise dans la vallée de la *Rance* et du *Couesnon* (voir la région de la Seine), et baignée par la Manche (*golfe de Saint-Malo*). Malgré les progrès de la culture du froment, du chanvre et du lin, le département d'Ille-et-Vilaine rappelle encore l'aspect de la vieille Bretagne avec ses forêts de chênes et de châtaigniers, ses collines granitiques, ses champs bordés de haies, ses landes incultes où paissent de petits chevaux à demi sauvages et des bestiaux à la charpente osseuse dont le lait est à peu près le seul produit. Les mines de plomb sont presque toutes épuisées, mais le fer, l'ardoise, le granit, la pierre à chaux, sont l'objet d'exploitations importantes.

Le chef-lieu est **Rennes** (70,000 hab.), au confluent de l'Ille et de la Vilaine et à l'origine du canal d'Ille-et-Rance, siège d'un archevêché, d'une cour d'appel, d'une académie et du 10º corps d'armée, ancienne capitale de la Bretagne, et centre du commerce des cuirs, du beurre, de la volaille. Peu d'industrie, si l'on en excepte quelques tanneries, des fabriques de toiles à voiles, et des manufactures de papiers peints.

Les cinq sous-préfectures sont : *Fougères*, *Montfort*, *Redon*, petit port sur la Vilaine ; *Saint-Malo*, sur la Manche, à l'embouchure de la Rance, autrefois grand port de commerce, pépinière de corsaires et de marins intrépides : Duguay-Trouin (dix-septième siècle), Surcouf (Révolution et Empire), aujourd'hui ville déchue, et qui n'a conservé de son ancienne prospérité que les armements pour la pêche et quelques relations avec l'Europe du nord ; *Vitré*, sur la Vilaine, qui fabrique des toiles et des cuirs.

Cancale, connu par ses parcs aux huîtres, et *Dol*, par ses marais salants, sont situés dans l'Ille-et-Vilaine.

<small>Le département d'Ille-et-Vilaine a vu naître le connétable *Duguesclin* (quatorzième siècle), *Chateaubriand* (dix-neuvième siècle), l'auteur du *Génie du Christianisme*, et l'illustre médecin *Broussais* (id.).</small>

3º Département du Morbihan. — La vallée inférieure de la Vilaine appartient au département du

Morbihan qu'arrosent en outre le *Blavet*, le *Scorf*, l'*Auray*, etc., et qui doit son nom à une vaste baie formée sur ses côtes par l'océan Atlantique ; c'est là, au milieu des bruyères sauvages, des forêts de chênes et de châtaigniers, des landes arides et pierreuses, des îles hérissées de rochers (*Groix, Belle-Isle*), que semble s'être réfugié le rude et opiniâtre génie de cette vieille race bretonne qui parle encore la langue des Gaulois, nos ancêtres. Dans les campagnes, pas d'autres céréales que le seigle, l'avoine et le sarrasin, pas d'autres cultures industrielles que le lin et le chanvre ; dans les pâturages, qui couvrent la moitié du sol, errent de maigres troupeaux de bœufs et de moutons noirs ; mais la pêche, très active sur le littoral, offre une ressource précieuse à ce pays déshérité.

Le chef-lieu est **Vannes**, sur le golfe du Morbihan, siège d'un évêché, au centre d'une région couverte de monuments gaulois (*pierres de Carnac*, etc.), et célèbre dans l'histoire des guerres civiles de la Révolution (*Quiberon*, 1795).

Les trois sous-préfectures sont : *Lorient* (42,000 hab.), à l'embouchure du Blavet, l'un de nos grands ports militaires, siège de la troisième préfecture maritime, et qui doit à ses forges, à ses chantiers de construction, une remarquable activité ; *Pontivy* (Napoléonville), sur le Blavet, et *Ploërmel*, au nord-ouest du département. *Auray*, non loin du célèbre pèlerinage de Sainte-Anne, a été le théâtre d'une sanglante bataille en 1364. *Port-Louis* prépare les conserves de sardines.

4° Département du Finistère. — Le département du Finistère (1), traversé par les rameaux des *monts d'Arrée*, et des *montagnes Noires* qui enferment le bassin de l'*Aulne*, forme une presqu'île découpée par des baies profondes, celles de *Brest*, de *Douarnenez* et d'*Audierne*, hérissée de caps escarpés (pointes de *Saint-Mathieu*, du *Raz*, de *Penmarch*), bordée d'îles sauvages

(1) Ce nom est dû à la situation du département, qui se trouve à l'extrémité de la presqu'île de Bretagne et de la terre de France (Fin de la terre).

(*Ouessant, Sein*, etc.) et battue par les flots presque toujours soulevés de la Manche et de l'Atlantique. Terre de granit, ravinée par des torrents, sillonnée de collines aux flancs nus ou tapissés de bruyères qui couvrent près de la moitié de sa superficie, le Finistère nourrit cependant un grand nombre de chevaux et de bestiaux, et la culture du lin, du chanvre, de l'avoine, du froment, gagne chaque jour du terrain sur celle du seigle et du blé noir ou sur les landes incultes. On y exploite de riches carrières d'ardoises et de granit; mais l'exploitation des mines de plomb est suspendue depuis 1866.

Le chef-lieu est **Quimper**, siège d'un évêché. Les quatre sous-préfectures sont: *Brest*, notre premier port de guerre sur l'Océan, siège de la 2ᵉ préfecture maritime et le plus actif de nos chantiers de construction pour la marine militaire (75,000 hab.); *Châteaulin*, sur l'Aulne, avec ses fabriques de toiles et ses ardoisières; *Morlaix*, sur la Manche, avec ses saleries de beurre, et *Quimperlé*, au sud du département.

Landerneau, près de Brest, possède des manufactures de toiles, des tanneries et des fabriques de bougies stéariques; *Douarnenez, Audierne* et *Concarneau*, des établissements pour la préparation des sardines. *Roscoff*, dans le Léonnais, exporte les légumes et les primeurs.

Le département du Finistère a vu naître *Moreau*, l'un des grands généraux de la Révolution.

Vallée de la Charente.

PROVINCE DE POITOU

1° Département des Deux-Sèvres (*Gâtines* et *Bas-Poitou*). — Le département des DEUX-SÈVRES, qui doit son nom à ses deux principaux cours d'eau, la *Sèvre-Nantaise*, affluent de la Loire, et la *Sèvre-Niortaise*, tributaire de l'Atlantique, est une région accidentée, traversée par les *collines du Poitou*, et par les rameaux qui se détachent du *plateau de Gâtine*, favorable à l'élevage du gros bétail, des mulets, des moutons et des chèvres, riche en céréales, en légumes et plantes fourragères.

Le chef-lieu est **Niort**, sur la Sèvre-Niortaise, centre industriel important pour la cordonnerie, la chamoiserie et les gants de peau d'agneau. Les trois sous-préfectures sont : *Bressuire*, *Melle*, qui partage avec la petite ville de *Saint-Maixent* le commerce des mulets, et *Parthenay*, ancienne capitale de la Gâtine.

2° Département de la Vendée (*Bocage* et *Marais*). — La Sèvre-Niortaise se jette dans l'Atlantique entre les départements de la Charente-Inférieure et de la Vendée, et reçoit à droite la *Vendée*, qui a donné son nom à ce dernier. Le littoral, que bordent des marais salants, est une plaine autrefois inondée, aujourd'hui rendue à la culture par les canaux de desséchement, couverte de champs de blé, de lin, de prairies qui nourrissent un grand nombre de bestiaux : on la désigne encore sous le nom de *Marais*. Au centre et au nord du département s'épanouit le plateau de Gâtine, avec ses ruisseaux encaissés dans des gorges profondes, ses champs entourés de haies, ses pâturages où paissent de nombreux moutons. Cette région difficile, et que ses haies d'arbres font ressembler à une vaste forêt, se nomme le *Bocage*. Dans ce département on exploite les marais salants et on élève les chevaux.

L'île d'*Yeu* et l'île de *Noirmoutier* appartiennent à ce département.

Le chef-lieu est **La Roche-sur-Yon**, les deux sous-préfectures, *Fontenay-le-Comte*, sur la Vendée, et les *Sables-d'Olonne*, port médiocre sur l'Atlantique.

Luçon est le siège d'un évêché, dont le fameux cardinal de Richelieu était titulaire vers le commencement du dix-septième siècle.

ANGOUMOIS ET SAINTONGE

Résumé historique. — L'Angoumois (d'*Inculisma*, ancien nom d'Angoulême) forma au moyen âge un comté qui fut réuni à la couronne en 1308, puis donné en apanage à la branche cadette de la maison d'Orléans. François I*er*, issu de cette branche, le réunit de nouveau au domaine royal.

La Saintonge (pays des *Santons*) dépendait au moyen âge du duché d'Aquitaine. Elle fut conquise sur les rois d'Angleterre, ducs d'Aquitaine, par Charles V.

1° Département de la Charente. — En sortant du département de la Haute-Vienne, où elle prend sa source, la *Charente* entre dans le département qui porte son nom, et qu'arrose au nord-est la *Vienne*. Traversé, à l'est, par les *collines du Limousin*, au sud, par celles *du Périgord*, que couvrent des forêts de chênes et de châtaigniers, le département de la CHARENTE, où les cultures industrielles sont peu développées, possède en revanche de belles prairies, des terrains propres à la culture des céréales, et des vignobles, dont les produits consacrés à la fabrication de l'eau-de-vie font sa principale richesse.

Le chef-lieu est **Angoulême** (37,000 hab., évêché), sur la Charente, renommé par ses papeteries; les quatre sous-préfectures sont : *Barbezieux*, centre du commerce des truffes de l'Angoumois; *Cognac*, sur la Charente, entrepôt des eaux-de-vie des deux Charentes; *Confolens*, sur la Vienne, et *Ruffec*.

Non loin d'Angoulême est située la fonderie de canons de *Ruelle*.

SAINTONGE ET AUNIS

1° Département de la Charente-Inférieure. — La vallée inférieure de la Charente est une vaste plaine sillonnée de quelques coteaux, limitée au nord par la *Sèvre*, qui la sépare de la Vendée, au sud, par la *Gironde*, que longent les collines de *Saintonge*. Les marais salants du littoral, les prairies qui occupent l'emplacement de marécages desséchés et surtout les vignes qui gagnent chaque jour du terrain, sont les principales ressources du département de la CHARENTE-INFÉRIEURE.

Les îles de *Ré*, d'*Aix* et d'*Oléron* en dépendent.

Le chef-lieu est **La Rochelle**, siège d'un évêché, ancienne capitale de l'Aunis, port autrefois rival de Nantes et de Bordeaux, mais réduit de nos jours au commerce des eaux-de-vie et aux armements pour la pêche de la morue, de la sardine et du hareng. La Rochelle fut pendant les guerres de religion la principale place forte des protestants. Prise par Richelieu, elle perdit ses privilèges et vit détruire ses fortifications. De nos jours on a établi à quelques kilomètres au nord-ouest le port de la Palice où, comme à Boulogne-sur-Mer, les navires peuvent entrer par tous les temps. Les cinq sous-préfectures sont : *Jonzac*, *Marennes*, renommé par ses huîtres et ses marais salants ; *Rochefort*, sur la Charente (35,000 hab.), port de guerre et de commerce, siège de la 4° préfecture maritime, et l'un de nos premiers chantiers de construction ; *Saintes*, sur la Charente, ancienne capitale de la Saintonge, patrie de Bernard de Palissy (seizième siècle), et *Saint-Jean d'Angély*, l'un des centres du commerce des eaux-de-vie.

Le petit port de *Royan*, à l'embouchure de la Gironde, est un port de pêche ; *Tonnay-Charente* sert de port avancé à Cognac (1).

CHAPITRE VI

VERSANT DU GOLFE DE GASCOGNE

Aspect général de la région. — Le versant du golfe de Gascogne se divise en quatre régions naturelles.

Au sud, le long des Pyrénées, dont le versant français est beaucoup moins escarpé que le versant espagnol, s'ouvrent d'étroites vallées, encaissées entre les contreforts qui s'appuient à la grande chaîne, arrosées par des torrents et de nombreuses sources thermales, et couronnées de sombres forêts d'ifs et de sapins. Au nord et à

(1) Voir le résumé et les exercices pages 219 et sqq.

GÉOGRAPHIE POLITIQUE.   207

l'est, s'élèvent en amphithéâtre jusqu'au sommet des monts du Limousin, des monts d'Auvergne et des Cévennes méridionales, des plateaux arides et pierreux, derniers gradins du plateau central, pays de landes et de pâturages, sillonné de ravins et de vallons qui seuls se prêtent à la culture. Au centre, se déploie une large et fertile vallée, celle de la Garonne, couverte de moissons, d'arbres fruitiers et d'admirables vignobles qui sont une des richesses de la France. A l'ouest enfin, sur le littoral de l'Atlantique, bordé de mornes marécages et de dunes blanches que couronnent des forêts de pins, s'étend une plaine sablonneuse, véritable steppe avec ses bruyères incultes, ses fondrières, ses troupeaux de chevaux et de moutons à demi sauvages, et sa population de bergers et de résiniers.

Climat. — Le climat girondin est plus chaud et un peu moins humide que celui de la région de la Seine et de la Loire; la température moyenne s'élève à 12 degrés 1/2; les pluies sont assez fréquentes, surtout dans la région des Pyrénées; les vents dominants sont ceux du nord-ouest, du sud-ouest, du sud et de l'ouest.

Divisions anciennes et contemporaines. — Le bassin du golfe de Gascogne (région du sud-ouest et du midi) comprend le territoire de trois de nos anciennes provinces : la *Guyenne* et la *Gascogne*, le *Béarn* et le *comté de Foix*, et une partie de trois autres : le *Limousin*, l'*Auvergne* et le *Languedoc*.

Il renferme seize départements qui représentent un quart de la superficie de la France. La Garonne traverse les départements de Haute-Garonne, de Tarn-et-Garonne, de Lot-et-Garonne et de la Gironde.

Vallée de la Garonne.

LANGUEDOC ET GASCOGNE

1° Département de Haute-Garonne (*Haut-Languedoc, Lauraguais, Comminges.*) — La *Garonne* en

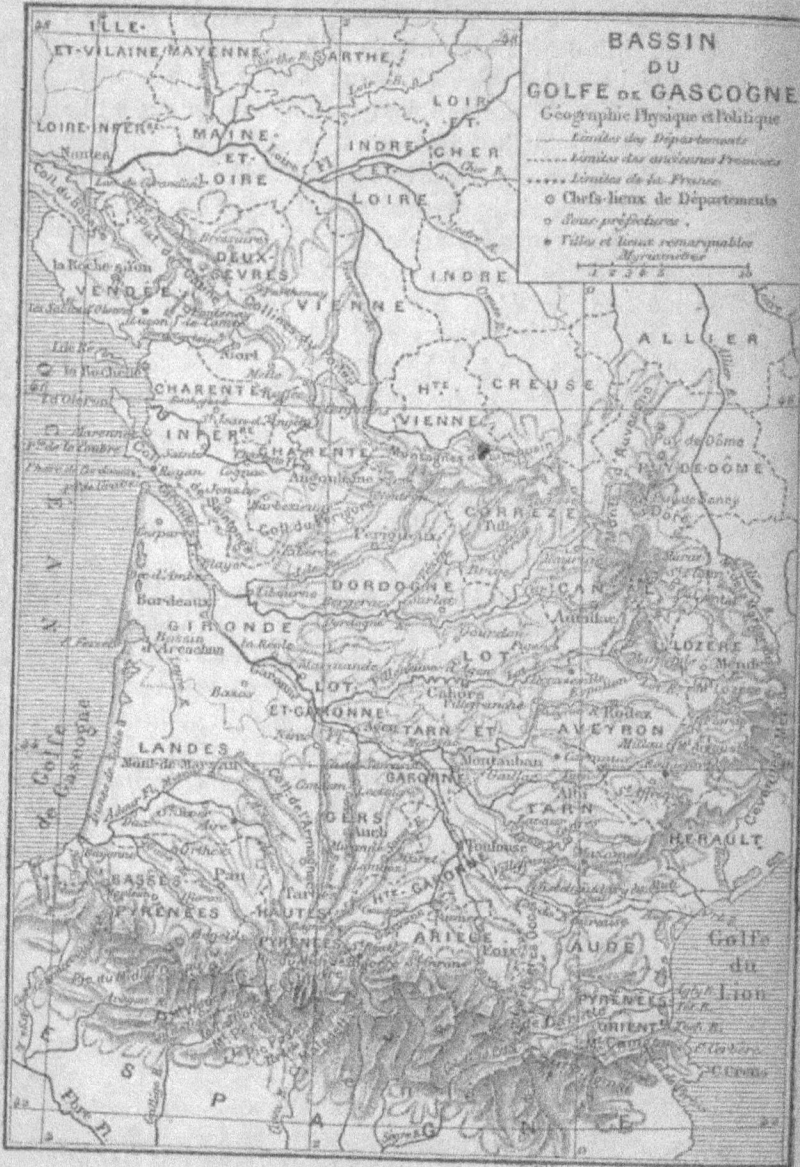

Carte XVII.

sortant du *Val d'Aran*, où elle prend sa source, franchit la frontière française et pénètre par une étroite gorge couronnée de forêts dans le département de la HAUTE-GARONNE. Dominé par les cimes neigeuses des Pyrénées qui le séparent de l'Espagne, et dont les contre-forts y dessinent de profondes et pittoresques vallées ce département offre tous les contrastes de la montagne et de la plaine, de la nature sauvage et de la nature cultivée : au sud, les forêts de sapins, les torrents, les précipices, les pâturages arides ; au nord, deux fertiles vallées, celle de l'*Ariège* et celle de la *Garonne*, avec leurs vignobles, leurs champs de blé et de lin.

Les richesses minérales sont représentées par les sources thermales de *Bagnères-de-Luchon* et les marbres blancs de *Saint-Béat*.

Le chef-lieu est **Toulouse** (150,000 hab.), sur la Garonne et sur le canal du Midi, qui unit la Garonne à la Méditerranée, au pied de coteaux escarpés sur lesquels se livra la dernière bataille de la campagne de 1814. Siège d'un archevêché, d'une académie, d'une cour d'appel, quartier général du 17e corps d'armée, ancienne capitale du Languedoc, Toulouse joint à un commerce actif de blés, de fruits et de vins, des industries assez importantes, une fonderie de canons, des minoteries, etc...

Les trois sous-préfectures sont : *Muret*, sur la Garonne (bataille de 1213), *Saint-Gaudens* (Comminges), sur un plateau qui domine la Garonne, connu par ses manufactures de faïence et de porcelaine, et *Villefranche-de-Lauraguais*, près du canal du Midi.

Saint-Béat exploite le marbre, et *Luchon* est une des villes d'eaux les plus fréquentées de la région des Pyrénées.

GUYENNE, LANGUEDOC ET GASCOGNE

RÉSUMÉ HISTORIQUE. — La Guyenne, dont le nom dérive probablement de celui d'Aquitaine, fit partie, après la chute de l'empire romain, du royaume des Visigoths, puis de l'empire des

Francs. Elle forma en 877 un duché dont la dernière héritière, Eléonore d'Aquitaine, épousa le roi de France Louis VII, puis le roi d'Angleterre Henri II. Le duché de Guyenne ne fut enlevé aux rois d'Angleterre que par Charles VII en 1453. Il comprenait les provinces de Bordelais, Agénois, Périgord, Quercy et Rouergue.

La Gascogne (pays des *Basques* ou *Vascons*) comprenait l'Armagnac, le Bigorre, le Comminge, la Chalosse, les Landes, etc. Elle forma au moyen âge un duché dépendant de l'Aquitaine, et qui fut conquis à la même époque par Charles VII. Auch était regardé comme la capitale de la Gascogne.

1° **Département de Tarn-et-Garonne**. — En sortant du département de la Haute-Garonne le fleuve entre dans celui de Tarn-et-Garonne, plateau peu élevé que sillonnent les vallées du *Tarn*, de l'*Aveyron* et de la *Garonne*, et qui produit en abondance le vin, les fruits, le blé, les légumes et le chanvre.

Le chef-lieu est **Montauban**, sur le Tarn, siège d'un évêché, et dont la principale industrie est la filature de la soie et la fabrication des tamis. Les deux sous-préfectures sont *Castelsarrasin* et *Moissac*, cette dernière sur le Tarn.

Le département de Tarn-et-Garonne est la patrie d'*Ingres*, un de nos grands peintres contemporains.

2° **Département de Lot-et-Garonne** (*Agénois*). — Le département de Lot-et-Garonne, coupé en deux par la Garonne qui y reçoit à droite le *Lot*, à gauche, le *Gers* et la *Baïse*, est, comme le précédent, un plateau stérile, marécageux et presque désert au nord et au sud, mais couvert, dans la vallée de la Garonne, de vignobles, de champs de blé, de plantations de tabac et d'arbres fruitiers, en particulier, de pruniers qui sont une des richesses de ce département (prunes et pruneaux d'Agen et de Marmande).

Le chef-lieu est **Agen**, sur la Garonne, siège d'un évêché et d'une cour d'appel; les trois sous-préfectures sont : *Marmande* sur la Garonne, *Nérac* sur la Baïse et *Villeneuve-d'Agen* sur le Lot.

La petite ville de *Tonneins* possède une manufacture de tabac.

3º Département de la Gironde (*Bordelais, Bazadais, Médoc*). — Quand elle entre dans le département de la GIRONDE, la Garonne est déjà un grand fleuve, mais à partir de son confluent avec la Dordogne, au bec d'Ambez, c'est un bras de mer large de 5 à 8 kilomètres, qui a ses marées et ses tempêtes comme l'Océan. La vallée de la *Garonne*, celle de la *Dordogne* et les bords de la Gironde, avec leurs magnifiques prairies où paissent des bœufs d'excellente race, leurs champs de blé et leurs coteaux chargés de vignobles dont les produits n'ont pas de rivaux dans le monde entier (*Crus du Médoc :* Margaux, Saint-Julien, Pauillac, Saint-Estèphe. *Crus des Graves :* Sauternes, Valence, Pessac. *Crus des Côtes :* Saint-Émilion, Fronsac), contrastent avec le littoral de l'Atlantique, pays de sables et de marécages, semé de bouquets de pins et parcouru par de maigres troupeaux de moutons.

Le chef-lieu est **Bordeaux** (257,000 hab.), sur la Garonne, l'une des plus grandes et des plus belles villes de France, siège d'un archevêché, d'une cour d'appel, d'une académie et du 18º corps d'armée, ancienne capitale de la Guyenne, notre troisième port de commerce, et le premier marché du monde pour les vins. Son industrie, moins active du reste que son commerce, est représentée par des raffineries de sucre, des fabriques de liqueurs, des chantiers de construction et des ateliers pour les machines à vapeur. Les cinq sous-préfectures sont : *Blaye*, avec une citadelle sur la rive droite de la Gironde ; *Bazas, Lesparre*, dans le Médoc ; *Libourne*, port sur la Dordogne, et *La Réole*, sur la Garonne.

On peut citer en outre *Coutras* (bataille de 1587), *Langon*, sur la Garonne, *La Teste* et *Arcachon*, ville d'hiver et station de bains de mer, sur le bassin d'Arcachon.

_{Le département de la Gironde a vu naître un des plus grands écrivains du dix-huitième siècle, *Montesquieu*.}

Affluents de droite de la Garonne.

COMTÉ DE FOIX

Résumé historique. — Le comté de Foix qui faisait partie à l'époque gauloise du pays des *Volques*, à l'époque romaine de la Narbonnaise, ne devint fief souverain qu'au onzième siècle; il passa par mariage dans la maison d'Albret, puis dans celle de Bourbon, et fut réuni à la couronne par Henri IV.

Département de l'Ariège. — Le premier affluent de droite de la Garonne, l'Ariège, donne son nom à un département que dominent au sud les *Pyrénées Centrales*, qui le séparent de l'Espagne; à l'est, la chaîne des *Corbières Occidentales*. Étroite et couronnée de forêts de sapins dans sa partie supérieure, la vallée de l'Ariège s'élargit au-dessous de Foix : les deux rives se couvrent de vignobles et de céréales, et de belles prairies succèdent aux pâturages des Pyrénées, très favorables du reste à l'éducation du mouton et même du gros bétail. L'Ariège possède quelques gisements d'ardoises, de sel gemme et de riches mines de fer qui en ont fait un de nos centres d'industrie métallurgique.

Le chef-lieu est **Foix**, sur un rocher qui domine le cours de l'Ariège; les deux sous-préfectures sont : *Pamiers* sur l'Ariège, siège d'un évêché, et *Saint-Girons*, au pied des Pyrénées.

Ax et *Ussat* possèdent des eaux minérales; *Vic-Dessos* et *Tarascon-sur-Ariège* sont des centres métallurgiques.

PROVINCE DE LANGUEDOC

1° Département de la Lozère (*Gévaudan*). — Le second affluent de droite de la Garonne, le *Tarn*, prend sa source dans le département de la Lozère, traverse ceux de l'Aveyron et du Tarn, et finit dans le Tarn-et-Garonne.

Le département de la Lozère, sillonné par les rameaux des *Cévennes* et des monts de la *Margeride*, qui se prolongent par les monts d'Auvergne, creusé par d'étroites et sauvages vallées où roulent le *Tarn*, le *Lot* et le *Gard*, couvert de forêts de sapins et d'arides pâturages, enseveli sous la neige pendant quatre mois de l'année, est un des plus pauvres de France : l'élevage du gros bétail et des moutons, l'exploitation des mines de fer et de plomb argentifère (Vialas), ne compensent pas l'insuffisance des cultures alimentaires et l'absence des cultures industrielles.

Le chef-lieu est **Mende**, sur le Lot, siège d'un évêché ; les deux sous-préfectures sont : *Florac*, sur une branche du Tarn, et *Marvejols*.

Châteauneuf-Randon a vu mourir Duguesclin (1380).

2° **Département de l'Aveyron** (*Rouergue*). — Le département de l'AVEYRON est un plateau rocailleux dominé au sud par les pentes boisées des *Cévennes méridionales*, couvert de landes et de bruyères où paissent près de 800,000 moutons, et coupé par trois vallées, où la culture des pommes de terre et des céréales occupe un assez vaste espace : celles du *Tarn*, de l'*Aveyron* et du *Lot*. En revanche, des houillères importantes (*Aubin, Decazeville*) y ont créé de grands établissements métallurgiques, et la fabrication des fameux fromages de *Roquefort* enrichit la partie la plus aride et la plus montagneuse du département.

Le chef-lieu est **Rodez**, sur l'Aveyron, siège d'un évêché ; les quatre sous-préfectures, *Espalion*, sur le Lot, *Millau*, sur le Tarn (tanneries et mégisseries), *Saint-Affrique, Villefranche*, sur l'Aveyron (tanneries et forges).

3° **Département du Tarn** (*Albigeois, Bas-Lauraguais*). — Le département du TARN est une région accidentée, sillonnée par des vallées assez profondes qu'y creusent le *Tarn* et l'*Agout*, et couverte, dans sa partie méridionale, des rameaux des *montagnes Noires*. Malgré les forêts et les terres incultes, dont la superficie est encore considérable, la récolte des céréales et des pommes de terre présente un léger excédent sur la consommation, et la vigne y est cultivée. Les houillères de *Carmaux* comptent parmi les plus riches du Midi.

Le chef-lieu est **Albi**, sur le Tarn, siège d'un archevêché, patrie du navigateur La Pérouse (dix-huitième siècle).

Les trois sous-préfectures sont : *Castres*, sur l'Agout, ville industrielle qui partage avec *Mazamet* la fabrication des draps et des flanelles; *Gaillac*, sur le Tarn, et *Lavaur*, sur l'Agout (Lauraguais).

Carmaux est le centre d'un petit bassin houiller.

PROVINCE DE GUYENNE

Département du Lot (*Quercy*). — Le troisième affluent de droite de la Garonne, le *Lot*, prend sa source dans la Lozère et traverse l'Aveyron avant de pénétrer dans le département du Lot.

Formé des derniers gradins du plateau central qui s'abaissent en amphithéâtre vers la plaine de la *Garonne*, et où la *Dordogne* et le *Lot* se sont ouvert de profondes vallées, ce département, couvert dans sa partie la plus élevée de forêts de châtaigniers et de pâturages qui nourrissent de nombreux moutons, cultive sur les terrasses inférieures le tabac, la vigne, les arbres fruitiers et les céréales. On y exploite le fer et la houille.

Le chef-lieu est **Cahors**, sur le Lot, siège d'un évêché. Les deux sous-préfectures sont : *Figeac* et *Gourdon*.

Rocamadour est un pèlerinage fréquenté.

Ce département a vu naître le poète *Clément Marot* (seizième siècle), Murat, beau-frère de Napoléon Ier et roi de Naples, l'orateur *Gambetta* et le maréchal *Canrobert* (dix-neuvième siècle).

PROVINCE D'AUVERGNE

Département du Cantal. — Le quatrième affluent de droite de la Garonne, la *Dordogne*, prend sa source dans le département du Puy-de-Dôme, longe celui du Cantal et traverse ceux de la Corrèze, du Lot et de la Dordogne, avant de se réunir à la Garonne dans celui de la Gironde.

Le département du CANTAL est un vaste massif de montagnes volcaniques, dont les cimes, le *Plomb du Cantal* et le *Puy-Violent*, sont couvertes de neiges pendant huit mois de l'année, et dont les pentes, ravinées par les torrents, ne portent que des forêts de châtaigniers, de maigres champs de seigle, des pâturages et des prairies où paissent des bœufs (race de *Salers*), et des moutons, seule richesse d'une contrée où la population, emportée par le courant de l'émigration, diminue graduellement depuis près d'un siècle.

Le chef-lieu est **Aurillac**; les trois sous-préfectures, *Mauriac*, *Murat* et *Saint-Flour*, siège d'un évêché et célèbre par ses fabriques de chaudronnerie.

Salers exporte les fromages; *Vic-sur-Cère* et *Chaudesaigues* possèdent des eaux minérales et thermales.

PROVINCE DE LIMOUSIN

Département de la Corrèze. — Le département de la CORRÈZE arrosé par la *Vienne*, qui y prend sa source, par la *Dordogne*, la *Vézère* et la *Corrèze*, est dominé, au nord, par les monts du *Limousin*, dont les pentes, couvertes de forêts de châtaigniers, de pâturages et de champs de pommes de terre, s'abaissent par degrés jusqu'aux limites des départements du Lot et de la Dordogne, où le terrain plus fertile et le climat plus doux se prêtent à la culture de la vigne et des céréales. On y exploite de riches ardoisières.

Le chef-lieu est **Tulle**, sur la Corrèze, siège d'un évêché et d'une importante manufacture d'armes. Les deux sous-préfectures sont : *Brive*, sur la Corrèze, et *Ussel*.

A *Pompadour* se trouve un important établissement des Haras.

GUYENNE

Département de la Dordogne (*Périgord*). — Le département de la DORDOGNE, traversé par les *collines du Périgord* et arrosé par la *Dordogne*, la *Vézère* et l'*Isle*, est un pays accidenté, couvert dans le nord, de châtaigniers et de noyers ; dans le sud, de céréales et de vignobles ; le second département de France pour l'élevage du porc, et le premier pour la production des truffes.

Le chef-lieu est **Périgueux**, sur l'Isle, siège d'un évêché et centre du commerce des truffes. L'église byzantine de Saint-Front est un de nos plus beaux monuments religieux. Les quatre sous-préfectures sont : *Bergerac*, sur la Dordogne ; *Nontron*, avec sa coutellerie ; *Ribérac* et *Sarlat*.

Le département de la Dordogne a vu naître *Montaigne*, l'un des créateurs de la prose française (seizième siècle), et *Fénelon* (dix-septième siècle).

Affluents de gauche de la Garonne.

PROVINCE DE GASCOGNE

1° **Département du Gers** (*Armagnac*). — Les deux plus importants affluents de gauche de la Garonne, le *Gers* et la *Baïse*, prennent leur source dans les Hautes-Pyrénées, arrosent le département du Gers et finissent dans celui de Lot-et-Garonne.

Le département du Gers, traversé par les *collines de l'Armagnac*, est un pays de coteaux et de vallées, riche en froment, en vignobles dont les produits servent à fabriquer les eaux-de-vie de l'Armagnac, en arbres fruitiers et en prairies naturelles qui nourrissent un grand nombre de chevaux, de mulets et de bestiaux.

Le chef-lieu est **Auch**, sur le Gers, siège d'un archevêché et centre du commerce des eaux-de-vie. Les quatre sous-préfectures sont : *Condom*, sur la Baïse, où Bossuet fut évêque au dix-septième siècle ; *Lectoure*, près du Gers, patrie du maréchal Lannes, un des héros de nos guerres de la Révolution et du premier Empire ; *Lombez*, sur la Save, et *Mirande*, sur la Baïse.

Vallée de l'Adour.

2° **Département des Hautes-Pyrénées** (*Bigorre*). — L'*Adour* prend sa source dans le département des HAUTES-PYRÉNÉES, au pied du pic du *Midi de Bagnères.*

Ce département se compose de cinq vallées, celles de l'*Adour* et du *Gave de Pau*, à l'ouest; celles de la *Neste*, affluent de la Garonne, du *Gers* et de la *Baïse*, à l'est. Entre la vallée de l'Adour et celle de la Neste se dressent les *monts de Bigorre* avec leurs sommets couverts de neiges pendant neuf mois de l'année, leurs flancs dépouillés et leurs pâturages où paissent des troupeaux de moutons; au midi du département s'élève la chaîne des Pyrénées, avec ses glaciers et ses cimes neigeuses, le *Vignemale*, le *Taillon*, le *mont Cylindre*, dans le versant français; le *mont Perdu* et le *pic Posets*, dans le versant espagnol. C'est là, au milieu d'un amphithéâtre de rochers sauvages, célèbre sous le nom de *Cirque de Gavarnie*, et dominé par des montagnes semblables à des tours, que se précipite, d'une hauteur de 420 mètres, le *Gave de Pau*, alimenté par les neiges éternelles des Pyrénées. L'élevage du mulet, du mouton, du gros bétail et des chevaux est la principale ressource de cette région tourmentée. On y exploite aussi les marbres et l'ardoise; et les eaux minérales de *Bagnères de Bigorre*, de *Barèges*, de *Cauterets*, comptent parmi les plus renommées de France.

Le chef-lieu est **Tarbes**, sur l'Adour, siège d'un évêché; les deux sous-préfectures, *Argelès*, près du *Gave de Pau*, et *Bagnères de Bigorre*, sur l'Adour.

La ville religieuse de *Lourdes* est située dans les Hautes-Pyrénées.

3º **Département des Landes.** — L'Adour, après avoir coupé l'extrémité méridionale du département du Gers, entre dans celui des LANDES, où il reçoit la *Midouze* et le *Gave de Pau*. Il y a peu d'années encore, les Landes étaient un désert perdu au milieu de la civilisation: des dunes stériles, des marécages, des plaines sablonneuses ou couvertes d'ajoncs, tel était l'aspect de cette terre déshéritée: les semis de pins, les canaux de dessèchement, la construction d'un réseau de routes agricoles ont changé la face du pays. Outre le bois et la résine, les Landes produisent aujourd'hui du maïs, des vignes, des chênes-liège et nourrissent de nombreux moutons. Elles ont des forges importantes à *Labouheyre*.

Le chef-lieu est **Mont-de-Marsan**, sur la Midouze; les deux sous-préfectures, *Dax*, sur l'Adour, connu par ses sources thermales, ses fabriques de bouchons et de térébenthine, et *Saint-Sever*, également sur l'Adour.

La petite ville d'*Aire* possède un évêché.

PROVINCE DE BÉARN

Résumé historique. — Le Béarn, qui doit son nom à un peuple, les *Bencharni*, devint au moyen âge un comté hérédi-

Fig. 16. — Henri IV.

taire qui appartenait à la maison d'Albret au seizième siècle. Henri IV, héritier de cette maison, le réunit à la couronne (1589).

Département des Basses-Pyrénées. — Le département des BASSES-PYRÉNÉES, baigné à l'ouest par le golfe de Gascogne, limité au nord par l'*Adour*, arrosé par le *Gave de Pau* et ses affluents, qui y tracent des vallées profondes, et séparé de l'Espagne par les Pyrénées occidentales et par le torrent de la *Bidassoa*, est un pays de montagnes, de forêts, de pâturages et de prairies, riche en moutons, en bestiaux, en chevaux, en porcs et en volailles, bien cultivé dans les parties basses, où réussissent le maïs, les légumes, la vigne et le lin. On y exploite le sel gemme, le fer, le marbre et de nombreuses sources thermales (Eaux-Bonnes, Eaux-Chaudes, Cambo).

Le chef-lieu est **Pau** (33,000 hab.), sur une hauteur que baigne le Gave, siège d'une cour d'appel, patrie du roi Henri IV et du maréchal Bernadotte, chef de la dynastie qui règne en Suède. On y fabrique des toiles.

Les quatre sous-préfectures sont : *Bayonne*, place forte et port sur l'Adour, siège d'un évêché (salaisons et jambons, fabriques de chocolat, de bouchons, de cordages); *Mauléon*, *Oloron*, sur un gave qui porte son nom, et *Orthez*, sur le gave de Pau.

Sur la côte sont situés les petits ports de *Biarritz*, de *Saint-Jean-de-Luz*, d'*Hendaye*, à l'embouchure de la Bidassoa; au pied des Pyrénées (col de *Roncevaux*), la place forte de *Saint-Jean-Pied-de-Port*.

Les *Eaux-Bonnes*, les *Eaux-Chaudes*, *Cambo* et *Salies-de-Béarn* ont des eaux thermales, minérales ou salines renommées.

RÉSUMÉ GÉNÉRAL.
Division en gouvernements de provinces et en départements.

Ancienne division de la France en gouvernements de provinces. — Avant 1790, la France se divisait administrativement en 32 gouvernements en y comprenant la Corse; cette ancienne circonscription fut remplacée, en 1790, par la division en 83 départements; en 1810, les départements étaient au nombre de 130 et il n'y en eut plus que 86 en 1815 : en 1860 ils furent portés à 89; en 1871, la perte de l'Alsace et d'une partie de la Lorraine les a réduits à 86, sans y comprendre l'arrondissement de Belfort qui continue à former une division spéciale.

TABLEAU DES DÉPARTEMENTS SUIVANT L'ORDRE DES RÉGIONS

ET CONCORDANT AVEC LES ANCIENNES PROVINCES.

DÉPARTEMENTS	CHEFS-LIEUX (1) DE DÉPARTEMENTS ET D'ARRONDISSEMENTS.
\multicolumn{2}{c}{**Région du Nord-Est.**}	
ALSACE (Province conquise par Louis XIII, arrachée à la France par la Prusse en 1871, sauf *Belfort*). Capitale STRASBOURG.	
HAUT-RHIN.	COLMAR, *Belfort, Mulhouse* sur l'*Ill*.
BAS-RHIN.	STRASBOURG sur l'*Ill*, Saverne, Schélestadt et Wissembourg ; v. pr. Haguenau.
LORRAINE, réunie à la France sous Henri II et Louis XV, en partie enlevée par la Prusse en 1871 (4 départements, dont un supprimé en 1871). Cap. NANCY.	
VOSGES	ÉPINAL sur la *Moselle*, Mirecourt, Neufchâteau sur la *Meuse*, Remiremont, Saint-Dié sur la *Meurthe*.
MEURTHE-ET-MOSELLE (avant 1871 département de la MEURTHE).	NANCY sur la *Meurthe*, Briey, Lunéville, Toul sur la *Moselle*. (Arrondissements avant 1871 : *Nancy*, Château-Salins, Lunéville, Sarrebourg et Toul.)
MOSELLE (annexé à l'Allemagne en 1871, sauf Briey).	METZ sur la *Moselle*, Briey, Sarreguemines sur la *Sarre* et Thionville sur la *Moselle*.
MEUSE.	BAR-LE-DUC, Commercy sur la *Meuse*, Montmédy, *Verdun* sur la *Meuse*.
CHAMPAGNE, réunie au domaine royal par Philippe IV (mariage) (4 départements). Cap. TROYES.	
ARDENNES.	MÉZIÈRES sur la *Meuse*, Rethel sur l'*Aisne*, Rocroi, *Sedan* sur la *Meuse* et Vouziers.
MARNE.	CHALONS-SUR-MARNE, *Épernay* sur la *Marne*, *Reims*, Sainte-Menehould sur l'*Aisne* et Vitry-le-François sur la *Marne*.
HAUTE-MARNE.	CHAUMONT, *Langres* et Vassy; v. pr. St-Dizier.
AUBE.	TROYES sur la *Seine*, Arcis-sur-Aube, Bar-sur-Aube, Bar-sur-Seine et Nogent-sur-Seine.
\multicolumn{2}{c}{**Région du Nord.**}	
FLANDRE, enlevée à l'Espagne par Louis XIV (1 département). Cap. LILLE.	
NORD.	LILLE, Avesnes, *Cambrai* sur l'*Escaut, Douai* sur la *Scarpe*, affluent de l'*Escaut*, Hazebrouck, *Dunkerque, Valenciennes* sur l'*Escaut*; v. pr. *Roubaix, Tourcoing*, Maubeuge.

(1) Les noms des chefs-lieux de départements sont écrits en PETITES MAJUSCULES ; ceux des chefs-lieux d'arrondissements importants ou des grandes villes en *italiques*, ainsi que les noms des cours d'eau.

DÉPARTEMENTS (ANCIENS NOMS DE PAYS).	CHEFS-LIEUX DE DÉPARTEMENTS ET D'ARRONDISSEMENTS.

ARTOIS, enlevé à l'Espagne par Louis XIII (1 département). Cap. ARRAS.

PAS-DE-CALAIS.	ARRAS sur la *Scarpe*, Béthune, *Boulogne*, Montreuil, Saint-Omer et Saint-Pol; v. pr. : *Calais*.

PICARDIE, réunie définitivement par Louis XI (1 département). Cap. AMIENS.

SOMME.	AMIENS sur la *Somme*, Abbeville sur la *Somme*, Doullens, Montdidier, *Péronne* sur la *Somme*.

Région du Nord-Ouest.

ILE-DE-FRANCE, domaine des Capétiens (5 départements). Cap. PARIS.

AISNE (*Vermandois*).	LAON; Château-Thierry sur la *Marne*, Saint-Quentin sur la *Somme*, Soissons sur l'*Aisne* et Vervins.
OISE (*Valois, Beauvaisis*).	BEAUVAIS, Clermont, *Compiègne* sur l'*Oise* et Senlis.
SEINE-ET-OISE.	VERSAILLES, Corbeil sur la *Seine*, Étampes, Mantes sur la *Seine*, Pontoise sur l'*Oise* et Rambouillet.
SEINE-ET-MARNE (*Brie*).	MELUN sur la *Seine*, Coulommiers, *Fontainebleau*, Meaux sur la *Marne* et Provins.
SEINE.	PARIS sur la *Seine*; v. pr. *Saint-Denis* et Sceaux.

NORMANDIE, conquise par Philippe II sur les rois d'Angleterre (5 départements). Cap. ROUEN.

EURE.	ÉVREUX, Les Andelys, Bernay, *Louviers* sur l'*Eure* et Pont-Audemer.
SEINE-INFÉRIEURE.	ROUEN sur la *Seine*, Dieppe, *Le Havre*, Neufchâtel et Yvetot ; v. pr. Elbeuf.
CALVADOS.	CAEN sur l'*Orne*, Bayeux, Falaise, *Lisieux*, Pont-l'Évêque et Vire; v. pr. Honfleur.
ORNE (*Perche*).	ALENÇON sur la *Sarthe*, Argentan sur l'*Orne*, Domfront et Mortagne.
MANCHE (*Cotentin*).	SAINT-LÔ, Avranches, *Cherbourg*, Coutances, Mortain et Valognes; v. pr. Granville.

Région de l'Ouest.

BRETAGNE, réunie au domaine royal par François Ier (mariage et héritage) (5 départements). Cap. RENNES.

CÔTES-DU-NORD.	SAINT-BRIEUC, Dinan sur la *Rance*, Guingamp, Lannion et Loudéac.

DÉPARTEMENTS (ANCIENS NOMS DE PAYS).	CHEFS-LIEUX DE DÉPARTEMENTS ET D'ARRONDISSEMENTS.
BRETAGNE (*Suite*).	
ILLE-ET-VILAINE.	Rennes sur la *Vilaine*, Fougères, Montfort, Redon sur la *Vilaine*, Saint-Malo sur la *Rance* et Vitré.
FINISTÈRE.	Quimper, *Brest*, Châteaulin, *Morlaix* et Quimperlé.
MORBIHAN.	Vannes, *Lorient*, Pontivy et Ploërmel.
LOIRE-INFÉRIEURE.	Nantes sur la *Loire*, Ancenis sur la *Loire*, Châteaubriant, Paimbœuf et *Saint-Nazaire* sur la *Loire*.
MAINE, conquis par Philippe II, réuni définitivement par Louis XI (héritage) (2 départements). Cap. Le Mans.	
SARTHE.	Le Mans sur la *Sarthe*, La Flèche sur le *Loir*, Mamers et Saint-Calais.
MAYENNE.	Laval, Château-Gontier et Mayenne sur la *Mayenne*.
ANJOU, conquis par Philippe II, réuni définitivement par Louis XI (héritage) (1 département). Cap. Angers.	
MAINE-ET-LOIRE.	Angers sur la *Maine*, Baugé, *Cholet*, Saumur sur la *Loire* et Segré.
POITOU, conquis par Philippe II sur les rois d'Angleterre (3 départements). Cap. Poitiers.	
VIENNE.	Poitiers, *Châtellerault* sur la *Vienne*, Civray sur la *Charente*, Loudun et Montmorillon.
DEUX-SÈVRES.	Niort sur la *Sèvre*, Bressuire, Melle et Parthenay.
VENDÉE (*Le Marais*, *Le Bocage*).	La Roche-sur-Yon, Fontenay-le-Comte sur la *Vendée*, les Sables-d'Olonne ; v. pr. Luçon.
ANGOUMOIS, conquis par Charles V sur les Anglais (1 département). Cap. Angoulême.	
CHARENTE.	Angoulême sur la *Charente*, Barbezieux, Cognac sur la *Charente*, Confolens sur la *Vienne* et Ruffec.
AUNIS ET SAINTONGE, conquis par Charles V sur les Anglais (1 département). Cap. La Rochelle et Saintes.	
CHARENTE-INFÉRIEURE	La Rochelle, Jonzac, Marennes, *Rochefort* et *Saintes* sur la *Charente*, Saint-Jean-d'Angély.

DÉPARTEMENTS (ANCIENS NOMS DE PAYS).	CHEFS-LIEUX DE DÉPARTEMENTS ET D'ARRONDISSEMENTS.

Région du Sud-Ouest.

GUYENNE ET GASCOGNE, conquises par Charles VII sur les Anglais (9 départements). Cap. BORDEAUX.

GIRONDE (*Bordelais*).	BORDEAUX sur la *Garonne*, Bazas, Blaye sur la *Gironde*, Lesparre, Libourne sur la *Dordogne* et *La Réole* sur la *Garonne*.
DORDOGNE (*Périgord*).	PÉRIGUEUX sur l'*Isle*, Bergerac sur la *Dordogne*, Nontron, Ribérac et Sarlat.
LOT (*Quercy*).	CAHORS sur le *Lot*, Figeac et Gourdon.
AVEYRON (*Rouergue*).	RODEZ sur l'*Aveyron*, Espalion sur le *Lot*, Millau sur le *Tarn*, Saint-Affrique, Villefranche sur l'*Aveyron*.
TARN-ET-GARONNE.	MONTAUBAN sur le *Tarn*, Castelsarrasin, Moissac sur le *Tarn*.
LOT-ET-GARONNE (*Agénois*).	AGEN sur la *Garonne*, Marmande, Nérac sur la *Baïse* et Villeneuve-sur-Lot.
LANDES.	MONT-DE-MARSAN, *Dax* et Saint-Sever sur l'*Adour* ; v. pr. Aire.
GERS (*Armagnac*).	AUCH sur le *Gers*, Condom sur la *Baïse*, Lectoure, Lombez et Mirande.
HAUTES-PYRÉNÉES (*Bigorre*).	TARBES sur l'*Adour*, Argelès et *Bagnères*.

BÉARN, domaine personnel du roi Henri IV (1 département). Cap. PAU.

BASSES-PYRÉNÉES (*Navarre et Béarn*).	PAU, *Bayonne* sur l'*Adour*, Mauléon, Oloron et Orthez.

Région du Midi.

COMTÉ DE FOIX, domaine personnel d'Henri IV (1 département). Cap. FOIX.

ARIÈGE.	FOIX sur l'*Ariège*, Pamiers et Saint-Girons.

ROUSSILLON, conquis par Louis XIII sur les Espagnols (1 département). Cap. PERPIGNAN.

PYRÉNÉES-ORIENTALES	PERPIGNAN, Céret et Prades ; v. pr. Port-Vendres.

LANGUEDOC, en partie conquis sous Louis VIII, en partie réuni par héritage sous Philippe III (8 départements). Cap. TOULOUSE.

HAUTE-GARONNE.	TOULOUSE, Muret et Saint-Gaudens sur la *Garonne*, Villefranche.
AUDE.	CARCASSONNE sur l'*Aude*, Castelnaudary, Limoux sur l'*Aude* et *Narbonne*.

DÉPARTEMENTS (ANCIENS NOMS DE PAYS)	CHEFS-LIEUX DE DÉPARTEMENTS ET D'ARRONDISSEMENTS

LANGUEDOC (Suite).

TARN (*Albigeois*).	ALBI sur le *Tarn*, *Castres*, Gaillac et Lavaur.
HÉRAULT.	MONTPELLIER, *Béziers*, Lodève et Saint-Pons ; v. pr. *Cette*.
GARD.	NIMES, *Alais* sur le *Gard*, Uzès et le Vigan; v. pr. *Beaucaire*.
LOZÈRE (*Gévaudan*).	MENDE sur le *Lot*, Florac et Marvejols.
ARDÈCHE (*Vivarais*).	PRIVAS, Largentière, Tournon sur le *Rhône* ; v. pr. : *Annonay* et *Aubenas*.
HAUTE-LOIRE (*Velay*).	LE PUY, Brioude sur l'*Allier* et Yssingeaux.

Région du Sud-Est.

CORSE, conquise sous Louis XV (1 département). Cap. BASTIA.

CORSE.	AJACCIO, *Bastia*, Calvi, Corté et Sartène.

COMTÉ DE NICE, réuni en 1860 (1 département). Cap. NICE.

ALPES-MARITIMES.	NICE, *Grasse* et Puget Théniers ; v. p. : Antibes et Cannes.

PROVENCE, réunie par Louis XI (héritage) (3 départements). Cap. AIX.

BASSES-ALPES.	DIGNE, Barcelonnette, Castellane, Forcalquier, Sisteron sur la *Durance*.
VAR.	DRAGUIGNAN, Brignoles et *Toulon* ; v. pr. : Fréjus, Hyères.
BOUCHES-DU-RHONE.	MARSEILLE, *Aix*, Arles sur le *Rhône* ; v. pr. Tarascon.

COMTAT VENAISSIN et **COMTAT D'AVIGNON**, enlevés aux papes en 1791 (1 département). Cap. AVIGNON.

VAUCLUSE.	AVIGNON sur le *Rhône*, Apt, Carpentras et Orange.

DAUPHINÉ, acheté par Philippe VI (3 départements). Cap. GRENOBLE.

ISÈRE.	GRENOBLE sur l'*Isère*, La Tour-du-Pin, Saint-Marcellin, *Vienne* sur le *Rhône*.
HAUTES-ALPES.	GAP, Briançon et Embrun sur la *Durance*.
DROME.	VALENCE sur le *Rhône*, Die sur la *Drôme*, Montélimar et Nyons.

Région de l'Est.

SAVOIE, réunie en 1860 (2 départements). Cap. CHAMBÉRY.

HAUTE-SAVOIE.	ANNECY, Bonneville, Saint-Julien et Thonon.
SAVOIE.	CHAMBÉRY, Albertville, Moutiers sur l'*Isère* et Saint-Jean-de-Maurienne ; v. pr. Aix-les-Bains.

DÉPARTEMENTS (ANCIENS NOMS DE PAYS).	CHEFS-LIEUX DE DÉPARTEMENTS ET D'ARRONDISSEMENTS.
LYONNAIS, réuni au domaine royal sous Philippe IV et sous François Ier (2 départements). Cap. LYON.	
LOIRE (*Forez*).	SAINT-ÉTIENNE, Montbrison, *Roanne sur la Loire*; v. pr. *Rive-de-Gier*.
RHONE (*Lyonnais, Beaujolais*).	LYON sur le *Rhône*, Villefranche; v. pr. *Tarare*.
BOURGOGNE, conquise en partie par Louis XI, en partie par Henri IV (4 départements). Cap. DIJON.	
YONNE (*Basse-Bourgogne*).	AUXERRE sur l'*Yonne*, Avallon, Joigny et Sens sur l'*Yonne*, Tonnerre.
COTE-D'OR (*Haute-Bourgogne*).	DIJON, Beaune, Châtillon-sur-Seine et Semur.
SAONE-ET-LOIRE (*Mâconnais, Charolais*).	MACON sur la *Saône*, Autun, Châlon-sur-*Saône*, Charolles et Louhans; v. pr. *Le Creusot*.
AIN (*Bresse, Bugey, Dombes*).	BOURG, Belley, Gex, Nantua, Trévoux sur la *Saône*.
FRANCHE-COMTÉ, conquise sur les Espagnols par Louis XIV (3 départements). Cap. BESANÇON.	
HAUTE-SAONE.	VESOUL, Gray sur la *Saône* et Lure.
DOUBS.	BESANÇON sur le *Doubs*, Baume-les-Dames sur le *Doubs*, Montbéliard, Pontarlier sur le *Doubs*.
JURA.	LONS-LE-SAUNIER, *Dole* sur le *Doubs*, Poligny et Saint-Claude.

Région du Centre.

NIVERNAIS, réuni en 1789 (1 département). Cap. NEVERS.	
NIÈVRE (*Morvan*).	NEVERS sur la *Loire*, Château-Chinon, Clamecy sur l'*Yonne*, Cosne sur la *Loire*.
BOURBONNAIS, confisqué par François Ier (1 département) Cap. MOULINS.	
ALLIER.	MOULINS sur l'*Allier*, Gannat, La Palisse, Montluçon sur le *Cher*; v. pr. *Vichy*.
BERRY, acheté par Philippe Ier (2 départements). Cap. BOURGES.	
INDRE (*Brenne*).	CHATEAUROUX sur l'*Indre*, Le Blanc sur la *Creuse*, La Châtre sur l'*Indre* et Issoudun.
CHER.	BOURGES, Sancerre, Saint-Amand sur le *Cher*.
ORLÉANAIS, domaine de Hugues Capet. (3 départements). Cap. ORLÉANS.	
LOIR-ET-CHER (*Sologne, Blaisois, Vendômois*).	BLOIS sur la *Loire*, Romorantin, *Vendôme* sur le *Loir*.

DÉPARTEMENTS (ANCIENS NOMS DE PAYS).	CHEFS-LIEUX DE DÉPARTEMENTS ET D'ARRONDISSEMENTS.
ORLÉANAIS (Suite).	
LOIRET (*Orléanais, Sologne, Gâtinais*).	ORLÉANS sur la *Loire*, Gien sur la *Loire*, Montargis et Pithiviers ; v. pr. Briare.
EURE-ET-LOIR (*Beauce et Perche*).	CHARTRES sur l'*Eure*, Châteaudun sur le *Loir*, Dreux et Nogent-le-Rotrou.
TOURAINE, enlevée par Philippe-Auguste aux rois d'Angleterre (1 département). Cap. TOURS.	
INDRE-ET-LOIRE (*Touraine et Brenne*).	TOURS sur la *Loire*, Chinon sur la *Vienne*, Loches sur l'*Indre* ; v. pr. Amboise.
MARCHE, confisquée par François Ier (1 département).	
CREUSE.	GUÉRET, Aubusson, Bourganeuf et Boussac.
LIMOUSIN, conquis sur les Anglais par Charles V (2 départements). Cap. LIMOGES.	
CORRÈZE.	TULLE sur la *Corrèze*, Brive sur la *Corrèze* et Ussel.
HAUTE-VIENNE.	LIMOGES sur la *Vienne*, Bellac, Rochechouart et Saint-Yrieix.
AUVERGNE, confisquée par François Ier (2 départements). Cap. CLERMONT.	
CANTAL.	AURILLAC, Mauriac, Murat et Saint-Flour.
PUY-DE-DOME (*Limagne*).	CLERMONT, Ambert, Issoire, Riom et *Thiers*.

TROISIÈME PARTIE
Notions de géographie administrative et économique

CHAPITRE I
LA POPULATION. NOTIONS DE GÉOGRAPHIE ADMINISTRATIVE.

I

Population de la France; *ses éléments.* — La nation française s'est formée lentement du mélange de races nombreuses qui se sont succédé sur notre sol.

Les deux plus anciennes sont les Ibères et les Ligures qui ont habité, les premiers, la vallée de la Garonne et le Roussillon, les seconds, la Provence.

Les colons phéniciens et grecs ont surtout fondé des comptoirs sur le littoral de la Méditerranée.

Les Celtes ou Gaulois qui, venus d'Asie, avaient occupé toute la Gaule, furent soumis et refoulés dans la Bretagne, par les Romains qui, devenus maîtres de la Gaule, lui imposèrent leur langue, leur religion, leur civilisation et leurs mœurs.

Pendant les invasions barbares, les Burgondes, les Visigoths pénétrèrent en Gaule; mais tous les États fondés par eux furent conquis par les Francs, populations germaniques qui subirent l'influence supérieure de la civilisation romaine.

Les Arabes, au huitième siècle, et les Northmans, à partir du neuvième, apportèrent de nouveaux éléments à la nationalité française.

Le travail d'unification des diverses contrées de la France et de fusion entre les diverses races qui les ont occupées a été l'œuvre de la monarchie française et constitue l'histoire même de notre pays.

Le recensement de 1896 (1). — La population de

(1) La publication encore incomplète des résultats du recensement de 1901 nous oblige à ajourner ces résultats à la prochaine édition.

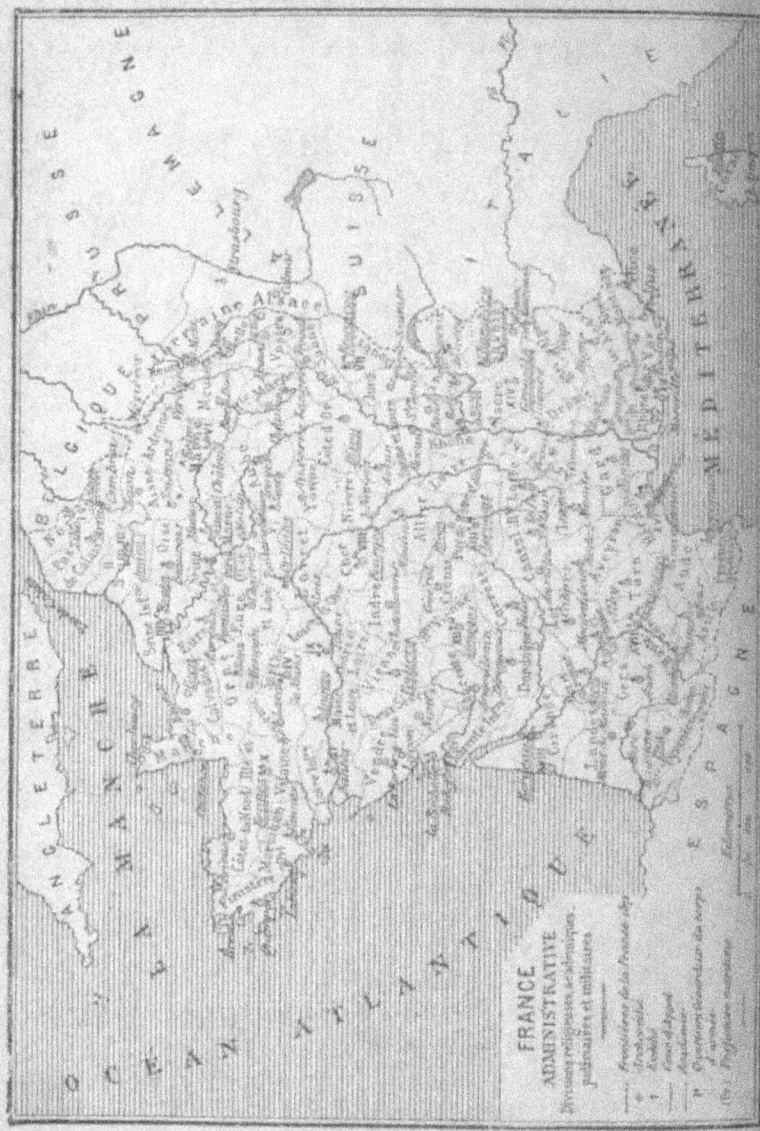

Carte XVIII.

la France qui n'était guère que de 12 millions d'habitants en 1610, de 25 à 26 millions en 1789, était, à la veille de la désastreuse guerre de 1870, d'un peu plus de 38 millions d'habitants.

Elle perdit par cette guerre 1,900,000 habitants, soit par l'excédent des décès sur les naissances, soit par la cession de l'Alsace-Lorraine à l'Allemagne.

Réduite à 36,100,000 habitants, la population ne s'est accrue depuis qu'avec une extrême lenteur. Elle était en 1881, de 37,600,000 habitants; en 1891, de 38,343,192 et enfin en 1896, de 38,517,975 habitants; l'augmentation annuelle n'est en moyenne que de 35,000 habitants.

Loin de provenir de la mortalité dont la moyenne en France est assez faible, ou de l'émigration qui est peu développée, la faible augmentation de la population tient surtout au chiffre des naissances qui, en France, est inférieur à la moyenne de la natalité dans tous les pays de l'Europe.

Comme population absolue, la France est inférieure à la Russie, à l'Allemagne, à l'Autriche-Hongrie. Au point de vue de la densité de population (72 hab. par kilomètre carré), la France ne vient en Europe qu'après la Belgique, la Hollande, les Iles-Britanniques, l'Italie et l'Allemagne.

Parmi les régions les plus peuplées de France, on peut citer Paris et sa banlieue, la région du Nord, la contrée située entre Lyon et Saint-Étienne, les côtes de Bretagne et celles de Provence.

Les régions montagneuses, la Sologne, les Landes, la Camargue, la Champagne Pouilleuse et la Corse sont les parties les moins peuplées.

Les départements dont la population présente une grande densité sont : la Seine, le Nord, le Pas-de-Calais, la Seine-Inférieure, le Rhône et la Gironde.

Les moins peuplés sont : les Hautes-Alpes, les Basses-Alpes, la Lozère, le Tarn-et-Garonne et les Pyrénées-Orientales.

Enfin les six premières villes de France sont : Paris (2,512 000 hab.), Lyon (467,000 hab.), Marseille (440,000 hab.) (1), Bordeaux (257,000 hab.), Lille (215,000 hab.) et Toulouse (150,000 hab.).

Langues. — Sauf la basse Bretagne où subsistent les vestiges de l'ancienne langue celtique, et la Navarre française où les Basques ont conservé leur dialecte national, la seule langue parlée aujourd'hui en France est le français; mais dans un grand nombre de provinces existent encore des *patois*, qui sont les débris des dialectes parlés au moyen âge et les témoignages des transformations que la langue a subies pour arriver à sa forme moderne.

II
Géographie administrative.

Gouvernement. — Le gouvernement de la France est une république où le pouvoir exécutif appartient à un *Président*, nommé par les deux *Assemblées*, et à des *Ministres* choisis par le Président et responsables de leurs actes; le pouvoir législatif, à un *Sénat* et à une *Chambre des Députés*, élue par le suffrage universel.

Divisions administratives. — La France est divisée en 86 *départements*, plus le territoire de Belfort (2), administrés par autant de préfets et par des *conseils généraux*, élus par le suffrage universel des électeurs du département. Les départements sont subdivisés en *arrondissements*, administrés par des sous-préfets et par des *conseils d'arrondissement*; les arrondissements en *cantons* et les cantons en *communes*, administrées par des maires et par des *conseils municipaux*, choisis par les électeurs de la commune.

Divisions financières. — Les impôts sont destinés à acquitter les dépenses publiques, qui s'élèvent à plus de 3 milliards et demi par an et comprennent l'entretien de toutes les grandes administrations, de l'armée, de la marine, les travaux d'utilité publique, et le service

(1) D'après le recensement de 1901, Marseille est devenue par sa population la seconde ville de France, devançant ainsi Lyon.
(2) L'arrondissement de Belfort est considéré comme formant une division indépendante des départements voisins.

des intérêts de la dette de l'État, c'est-à-dire des emprunts faits aux particuliers pour couvrir certaines dépenses extraordinaires. Le capital de la dette consolidée, c'est-à-dire de celle dont le remboursement n'est pas exigible, atteint 30 milliards.

Les *impôts ou contributions directes*, l'impôt foncier, qui a pour base le revenu des propriétés bâties ou non bâties, l'impôt mobilier, qui a pour base la valeur des loyers, l'impôt des portes et fenêtres, celui des patentes, qui pèse sur les diverses catégories d'industries ou de commerces, sont perçus par un *Trésorier-payeur général*, résidant au chef-lieu de chaque département, et par des *receveurs particuliers* (un par arrondissement), et des *percepteurs* (un au moins par canton).

Les *impôts indirects*, droits sur les boissons, les tabacs, le sel, la poudre, l'enregistrement des actes de vente, de succession, le papier timbré, les marchandises à leur entrée en France, etc..., sont perçus par des administrations spéciales (*timbre, enregistrement, douanes*, etc.), réunies sous le nom d'administration des *contributions indirectes*.

Divisions judiciaires. — Il existe dans chaque canton une *justice de paix*, dans chaque arrondissement un tribunal de *première instance*, qui juge les affaires civiles ou les délits correctionnels. Les *cours d'assises*, chargées de juger les affaires criminelles, et où le droit de prononcer sur la culpabilité de l'accusé est réservé au *jury*, composé de citoyens tirés au sort sur des listes dressées à cet effet, ne sont pas permanentes et se réunissent ordinairement au chef-lieu du département. Vingt-six *cours d'appel* sont chargées de juger les appels des tribunaux de première instance, et la *cour de cassation*, résidant à Paris, veille à ce que les arrêts ne contiennent rien de contraire aux lois. Dans beaucoup de villes, les affaires commerciales sont jugées par des *tribunaux de commerce*, composés de négociants élus.

TABLEAU DES VINGT-SIX COURS D'APPEL.

COURS	DÉPARTEMENTS DE LEUR RESSORT.
Agen.	Gers, Lot, Lot-et-Garonne.
Aix.	Alpes-Maritimes, Basses-Alpes, Bouches-du-Rhône, Var.
Amiens.	Aisne, Oise, Somme.
Angers.	Maine-et-Loire, Mayenne, Sarthe.
Bastia.	Corse.
Besançon.	Doubs, Jura, Haute-Saône, Belfort.
Bordeaux.	Charente, Dordogne, Gironde.
Bourges.	Cher, Indre, Nièvre.
Caen.	Calvados, Manche, Orne.
Chambéry.	Savoie, Haute-Savoie.
Dijon.	Côte-d'Or, Haute-Marne, Saône-et-Loire.
Douai.	Nord, Pas-de-Calais.
Grenoble.	Hautes-Alpes, Drôme, Isère.
Limoges.	Corrèze, Creuse, Haute-Vienne.
Lyon.	Ain, Loire, Rhône.
Montpellier.	Aude, Aveyron, Hérault, Pyrénées-Orientales.
Nancy.	Ardennes, Meurthe-et-Moselle, Meuse, Vosges.
Nimes.	Ardèche, Gard, Lozère, Vaucluse.
Orléans.	Indre-et-Loire, Loir-et-Cher, Loiret.
Paris.	Aube, Eure-et-Loir, Marne, Seine, Seine-et-Marne, Seine-et-Oise, Yonne.
Pau.	Landes, Basses et Hautes-Pyrénées.
Poitiers.	Charente-Inférieure, Deux-Sèvres, Vendée, Vienne.
Rennes.	Côtes-du-Nord, Finistère, Ille-et-Vilaine, Loire-Inférieure, Morbihan.
Riom.	Allier, Cantal, Haute-Loire, Puy-de-Dôme.
Rouen.	Eure, Seine-Inférieure.
Toulouse.	Ariège, Haute-Garonne, Tarn, Tarn-et-Garonne.

Instruction publique. — La France est divisée au point de vue de l'instruction publique en 16 *académies* administrées par des recteurs, qu'assistent des inspecteurs d'académie résidant au chef-lieu de chaque département.

L'*instruction primaire* est donnée dans les écoles publiques et dans les écoles libres, qui comptent ensemble plus de 7 millions d'élèves.

La moyenne des illettrés est de 12 pour 100.

L'*instruction secondaire* est donnée dans les lycées de

l'État (France et Algérie), dans les collèges municipaux et dans de nombreux établissements ou cours libres.

L'*enseignement supérieur* est donné dans les Facultés des lettres et des sciences, de droit, de médecine, de théologie et dans les écoles spéciales.

TABLEAU DES SEIZE ACADÉMIES.

CHEFS-LIEUX DES ACADÉMIES.	DÉPARTEMENTS COMPRIS DANS LEUR RESSORT
1. Aix.	Alpes-Maritimes, Basses-Alpes, Bouches-du-Rhône, Corse, Var, Vaucluse.
2. Besançon.	Doubs, Jura, Haute-Saône, Belfort.
3. Bordeaux.	Dordogne, Gironde, Landes, Lot-et-Garonne, Basses-Pyrénées.
4. Caen.	Calvados, Eure, Manche, Orne, Sarthe, Seine-Inférieure.
5. Chambéry.	Savoie, Haute-Savoie.
6. Clermont.	Allier, Cantal, Corrèze, Creuse, Haute-Loire, Puy-de-Dôme.
7. Dijon.	Aube, Côte-d'Or, Haute-Marne, Nièvre, Yonne.
8. Douai.	Aisne, Ardennes, Nord, Pas-de-Calais, Somme.
9. Grenoble.	Hautes-Alpes, Ardèche, Drôme, Isère.
10. Lyon.	Ain, Loire, Rhône, Saône-et-Loire.
11. Montpellier.	Aude, Gard, Hérault, Lozère, Pyrénées-Orientales.
12. Nancy.	Meuse, Meurthe-et-Moselle, Vosges.
13. Paris.	Cher, Eure-et-Loir, Loir-et-Cher, Loiret, Marne, Oise, Seine, Seine-et-Marne, Seine-et-Oise.
14. Poitiers.	Charente, Charente-Inférieure, Indre, Indre-et-Loire, Deux-Sèvres, Vendée, Vienne, Haute-Vienne.
15. Rennes.	Côtes-du-Nord, Finistère, Ille-et-Vilaine, Loire-Inférieure, Maine-et-Loire, Mayenne, Morbihan.
16. Toulouse.	Ariège, Aveyron, Haute-Garonne, Gers, Lot, Hautes-Pyrénées, Tarn, Tarn-et-Garonne.

Divisions religieuses. — Tous les cultes peuvent être librement exercés en France. Le *catholicisme*, le *luthéranisme*, le *calvinisme* et la religion *israélite* sont formellement reconnus, et leurs ministres sont rétribués par l'État.

La France catholique est divisée en 84 diocèses, dont 17 archevêchés et 67 évêchés.

ARCHEVÊCHÉS ET ÉVÊCHÉS SUFFRAGANTS.

ARCHEVÊCHÉS	ÉVÊCHÉS SUFFRAGANTS
1. Paris.	Meaux, Versailles, Chartres, Orléans, Blois.
2. Lyon.	Langres, Dijon, Autun, Saint-Claude, Grenoble.
3. Rouen.	Evreux, Bayeux, Coutances, Séez.
4. Sens.	Troyes, Nevers, Moulins.
5. Reims.	Amiens, Beauvais, Soissons, Châlons.
6. Tours.	Le Mans, Laval, Nantes, Angers.
7. Bourges.	Limoges, Clermont-Ferrand, Tulle, Saint-Flour, Le Puy.
8. Albi.	Mende, Rodez, Cahors, Perpignan.
9. Bordeaux.	Luçon, Poitiers, La Rochelle, Angoulême, Périgueux, Agen.
10. Auch.	Tarbes, Aire, Bayonne.
11. Toulouse.	Montauban, Carcassonne, Pamiers.
12. Aix.	Gap, Digne, Marseille, Fréjus, Ajaccio, Nice.
13. Besançon.	Verdun, Nancy, Saint-Dié, Belley.
14. Avignon.	Valence, Viviers, Nîmes, Montpellier.
15. Cambrai.	Arras.
16. Rennes.	Quimper, Vannes, Saint-Brieuc.
17. Chambéry.	Annecy, Moutiers, Saint-Jean-de-Maurienne.

Divisions militaires. — La France avec l'Algérie est divisée en 20 circonscriptions de corps d'armée dont chacune comprend des subdivisions, pour le recrutement de l'armée.

Le service militaire est obligatoire pour tous les Français de 20 à 45 ans. Le service est de 3 ans dans l'armée active, de 10 ans dans la réserve et de 12 ans dans l'armée territoriale. L'*armée active*, sa réserve et l'*armée territoriale* peuvent, en temps de guerre, fournir un effectif total de 3,800,000 hommes.

NOTIONS DE GÉOGRAPHIE ADMINISTRATIVE.

TABLEAU DES DIVISIONS MILITAIRES.

1. LILLE.
2. AMIENS.
3. ROUEN.
4. LE MANS.
5. ORLÉANS.
6. CHALONS-SUR-MARNE.
7. BESANÇON.
8. BOURGES.
9. TOURS.
10. RENNES.
11. NANTES.
12. LIMOGES.
13. CLERMONT-FERRAND.
14. LYON.
15. MARSEILLE.
16. MONTPELLIER.
17. TOULOUSE.
18. BORDEAUX.
19. ALGER.
20. NANCY.

Divisions maritimes. — Le littoral de la France est divisé en 5 préfectures maritimes dont les chefs-lieux sont : *Cherbourg*, *Brest*, *Lorient*, *Rochefort* et *Toulon*, nos cinq grands ports militaires.

Le personnel de la flotte se recrute par les enrôlements volontaires et l'inscription maritime, qui astreint à un certain temps de service sur les navires de l'État tout matelot ou pêcheur du littoral.

La marine militaire de la France compte, avec les torpilleurs, 378 bâtiments à vapeur, dont 56 cuirassés.

Colonies de la France.

Les principales colonies françaises sont :

1° En Afrique, l'**Algérie**, à peu près aussi grande que la France et divisée en trois provinces qui ont pour chefs-lieux : *Alger*, *Oran* et *Constantine* (4,429,000 hab.). La **Tunisie** est sous notre protectorat depuis 1881.

Le *Sénégal*, capitale Saint-Louis, et le Soudan français avec les territoires du *Sahara central* entre l'Algérie et la Tunisie d'une part, le *Niger* et le *lac Tchad* de l'autre.

Les comptoirs des côtes de Guinée, et les territoires du *Gabon*, de l'*Ogooué*, du *Congo*, de l'*Oubangui* et du *lac Tchad*.

L'île de la *Réunion* ou Bourbon, capitale Saint-Denis. Les îles *Sainte-Marie-de-Madagascar*, *Mayotte*, *Nossi-*

Bé, de *Madagascar*, le protectorat des *Comores* et la colonie d'*Obock*.

2° En Asie, les comptoirs de *Pondichéry*, *Chandernagor*, *Mahé*, etc., aux Indes.

Les six provinces de la *Basse-Cochinchine*, capitale Saïgon, et le *Ton-Kin*, capitale Ha-noï. Le *Cambodge*, l'*Annam* sont sous notre protectorat.

3° En Océanie, la *Nouvelle-Calédonie*, l'île de *Taïti* et ses dépendances et les îles *Marquises*.

4° En Amérique, les petites îles de *Saint-Pierre* et *Miquelon* (Amérique du Nord); les îles de la *Guadeloupe*, cap. Basse-Terre; de la *Martinique*, cap. Fort-de-France; la *Désirade*, *Marie-Galante*, les *Saintes*, *Saint-Barthélemy* et une partie de *Saint-Martin*, aux Antilles, et la *Guyane française*, cap. Cayenne (Amérique du Sud).

La population totale des colonies françaises est d'environ 35 millions d'habitants.

RÉSUMÉ

La *population* est de 38,517,975 habitants; 72 par kil. car.

Gouvernement. — La France est une république; le pouvoir exécutif appartient à un *président* nommé pour sept ans et à des *ministres* responsables, et le pouvoir législatif à un *Sénat* et à une *Assemblée* nommée par le suffrage universel.

Divisions administratives. — La France est divisée en *départements* administrés par des *préfets* et par des *conseils généraux* élus ; le département se subdivise en *arrondissements* administrés par des *sous-préfets* et des *conseils d'arrondissement*, l'arrondissement en *cantons*, le canton en *communes* administrées par des *maires* et des *conseils municipaux*.

Divisions financières. — Les impôts directs sont perçus par des *trésoriers-payeurs généraux* (1 par département), des *receveurs particuliers* (1 par arrondissement) et des *percepteurs* ; les impôts indirects, par des administrations spéciales (douanes, enregistrement, timbre, etc.). Le budget des recettes et celui des dépenses dépassent 3,500,000,000 de francs; la dette publique consolidée représente un capital d'environ 30 milliards.

Divisions judiciaires. — Il existe une *justice de paix* par canton, un *tribunal de première instance* par arrondissement, 26 *cours d'appel*, et une *cour de cassation* qui siège à Paris.

Divisions religieuses. — La majorité de la population est catholique. La France catholique est divisée en 17 archevêchés et 67 évêchés.

Instruction publique. — La France est divisée, au point de vue de l'instruction publique, en 16 académies ; on distingue l'*instruction primaire*, donnée dans les écoles, l'*instruction secondaire*, donnée dans les lycées et collèges, etc.; et l'*instruction supérieure*, donnée dans les facultés.

Divisions militaires. — Il y a aujourd'hui avec l'Algérie, 20 régions militaires correspondant aux 20 corps d'armée.

Le service militaire est personnel et obligatoire ; l'armée se compose de l'armée active et de sa réserve et de l'armée territoriale (3,800,000 hommes).

Divisions maritimes. — Le littoral est divisé en 5 préfectures maritimes, Cherbourg, Brest, Lorient, Rochefort et Toulon.

La marine se recrute surtout par l'*inscription maritime*. La flotte comprend 378 bâtiments à vapeur dont 56 cuirassés.

Colonies. — (Voir le texte.)

Exercices.

Indiquer sur une carte de la France par départements les chefs-lieux de divisions militaires et d'académies, les sièges de cour d'appel et les archevêchés.

CHAPITRE II

NOTIONS DE GÉOGRAPHIE AGRICOLE, INDUSTRIELLE ET COMMERCIALE.

I

Agriculture. — La France, située tout entière dans la zone tempérée, ne connaît ni les froids excessifs qui engourdissent la végétation, ni les chaleurs brûlantes qui la dessèchent ; cependant, grâce à l'étendue du territoire et aux expositions diverses, rien n'est moins uniforme que le climat de notre pays qui résume pour ainsi dire tous les climats européens et qui se prête aux cultures les plus variées. On divise ordinairement la France en cinq grandes zones de culture :

1° La zone des céréales, qui embrasse tout le territoire français ;

2° La zone de la vigne, dont la limite septentrionale part de l'embouchure de la Loire, passe au nord de Paris et finit à l'endroit où la Meuse coupe la frontière française ;

3° La zone du maïs, qui remonte obliquement de l'embouchure de la Gironde au confluent de la Lauter et du Rhin ;

4° La zone du mûrier, qui part des Pyrénées en suivant le cours de la Garonne jusqu'à Toulouse, longe la base méridionale du plateau central et s'arrête à Mâcon, dans la région du Rhône ;

5° La zone de l'olivier, qui s'étend du littoral de la Méditerranée aux Cévennes méridionales et remonte dans la vallée du Rhône jusqu'à la hauteur de Valence.

L'orange mûrit sur les bords de la Méditerranée, en Corse et dans quelques cantons de la Provence et du comté de Nice, abrités contre les vents du nord.

Sur cinquante-trois millions d'hectares, les landes, les bruyères, les marécages, en un mot les terres incultes, n'en occupent guère que quatre millions (Landes, Corse, Basses-Alpes, Basses-Pyrénées, Gironde, Morbihan, Finistère, etc.).

Les cultures les plus importantes sont : les **cultures** dites **alimentaires**, parce qu'elles fournissent les substances qui sont la base de l'alimentation des hommes et en partie même des animaux : *froment* (116 millions d'hectolitres en 1900) : Nord, Pas-de-Calais, Maine-et-Loire, Aisne, Eure-et-Loir, Eure, Seine-et-Marne, Seine-et-Oise, Seine-Inférieure, Oise, Somme, Saône-et-Loire, Gers, Vendée, etc.) et autres *céréales*, telles que le *seigle*, l'*orge*, le *sarrasin*, le *maïs*, l'*avoine* (Ile-de-France, Picardie, Artois, Champagne, Orléanais) ; *pommes de terre* (Vosges, Meurthe-et-Moselle, Seine-et-Oise, Pas-de-Calais, Saône-et-Loire) ; *légumes secs*.

2° Les **cultures** dites **industrielles**, parce qu'elles fournissent à l'industrie les matières premières qu'elle met

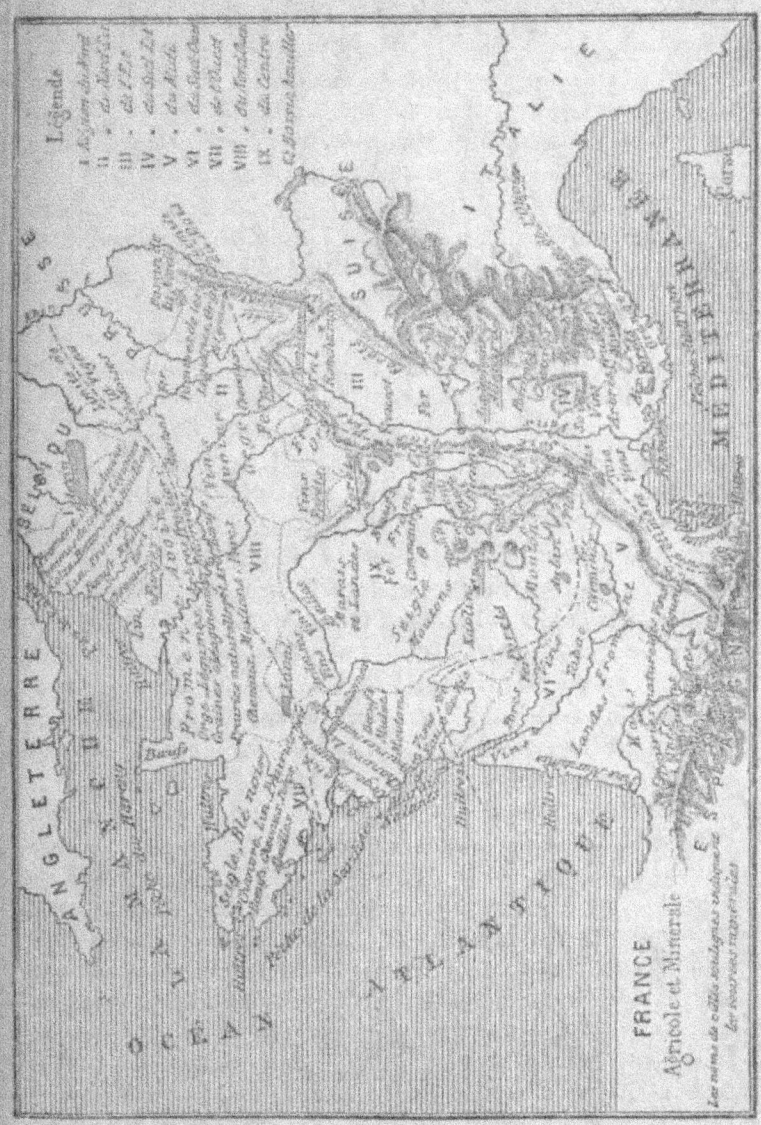

Carte XIX.

en œuvre, *betterave* (régions du nord et du nord-ouest), employée pour la fabrication du sucre ; *houblon* (Flandre, Bourgogne), employé pour la fabrication de la bière ; *lin et chanvre* (Maine, Anjou, Touraine, Normandie, Bretagne, Artois, Picardie, Flandre), destinés à la fabrication des tissus ; *tabac*, dont la culture n'est autorisée que dans dix-huit départements ; *plantes oléagineuses*, telles que le colza, la cameline, la navette, l'œillette (Normandie et et région du nord), d'où l'on extrait des huiles destinées surtout aux usages industriels.

3° Les **cultures arborescentes** : la *vigne* (près de 70 millions d'hectolitres en 1900), cultivée dans presque toute la France, à l'exception de la région du nord et du nord-ouest, mais dont les grands centres de production sont : la Bourgogne, le Bordelais, le Languedoc, la vallée du Rhône, la Champagne et les deux Charentes ; les *arbres fruitiers*, *oliviers* de la région du sud-est ; *châtaigniers* de celle du centre ; *pommiers* et *poiriers* à cidre en Normandie et en Bretagne ; le *mûrier* dans le bassin du Rhône ; les *forêts :* Landes, Gironde, Corse, Var, Côte-d'Or, Vosges, Nièvre, Dordogne, Drôme, Haute-Marne, Isère, Meuse, Meurthe-et-Moselle, Yonne, Jura, Haute-Saône, Saône-et-Loire), qui fournissent les bois de chauffage et de construction, les écorces employées dans la tannerie et les résines.

4° Les **prairies artificielles** (sainfoin, trèfle, luzerne, trois millions d'hectares), **naturelles** (foins, quatre millions d'hectares), et les *pâturages* nourrissent 13,000,000 de *bêtes bovines* (Bretagne, Normandie, Anjou, Flandre, Bourgogne, Auvergne), 21 millions de *moutons* qui fournissent à la fois la laine et la viande de boucherie (Marche, Berri, Normandie, Limousin, Ile-de-France, Champagne, Picardie, Guyenne, Bourgogne, Auvergne), beaucoup de *chèvres* (Corse, Ardèche, Loire, Isère), 3,000,000 de *chevaux* (Normandie, Bretagne, Flandre, Lorraine, Artois, Picardie, Anjou et Maine) et beaucoup de *mulets* (Poitou et Gascogne). L'élevage du *porc* (Bretagne, Périgord, Limousin, Anjou, Artois, Mâconnais), de la *volaille* (Maine, Bresse, Normandie), les *abeilles* (Narbonnais, Orléanais, Bretagne, Landes), le *ver à soie* (Bas-Languedoc, Dauphiné et Provence), concourent aussi dans une grande mesure à la prospérité de notre agriculture qui occupe près des deux tiers de la population de la France.

II

Industries extractives. — Malheureusement nos industries extractives, c'est-à-dire l'exploitation de nos mines et de nos carrières, sont moins favorisées. Nos mines de *houille* (départements du Nord, du Pas-de-Calais, de la Loire, de Saône-et-Loire, de l'Allier, de la Creuse, du Gard, de l'Aveyron, du Tarn, de Maine-et-Loire, du Var), bien qu'elles fournissent plus de 32 millions de tonnes, ne suffisent pas à la consommation : il en est de même de nos mines de *fer* (3 millions 1/2 de tonnes de minerais), de *plomb*, de *cuivre* et de *zinc* : les autres métaux ne produisent que des quantités insignifiantes.

Nos carrières de pierres, de marbres, d'ardoises (Ardennes, Maine-et-Loire, Finistère), nos gisements de terres à briques, à poterie et à porcelaine (kaolin), nos sources d'eaux minérales, nos marais salants des côtes de l'ouest et du midi, d'où l'on tire le sel marin, nos salines (sel gemme) de la région de l'est et de celle du midi, sont au contraire d'une grande richesse et suffisent en général à la consommation.

III

Industries manufacturières. — On appelle industries manufacturières celles qui mettent en œuvre les matières brutes fournies par l'agriculture et par les industries extractives. Elles ont fait en France d'immenses progrès qui sont dus surtout à l'emploi des machines à vapeur, dont le travail représente aujourd'hui celui que pourraient accomplir les bras de 50 millions d'hommes. Les principales classes d'industries sont :

1° Celles qui répondent aux besoins de l'intelligence telles que la *librairie* et l'*imprimerie* (Paris), la *papeterie* (Angoulême, Essonne près de Corbeil, Annonay), la fabrication des instruments de musique et de précision (Paris), la gravure, la lithographie (Paris, Épinal).

2° Celles qui s'appliquent à la fabrication du mobilier et aux besoins de l'habitation, telles que la *briqueterie* (Montchanin, dans la Saône-et-Loire, et Paris), l'*ébénisterie* parisienne, la *verrerie* (Saint-Etienne, Anzin, Epinac), la *cristallerie* (Baccarat, dans la Meurthe-et-Moselle), les manufactures de *glaces* (Saint-Gobain, dans l'Aisne), celles de *porcelaines* et de *faïences* (Limoges, Creil dans l'Oise, *Manufacture nationale de Sèvres* près Paris), les *tapisseries* des Gobelins, de Beauvais, d'Aubusson (Creuse), les *bronzes* et les *papiers peints* de Paris, l'*horlogerie* de Besançon, l'*orfèvrerie* de Paris, la *coutellerie* de Thiers (Puy-de-Dôme), de Châtellerault (Vienne) et de Nogent (Haute-Marne).

3° Celles qui fabriquent les étoffes et autres objets d'habillement ou de toilette, telles que les manufactures de Rouen, de Saint-Quentin, d'Amiens, de Troyes, de Roubaix (Nord), de Tarare (Rhône), qui filent ou tissent le *coton* ; celles de Reims, de Roubaix, de Tourcoing, d'Amiens, de Sedan (Ardennes), de Louviers (Eure), d'Elbeuf (Seine-Inférieure), de Vienne (Isère), de Limoges, de Mazamet (Tarn) et de Paris, qui filent, cardent et tissent la *laine* ; les fabriques de soieries de Lyon, les *rubaneries* de Saint-Étienne, les filatures de *lin* et de *chanvre* de Lille, d'Armentières (Nord), d'Angers, et les fabriques de *toiles* de la Normandie, de la Flandre, de la Bretagne et de la Picardie ; la fabrication des *dentelles* à Alençon, à Caen, au Puy, à Chantilly (Oise), les *broderies* de Nancy, la *ganterie*, les *modes* et la *bijouterie* de Paris, la *cordonnerie* de Paris, de Lyon, de Marseille, de Bordeaux.

4° Celles qui ont pour objet le travail des métaux et la fabrication des machines, des outils et des appareils de toute sorte employés par l'industrie ou les transports :

usines métallurgiques du Creusot (Saône-et-Loire), de Rive-de-Gier (Loire), de Denain, d'Anzin, de Maubeuge (Nord), de Fourchambault (Nièvre), d'Alais ; fabriques de *machines à vapeur* du Creusot, de Paris, de Lyon, de Lille ; fabriques d'*outils* et de *quincaillerie* de Paris et de Saint-Étienne ; *clouterie* de Charleville (Ardennes), *fabriques d'armes* de Saint-Étienne, de Tulle et de Châtellerault ; *carrosserie* de Paris ; *constructions maritimes* dans les grands ports.

5° Celles qui transforment les objets par des opérations chimiques, telles que les fabriques de *produits chimiques* de Paris, de Lille, de Lyon, de Montpellier, de Chauny (Aisne) ; les *teintureries* de Lyon, de Rouen, de Lille et de Paris ; les fabriques de *bougies* de Lyon, de Paris, de Lille, de Marseille ; les *savonneries* de Marseille, de Rouen, et de Nantes ; les *distilleries d'alcool* de betteraves et de fécules, et les *huileries* de nos départements du nord ; les *tanneries* de Paris, de Château-Renault (Indre-et-Loire), de Bordeaux ; les *mégisseries* d'Annonay et de Milhau.

6° Les industries alimentaires, telles que les *minoteries* (moulins à eau ou à vapeur pour la préparation des farines) de Marseille, de Lille, de Toulouse, de Paris, de Corbeil, de Meaux ; la fabrication des *fromages* à Roquefort (Aveyron), en Normandie, en Auvergne et en Franche-Comté ; la préparation des *beurres salés* en Normandie et en Bretagne ; les *raffineries de sucre* de betterave des départements du Nord, du Pas-de-Calais, de la Somme, de l'Oise et de l'Aisne ; la *confiserie* de Paris, de Rouen, de Verdun, de Clermont-Ferrand, de Dijon ; les *brasseries* de la Flandre et de Paris ; les *vinaigreries* de Dijon et d'Orléans ; la fabrication de l'*eau-de-vie* dans le Bordelais, dans le Languedoc (Béziers) et dans la Charente (Cognac).

IV

Voies de communication. — Les fleuves ont été les premières routes du commerce, et malgré la concurrence des moyens de communication plus rapides, la navigation conservera toujours son importance par l'économie qu'elle présente et les facilités qu'elle offre pour le transport des marchandises encombrantes, telles que les charbons de terre, les matériaux de construction, les engrais, les vins, les bois pour l'exploitation desquels le flottage à bûches perdues permet d'utiliser même les cours d'eau non navigables : le développement des canaux et l'amélioration de la navigabilité des fleuves et des rivières est donc une des conditions de la prospérité publique.

Utilité des canaux. — Les fleuves tels que la nature les a créés sont des impasses : le travail de l'homme a complété l'œuvre de la Providence en creusant les canaux qui réunissent les versants ou les bassins différents et qui sont comme les liens de ces faisceaux épars formés par les grands fleuves et par leurs affluents. Ces canaux destinés à réunir deux cours d'eau ou à créer des voies navigables là où il n'en existe pas naturellement se nomment canaux de *navigation*. L'existence de la navigation artificielle remonte à une haute antiquité, mais les canaux des anciens n'étaient que des tranchées plus ou moins larges, de véritables rivières faites de main d'homme, dont l'eau s'écoulait comme celle des rivières naturelles et qui ne pouvaient franchir que des obstacles insignifiants. L'invention des écluses au quinzième siècle a permis aux canaux de s'élever et de redescendre sur des pentes trop élevées pour être franchies à ciel ouvert et trop longues pour être percées par un tunnel, en même temps qu'elles emmagasinent l'eau et n'en laissent écouler qu'une faible partie. Au lieu de présenter comme le lit des rivières, un plan incliné qui détermine le courant, le canal à écluses offre une succession de *biefs* ou d'étages horizontaux qui se terminent brusquement, comme les marches d'un escalier. L'écluse sert à mettre en communication deux biefs, l'un supérieur, l'autre inférieur.

Il est facile de se rendre compte de l'économie que procure au commerce la navigation artificielle. Tandis que la moyenne des frais de transport est de 0 fr. 16 à

0 fr. 20 par tonne de 1,000 kilogrammes et par kilomètre parcouru sur les routes de terre, de 0 fr. 06 sur les chemins de fer, elle ne dépasse pas 0 fr. 04 sur les canaux où l'absence du courant force cependant la batellerie à recourir au halage par chevaux ou même à bras d'hommes. Les canaux non navigables et destinés soit au desséchement des marais, soit à l'irrigation des terres portent le nom de canaux de *dérivation*.

Canaux de jonction entre les deux versants. — Le développement des canaux navigables est en France d'environ 5,000 kilomètres. On les divise en canaux de *jonction* qui réunissent deux bassins différents, ou deux cours d'eau appartenant au même bassin, et canaux *latéraux* qui suivent le cours d'un fleuve ou d'une rivière et qui suppléent à l'insuffisance de la navigation naturelle. Cinq canaux mettent en communication le versant de l'Atlantique et celui de la Méditerranée.

1° Le canal du **Midi** ou du **Languedoc** (240 kilomètres), construit par Riquet, et ouvert sous Louis XIV en 1681, part de *Toulouse*, franchit le col de Naurouze à 189 mètres d'altitude, redescend dans le bassin de l'Aude, passe à Carcassonne et à Béziers et vient déboucher à *Cette* après avoir traversé l'Hérault. Il se prolonge jusqu'à Castets (Gironde) par le canal *latéral à la Garonne* et jusqu'à Beaucaire sur le Rhône (Gard) par le canal des *Étangs* et le canal de *Beaucaire*. Le principal réservoir est situé dans la montagne Noire dont les eaux retenues par un barrage gigantesque alimentent le bassin supérieur de Naurouze. Ce canal avec ses cent écluses, ses immenses réservoirs, sa profondeur constante de deux mètres est un des plus beaux ouvrages du génie moderne.

2° Le canal du **Centre** part de *Digoin* sur la Loire (Saône-et-Loire), longe le cours de la *Bourbince*, petite rivière qui descend des Cévennes, franchit les Cévennes près de Montchanin-les-Mines, à 301 mètres d'altitude, et débouche dans la Saône à *Chalon* après un parcours de 121 kilomètres. Projeté sous François Ier, il ne fut achevé qu'en 1793.

3° Le canal de **Bourgogne** part de la *Roche-sur-Yonne*

(département de l'Yonne), longe le cours de l'Armançon, franchit la Côte d'Or par un souterrain de plus de 3 kilomètres, passe à Dijon et débouche dans la Saône à *Saint-Jean de-Losne*, après un parcours de 242 kilomètres. Commencé en 1775, il ne fut achevé qu'en 1832.

4° Le canal du **Rhône au Rhin** part du confluent de la Saône et de la Tille près de Saint-Jean-de-Losne, longe la vallée du Doubs, franchit la ligne de partage des eaux au col de Valdieu à 345 mètres d'altitude, redescend dans la vallée de l'Ill, passe à Mulhouse d'où se détache un embranchement vers Huningue et se confond avec l'Ill, affluent du Rhin, à Strasbourg. Son parcours est de 350 kilomètres; il n'a été terminé qu'en 1834 et n'appartient plus qu'en partie à la France.

5° Le canal de l'**Est** part de Port-sur-Saône, traverse les monts Faucilles, redescend dans la vallée de la Moselle par 15 écluses, puis rejoint le canal de la Marne au Rhin, le cours de la Meuse, et le suit jusqu'à la frontière de Belgique (487 kilomètres).

Canaux de jonction entre les diverses régions. — Il n'existe pas de canal de jonction entre la région de la Garonne et celle de la Loire.

Le versant de la **Manche** et celui de l'**Atlantique** communiquent par trois canaux : 1° celui d'**Ille-et-Rance**, qui part de Rennes et se prolonge par le cours de l'Ille et celui de la Rance jusqu'à Saint-Malo; 2° le canal du **Loing**, qui part du confluent du Loing avec la Seine, remonte cette petite rivière jusqu'à Montargis et se divise en deux branches dont l'une aboutit près d'**Orléans**, l'autre à **Briare** sur la Loire. Le canal de Briare est le premier qui ait été ouvert en France. Il fut commencé sous Henri IV, par les soins du grand ministre Sully et achevé sous Louis XIII; 3° le canal du **Nivernais**, qui part d'Auxerre, remonte la vallée de l'Yonne et débouche dans la Loire, près de Decize (Nièvre).

L'embouchure de la Loire et la rade de Brest communiquent par le canal de **Nantes à Brest** qui remonte la vallée de l'Erdre, franchit la Vilaine à Redon (Ille-et-

Vilaine), suit le cours de l'Oust, un de ses affluents, puis celui du Blavet et débouche dans l'Aulne, près de Châteaulin, après un parcours de 374 kilomètres.

La région de la Loire n'a qu'un canal intérieur de jonction : celui du **Berri**, qui part de la Loire au-dessous de Nevers, détache un embranchement jusqu'à Saint-Amand sur le Cher (département du Cher), suit le cours de l'Auron jusqu'à Bourges, puis celui du Cher à partir de Vierzon et se confond avec cette rivière à Saint-Aignan (Loir-et-Cher).

La région de la **Seine** communique avec celle du Rhin, par le canal de la **Marne au Rhin.** Ce canal commence à Vitry-le-François sur la Marne, arrose Bar-le-Duc, franchit l'Argonne par un souterrain de 4 kilomètres, passe par un second tunnel de la vallée de la Meuse dans celle de la Moselle qu'il traverse à Liverdun, au sortir d'un troisième souterrain long de 550 mètres. De *Nancy* à *Sarrebourg*, le canal qui cesse d'appartenir à la France est creusé sur des plateaux marécageux, il franchit les Vosges à Hommarting par un souterrain creusé au-dessous du tunnel du chemin de fer et redescend dans la vallée de la Zorn pour venir se terminer dans l'Ill à Strasbourg.

La communication entre la région de la **Seine** et celle de la **Meuse** est établie par le canal de la *Marne à l'Aisne* qui passe à Reims, le canal latéral à l'Aisne et le canal des **Ardennes ;** et par une seconde ligne plus occidentale, le canal de la **Sambre à l'Oise** qui va de *Landrecies* sur la Sambre à La *Fère* sur l'Oise.

La région de la **Seine** communique avec celles de la **Somme** et de l'**Escaut** par le canal de *Crozat* qui part de l'Oise à la Fère, rejoint la Somme près de Ham (Somme), et se prolonge jusqu'à Saint Quentin. Le **canal de Saint-Quentin**, qui continue le canal de Crozat, franchit la ligne de faîte entre la Somme et l'Escaut par deux souterrains dont un de 5,600 mètres, et vient finir à Cambrai sur l'Escaut. Commencé en 1769, il ne fut ouvert à la navigation qu'en 1810. La plaine de l'**Escaut** est sillonnée par un grand nombre de canaux : les plus importants sont : ceux de la *Sensée* entre l'Escaut et la Scarpe, de la *Haute-Deule*, de la *Bassée* à *Aire*, de *Neuffossé* (d'Aire à Saint-Omer sur l'Aa) qui forment une ligne de navigation de près de 120 kilomètres prolongée jusqu'à la mer par le cours canalisé de l'Aa et par les canaux de Calais, de Dunkerque, etc. ; 2° ceux qui communiquent avec les voies navigables de Belgique (canal de *Dunkerque à Furnes;* canal de la *Basse-Deule* de Bouvin à Armentières sur la Lys par *Lille*, canal de *Condé* à *Mons*, etc.).

Canaux latéraux. — Beaucoup de rivières sont canalisées dans une partie de leur cours, ou longées par des canaux latéraux, parmi lesquels on doit citer dans la **région du Rhône**, le canal d'*Arles* à *Bouc*, latéral au Grand Rhône, le canal de *Givors*, latéral au *Gier*, de Rive-de-Gier à Givors ; dans la **vallée de la Garonne**, le canal *latéral à la Garonne* (240 kilomètres), de Toulouse à Castets. — Le Tarn, le Lot, la Dordogne, l'Isle, la Baïse sont en partie canalisés ; — dans la **vallée de la Loire**, le canal de *Roanne à Digoin*, et le canal *latéral à la Loire* (192 kilomètres), qui longent le cours de la Loire jusqu'à Briare ; la Sarthe et la Mayenne en partie canalisées ; — dans la **région de la Seine**, le canal de la *haute Seine*, les canaux *latéraux à la Marne*, à l'*Oise*, à l'*Aisne*, et plusieurs branches destinées à éviter les détours de la Seine et de la Marne, enfin le canal de l'*Ourcq* qui emprunte ses eaux à un petit affluent de la Marne, l'Ourcq, passe à Meaux et aboutit à la Seine, sous le nom de canal *Saint-Denis* et de canal *Saint-Martin*.

La *Somme*, l'*Aa*, l'*Escaut*, la *Scarpe*, la *Lys* sont canalisés dans presque tout leur cours, sur le territoire français.

Canaux de dérivation. — Les pays marécageux, tels que les Dombes, la Sologne, la Brenne, les Landes, le littoral de la Flandre sont sillonnés de canaux qui servent à dessécher les marais et les étangs : les canaux d'irrigation nécessaires surtout dans le midi, fertilisent les parties stériles du bassin du Rhône (canal de *Cra-*

vonne entre le Rhône et la Durance, canal des *Alpines*, canal de *Marseille* (de la Durance à Marseille), de la Garonne (canal de *Saint-Martory* dans le département de la Haute-Garonne), de l'Hérault, de la Têt, etc.

Routes de terre. — Les routes de terre se divisent en *routes nationales* (40,000 kilomètres), routes *départementales* (46,000 kilomètres) et *chemins vicinaux* (600,000 kilomètres entretenus ou classés).

L'importance de nos grandes routes a diminué depuis que la vapeur a été appliquée aux transports : la circulation s'est déplacée et s'est reportée des routes parallèles à la direction des voies ferrées aux routes transversales qui rattachent nos principaux réseaux de chemins de fer.

V

Chemins de fer. — Les chemins de fer à locomotives, inconnus en France avant 1837, ne comptaient en 1839 que 572 kilomètres, en 1856 que 6,000 ; le développement des lignes exploitées est aujourd'hui de près de 47,000 kilomètres. Ils transportent, sur un réseau de 47,000 kilomètres, 250 millions de voyageurs et plus de 100 millions de tonnes de marchandises.

Les transports ont gagné non seulement en vitesse, mais en sûreté et en économie. Le trajet de Paris à Marseille exigeait par le roulage deux ou trois mois, par la poste, six jours ; aujourd'hui les marchandises franchissent la même distance en moins de dix jours (petite vitesse), les voyageurs en treize heures (trains rapides), et les frais sont trois fois moindres qu'avant la construction de la voie ferrée.

On peut diviser les chemins de fer français en huit grands réseaux exploités par l'État et par les six principales compagnies à qui le gouvernement a concédé l'exploitation. Les sept premiers ont leur point de départ à Paris, le huitième, celui du Midi, à Bordeaux.

I. Le réseau du **Nord**, construit presque entièrement en plaine, communique avec la mer du Nord, le Pas de Calais et la Manche, par Amiens, Boulogne, Calais et Dunkerque; avec la Belgique et le nord de l'Europe : 1° par Creil, Amiens, Arras (embranchement sur Dunkerque), Douai, Lille et Valenciennes; 2° par Creil, Compiègne, Saint-Quentin et Maubeuge; 3° par Soissons, Lens et Vervins.

II. Le réseau de l'**Est** se prolonge de Paris à la frontière d'Allemagne et de Suisse : 1° par Épernay, Châlons-sur-Marne, Frouard, Nancy, Saverne et Strasbourg (embranchements de Châlons et d'Épernay à la frontière belge (Givet), par Reims et Mézières, et de Frouard à Metz); 2° par Troyes, Chaumont, Langres, Belfort et Mulhouse. Les lignes de l'Est ont eu à vaincre des obstacles que n'ont pas rencontrés celles du Nord, aussi les ouvrages d'art y sont-ils plus nombreux. Le plus important est le tunnel de Hommarting qui franchit les Vosges.

III. Le réseau du **Sud-Est** (Compagnie de Paris-Lyon-Méditerranée) fait communiquer Paris avec la Méditerranée et la frontière de Suisse et d'Italie, par Melun, Sens, le tunnel de Blaisy (Côte-d'Or), long de 4,100 mètres, Dijon, Mâcon, Lyon, Valence, Avignon, Arles, le tunnel de la Nerthe, long de 4,638 mètres, Marseille, Toulon et Nice. (Embranchements de Dijon à Besançon et à Neuchâtel, en Suisse, par le col des Verrières; de Mâcon à Genève, en Suisse, par Bourg; de Lyon à Grenoble, par la Tour-du-Pin; à Genève, par Culoz et la vallée du Rhône, et à la frontière d'Italie (tunnel du mont Cenis), par Chambéry et la vallée de l'Arc; d'Arles à Montpellier, et à Cette.)

IV. Les grandes lignes du **Centre**, qui appartiennent en partie à la Compagnie d'Orléans, en partie à celle de Lyon, sont celles de : 1° de Paris à Lyon et à Saint-Étienne, par Melun, Nevers, Moulins et Roanne;

2° De Paris à Marseille, par Moulins, Clermont-Ferrand, Brioude, Alais, Nîmes et Arles (embranchements de Clermont à Brive, par Tulle; d'Arvant à Figeac, par Aurillac, et d'Arvant à Lyon, par le Puy et Saint-Étienne);

3° De Paris à Toulouse par Orléans, Vierzon, Châteauroux, Limoges, Brive, Figeac et Gaillac (embranche-

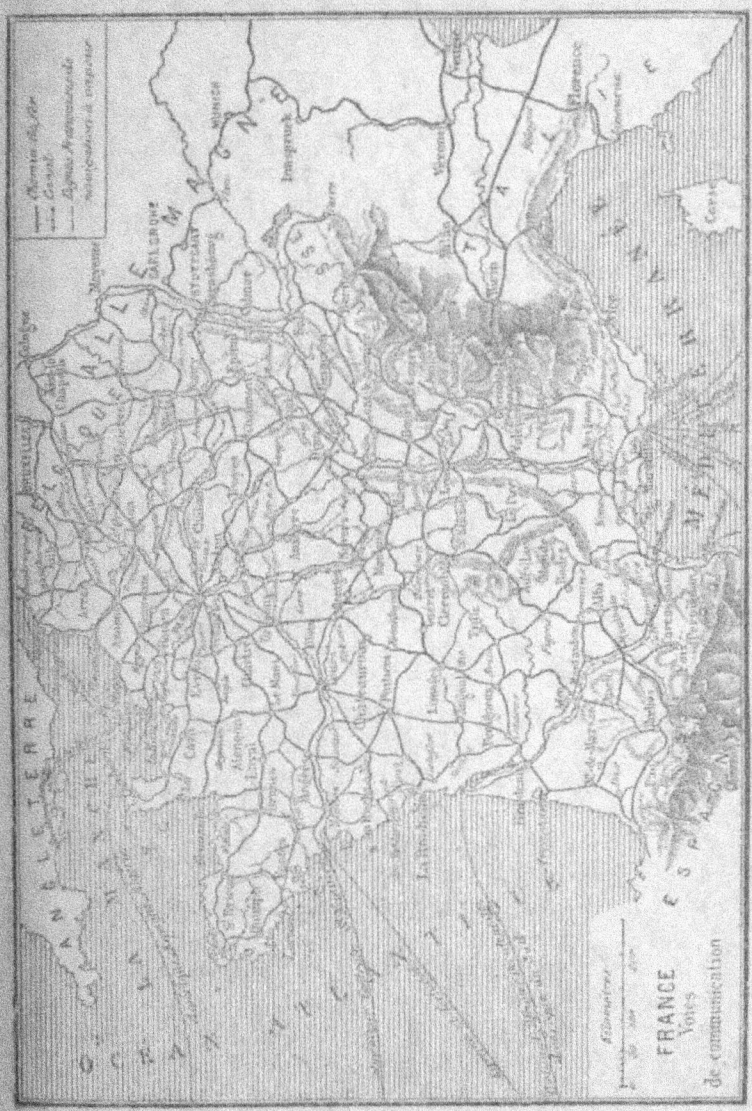

Carte XX.

ments de Vierzon à Nevers, par Bourges; de Moulins à Poitiers, par Montluçon et Guéret; de Limoges à Bordeaux et à Agen, par Périgueux).

V. Le réseau du **Sud-Ouest** (Compagnie d'Orléans) a pour ligne principale celle de Paris à Bordeaux, par Orléans et Blois ou par Vendôme, Tours, Poitiers et Angoulême (embranchements d'Orléans à Gien, de Tours à Saint-Nazaire, par Angers et Nantes; de Nantes à Landerneau; de Poitiers à Limoges; d'Angoulême à Limoges; d'Angers à Niort, par Cholet, et de Nantes à La Rochelle).

VI. Le réseau du **Midi** a trois lignes principales : 1° de Bordeaux à la frontière d'Espagne, par les Landes et Bayonne;

2° De Bordeaux à Cette, par Agen, Montauban, Toulouse, Carcassonne, Narbonne et Béziers (embranchements d'Agen à Auch; de Toulouse à Bayonne, par Tarbes et Pau; de Toulouse à Foix, et de Narbonne à la frontière d'Espagne, par Perpignan);

3° La ligne des Causses, de Neussargues à Béziers, par Millau et Bédarieux.)

VII. Le réseau de l'**Ouest** a quatre grandes lignes : 1° de Paris au Havre et à Dieppe par la vallée de la Seine et Rouen.

2° De Paris à Cherbourg par Mantes, Evreux, Caen et Saint-Lô.

3° De Paris à Granville par Versailles, Dreux et Vire.

4° De Paris à Brest par Versailles, Chartres, le Mans, Laval, Rennes et Saint-Brieuc. (Embranchements du Mans à Caen par Alençon; du Mans à Tours.)

VIII. Les principales lignes du réseau de l'Etat sont celles de Paris à Bordeaux par Chartres, Saumur, Niort et Saintes; de Tours aux Sables-d'Olonne par la Roche-sur-Yon, et à la Rochelle et Rochefort par Chinon et Niort; de Nantes à Angoulême par la Roche-sur-Yon et Saintes; d'Angers à Poitiers et à Niort par Loudun.

Les **grandes Compagnies de navigation,** les *Messageries maritimes*, la *Compagnie transatlantique*, partagent avec d'autres compagnies moins puissantes le service des transports maritimes à vapeur. Les grandes lignes de navigation française ont pour points de départ *Marseille* pour la Méditerranée et l'extrême Orient par le canal de Suez; *Bordeaux* pour l'Amérique du Sud (Messageries maritimes), *Saint-Nazaire* pour l'Amérique centrale (mer des Antilles et golfe du Mexique), et *le Havre* pour l'Amérique du Nord (Compagnie transatlantique).

Les autres ports de commerce dont le mouvement présente le plus d'activité sont *Nice* et *Cette*, sur la Méditerranée; *Bayonne*, *la Rochelle*, *Nantes*, sur l'océan Atlantique; *Saint-Malo*, *Granville* (Manche), *Honfleur* (Calvados), *Dieppe*, sur la Manche, *Boulogne* et *Calais*, sur le Pas de Calais, et *Dunkerque*, sur la mer du Nord. La marine marchande de la France compte 14,100 navires à voiles et 1,100 vapeurs jaugeant près d'un million de tonneaux.

Les **lignes télégraphiques** mettent la France en communication avec tous les points du globe et comptent plus de 100,000 kilomètres. Des câbles sous-marins rattachent la France à l'Algérie, à la Tunisie, à l'Angleterre et à l'Amérique du Nord.

Commerce. — Le commerce extérieur de la France, c'est-à-dire la valeur des marchandises que nous vendons ou que nous achetons à l'étranger, s'élève à plus de 8 milliards, dont moins de la moitié représente nos ventes qui consistent surtout en produits de l'agriculture (vins et spiritueux, fruits, œufs, beurre et fromages, bestiaux), ou en produits manufacturés (soieries, tissus de laine et de coton, objets d'habillement, mercerie, ébénisterie, produits chimiques, ouvrages en cuir, métaux travaillés, livres et gravures, porcelaines, cristaux et verrerie, parfumerie, sucres raffinés), tandis que le reste représente nos achats, qui consistent surtout en matières premières nécessaires à l'industrie, telles que le coton, la laine, la soie, les bois, les métaux, la houille, les graisses; ou en denrées alimentaires provenant des pays chauds : sucres de canne, cafés, épices, cacaos, thés, etc.

RÉSUMÉ

AGRICULTURE. — La France est située tout entière dans la zone tempérée, mais son climat n'est pas uniforme.

1° Dans la vallée supérieure moyenne (*climat rhodanien*), il est variable et les hivers sont assez rigoureux : c'est une région de vignes et de forêts.

2° Dans la vallée inférieure du Rhône et sur le littoral de la Méditerranée, il est sec et chaud (*climat méditerranéen*) : c'est la région de l'olivier et de la soie.

3° Dans la région du golfe de Gascogne (*climat girondin*), il est doux et humide, très favorable à la vigne, sauf dans les régions élevées.

4° Sur le versant de l'Atlantique, il est froid et pluvieux sur les hauteurs, très doux sur le littoral et dans la vallée de la Loire : c'est un pays de pâturages, de prairies et de céréales.

5° Dans la région de la Manche (*climat séquanien*), il est humide et tempéré ; les vents d'ouest y dominent : c'est la région des fourrages et des céréales ; la vigne ne réussit pas sur le littoral.

6° Sur le versant de la mer du Nord, le climat est très humide sur le littoral (plaine de l'Escaut), plus sec et plus froid dans l'intérieur (*climat vosgien*, — vallées de la Meuse et du Rhin). C'est la région la mieux cultivée de la France, celle des grandes cultures industrielles, aussi bien que des céréales et des prairies artificielles.

Industrie.

Les INDUSTRIES EXTRACTIVES ont pour but l'exploitation des mines, carrières et sources minérales. La France possède des mines de *houille* qui produisent 32 millions de tonnes (Nord, Pas-de-Calais, Loire, Saône-et-Loire, Allier, Gard, Aveyron) ; des mines de *fer*, de *cuivre*, de *zinc*, de *plomb*.

Les marbres, la pierre, l'ardoise, la terre à briques et à porcelaine, les sources minérales, les salines se rencontrent en abondance.

Les INDUSTRIES MANUFACTURIÈRES ont leurs principaux centres dans les régions du nord, du nord-ouest, du nord-est et de l'est.

Nos grandes villes industrielles sont pour les *tissus* de *coton*, Rouen et Saint-Quentin ; pour les *lainages*, Roubaix, Tourcoing, Reims, Amiens, Sedan, Louviers, Elbeuf ; pour les *toiles* et la *filature du lin* et du *chanvre*, Le Mans, Lille, Armentières ; pour les *soieries*, Lyon et Saint-Étienne ; pour les *dentelles*, Caen et le Puy ; pour la préparation des *cuirs* et des *peaux*, Annonay dans l'Ardèche, Bordeaux et Paris ; pour le *travail des métaux*, le Creusot dans la Saône-et-Loire, Fourchambault dans la Nièvre, Rive-de-Gier dans la

Loire, Anzin dans le Nord avec leurs hauts-fourneaux et leurs forges; Lille, Paris, Lyon avec leurs fabriques de machines; Saint-Etienne et Châtellerault avec leurs manufactures d'armes, Thiers avec sa coutellerie; pour les *glaces* et les *cristaux*, Saint-Gobain (Aisne), Baccarat (Meurthe-et-Moselle); pour les *porcelaines*, Limoges; pour les *tapisseries*, Beauvais et Aubusson; pour les *produits chimiques*, Chauny et Lille; pour les *savonneries*, Marseille; enfin, pour les objets de luxe et pour les industries qui répondent aux besoins de l'intelligence, Paris.

Voies de communication. Commerce.

Les voies de communication sont :

1° Les FLEUVES *et rivières navigables* (8,400 kilomètres).

2° Les CANAUX (5,000 kilomètres), dont les plus importants sont le *canal du Midi*, entre la Garonne et la Méditerranée, le *canal du Centre*, entre la Saône et la Loire, le *canal de Bourgogne*, entre la Saône et l'Yonne, le *canal du Rhône au Rhin*, et le *canal de l'Est*, entre la Saône, la Moselle et la Meuse, qui font communiquer les deux versants de l'Atlantique et de la Méditerranée; *ceux de Briare et d'Orléans*, entre la Loire et la Seine, du *Nivernais*, entre la Loire et l'Yonne, de la *Marne au Rhin*, des *Ardennes*, entre l'Aisne et la Meuse, de la *Sambre à l'Oise* et de *Saint-Quentin*, entre l'Oise, la Somme et l'Escaut, qui font communiquer nos grands bassins fluviaux; enfin, les *canaux latéraux*, qui longent quelques-uns de nos principaux cours d'eau dans la partie peu navigable de leur cours et suppléent à l'insuffisance de la navigation.

3° Les ROUTES *nationales et départementales* (86,000 kilomètres) *et les chemins vicinaux*.

4° Les CHEMINS DE FER (47,000 kilomètres), qui se divisent en 8 grands réseaux, dont Paris est le centre : 1° celui du *Nord*, qui établit les communications avec la Belgique, l'Europe septentrionale et les ports de la mer du Nord et du Pas de Calais; 2° celui du *Nord-Est*, qui communique avec l'Allemagne, l'Europe centrale et la Suisse; 3° celui du *Sud-Est*, qui communique avec la Suisse, l'Italie et les ports de la Méditerranée; 4° celui du *Midi* qui communique avec l'Espagne et rattache les ports du golfe de Gascogne à ceux de la Méditerranée; 5° celui du *Sud-Ouest* qui communique avec les ports du golfe de Gascogne et se rattache au réseau du Midi; 6° celui de l'*Ouest*, qui communique avec les ports de l'Atlantique et de la Manche; 7° celui du *Centre*, qui relie tous les autres et sillonne la région centrale de la France; 8° le réseau de l'Etat (région de l'ouest), qui n'a qu'une importance secondaire.

5° Les lignes de navigation maritime qui aboutissent à nos principaux ports de commerce, *Dunkerque, Calais* et *Boulogne*, sur la mer du Nord et le Pas de Calais, *Dieppe, le Havre* et *Saint-Malo*, sur la Manche, *Saint-Nazaire, Nantes, Bordeaux*,

Bayonne, sur l'Atlantique; *Cette*, *Marseille* et *Nice*, sur la Méditerranée.

6° LES LIGNES TÉLÉGRAPHIQUES.

COMMERCE. — Le commerce de la France qui s'élève à plus de 8 milliards consiste surtout à l'importation, en matières premières nécessaires à l'industrie, et en denrées alimentaires venant des pays chauds; à l'exportation, en produits de l'agriculture et en objets manufacturés.

Exercices.

Indiquer sur une carte de France par des teintes les pays de production du vin, — du blé, — de la soie, — de la houille.
Indiquer sur une carte physique muette le tracé des **canaux**.
Tracer la carte des chemins de fer (grandes lignes).

LIVRE III

GÉOGRAPHIE POLITIQUE DE L'EUROPE

CHAPITRE PREMIER

RÉGION DU NORD-OUEST, VERSANT DE L'ATLANTIQUE

ILES BRITANNIQUES

Limites. — Le **royaume uni de Grande-Bretagne et d'Irlande** est borné au nord et à l'ouest par l'océan Atlantique, au sud par la Manche et le Pas de Calais, à l'est par la mer du Nord.

Il comprend deux grandes îles : la **Grande-Bretagne** (Angleterre et Écosse) et l'**Irlande**, séparées par le *canal du Nord*, la *mer d'Irlande* et le *canal Saint-Georges*, et des groupes secondaires : au nord, les îles *Orcades* et *Shetland*, groupes rocheux et stériles; au nord-ouest, les *Hébrides*, avec leur sol de granit et leurs cavernes basaltiques (grotte de Fingal dans l'île de Staffa); à l'ouest, les îles de *Man*, et d'*Anglesey* dans la mer d'Irlande; au sud-ouest, les îles *Sorlingues* ou *Scilly*, au sud, la fertile et riante île de *Wight* dans la Manche, et les îles de *Jersey* (capitale *Saint-Hélier*), de *Guernesey* et d'*Aurigny* ou *Alderney*, près des côtes de France.

Description physique. — La configuration de la Grande-Bretagne semble l'inviter au commerce et à la navigation.

Les rivages de la **Manche**, du cap *Land's End* (fin de la terre) au *Sud-Foreland* (promontoire du sud), bordés de roches granitiques et de falaises crayeuses, offrent de nombreux mouillages (*rade de Spithead*, etc.), des ports sûrs et qui ne s'ensablent pas comme nos ports français.

Sur la **mer du Nord**, du *Sud-Foreland* au cap *Duncansby*, la côte d'Angleterre est basse, sablonneuse, creusée par les estuaires de la *Tamise* et de l'*Humber* et le golfe de *Wash* : celle d'Écosse est élevée, rocheuse et profondément découpée par les golfes du *Forth* et de *Murray*.

Dans le **versant de l'Atlantique** et de la **mer d'Irlande**, du cap *Wrath* au cap *Land's End*, la côte escarpée, tortueuse, hérissée de rochers, projette de tous côtés des caps et des presqu'îles (*Cornouailles*, *pays de Galles*, presqu'île de *Cantyre* en Écosse), ou se creuse en golfes capricieux, ceux de la *Clyde*, de *Solway*, de *Cardigan*, de *Bristol*.

Du nord au sud de la Grande-Bretagne, court, sous les noms de monts de *Cornouailles*, de collines du *Devon*, de *chaîne Pennine*, en Angleterre, de monts *Grampians*, de monts de *Ross*, en Écosse, une chaîne de montagnes ou de collines, dont le point culminant est le *Ben-Nevis*, en Écosse (1335 mètres). Elles déterminent, à l'est, le **versant** de la **mer du Nord**, arrosé par la *Tweed*, le *Forth*, le *Tay*, la *Ness* (Écosse), l'*Humber*, formé de l'*Ouse* et du *Trent*, et la *Tamise* (350 kilom., Angleterre); à l'ouest, celui de **l'Atlantique** et de la **mer d'Irlande**, arrosé par la *Clyde* (Écosse), la *Mersey* (mer d'Irlande), et la *Severn* (320 kilomètres, baie de Bristol).

Cette chaîne, d'où se détachent plusieurs rameaux, à

l'est les monts *Cheviots* (Écosse), à l'ouest les monts *Cambriens* et ceux du *Pays de Galles* (1,400 mètres au pic Snowdon), se bifurque au sud de l'Angleterre en deux branches qui dessinent l'étroit bassin de la **Manche**, et se terminent, l'une au *Sud-Foreland*, sur la mer du Nord, l'autre aux caps *Lizard* et *Land's End*, à l'entrée de la Manche.

L'Irlande, moins découpée que la Grande-Bretagne, bien qu'elle offre des baies profondes et bien abritées, est presque enveloppée par une chaîne de montagnes peu élevées (point culminant 942 mètres) et situées près de la côte ; l'intérieur est une plaine humide et semée de nombreux lacs (lac *Erne*, lac *Neagh*) ; le principal cours d'eau est le *Shannon* qui se jette dans l'océan Atlantique.

Superficie. — La superficie totale du Royaume-Uni de Grande-Bretagne et d'Irlande est de 315,000 kilomètres carrés.

Formation territoriale. — Notions historiques. — La Grande-Bretagne, connue des anciens sous le nom de *Britannia*, a été peuplée par des émigrants appartenant à la même race que les populations de la Gaule, et qui portaient le nom de *Cambriens* à l'ouest et de *Logriens* à l'est ; la partie septentrionale de l'île, l'Écosse moderne (*Alben* ou pays des montagnes, *Caledonia* ou pays des forêts), occupée par des peuples barbares, qui se nommaient les *Pictes* et les *Scots* (d'où le nom d'*Écosse*) échappa à la domination romaine, qui, un demi-siècle après Jésus-Christ, s'étendit sur toute la partie méridionale, appelée aujourd'hui Angleterre.

L'*Irlande* (*Erin*, l'île verte, en latin *Ierne* ou *Hibernia*) resta également indépendante.

Les Bretons ne recouvrèrent leur indépendance au cinquième siècle après J.-C. que pour la perdre bientôt après, grâce aux invasions des *Saxons* et des *Angles*, peuple d'origine germanique, dont le dernier a donné son nom à l'Angleterre. Mais les envahisseurs ne purent soumettre ni le pays de *Galles*, ni l'Écosse, ni l'Irlande où se conservèrent la langue des Gaëls (Gaulois), et les souvenirs nationaux. Le royaume anglo-saxon tomba à son tour en 1066 sous les coups de Guillaume le Conquérant, duc de Normandie. Ses successeurs soumirent au douzième et au treizième siècle le pays de Galles et l'Irlande ; mais l'Écosse forma un royaume indépendant jusqu'au commencement du dix-huitième, et la réunion de la couronne d'Écosse à celle d'Angleterre ne fut pas le résultat de la conquête, mais de l'avènement d'une dynastie écossaise, celle des Stuarts, au trône d'Angleterre.

Divisions politiques. Productions. — Villes principales. — Les anciennes divisions historiques, *Angleterre*, *Pays de Galles*, *Écosse* et *Irlande*, ont disparu comme divisions politiques ; le royaume est divisé en 117 *comtés*, dont 40 pour l'Angleterre, 12 pour le Pays de Galles, 33 pour l'Écosse et 32 pour l'Irlande. La plupart de ces comtés portent le nom de leur capitale.

Angleterre. — L'Angleterre proprement dite, avec son climat tempéré, mais humide et brumeux, ses bruyères, ses landes sablonneuses, ses plaines marécageuses qui couvrent une partie du bassin de la Manche et de la mer du Nord, le Pays de Galles avec son sol de granit et ses montagnes dénudées, offraient peu de ressources à l'agriculture : mais le travail a triomphé de la nature : les marécages sont devenus des prairies où paissent les magnifiques bœufs de la race de *Durham*, et les chevaux élégants et rapides de *Lincoln* et d'*York* ; les bruyères sont parcourues par de nombreux troupeaux de moutons ; les sables et les landes fertilisés par les engrais, produisent les céréales et le houblon ; la pomme de terre est cultivée jusque dans les rochers de la Cornouaille ; enfin des mines inépuisables de fer, des gisements de cuivre, de plomb, d'étain, riches encore, bien que moins productifs depuis quelques années, les houillères du Pays de Galles, du Northumberland, des comtés d'York et de Lancastre, qui réunies à celles de l'Écosse et de l'Irlande produisent 205 millions de tonnes, ont imprimé à l'industrie anglaise une activité sans égale.

La capitale du Royaume-Uni est **Londres** (plus de 5 millions d'hab.), la plus grande ville du monde, le centre du commerce et de l'industrie.

Londres est situé sur les deux rives de la Tamise, à 73 kilomètres de la mer et se compose pour ainsi dire de trois villes distinctes : sur la rive droite du fleuve *Southwark*, la ville neuve ; sur la rive gauche la *Cité*, la ville du commerce, du travail et de la misère, et le *Westend*, la résidence de la cour et du parlement, avec ses palais, ses musées et ses jardins. Londres a d'antiques monuments, la *Tour*, ancienne forteresse royale, devenue plus tard une prison d'État ; l'abbaye de *Westminster*, l'église *Saint-Paul* ; mais ce qui frappe surtout l'étranger, ce sont les docks gigantesques où s'entassent les produits du monde entier, les quais de la Tamise, les milliers de navires qui couvrent le fleuve, les parcs aux ombrages séculaires qui contrastent avec les rues étroites et les maisons enfumées de la vieille cité. *Sheerness*, *Chatham*, *Gravesend*, *Woolwich*, célèbre par son arsenal, *Greenwich*, par son observatoire, sont échelonnés sur la Tamise et servent d'avant-ports à Londres.

Les principaux ports de commerce sont : 1° sur la **mer du Nord**, *Hull* (216,000 hab.), à l'embouchure de l'Humber, *Sunderland* (135,000 hab.), et *Newcastle* (212,000 hab.), débouchés de la région de l'est.

2° Dans le **versant de l'Atlantique**, sur la **mer d'Irlande** : *Liverpool*, à l'embouchure de la Mersey (632,000 hab. avec les faubourgs), le second port du Royaume-Uni, l'entrepôt du commerce de l'Amérique et des Indes ; sur le canal ou golfe de Bristol, *Swansea*, *Cardiff*, débouchés des houillères du Pays de Galles, et *Bristol* (230,000 hab.), sur l'Avon, autrefois l'un des principaux ports de l'Angleterre.

3° Sur **la Manche** : *Southampton*, point de départ des lignes postales de l'Asie, de l'Océanie et de l'Amérique du Sud ; *Brighton* (120,000 hab.), *Douvres*, important surtout par ses relations avec la France.

Sur la Manche sont situés les deux grands ports mili-

Carte XXI.

taires de l'Angleterre, *Plymouth* (174,000 hab., comté de Devon) et *Portsmouth*, sur la rade de Spithead (140,000 h.).

Les principaux centres industriels sont : 1° Pour l'industrie du **coton**, la plus florissante des industries anglaises, *Manchester* (737,000 hab.), immense agglomération de filatures et d'usines, *Oldham, Bolton, Blackburn* et *Preston* (comté de Lancastre).

2° Pour celle de la **laine**, *Leeds* (360,000 hab.), qui fabrique également des fils et des tissus de lin, *Bradford* (240,000 hab.), *Halifax*, dans le comté d'York, *Leicester* (150,000 hab.), capitale du comté du même nom, *Norwich* dans le comté de Norfolk, au nord de Londres.

3° Pour celle de la **soie**, *Coventry*, dans le comté de Warwick, et *Macclesfield*, dans celui de Chester.

4° Pour les **industries métallurgiques**, *Merthyr-Tydwill*, dans le pays de Galles, avec ses forges gigantesques, *Wolverhampton* (comté de Stafford), et *Birmingham* (comté de Worcester, 500,000 hab.), avec leurs fonderies, leurs fabriques de machines, d'armes, de quincaillerie, *Sheffield* (comté d'York, 317,000 hab.), avec ses aciers et sa coutellerie.

5° Pour les **industries céramiques** (faïence, porcelaine), *Stoke* (155,000 hab.), sur le Trent, centre de l'industrie du comté de Stafford.

Si l'on ajoute à cette énumération, les innombrables manufactures de Londres, les brasseries dispersées dans tout le Royaume-Uni, les papeteries du comté de Kent, les tanneries de *Nottingham* et de Bristol, les savonneries de Liverpool, les constructions navales si actives dans tous les ports, on pourra se faire une idée de la puissance prodigieuse de l'industrie britannique qui occupe près de la moitié de la population.

A côté des grands centres d'industrie citons les universités célèbres d'*Oxford* sur la Tamise, et de *Cambridge*, la résidence royale de *Windsor*, la métropole de l'église anglicane *Canterbury*, la vieille ville d'*York* autrefois la rivale de Londres, *Chester* au nord du pays de Galles, *Exeter*, capitale du Devonshire, *Lincoln*, avec sa cathédrale du treizième siècle, *Stratford-sur-Avon* (comté de Warwick), patrie du grand poète Shakespeare, le petit port d'*Hastings* sur la Manche, célèbre par la victoire de Guillaume le Conquérant (1066).

Écosse. — L'Écosse plus saine et plus froide que l'Angleterre, est un pays de montagnes et de pâturages, entrecoupé de lacs (lac *Lomond*, lac *Katrine*, lac *Awe*, lac *Leven*, popularisés par le grand romancier Walter Scott), et de vallées pittoresques, mais où ne réussissent guère d'autres cultures que celles du lin, de l'orge et de la pomme de terre ; il est vrai que les richesses minérales compensent la pauvreté du sol, et ne le cèdent pas à celles de l'Angleterre.

L'ancienne capitale est **Édimbourg** (265,000 hab.), qui a pour port la ville de *Leith* à l'embouchure du Forth. Situé sur une hauteur que couronne l'antique château des rois d'Écosse, Édimbourg se compose d'une ville neuve, aux larges rues et aux squares aristocratiques, et de l'ancienne cité, la *Vieille Enfumée*, comme l'appellent les Écossais, avec ses maisons de dix étages entassées sur les flancs du rocher.

Édimbourg le cède par sa population et son importance à *Glasgow* sur la Clyde (700,000 hab.), le premier port et la première ville industrielle de l'Écosse, avec ses forges et ses hauts-fourneaux, ses manufactures de coton et de lainages, ses verreries et ses chantiers de construction maritime (*Greenock*), sans rivaux dans la Grande-Bretagne.

Les ports de *Dundee* (155,000 hab.), et d'*Aberdeen* sur la mer du Nord, et la ville de *Perth* se livrent au tissage et à la filature du lin. On doit encore citer *Inverness* sur le golfe de Moray, *Stirling*, ancienne résidence des rois d'Écosse, *Paisley*, près de Glasgow, grande ville manufacturière.

Irlande. — L'Irlande, accidentée au nord et au sud, plate et marécageuse au centre, possède de belles prairies et cultive les céréales, la pomme de terre et le lin; mais l'Angleterre a longtemps traité l'Irlande catholique en pays conquis, et une politique plus humaine et plus libérale n'a pu encore effacer les traces de longs siècles d'oppression et de misère.

La capitale est le port de **Dublin** (245,000 hab.), sur la mer d'Irlande, à l'embouchure de la Liffey, dans l'ancienne province de *Leinster*. Dublin possède d'importantes fabriques de toiles et de soieries.

Les autres ports, qui presque tous vivent de la fabrication des toiles ou du commerce du beurre, sont : sur la mer d'Irlande, *Belfast* (255,000 hab.), le centre de l'industrie linière; sur l'Atlantique *Londonderry*, au nord de l'ancienne province d'*Ulster*; *Galway*, dans le *Connaught*; *Limerik*, sur le Shannon, à l'ouest de l'Irlande, et *Cork*, au sud, dans l'ancienne province de *Munster*.

Population. — La population de la Grande-Bretagne dépasse 38 millions d'habitants, dont plus de 29 millions pour l'Angleterre, près de cinq pour l'Irlande et plus de quatre pour l'Ecosse. La langue anglaise où dominent les racines germaniques combinées avec de nombreux éléments empruntés au français est celle de l'immense majorité; il existe encore en Irlande, dans le pays de Galles, et en Écosse des traces des dialectes gaëliques.

Religion. — La religion dominante est le protestantisme qui se divise en plusieurs sectes; les principales sont, le *culte anglican*, religion officielle de l'Angleterre, et le *presbytérianisme*, répandu surtout en Écosse. On compte 5 ou 6 millions de catholiques, surtout en Irlande.

Gouvernement. Le gouvernement est une *monarchie parlementaire*. Le souverain partage le pouvoir avec un *parlement* composé de deux chambres : l'une élective, celle des *Communes*, l'autre héréditaire ou à la nomination du souverain, celle des *Lords*. La responsabilité des actes du gouvernement appartient aux ministres nommés par le souverain, mais désignés à son choix par les votes du parlement.

Voies de communication, commerce. — La Grande-Bretagne doit à ses productions naturelles, à son immense industrie, à ses nombreuses voies de communication (5,000 kilom. de canaux, 37,000 kilom. de chemins de fer), à sa flotte de 24,000 navires, dont plus de 7,000 à vapeur, un mouvement d'échanges qui dépasse annuellement 19 milliards.

Finances, armée, marine. — Le budget annuel de l'État s'élève à environ 3 milliards et demi en recettes et en dépenses ; le capital de la dette publique dépasse 18 milliards. Il faut ajouter au budget de l'État celui des administrations locales qui dépasse 1,675 millions.

L'armée régulière se recrute par enrôlements volontaires, la durée du service est de douze ans ; l'effectif est d'environ 220,000 hommes en temps de paix.

Il existe en outre une sorte d'armée territoriale destinée à la défense intérieure du royaume, et qui se compose d'une cavalerie dite *yeomanry* (de *yeoman*, petit propriétaire), d'une *milice* astreinte à des exercices annuels, et de *volontaires* ; l'effectif total est de 260,000 hommes.

Les équipages de la flotte, qui se recrutent également par des enrôlements volontaires, et les *troupes de marine* comptent environ 80,000 hommes ; la flotte se compose de 80 navires cuirassés, 330 navires à vapeur non blindés et 150 torpilleurs.

Instruction publique. — L'instruction primaire, obligatoire dans tout le royaume, est développée surtout en Écosse.

L'instruction secondaire se donne dans des collèges dépendants des universités et dans des établissements particuliers. Le plus célèbre est celui d'*Eton*. L'instruction supérieure est donnée dans douze universités dont les plus fréquentées sont celles d'Oxford, de Cambridge, de Londres, d'Édimbourg et de Dublin.

Colonies. — L'Angleterre possède en *Europe* : *Gibraltar* en Espagne, et l'île de *Malte*, dans la Méditerranée.

Les colonies ou possessions de la Grande-Bretagne hors de l'Europe sont :

En *Asie*, l'île de Chypre, Aden en Arabie, l'Inde, une

partie de l'Indo-Chine, Hong-Kong et Weï-haï-Weï (Chine);

En *Afrique*, les comptoirs du Sénégal et de la Guinée, l'île Sainte-Hélène, l'île Maurice, les protectorats du Soudan et les immenses territoires de la colonie du Cap;

En *Amérique*, la confédération canadienne, Terre-Neuve, les Bermudes, les Lucayes, la Jamaïque, la plupart des Petites-Antilles et la Guyane anglaise;

En *Océanie*, l'Australie, la Nouvelle-Zélande, une partie de la Nouvelle-Guinée, de Bornéo et de nombreux archipels.

La superficie totale des colonies britanniques est de 30,000,000 de kilomètres carrés, et la population de plus de 300 millions d'habitants.

RÉSUMÉ.
Région du nord-ouest.

I. Le ROYAUME-UNI DE GRANDE-BRETAGNE ET D'IRLANDE est situé entre l'Atlantique au nord et à l'ouest, la Manche au sud, et la mer du Nord à l'est. La superficie totale est de 315,000 kilomètres carrés. Les *îles* Orcades, Shetland, Hébrides dans l'Atlantique, de Man et Anglesey dans la mer d'Irlande, Sorlingues, Wight, et l'archipel anglo-normand dans la Manche lui appartiennent.

L'*Angleterre* proprement dite est un pays de plaines ou de collines : l'*Ecosse* (point culminant, le Ben-Nevis dans les Grampians, 1,335 mètres) et le *Pays de Galles* (point culminant, 1,100 mètres) sont des pays de montagnes. L'*Irlande* est plate au centre et accidentée sur la côte (point culminant, 900 mètres.)

Les principaux *fleuves* sont la Tamise, l'Humber (Angleterre), le Forth, le Tay (Ecosse), dans le versant de la mer du Nord ; la Severn (Angleterre) et la Clyde (Ecosse), dans l'Atlantique ; la Mersey (Angleterre) dans la mer d'Irlande ; le Shannon, en Irlande, dans l'Atlantique.

II. La Grande-Bretagne (*Britannia*) a été peuplée par des tribus de race gauloise et conquise successivement par les Romains, les Anglo-Saxons et les Normands. L'Irlande a été réunie au royaume d'Angleterre au douzième siècle, l'Ecosse au dix-huitième.

Le royaume se divise en 117 comtés.

La *Capitale* est Londres, sur la Tamise (5,000,000 d'habit.), la plus grande ville du monde. *Villes principales* : Hull, Newcastle, Sunderland, sur la mer du Nord ; Liverpool, sur la mer d'Irlande; Bristol, sur le golfe de la Severn; Plymouth, Portsmouth, Southampton, Douvres, sur la Manche; Manchester, Leeds, Bradford, Halifax, Birmingham, Sheffield, centres industriels; York, Cantorbéry, Oxford, Cambridge en ANGLETERRE. — Edimbourg, sur le Forth; Dundee, Aberdeen, sur la mer du Nord; Glasgow, sur la Clyde (Atlantique), en ECOSSE. — Dublin et Belfast, sur la mer d'Irlande; Cork et Limerick, sur l'Atlantique, en IRLANDE.

Population : 38,000,000 d'habitants. — 120 habitants par kilomètre carré.

Le *gouvernement* est une monarchie parlementaire avec deux chambres, celle des *Communes* et celle des *Lords*. — La *religion* est protestante en Angleterre et en Ecosse, catholique en Irlande. — *Commerce extérieur*, 19 milliards. — *Chemins de fer*, 37,000 kilomètres. — *Capital de la dette publique*, 18 milliards. *Armée*, recrutée par enrôlement volontaire, 220,000 hommes sur le pied de paix. — *Flotte*, la première du monde. — *Colonies*, 30 millions de kilomètres carrés et plus de 300 millions d'habitants.

Exercices.

Tracer au tableau la carte physique de la Grande-Bretagne. — Indiquer la position des principales villes.

CHAPITRE II

I. — ROYAUME DE BELGIQUE.

(Superficie 29,500 k. c.)

Limites. — Le royaume de Belgique est borné, au nord, par les Pays-Bas; à l'est, par la Prusse rhénane et le grand-duché de Luxembourg; au sud, par la France; à l'ouest, par la mer du Nord.

Description physique. — La Belgique, dont le sol est peu accidenté, est traversée par la prolongation des *Ardennes orientales* et des *Ardennes occidentales* (*collines de Belgique*). Elle est arrosée à l'est, par la *Meuse*, qui reçoit sur sa rive droite, l'*Ourthe*, et sur sa rive gauche, la *Sambre*; à l'ouest, par l'*Escaut*, qui reçoit à gauche la *Lys*, à droite la *Dender* et le *Rupel*, formé des deux

Nèthes, de la *Dyle* et de la *Senne*. De nombreux canaux réunissent ces deux fleuves et leurs affluents et contribuent, avec un réseau de chemins de fer de plus de 4,500 kilomètres, à la facilité des communications.

Formation territoriale. — Le territoire qui constitue aujourd'hui le royaume de Belgique n'était qu'une partie de l'ancienne *Gaule Belgique* à laquelle il doit son nom. Au moyen âge, après la dissolution de l'empire franc, il se divisa en fiefs, comté de Flandre, duché de

Carte XXII.

Brabant, comtés de Hainaut, de Namur, de Luxembourg, etc., qui relevaient, les uns du royaume de France, les autres de l'empire d'Allemagne. Réunis entre les mains de la maison de Bourgogne, ils passèrent, par un mariage, dans la maison d'Autriche, et restèrent sous la dépendance de la branche espagnole de cette maison, jusqu'à son extinction. Les traités d'Utrecht (1713) donnèrent les Pays-Bas espagnols à la branche allemande de la maison d'Autriche qui les conserva jusqu'en 1794. Conquis par les armées de la république française, ils furent annexés à la France et divisés en départements. Les traités de 1815 les réunirent à la Hollande, sous le nom de royaume des Pays-Bas et les attribuèrent à la maison d'Orange. Une révolution qui éclata en 1830, eut pour conséquence la séparation de la Hollande et de la Belgique qui forme, depuis 1831, un royaume indépendant.

Divisions politiques. Productions et industrie. — La Belgique a pour capitale **Bruxelles**, sur la Senne (500,000 hab. avec les faubourgs), grande et belle ville, assainie et transformée depuis quelques années, mais qui a conservé de nombreux monuments du moyen âge, sa cathédrale Sainte-Gudule, son Hôtel de ville et beaucoup de maisons du quinzième et du seizième siècle. La Belgique se divise politiquement en 9 provinces.

Celles de l'**ouest**, la **Flandre occidentale**, que baigne la mer du Nord, et la **Flandre orientale** qu'arrose l'Escaut, sont basses, humides, coupées d'innombrables canaux, couvertes de prairies, de tourbières et de marais desséchés où croissent aujourd'hui les céréales, le lin, le tabac, le colza et le houblon. C'est le berceau de cette industrie qui porta si haut la richesse et la puissance de la Flandre, et dont les centres sont : dans la **Flandre occidentale**, *Bruges*, le chef-lieu, l'une des villes qui a le mieux conservé la physionomie des vieilles cités flamandes, et *Ypres* avec leurs tanneries et leurs dentelles, *Courtrai* (bataille de 1302), sur la Lys et *Roulers*, avec leurs toiles, et le port d'*Ostende* avec ses riches pêcheries ; dans la **Flandre orientale**, *Gand*, sur l'Escaut, chef-lieu de la province (159,000 hab.), autrefois la plus puissante commune de Flandre, *Renaix*, avec ses manufactures de coton et de lin, *Grammont*, avec ses dentelles noires, *Saint-Nicolas*, avec ses lainages, *Audenarde*, sur l'Escaut (bataille de 1708).

Des deux provinces du **nord**, l'une, le **Limbourg** (capitale *Hasselt*), est une région insalubre et marécageuse; l'autre, la province d'**Anvers**, rachète par l'activité de son commerce la médiocre qualité du sol. *Anvers*, sur l'Escaut (267,000 hab.), est le premier port de commerce de la Belgique et l'un des grands marchés européens, et *Malines*, sur la Dyle, a été longtemps le centre de la fabrication des dentelles.

Les provinces **méridionales** et **centrales**, le **Hainaut** (capitale *Mons*), le **Brabant** (capitale *Bruxelles*) et la province de **Namur** (capitale *Namur*, sur la Meuse), sont sillonnées de vallées peu profondes, couvertes de prairies et de champs de blé ou de betteraves qu'entourent des clôtures d'arbres et qu'interrompent çà et là quelques forêts. Les produits de l'agriculture, les riches houillères du Hainaut, les mines de fer, les carrières de marbres et de pierres à bâtir, y ont créé une industrie qui le dispute à celle de l'Angleterre; dans le **Hainaut**, les forges, les verreries de *Mons* et de *Charleroi*, sur la Sambre, la poterie de *Tournai*, sur l'Escaut; dans la province de **Namur**, la coutellerie et les produits chimiques de *Namur*; dans le **Brabant**, les fabriques de machines de *Bruxelles*. Cette partie de la Belgique a servi, depuis le seizième siècle, de champ de bataille à l'Europe : il est peu de villes ou de villages qui ne rappellent des souvenirs glorieux et sanglants : *Senef* (1674), *Steinkerque* (1692), *Fleurus* (1690-1794-1815), *Fontenoy* (1745), *Jemmapes* (1792) dans le Hainaut, *Ramillies* (1706), *Waterloo* (1815) dans le Brabant, *Ligny* (1815), *Dinant* dans la province de Namur, etc.

Les provinces de l'**est**, **Liège** (capitale *Liège*, sur la Meuse) et **Luxembourg** belge (capitale *Arlon*), sont les plus accidentées de la Belgique. Des plateaux sablonneux, des forêts, des bruyères, des ravins étroits, des vallées profondément encaissées où coulent la Meuse et ses affluents, tel est l'aspect de cette région où l'éducation du mouton et l'exploitation des houillères, des mines de fer et de zinc, ont développé deux grandes industries, celle des draps et des lainages à *Verviers* (province de Liège), et celle du fer, de l'acier, de la fabrication des armes et des machines, à *Liège* (165,000 hab.), célèbre aussi par son Université qui rivalise avec celles de *Bruxelles* et de *Louvain* (Brabant). *Spa*, près de Liège, est connu par ses eaux minérales.

Population. — Religion. — Gouvernement. — La population de la Belgique est de 6,411,000 habitants. Dans les provinces de l'ouest et du nord, et dans une partie du Brabant on parle un dialecte d'origine germanique, le flamand; dans les provinces du sud et de l'est, dites wallonnes, la langue est le français.

Le catholicisme est la religion dominante, bien que les protestants soient assez nombreux.

Le gouvernement est une monarchie constitutionnelle. Le souverain partage le pouvoir avec deux Chambres, la Chambre des députés et le Sénat, toutes deux électives.

L'instruction primaire en Belgique, malgré le nombre des écoles, laisse encore à désirer. Les universités (enseignement supérieur) sont au nombre de quatre : Gand, Liège, Bruxelles et Louvain.

L'armée belge, qui n'est destinée qu'à protéger la neutralité de la Belgique reconnue par les puissances européennes, est de 138,000 hommes sur le pied de guerre. Elle se recrute par les engagements volontaires et la conscription.

Le commerce de la Belgique s'élève en moyenne à plus de 4 milliards.

II. — ROYAUME DES PAYS-BAS (*Nederland*).

(Superficie : 32,900 k. c.)

Limites. — Le royaume des Pays-Bas ou Hollande est borné, au nord et à l'ouest, par la mer du Nord qui forme le golfe de *Zuiderzée;* au sud, par la Belgique; à l'est, par les États prussiens.

Description physique. — La Hollande est un

pays plat, marécageux, dont une partie n'est protégée que par des digues contre l'invasion de la mer, et que sillonnent d'innombrables canaux et trois grands fleuves : l'*Escaut*, qui se divise à son embouchure en Escaut oriental et Escaut occidental, la *Meuse* et le *Rhin*, divisé en plusieurs bras dont les deux principaux, le *Lek* et le *Waal*, se confondent avec la Meuse, tandis que d'autres, moins importants, se jettent dans le Zuiderzée (l'*Yssel*) ou dans la mer du Nord (le *Vieux-Rhin*).

Carte XXIII.

Formation territoriale. — Le pays qui forme aujourd'hui le royaume des Pays-Bas, portait, en partie, le nom de *Batavia*, et était habité par des populations germaniques tributaires de l'empire romain. Soumis aux Francs, il se divisa, comme la Belgique, après la dissolution de l'empire carlovingien, en fiefs qui relevaient des souverains de l'Allemagne; de la maison de Bourgogne, il passa à la maison d'Autriche en même temps que les provinces belges et devint comme elles une possession des rois d'Espagne; mais il se souleva contre eux au seizième siècle et se constitua en république indépendante, sous le nom de Provinces-Unies. Au dix-septième siècle, les Provinces-Unies devinrent la première puissance commerçante et maritime de l'Europe, mais ne tardèrent pas à voir leur prépondérance menacée par la rivalité de la France et la concurrence de l'Angleterre. Sous Napoléon Ier, elles furent un moment réunies à l'empire français; les traités de 1815 leur rendirent leur indépendance et en firent le royaume des Pays-Bas; la perte de la Belgique, en 1830, a réduit le royaume à ses limites actuelles.

Divisions politiques. — Le siège du gouvernement est *la Haye* (185,000 hab.), ville élégante, et à demi française, mais la vraie capitale est *Amsterdam*, la vieille cité hollandaise, avec ses canaux, ses ponts, ses bassins encombrés de navires, ses admirables musées et ses maisons de bois et de briques à pignons sculptés.

Le royaume des Pays-Bas se divise en onze provinces. Il doit sa prospérité à l'agriculture et surtout au commerce beaucoup plus qu'à l'industrie; son sol humide se prête à l'éducation des chevaux et du bétail (fabrication du fromage), et à la culture du lin, du tabac, des légumes; sa situation maritime, ses fleuves, ses canaux ont développé la navigation et l'industrie de la pêche, où pendant longtemps les Hollandais n'ont pas eu de rivaux.

Huit provinces sur onze sont baignées par la mer du Nord: 1° la **Zélande**, capitale *Middelbourg*, ville principale *Flessingue*, dans l'île de Walcheren, sur l'Escaut.

2° La **Hollande** méridionale, capitale *la Haye*, villes principales, *Leyde* sur le Rhin, patrie du peintre Rembrandt; *Dordrecht* et *Rotterdam* sur la Meuse (276,000 hab.), le second port des Pays-Bas, *Delft*, célèbre par ses faïences, *Schiedam* par ses distilleries de genièvre.

3° La **Hollande septentrionale**, capitale *Haarlem*,

célèbre par ses jardins : villes principales, *Amsterdam*, sur le Zuiderzée, l'une des premières places de commerce du monde (456,000 hab.), *Saardam* où habita Pierre le Grand, et le port du *Helder*.

4° La province d'**Utrecht**, capitale *Utrecht*, sur le Rhin, célèbre par les traités de 1713.

5° La **Gueldre**, capitale *Arnheim* sur le Rhin, ville principale *Nimègue* sur le Wahal (traités de 1678).

6° L'**Over-Yssel**, capitale *Zwolle*; 7° la **Frise**, capitale, *Leeuwarden*; ville principale, *Harlingen* sur le Zuiderzée; 8° la *province* de **Groningue**, capitale *Groningue*.

Des trois provinces continentales, l'une, la **Drenthe** capitale *Assen*, n'est qu'un vaste marécage.

Les deux autres le **Brabant septentrional**, capitale *Bois-le-Duc*, villes principales *Berg-op-Zoom*, *Breda* et *Tilbourg*, le **Limbourg hollandais**, capitale *Maëstricht*, place forte sur la Meuse, sont rattachées aux provinces maritimes par le cours de la Meuse et de nombreux canaux.

Population. Religion. Gouvernement. Notions de statistique. — La population de la Hollande est de 4,620,000 habitants ; la langue nationale, le hollandais, est un dialecte germanique. Le *protestantisme* calviniste est la religion dominante. Le gouvernement est une monarchie constitutionnelle. Le pouvoir législatif est exercé par les États généraux composés de deux chambres électives. — La Hollande compte plus de 4,000 écoles primaires, 66 gymnases d'enseignement secondaire et trois universités : Leyde, Utrecht et Groningue.

L'*armée permanente* se compose d'enrôlés volontaires et d'un supplément fourni par la *milice*. Cette dernière comprend tous les jeunes gens au-dessus de dix-neuf ans et le contingent annuel est désigné par le sort ; mais le remplacement est permis. L'effectif sur le pied de guerre est de 125,000 hommes.

La *flotte* compte 140 vapeurs.

Le *budget* annuel dépasse 300 millions, et le capital de la dette approche de deux milliards et demi.

Le *commerce* extérieur de la Hollande atteint quatre milliards et demi.

Colonies. — Les possessions coloniales des Pays-Bas sont : en Amérique, la *Guyane* hollandaise, *Saint-Eustache*, *Saba*, *Curaçao*, et une partie de *Saint-Martin* aux Antilles ; en *Océanie*, la plus grande partie de l'archipel malais.

La superficie totale des colonies est de 1,980,000 kilomètres carrés et la population de 30 millions d'habitants.

Le Grand-Duché de Luxembourg (2,587 kilomètres carrés, 217,000 hab.), enclavé entre la Belgique à l'ouest, la France au sud-ouest, l'Allemagne au sud, à l'est et au nord, était une possession personnelle du roi des Pays-Bas, aujourd'hui gouvernée par une dynastie indépendante. C'est un pays accidenté, sillonné en tous sens par les rameaux des Ardennes, boisé et riche en minières de fer. Il est arrosé par la *Moselle* et par son affluent la *Sûre*, grossie elle-même de l'*Our*, à gauche, et de l'*Alzette* à droite.

La capitale est *Luxembourg* (20,000 hab.), sur l'Alzette, autrefois une des places les plus fortes de l'Europe ; les villes principales : *Diekirch*, sur la Sûre, et *Remich*, sur la Moselle.

Une partie de la population du Luxembourg parle le français ; mais la majorité se sert d'un dialecte germanique. Presque toute la population est catholique.

RÉSUMÉ

I

Belgique.

Le royaume de Belgique est borné par la France au sud, l'Allemagne à l'est, les Pays-Bas au nord, la mer du Nord à l'ouest.

C'est un pays de plaines, sauf dans la partie orientale sillonnée par les rameaux des Ardennes.

La Belgique est arrosée par l'Escaut et ses affluents : la Lys, la Dender et le Ruppel, et par la Meuse avec ses affluents : la Sambre et l'Ourthe. La superficie est de 29,500 kilomètres carrés.

La Belgique faisait partie de l'ancienne Gaule ; elle formait, au moyen âge, plusieurs fiefs qui furent réunis d'abord entre les mains de la maison de Bourgogne, puis passèrent aux rois d'Espagne de la maison d'Autriche, et, plus tard, aux empereurs allemands de la même maison. Annexée à la France en 1794, puis à la Hollande en 1815, elle forme, depuis 1831, un royaume indépendant.

Elle se divise en neuf provinces. Au centre : 1° *Brabant*, capitale *Bruxelles* (500,000 habitants), capitale du royaume ; villes principales : Louvain, Waterloo ; 2° *Flandre orientale*, capitale Gand (159,000 habitants) ; 3° *Flandre occidentale*, capitale Bruges ; villes principales : Courtrai, Ostende, sur la mer du Nord ; 4° au sud, le *Hainaut*, capitale Mons ; villes principales : Charleroi, Tournai, Fontenoy, Fleurus ; 5° *Province de Namur*, capitale Namur ; 6° à l'est, le *Luxembourg*, capitale Arlon ; 7° la *province de Liège*, capitale Liège (165,000 habitants) ; ville principale : Verviers ; 8° au nord, le *Limbourg*, capitale Hasselt ; 9° la *province d'Anvers*, capitale Anvers (267,000 habitants), le principal port de la Belgique ; ville principale : Malines.

La *population* dépasse 6,411,000 habitants, 203 par kilomètre carré.

Le *gouvernement* est une monarchie constitutionnelle, avec un sénat et une chambre des députés.

La *religion* est en majorité catholique.

La Belgique est un pays neutre ; son armée est d'environ 138,000 hommes. — Elle compte parmi les premières puissances industrielles et commerciales de l'*Europe*.

II

Pays-Bas ou Hollande.

Le royaume des Pays-Bas est borné, au nord et à l'ouest, par la mer du Nord ; au sud, par la Belgique ; à l'est, par l'Allemagne.

C'est un pays de plaines basses et marécageuses, arrosé par la Meuse, le Rhin, et coupé de plusieurs canaux.

La Hollande portait autrefois le nom de *Batavia* ; au moyen âge, elle était divisée en fiefs qui relevaient de l'empire d'Allemagne et qui tombèrent, comme la Belgique, aux mains de la maison de Bourgogne, puis de la branche espagnole de la maison d'Autriche. Les provinces hollandaises se soulevèrent au seizième siècle et formèrent la république indépendante des Provinces-Unies, devenues, depuis 1815, le royaume des Pays-Bas. La superficie est de 32,900 kilomètres carrés.

Les Pays-Bas se divisent en onze provinces : 1° à l'ouest, la *Hollande méridionale*, capitale LA HAYE, résidence du gouvernement (185,000 habitants) ; villes principales : Rotterdam, grand port sur la Meuse, et Leyde ; 2° la *Hollande septentrionale*, capitale Haarlem ; villes principales : *Amsterdam* (456,000 habitants), le premier port et la vraie capitale de la Hollande ; 3° la *Zélande*, capitale Middelbourg ; ville principale Flessingue ; 4° au sud, le *Brabant* hollandais, capitale Bois-le-Duc ; ville principale Tilbourg ; 5° le *Limbourg*, capitale Maestricht sur la Meuse ; 6° à l'est, la *Gueldre*, capitale Arnheim ; ville principale Nimègue ; 7° la province d'*Utrecht*, capitale Utrecht ; 8° au nord, l'*Over Yssel*, capitale Zwolle ; 9° la *Drenthe*, capitale Assen ; 10° la *Frise*, capitale Leeuwarden ; 11° la province de *Groningue*, capitale Groningue.

La *population* est de 4,620,000 habitants, 135 par kilomètre carré.

Le *gouvernement* est une monarchie constitutionnelle avec deux chambres.

La *religion* de la majorité est le protestantisme.

L'*armée* compte, en temps de guerre, environ 180,000 hommes ; la flotte, 129 vapeurs.

Les *colonies* de la Hollande ont une superficie de 1,980,000 kilomètres carrés et une population de 30 millions d'habitants. La Hollande a peu d'industrie, mais un commerce très actif et une agriculture florissante.

Le GRAND-DUCHÉ DE LUXEMBOURG, capitale *Luxembourg*, situé entre la Belgique, la France et l'Allemagne, était une possession personnelle du roi des Pays-Bas, aujourd'hui indépendante (215,000 habitants, 83 par kilomètre carré).

CHAPITRE III

RÉGION CENTRALE.

1. — ALLEMAGNE (*Deutschland*).

(Superficie : 450,792 k. c.)

Limites et étendue de l'Allemagne. — Le nom

général d'Allemagne (Deutschland) doit être appliqué à l'immense pays d'aspects très divers, qui est compris entre les mers Baltique et du Nord d'une part, la mer Adriatique, la Save et le Danube de l'autre, et qui s'étend du Rhin à la Vistule. Comprenant politiquement l'empire d'Allemagne et l'Autriche-Hongrie, il présente deux parties très différentes l'une de l'autre par les caractères physiques, le climat et les intérêts politiques.

A l'exception de quelques légères ondulations vers le *Rhin* et le *Weser*, l'Allemagne du nord, située au nord du plateau de Bohême et du Mayn, est une vaste plaine souvent sablonneuse et marécageuse, au climat âpre et dur, au sol généralement peu fertile; les intérêts politiques de ce pays sont principalement tournés vers les frontières de l'est et de l'ouest.

L'Allemagne du sud, au contraire, qui correspond à la partie orientale de la chaîne des Alpes et à la vallée du Danube, est montueuse, accidentée; le climat, encore assez rigoureux dans les régions élevées, est plus doux dans les vallées; depuis son exclusion de l'Allemagne, en 1866, l'Autriche s'efforce de s'ouvrir des débouchés vers l'Adriatique et l'Archipel (acquisition de la Bosnie et de l'Herzégovine, 1878; prétentions sur la Macédoine et Salonique).

Les frontières de l'empire d'Allemagne sont presque partout conventionnelles. Au nord : la mer du Nord, le Danemark et la mer Baltique; à l'est : la Russie; au sud : l'Autriche-Hongrie et la Suisse; à l'ouest : la France, la Belgique et les Pays-Bas.

Par sa superficie qui approche de 541,000 kilomètres carrés, l'Allemagne du nord est un peu plus étendue que la France, dont depuis longtemps elle a considérablement dépassé la population : elle compte en effet à l'heure actuelle plus de 53 millions d'habitants.

Relief du sol. — Le relief du sol est particulièrement sensible dans les parties méridionale et occidentale de l'Allemagne. Au sud, elle touche aux monts de Lusace et des Mines qui forment le talus septentrional du plateau de Bohême. Entre l'Elbe et le Weser se développent les collines et plateaux qui constituent le système Hercynien (Frankenwald, Thuringerwald, Rhône Gebirge, Wogelsgebirge, Harz). Enfin, la vallée moyenne du Rhin est entourée à droite par la Forêt Noire (Feldberg, 1,495 m.), le Taunus et le Westerwald; à gauche par les Vosges (Ballon de Guebwiller, 1,426 mètres), le Hunsruck et l'Eifel.

L'Allemagne du sud est sillonnée par les ramifications des Alpes qui s'abaissent vers le Danube, par le plateau bavarois.

Description physique. — L'Allemagne est divisée en deux versants, celui de la mer du Nord et de la Baltique au nord, et au sud celui de la mer Noire.

1° Le **versant de la mer Noire** appartient tout entier au bassin supérieur du *Danube* (*Donau*), qui prend sa source dans la *Forêt-Noire* (grand-duché de Bade) et traverse de l'est à l'ouest le Wurtemberg et la Bavière avant d'entrer en Autriche. Le fleuve reçoit, à droite, les eaux des *Alpes Algaviennes* par les torrents de l'*Iller*, du *Lech* et de l'*Isar*, et celles des *Alpes Rhétiques* par la puissante rivière de l'*Inn*, sortie d'un lac de la haute Engadine (Suisse), et dont la vallée supérieure (Engadine, Tyrol) appartient à la Suisse et à l'Autriche, le cours inférieur à la Bavière.

2° Le versant de la **mer du Nord** comprend trois grands fleuves :

Bassin du Rhin. — Le bassin du Rhin ne le cède en étendue qu'à ceux du Danube et du Volga. Alimenté par les neiges et les glaces du *Saint-Gothard*, le fleuve court d'abord du sud au nord dans une vallée étroite qui appartient à la Suisse, traverse le *lac de Constance* (*Bodensee*), se dirige vers l'ouest jusqu'à Bâle, en séparant la Suisse du grand-duché de Bade, se détourne brusquement vers le nord, depuis Bâle jusqu'à son confluent avec le *Main*, et coule dans une vallée encaissée entre la chaîne des *Vosges* sur la rive gauche et celle de la *Forêt-Noire* sur la rive droite.

Dans cette partie supérieure de son cours il ne reçoit qu'un seul affluent de quelque importance, sur sa rive droite, le *Neckar*. A partir de son confluent avec le *Main* qui lui apporte les eaux du Jura Franconien, le Rhin incline vers le nord-ouest et coule dans une vallée pittoresque que dominent à gauche le *Soonwald* et l'*Eifel*, à droite le *Taunus* et les *Sept-Montagnes*. Il reçoit à droite la *Lahn*, la *Sieg*, la *Ruhr* et la *Lippe*, à gauche la *Nahe* et la *Moselle* grossie de la *Sarre*. La partie inférieure du bassin appartient aux Pays-Bas.

L'**Ems**, qui se jette dans la mer du Nord (Hanovre), traverse des plaines parfois marécageuses.

Le **Weser**, formé de la *Werra* et de la *Fulda*, qui descendent l'une de la forêt de Franconie (*Frankenwald*), l'autre du Vogelsberg, coule du sud au nord. Il est resserré dans la partie supérieure de son cours entre les collines qui bordent le Rhin et les hauteurs boisées connues sous le nom de *Forêt de Thuringe* (*Thuringer wald*) et de *Hartz*. Il reçoit à droite l'*Aller* grossi de la *Leine*.

L'**Elbe** prend sa source en Autriche dans les *monts des Géants*, qui se rattachent au *Jura Franconien* par les *monts Métalliques*; il franchit ces montagnes en traversant une gorge étroite (défilé de Schandau), puis coule du sud-est au nord-ouest à travers les vastes plaines de l'Allemagne du Nord. Il reçoit à gauche la *Saale* qui lui apporte les eaux des *monts Métalliques* et du *Hartz*, à droite le *Havel*, grossi de la rivière marécageuse de la *Sprée*.

3° Le **versant de la Baltique** est séparé de celui de la mer du Nord par les *monts des Géants* et par une série de plateaux ou de collines sablonneuses qui courent entre l'Elbe et l'Oder.

Il est arrosé par la *Trave*, par l'*Oder*, qui prend sa source en Autriche dans les monts *Sudètes*, reçoit à gauche la *Bober* et la *Neisse*, et coule, du sud-est au nord-ouest, jusqu'à son confluent avec la *Wartha* (rive droite), du sud au nord jusqu'à la mer; par la *Vistule* (*Weichsel*) qui se jette dans le golfe de Dantzick, et n'appartient à l'Allemagne que dans la partie inférieure de son cours ; par la *Pregel* qui reçoit l'*Alle* et aboutit aux lagunes du *Frisches-Haff*, et par le *Niémen*, qui sépare la Prusse de la Russie.

Formation territoriale. — Les anciens connaissaient l'Allemagne sous le nom de *Germania;* elle était habitée par des peuples belliqueux et barbares, ancêtres des Allemands, que les Romains combattirent pendant des siècles, mais sans que les frontières de l'empire aient dépassé de beaucoup le Rhin et le Danube.

Au cinquième siècle après Jésus-Christ, les Germains, poussés par les Huns, se jetèrent successivement sur l'empire romain d'Occident où s'établirent les Goths, les Burgondes, les Suèves, les Vandales, les Francs, etc., pendant que des peuples slaves occupaient les contrées situées à l'est de l'Elbe et des montagnes de Bohême, abandonnées par les émigrants.

Les Francs, héritiers de l'empire romain, après avoir conquis la Gaule, imposèrent leur domination et le christianisme aux populations germaniques restées indépendantes : Thuringiens, Alamans, Bavarois, Saxons. Après le premier démembrement de l'empire de Charlemagne, l'Allemagne forma un royaume dont les souverains ressuscitèrent en leur faveur, en 962, le *saint empire romain* et furent, jusqu'au milieu du treizième siècle, les princes les plus puissants de l'Europe. Outre l'Allemagne, le Danemark, la Hongrie, la Pologne, l'Italie reconnaissaient leur suzeraineté qui s'étendait en France dans la vallée du Rhône et dans une partie de celle de la Meuse.

L'empire, morcelé à la fin du treizième siècle, se releva au seizième avec la maison d'Autriche, et le titre d'empereur resta dans cette maison jusqu'en 1806, bien qu'il fût électif (1). Napoléon Ier ayant organisé sous son pro-

(1) Il y avait en 1789 neuf électorats, les archevêchés de Trèves, Cologne et Mayence, le royaume de Bohême, le Palatinat réuni à la Bavière, les duchés de Saxe et de Bavière, le margraviat de Brandebourg, qui appartenait au roi de Prusse, et le royaume de Hanovre.

tectorat la Confédération du Rhin, qui comprenait une partie de l'Allemagne, l'empereur François II abdiqua pour prendre le titre d'empereur d'Autriche ; et les traités de 1815 ne firent pas revivre l'empire germanique. Jusqu'en 1866, l'Allemagne forma la Confédération germanique, composée de trente-huit États et dirigée par l'Autriche qui, comme la Prusse, n'y était comprise que pour une portion de ses territoires. Vaincue par la Prusse à Sadowa, l'Autriche dut renoncer définitivement à cette hégémonie (1866) ; deux Confédérations séparées par la ligne du Main : celle du Nord et celle du Sud, furent organisées sous la direction de la Prusse qui, après la guerre de 1870-71, reconstitua, par la création de l'empire d'Allemagne, l'unité allemande à son profit.

Cet empire comprend aujourd'hui vingt-six États d'étendue et d'importance fort inégales, dont quatre royaumes. Le roi de Prusse, qui est en même temps empereur héréditaire d'Allemagne, est assisté d'un chancelier d'empire, et le pouvoir législatif est partagé entre le Conseil fédéral (Bundesrath) et le Parlement (Reichstag), ce dernier nommé au suffrage universel.

ALLEMAGNE DU NORD

ROYAUME DE PRUSSE

Limites. — Le **royaume de Prusse** est borné, au nord, par la mer du Nord, le Danemark et la mer Baltique ; à l'est, par l'empire de Russie ; au sud, par l'Autriche, la Saxe, les petits duchés saxons, le royaume de Bavière et le grand-duché de Hesse-Darmstadt ; à l'ouest, par la France, la Belgique et les Pays-Bas (347,500 kilomètres carrés).

Notions historiques. — La Prusse, conquise sur des princes slaves par un ordre militaire, les chevaliers

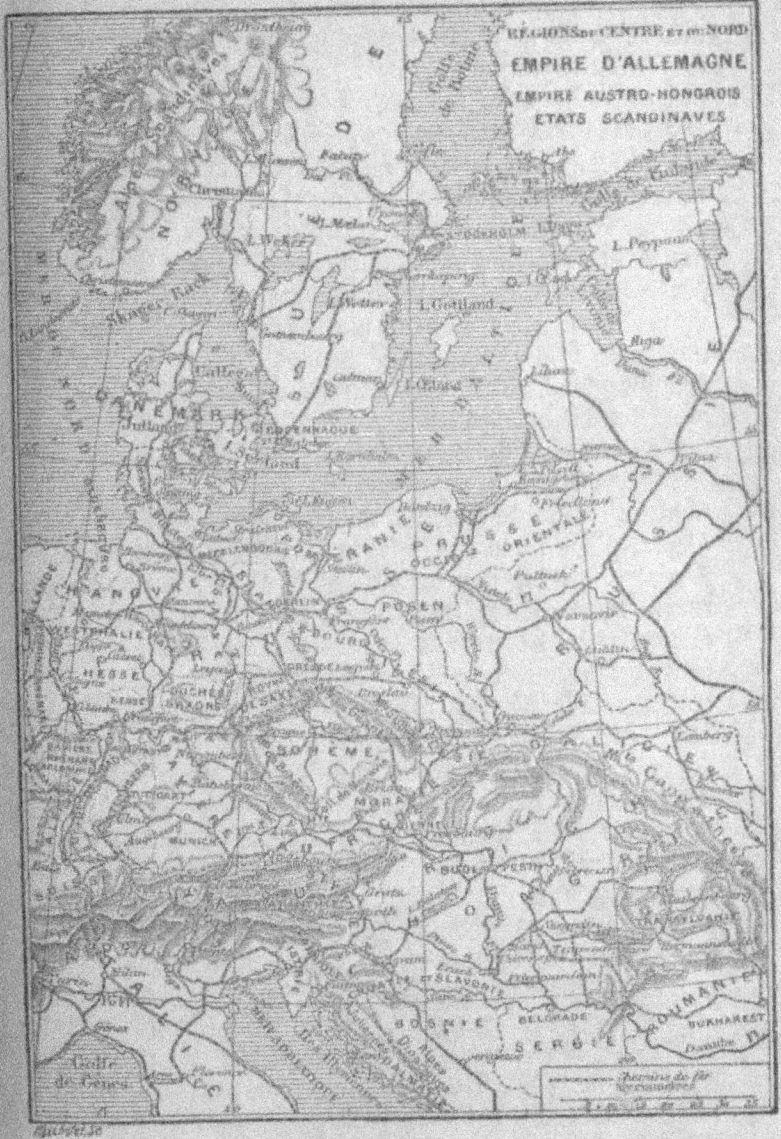

Carte XXIV.

Teutoniques, et devenue plus tard une principauté héréditaire dans la maison électorale de Brandebourg, fut érigée en royaume en 1701. Le véritable fondateur de la puissance prussienne est Frédéric II (1740-1786).

Divisions politiques. — La capitale de la Prusse est **Berlin**, sur la *Sprée* (1,880,000 habitants), la première ville manufacturière du royaume et la capitale du nouvel empire allemand. Bâtie dans une plaine sablonneuse et formée d'agglomérations successives, dont les plus anciennes datent du treizième siècle, Berlin est une ville sans caractère et qui n'a guère que des monuments modernes : le château, le musée, etc., et d'assez belles promenades. Le développement de Berlin date surtout de la fondation de l'Université.

La Prusse se divise en douze provinces.

1°, 2° et 3° Les provinces de l'**ouest** qui appartiennent au bassin du Rhin; la **Prusse rhénane**, capitale *Coblentz*, place forte sur le Rhin ; la **Westphalie**, capitale *Munster*, célèbre par les traités de 1648 : la province de **Hesse-Nassau**, capitale *Cassel*, avec le territoire de l'ancienne ville libre de **Francfort-sur-le-Main**, forment une région boisée, sillonnée de hauteurs rocheuses, de collines volcaniques (*Westerwald, Taunus*), qui semblent prolonger sur la rive droite du fleuve la chaîne de la Forêt-Noire, tandis que sur la rive gauche, les *Vosges* sous le nom de *Hardt* et le *Hundsrück*, et les *Ardennes* sous le nom d'*Eifelberg*, s'épanouissent en plateaux arides et couverts de bruyères. Une civilisation florissante s'est développée cependant au milieu de cette nature sévère et presque sauvage : sur les coteaux du Taunus et du Hundsrück se récoltent les vins du Rhin et de la Moselle : aux bords du fleuve, au pied des rochers couronnés de ruines pittoresques s'élèvent les grandes villes de *Coblentz* au confluent de la Moselle et du Rhin, de *Cologne* (320,000 hab.) connue par son immense cathédrale, ses manufactures de velours et de cotonnades et ses fabriques de machines, de *Dusseldorf* (200,000 h.), un des centres de la fabrication des draps. *Trèves* sur la

Moselle, l'ancienne capitale des Gaules, *Aix-la-Chapelle* (100,000 hab.), le séjour de Charlemagne, importante par ses monuments, ses eaux minérales et son bassin houiller, ont reconquis, grâce à l'industrie du fer et des draps, une partie de leur antique prospérité. Autour de ces métropoles se groupent les villes industrielles de *Barmen*, d'*Elberfeld*, de *Gladbach*, de *Crefeld*, d'*Eupen*, avec leurs fabriques de velours et de tissus de coton; d'*Essen*, de *Remscheid*, de *Duisbourg*, de *Saarbrück*, sur la Sarre, et de *Solingen*, avec leurs usines métallurgiques alimentées par l'exploitation de riches houillères et de mines de fer et de zinc. On y remarque encore *Bonn*, sur le Rhin, université célèbre, *Clèves*, *Juliers*, capitales d'un ancien duché, et *Kreuznach*, renommé pour ses eaux minérales.

La **Westphalie** est représentée de son côté par les toiles de *Minden*, sur le Weser, et de *Bielefeld*, les bronzes d'*Iserlohn*, et de nombreux établissements métallurgiques (*Dortmund*, *Bochum*);

La **Hesse-Nassau,** par la bijouterie de *Nassau*, les tapis de *Francfort* (135,000 hab.), les imprimeries de *Wiesbaden*, ancienne capitale du duché de Nassau.

4°, 5° et 6° Les provinces du **nord : Hanovre**, baigné par la mer du Nord (capitale *Hanovre*, sur la Leine, 209,000 hab., villes principales *Osnabrück*, *Gœttingen*, sur la Leine, université, *Klausthal*, au centre des mines du Hartz, *Lunebourg*, *Hildesheim*); **Lauenbourg, Holstein** et **Sleswig** (villes principales, *Kiel*, *Sleswig*, *Glückstadt*, *Altona*, *Tonningen*), qui forment la base de la péninsule danoise; **Poméranie** (capitale *Stettin*, 120,000 hab.), sur la mer Baltique, appartiennent aux bassins de l'Ems, du Weser, de l'Elbe et de l'Oder. C'est une immense plaine, à l'aspect monotone, humide ou sablonneuse, au climat froid et brumeux, mais qui produit en abondance le lin, les céréales, la betterave, et qui nourrit les plus beaux bestiaux et les chevaux les plus robustes de l'Allemagne. Pays de commerce et d'agriculture plutôt que d'industrie, cette région possède les ports d'*Emden* (Hanovre) et de *Wilhelmshafen*, grand établissement militaire, sur la mer du Nord, de *Stade* et d'*Altona*, sur l'Elbe ; de *Kiel* (Holstein), sur la Baltique, de *Stralsund*, en face de l'île de Rügen, et de *Stettin*, à l'embouchure de l'Oder.

7°, 8° et 9° Des trois provinces de l'**est**, deux, la **Prusse occidentale** (capitale *Dantzick*) et la **Prusse orientale** (capitale *Kœnigsberg*), forment une région de marais et de pâturages arrosée par la Vistule, la Prégel et le Niémen, au sol bas et humide, aux côtes bordées de lagunes et de dunes mouvantes, assez riche, du reste, en céréales, en lin et en bestiaux, et qui a pour débouchés quatre des plus grands ports de la Baltique, *Kœnigsberg* (172,000 h.), sur la Prégel, *Elbing*, sur le *Frische-Haff*, *Dantzick*, sur la Vistule (125,000 hab.), et *Mémel*, sur le *Curische-Haff*. *Thorn* et *Eylau*, *Friedland* et *Tilsit* rappellent les glorieux souvenirs de la campagne de 1807.

La troisième, le duché de **Posen**, limitrophe de la Pologne russe, est un pays de plaines légèrement ondulées et qui produisent surtout les céréales et la betterave. La capitale est *Posen*, place forte, sur la Wartha (69,000 hab.), la principale ville *Bromberg*, sur un canal qui unit la Netze, affluent de la Wartha, à la Vistule.

10°, 11° et 12° Les provinces du **midi** et du **centre**, la **Silésie** (capitale *Breslau*, 373,000 hab., sur l'Oder), le **Brandebourg** (capitale *Potsdam*), la **Saxe** (capitale *Magdebourg*, 215,000 hab., sur l'Elbe), sont en général plus accidentées, plus saines et plus fertiles, à l'exception du Brandebourg, dont les sables et les marécages reculent devant les plantations de pins et les travaux de canalisation (bassins de l'Oder, de l'Elbe et du Weser).

La **Silésie** grâce à ses mines de houille, de fer, de zinc, à son agriculture prospère, à ses laines qui ne le cèdent qu'à celles de la Saxe, à ses raffineries de sucre de betterave, à ses forges puissantes, à ses manufactures de cotonnades, de toiles et de draps (*Breslau*, *Oppeln*, *Schweidnitz*, *Liegnitz*), est une des provinces les plus riches de la Prusse. Le **Brandebourg**, moins fertile et moins bien cultivé, possède en revanche la capitale de royaume, **Berlin**, la résidence royale de *Potsdam*, la grande ville industrielle de *Francfort-sur-l'Oder*, et rivalise par ses industries de luxe, soieries, porcelaines, draps fins, avec nos manufactures françaises.

La **Saxe** prussienne, arrosée par l'Elbe et par la Saale, et en partie couverte par le massif du Hartz qui renferme des mines de plomb, d'argent et de cuivre, est en outre le centre le plus actif de l'exploitation des salines (*Halle*, *Erfürt*), de la fabrication des sucres de betterave et de celle des draps.

Lützen, où périt Gustave-Adolphe, roi de Suède, et où Napoléon vainquit les alliés en 1813; *Rosbach*, célèbre par une défaite des Français en 1757; *Wittemberg*, où Luther commença ses prédications, *Eisleben*, sa ville natale, sont situés dans la Saxe prussienne.

Population, religion, gouvernement. — La population est de 31 millions d'habitants environ, depuis les dernières annexions : la langue est l'allemand, sauf dans la Posnanie, où le polonais domine encore. Le *protestantisme luthérien* est la religion la plus répandue; mais la Posnanie et les provinces du Rhin comptent de nombreux catholiques.

Le gouvernement est constitutionnel. Le roi partage l'exercice du pouvoir législatif avec deux chambres, l'une héréditaire, celle des seigneurs, l'autre élective, celle des députés.

Le budget s'élève à environ deux milliards et demi; le capital de la dette à sept milliards. — L'armée active, sur le pied de guerre, compte 1,200,000 hommes. — L'instruction est obligatoire. Les universités les plus célèbres sont celles de Berlin, de Breslau et de Bonn.

Alsace-Lorraine. — Aux acquisitions de la Prusse il faut ajouter une conquête récente qui n'a pas été, il est vrai, incorporée au royaume, et qui est considérée officiellement comme une dépendance directe de la couronne impériale, mais qui, en fait, n'en est pas moins une possession prussienne : c'est le gouvernement d'**Alsace-Lorraine** (capitale *Strasbourg*), enlevé à la France en

1871. Outre un agrandissement de territoire de près de 15,000 kilomètres carrés, un accroissement de population de plus de 1,500,000 habitants et une position menaçante, grâce à la position de la chaîne des Vosges et à celle de deux places fortes de premier ordre : *Strasbourg* (135,000 habitants), qui commande la vallée du Rhin, et *Metz*, qui domine celle de la Moselle, l'empire allemand doit à cette conquête l'acquisition d'immenses richesses industrielles, les houillères et les mines de fer de la Moselle, les verreries de *Forbach*, la cristallerie de *Saint-Louis*, les forges de *Stiring*, les fabriques de faïences de *Sarreguemines*, dans l'ancien département de la Moselle; les salines de la Meurthe (*Dieuze*); les établissements métallurgiques de *Strasbourg* et de *Niederbronn*, dans le Bas-Rhin ; les manufactures de *Mulhouse*, de *Sainte-Marie-aux-Mines*, de *Colmar*, de *Thann* dans le Haut-Rhin.

ÉTATS SECONDAIRES

1° Le **royaume de Saxe** (3,800,000 habitants, en majorité protestants), entre l'Autriche au sud, la Prusse à l'est et au nord, les États de *Thuringe* à l'ouest, arrosé par l'*Elbe* et séparé de la Bohême par les *monts Métalliques* et les *monts de Lusace*, a pour capitale **Dresde** (336,000 hab.), sur l'Elbe, un des foyers les plus actifs du mouvement artistique en Allemagne ; pour villes principales : *Leipzick* (400,000 hab. : batailles de 1631 et de 1813), centre de la librairie allemande et du commerce des fourrures (foires renommées) ; *Bautzen* (bataille de 1813), *Meissen*, célèbre par ses porcelaines, *Chemnitz* et *Zwickau*, par leurs draps et leurs forges, *Plauen*, par ses broderies, *Freiberg*, par ses mines de cuivre, de plomb, d'étain et d'arsenic.

2° et 3° Les grands-duchés de **Mecklembourg-Schwerin** (capitale *Schwerin*) et de **Mecklembourg-Strelitz** (capitale *Neu-Strelitz*), situés sur la Baltique, ont pour ports principaux *Rostock* et *Wismar*, débouchés des céréales et des laines du pays.

4° Le grand-duché d'**Oldenbourg**, capitale *Oldenbourg*, est situé sur la mer du Nord, à l'ouest du Wéser.

5°, 6°, 7° Les trois villes **Hanséatiques** sont : *Lubeck*, sur la Trave (Baltique), *Hambourg* (700,000 hab.), sur l'Elbe, la première place de commerce et le premier port de l'Allemagne, et *Brême* (141,000 hab.), sur le Wéser.

8° Le grand-duché de **Hesse-Darmstadt**, coupé par le Main, a pour capitale *Darmstadt*, pour villes principales *Offenbach*, sur le Main, *Worms*, sur le Rhin, et la place forte de *Mayence*, sur le Rhin.

9° Le grand-duché de **Saxe Weimar**, capitale *Weimar*, ville principale *Iéna* (bataille de 1806), est situé au sud de la Saxe prussienne, à l'ouest du royaume de Saxe.

10° à 17° Les sept principautés sont : les deux *Lippe Detmold* et *Schaumbourg*), et *Waldeck* (villes principales, *Arolsen* et *Pyrmont*), au sud du Hanovre.

Les deux *Reuss* (*Greitz* et *Schleitz*), à l'ouest de la Saxe.

Les deux principautés de *Schwarzbourg*, *Rudolstadt* et *Sonderhausen*, enclavées au milieu des duchés saxons.

18° à 22° Les cinq duchés sont ceux de *Saxe-Cobourg-Gotha*, *Saxe-Meiningen*, *Saxe-Altenbourg*, au sud de la Saxe prussienne ; celui d'*Anhalt* (capitale *Dessau*), enclavé dans cette même province, et le duché de *Brunswick* (capitale *Brunswick*), entre le Hanovre et la Saxe prussienne.

La population totale des États secondaires atteint 13 millions d'habitants, en majorité protestants.

ALLEMAGNE DU SUD

Les États de l'Allemagne du Sud sont :

1° Le **royaume de Bavière**, vaste plateau borné au nord par les duchés saxons et la Prusse ; à l'ouest, par le grand-duché de Hesse-Darmstadt, le grand-duché de Bade et le royaume de Wurtemberg ; au sud et à l'est, par l'Autriche. La capitale est **Munich** (407,000 hab.), sur l'Isar, l'un des centres intellectuels de l'Allemagne ; les principales villes sont : *Wurtzbourg*, sur le Main, *Bamberg* et *Nüremberg* (162,000 hab.) (horlogerie, verrerie, jouets d'enfants), sur le canal *Louis*, qui joint le Rhin au Danube par le Main, *Augsbourg*, sur le Lech, centre de la fabrication des draps, *Nordlingen* (1645), *Hochstett* (1704), *Ratisbonne* et *Passau*, sur le Danube, *Landshutt*, sur l'Isar.

La Bavière possède, en outre, sur la rive gauche du Rhin, à l'est de la Prusse rhénane et au nord de l'Alsace, le *Palatinat* ou *Bavière rhénane*, capitale *Spire*, sur le Rhin ; villes principales : *Landau, Germersheim, Kaiserslautern*.

La population est de 5,800,000 habitants, en majorité catholiques. Le gouvernement est une monarchie constitutionnelle, avec une Chambre des pairs et une Chambre des députés. Le budget dépasse 320 millions ; la dette 1,670,000,000. L'armée active est de 120,000 hommes sur le pied de guerre.

2° Le **royaume de Wurtemberg**, entre le grand-duché de Bade, à l'ouest et au nord-ouest, la Bavière, au nord et à l'est, la Suisse au sud, a pour capitale *Stuttgart* (158,000 hab.) et pour villes principales *Ulm*, sur le Danube (victoire de Napoléon en 1805), *Esslingen* et *Heilbronn*, villes industrielles, et *Tubingen*, université. La population est de deux millions d'habitants, en majorité protestants.

3° Le **grand-duché de Bade**, entre le Rhin, à l'ouest et au sud, la Forêt-Noire, à l'est, qui le sépare du Wurtemberg, la Hesse-Darmstadt et la Bavière, au nord, a pour capitale *Carlsruhe*, pour villes principales *Mannheim* et *Kehl*, sur le Rhin, *Constance*, sur le lac du même nom, *Bade*, l'une des villes d'eaux les plus fréquentées, *Fribourg* (victoire de Condé en 1644) et *Pforzheim*, villes industrielles, et *Heidelberg*, célèbre par son université.

La population est de 1,725,000 habitants, en majorité catholiques.

Le groupe du sud, plus accidenté et aussi bien arrosé que celui du nord, produit les céréales, la vigne, le houblon, le tabac ; le bétail, les moutons, les chevaux y sont nombreux, les mines importantes et l'industrie très active, surtout en Bavière.

Population totale de l'Allemagne. — Religions. — La population totale de l'empire d'Allemagne est de plus de 53,000,000 d'habitants, soit 97 habitants par kilomètre carré. Les protestants sont en majorité.

Institutions d'empire. — L'empire est gouverné par l'empereur, assisté du chancelier de l'empire, seul ministre responsable, du conseil fédéral (*Bundesrath*), formé des représentants des différents États, et du *Reichstag* (diète de l'empire), élu par le suffrage universel. L'accord de la majorité des deux assemblées est nécessaire pour faire une loi d'empire. Le pouvoir impérial a, dans ses attributions, les affaires étrangères, les armées de terre et de mer, les finances de l'empire, le commerce extérieur et les douanes, les chemins de fer, postes et télégraphes, considérés comme instruments de la défense nationale, le système monétaire, les poids et mesures.

Le budget de l'empire, distinct des budgets particuliers de chaque État, est alimenté par les douanes, les impôts de consommation et autres recettes.

L'armée, où le service est obligatoire et personnel (3 ans dans l'armée active, 4 dans la réserve et 12 dans la landwehr), se compose de 20 corps d'armée et compte, sur le pied de paix, 676,000 hommes et 95,000 chevaux, qui peuvent être portés, en temps de guerre, à plus de 3,000,000 de soldats.

La **marine** impériale se compose de 80 bâtiments à vapeur (sans les torpilleurs).

La **marine** marchande comprend 3,600 navires, dont plus de 1,100 à vapeur.

L'instruction publique est obligatoire dans toute

l'Allemagne, qui compte beaucoup d'écoles primaires, des écoles secondaires et vingt et une universités, dont les plus célèbres sont celles de Berlin, de Breslau, de Bonn, de Gœttingen, de Kiel (Prusse), de Leipzick (Saxe), de Munich et de Wurtzbourg (Bavière), de Heidelberg et de Fribourg (Bade), de Tubingen (Wurtemberg) et d'Iéna (Saxe-Weimar).

Zollverein. — Outre les nouveaux liens politiques, il existe entre toutes les parties de l'Allemagne un lien commercial, l'*Union douanière* ou *Zollverein* (1), qui, en supprimant les douanes particulières de chaque État, les a reportées aux limites de la Confédération. Cette union des intérêts commerciaux, jointe au développement des chemins de fer qui la sillonnent en tous sens (45,000 kil.), aux nombreux canaux qui unissent la mer du Nord et la Baltique, l'Elbe et le Niémen (canaux *Frédéric-Guillaume*, de *Finow*, de *Bromberg*, etc.), le Rhin et le Danube (canal *Louis*, du Main au Danube, par l'*Altmühl*, affluent du Danube), a donné la plus vive impulsion au commerce continental et maritime de l'Allemagne (plus de 10 milliards d'échanges, marine marchande jaugeant plus de 1,500,000 tonneaux).

RÉSUMÉ.

L'EMPIRE D'ALLEMAGNE composé, en 1871, de l'union des deux groupes de l'Allemagne du nord et de l'Allemagne du sud, déjà liés avant 1871, par l'association douanière (Zollverein), est situé entre la mer du Nord, le Danemark, la Baltique au nord, la Russie à l'est, l'Autriche-Hongrie et la Suisse au sud, la France, la Belgique et la Hollande à l'ouest.

La SUPERFICIE est de 792,000 kilomètres carrés.

L'Allemagne se divise en deux grandes régions : 1° HAUTE ALLEMAGNE (midi, centre, ouest), sillonnée par les rameaux des Alpes, par la Forêt-Noire, les Alpes de Souabe, le Jura Franconien, la forêt de Thuringe, le Harz, et limitée à l'ouest par les Vosges, à l'est par les monts de Bohême et les monts

(1) Le grand-duché de Luxembourg, bien qu'indépendant de l'empire d'Allemagne, fait partie du Zollverein.

EMPIRE D'ALLEMAGNE.

Métalliques, et la BASSE ALLEMAGNE (nord et nord-est), pays de plaines sablonneuses.

Les principaux COURS D'EAU sont dans le bassin de la mer du Nord : le *Rhin* avec ses affluents : à droite, le *Neckar*, le *Main*, la *Lahn*, la *Sieg*, la *Lippe*; à gauche, l'*Ill* et la *Moselle* grossie de la *Sarre*; — l'*Ems*, le *Weser*, l'*Elbe* grossi à droite du *Havel* qui reçoit la *Sprée*, à gauche de la *Saale*. Dans le bassin de la Baltique, l'*Oder* qui reçoit la *Wartha*; — la *Vistule*, la *Prégel* et le *Niémen*.

L'Allemagne, Germanie des anciens, a appartenu au moyen âge à l'empire franc. Depuis 843, elle a formé un royaume séparé dont les souverains ont pris, en 962, le titre d'empereurs du Saint-Empire romain. Les empereurs étaient électifs; depuis le quinzième siècle, la couronne impériale est restée dans la maison d'Autriche qui l'a abdiquée en 1806. Les traités de 1815 ont organisé à la place de l'ancien empire une confédération dirigée par une diète où les 38 États étaient représentés. La confédération a cessé d'exister en 1866 après une guerre entre la Prusse et l'Autriche qui a été exclue de l'Allemagne. En 1871, le roi de Prusse, Guillaume, a pris le titre d'empereur d'Allemagne pendant la guerre contre la France. L'empire comprend 26 États autonomes.

Le ROYAUME DE PRUSSE. *Capitale*, Berlin, capitale de l'empire (1,680,000 habitants). Il est divisé en 12 provinces : *Prusse rhénane, capitale*, Coblentz; *villes principales* : Cologne, Dusseldorf, sur le Rhin; Trèves, sur la Moselle; Aix-la-Chapelle, Barmen, Elberfeld, Crefeld, Essen; *Westphalie, capitale*, Munster; *Hesse-Nassau, capitale*, Cassel, *ville principale*, Francfort-sur-le-Main; *Hanovre, capitale*, Hanovre; *Saxe, capitale*, Magdebourg, sur l'Elbe; *Sleswig-Holstein, capitale*, Sleswig, *villes principales*, Kiel, sur la Baltique, et Altona, sur l'Elbe; *Poméranie, capitale*, Stettin, sur l'Oder; *Brandebourg, capitale*, Potsdam, *ville principale*, Berlin; *Silésie, capitale*, Breslau, sur l'Oder; *Prusse occidentale, capitale*, Dantzick; *Prusse orientale, capitale*, Kœnigsberg, sur la Prégel, *villes principales*, Friedland, Tilsit; *Posnanie, capitale*, Posen. — *Population*, 31,000,000 d'habitants. — *Gouvernement*, monarchique constitutionnel. — *Religion*, en majorité protestante.

Le ROYAUME DE SAXE. *Capitale*, Dresde, sur l'Elbe; *villes principales*, Leipzick, Chemnitz. — *Population*, 3,785,000 habitants.

Le ROYAUME DE BAVIÈRE. *Capitale*, Munich; *villes principales*, Nuremberg, Augsbourg; Ratisbonne, sur le Danube; Spire, sur le Rhin. — *Population*, 5,800,000 habitants. — *Religion*, catholique.

Le ROYAUME DE WURTEMBERG. *Capitale*, Stuttgart; *ville principale*, Ulm. — *Population*, 2 millions d'habitants.

Six grands-duchés : Mecklembourg-Schwerin et Strelitz; Oldenbourg ; Saxe-Weimar (*ville principale* : Iéna) ; Hesse-Darmstadt, *capitale* : Darmstadt, *ville principale* : Mayence sur le Rhin ; Bade, *capitale* : Carlsruhe, *villes principales* : Heidelberg, Mannheim. *Population* : 1,725,000 habitants.

Sept principautés : 2 Lippes, 2 Reuss, 2 Schwarzbourg, Waldeck.

Cinq duchés : Saxe-Cobourg Gotha, Saxe-Altenbourg, Saxe-Meiningen, Anhalt, Brunswick.

Les *trois villes hanséatiques* : Brême, sur le Weser ; Hambourg, sur l'Elbe, le premier port de l'Allemagne et du continent européen, et Lubeck, sur la Baltique.

L'*Alsace-Lorraine*, *capitale* : Strasbourg ; *villes principales* : Mulhouse, Colmar, Metz (1,641,000 habitants).

Population. — La population de l'Allemagne est de 53 millions d'habitants (97 par kilomètre carré). — Les protestants sont en majorité.

Gouvernement. — Les affaires communes à tout l'empire sont réglées par l'empereur, assisté du chancelier, du conseil fédéral et du parlement allemand.

Armée. — Le service est obligatoire et personnel ; il dure 3 ans dans l'armée active, 4 ans dans la réserve et 12 dans la landwehr. L'armée sur le pied de guerre compte 3,400,000 hommes. La marine se compose de 80 vapeurs.

Instruction. — L'instruction est très répandue en Allemagne. Il y a des écoles primaires, des écoles secondaires. Il existe en Allemagne 21 universités.

Commerce. — Le commerce de l'Allemagne s'élève à plus de 10 milliards ; les chemins de fer exploités comptent 45,000 kilomètres.

La marine marchande compte environ 3,600 navires.

Exercices.

Carte physique de l'Allemagne. — Cartes politiques de l'Allemagne en 1815, en 1866 et en 1871. — Carte du royaume de Prusse en 1815 et en 1871.

CHAPITRE IV

RÉGION CENTRALE (*Suite*).

EMPIRE AUSTRO-HONGROIS

(Superficie 676,000 kilomètres carrés).

Limites. — L'empire austro-hongrois est borné, au nord, par la Saxe, la Prusse et la Pologne russe ; à l'est, par la Russie et la Roumanie ; au sud, par la Serbie, la Turquie d'Europe, le Montenegro, et l'Adriatique, qui baigne le groupe des îles *Illyriennes* ; à l'ouest, par l'Italie, la Suisse et la Bavière.

Description physique. — La plus vaste partie de l'empire austro-hongrois appartient au bassin du *Danube*, le grand tributaire de la **mer Noire**, et les montagnes qui en dessinent la ceinture, sur le territoire autrichien, sont, au nord, les *Monts de Bohême* et de *Moravie*, le massif des *Sudètes*, la chaîne sinueuse des monts *Carpathes septentrionaux* et *orientaux* ; au sud, les *Alpes Rhétiques* et *Carniques*, avec leurs sommets neigeux, et les hauteurs boisées qui longent l'Adriatique sous le nom d'*Alpes Juliennes* et *Dinariques*. Après avoir franchi la frontière autrichienne, le Danube s'ouvre un étroit passage entre les derniers contreforts des Alpes et les monts de Bohême, puis coule dans un large lit semé d'îles boisées ou marécageuses, et continue de se diriger de l'ouest à l'est, jusqu'à ce qu'un rameau des Carpathes le rejette brusquement vers le sud ; mais à partir de son confluent avec la *Drave*, il reprend sa direction primitive, qu'il ne quittera plus qu'à peu de distance de son embouchure.

Le Danube reçoit à droite, l'*Enns* et la *Raab*, qui lui apportent les eaux des *Alpes* de *Styrie* et de *Carinthie*, la *Drave*, qui descend des *Alpes Carniques*, et la *Save*, qui prend sa source dans les *Alpes Juliennes* ; à gauche, la *Morawa*, alimentée par les neiges des *Sudètes*, le *Waag*, le *Gran* et la *Theiss*, qui naît dans les *Carpathes*, et qui, par ses nombreux affluents, le *Koros*, le *Maros*, etc., reçoit presque toutes les eaux du versant méridional de ce vaste système de montagnes, tandis que celles du revers septentrional se partagent entre la *Vistule*, le *Dniester* et les affluents du bas Danube (*Aluta*, *Pruth*, *Sereth*), dont l'Autriche ne possède que le cours supérieur.

L'*Oder*, qui sort des monts *Sudètes*, l'*Elbe*, qui vient des monts des *Géants*, enfin, l'*Adige*, qui naît dans les *Alpes Rhétiques*, n'appartiennent à l'Autriche, comme le *Dniester* et la *Vistule*, que dans la partie supérieure de leur cours.

Formation territoriale. — **L'Autriche** (*OEsterreich*, pays de l'est) doit son nom à une des marches ou provinces frontières de l'empire germanique, au moyen âge.

La **Hongrie** tire le sien d'un peuple d'origine asiatique, les *Hongrois* ou *Madgyares* qui s'y établirent au dixième siècle.

Une grande partie du territoire actuel de l'empire autrichien avait appartenu à l'empire romain sous les noms de *Dacie* (Transylvanie et Hongrie), de *Pannonie* (Hongrie, Autriche), de *Norique* (Styrie), de *Rhétie* (Tyrol), et de *Dalmatie* (Dalmatie, Croatie).

La puissance de l'Autriche date de la fin du treizième siècle et Rodolphe de Habsbourg en est le fondateur. A l'Autriche proprement dite et aux duchés de Styrie, de Carinthie et de Carniole, ses descendants ajoutèrent, par élection, la couronne de Hongrie et celle de Bohême, par héritage le Tyrol, ils enlevèrent au royaume de Pologne la Galicie, aux Turcs la Croatie et l'Esclavonie, à la république de Venise la Dalmatie et l'Istrie, et joignirent à la possession de la couronne impériale d'Allemagne, la domination des Pays-Bas (Belgique), de l'Italie septentrionale (Lombardie), et pendant quelque temps du royaume des Deux-Siciles. Dépossédée de la Belgique depuis 1794, de la Lombardie depuis 1859, de la Vénétie depuis 1866, la maison d'Autriche a abdiqué l'empire d'Allemagne en

1806 et a cessé depuis 1866 de faire partie de l'Allemagne nouvelle. Elle paraît vouloir se dédommager en Orient de la position perdue en occident et l'occupation de la Bosnie et de l'Herzégovine (traité de Berlin, 1878) est un premier pas dans cette voie où l'Autriche rencontrera nécessairement la rivalité de la Russie.

Divisions politiques. Productions et industrie. — L'empire autrichien se divise au point de vue des races en trois groupes principaux : le **groupe allemand**, le **groupe slave** et le **groupe hongrois**. La capitale politique et en même temps industrielle et commerciale de l'empire est **Vienne** sur la rive droite du Danube (1,365,000 hab.). La vieille cité où s'élèvent le château impérial et la cathédrale de Saint-Étienne s'est confondue aujourd'hui, par la destruction de son enceinte fortifiée, avec les trente faubourgs qui l'entouraient et qui sont devenus des quartiers de la capitale. Vienne est une des villes les plus élégantes et les mieux situées de l'Europe.

Le groupe allemand comprend 6 provinces :

Au *sud* 1° Le duché de **Styrie** (en partie slave), capitale *Gratz* (113,000 h.), région montagneuse et stérile, habitée par une population de bûcherons, de pâtres, de mineurs et de forgerons.

2° Le comté de **Tyrol** (en partie italien) et le **Vorarlberg**, le pays des lacs, des forêts, des vallées profondes dominées par les Alpes et arrosées par l'Inn et par l'Adige : capitale *Innsbrück* sur l'Inn, ville principale *Trente* sur l'Adige, siège d'un célèbre concile (1545-1563).

A l'*est*, 3°, 4°, et 5°, le duché de **Salzbourg** qui exploite de riches mines de sel, la **Haute-Autriche**, capitale *Linz* sur le Danube, ville principale *Steyer*, et la **Basse-Autriche**, capitale *Vienne*, pays de prairies et de céréales, sillonné par les derniers rameaux des Alpes qui se prolongent jusqu'aux bords du Danube. C'est en face de Vienne, sur la rive gauche du fleuve, que se livrèrent en 1809 les sanglantes batailles d'*Essling* et de *Wagram*.

Au *nord* : 6° Le duché de **Silésie** (population d'origine slave, parlant allemand), arrosé par l'Oder, cap. *Troppau.*

Le groupe slave comprend 12 provinces.

1° Le royaume de **Bohême,** pays à demi slave, à demi allemand, avec sa ceinture de montagnes, ses mines de houille, de fer et de plomb, ses sources minérales, ses riches cultures (houblon, lin, céréales) et son active industrie, capitale *Prague* (183,000 hab.) sur la Moldau, divisée par cette rivière en deux quartiers, l'un sur la rive droite qui comprend la ville proprement dite, l'autre sur la rive gauche, sorte de citadelle désignée sous le nom de *Hradschin.* Prague est le centre de l'industrie du fer, des draps et de la verrerie. Les villes principales sont : *Budweiss,* avec ses mines de graphite, *Reichenberg,* avec ses manufactures de coton et de lainages, *Pilsen, Egra,* antiques forteresses, *Téplitz, Marienbad, Karlsbad,* stations d'eaux minérales qui comptent parmi les plus fréquentées d'Europe. La Bohême a été le théâtre de nombreuses batailles dont la plus récente et la plus importante par ses conséquences est celle de *Sadowa* où les Autrichiens furent vaincus par les Prussiens en 1866.

2° Le margraviat de **Moravie,** plaine fertile au sud, pays tourmenté au nord, où s'élèvent les sommets neigeux des Sudètes; capitale *Brunn,* ville principale *Olmutz,* toutes deux importantes par leurs manufactures de draps et de toiles. C'est en Moravie que se livra, le 2 décembre 1806, la bataille d'*Austerlitz.*

3°, 4° et 5° L'ancien territoire de *Cracovie,* sur la Vistule, capitale *Cracovie;* la **Galicie,** capitale *Lemberg* (128,000 hab.), et la **Bukowine,** capitale *Czernowitz;* anciennes provinces polonaises, arrosées par la Vistule et le Dniester, et séparées de la Hongrie par les Carpathes, pays de forêts et de pâturages entrecoupés de champs de blé et de lin, plutôt agricole qu'industriel, malgré ses riches mines de fer, de zinc, de soufre et de sel gemme (*Wieliczka* près de Cracovie).

Au *sud* 6° L'**Istrie,** où la population du littoral est mêlée d'Italiens et d'Allemands. La capitale *Trieste*

(158,000 hab.), sur l'Adriatique, est le principal port de commerce autrichien, et l'héritière de Venise.

7° et 8° Les duchés de **Carniole** et de **Carinthie**, capitales *Laybach* et *Klagenfurt*, pays de montagnes sillonné par les rameaux des Alpes, arrosé par la Save et la Drave, et enrichi par l'exploitation de ses forêts, de ses mines de fer, de zinc et de mercure (*Idria*).

9° Entre l'Adriatique et les Alpes Dinariques, la **Dalmatie**, habitée par une rude population de pâtres et de matelots à demi italienne, à demi slave; capitale *Zara*, ville principale *Raguse* sur l'Adriatique.

10° La province de **Fiume** qui dépend de la Hongrie; capitale *Fiume* sur l'Adriatique.

11° et 12° Le royaume de **Croatie** (capitale *Agram*), et de **Slavonie** (capitale *Eszeck* sur la Drave) et les anciens *Confins militaires*, villes principales *Peterwardein, Orsowa* et *Semlin* sur le Danube, pays de forêts et de marécages, placés sous la dépendance de la Hongrie.

Le groupe hongrois et roumain comprend:

1° La **Hongrie** arrosée par le Danube et par ses nombreux affluents, plaine immense où la culture des céréales, du tabac, de la vigne (vins de *Tokay*) gagne chaque jour du terrain sur les marais, et sur les pâturages où errent ces troupeaux de bœufs, de moutons, de chevaux qui sont encore une des principales richesses du pays; capitale *Bude-Pesth* (492,000 hab.), l'une sur la rive droite, l'autre sur la rive gauche du Danube; villes principales *Szegedin* sur la Theiss, *Presbourg* sur le Danube, *Kaschau, Temeswar, Debreczin, Arad* sur le Maros, *Maria-Theresiopol*, etc.

2° La **Transylvanie** (*Siebenbürgen*), plateau sauvage sillonné par les rameaux des Carpathes, couvert de pâturages et de forêts, et dont la population, mêlée d'Allemands et de Hongrois, est en grande partie de race roumaine, capitale *Hermannstadt*, villes principales *Klausenbourg* et *Cronstadt*.

L'Autriche occupe en vertu du traité de Berlin (1878) deux anciennes provinces turques, la **Bosnie** et l'**Herzé-**

govine, habités par des populations slaves, et qu'elle administre, bien que le sultan conserve une suzeraineté nominale (1,500,000 hab.).

Population. Religion. — La population totale de l'empire est de plus de 41 millions d'habitants, dont 10 millions d'Allemands, 8 millions de Madgyars, 3 millions de Roumains, 8 millions de Tchèques, puis des Serbes et des Croates, des Ruthènes, des Polonais et des Slovènes. L'allemand, les divers dialectes slaves et le hongrois sont les langues les plus répandues. Le catholicisme domine (75 °/₀) ; mais les grecs, les protestants et les juifs sont nombreux.

Gouvernement. — Le gouvernement est une monarchie dont le chef porte le titre d'empereur d'Autriche et de roi de Hongrie.

Les affaires communes (affaires étrangères, finances et guerre) sont réglées par un ministère de trois membres et par des délégations parlementaires nommées par chacun des deux parlements.

Les pays *cisleithans* (c'est-à-dire en deçà de la Leitha, petit affluent du Danube qui sépare la Hongrie de l'Autriche), ou pays de la couronne d'Autriche, ont un parlement (*Reichsrath*), composé d'une *chambre des seigneurs*, héréditaire ou à vie, et d'une *chambre des représentants*, élue par les quatre classes d'électeurs de chacune des provinces (grands propriétaires, villes, commerce, districts ruraux). Chaque pays a en outre des diètes provinciales.

Les pays *transleithans*, ou pays de la couronne de Hongrie, ont deux chambres : la chambre ou table des *magnats* (ou des seigneurs) et celle des députés, élues par les *comitats* (divisions territoriales du royaume de Hongrie), les *districts* (subdivisions des comitats), les *villes* et les *sièges* (Stühle), nom particulier des districts allemands de Transylvanie.

Finances. — Le budget commun est de 330 millions environ ; le budget spécial de l'Autriche est d'environ

2,800 millions, et celui des pays transleithans, de 1,800 millions. La dette publique est d'environ 14 milliards.

Armée. Marine. — Le service est obligatoire et personnel. Il dure douze ans, dont trois dans l'armée active, sept dans la réserve et deux ans dans la landwehr. On évalue, sur le pied de paix, l'armée active à 400,000 hommes ; sur le pied de guerre, elle compterait 2 millions d'hommes. La marine compte 100 vapeurs.

Instruction publique. — L'instruction primaire est obligatoire. La moyenne de l'instruction populaire, assez élevée en Autriche et en Bohême, est très basse dans les pays de la couronne de Hongrie, en Dalmatie, en Galicie, en Carniole et même dans le Tyrol. Les *écoles secondaires* sont assez nombreuses. Les *universités* sont au nombre de onze : Vienne, Prague, Cracovie, Czernowitz, Bude-Pesth, Agram, Hermannstadt, Klausenbourg, Lemberg, Gratz et Innsbruck.

Commerce. — L'Autriche-Hongrie compte 6,500 kilomètres de voies navigables, plus de 29,000 kilomètres de chemins de fer et plus de 2,000 navires marchands. Le commerce extérieur atteint 3 milliards et demi de francs.

RÉSUMÉ.

BORNES, SUPERFICIE. — L'empire d'AUTRICHE-HONGRIE (superficie 676,000 kilomètres carrés) est borné au nord par l'Allemagne et la Russie, à l'est par la Russie et la Roumanie, au sud par la Serbie, la Turquie d'Europe et l'Adriatique, à l'ouest par l'Italie, la Suisse et l'Allemagne. L'Autriche-Hongrie occupe, depuis 1878, deux provinces de la Turquie, la BOSNIE et l'HERZÉGOVINE, qui restent officiellement sous la suzeraineté du sultan.

GÉOGRAPHIE PHYSIQUE. — L'empire d'Autriche-Hongrie est traversé de l'ouest à l'est par les monts de *Bohême* et de *Moravie*, auxquels se rattachent les monts *Métalliques* et les monts des *Géants*, par les monts *Sudètes* et les monts *Carpathes*. La partie sud-ouest de l'empire est couverte par les ramifications des ALPES. Les pays de plaines sont la Basse-Autriche et la Hongrie.

Les principaux fleuves sont : 1° dans le versant de la mer Noire, le DANUBE, qui traverse tout l'empire et reçoit à droite l'*Inn*, la *Drave* et la *Save*, à gauche la *Morawa* et la *Theiss*; le DNIESTER; 2° dans le versant de l'Adriatique, l'ADIGE; 3° dans le versant de la mer du Nord, l'ELBE, qui reçoit la *Moldau*; 4° dans le versant de la mer Baltique, les sources de l'*Oder*, et le cours supérieur de la *Vistule*.

FORMATION TERRITORIALE. — La puissance de l'Autriche (Œsterreich) date du treizième siècle. — Au seizième, grâce à des mariages et à des héritages, les souverains autrichiens joignirent à la couronne impériale, qui resta dans leur famille jusqu'en 1806, les couronnes royales de Bohême et de Hongrie; au dix-huitième, ils acquirent les Pays-Bas et la Lombardie, les Deux-Siciles et une partie des anciens États de Venise; mais l'Autriche a perdu les Deux-Siciles et la Belgique au dix-huitième siècle, la Lombardie et la Vénétie en 1859 et 1866; et, en 1866, elle a été exclue de la Confédération germanique;

GÉOGRAPHIE POLITIQUE. — L'empire d'Autriche-Hongrie peut se diviser en deux groupes, le groupe autrichien, ou *cisleithan* et le groupe hongrois ou *transleithan* (1); la capitale est VIENNE, sur le *Danube* (1,365,000 habitants).

Le GROUPE AUTRICHIEN comprend 15 provinces, plus de 9 millions d'Allemands :

1° Au nord la BOHÊME (slave et allemande), capitale *Prague* (183,000 habitants); 2° la MORAVIE, pays slave, capitale *Brünn*, villes principales : *Olmütz*, *Austerlitz* (bataille de 1805); 3° la SILÉSIE AUTRICHIENNE (slave-allemande), capitale *Troppau*; 4° et 5° à l'ouest (pays allemands), la HAUTE-AUTRICHE, capitale *Linz* sur le Danube, et la BASSE-AUTRICHE, capitale *Vienne*; 6° la province de SALZBOURG, capitale *Salzbourg*; 7° au sud le TYROL (allemand et italien), capitale *Innsbruck* sur l'Inn, ville principale *Trente* sur l'Adige; 8° la STYRIE (pays allemand), capitale *Gratz*; 9° la CARINTHIE (population slave et allemande), capitale *Klagenfurt*; 10° la *Carniole* (pays slave), capitale *Laybach*; 11° l'*Istrie* et la province du Littoral, capitale *Trieste* (158,000 habitants) sur l'Adriatique; 12° et 13° la GALICIE, capitale *Lemberg*, et le territoire de *Cracovie* sur la Vistule (pays polonais et ruthène); 14° la BUKOWINE (population mêlée de Roumains et de Ruthènes), capitale *Czernowitz*; 15° la DALMATIE, capitale *Zara* (population slave mêlée d'Italiens).

Le GROUPE HONGROIS comprend quatre provinces :

1° et 2° La HONGRIE, capitale *Buda-Pesth* (492,000 habitants), sur le Danube; villes principales : *Presbourg*, sur le Danube, *Szegedin*, sur la Theis, et la TRANSYLVANIE, habitée surtout par

---

(1) La petite rivière de la *Leitha*, affluent du Danube, sépare les États de la couronne d'Autriche de ceux de la couronne de Hongrie.

des Roumains et des Allemands, capitale *Hermannstadt*; 3° la province de FIUME, capitale *Fiume*, sur l'Adriatique ; 4° la CROATIE et la SLAVONIE (pays slaves), capitale *Agram* ; ville principale : *Eszek*, et les anciens *Confins militaires*; villes principales : *Peterwardein* et *Semlin*, sur le Danube.

POPULATION. RELIGION. GOUVERNEMENT. — La population totale de l'empire est de 43 millions d'habitants (63 habitants par kilomètre carré). La religion catholique domine, mais les protestants, les grecs et les juifs sont nombreux.

Le gouvernement est une monarchie dont le chef porte le titre d'empereur d'Autriche et de roi de Hongrie ; la Hongrie forme un État distinct et jouit d'une constitution spéciale.

L'*armée*, où le service est obligatoire et dure douze ans, s'élève, sur le pied de guerre, à plus de 2 millions d'hommes. L'*instruction* populaire est peu avancée, sauf dans les pays allemands. — Le *commerce* extérieur de l'empire atteint 3 milliards et demi.

Exercices.

Carte physique de l'empire austro-hongrois. — Carte ethnographique où on indiquera par des teintes différentes les diverses nationalités qui dominent dans les provinces austro-hongroises. — Cartes politiques de l'empire autrichien en 1789, en 1815, en 1866.

CHAPITRE V

RÉGION CENTRALE (*Suite et fin*).

SUISSE

(Superficie 41,000 kilomètres carrés.)

Limites. — La **Suisse** ou Confédération helvétique est bornée au nord par le grand-duché de Bade et le Wurtemberg, dont elle est en partie séparée par le Rhin, au nord-ouest par le lac de Constance, à l'est par l'empire d'Autriche-Hongrie, au sud par le royaume d'Italie, dont elle est séparée par les Alpes, à l'ouest par la France, dont elle est séparée par les Alpes du Valais, le lac de Genève et le *Jura*.

Description physique. — Sauf dans sa partie septentrionale, la Suisse est hérissée de montagnes, dont les neiges et les glaciers servent de réservoirs aux plus grands fleuves de l'Europe occidentale. Elle est traversée ou limitée par la chaîne de partage des eaux de l'Europe sous le nom d'*Alpes Algaviennes*, d'*Alpes Centrales* ou *Lépontiennes*, dont les principaux passages sont le *Splugen* et le *St-Gothard*; d'*Alpes Bernoises* dont les principaux sommets sont la *Jungfrau* (4,200 m.) et le *Finster-Aar-Horn* (4,275 m.); de *Jorat* et de *Jura*.

Des Alpes Centrales se détachent vers le sud-ouest (à partir du col du *Simplon*) les *Alpes Pennines* dominées par le mont *Rose* (4,640 m.), le point le plus élevé de la Suisse, le mont *Cervin* et le mont *St-Bernard*; vers le nord-est les *Alpes des Grisons* qui séparent la vallée du Rhin de celle de l'Inn; vers le nord les massifs du *Titlis* (Uri) et du *Tœdi* prolongés par celui des *Alpes de Glaris* et par la chaîne de l'*Albis*, entre le lac du Zug et celui de Zurich; vers le nord-ouest la chaîne de l'*Oberwald*, une des plus pittoresques de la Suisse.

Du massif des Alpes descendent : au sud le *Tessin*, qui forme le lac *Majeur*, à l'est l'*Inn*, le grand affluent du *Danube*, à l'ouest le *Rhône* qui forme le lac *Léman* ou de *Genève*, enfin au nord le *Rhin* qui forme le lac de *Constance*. Ce fleuve reçoit à gauche la *Thur* et l'*Aar*, déversoir des lacs de *Thun* et de *Brienz*, grossie elle-même à droite de la *Reuss*, déversoir du lac des *Quatre-Cantons* et de celui de *Zug*, et de la *Limmat*, déversoir des lacs de *Zurich* et de *Wallenstadt*; à gauche la *Thièle* apporte à l'Aar les eaux des lacs de *Bienne* et de *Neuchâtel*.

Formation territoriale. — La Suisse, désignée par les anciens sous le nom d'*Helvétie*, faisait partie de la Gaule. Après le démembrement de l'empire de Charlemagne, elle forma sous le nom de *Bourgogne Transjurane* un État indépendant qui fut réuni en 1033 au saint empire romain (empire d'Allemagne). L'existence indépendante de la Suisse date de l'insurrection des trois cantons montagnards de Schwytz, Uri et Unterwald, contre un prince de la maison de Habsbourg, Albert d'Autriche. Cette ligue primitive s'agrandit peu à peu; les victoires des Suisses sur les Autrichiens et sur les Bourguignons les firent regarder comme les meilleurs soldats de l'Europe ; les souverains se disputèrent leurs services à prix d'or ; dès le commencement du quinzième siècle les cantons étaient au nombre de treize. La paix de Westphalie, en 1648, reconnut définitivement l'indépendance de la Suisse ; la constitution de 1803, dont Bonaparte fut l'auteur, supprima toute inégalité entre les cantons et en porta le nombre à 19. Les traités de 1815 par l'annexion de Neuchâtel, du Valais et de Genève complétèrent le nombre des 22 cantons, qui subsiste encore.

Divisions politiques. — La Suisse se divise politiquement en 22 cantons. La capitale fédérale est **Berne** sur l'Aar (50,000 habitants).

Le groupe du **nord**, formé des cantons de **Bâle**-ville (cap. *Bâle*, 75,000 hab., sur le Rhin) et **Bâle**-campagne (cap. *Liestal*), d'**Argovie** (cap. *Aarau*, sur l'Aar), de **Soleure** (cap. *Soleure*, sur l'Aar), de **Zurich** (cap. *Zurich*, 103,000 hab., sur la Limmat), de **Schaffhouse** (capitale *Schaffhouse*, sur la rive droite du Rhin) et de **Thurgovie** (capitale *Frauenfeld*), est moins accidenté que le reste de la Suisse et cultive les céréales, la vigne et le tabac. C'est le centre de l'industrie des cotonnades (*Zurich*), des soieries (*Zurich* et *Bâle*) et des usines métallurgiques (*Winterthur* près de Zurich).

Le groupe de l'**est** (cantons de **Saint-Gall** (cap. *Saint-Gall*), d'**Appenzell** (*Rhodes extérieures*, cap. *Herisau*, et *Rhodes intérieures*, cap. *Appenzell*), de **Glaris** (cap. *Glaris*) et des **Grisons** (cap. *Coire*, près du Rhin) est sillonné par les ramifications des Alpes Centrales ; mais le pâturage, l'exploitation des forêts, les sources thermales (*Ragatz*), l'industrie de la broderie et des mousselines suppléent à l'insuffisance des richesses agricoles.

Le groupe du **sud** est formé de deux cantons : le **Tessin** (villes principales *Bellinzona*, sur le Tessin, *Lugano*, sur le lac du même nom, et *Locarno* sur le lac Majeur), vallée pittoresque dominée au nord par le massif du Saint-Gothard, plantée de vignes et de mûriers et où prospérait autrefois l'éducation des vers à soie, et le **Valais** (capitale *Sion*, sur le Rhône, ville principale *Martigny*), gorge étroite et sauvage enfermée entre les Alpes Pennines et les Alpes Bernoises, et qui n'a d'autre industrie que le pâturage et l'exploitation des forêts.

Le groupe de **l'ouest,** formé par le canton de **Vaud** (capitale *Lausanne*, près du lac de Genève, ville principale *Vevey*), le canton de **Genève** (capitale *Genève*, (78,000 habitants), à l'extrémité sud-ouest du lac) et le canton de **Neuchâtel** (capitale *Neuchâtel*, sur le lac du même nom), est une région montagneuse, mais où s'ouvrent, sur les bords du lac de Genève, de riantes vallées plantées de vignes et d'arbres fruitiers : c'est le centre d'une industrie où la Suisse n'a pas de rivale, celle de l'horlogerie, dont la métropole est *Genève*, mais qui s'est répandue dans tous les cantons de l'ouest et qui a transformé en villes florissantes plusieurs villages du canton de Neuchâtel : le *Locle*, la *Chaux-de-Fonds*, etc.

Le groupe du **centre,** qui comprend le vaste canton de **Berne** (capitale *Berne*, sur l'Aar), celui de **Fribourg** (capitale *Fribourg;* ville principale *Morat*, où le duc de Bourgogne, Charles le Téméraire fut vaincu par les Suisses en 1476), celui de **Lucerne** (capitale *Lucerne*, sur le lac des Quatre-Cantons; ville principale *Sempach*, illustrée par une victoire des Suisses sur les Autrichiens en 1386), celui de **Zug** (capitale *Zug*), et les trois cantons de **Schwytz** (capitale *Schwytz*), d'**Uri** (capitale *Altorf*), et d'**Unterwald** haut et bas (capitales *Sarnen* et *Stanz*), berceau de l'indépendance helvétique, est un pays de lacs, de forêts, de montagnes, de vallées pittoresques et sauvages que dominent les glaciers des Alpes Bernoises et Centrales et qu'arrosent l'Aar et la Reuss.

Le pâturage et la fabrication du fromage dit de Gruyère sont les principales ressources des populations de la montagne.

Population. Gouvernement. — La population de la Suisse est de 3 millions d'habitants : le français dans l'ouest, l'italien dans le sud, un dialecte allemand dans le reste de la Suisse sont les langues les plus répandues. Le protestantisme (qui compte les 3/5 des habitants) domine dans l'ouest et dans le nord, le catholicisme dans le centre ; les autres cantons sont mixtes.

Le gouvernement est une république fédérative qui laisse à chaque canton l'indépendance de son administration intérieure. Les intérêts communs sont traités par une *Assemblée fédérale* formée d'un *Conseil national* élu pour trois ans, et d'un *Conseil des États* de 44 membres (2 par canton), qui résident à Berne. L'assemblée nomme un *Conseil fédéral* de 9 membres qui représente le pouvoir exécutif, et dont le président porte le nom de président de la Confédération.

Le budget fédéral est d'environ 85 millions.

L'armée se compose de l'armée régulière formée des hommes de vingt à trente-deux ans, et de la landwehr, qui comprend les hommes de trente-trois à quarante-quatre ans. En cas de guerre, les forces militaires pourraient s'élever à 475,000 hommes, mais la neutralité de la Suisse est reconnue par toutes les puissances de l'Europe.

L'instruction populaire est très développée, et la Suisse ne compte presque pas d'illettrés. Zurich, Berne, Bâle possèdent des universités; Genève, Lausanne et Neuchâtel, des académies pour l'enseignement supérieur.

Malgré ses montagnes, la Suisse exploite plus de 3,800 kilomètres de chemins de fer, et on évalue son commerce extérieur à près de 1,800 millions.

RÉSUMÉ.

GÉOGRAPHIE PHYSIQUE. — La Suisse ou Confédération helvétique est bornée au nord par l'Allemagne, à l'est par l'empire d'Autriche, au sud par l'Italie, à l'ouest par la France. La superficie est de 41,000 kilomètres carrés. Sauf dans sa partie septentrionale, la Suisse est hérissée de montagnes. Elle est traversée ou limitée par la chaîne de partage des eaux de l'Europe sous le nom d'*Alpes Algaviennes*, d'*Alpes centrales* ou *Lépontiennes* (Saint-Gothard), d'*Alpes Bernoises* et de *Jura*.

Des Alpes centrales se détachent les Alpes *Pennines* qui renferment le mont *Rose*, le point le plus élevé de la Suisse.

Du massif des Alpes centrales descendent : au sud le *Tessin*,

308 EUROPE.

à l'est l'*Inn*, à l'ouest le *Rhône* qui forme le lac de *Genève*, au nord le *Rhin*, qui forme le lac de *Constance* et reçoit à gauche l'*Aar*, déversoir des lacs de *Thun*, de *Brienz*, de *Lucerne* ou des *Quatre-Cantons*, de *Zurich*, de *Bienne* et de *Neuchâtel*.

FORMATION TERRITORIALE. — La Suisse (*Helvetia*) a fait partie tour à tour de la Gaule, de l'empire franc, du royaume de Bourgogne et de l'empire germanique. Les trois cantons de Schwytz, qui lui a donné son nom, d'Uri et d'Unterwald ont formé en 1308, le noyau de la Confédération, dont l'indépendance a été reconnue en 1648.

GÉOGRAPHIE POLITIQUE. — La Suisse se divise en 21 cantons. Ce sont, au nord :

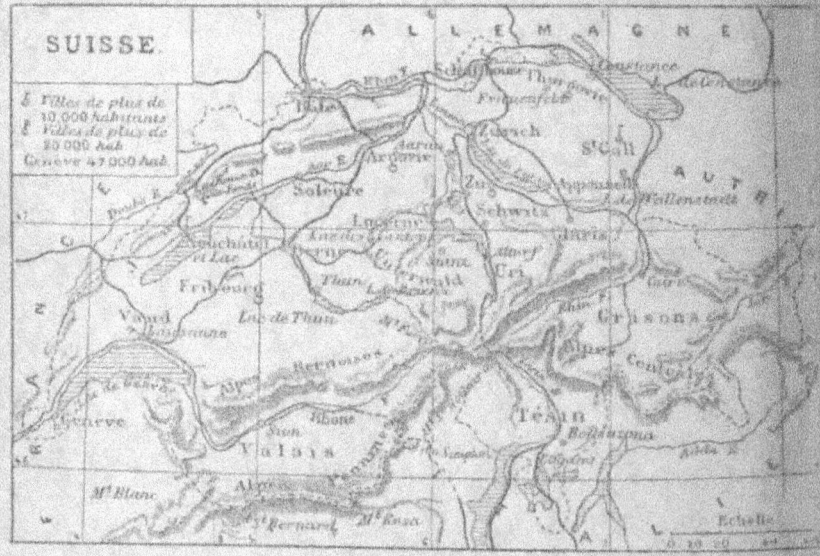

Carte XXV.

1° Les cantons de BALE-ville, cap. *Bâle*, sur le Rhin (75,000 h.) et de BALE-campagne, cap. *Liestal*; 2° d'ARGOVIE, cap. *Aarau*; 3° de ZURICH, cap. *Zurich* (103,000 hab.) ; 4° de SCHAFFHOUSE, cap. *Schaffhouse*, sur le Rhin ; 5° de THURGOVIE, cap. *Frauenfeld*.

6°, 7° et 8° A l'est : les cantons de SAINT-GALL, cap. *Saint-Gall* ; d'APPENZELL (Rhodes extérieures et intérieures), cap. *Appenzel*, et des GRISONS, cap. *Coire*, sur le Rhin.

9° et 10° Au sud : le TESSIN ; villes principales : *Bellinzona*, sur le Tessin, et *Lugano* ; le VALAIS, cap. *Sion*, sur le Rhône.

ESPAGNE. 309

A l'est : 11° les cantons de VAUD, cap. *Lausanne*; 12° de GENÈVE, cap. *Genève*, sur le lac, la troisième ville de Suisse (78,000 hab.), métropole de l'industrie de l'horlogerie et de la bijouterie ; 13° de NEUCHATEL, cap. *Neuchâtel*, ville principale : *la Chaux-de-Fonds*.

Au centre : 14° les cantons de BERNE, cap. *Berne*, sur l'Aar, capitale de la Confédération ; 15° de FRIBOURG, cap. *Fribourg*; 16° de SOLEURE, cap. *Soleure*, sur l'Aar ; 17° de LUCERNE, cap. *Lucerne*; 18° de ZUG, cap. *Zug*; 19° de GLARIS, cap. *Glaris*; 20°, 21°, 22° d'URI, cap. *Altorf*; de SCHWYTZ, cap. *Schwytz*, et d'UNTERWALD, haut et bas, capitales *Sarnen* et *Stans*.

La population de la Suisse est de 3 millions d'habitants, de langue française, italienne et allemande. Le protestantisme domine dans l'ouest et dans le nord, le catholicisme dans le centre ; les autres cantons sont mixtes.

Le gouvernement est une république fédérative. Les intérêts communs sont traités par une assemblée formée d'un *Conseil national* et d'un *Conseil des États*. Le pouvoir exécutif est exercé par le *Conseil fédéral*.

Malgré ses montagnes, la Suisse doit à ses pâturages, à ses forêts, à son industrie, à ses chemins de fer, enfin à la supériorité de l'instruction populaire, une importance hors de proportion avec l'étendue de son territoire.

Exercice.

Carte de la Suisse physique et politique.

CHAPITRE VI

RÉGION MÉRIDIONALE.

I. — ROYAUME D'ESPAGNE.

(500,000 kilomètres carrés.)

Limites. — Le royaume d'Espagne est borné, au nord, par le *golfe de Gascogne*, la *Bidassoa* et les *Pyrénées*, qui le séparent de la France, à l'est, par la mer Méditerranée ; au sud, par la Méditerranée et le détroit de Gibraltar ; à l'ouest, par l'océan Atlantique et le Portugal.

Le groupe des **Baléares** (*Majorque, Minorque, Iviça, Cabrera* et *Formentera*), dans la Méditerranée, lui appartient, et les îles **Canaries** (*Grande-Canarie*, *Ténériffe*, *Fortaventura* et l'île de *Fer*), situées sur les côtes d'Afrique, sont regardées comme partie intégrante du territoire espagnol.

Montagnes et fleuves. — L'Espagne a la forme d'un vaste plateau sillonné de vallées profondes, couronné de *sierras* aux sommets dentelés et neigeux, plongeant par de brusques escarpements dans le golfe de Gascogne et s'abaissant en pentes plus douces à l'ouest et à l'est. Elle est couverte au nord par les rameaux des *Pyrénées*, dont elle possède les plus hauts sommets, la *Maladetta* (3,404 m.), le pic *Posets*, le mont *Perdu*, et qui se prolongent par les monts *Cantabres*, dans la direction de l'est à l'ouest, jusqu'aux caps *Ortégal* et *Finisterre*.

Des Pyrénées se détachent, en courant du nord au sud, les monts *Ibériques*, massifs et plateaux calcaires qui séparent le versant de l'Atlantique de celui de la Méditerranée et au sud desquels se développe la *Sierra Nevada* (point culminant : 3,500 mètres).

Les monts Ibériques projettent au sud-ouest, vers l'océan Atlantique, trois chaînes principales : 1° la *Sierra de Guadarrama*, puis, en Portugal, les *Sierras d'Estrella* et de *Cintra* séparent la vallée du *Douro* de celle du *Tage*; 2° les monts de *Tolède* limitent, au sud, la vallée du *Tage*; 3° la *Sierra Morena* sépare la vallée de la *Guadiana* de celle du *Guadalquivir*, dont la limite méridionale est formée par la *Sierra Nevada*. Tous ces fleuves, tributaires de l'Atlantique, coulent de l'est à l'ouest et descendent des monts Ibériques, à l'exception du *Minho*, qui naît dans les monts Cantabres.

Le principal fleuve du versant de la Méditerranée est l'*Èbre*, qui descend des monts *Cantabres* à leur point de jonction avec les monts Ibériques, et coule du nord-ouest au sud-est. Il reçoit à gauche l'*Aragon*, le *Gallego* et la *Sègre*. Le versant de la Méditerranée est arrosé, en outre, par plusieurs torrents tels que le *Guadalaviar*, le *Xucar* et la *Ségura*.

Formation territoriale. — L'Espagne, désignée par les Grecs sous les noms d'*Hespérie* et d'*Ibérie*, par les Romains sous celui d'*Hispanie*, paraît avoir été peuplée par un mélange d'Ibères et de Celtes, auxquels se joignirent, à différentes époques, des colonies phéniciennes et grecques. Soumise par les Carthaginois, puis par les Romains, elle fut envahie, au cinquième siècle après J.-C., par les Suèves et les Visigoths qui y fondèrent un empire destiné à disparaître en 711, devant la conquête arabe. Les conquérants musulmans, dont les souverains firent de Cordoue la capitale du khalifat d'occident, furent refoulés lentement à partir du dixième siècle, par les progrès des chrétiens qui fondèrent successivement les royaumes de Navarre, de Léon, de Castille, d'Aragon et de Portugal. Les quatre premiers furent réunis au seizième siècle, entre les mains de Charles d'Autriche, et son fils, Philippe II, ajouta à la couronne d'Espagne celle de Portugal, que ses successeurs reperdirent au dix-septième siècle. Quant aux Maures qui avaient hérité de l'empire des Arabes, Grenade, leur dernière possession en Espagne, leur fut enlevée en 1492, par Ferdinand d'Aragon et Isabelle de Castille.

Divisions politiques. Grandes villes. — L'Espagne se divise politiquement en 49 provinces, mais l'usage a conservé le nom des anciennes divisions, qui correspondaient aux capitaineries générales ou gouvernements militaires et qui sont au nombre de 15.

La capitale est **Madrid,** dans la Nouvelle-Castille (500,000 hab.), sur un plateau aride, et sur les bords d'un petit affluent du Hénarez (affluent du Tage), le *Manzanarés*. Malgré sa situation et son climat, ses larges rues, ses places, ses promenades (le Prado, la Florida), ses palais, ses musées en font une des plus belles villes de l'Espagne.

1° à 7° Le groupe du **nord** comprend : la **Galice** (villes principales : *la Corogne, le Ferrol, Pontevedra, Vigo*, ports sur l'Atlantique, et *Saint-Jacques de Compostelle*, célèbre par son antique pèlerinage) ; les **Asturies** (capi-

312 EUROPE.

tale *Oviedo*); la **Vieille-Castille** (capitale *Burgos*, v. pr. *Valladolid*, *Ségovie* et *Santander*, port sur le golfe de Gascogne); les **Provinces basques**, la **Biscaye** (capitale *Bilbao*); le **Guipuscoa** (capitale *Saint-Sébastien*, port sur le golfe de Gascogne; ville principale : *Fontarabie*, sur la Bidassoa), et l'**Alava** (capitale *Vittoria*, tristement célèbre dans la campagne de 1813); la **Navarre** (capitale *Pampelune*); l'**Aragon** (capitale *Saragosse*, sur

Carte XXVI.

l'Ebre, illustrée par sa défense héroïque contre les Français en 1809); enfin la **Catalogne**, le centre des grandes industries espagnoles, usines métallurgiques, travail du liège, manufactures de cotonnades, de toiles et de lainages (capitale *Barcelone*, 272,000 hab., 500,000 avec ses faubourgs), sur la Méditerranée, le premier port de l'Espagne, dominée par le fort du Monjuich; villes principales : *Lérida* (siège de 1647); *Tarragone*, place forte et centre industriel; *Tortose*, à l'embouchure de l'Ebre; *Girone*, sur le Ter.

Ce groupe septentrional est un chaos de montagnes dont les flancs escarpés recèlent de riches gisements de fer, de zinc, de plomb et de houille; de vallées humides et profondes, de plaines étroites et encaissées où roulent des cours d'eau qui, pour la plupart, ne sont que des torrents.

8° à 10° Le groupe de l'**est**, auquel se rattachent les **Baléares** (capitale *Palma*, dans l'île Majorque; ville principale, *Port-Mahon*, dans l'île Minorque), comprend les provinces de **Valence** (capitale *Valence*, 170,000 hab., à l'embouchure du Guadalaviar, ville de commerce et d'industrie, dans une des plus riches plaines de l'Espagne; villes principales, *Alicante* et *Castellon de la Plaña*, sur la Méditerranée); et de **Murcie** (capitale *Murcie*, (100,000 hab.), sur la Ségura; ville principale, *Carthagène*, port de guerre sur la Méditerranée). C'est une région accidentée, mais fertile, surtout sur la côte, où croissent dans les plaines couvertes de moissons et de rizières et sillonnées de canaux d'irrigation, l'olivier, l'oranger, le mûrier, le figuier, le dattier, tandis que sur les coteaux mûrit la vigne qui donne les fameux vins d'Alicante.

11° et 12° Au **sud**, dans le bassin du Guadalquivir, s'étendent les provinces de **Grenade**, capitale *Grenade* (78,000 hab.), la ville mauresque aux merveilleux édifices (Alhambra); villes principales, *Malaga* (135,000 hab.), sur la Méditerranée, *Alméria* et *Adra*, avec leurs inépuisables mines de plomb; et d'**Andalousie**, capitale *Séville*, (143,000 hab.), qui se vante d'être la merveille de l'Espagne et qui fut longtemps la capitale des rois de Castille; villes principales : *Cordoue*, située, comme Séville, sur le Guadalquivir, célèbre par son antique mosquée; *Cadix*, sur l'Atlantique, port de guerre et de commerce; *Xérès*, fameux par ses vins (bataille de 711) et la forteresse imprenable de **Gibraltar** (possession anglaise). C'est là que se déploient, au pied de la Sierra Nevada et de la Sierra Morena, de larges plaines coupées de canaux d'irrigation, semées de riants villages, couvertes de moissons et de vignes, plantées d'oliviers, d'orangers, de cotonniers, région favorisée entre toutes, au ciel toujours pur, au soleil brûlant, mais dont le climat est rafraîchi par les brises de mer, et tempéré par le voisinage des montagnes.

13° à 15° A l'**ouest**, l'**Estramadure** (capitale *Badajoz*, sur la Guadiana), et la province de **Léon** (capitale *Léon*, villes principales : *Zamora* et *Salamanque*, célèbre par son université et par la bataille de 1812) n'offrent guère que des plaines traversées par des fleuves qui se dessèchent en été et des pâturages qui nourrissent les plus beaux bestiaux de l'Espagne.

Enfin, au centre, la **Nouvelle-Castille** (capitale *Madrid*; villes principales : *Tolède*, sur le Tage, *Ciudad-Réal*, chef-lieu de la Manche, et *Almaden*, célèbre par ses mines de mercure) est un plateau balayé par les vents, tour à tour couvert de neige et brûlé par le soleil, sans eau, sans arbres, où des touffes de genêts et de bruyères percent à peine un sol aride et sablonneux que parcourent de maigres troupeaux de bœufs et de moutons.

Population. Religion. Gouvernement. — La population de l'Espagne est de 18 millions d'habitants; la religion catholique y est presque seule pratiquée. Le gouvernement est une monarchie constitutionnelle, avec un Sénat et une Chambre des députés ; mais, depuis le commencement du siècle, l'Espagne a traversé de nombreuses révolutions qui ont porté une atteinte profonde à son crédit et à sa prospérité.

Le budget de l'Espagne est d'environ 800 millions ; le capital de la dette publique est de plus de 6 milliards.

Le service militaire est obligatoire. La durée est de trois ans dans l'armée active et de neuf ans dans la réserve. L'effectif est aujourd'hui de 120,000 hommes sur le pied de paix.

La flotte a été ruinée pendant la guerre avec les États-Unis.

L'instruction publique est peu avancée : on évalue le nombre des illettrés à 50 %.

L'Espagne compte 12,000 kilomètres de chemins de fer et 300 kilomètres de canaux. Sa marine marchande est peu prospère ; son commerce extérieur ne dépasse pas 1 milliard 800 millions.

Colonies. — Les possessions espagnoles sont :

En *Afrique*, Ceuta au Maroc, le littoral du Sahara, les îles Canaries, regardées comme partie intégrante du territoire, et les îles Annobon et Fernando-Po.

République d'Andorre. — Au nord de la Catalogne et sur le versant méridional des Pyrénées, est située la petite république d'*Andorre* (500 kilomètres carrés, 6,000 habitants), gouvernée par un conseil général et un syndic élu pour quatre ans. Elle est sous le protectorat de la France et de l'évêque espagnol d'Urgel.

II. — ROYAUME DE PORTUGAL

(Superficie : 92,000 kilomètres carrés.)

Limites et description physique. — Le royaume de Portugal est borné, au nord et à l'est, par l'Espagne ; au sud et à l'ouest, par l'Atlantique. C'est un pays de plages sablonneuses sur les côtes de l'Atlantique, de montagnes arides dans l'intérieur, traversé par la prolongation des sierras espagnoles et arrosé par la *Guadiana*, le *Tage* et le *Douro*.

Les îles **Açores** (*Terceira*, *Saint-Michel*, etc.) et les îles **Madères**, capitale *Funchal*, sont regardées comme partie intégrante du territoire portugais.

Formation territoriale. — Le Portugal portait, au temps de la domination romaine, le nom de *Lusitania*. Un prince, de la maison française de Bourgogne, conquit sur les Maures le comté de Porto, et son fils, après de nouvelles victoires, prit le titre de roi de Portugal (Porto-Calle). A la fin du seizième siècle, les rois d'Espagne héritèrent de la couronne de Portugal ; mais ce pays recouvra son indépendance en 1640 et proclama la dynastie de Bragance, dont les descendants règnent encore aujourd'hui.

Géographie politique. — La capitale est **Lisbonne** (307,000 hab.), à l'embouchure du Tage, construite en amphithéâtre sur la rive droite du fleuve, et remarquable par ses monuments, malgré les tremblements de terre (1531 et 1755) qui l'ont plus d'une fois menacée d'une complète destruction.

La partie continentale du Portugal est divisée en 17 districts, mais l'usage a maintenu les noms des anciennes provinces, qui sont au nombre de six :

1° (du nord au sud) **Minho** : capitale, *Braga ;* ville principale, *Porto*, sur le Douro, le second port du Portugal, et le débouché de ses vins.

2° **Tras-os-Montes** (au delà des monts) : capitale, *Bragance*.

3° **Beïra :** capitale, *Coïmbre*, université célèbre.

4° **Estramadure :** capitale *Lisbonne* (307,000 hab.) ; villes principales : *Santarem*, sur le Tage, et *Sétubal*, le troisième port du royaume.

5° **Alemtejo :** capitale *Evora*.

6° **Algarves :** capitale *Faro ;* villes principales : *Tavira* et *Lagos*, port sur l'Atlantique.

Population. Gouvernement. — La population, sans y comprendre celle des îles *Açores* et *Madère* (400,000 habitants), regardées comme partie intégrante du territoire portugais, est de 5,049,000 habitants, presque tous catholiques.

Le gouvernement est une monarchie constitutionnelle avec deux Chambres : celle des députés et celle des pairs.

Le budget s'élève à environ 250 millions de francs et le capital de la dette à 3 milliards 100 millions, dont le gouvernement n'a, depuis 1892, reconnu que le tiers.

L'armée, où le service est obligatoire et dure 3 ans dans l'armée active, 5 ans dans la première réserve et 4 ans dans la seconde, compte environ 35,000 hommes sur le pied de paix. La flotte se compose de 42 vapeurs et de 12 navires à voiles.

L'instruction publique, bien qu'obligatoire, est peu développée : le nombre des illettrés est évalué à 35 pour 100.

Les chemins de fer ont un développement de plus de 2,500 kilomètres.

Le commerce extérieur s'élève à 450 millions.

La situation maritime du Portugal, ses colonies d'Afrique (îles du Cap-Vert, Sénégambie, îles Saint-Thomas et du Prince, Congo, Mozambique); d'Asie (Goa et Diu, Macao); et d'Océanie (Timor); les produits du sol, vins, huiles, céréales, la richesse de ses mines et de ses salines compensent l'insuffisance de son industrie.

RÉSUMÉ.

Espagne.

GÉOGRAPHIE PHYSIQUE. — L'Espagne est bornée, au nord, par le golfe de Gascogne et les Pyrénées qui la séparent de la France, à l'est, par la Méditerranée, au sud, par le détroit de Gibraltar, à l'ouest, par le Portugal et l'Atlantique.

Le groupe des *Baléares* (*Majorque*, *Minorque* et *Iviça*), dans la Méditerranée et celui des *Canaries* dans l'Atlantique lui appartiennent.

Le centre de l'Espagne est un vaste plateau, limité, au nord, par les *Pyrénées* et les monts *Cantabres*, à l'est, par les *monts Ibériques*, au sud, par la *Sierra Nevada*.

Les principaux fleuves du versant de l'Atlantique sont : le *Guadalquivir*, la *Guadiana*, le *Tage*, le *Douro* et le *Minho*.

Le principal fleuve du versant de la Méditerranée est l'*Ebre* grossi de la *Ségra*.

FORMATION TERRITORIALE. L'Espagne, appelée par les anciens Ibérie et Hispanie, fut soumise successivement par les Carthaginois, les Romains, les Wisigoths et les Arabes. — Ceux-ci furent refoulés lentement par les chrétiens qui fondèrent les royaumes de Navarre, Léon et Castille, Aragon et Portugal. La réunion des quatre premiers et l'expulsion des Maures, qui avaient succédé aux Arabes, constitua, au seizième siècle, l'unité territoriale de l'Espagne.

Géographie politique. — La capitale de l'Espagne est Madrid 500,000 h.).

L'Espagne se divise en 49 provinces, mais l'usage a conservé le nom des anciennes divisions, qui sont au nombre de 15.

Ce sont, au nord : 1° La Galice : *la Corogne*. 2° Les Asturies : *Oviédo*. 3° La Vieille-Castille : *Burgos, Valladolid et Santander*. 4° Les Provinces Basques (*Biscaye, Alava et Guipuscoa*) : *Bilbao, Saint-Sébastien* et *Vitoria*. 5° La Navarre : *Pampelune*. 6° L'Aragon : *Saragosse*, sur l'Èbre. 7° La Catalogne : *Barcelone*, sur la Méditerranée (272,000 hab.), le premier port et la première ville industrielle de l'Espagne ; villes principales *Reus, Tarragone, Lérida*.

8° A l'est, la Province de Valence : *Valence, Alicante*. 9° La province de Murcie : *Murcie, Carthagène*. 10° Les Baléares : *Palma* dans l'île Majorque, *Port-Mahon*, dans l'île Minorque.

11° Au sud, la Province de Grenade : *Grenade, Malaga*, sur la Méditerranée. 12° L'Andalousie : *Séville*, sur le Guadalquivir; *Cordoue, Cadix*, sur l'Atlantique ; *Xérès* (711), *Gibraltar*, possession anglaise.

13° A l'ouest, l'Estramadure : *Badajoz*. 14° La Province de Léon : *Léon, Salamanque*.

15° Au centre, la Nouvelle-Castille et la Manche : *Madrid, Tolède*, sur le Tage, et *Ciudad-Real*.

La population de l'Espagne est de 18 millions d'habitants, catholiques. Le gouvernement est une monarchie constitutionnelle. Le budget est d'environ 800 millions et la dette de 6 milliards. L'armée compte sur le pied de paix 120,000 hommes ; la flotte est ruinée. Le commerce extérieur ne dépasse pas 1,800 millions.

Colonies. — Les colonies espagnoles sont : en *Afrique*, Ceuta au Maroc, le littoral du Sahara et les îles Annobon et Fernando-Pô.

Portugal.

Géographie physique. — Le royaume de Portugal est borné, au nord et à l'est, par l'Espagne ; au sud et à l'ouest, par l'Atlantique. Il est traversé, en tous sens, par la prolongation des sierras espagnoles et arrosé par le *Tage*, le *Douro* et la *Guadiana*.

Formation territoriale. — Le Portugal, ancienne Lusitanie, est devenu un royaume indépendant au douzième siècle.

Géographie politique. — La capitale est Lisbonne, sur le Tage (307,000 habitants).

La partie continentale est divisée en dix-sept districts ; mais l'usage a maintenu les noms des anciennes provinces, qui sont au nombre de six :

1° (Du nord au sud) Minho : *Braga*; *Porto*, sur le Douro, le second port du Portugal ; 2° Tras-os-Montes : *Bragance* ; 3° Beira : *Coïmbre*; 4° Estramadure : *Lisbonne*, v. pr. *Santarem* sur le Tage, et *Sétuval*; 5° Alentejo : *Evora*; 6° Algarves : *Faro*.

La population, sans y comprendre celle des îles *Açores* et *Madère* (400,000 habitants), regardées comme partie intégrante du territoire portugais, est de 3,949,000 habitants, presque tous catholiques.

Le gouvernement est une monarchie constitutionnelle.

Le commerce extérieur s'élève à environ 150 millions.

Les colonies sont, en Afrique, les îles du Cap-Vert, les îles Saint-Thomas et du Prince, le Congo et le Mozambique; en Asie, Goa, Diu et Macao; en Océanie, une partie de Timor.

Exercices.

Carte physique de la Péninsule espagnole. — Carte de l'Espagne divisée en quinze capitaineries, et du Portugal divisé en six provinces.

CHAPITRE VII

RÉGION MÉRIDIONALE (*Suite et fin*).

ROYAUME D'ITALIE
(286,000 kilomètres carrés.)

Limites. — L'Italie est bornée : au nord, par la chaîne des Alpes, qui la sépare de la France, de la Suisse et de l'Autriche ; à l'est, par la mer Adriatique et le *canal d'Otrante* ; au sud, par la mer Ionienne, qui forme le *golfe de Tarente*, et par la Méditerranée ; à l'ouest, par la mer Tyrrhénienne, qui forme les *golfes de Naples* et de *Gênes*.

Iles. — De l'Italie dépendent les îles de *Sardaigne*, d'*Elbe*, sur les côtes de Toscane, de *Procida*, d'*Ischia* et de *Capri*, dans le golfe de Naples ; les îles *Ægades* et *Lipari*, la *Sicile*, séparée de l'Italie par le *détroit de Messine*. Le groupe de **Malte** (capitale *la Valette*), de *Gozzo* et de *Camino*, important par sa position entre la Sicile et l'Afrique, appartient à l'Angleterre.

Revision de la géographie physique. — L'Italie est entourée, au nord, par une ceinture de montagnes, les *Alpes Carniques*, *Cadoriques*, *Rhétiques* (col du Maloïa), *Centrales* (cols du Splugen et du Saint-Gothard), *Pen-*

nines (col du Simplon, mont Rose, mont Cervin, col du grand Saint-Bernard), *Grées* (mont Blanc, col du petit Saint-Bernard), *Cottiennes* (col des monts Cenis et Genèvre), *Maritimes* (mont Viso, cols d'Agnello, de Larche et de Tende) qui s'arrondissent en demi-cercle depuis le mont *Terglou* jusqu'au col de *Cadibone*.

Ces montagnes dominent une large et fertile plaine traversée, de l'ouest à l'est, par le *Pô*, qui descend du mont *Viso* et qui reçoit, sur sa rive droite, les eaux des Apennins, par la *Trébie*, le *Taro*, la *Secchia*, le *Panaro*, le *Reno*, et celles des Alpes-Maritimes, par le *Tanaro*; sur sa rive gauche, les eaux de la grande chaîne des Alpes par les deux *Doires*, la *Sésia*, le *Tessin*, qui forme le lac *Majeur*, l'*Adda*, qui forme le lac de *Côme*, l'*Oglio*, qui forme le lac d'*Iseo*, le *Mincio*, qui sort du lac de *Garde*. L'*Adige*, qui descend des lacs du Tyrol, et d'autres cours d'eau moins importants, la *Brenta*, la *Piave*, le *Tagliamento*, l'*Isonzo* vont, comme le Pô, se perdre dans cette longue ligne de lagunes qui bordent le littoral septentrional de l'Adriatique.

L'Italie péninsulaire est traversée, du nord au sud, par les *Apennins* (2,920 mètres) qui se bifurquent, à leur extrémité, en deux branches : l'une à l'est, qui finit au cap *Leuca*; l'autre à l'ouest, qui plonge dans le détroit de Messine, au cap *Spartivento*, mais qui semble se prolonger en Sicile par une chaîne volcanique dont l'*Etna* (3,315 mètres) est le principal sommet.

Le caractère volcanique de cette longue péninsule se trahit par ses sources thermales, par ses lacs qui dorment au fond des cratères éteints : lacs de *Pérouse* ou *Trasimène*, lac *Fucin*, lac *Averne*, et par les feux que vomit encore le *Vésuve*.

Les Apennins versent dans la mer Tyrrhénienne deux fleuves navigables : l'*Arno* et le *Tibre* ; quelques rivières moins importantes : le *Garigliano*, ancien *Liris*, le *Volturno*, etc.; et dans l'Adriatique, de nombreux torrents : l'*Ofanto*, le *Métaure*, presque tous desséchés en été.

Formation territoriale. — Les Pélasges, les

Étrusques, les Gaulois et les Grecs sont les principales races qui ont contribué à peupler l'Italie antique. — Après avoir été le berceau de l'empire romain, elle en resta le centre jusqu'aux grandes invasions barbares.

Après la chute de l'empire romain d'Occident, elle passa tour à tour sous la domination des Ostrogoths, sous celle des Lombards et sous celle des Francs, mais les Romains d'Orient y conservèrent des possessions jusqu'au onzième siècle. Après le démembrement de l'empire carlovingien, l'Italie se morcela en grands fiefs et forma quelque temps un royaume particulier; les rois de Germanie ceignirent, au dixième siècle, la couronne de fer des anciens rois lombards, et l'Italie devint une dépendance de l'empire rétabli en 962. Les luttes politiques et religieuses du moyen âge ébranlèrent sans la détruire entièrement l'autorité impériale, et donnèrent naissance à un grand nombre d'États souverains qui se partagèrent la péninsule, États de l'Église, royaume de Naples et de Sicile, duchés de Milan, de Piémont, de Mantoue, républiques de Pise, de Florence, de Venise, de Gênes, etc. Au commencement des temps modernes, les rois de France essayèrent de faire valoir leurs prétentions sur Milan et sur Naples; mais leurs rivaux, les princes de la maison d'Autriche, l'emportèrent et s'emparèrent du Milanais et du royaume des Deux-Siciles, qui devinrent une dépendance de l'Espagne et plus tard de l'Autriche. Le xviiie siècle vit se former le *royaume de Sardaigne* (traité de Madrid, 1720), composé de la Sardaigne et des États des ducs de Savoie (Savoie, Piémont), et le royaume indépendant des *Deux-Siciles*.

Les guerres de la Révolution et de l'Empire eurent pour conséquences l'expulsion des Autrichiens, la destruction de la république de Venise et la formation d'un royaume d'Italie, dont Napoléon Ier fut le souverain. Les traités de 1815 rétablirent les États antérieurs à la Révolution, sauf Venise et Gênes (duchés de Parme, de Modène, grand-duché de Toscane, États pontificaux, royaume de Piémont et Sardaigne, royaume des Deux-Siciles), et

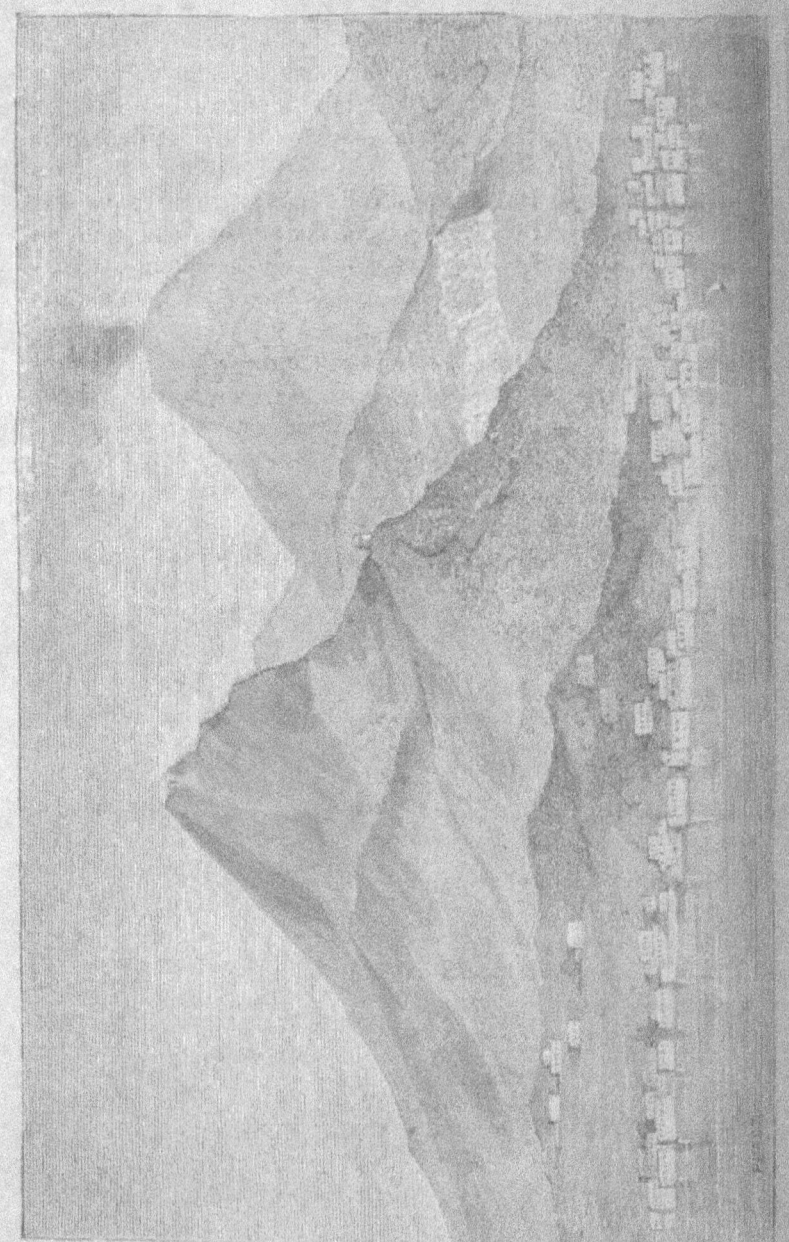

attribuèrent à l'Autriche la Lombardie et la Vénétie. En 1848 et 1849, une insurrection nationale contre l'Autriche, dirigée par le Piémont, fut écrasée; mais en 1859, à la suite des victoires remportées par les Français et les Piémontais sur l'Autriche, les Autrichiens renoncèrent à la Lombardie, les ducs de Parme, de Toscane et de Modène furent renversés, le royaume des Deux-Siciles, une partie des Etats pontificaux occupés par les troupes piémontaises, et le roi de Piémont et de Sardaigne prit, en 1860, le titre de roi d'Italie. L'unité territoriale fut complétée par la cession de la Vénétie, enlevée aux Autrichiens, en 1866, et par la prise de possession de Rome, en 1870.

Géographie politique. — Le royaume d'Italie comprend aujourd'hui la péninsule entière. La capitale est **Rome**, sur le Tibre (471,000 hab.). Aucune autre ville n'est aussi riche en souvenirs et en monuments. L'antiquité vit encore dans les admirables débris de l'époque romaine : le Colisée, le Cirque, le Panthéon, le mausolée d'Adrien (château Saint-Ange), les arcs de triomphe de Titus et de Constantin, la colonne Trajane : le christianisme primitif nous a légué les catacombes : le moyen âge, ses basiliques (Latran, etc.) : la Renaissance, ses palais (le Vatican, le Quirinal), ses musées, ses villas, et le chef-d'œuvre de l'architecture italienne, Saint-Pierre de Rome.

Le royaume est divisé en 69 préfectures, mais les noms des anciennes divisions (*compartimenti*) ne sont pas effacés. Ce sont :

Au *nord :* 1° et 2° le **Piémont** et la **Ligurie**, qu'entourent d'une ceinture de rochers, les Alpes et l'Apennin, mais où les plaines, arrosées par le Pô, produisent en abondance les céréales, le riz, la vigne, le mûrier, tandis que sur le littoral croissent l'oranger et l'olivier. La capitale du Piémont est **Turin**, sur le Pô (348,000 hab.), ville de commerce et d'industrie, aux rues larges et régulières, ancienne capitale du royaume d'Italie; celle de la Ligurie est **Gênes** (210,000 hab.), construite en amphithéâtre, sur le golfe qui porte son nom, le premier port et l'une des premières villes industrielles de l'Italie. Les villes principales sont : en Ligurie, *Savone* et *Porto-Maurizio*, ports de commerce ; la *Spezia*, port de guerre ; en Piémont, *Alexandrie*, place forte sur le Tanaro ; *Coni*, *Pignerol*, *Aoste* et *Ivrée*, au pied des Alpes ; *Verceil*, (101 av. J.-C.), *Staffarde* (1690), *Mondovi* (1796), *Novi* (1799), *Marengo* (1800), *Novare* (1849), champs de bataille célèbres.

3° La **Lombardie**, riche plaine dominée par les Alpes et arrosée par le Pô et ses affluents, au climat doux et humide, au sol fertile, coupé d'innombrables canaux d'irrigation, couvert de moissons, de vergers et de vignes qui s'enlacent aux branches des peupliers et des ormeaux ; la capitale est **Milan** (450,000 hab.), sur l'Olona, justement fière de ses bibliothèques, de ses musées, de son théâtre de la Scala et de son admirable cathédrale (*il Duomo*). Les villes principales sont : *Côme*, *Bergame*, *Crémone*, centres de l'industrie des soieries ; *Brescia*, avec ses fabriques d'armes et de toiles ; *Sondrio*, sur l'Adda, dans la Valteline ; *Mantoue*, place forte sur le Mincio, près de laquelle naquit Virgile ; *Pavie*, sur le Tessin, célèbre par la défaite de François Ier, en 1525, *Marignan* (1515 et 1859), *Lodi* (1796), *Castiglione* (1796), *Magenta* et *Solférino* (1859), par des victoires françaises.

4° La **Vénétie**, avec ses plaines marécageuses, ses plantations de mûriers et d'oliviers, et ses pâturages sur la pente des Alpes ; capitale **Venise**, dans les lagunes de l'Adriatique, autrefois le premier port de la Méditerranée (160,000 hab.). Venise a conservé son aspect étrange et séduisant, ses canaux bordés de palais, ses monuments où se confondent les inspirations du génie oriental et celles de l'occident (Saint-Marc, le palais des Doges, etc.), mais les lagunes ensablées ne portent plus que des navires d'un tonnage inférieur, et Trieste, la ville autrichienne, a hérité de la prospérité de Venise. Les villes principales sont : *Vérone*, sur l'Adige, *Padoue*, *Vicence*, *Trévise*,

Udine, importantes par leurs manufactures de soieries; *Rovigo*, dans la Polésine; *Bellune*, sur la Piave; *Arcole* (1796), *Bassano* (1796) et *Rivoli* (1797), fameuses par les victoires de Bonaparte. La Vénétie est la patrie de l'historien latin Tite-Live, du Titien et de Paul Véronèse, deux des plus grands peintres du seizième siècle.

5° L'**Emilie**, avec ses belles vallées et ses plaines arrosées par le Pô, et couvertes de rizières, de champs de blé, de lin et de chanvre; capitale *Bologne*, chef-lieu de l'ancienne **Romagne**, l'un des centres de l'industrie du lin et de la soie (144,000 hab.); villes principales: *Ferrare*, sur le Pô, *Ravenne*, la capitale des empereurs romains d'Occident, *Parme*, capitale de l'ancien duché de **Parme**, *Plaisance*, sur le Pô, *Modène* et *Reggio*, dans l'ancien duché de **Modène**, *Forli* et *Rimini*. La petite république de *Saint-Marin* (8,000 habitants) est enclavée dans l'Emilie.

A *l'est* : 6° et 7° Les **Marches**, baignées par l'Adriatique, capitale *Ancône*, port sur l'Adriatique; ville principale, *Urbin*, patrie du grand peintre Raphaël, et l'**Ombrie**, arrosée par le Tibre et traversée par l'Apennin, capitale *Pérouse*, près du Tibre.

8° Les provinces orientales de l'ancien **Royaume de Naples** (**Abruzzes**, **Molise** et **Capitanate**), région tourmentée, couverte de forêts et de pâturages, et traversée en tous sens par les rameaux de l'Apennin (villes principales, *Teramo*, *Chieti* et *Aquila* (Abruzzes), *Campo-Basso* (Molise, ancien Samnium) et *Foggia* (Capitanate).

9°, 10°, 11° et 12° Au *sud* et au *sud-ouest*, la partie méridionale et occidentale de l'ancien **Royaume de Naples** (**Calabres**, **Basilicate**, ancienne Lucanie, **Pouille**, ancienne Apulie, **Campanie** ou **terre de Labour**), terre volcanique, sillonnée par les chaînes de l'Apennin, que couvrent d'épaisses forêts, brûlée par le soleil dans les plaines sablonneuses de la *Pouille*, et dans les rochers des *Calabres*, où s'étend lentement, aux dépens des pâturages, la culture du froment, de la vigne, de la canne à sucre, du mûrier, de l'olivier et de l'oranger; rafraîchie par les brises de mer, dans les riantes vallées de la *terre de Labour*, pays fertile entre tous et sans rival pour l'abondance et la variété de ses productions. — Les villes principales sont, en Campanie : **Naples** (532,000 hab.), au pied du Vésuve, sur la mer Tyrrhénienne, la ville la plus peuplée, le plus beau port de l'Italie, dans une contrée toute remplie des souvenirs de l'antiquité classique (Cumes, Baïa, Pouzzoles, Pompéi), *Gaëte*, *Castelamare*, *Sorrente*, patrie du Tasse, *Salerne*, sur la mer Tyrrhénienne ; *Arpino*, patrie de Cicéron, *Bénévent*, *Caserte* et *Capoue*, dans l'intérieur : en Calabre, *Reggio*, sur le détroit de Messine, *Catanzaro*, sur la mer Ionienne, et *Cosenza* ; dans la Basilicate, *Potenza* et *Venouse* (*Venosa*), patrie du poëte Horace : dans la Pouille, *Tarente*, sur le golfe du même nom, *Trani*, *Barletta*, *Bari*, *Brindes*, *Otrante*, sur l'Adriatique.

13° A l'*ouest* : **La province de Rome** (anciens Etats pontificaux, réunis à l'Italie depuis 1870), avec ses plages où dorment les eaux stagnantes et pestilentielles des marais Pontins, ses plaines aux ondulations monotones, et ses vallons que dominent les premiers contreforts de l'Apennin. La capitale est **Rome** (474,000 hab.), résidence du souverain pontife et capitale du royaume d'Italie. Les principales villes sont : le port de *Civita-Vecchia*, sur la mer Tyrrhénienne, *Ostie*, à l'embouchure du Tibre, *Velletri* et *Viterbe*.

14° **La Toscane**, avec ses côtes marécageuses, ses vallées fertiles, arrosées par l'Arno et par ses affluents, ses gisements de plomb et de cuivre, ses mines de fer de l'île d'*Elbe* et ses carrières d'albâtre, capitale **Florence**, la ville la plus riche en chefs-d'œuvre de la Renaissance, la patrie des Médicis, du Dante, de Machiavel, de Léonard de Vinci, de Michel-Ange, qui fut un instant, de 1863 à 1870, la capitale de l'Italie (206,000 hab.) ; villes principales : *Livourne* (100,000 hab.), le second port de commerce de l'Italie ; *Pise*, aux bouches de l'Arno, patrie de Galilée ; *Sienne* et *Empoli*, où se travaillent les fameuses pailles d'Italie ; *Lucques*, capitale d'un ancien duché,

Arezzo, où naquit le poète Pétrarque, *Carrare*, célèbre par ses marbres blancs.

15° L'île de **Sardaigne**, pays de montagnes granitiques, sans routes, sans industrie, mais riche en forêts, en mines de plomb, en pêcheries de corail, capitale *Cagliari*, port au sud de l'île, ville principale, *Sassari*, au nord-ouest.

16° L'île de **Sicile**, dominée par le massif de l'Etna, pays presque sauvage dans l'intérieur, mais couvert, sur la côte, de magnifiques vignobles, de plantations d'orangers, de mûriers, d'oliviers, de cotonniers, et dont les mines de soufre et de sel gemme donnent lieu à un immense commerce, capitale *Palerme*, l'ancienne Panorme (282,000 hab.), port au nord de l'île; villes principales: *Messine* (150,000 hab.), sur le détroit du même nom; *Marsala*, centre du commerce des vins et *Trapani*, sur la côte occidentale, *Girgenti* (ancienne Agrigente), sur la côte méridionale, centre de l'exploitation du soufre; *Catane* et *Syracuse*, à l'est.

Population. Religion. Gouvernement. — La population du royaume s'élève à 35 millions d'habitants, presque tous catholiques. Le gouvernement est une monarchie constitutionnelle où le pouvoir législatif appartient à deux Chambres : l'une élective, celle des députés; l'autre dont les membres sont nommés à vie par le roi, le Sénat.

Le budget est d'environ 3 milliards; le capital de la dette peut être évalué approximativement à 10 milliards, y compris la dette flottante. La situation financière est déplorable.

Le service militaire est obligatoire pour tous les hommes valides de 21 à 39 ans, divisés en trois catégories. Ceux qui ont tiré les premiers numéros servent 8 ans dans l'armée active ou dans la réserve de l'armée active, 4 ans dans la milice mobile et 7 ans dans l'armée territoriale. Les autres servent 8 ans dans l'armée permanente, 4 ans dans la milice mobile et 10 ans dans l'armée territoriale, avec obligation de passer au moins 2 mois sous les drapeaux. Enfin, les hommes de la troisième catégorie, qui jouissent de certains cas particuliers d'exemption, ne servent que dans l'armée territoriale. L'effectif de l'armée active est de 300,000 hommes sur le pied de paix.

La flotte compte 270 vapeurs, dont 18 cuirassés. L'Italie exploite aujourd'hui plus de 15.000 kilomètres de chemins de fer; sa marine marchande occupe le sixième rang en Europe et son commerce extérieur atteint 2 milliards et demi. L'instruction primaire est peu développée : le nombre des illettrés s'élève à 30 pour 100. On compte 22 universités et plus de 500 établissements d'enseignement secondaire.

L'Italie possède la colonie de l'*Erythrée*, capitale Massaouah, et le protectorat d'une partie de la côte des *Somalis*.

RÉSUMÉ.

Le ROYAUME D'ITALIE (286,000 kilomètres carrés) est borné au nord, par l'Autriche et la Suisse ; à l'ouest, par la France et la mer *Tyrrhénienne*, qui baigne l'île d'*Elbe* et l'île de *Sardaigne* ; au sud, par la Méditerranée, qui baigne l'île de *Sicile* (volcan de l'Etna) ; à l'est, par la mer *Adriatique*.

Le nord de l'Italie est une vaste plaine arrosée par l'*Adige*, par le *Pô* et ses affluents (Tessin, Adda, Mincio), qui sortent des lacs (Majeur, de Côme, de Garde), situés au pied des Alpes. L'Italie péninsulaire, dont l'arête est formée par les massifs de l'Apennin, est une terre volcanique (volcan du *Vésuve*) dont les fleuves (*Tibre*, *Arno*) ne sont que des torrents.

FORMATION TERRITORIALE. — L'Italie, qui a été dans l'antiquité le berceau de l'empire romain, a passé tour à tour, au moyen âge, sous la domination des Ostrogoths, sous celle des Lombards, des Francs et, enfin, des rois de Germanie qui ont fait revivre l'empire de Charlemagne. Dès la fin du moyen âge, elle se divise en Etats indépendants dont les principaux sont les républiques de Gênes, de Venise, de Florence, les duchés de Savoie et de Milan, les Etats pontificaux, le royaume des Deux-Siciles. La France, l'Espagne et l'Autriche se disputent le Milanais et les Deux-Siciles depuis le seizième siècle jusqu'au dix-huitième ; Napoléon réunit un moment tout le nord et le centre de la péninsule sous le nom de royaume d'Italie ; mais les traités de 1815 rétablissent les anciens souverains. L'unité de l'Italie s'est opérée de notre temps, de 1859 à 1870, sous la souveraineté des rois de Piémont, qui ont pris le titre de rois d'Italie.

DIVISIONS POLITIQUES. — L'Italie ne forme donc qu'un État. La capitale est ROME, sur le Tibre (471,000 habitants). Le royaume est divisé en 69 préfectures et 16 provinces :

1° et 2° Au nord, le PIÉMONT et la LIGURIE, capitales *Turin* (318,000 habitants) et *Gênes* (224,000 habitants), le premier port de commerce italien ; villes principales : la *Spezia*, port de guerre ; *Alexandrie*, sur le Tanaro ; *Marengo* (1800).

3° La LOMBARDIE, capitale *Milan* (425,000 habitants) ; villes principales : *Brescia*, *Pavie*, sur le Tésin ; *Mantoue*, sur le Mincio ; *Marignan* (1515), *Lodi* (1796), *Magenta* et *Solférino* (1859).

4° La VÉNÉTIE, capitale *Venise*, sur l'Adriatique (160,000 hab.) ; villes principales : *Vérone*, sur l'Adige ; *Padoue*, *Arcole* (1796) ; *Rivoli* (1797).

5° L'ÉMILIE, capitale *Parme* ; villes principales : *Ferrare*, sur le Pô ; *Plaisance* (id.) ; *Bologne*, *Modène*.

6° À l'est, les MARCHES, capitale *Ancône*, sur l'Adriatique.

7° L'OMBRIE, capitale *Pérouse*.

8° Les ABRUZZES et la CAPITANATE ; villes principales : *Teramo*, *Chieti* et *Foggia*.

9°, 10°, 11° et 12° Au sud et au sud-ouest, la BASILICATE, ville principale *Potenza* ; les CALABRES, ville principale *Reggio*, sur le détroit de Messine ; la POUILLE, villes principales : *Brindes*, *Bari*, sur l'Adriatique, *Tarente*, sur la mer Ionienne, et la CAMPANIE, villes principales : *Naples* (532,000 habitants), la ville la plus peuplée de l'Italie, *Gaëte*, sur la mer Tyrrhénienne, et *Capoue*.

13° À l'ouest, la province de ROME, capitale *Rome* (471,000 hab.) ; ville principale *Civita-Vecchia*, sur la mer Tyrrhénienne.

14° La TOSCANE, capitale *Florence* (206,000 habitants), sur l'Arno ; villes principales : *Livourne*, le second port de l'Italie, *Pise*, sur l'Arno.

15° L'île de SARDAIGNE, capitale *Cagliari*.

16° L'île de SICILE, capitale *Palerme* (252,000 habitants) ; villes principales : *Messine*, *Girgenti*, *Syracuse* et *Catane*.

POPULATION. GOUVERNEMENT. — La population est de 35 millions d'habitants (122 par kilomètre carré), presque tous catholiques. Le gouvernement est une monarchie constitutionnelle avec deux Chambres : une *Chambre des députés* et un *Sénat*. Le budget est de 2 milliards et le capital de la dette de 10 milliards. — L'armée active est d'environ 300,000 hommes sur le pied de paix ; la flotte compte 260 vapeurs. — L'instruction populaire est peu développée (30 °/₀ d'illettrés) — L'Italie a 14,500 kilomètres de chemins de fer et son commerce extérieur est d'environ 2 milliards et demi.

Exercices.

Carte physique de l'Italie. Carte politique de l'Italie en 1815, en 1850 et en 1871.

CHAPITRE VIII

RÉGION DU SUD-EST

I. — TURQUIE D'EUROPE

(168,000 kilomètres carrés.)

Limites. — La Turquie d'Europe, en y comprenant la principauté vassale de Bulgarie et sans y comprendre les provinces de Bosnie et d'Herzégovine, occupées par l'Autriche, est bornée, au nord, par le *Danube*, qui la sépare de la Roumanie, par la Serbie, par l'empire d'Autriche-Hongrie ; à l'ouest, par la Dalmatie (Autriche), le Monténégro, l'Adriatique, le canal d'Otrante et la mer Ionienne ; au sud, par le royaume de Grèce, l'Archipel, le détroit de *Gallipoli* ou des *Dardanelles*, la mer de *Marmara* et le *Bosphore* ; à l'est, par la mer Noire.

Iles. — Les îles qui en dépendent sont, dans l'Archipel, les îles de *Thaso*, de *Samothraki*, d'*Imbro* et de *Lemno*.

Montagnes et fleuves. — La Turquie d'Europe est traversée, parallèlement à l'Adriatique, par la prolongation des *Alpes dinariques* et par les *Alpes helléniques*, qui viennent se souder aux précédentes par l'imposant massif du *Tchar-Dagh* (ancien *Scardus*, 3,050 m.); parallèlement à l'Archipel, par les *Balkans*, d'où se détachent le Rhodope (*Despoto-Dagh*) et les monts *Strandja*. Des Balkans descendent, au sud, les fleuves tributaires de l'Archipel, la *Maritza*, ancien Hèbre, le *Strouma*, ancien Strymon, le *Vardar*, ancien Axius ; au nord, les affluents du Danube, dont la rive droite appartient à la Bulgarie et à la Roumanie.

Formation territoriale. — Les pays qui appartiennent encore de fait ou de nom à la Turquie d'Europe,

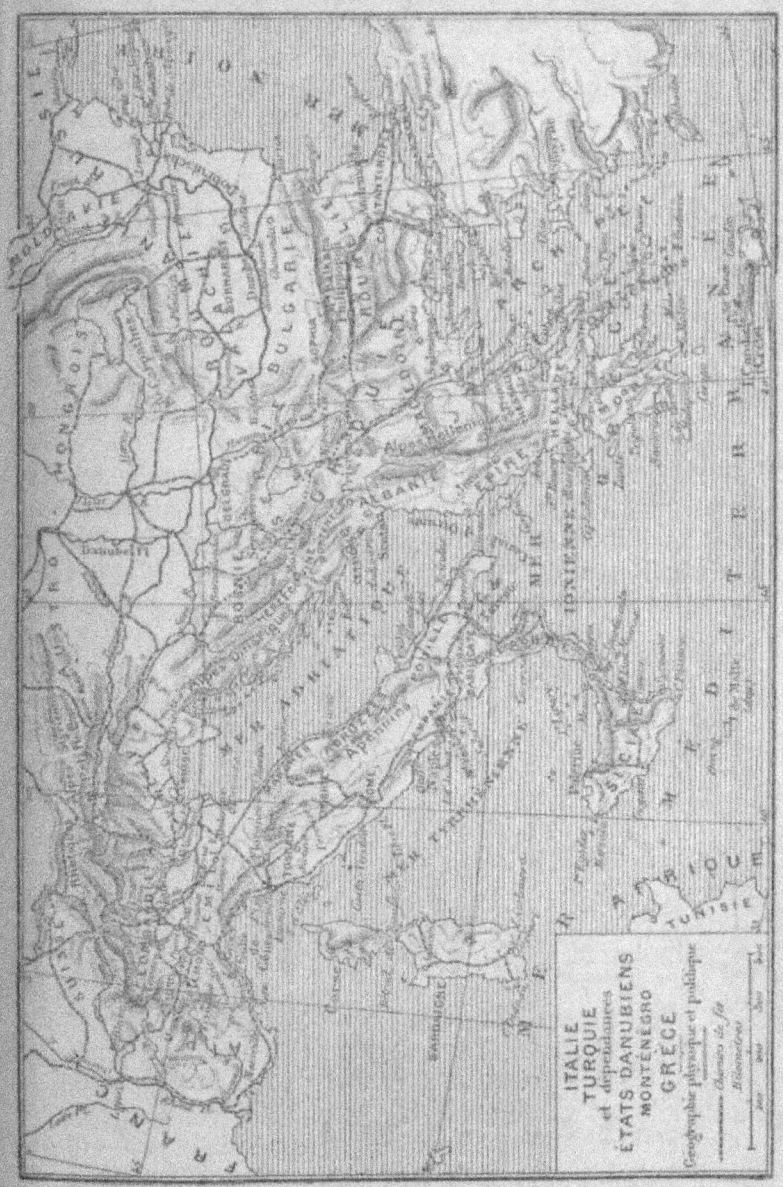

Carte XXVII.

correspondent aux anciennes régions de Thrace, de Macédoine, d'Illyrie et d'Epire. — On sait quel rôle la Macédoine, la patrie de Philippe et d'Alexandre, a joué dans le monde grec et oriental. Les Romains soumirent ces vastes contrées dès le deuxième siècle avant Jésus-Christ. Après la chute de l'empire d'Occident, l'empire d'Orient, dont Constantinople était la capitale, en conserva la possession jusqu'à l'invasion des Turcs en Europe (fin du quatorzième et quinzième siècle). Ceux-ci renversèrent, en 1453, le dernier empereur grec d'Orient, et les sultans établirent leur résidence à Constantinople, qui conserva, malgré la conquête musulmane, son antique importance commerciale. A partir du dix-huitième siècle, l'empire ottoman menacé par ses puissants voisins d'Autriche et de Russie et désorganisé par le despotisme et la mauvaise administration entre dans la période de décadence. Il perd successivement une partie du littoral de la mer Noire, cédé à la Russie, la Croatie et l'Esclavonie conquises par l'Autriche, la Grèce qui devient indépendante : la dernière guerre contre les Russes, et le traité de Berlin qui en a consacré les résultats (1878) ont enlevé au sultan ses droits de suzeraineté sur la Roumanie et la Serbie et ne lui laissent qu'une autorité nominale en Bulgarie, en Bosnie et en Herzégovine, et même en Roumélie. C'est l'avant-dernière étape sur la route qui conduit fatalement à la ruine les successeurs de Mahomet II.

Divisions politiques. — Grandes villes. — La capitale de l'empire turc est **Constantinople** (875,000 hab.), l'antique Byzance, située sur le Bosphore, qui la sépare de son faubourg asiatique, *Scutari*. La ville, dont le port est la Corne d'or, s'élève en amphithéâtre, bordée d'une ceinture de jardins, dominée par les minarets de ses cinq mille mosquées et par le dôme majestueux de Sainte-Sophie, plongeant dans les eaux du Bosphore les tours de ses palais et ses terrasses couvertes de cyprès et de platanes. Mais à l'intérieur, l'incurie de la police et de la population, le peu de largeur des rues, l'insalubrité et le mauvais état des maisons construites pour la plupart en bois, engendrent les maladies, multiplient les incendies et font d'une des villes les plus pittoresques du monde une des plus sales et des plus désagréables à habiter. Cependant le quartier grec du *Fanar* et les faubourgs à demi européens de *Galata* et de *Péra* ont fait quelques efforts pour se rapprocher des habitudes de l'Europe et possèdent de larges rues éclairées au gaz, de somptueux hôtels et un grand nombre de maisons construites en pierres.

La Turquie d'Europe se divise en sept départements ou vilayets, mais l'usage a conservé les noms des anciennes provinces, qui ont une importance ethnographique et politique toujours croissante.

Les provinces continentales qui restent encore soumises à l'autorité du sultan et à l'administration turque sont :

1° La **Roumélie turque** (sans y comprendre le district de Constantinople), capitale *Andrinople* ou *Édirné* (70,000 habitants), sur la Maritza ; villes principales : *Rodosto*, sur la mer de Marmara ; *Gallipoli*, sur les Dardanelles ; *Dédé-Agatch*, sur l'Archipel. La population est turque ou grecque, avec un petit nombre de Bulgares.

2° La **Macédoine** (vilayets de Salonique et de Monastir), peuplée de Grecs, de Turcs et de Bulgares, dont la principale ville est *Salonique*, sur l'Archipel, le second port de la Turquie d'Europe (180,000 habitants) ; villes principales : *Sérès*, centre de la culture du coton, et *Monastir*, dans la montagne.

3° La **Vieille Serbie** (vilayet de Kossovo, population serbe), capitale *Pristina*.

4° L'**Albanie** (ancienne Illyrie) correspond aux vilayets de Kossovo, de Scutari et de Janina : c'est un pays de montagnes situé entre l'Adriatique et les Alpes helléniques et habité par une population rude et belliqueuse qui parle un dialecte particulier et qu'on rattache à la race pélasgique. Les principales villes sont *Scutari*, sur le lac du même nom ; *Croïa* et *Prisrend*, dans l'intérieur, et *Durazzo* (Dyrrachium), sur l'Adriatique.

5° L'**Epire**, province séparée de l'Albanie par le cours de l'*Aoüs* (*Voioussa*) et dont la population est en grande partie de race grecque. Les principales villes sont *Prévésa* et *Parga*, sur la mer Ionienne, *Metsovo*, au pied du *Pinde*, et surtout *Janina*, sur le lac du même nom. Cette province dépend du vilayet de Janina.

Les provinces effectivement soumises au sultan ont une population d'environ 5,765,000 habitants, parlant le turc, le grec, le bulgare, l'albanais, dont plus de 2,500,000 musulmans et plus de deux millions de grecs schismatiques, qui reconnaissent pour chef religieux le patriarche de Constantinople.

Le gouvernement, dont le chef porte le nom de *sultan* ou *padishah*, est absolu de fait, bien que l'empire ottoman ait reçu un moment, en 1876, une constitution établissant un Sénat et une Chambre des députés. Le sultan est le chef de la religion comme de l'Etat. Les événements qui ont profondément modifié la situation de l'empire rendraient illusoires toutes les données statistiques sur ses forces militaires ou sur ses finances, qui se sont pourtant améliorées. La dette dépasse 2 milliards et demi.

La Turquie d'Europe, en y comprenant la Bulgarie, a environ 2,000 kilomètres de chemins de fer ; mais, malgré ses ressources naturelles (céréales, oliviers, vignes, coton, forêts, soies, laines, bétail), le mauvais état des routes, le désordre de l'administration, la détresse financière, les agitations intérieures paralysent tout progrès.

PROVINCES AUTONOMES

1° La **Roumélie**, entre les Balkans, les provinces turques de Macédoine et de Thrace et la mer Noire, a pour capitale *Philippopoli*, sur la Maritza ; pour villes principales : *Eski-Sagra*, au pied des Balkans, et *Bourgas*, sur la mer Noire.

Cette province a reçu, en 1878, une organisation particulière, sous la garantie des grandes puissances européennes; mais elle a proclamé son union avec la *Bulgarie*. Elle est peuplée de Grecs, de Bulgares et de Turcs.

2° La **Crète**, capitale *Candie*, ville principale *la Canée*, sur l'Archipel, presque entièrement grecque, jouit, depuis 1899, d'une constitution spéciale.

3° Les provinces de **Bosnie** et d'**Herzégovine**, entre la Save au nord, la Serbie à l'est, la Turquie et le Monténégro au sud, et la province autrichienne de Dalmatie à l'ouest, sont occupées et administrées par l'Autriche, tout en restant nominalement sous la souveraineté du sultan : c'est une annexion déguisée. Elles comptent environ 62,000 kilomètres carrés et 1,500,000 habitants bosniaques, serbes et turcs, dont 800,000 chrétiens. — Les principales villes sont : *Serajevo* ou *Bosna-Séraï*, en Bosnie, *Mostar*, en Herzégovine.

BULGARIE

La **Bulgarie** (96,000 kilomètres carrés avec la Roumélie orientale), doit son nom à un peuple d'origine asiatique, qui y fonda, au sixième siècle après Jésus-Christ, un royaume, détruit au quinzième par les Turcs. Elle est située entre la Roumanie, le Danube, la Serbie, le Rhodope et la mer Noire, et forme, depuis 1878, une principauté vassale et tributaire du sultan, mais autonome. Le gouvernement, fort peu stable depuis plusieurs années, est constitutionnel (3,310,000 habitants, avec la Roumélie, dont 600,000 musulmans). La capitale est *Sophia*, au pied des Balkans; les villes principales : *Silistrie*, *Roustchouk* et *Widdin*, sur le Danube; *Tirnova*, l'ancienne capitale, sur la Jantra ; *Plevna*, célèbre par l'héroïque résistance des Turcs en 1877; *Choumla*, sur le versant septentrional des Balkans, et *Varna*, sur la mer

Noire. La langue officielle de la Bulgarie est un dialecte slave ; l'armée doit être organisée de manière à pouvoir être portée à 120,000 hommes sur le pied de guerre. Quant aux ressources du pays, qui est surtout une région de céréales, de forêts et de pâturages, il est difficile de s'en rendre compte aujourd'hui. La Bulgarie possède deux lignes importantes de chemins de fer : celles de Varna à Roustchouk et de Philippopoli à Constantinople.

II. — ÉTATS DANUBIENS ET MONTÉNÉGRO

De la Turquie d'Europe dépendaient autrefois comme États tributaires, devenus indépendants par le traité de Berlin (1878) :

1° Le royaume de **Serbie** (48,000 kilom. car.), situé sur la rive droite du Danube, entre la Bosnie à l'ouest, la Bulgarie au sud et à l'est, la Roumanie et l'Autriche-Hongrie au nord. Elle s'est constituée en 1829 sous des princes héréditaires, indépendants depuis 1878. C'est un pays de montagnes, arrosé par le *Timok*, la *Morawa*, affluents du Danube, riche en bestiaux, en mines et en forêts : capitale *Belgrade* (58,000 hab.), sur le Danube ; villes principales : *Kragoujewatz*, *Nisch* et *Alexinatz*.

La population est de 2,315,000 habitants, presque tous Slaves d'origine et grecs de religion.

2° Le royaume de **Roumanie** est formé des principautés de **Moldavie** et de **Valachie** (131,000 kilomètres carrés, ancienne *Dacie*), qui après avoir été successivement occupées par les Huns, les Bulgares, les Hongrois, ont eu, à partir du treizième siècle, des princes indépendants. Après la prise de Constantinople par les Turcs, elles durent reconnaître la suzeraineté du sultan. Constituées en 1855 et 1858, sous la garantie des grandes puissances et réunies définitivement depuis 1866, sous le nom de *Roumanie*, elles sont redevenues indépendantes depuis 1878. La Roumanie, érigée en royaume depuis 1881, est bornée : au nord et à l'ouest, par les *Carpathes*, qui la séparent de l'Autriche ; à l'est par le Pruth et le Danube, qui la séparent de la Russie ; au sud, par le Danube qui la sépare de la Serbie et de la Bulgarie, et par une ligne de convention tracée entre le Danube (Silistrie) et la mer Noire et limitant la province de *Dobrutscha* assignée à la Roumanie par le traité de Berlin, en échange de la Bessarabie roumaine cédée à la Russie.

Le Danube reçoit à gauche l'*Aluta*, le *Séreth* et le *Pruth*, et se jette dans la mer Noire par plusieurs bouches dont deux facilement navigables, celles de *Sulina* et de *Saint-Georges*.

Cette contrée offre l'aspect d'une immense plaine, au sol argileux, couverte de moissons et de pâturages, dominée par les cimes boisées des Carpathes et s'abaissant vers le Danube par une série de plateaux monotones.

La capitale de la Roumanie est **Bukharest** (232,000 hab.), en *Valachie*; les villes principales : *Yassy* (*Moldavie*), sur un affluent du Pruth, *Galatz* et *Braïla*, sur le cours inférieur du Danube ; *Kustendje*, sur la mer Noire ; *Giurgewo*, *Kalafat*, sur le Danube ; *Craïowa*, *Ploiesti* et *Tergowitz*, dans l'intérieur.

La population est de plus de 5 millions d'habitants, de langue néo-latine, et qui portent le nom de Roumains. La religion grecque domine. Le gouvernement appartient à un souverain héréditaire et à une assemblée composée d'un Sénat et d'une Chambre des représentants. Le budget dépasse 160 millions, la dette 890 millions ; l'armée s'élève à 280,000 hommes sur le pied de guerre. Les céréales, les bois et les bestiaux sont la principale richesse du pays, dont l'industrie est peu avancée. Le commerce dépasse 640 millions ; la longueur des chemins de fer exploités, 2,600 kilomètres.

3° Le **Monténégro** (dans le dialecte slave du pays, *Tchernagora*, montagne noire), petit État gouverné par des princes indépendants et habité par environ 290,000 montagnards qui ont toujours défendu leur religion et leur liberté, est situé au sud-ouest de la Bosnie ; le principal bourg est *Cettigne*. Le port d'*Antivari* sur l'Adriatique, et la ville de *Podgoritza* ont été cédés au Monténégro par le traité de Berlin.

III. — ROYAUME DE GRÈCE OU HELLAS

(65,000 kilomètres carrés.)

Limites. — Le royaume de Grèce est borné : au nord, par la Turquie d'Europe ; à l'ouest par la mer Ionienne, qui forme le golfe d'*Arta* et celui de *Corinthe* ou de *Lépante ;* au sud, par la Méditerranée, qui forme les golfes de *Coron* et de *Marathonisi ;* à l'est, par l'Archipel, qui forme les golfes de *Nauplie* et d'*Egine*.

Les îles *Ioniennes*, dans la mer Ionienne, les *Cyclades* et l'*Eubée* (*Négrepont*), dans l'Archipel lui appartiennent.

Montagnes et fleuves. — La Grèce est couverte des ramifications des *Alpes helléniques*, qui se terminent au cap *Matapan*, entre les golfes de Coron et de Marathonisi.

Les cours d'eau ne sont que des torrents : les plus connus sont l'*Aspro-Potamo* (Achéloüs), qui se jette dans le golfe de Corinthe, le *Roufia* (Alphée), dans la mer Ionienne, l'*Eurotas*, dans le golfe de Marathonisi, l'*Asopo* dans le canal de *Talantia* (Euripe), entre le continent et l'Eubée, le *Mavro-Potamo* (Céphise), dans le lac Copaïs, en Béotie, le *Salemvria* (*Pénée*), dans l'Archipel.

La nature semble avoir créé la Grèce pour le commerce maritime ; la mer l'enlace et la pénètre de toutes parts, ses îles sont jetées comme un pont entre l'Europe et l'Asie ; la Méditerranée, l'Archipel, la mer Ionienne lui ouvrent toutes les routes de l'Occident et de l'Orient.

Malgré ses montagnes, elle doit à son climat et à son soleil une fertilité qui pourrait l'enrichir autant que son commerce maritime si une culture bien entendue développait ses productions naturelles, vignes, oliviers, coton, tabac, mûriers, forêts, bétail ; elle a des mines de fer, de plomb, d'argent, d'inépuisables carrières de marbres ; mais les agitations politiques, le brigandage, le manque de routes, la rareté des capitaux ont jusqu'ici paralysé ses ressources.

Formation territoriale. — Les populations primitives de la Grèce paraissent avoir appartenu, comme celles de l'Italie, à une des branches de la grande famille indo-européenne, la race pélasgique. La tribu des Hellènes, devenue dominante, imposa aux autres habitants de la péninsule, sa langue et son nom (Hellas). Divisée en petites cités indépendantes et rivales les unes des autres, la Grèce ne parvint jamais à former une nation; elle sut cependant résister à toutes les forces de l'empire des Perses; elle devint le foyer de la civilisation en occident; et quand les rois de Macédoine eurent réussi à lui faire reconnaître leur suprématie, les armées d'Alexandre achevèrent ce qu'avaient commencé les flottes d'Athènes : elles firent pénétrer jusqu'au cœur de l'Asie, cette civilisation que la Grèce devait en partie à l'Orient. Rome réduisit la Grèce en province romaine sous le nom d'Achaïe, en 146 : les empereurs romains la conservèrent jusqu'au commencement du treizième siècle; la croisade de 1204 eut pour résultat la conquête de presque toute l'ancienne Grèce par les Vénitiens ou par des seigneurs d'origine française; les Turcs s'en emparèrent à leur tour au quinzième siècle, et la Grèce resta sous leur domination jusqu'au commencement de notre siècle. Une insurrection qui éclata en 1820 et qui triompha, grâce à l'intervention des puissances européennes, eut pour résultat la création d'un royaume de Grèce, en 1832. — Les Anglais lui ont cédé, en 1863, leur protectorat des îles Ioniennes, que leur avaient garanti les traités de 1815, enfin la Grèce a obtenu en 1881 la Thessalie et une partie de l'Epire, cédées par les Turcs.

Divisions politiques. — Le royaume de Grèce se divise politiquement en préfectures ou éparchies. Il a pour capitale *Athènes*, avec son port du *Pirée*, sur le golfe d'Egine (107,000 hab.).

Athènes n'est plus grande que par les souvenirs et les débris du passé. Elle a conservé sur ce rocher de l'Acropole qui fut son berceau, les merveilleux vestiges du siècle de Périclès, le Parthénon (temple de Minerve), le temple d'Erechthée, les Propylées; sur les bords de l'Ilissus, ou dans la plaine que domine l'Acropole, se dressent encore les portiques du temple de Jupiter et du temple de Thésée ; le monument chorégique de Lysicrate (lanterne de Démosthènes) ; la Tour des Vents, le Théâtre et l'Odéon d'Hérode Atticus, monuments de l'époque romaine. La ville moderne, avec ses maisons peintes en rose et en bleu clair, ses larges rues et ses lourdes imitations de notre architecture officielle est sans caractère et sans intérêt.

Les principales divisions naturelles sont :

1° La **Hellade**, au nord, comprenant l'Attique et la Béotie, la Phocide, l'Acarnanie et l'Etolie : villes principales : *Athènes, Thèbes, Livadia, Missolonghi* (siège de 1826) et *Lépante* (bataille de 1571), sur le golfe de Lépante, *Lamia*, près de l'Archipel.

2° La **Morée**, réunie à la Hellade par l'isthme de Corinthe qui doit être bientôt coupé par un canal maritime de 7 kilomètres, comprend les éparchies de Laconie, Arcadie, Messénie, Elide et Achaïe, Argolide et Corinthie ; v. pr. : *Argos, Corinthe*, avec leurs ruines antiques ; *Patras*, sur le golfe de Lépante ; *Navarin* (bataille navale de 1827), sur la mer Ionienne ; *Nauplie*, sur le golfe du même nom ; *Sparte* et *Tripolitza*, dans l'intérieur.

3° La **Thessalie** cédée par les Turcs, grâce à l'intervention diplomatique des grandes puissances européennes. Villes principales : *Volo*, sur le golfe du même nom, *Pharsala, Larissa*, sur le Pénée, et *Tirkhala*. La ville d'*Arta*, en Epire, avec un petit territoire, a été aussi occupée par les Grecs.

4° Les *Iles*, qui comprennent : 1. Dans la mer Ionienne, les îles **Ioniennes**, cédées à la Grèce par l'Angleterre ; *Corfou*, capitale *Corfou* ; *Paxo, Sainte-Maure, Theaki* (Ithaque), *Képhalonie, Zante* (Zacynthe) et *Cérigo* (Cythère), au sud de la Morée ;

2. Dans l'Archipel, la grande île d'**Eubée** ou **Négrepont**, capitale *Khalkis* ; les îles d'*Egine* et d'*Hydra*, et les *Cyclades*, dont les principales sont : *Santorin* (ancienne Théra), *Milo, Paros, Naxos, Andros* et *Syra*, capitale *Syra* ou *Hermopolis*, le port le plus fréquenté de la Grèce.

Population. Religion. — La population est de 2,187,000 habitants, parlant la langue grecque et appartenant presque tous à la religion grecque schismatique. Le gouvernement est une monarchie constitutionnelle, avec une seule Chambre législative.

Le service militaire est obligatoire ; il dure un ou deux ans dans l'armée active, sept ou huit ans dans la réserve, dix ans dans l'armée territoriale et dix ans dans la réserve de cette armée. — Les forces militaires pourraient, en cas de guerre, être portées à 150,000 hommes d'armée active. La flotte de guerre compte 20 vapeurs.

Les finances grecques ont été désorganisées depuis la dernière guerre avec la Turquie.

Les communications intérieures sont difficiles et il n'existe que 800 kilomètres de chemins de fer, mais la marine marchande est nombreuse et le mouvement des échanges approche de 250 millions.

RÉSUMÉ.

I

Turquie d'Europe.

GÉOGRAPHIE PHYSIQUE. — La Turquie d'Europe, en y comprenant la Bulgarie, est bornée, au nord, par le *Danube*, la Serbie et l'Autriche-Hongrie ; à l'ouest, par l'Adriatique et la mer Ionienne ; au sud, par le royaume de Grèce, l'Archipel, le détroit de *Gallipoli*, la mer de *Marmara* et le *Bosphore*, à l'est par la mer Noire.

Les îles qui en dépendent sont : dans la Méditerranée, l'île de *Candie* (ancienne *Crète*) ; et dans l'Archipel *Thaso*, *Samothraki*, *Imbro* et *Lemno*.

La Turquie d'Europe est traversée, du nord au sud, par la prolongation des *Alpes dinariques* et par les *Alpes helléniques* ; et, de l'ouest à l'est, par les *Balkans*.

Les principaux cours d'eau sont :

Dans le versant de la mer Noire, le *Danube* ; dans le versant de l'Adriatique, le *Drin* ; dans le versant de l'Archipel, la *Maritza* (Hèbre).

FORMATION TERRITORIALE. — Les pays qui dépendent aujourd'hui de la Turquie d'Europe portaient, dans l'antiquité, les noms de Thrace, Macédoine, Illyrie, Épire et Thessalie. Soumis aux rois de Macédoine à partir du quatrième siècle av. J.-C., puis aux Romains à partir du second siècle av. J.-C., ils firent partie de l'empire romain d'Orient et furent conquis par les Français et les Vénitiens au treizième siècle, et par les Turcs au quinzième. L'empire Ottoman, menacé depuis le dix-huitième siècle par l'Autriche et la Russie, a déjà subi des démembrements successifs dont le dernier a été consacré par le traité de Berlin (1878).

GÉOGRAPHIE POLITIQUE. — La capitale de l'empire est *Constantinople*, sur le Bosphore (875,000 habitants).

Il se divisait, avant les derniers événements, en 9 départements ou *vilayets*.

Les possessions immédiates sont, outre le district de Constantinople :

1° La ROUMÉLIE TURQUE, capitale *Andrinople*, sur la Maritza, ville principale *Gallipoli*, sur les Dardanelles ; 2° la MACÉDOINE, capitale *Salonique*, sur le golfe du même nom (Archipel), villes principales : *Sérès* et *Monastir* ; 3° la VIEILLE-SERBIE, capitale *Pristina* ; 4° l'ALBANIE, capitale *Scutari* ; 5° l'ÉPIRE (pays grec), capitale *Janina*, ville principale *Prevesa*, sur la mer Ionienne ; une partie de cette province a été cédée à la Grèce.

La *Crète*, province presque entièrement grecque de langue et de religion, capitale *Candie* ; ville principale *la Canée*, sur l'Archipel, jouit d'une constitution autonome.

Les provinces de BOSNIE et d'HERZÉGOVINE (1,500,000 habitants) sont occupées et administrées par l'Autriche, tout en restant nominalement sous la souveraineté du sultan. Villes principales : *Serajevo*, en Bosnie ; *Mostar*, en Herzégovine.

La BULGARIE, entre le Danube, la Serbie, le Rhodope et la mer Noire, forme une principauté vassale du sultan, mais autonome (3,160,000 habitants, dont 600,000 musulmans). La capitale est *Sophia* ; villes principales : *Silistrie*, *Routschouk* et *Widdin*, sur le Danube ; *Tirnova*, *Choumla*, dans l'intérieur ; *Varna*, sur la mer Noire ; *Philippopoli*, en ROUMÉLIE, province annexée à la Bulgarie contre les stipulations du traité de Berlin.

La population des provinces immédiatement soumises au sultan est d'environ 5,765,000 habitants parlant le turc, le grec, le bulgare, l'albanais, dont 2 millions et demi de musulmans et plus de 2 millions de grecs schismatiques.

Le gouvernement, dont le chef porte le nom de *Sultan*, est absolu de fait, bien que la Turquie ait eu une constitution en 1876 ; le Sultan est chef de la religion.

États Danubiens et Monténégro.

De la Turquie d'Europe dépendaient autrefois comme États tributaires :

1° Le royaume de SERBIE, situé sur la rive droite du Danube et constitué en 1829 sous des princes héréditaires indépendants depuis 1878, capitale *Belgrade*, sur le Danube. — La population est de 2,315,000 habitants, presque tous Slaves d'origine et Grecs de religion.

2° La ROUMANIE (ancienne Dacie, puis principautés de Valachie et de Moldavie), constituée en 1855 et 1858, sous la garantie des grandes puissances, et indépendante depuis 1878, bornée, au nord, par les *Carpathes*, à l'est, par le *Pruth* et la mer Noire, au sud, par la Bulgarie et le Danube, à l'ouest, par la Serbie et la Hongrie. C'est un pays de plaines riche en céréales et en bestiaux.

Le Danube reçoit à gauche l'*Aluta*, le *Séreth* et le *Pruth*, et se jette dans la mer Noire par plusieurs bouches dont les deux principales sont celles de *Sulina* et de *Saint-Georges*. La capitale de la Roumanie est BUKHAREST (*Valachie*); les villes principales: *Yassy* (*Moldavie*); *Galatz* et *Braïla*, sur le cours inférieur du Danube; *Craïowa* et *Ploïesti*, dans l'intérieur.

La population est de plus de 5 millions d'habitants, de langue néo-latine. La religion grecque domine. Le gouvernement est une monarchie héréditaire et constitutionnelle.

3° Le MONTÉNÉGRO, petit État habité par environ 290,000 montagnards. Capitale *Cettigne*; villes principales *Antivari*, sur l'Adriatique, et *Podgoritza*.

III

Royaume de Grèce.

GÉOGRAPHIE PHYSIQUE. — Le royaume de Grèce ou *Hellas* (65,000 kilomètres carrés) est borné : au nord, par la Turquie d'Europe; à l'ouest, par la mer Ionienne (golfe de *Corinthe* ou de *Lépante*); au sud, par la Méditerranée; à l'est, par l'Archipel.

Les îles *Ioniennes*, les *Cyclades* et l'*Eubée* (*Négrepont*) lui appartiennent.

La Grèce est couverte des ramifications des *Alpes helléniques*, qui se terminent au cap *Matapan*.

Les cours d'eau ne sont que des torrents (*Aspro-Potamo*, Acheloüs, dans le golfe de Corinthe, *Eurotas*, etc.).

NOTIONS HISTORIQUES. — Les anciens appelaient la Grèce *Hellas* du nom des Hellènes, tribu de race pélasgique. Les Romains substituèrent au nom de Hellas celui de *Græcia* qui s'est maintenu. La Grèce, après avoir fait partie de l'empire romain d'Orient, fut soumise par les Turcs, se souleva en 1820 et forme un royaume indépendant depuis 1832.

GÉOGRAPHIE POLITIQUE. — La capitale est *Athènes* (107,000 habitants), avec le port du *Pirée*.

La Grèce se divise en 7 préfectures, que l'on peut réduire à quatre divisions principales :

1° La **Hellade** au nord; villes principales *Athènes*, *Livadia*, *Missolonghi* et *Lépante*, sur le golfe de Lépante.

2° La **Morée**, réunie à la Hellade par l'isthme de Corinthe; villes principales *Patras*, sur le golfe de Lépante; *Nauplie*, sur l'Archipel; *Sparte* et *Tripolitza*, dans l'intérieur.

3° La **Thessalie**, cédée par les Turcs en 1881; villes principales *Larissa*, *Tirkhala* et *Volo*, sur l'Archipel, et une petite partie de l'Épire, ville principale *Arta*.

4° Les *Iles*, qui comprennent : dans la mer Ionienne, les îles Ioniennes, cédées à la Grèce par l'Angleterre; *Corfou*, *Ithaque*, *Képhalonie*, *Zante*, *Cérigo* (Cythère), etc.; dans l'Archipel, la grande île d'Eubée ou Négrepont, capitale *Khalkis*; les îles d'*Egine* et d'*Hydra*, et les *Cyclades* (*Santorin*, *Milo*, *Paros*, *Syra*, capitale *Hermopolis*, le port le plus fréquenté de la Grèce).

La population est de 2,187,000 habitants, parlant la langue grecque et appartenant à la religion grecque schismatique. Le gouvernement est une monarchie constitutionnelle.

Exercices.

Carte de la Turquie d'Europe et de ses dépendances avant 1878.
Carte de l'empire ottoman et des anciennes principautés tributaires après le traité de Berlin.
Carte de la Grèce en 1881.
Rapprocher les noms anciens des modernes.

CHAPITRE IX

RÉGION ORIENTALE

EMPIRE DE RUSSIE
(5,500,000 kilomètres carrés.)

Limites. — La Russie d'Europe, en y comprenant la Pologne russe et la partie septentrionale de la lieutenance générale du Caucase, est bornée, au nord, par l'océan Glacial qui forme la mer *Blanche* et qui baigne les îles de *Waigatch* et de la *Nouvelle-Zemble*; à l'ouest, par la Norvège, la Suède, la mer Baltique, qui forme les golfes de *Botnie*, de *Finlande* et de *Livonie*, et qui baigne les îles d'*Aland*, d'*Abo*, de *Dago* et d'*OEsel* ; par la Prusse, l'Autriche-Hongrie et la Roumanie; au sud, par la mer Noire, le détroit de *Kertch* (*Iénikale*), la mer d'*Azof* et le gouvernement du *Caucase* ; à l'est, par la mer *Caspienne*, le fleuve *Oural* et les monts *Ourals*, limites généralement admises de l'Europe et de l'Asie.

EMPIRE DE RUSSIE.

Description physique. — La Russie couvre plus de la moitié de la superficie de l'Europe dont elle forme à

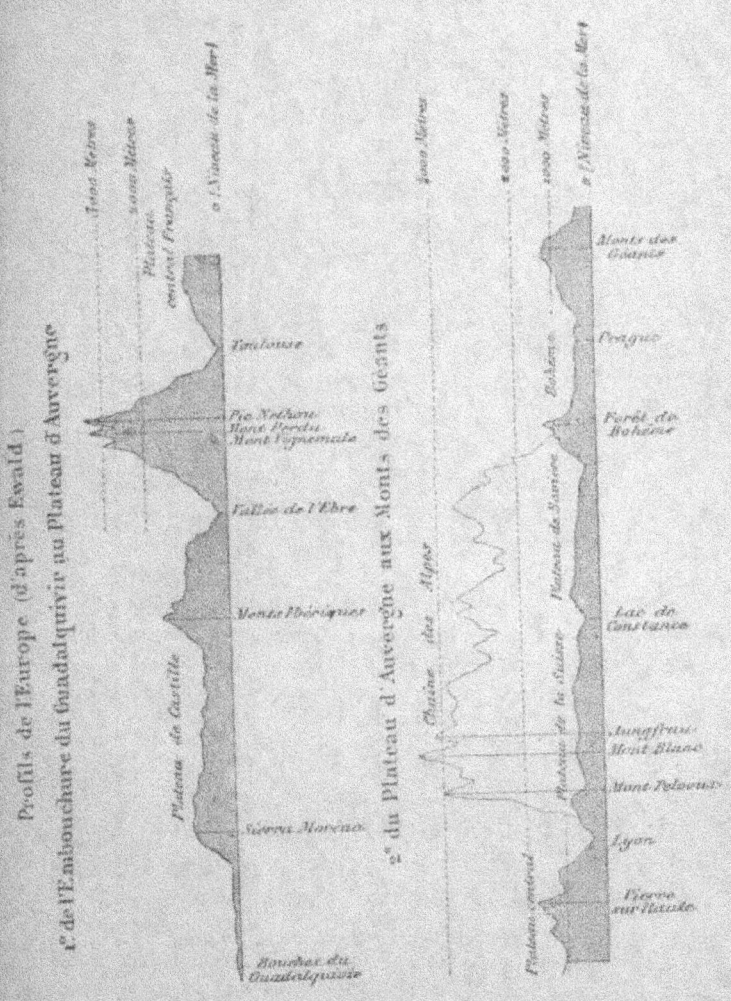

Carte XXVIII.

elle seule toute la partie orientale. Séparée de l'Asie par des limites de convention dont les Russes ne tiennent pas compte dans leurs circonscriptions administratives, terre

316 EUROPE.

à demi asiatique, à demi européenne, elle est le lien entre l'Occident et l'Orient, entre la civilisation et la barbarie.

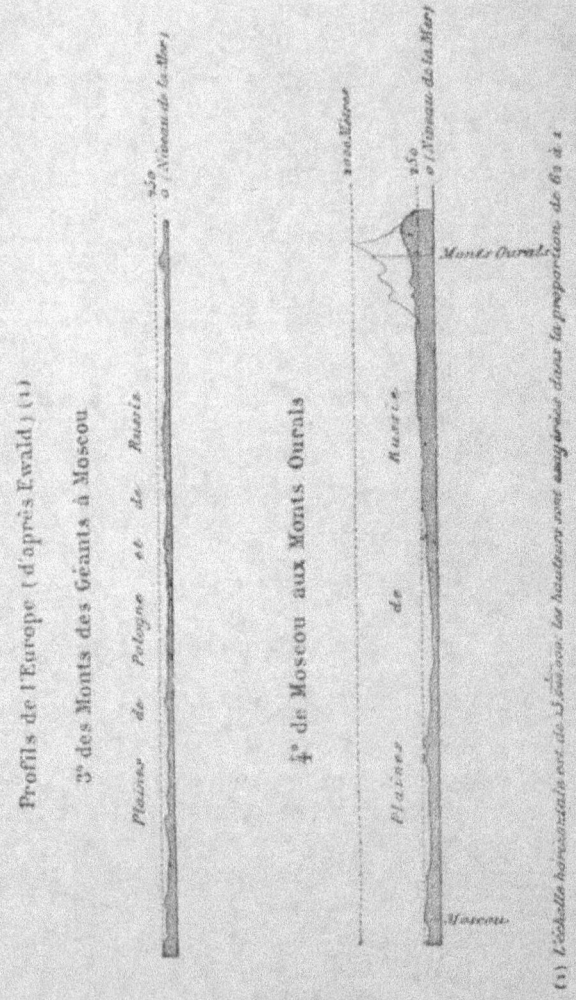

Carte XXIX.

Près des deux tiers du territoire de la Russie d'Europe sont situés dans la zone froide septentrionale dont la température moyenne ne dépasse pas 5° au-dessus de 0, et jusque sur les bords de la mer Noire, les hivers sont assez rigoureux pour couvrir le pays de neige et suspendre pendant plusieurs semaines la navigation.

Le sol est peu accidenté ; sauf les chaînes de l'*Oural* et du *Caucase*, la Russie n'a que des collines comme celles de *Pologne*, des plateaux d'une médiocre élévation comme l'*Uvaldi*, le plateau de *Valdaï* et celui de *Finlande*, ou quelques hauteurs rocheuses, comme les collines d'*Olonetz*, qui rompent à peine la morne uniformité de ses plaines sans limites.

Le **versant de la mer Blanche** et de l'**océan Glacial**, arrosé par la *Petchora*, qui descend de l'Oural, par la *Dwina* et l'*Onèga*, qui naissent dans les plateaux de l'*Uvaldi*, est couvert de forêts de sapins ou de bouleaux et de tourbières glacées (toundras).

Le **versant de la Baltique** offre, au nord, un plateau granitique, semé de lacs et de marécages, de forêts et de landes stériles (*Finlande*) ; c'est là que dorment les lacs *Saïma*, *Onéga*, *Ladoga*, dont la *Néva* porte les eaux au golfe de Finlande, le lac *Ilmen* et le lac *Peïpous* ; dans sa partie méridionale et occidentale (Pologne, Livonie, Courlande, Lithuanie) qu'arrosent la *Duna*, le *Niémen* et la *Vistule*, le défrichement a livré à l'agriculture de vastes espaces que couvrent aujourd'hui de riches moissons, et des cultures diverses : tabac, lin, chanvre, houblon.

Le **versant de la mer Caspienne**, avec ses deux grands fleuves : l'*Oural* et le *Volga*, grossi à droite de l'*Oka*, à gauche de la *Kama*, et le **versant de la mer Noire**, arrosé par le *Dniester*, par le *Dniéper* qui descend des collines de Pologne et qui reçoit à droite la *Bérézina* et la *Pripet*, à gauche la *Desna*, enfin par le *Don*, tributaire de la mer d'*Azof*, se divisent en trois régions :

1º La *vallée supérieure du Volga* (Moscovie), défrichée et cultivée, mais dont le sol maigre et pierreux ne produit guère que le seigle, l'avoine et la pomme de terre ;

2º La *région des terres noires*, qui comprend la vallée supérieure du Don et du Dniéper, la vallée entière du Dniester et la vallée moyenne du Volga : c'est la terre

promise de la Russie, dépourvue de forêts, mais couverte
d'admirables moissons et de riches cultures industrielles :
lin, tabac, betterave, colza.

3° La *région des steppes*, coupée par le Don, et qui
comprend tout le littoral de la mer Noire, de la mer d'Azof
et de la mer Caspienne, à l'exception de la fertile presqu'île de Crimée. A l'ouest du Don, les steppes animés
par d'immenses troupeaux de bœufs, de moutons et de
chevaux, aussi verts et aussi bien arrosés que les prairies
de Hollande, offrent l'image de la vie pastorale dans
toute sa puissance et toute sa richesse ; mais, à l'est du
fleuve, s'étendent de vastes espaces désolés, entrecoupés
de marais, de lacs salés, de déserts sablonneux, parcourus
par les hordes nomades des Kalmouks et des Cosaques
du Don et de l'Oural : c'est la barbarie asiatique sur une
terre qui n'est européenne que de nom.

Formation territoriale. — L'histoire de la Russie ne commence qu'au moyen âge. Les anciens n'en
connaissaient que la partie méridionale, qu'ils désignèrent successivement sous les noms de Scythie et
de Sarmatie ; ce fut la grande route des émigrations
asiatiques qui vinrent tour à tour peupler ou dévaster
l'Europe, Celtes, Germains, Scandinaves, peuples ouralo-finnois. Les derniers venus de la famille indo-européenne, les Slaves s'y fixèrent et partagèrent avec les
Finnois cette terre sans défense contre les invasions. —
Ce ne fut guère qu'à la fin du neuvième siècle, après le
passage des Huns, des Avares, des Bulgares et des
Hongrois que se fondèrent, en Russie, sous la suzeraineté des grands-princes de Kiew, descendants du Scandinave Rurik, un grand nombre de principautés souvent rivales. Au treizième siècle, elles furent soumises
par les Mongols ; et la Russie ne recouvra son indépendance qu'à la fin du quinzième siècle, sous Ivan III,
czar de Moscou.

Le royaume de Pologne, constitué dès le commencement du onzième siècle, eut des destinées plus brillantes et fut, jusqu'à la fin du moyen âge, surtout après

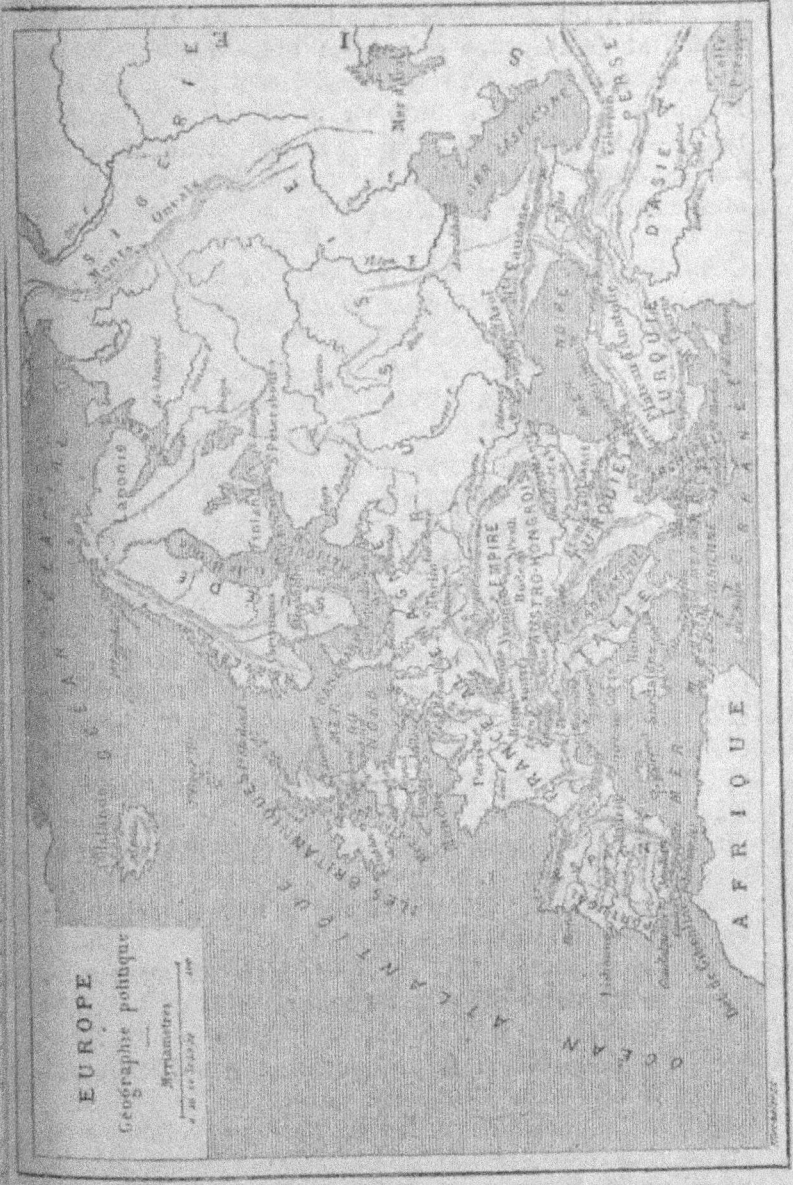

Carte XXX.

la réunion du grand-duché de Lithuanie, le plus puissant État de l'Europe orientale ; mais il était déjà en décadence quand Pierre le Grand (1689-1725), en civilisant la Russie, inaugura sa prépondérance dans le nord. — A partir de cette époque, elle s'étendit à la fois en Asie aux dépens de la Turquie, de la Perse, de la Chine et des nomades de l'Asie centrale ; en Europe, aux dépens de la Suède, de la Turquie et de la Pologne, qu'elle démembra de concert avec la Prusse et l'Autriche. Protectrice des Slaves, dont elle exploite habilement les haines ou les aspirations nationales, elle a déjà réussi à précipiter la ruine de l'empire ottoman : et le moment n'est peut-être pas éloigné où l'Autriche et l'Allemagne, en Europe, et l'Angleterre, en Asie, auront à compter avec les ambitions des héritiers de Pierre le Grand.

Géographie politique. — La capitale de l'empire est **Saint-Pétersbourg** (1,267,000 hab.), à l'embouchure de la Néva, dans la province de Finlande, défendue par la citadelle de *Cronstadt*.

Saint-Pétersbourg est une création de Pierre le Grand. Ses larges rues, ses places à l'architecture imposante et régulière, ses nombreux canaux, ses quais bordés de palais qui rappellent vaguement l'aspect de Venise, ses églises, ses musées, ses bibliothèques, en font une des plus belles villes de l'Europe ; mais l'originalité manque à cette improvisation grandiose : Saint-Pétersbourg est un plagiat de toutes les capitales européennes ; la vraie cité russe est Moscou.

Les principaux ports sont, sur la mer Blanche, *Arkhangel*, aux bouches de la Dwina ;

Sur la Baltique, *Abo* et *Helsingfors* en **Finlande**, Revel en **Esthonie**, *Riga* en **Livonie** (282,000 hab.), le grand marché des lins, des chanvres et des bois, à l'embouchure de la Duna ; *Libau*, en **Courlande**, le seul port qui ne gèle jamais.

Sur le Danube, *Kilia* et *Ismail*, cédés par la Roumanie ; sur la mer Noire, *Odessa* (404,000 hab.), le second port marchand de la Russie, en **Bessarabie** ; *Nicolaïeff*, sur le

Boug ; *Kherson*, à l'embouchure du Dniéper ; *Kaffa*, au sud de la **Crimée**, *Sébastopol* au sud-ouest, relevé de ses ruines (1855), et *Kertch*, sur le détroit du même nom.

Sur la mer d'Azof, *Taganrog* et *Rostów*, à l'embouchure du Don.

Sur la mer Caspienne, *Astrakhan*, à l'embouchure du Volga.

Les principales villes de l'intérieur sont, au centre de l'empire : **Moscou**, autrefois la capitale (988,000 hab.), dont les églises aux coupoles dorées, le *Kremlin*, à la fois forteresse et palais, les maisons de bois, rappellent encore la vieille Russie ; *Orel*, *Kalouga* et *Riazan*, sur l'Oka, *Toula*, *Koursk*, *Woroneje*, villes industrielles ; sur le Volga, en remontant le cours du fleuve, *Saratoff*, *Tzaritzin*, *Samara*, *Simbirsk*, *Kazan*, *Nijni-Novogorod*, célèbre par ses foires, *Jaroslaw* et *Twer*, cette dernière à la tête du système de canaux qui unit le Volga à la Baltique par la Néva et à la mer Blanche par la Dwina ; au nord de l'empire, *Wologda* ; à l'ouest, *Narva*, en **Ingrie** (1700, victoire de Charles XII) ; *Wilna*, capitale de la **Lithuanie** ; *Kowno* et *Grodno*, sur le Niémen, *Smolensk*, *Mohilew* et *Kiew*, sur le Dniéper, Jitomir, en **Wolhynie** ; *Berditchew*, en **Podolie** ; au sud, *Poltawa* (**Ukraine**), célèbre par la défaite de Charles XII (1709), *Kharkow* (**Petite-Russie**), *Kichenew* (109,000 hab.), en **Bessarabie** ; à l'est, *Orenbourg*, sur l'Oural ; *Perm*, au nord-est, sur la Kama, entrepôt du commerce avec la Sibérie et des établissements métallurgiques de l'Oural.

Pologne. — La capitale de la **Pologne** est *Varsovie* (614,00 hab.), sur la Vistule ; les villes les plus importantes : *Radom* et *Lublin* au sud, *Kalisch* et *Lodz* à l'ouest, avec de grandes manufactures de draps, *Pultusk*, au nord de Varsovie.

Population. Religion. Gouvernement. — La population de la Russie d'Europe est de 106 millions d'habitants de race slave, à l'ouest (Polonais et Lithuaniens), au centre (Grands-Russes) et au sud (Ruthènes ou Petits-Russes), finnoise au nord, mongolique à l'est.

La religion de l'État est la religion grecque schismatique, dont l'empereur est le chef ; le catholicisme domine en Pologne, le protestantisme en Finlande ; la religion musulmane existe encore chez les Tartares de Crimée. Le gouvernement est une monarchie absolue, mais tempérée par l'influence de la noblesse, et dont le chef porte le nom de tzar. Le sénat n'est qu'une sorte de conseil d'État et de haute cour de justice.

Depuis 1864, des assemblées électives participent à l'administration des gouvernements, des districts, des villes, sous la surveillance des fonctionnaires nommés par le tzar.

La Finlande, acquise sur la Suède, avait pendant longtemps conservé des privilèges qui ont été abolis par le tzar Nicolas II.

Les dépenses de l'empire s'élèvent à environ 3,550 millions pour les dépenses ordinaires et extraordinaires ; elles dépassent parfois les recettes, mais le crédit de la Russie n'en est pas moins un des plus solides en Europe.

La dette, portant intérêts, s'élève à environ 15 milliards, y compris le reliquat de la dette provenant de l'abolition du servage des paysans et des cessions de terres faites par les propriétaires aux serfs émancipés ; les intérêts et l'amortissement, qui représentent les avances faites par l'État pour faciliter les opérations du rachat, étaient à la charge des paysans. Elle est aujourd'hui presque entièrement amortie.

Le service militaire est obligatoire. L'armée se compose des troupes actives (cinq ans de service), de la réserve (treize ans de service), des troupes irrégulières et de l'armée territoriale, qui comprend les hommes de vingt à quarante ans, affranchis du service actif par leur numéro de tirage, et les hommes de trente-cinq à quarante ans ayant fini leur temps dans la réserve.

L'armée active régulière de la Russie européenne, qui est la plus forte armée permanente de l'Europe, compte environ 950,000 hommes sur le pied de paix et 2,500,000 hommes sur le pied de guerre.

Les troupes irrégulières s'élèvent à près de 160,000 hommes sur le pied de guerre.

La flotte compte 355 vapeurs, dont 50 cuirassés, et 30,000 hommes d'équipages.

L'instruction secondaire est donnée par les gymnases ; l'instruction supérieure par neuf universités, dont les plus importantes sont celles de Saint-Pétersbourg, de Moscou, de Kiew, de Varsovie et d'Odessa. — L'instruction primaire est peu développée : on n'évalue guère à plus de 11 pour 100 la proportion des Russes sachant lire et écrire.

La Russie exploite plus de 80,000 kilomètres de chemins de fer, tant en Europe qu'en Asie ; sa marine marchande comprend plus de 2,400 navires et le mouvement des échanges dépasse 4 milliards et demi.

La situation de la Russie, ses richesses agricoles : bois, lins, chanvres, dans les régions du nord et du centre, graines oléagineuses, céréales, betteraves, dans celle du sud-ouest, troupeaux de bœufs, de moutons, de chevaux dans la région des steppes ; ses ressources minérales (mines de fer, d'argent, d'or, de cuivre, de platine, dans la région de l'Oural), pourraient lui assurer une activité commerciale supérieure ; mais la rudesse du climat, l'insuffisance des voies de communication, l'ignorance et la pauvreté des populations, à peine échappées au servage, sont autant d'obstacles qui retardent les progrès de l'agriculture et de l'industrie.

Possessions russes hors d'Europe. — La Russie possède en Asie la Sibérie, l'Asie centrale et la Transcaucasie (partie méridionale de la Lieutenance générale du Caucase).

La population totale de l'empire russe s'élève à 129 millions d'habitants et la superficie totale est de 239,700,000 kilomètres carrés.

La Russie a raccordé les voies européennes venant de Saint-Pétersbourg avec le Transsibérien à Tcheliabinske d'où la ligne, en exploitation jusqu'à Strétensk, va bientôt d'une part jusqu'à Vladivostok, de l'autre jusqu'à Port-Arthur.

RÉSUMÉ.

Région orientale.

RUSSIE (5,500,000 kilomètres carrés).

GÉOGRAPHIE PHYSIQUE. — La Russie d'Europe est bornée : au nord, par l'océan Glacial, qui forme la mer *Blanche* (îles de *Waïgatch* et de la *Nouvelle-Zemble*) ; à l'ouest, par la Norvège, la Suède, la mer Baltique, qui forme les golfes de *Botnie*, de *Finlande* et de *Livonie* (îles d'*Aland*, d'*Abo*, de *Dago* et d'*OEsel*) ; par la Prusse, l'Autriche-Hongrie et la Roumanie ; au sud, par la mer Noire, le détroit de *Kertch*, la mer d'*Azof* et le *Caucase* ; à l'est, par la mer *Caspienne*, le fleuve *Oural* et les monts *Ourals*.

Les seules montagnes considérables qui appartiennent à la Russie d'Europe sont les monts *Ourals* et le *Caucase*.

Les principaux fleuves sont : la *Dwina*, qui se jette dans la mer Blanche ; la *Néva*, déversoir des lacs *Onéga* et *Ladoga* ; la *Düna*, le *Niémen*, la *Vistule*, qui se jettent dans la Baltique ; le *Dniester*, le *Dniéper*, qui se jettent dans la mer Noire ; le *Don*, dans la mer d'Azof ; l'*Oural* et le *Volga*, le plus long des fleuves de l'Europe, dans la mer Caspienne.

La Russie est une immense plaine, au climat rigoureux, couverte dans le nord de forêts et de tourbières, au centre et à l'ouest, de terrains propres à la culture des céréales et du lin, au sud, de riches terrains d'alluvion et de pâturages, au sud-est, de steppes et de marais.

NOTIONS HISTORIQUES. — La Russie, appelée par les anciens *Scythie* ou *Sarmatie*, a été traversée par toutes les émigrations asiatiques. Des populations slaves ont fini par s'y fixer et par fonder, du neuvième au onzième siècle, le royaume de Pologne et de nombreuses principautés, dont celle de Kiew était la principale, et qui furent soumises par les Mongols, au treizième siècle. — Délivrée des Mongols, vers 1480, la Russie ne devint une puissance européenne que sous Pierre le Grand (1689-1725). Depuis cette époque, elle n'a fait que grandir en Europe et en Asie, aux dépens de la Suède, de la Pologne, qui a perdu son indépendance, de la Turquie, et son empire est le plus vaste du monde.

GÉOGRAPHIE POLITIQUE. — La Russie, sans y comprendre la lieutenance-générale du Caucase, la Sibérie et les autres possessions d'Asie, se divise en 68 gouvernements.

La capitale est SAINT-PÉTERSBOURG (Finlande), à l'embouchure de la Néva (1,267,000 h.), avec la citadelle de *Kronstadt*.

Les principaux ports sont : sur la mer Blanche, *Arkhangel* (Dwina).

Sur la mer Baltique, *Abo* et *Helsingfors*, en FINLANDE ;

Revel, en ESTHONIE ; *Riga*, en LIVONIE, sur la Duna ; *Libau*, en COURLANDE.

Sur la mer Noire, *Ismaïl*, sur le Danube ; *Odessa*, en BESSARABIE ; *Nicolaïeff*, sur le Boug, *Kherson*, sur le Dnieper ; *Caffa*, *Sébastopol*, en CRIMÉE (1855).

Sur la mer d'Azof, *Taganrog* et *Rostow*, sur le Don.

Sur la mer Caspienne, *Astrakhan*, à l'embouchure du Volga.

Les principales villes de l'intérieur sont : Moscou, au centre de l'empire (988,000 hab.) ; *Orel*, *Toula* et *Kalouga*, au sud de Moscou ; *Saratoff*, *Kazan*, *Nijni-Novogorod*, célèbre par ses foires, et *Twer*, les principaux ports du Volga ; à l'ouest de l'empire, *Wilna*, capitale de la LITHUANIE, *Smolensk* et *Kiew*, sur le Dnieper ; au sud, *Poltawa* (UKRAINE), (1709), *Kichenew*, en Bessarabie ; à l'est, *Orenbourg*, sur l'Oural et *Perm*, sur la Kama.

POLOGNE. — La capitale de la POLOGNE est *Varsovie*, sur la Vistule ; les villes les plus importantes : *Lublin*, au sud ; *Lodz*, à l'ouest ; *Pultusk*, au nord de Varsovie.

POPULATION, RELIGION, GOUVERNEMENT. — La population de la Russie d'Europe est de 106 millions d'habitants (19 habitants par kilomètre carré) ; la religion de l'Etat est la religion grecque schismatique, dont l'empereur est le chef ; le catholicisme domine en Pologne, le protestantisme en Finlande, la religion musulmane parmi les Tartares de Crimée. Le gouvernement est une monarchie absolue, dont le chef porte le nom de czar. — Le budget s'élève à environ 3 milliards et demi, la dette de l'État à 15 milliards ; — les forces militaires à plus de 2,500,000 hommes sur le pied de guerre ; la flotte à 355 vapeurs.

La Russie exploite 80,000 kilomètres de chemins de fer, et le mouvement de son commerce dépasse 4 milliards 1/2.

POSSESSIONS HORS D'EUROPE. — La Russie possède, en dehors de l'Europe, la *Transcaucasie*, le *Turkestan* russe (Asie centrale) et la *Sibérie*, en Asie.

Exercices.

Carte physique de la Russie européenne.
Carte politique de la Russie.
Carte de l'empire russe en 1800, en 1815 et en 1878.

CHAPITRE X

RÉGION SEPTENTRIONALE. ÉTATS SCANDINAVES.

I. — DANEMARK

(38,000 kilomètres carrés.)

Géographie physique. — Le royaume de Danemark se compose de deux parties : 1° dans la Baltique, les îles de *Seeland*, séparée de la Suède par le détroit du *Sund*; de *Fionie*, séparée de l'île de Seeland par le *Grand-Belt*, et du continent par le *Petit-Belt*; de *Langeland*, de *Loland*, de *Falster* et de *Bornholm*; 2° sur le continent, la presqu'île sablonneuse du *Jutland*, bornée : au nord, par les détroits du *Skager-Rak* et du *Cattégat*; à l'est, par la Baltique ; au sud, par la Prusse ; à l'ouest, par la mer du Nord.

Les duchés de *Lauenbourg*, *Holstein* et *Sleswig*, qui appartenaient au Danemark, lui ont été enlevés en 1864 ; mais la partie septentrionale du Sleswig aurait dû lui être restituée par la Prusse, qui s'y était engagée par des traités.

Formation territoriale. — Les anciens désignaient le Danemark sous le nom de *Chersonèse cimbrique*; il était habité par des peuples appartenant à la grande famille germanique, les Jutes, les Goths, les Cimbres et les Angles qui, sous le nom de Normands, dévastèrent plus d'une fois l'Allemagne et la Gaule et conquirent une partie de la Grande-Bretagne.

Le royaume de Danemark fut, au moyen âge, le plus puissant État du nord de l'Europe; en 1397, les couronnes de Suède et de Norvège furent réunies à celle de Danemark, mais la Suède ne tarda pas à se séparer; quant à la Norvège, le Danemark la conserva jusqu'aux traités de 1815. Depuis cette époque, il a perdu, en 1864, les duchés de Lauenbourg, Holstein et Sleswig, qui sont devenus des provinces prussiennes.

Géographie politique. — La capitale du Danemark est **Copenhague**, dans l'île de Seeland (375,000 h.), un des principaux ports de la Baltique, sur un des bras du Sund : les villes principales, *Elseneur*, sur le Sund, *Odensee*, dans l'île de Fionie, *Viborg*, *Aalborg* et *Aarhus*, dans le Jutland.

Population, gouvernement. — La population est de 2,200,000 hab., la religion est le protestantisme luthérien ; le gouvernement est une monarchie constitutionnelle ; l'Assemblée législative (Rigsdag) se compose de deux Chambres, le Folksthing ou Chambre du peuple, élue par le suffrage universel, et le Landsthing ou Chambre des propriétaires fonciers.

Malgré ses pertes, le Danemark conserve encore une assez grande importance politique et commerciale par sa position à l'entrée de la Baltique, ses richesses agricoles (avoine, orge, pommes de terre, bestiaux) et son excellente marine. L'instruction populaire y est très développée.

Colonies. — Il possède, au nord de l'Angleterre, le groupe des îles *Féroë* dans l'Atlantique, l'*Islande* et des établissements au *Groënland* dans les mers arctiques, et les îles de *Sainte-Croix*, *Saint-Thomas* et *Saint-Jean* aux Antilles.

II

SUÈDE ET NORVÈGE (*Swerige*, *Norge*)
(773,000 kilomètres carrés.)

Limites. — La Péninsule scandinave, qui comprend les royaumes de Suède et de Norvège, est bornée, au nord, par l'océan Glacial arctique ; au nord-ouest, par l'Atlantique ; à l'ouest, par la mer du Nord ; au sud, par les détroits du Skager-Rak, du Cattégat, du Sund et par la Baltique ; à l'est, par le golfe de *Botnie* et par la Russie.

Iles. — Les îles de *Gottland* et d'*OEland*, dans la Baltique, appartiennent à la Suède ; les îles de *Bergen* et de *Drontheim*, dans l'Atlantique, *Tromsen* et *Loffoden*, dans l'océan Glacial, à la Norvège.

Fleuves et montagnes. — La péninsule est traversée, depuis le cap *Nord* sur l'océan Glacial jusqu'au cap *Lindesnæss* sur la mer du Nord, par la chaîne des **Alpes Scandinaves**, larges plateaux qui séparent la Suède de la Norvège et dessinent les nombreux *fiords* (golfes) de la côte norvégienne. L'*Ymes-field* atteint 2,500 mètres.

De cette chaîne descendent : au sud, dans la Baltique, la *Tornéa*, limite entre la Suède et la Russie, la *Pitéa*, l'*Uméa*, le *Dal*, qui arrosent la Suède. Le sud de ce pays est couvert de grands lacs dont les principaux sont le lac *Mælar*, le lac *Vettern* et le lac *Vener*, qui s'écoule dans le Cattégat par la *Gota*.

La Norvège est arrosée par le *Glommen* (bassin du Skager-Rak) et par un grand nombre de torrents qui tombent dans l'Atlantique et l'océan Glacial, et dont le principal est la *Tana*, entre la Russie et la Norvège.

Formation territoriale. — La Suède et la Norvège ne furent que vaguement connues des anciens. Occupées d'abord par des peuples d'origine finnoise, puis par les Goths, elles restèrent longtemps divisées en petits États indépendants qui disparurent du IXe au XIIe siècle. La Norvège et la Suède devinrent alors deux royaumes distincts, qui furent un moment réunis au Danemark, en 1397. La Suède reconquit son indépendance, et, dans le cours du XVIe et du XVIIe siècle, s'empara de l'Ingrie, de la Livonie, de la Poméranie et exerça, dans l'Europe du Nord, une influence prépondérante. Sa décadence commença avec Charles XII ; elle perdit tour à tour la Livonie, la Poméranie, la Finlande, mais les traités de 1815 donnèrent aux rois de Suède la Norvège enlevée au Danemark.

Divisions politiques et villes principales. — La Suède se divise en 24 gouvernements ; sa capitale est **Stockholm** (271,000 hab.) sur la Baltique, à l'entrée du lac Mælar ; les principaux ports et les villes les plus importantes : *Goteborg* (114,000 hab.) sur le Cattégat ; *Malmoë*, sur le Sund ; *Calmar*, *Nikœping*, *Norrkœping*, *Gefle*, sur la Baltique ; *Upsala*, université et archevêché, près du lac Mælar ; *Falun*, centre de l'industrie métallurgique en Suède.

La Norvège se divise en 20 bailliages.

La capitale est **Christiania** (151,000 hab.), sur le golfe du même nom (mer du Nord) ; les principaux ports : *Drammen*, *Stavanger*, *Christiansand*, sur la mer du Nord, *Bergen* et *Drontheim*, sur l'océan Atlantique, *Hammerfest*, sur l'océan Glacial.

Population. Religion. Gouvernement. — La population de la Norvège est de 2,000,000 d'habitants ; celle de la Suède, de 4,900,000, d'origine et de langue scandinaves. La religion est le luthéranisme. Le gouvernement est une monarchie constitutionnelle ; mais, bien que les deux royaumes soient gouvernés par la même dynastie, ils sont distincts et leur constitution est différente. En Norvège, le pouvoir législatif est exercé par deux Chambres : l'une élue par le peuple, l'autre choisie dans le sein de la première par les députés eux-mêmes. En Suède, la diète était composée de quatre ordres, qui délibéraient séparément : le clergé, la noblesse, la bourgeoisie et les paysans ; mais, depuis 1866, les Chambres sont réduites à deux. Le budget de l'État s'élève à 130 millions pour la Suède, à 65 pour la Norvège ; la dette publique à 360 millions pour la Suède, à 160 millions pour la Norvège.

L'armée des deux États peut s'élever, en temps de guerre, à 200,000 hommes ; leur flotte à 110 vapeurs. La marine marchande compte plus de 12,000 navires.

Avec leur climat rigoureux, leur sol de granit, âpre et montagneux au centre et au nord, marécageux sur les bords de la Baltique, la Suède et la Norvège doivent cependant à leurs bestiaux, à leurs immenses forêts de sapins, à leurs mines de cuivre, de fer et d'argent, à leurs pêcheries de harengs et de morues, à leur position maritime, une haute importance commerciale (mouvement d'échanges de plus de 1,120 millions), et aux qualités de leurs populations guerrières, éclairées et laborieuses, une influence politique aujourd'hui amoindrie, mais non détruite.

RÉSUMÉ.

Région septentrionale.

La région septentrionale comprend les trois royaumes scandinaves.

I

DANEMARK.

Le ROYAUME DE DANEMARK, pays au sol sablonneux et marécageux, se compose d'un groupe d'îles situé à l'entrée de la mer Baltique (*Seeland, Fionie, Laland, Bornholm*, etc.) et de la presqu'île du *Jutland* (ancienne *Chersonèse Cimbrique*), entre la mer du Nord à l'ouest, les détroits du *Skager-Rak*, du *Cattégat* et du *Sund*, au nord, la mer Baltique, à l'est, et la Prusse, au sud.

Le Danemark qui réunit un moment sous son autorité la Suède et la Norvège (1397) a perdu la Suède dès le commencement du seizième siècle, la Norvège, en 1815, les duchés de Lauenbourg, Sleswig et Holstein, en 1864.

La capitale est COPENHAGUE, dans l'île de *Seeland* (375,000 habitants).

La population est de 2,200,000 habitants, protestants et de race scandinave. Le gouvernement est une monarchie constitutionnelle.

Le Danemark possède en Europe le groupe des îles *Feroë* et l'île d'ISLANDE, et conserve encore quelques établissements aux Antilles (*Saint-Thomas*, etc.) et dans la plus grande des terres arctiques, le Groënland.

II

SUÈDE ET NORVÈGE.

LA PÉNINSULE SCANDINAVE (773,000 kilomètres carrés), bornée au nord par l'océan Glacial et l'Atlantique; à l'ouest, par la mer du Nord; au sud, par la mer du Nord et la Baltique; à l'est, par la Russie, est traversée par la chaîne des *Alpes scandinaves*, semée de lacs nombreux (Mælar, Vener, Vetter), et arrosée par le *Dal*, la *Tornéa*, etc., tributaires de la Baltique. Couverte de neiges pendant six ou huit mois de l'année, la Scandinavie doit cependant à ses riches pêcheries de morues et de harengs, à son activité maritime (marine marchande jaugeant 2 millions de tonneaux), à ses forêts de sapins, à ses mines de fer, de cuivre et d'argent, une grande importance commerciale.

Elle comprend deux royaumes : 1° la Suède, qui fut au dix-septième siècle, un des plus puissants États de l'Europe ; capitale, Stockholm (271,000 hab.), sur la *Baltique*, à l'entrée du lac Maelar ; villes principales : *Goteborg*, sur le Cattégat, et *Upsala*, célèbre par son université ; 2° la Norvège, capitale Christiania, sur un fiord formé par le Skager-Rak ; villes principales : *Drontheim et Bergen*, sur l'océan Atlantique. Ces deux États, gouvernés par un même souverain, ont cependant une constitution et une administration distinctes.

La population est de 4,900,000 habitants en Suède, de 2,000,000 en Norvège, presque tous protestants et de race scandinave.

Exercices.

Carte du Danemark avant et après les traités de 1864.
Carte de la Suède et de la Norwège.

CHAPITRE XI

COMPARAISON DES DIVERS ÉTATS EUROPÉENS

Si, en résumant les notions de géographie politique que nous venons de retracer, nous essayons de nous faire une idée de la civilisation de l'Europe et de comparer les divers États qui la composent, nous devrons faire entrer dans cette comparaison les principaux éléments qui constituent la grandeur d'une nation, étendue du territoire, densité de la population, supériorité de l'instruction, puissance militaire, maritime, financière, agricole, industrielle et commerciale.

Population et étendue. — Dans la plupart des États, la population n'est nullement en rapport avec la superficie. La Russie, avec ses 106 millions d'habitants et ses 5 millions 1/2 de kilomètres carrés, n'a que 19 habitants par kilomètre ; la Suède et la Norvège, qui comptent ensemble plus de 773,000 kilomètres carrés, n'ont que 8 habitants par kilomètre carré et sont le pays le moins peuplé de l'Europe. Les plus peuplés au contraire sont les deux plus petits, la Belgique et la Hollande, grandes tout au plus comme cinq de nos départements français, et qui comptent, la première 203, la seconde 137 habitants par kilomètre carré.

La France qui, par son étendue, vient au cinquième rang après la Russie, la Scandinavie, l'Autriche-Hongrie et l'Allemagne, n'occupe que le sixième par la densité de sa population, et le cède à la Belgique, à la Hollande, à la Grande-Bretagne, à l'Italie et à l'Allemagne; tandis qu'elle l'emporte sur un État plus vaste, l'empire austro-hongrois, et sur un autre dont la superficie est presque égale à la sienne, l'Espagne.

Puissance militaire. — La puissance militaire d'un État ne dépend pas seulement du nombre de ses armées, mais de leur organisation, de leur esprit, de la manière dont elles se recrutent, conditions difficiles à apprécier et à énumérer.

Si l'on ne tient compte que du nombre, la *Russie*, qui peut mettre sur pied 2,500,000 hommes de troupes actives, occuperait le premier rang; le second appartient à l'*Allemagne* et à la *France*, qui disposent d'une force à peu près égale; le troisième à l'*Autriche-Hongrie*; le quatrième à l'*Italie*; le cinquième à la *Grande-Bretagne*, qui n'a jamais mis sur pied plus de 200,000 hommes de troupes de ligne, au moins en Europe, mais qui doublerait ou triplerait, en cas de péril national, ses forces défensives; le sixième à l'*Espagne*; le septième à la *Turquie*, qui peut lever une masse considérable d'irréguliers.

Puissance maritime. — La puissance maritime se mesure également moins par le nombre des navires que par la supériorité de leur construction et de leur armement, et la révolution qui s'opère aujourd'hui dans l'art des constructions navales enlève tout intérêt à des données statistiques peu exactes.

La *Grande-Bretagne* occupe toujours le premier rang en Europe, suivie de loin par la *France*; puis viennent la

Russie, l'*Allemagne*, l'*Italie*, l'*Autriche*, l'*Espagne*, les *Pays-Bas*, les *États scandinaves*.

Puissance financière. — La puissance financière d'un État s'apprécie moins par le chiffre de ses recettes et de ses dépenses ou par celui de ses dettes que par son crédit, c'est-à-dire par la confiance qu'il inspire et par le taux auquel il peut emprunter. L'Angleterre, avec sa dette qui, avant la guerre du Transvaal, dépassait déjà 18 milliards et son budget de 3 milliards et demi, trouverait à emprunter à moins de 3 1/2 %; la situation de la Belgique, de la Hollande est presque aussi florissante; la France, avec une dette portée tout à coup à 30 milliards et un budget de plus de 3,500 millions de francs, a pu emprunter à 5 1/2 % au lendemain de ses désastres, et son crédit égale, aujourd'hui, celui de l'Angleterre; l'Allemagne, malgré le chiffre peu élevé de sa dette, l'Autriche, la Russie, l'Italie, et surtout l'Espagne et la Turquie, ne pourraient conclure d'emprunt qu'à un taux plus élevé, et qui, pour ces deux dernières puissances, n'a jamais été, depuis de longues années, au-dessous de 8 à 10 %.

Richesse agricole. — La richesse agricole ne dépend pas seulement du climat et de la nature du sol, mais aussi de l'intelligence, de l'activité du cultivateur et des capitaux dont il dispose. Les pays les mieux cultivés de l'Europe, l'Angleterre, la Belgique, les Pays-Bas, la France septentrionale, sont loin d'égaler la fertilité de l'Italie, de la vallée du Danube, d'une grande partie de l'Espagne et de la Turquie et produisent cependant beaucoup plus, grâce aux efforts et aux connaissances supérieures des agriculteurs.

Puissance industrielle. — Les industries manufacturières sont peu développées dans le nord, dans l'est et dans le midi de l'Europe, où l'Italie seule peut soutenir sur quelques points la concurrence avec les grandes puissances industrielles du centre et de l'ouest. La France l'emporte, en général, dans les industries de luxe, glaces et cristaux, porcelaines, bronzes d'art, bijouterie, parfumerie, articles de toilette, soieries, dentelles. L'Angleterre lui est supérieure dans la plupart des industries textiles, cotonnades, lainages, toiles de lin et de chanvre, et dans les industries métallurgiques et chimiques. La Belgique, pour les industries textiles et métallurgiques, la verrerie et les dentelles ; la Suisse, pour l'horlogerie, les soieries et les cotonnades, disputent le premier rang à la France et à l'Angleterre ; puis viennent l'Allemagne, avec ses grandes manufactures de draps et de soieries et ses usines métallurgiques ; l'Autriche, avec ses cristaux de Bohême et ses forges de la région des Alpes ; l'Italie, avec ses soieries et ses chapeaux de paille ; la Suède, avec ses fers.

Commerce. — L'importance commerciale se traduit surtout par le chiffre des échanges, par le tonnage de la marine marchande, par le développement des voies de communication.

La *Grande-Bretagne* occupe incontestablement le premier rang, avec un mouvement d'échanges de 19 à 20 milliards, une marine marchande qui jauge plus de 7 millions et demi de tonneaux, 37,000 kilomètres de voies ferrées en activité et 5,000 kilomètres de canaux.

L'*Allemagne* occupe le second rang avec un mouvement d'échanges de plus de 10 milliards, un réseau de voies ferrées de 45,000 kilomètres et une marine marchande qui se développe chaque jour.

La *France* vient au troisième rang avec un mouvement d'échanges de plus de 8 milliards, une marine de près d'un million de tonneaux, 47,000 kilomètres de voies ferrées en activité et 5,000 kilomètres de canaux.

La *Belgique*, les *Pays-Bas*, la *Suisse* doivent à leur position, à leur industrie, à leurs voies de communication un mouvement commercial qui, toute proportion gardée, égale ou surpasse celui des grandes puissances commerçantes, tandis que l'*Autriche-Hongrie*, l'*Italie*, la *Turquie*, la *Russie* et l'*Espagne*, malgré leurs richesses naturelles, ne dépassent que de bien peu ou même atteignent à peine le chiffre d'échanges de ces trois pays, les plus petits et les plus actifs de l'Europe.

Instruction publique. — Les pays d'Europe où l'instruction élémentaire est le plus répandue sont l'Allemagne, les États scandinaves et les Pays-Bas ; moins avancée en Angleterre, en France, en Belgique, en Suisse, en Autriche, très peu développée dans la région du midi, elle est presque nulle en Turquie et en Russie.

RÉSUMÉ

ÉTENDUE ET POPULATION. — Les pays les plus peuplés de l'Europe, par rapport à leur étendue, sont : la Belgique, la Hollande, la Grande-Bretagne, l'Italie, l'Allemagne et la France ; les plus étendus et les moins peuplés sont : la Russie et la Scandinavie (Suède et Norvège). Par son étendue, la France n'occupe que le cinquième rang et le sixième par la densité de la population.

PUISSANCE MILITAIRE. — Les grandes puissances militaires sont : la Russie, l'Allemagne, l'Autriche-Hongrie et la France.

PUISSANCE MARITIME. — Les grandes puissances maritimes sont : la Grande-Bretagne, la France, la Russie, l'Allemagne et l'Italie.

PUISSANCE FINANCIÈRE. — Les États dont le crédit est le plus solide sont : la Grande-Bretagne, la Hollande, la Belgique, la France et l'Allemagne.

RICHESSE AGRICOLE. — Les pays les plus productifs et les mieux cultivés de l'Europe sont : la France, l'Angleterre, la Belgique, l'Italie et les Pays-Bas.

PUISSANCE INDUSTRIELLE. — Les puissances industrielles de premier ordre sont : la Grande-Bretagne, qui l'emporte pour les industries textiles et métallurgiques ; la France, qui l'emporte pour les industries de luxe ; l'Allemagne, dont la puissance industrielle a fait d'immenses progrès ; la Belgique et la Suisse.

COMMERCE ET VOIES DE COMMUNICATION. — Les premiers rangs appartiennent à la Grande-Bretagne, à l'Allemagne, à la France, à la Belgique, à la Hollande et à la Suisse.

INSTRUCTION PUBLIQUE. — Les pays où l'instruction populaire est le plus répandue sont : les États scandinaves, l'Allemagne et les Pays-Bas. La France ne vient qu'au cinquième rang.

Exercices.

Indiquer par des teintes différentes sur une carte politique de l'Europe l'état de l'instruction populaire.

Dresser un tableau comparatif de la superficie, du nombre des habitants et de la densité de la population des différents États européens.

LIVRE IV

ANCIEN CONTINENT. — ASIE

CHAPITRE I

REVISION DE LA GÉOGRAPHIE PHYSIQUE DE L'ASIE

Grandes divisions. — On divise ordinairement l'Asie en quatre régions :

1° A l'**ouest**, l'Arabie, la Turquie d'Asie, les provinces russes du Caucase, la Perse, le Turkestan ou Asie centrale, l'Afghanistan et le Béloutchistan ;

2° Au **sud**, l'Inde et l'Indo-Chine ;

3° A l'**est**, l'Empire chinois et le Japon ;

4° Au **nord**, la Sibérie.

Situation. — L'Asie est située entre 23°40' de longitude orientale et 172° de longitude occidentale, entre 1° et 78° (cap Tchéliouskine en Sibérie) de latitude septentrionale.

Limites. — Les limites générales de l'Asie sont :

Au *nord*, l'**océan Glacial arctique** ;

A l'*est*, le détroit de *Béring*, qui sépare l'Asie de l'Amérique, et l'**océan Pacifique**, qui forme sur les côtes de Sibérie la mer de *Béring* et celle d'*Okhotsk* ; entre la Chine et l'archipel Japonais, la mer du *Japon* ; sur le littoral chinois, la mer *Jaune* ou mer de *Corée* et la mer de *Chine* ; enfin, sur les côtes de l'Indo-Chine, le golfe de *Ton-kin* et le golfe de *Siam* ;

GÉOGRAPHIE PHYSIQUE.

Au *sud*, le détroit de *Malacca* et l'**océan Indien**, qui forme le golfe du *Bengale*, entre l'Indo-Chine et l'Inde, la mer d'*Oman* entre l'Indoustan et l'Arabie, et le golfe *Persique*, qui communique avec la mer d'Oman par le détroit d'*Ormuz*, entre la Perse et l'Arabie ;

A l'*ouest*, le détroit de *Bab-el-Mandeb*, entre l'Arabie et l'Afrique, la mer *Rouge*, l'isthme de *Suez*, la mer **Méditerranée**, l'*Archipel*, le détroit de *Constantinople*, la mer *Noire*, le Caucase, la mer *Caspienne*, le fleuve Oural, les monts Ourals et le fleuve Kara, qui séparent l'Asie de la Russie d'Europe.

Superficie. — La superficie du continent et des îles qui en dépendent est d'environ 44 millions de kilomètres carrés. L'Asie est donc près de quatre fois et demie plus considérable que l'Europe.

Configuration du continent. — Plateaux. — La charpente du continent asiatique est dessinée par trois massifs de hautes terres qui s'élèvent en amphithéâtre de l'ouest à l'est.

Le plus oriental et le plus vaste, couvert en partie de steppes et de déserts sablonneux, occupe à peu près le centre du continent et a reçu des géographes le nom de massif ou plateau central. Il est dessiné, au nord, par les chaînes de montagnes qui limitent les frontières indécises de la Sibérie et de l'empire chinois, et dont les plus connues portent les noms de monts *Sayansk* (3,500 mètres) et *Altaï* (3,300 mètres) ; à l'est, par celles qui séparent les provinces maritimes de la Chine des steppes de la Mongolie (monts *Kin-Gan* et *In-Chan*, 2,000 à 3,000 m.) et qui se détachent des massifs neigeux du Thibet septentrional (monts *Kouen-Loun*) ; au sud, par le massif gigantesque de l'Himalaya, avec ses trois chaînes parallèles ; au nord, monts *Kara-Koroum* (point culminant : 8,620 mètres) et Himalaya septentrional, au sud ; puis *Himalaya* méridional, dont les points culminants, les plus élevés du globe (Pic Everest ou Gaurisankar, 8,840 mètres ; Kintchindjunga, 8,580 ; Dawalaghiri, 8,176) dépassent 8,000 mètres ; à l'est enfin, par les plateaux de *Pamir* (4,000 à 5,000 mètres) et la chaîne de l'*Ala-Taou*.

On aurait tort de se représenter ce prétendu plateau comme une surface continue et d'une élévation constante. La partie la plus élevée du massif est comprise entre le Kouen-Loun au nord, la chaîne méridionale de l'Himalaya au sud, le plateau de Koukou-Nour (3,650 mèt.) à l'est, et celui du Pamir (4,500 mètres) à l'ouest. Les points culminants de cette vaste région, connue sous le nom de Thibet, dépassent 5,000 mètres.

Le versant septentrional des monts *Kouen-Loun* et du plateau de Koukou-Nour plonge dans une vaste dépression qui se prolonge, à l'est, jusqu'aux monts *Kin-Gan*; à l'ouest, jusqu'aux pentes du Pamir, et qui porte le nom de Turkestan chinois (300 à 900 mètres d'altitude) et de désert de Gobi ou Chamo (1,000 à 1,500 mètres d'altitude).

Au nord de cette dépression s'élève la chaîne des monts Célestes ou *Thian-Chan* (7,300 mètres pour les plus hauts sommets), séparée du système de l'Altaï par les steppes de la Mongolie qui atteignent une altitude moyenne de 1,500 à 1,800 mètres.

Au pied des monts Altaï et Sayansk s'étendent, vers le nord, dans le versant de l'*océan Glacial*, des forêts, des plaines immenses qu'arrosent les grands tributaires de l'océan Glacial.

A l'est et au sud-est se prolongent jusqu'à l'**océan Pacifique** l'étroite vallée du fleuve *Amour* et les ondulations des riches et vastes plaines de la *Chine* et de l'*Indo-Chine* orientale.

Au sud, au pied de l'*Himalaya*, se déroulent dans un vaste bassin les tributaires de l'**océan Indien**, et s'allonge entre le golfe du Bengale et la mer d'Oman, le plateau du *Dékan*, terminé par le cap *Comorin* et séparé par le détroit de *Palk* de l'île montagneuse de *Ceylan*.

Au nord-ouest, les dernières terrasses du *Pamir* et de l'*Ala-Taou* plongent dans un bas-fond où dorment, au-dessous du niveau de la mer, la mer **Caspienne**

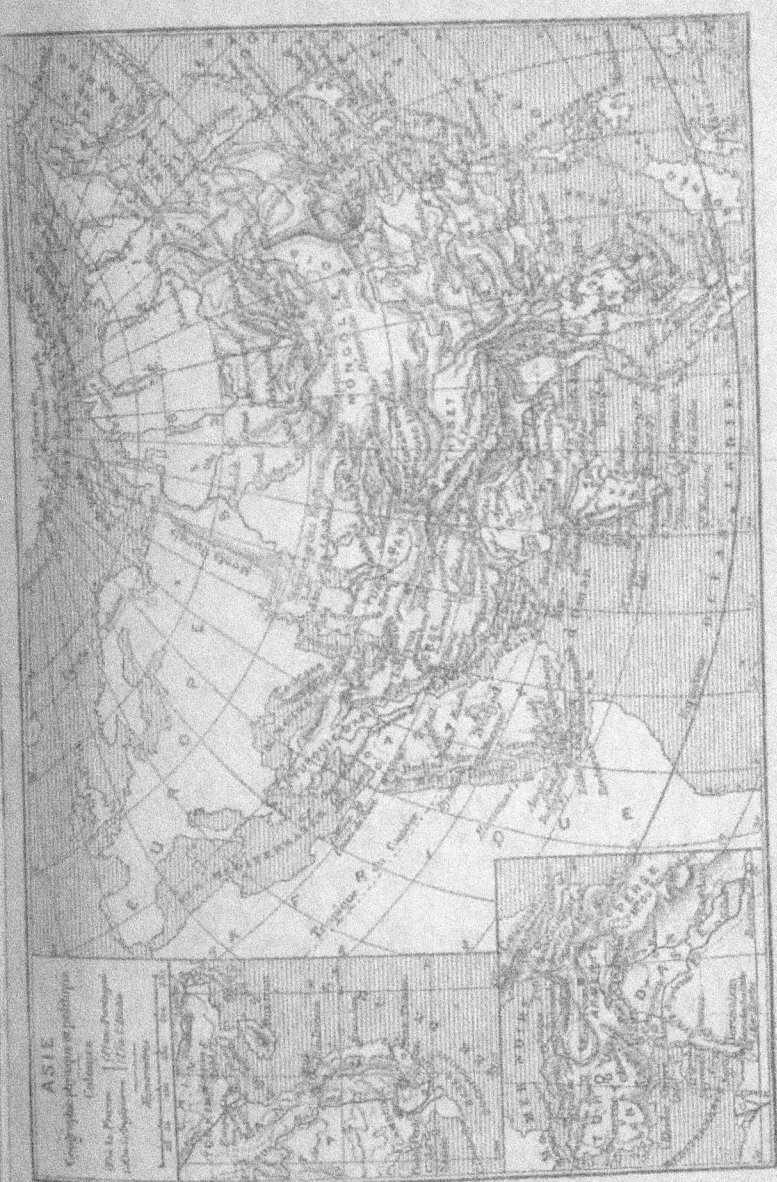

Carte XXXI.

et le lac d'Aral (lac des Aigles), alimenté par les eaux du *Sir-Daria* (fleuve Blanc) et de l'*Amou-Daria* (fleuve Noir).

Au sud-ouest, enfin, s'étend le plateau de la Perse ou de l'Iran dessiné, au nord, par la chaîne de l'*Hindou-Kouch*, les monts du *Khorassan* et les monts *Elbourz* ; à l'ouest, par ceux du *Kourdistan* ; au sud, par ceux de la *Perse* proprement dite ; à l'est, par les monts *Soliman*.

Le troisième plateau, celui de l'Asie Mineure, séparé du précédent par la large vallée du *Tigre* et de l'*Euphrate*, tributaires du golfe Persique (océan Indien), est enveloppé par les chaînes du *Taurus*, qui se rattachent aux monts *Elbourz* par les montagnes de l'*Arménie* et qui projettent, au sud, le long du littoral de la Méditerranée, un puissant rameau connu sous le nom de *Liban*.

Versants de l'Asie. — La ligne générale de partage des eaux de l'Asie, interrompue, comme celle de l'Europe, par de nombreuses dépressions, est tracée à partir du cap *Oriental*, sur le détroit de Behring, par les monts *Stanovoï*, les plateaux irréguliers des *Iablonoï* (Montagnes aux pommes, nom qu'elles doivent à leurs formes arrondies), les montagnes de la *Daourie*, en Sibérie ; les monts *Kentei*, *Sayansk*, *Altaï*, la chaîne des monts *Célestes* et les cimes du *Pamir* (point culminant, 7,800 mètres) dans l'empire chinois ; l'*Hindou-Kouch* ou Caucase indien, au sud du Turkestan, les monts du *Khorassan*, les monts *Elbourz* et les monts d'*Arménie* (point culminant, mont *Ararat*, 5,250 mètres), en Perse ; le système du *Taurus* oriental (point culminant, 3,400 m.) et celui du *Liban* (hauteur moyenne : 2,000 mèt.) jusqu'à la pointe du *Sinaï*.

Ces deux grands versants nord-ouest (océan Glacial et Méditerranée) et sud-est (océan Pacifique et océan Indien), déterminés par la ligne de partage des eaux, peuvent, d'après la pente générale du sol, se subdiviser en cinq versants secondaires :

1° Celui du **nord** ou de l'**océan Glacial arctique**,

limité, à l'ouest, par les monts Oural; au sud, par les plateaux du pays des *Kirghizes*, le talus septentrional du massif central et la chaîne de partage des eaux depuis les steppes des *Khalkas* jusqu'au cap *Oriental*, sur le détroit de Behring, est arrosé par l'*Obi* (4,300 kil.), grossi de l'*Irtych*, l'*Iénisseï* (5,200 kil.), dont le principal affluent, l'*Angara*, sert de déversoir au grand lac *Baikal*, et par la *Léna*. Tous ces fleuves coulent dans la direction générale du sud au nord et gèlent en hiver.

2° Celui de l'**est** ou de l'**océan Pacifique**, limité, au nord, par la ligne de partage des eaux jusqu'aux steppes des *Khalkas*; à l'ouest, par le talus oriental du plateau central (monts de la Chine, plateaux du Thibet), qui se prolonge par les montagnes de l'Indo-Chine (monts du *Laos* et de *Siam*) jusqu'au cap *Romania*, sur le détroit de Malacca, est arrosé par l'*Anadyr*, le fleuve *Amour* (4,510 kil.), le fleuve *Jaune* (4,700 kil.), le fleuve *Bleu* (5,200 kil.), le *Tigre* de Canton ou *Si-Kiang*, le *Song-Koï* ou *Fleuve Rouge* (Tonkin), qui coulent dans la direction générale de l'ouest à l'est; par le *Mé-Kong* (4,000 kil.), qui traverse les possessions françaises d'Indo-Chine, et le *Meïnam*, qui se dirigent du nord au sud.

3° Celui du **sud** ou de l'**océan Indien**, circonscrit, à l'est, par les montagnes de l'Indo-Chine; au nord, par les monts du Thibet central (monts Kara-Koroum), le Caucase indien, le plateau de la Perse, les montagnes de l'Arménie; à l'ouest, par le talus oriental du plateau de l'Asie Mineure et les chaînes du Liban jusqu'à la pointe du *Sinaï*, porte les eaux des montagnes du Thibet et de la chaîne de l'Himalaya, par le *Salouen*, l'*Iraouaddy*, le *Brahmapoutre*, le *Gange*, qui confondent leurs embouchures dans le golfe du Bengale, par l'*Indus* à la mer d'Oman, tandis que le *Tigre* et l'*Euphrate*, après avoir arrosé les anciennes régions historiques de l'Assyrie et de la Chaldée, réunis sous le nom de *Chat-el-Arab*, versent dans le golfe Persique celles des montagnes d'Arménie.

4° Celui de l'**ouest** ou de la **Méditerranée**, limité

par le Caucase, les montagnes d'Arménie, les chaînes du Taurus et du Liban, n'est sillonné que par des cours d'eau peu considérables. Le plus important est le *Kizil-Irmak* (fleuve Rouge) qui descend du revers septentrional du plateau d'Asie-Mineure et se jette dans la mer Noire.

5° Le versant intérieur de la mer **Caspienne** et du lac d'**Aral**, circonscrit en Asie par les montagnes d'Arménie, le talus septentrional du plateau de la Perse, le talus occidental du plateau central et le prolongement des monts Altaï jusqu'aux monts Ourals, est arrosé par le *Kour*, tributaire de la Caspienne, et par les grands tributaires du lac d'Aral, le *Sir-Daria* et l'*Amou-Daria* qui courent du sud-est au nord-ouest et descendent : le premier, des monts Célestes; le second, des plateaux de *Pamir*.

Les plateaux forment des bassins distincts, arrosés par des cours d'eau dont quelques-uns sont de véritables fleuves, mais qui se perdent dans des lacs ou dans les sables et n'ont pas d'écoulement vers la mer. Les plus importants de ces lacs intérieurs sont ceux du plateau central : lac *Lob*, qui reçoit le fleuve *Tarim*, *Koukou-Noor* (lac Bleu); lacs *Palté* et *Tengri* (Thibet), *Oubsa-Noor* et *Yssik-koul* (lac Bouillant); lac *Balkach*, qui reçoit l'*Ili*; ceux des plateaux de la Perse et de l'Arménie (lac *Hamoun*, lacs volcaniques de *Van*, d'*Ourmiah*); la mer Morte ou lac *Asphaltite*, où s'engloutit le *Jourdain* et dont les eaux amères et chargées de bitume dorment au pied du Liban, dans une dépression située à 390 mètres au-dessous du niveau de la Méditerranée.

La masse compacte du continent asiatique contraste avec la charpente légère et les innombrables découpures du continent européen : au premier coup d'œil jeté sur une carte on devine les difficultés qu'opposent aux relations par terre des montagnes gigantesques, des steppes, des déserts, et par-dessus tout, l'immensité des distances; aussi, malgré la disposition peu favorable des côtes, on comprend que c'est vers la mer qu'a dû se porter l'activité commerciale, et que l'importance des pays de l'intérieur ne saurait rivaliser avec celle des régions maritimes.

Climat et productions. — L'Asie, qui s'étend sur 78 degrés de latitude, réunit tous les climats, tous les terrains, toutes les productions. Elle est partagée en deux grandes zones par une ligne qui, partant du nord de l'archipel japonais, descendrait vers le sud-ouest en traversant obliquement l'empire chinois, longerait les monts Célestes, le cours du Sir-Daria, la mer Caspienne et le Caucase. Dans la zone septentrionale, le pays des neiges et des longs hivers, croissent le millet, l'orge, l'avoine, les forêts de sapins et de bouleaux : sur la limite des deux régions, le froment, les plantes et les arbres des climats tempérés : la zone méridionale produit le riz et le maïs, la vigne, les fruits de l'Europe et ceux des tropiques, le thé, le café, les épices et les aromates qui sont indigènes en Asie, les bois de teinture, l'indigo, les graines oléagineuses, le cotonnier, les forêts de palmiers et de bambous, richesses inépuisables que le sol prodigue presque sans culture aux habitants de ces heureuses contrées.

Tous les animaux domestiques, le bœuf, le mouton, la chèvre, le cheval, le chameau, sont répandus depuis la zone où vit le renne jusqu'aux extrêmes limites de l'Asie méridionale.

Les productions minérales de l'Asie sont peu connues, et encore moins exploitées ; cependant tous les minéraux depuis le fer jusqu'au diamant s'y trouvent en abondance ; la houille se trouve surtout en Chine ; pour tirer parti de ces richesses, il ne manque que des capitaux ou des bras.

Population. Races principales. — L'abaissement de la race humaine en Asie contraste avec la vie si large et si puissante de la nature. Il semble que sur ce sol fécond l'homme seul ne puisse arriver à la maturité. Depuis quatre mille ans l'Asie a vu les empires s'écrouler les uns après les autres, les peuples se mêler, les invasions se succéder ; elle a vu naître les premières sociétés régulières, elle a versé tour à tour sur l'Europe les grandes émigrations qui l'ont peuplée, mais toutes les civilisations qui ont fleuri sur ce sol, berceau des races européennes, ont disparu en ne laissant que des ruines, ou si elles ont résisté au temps et aux barbares, elles se sont endormies, et pour ainsi dire pétrifiées, comme celles de l'Inde et de la Chine, dans une immobilité qui exclut tout progrès.

La population de l'Asie, évaluée à 850 millions d'habitants, appartient à deux grandes races : à l'ouest et au sud, la **race blanche** qui comprend la majorité des populations de la *Turquie d'Asie*, de l'*Arabie*, de la *Perse*, de l'*Afghanistan* et de l'*Inde* et une partie de celles du *Turkestan*.

A l'est, au nord et au sud-est, **la race jaune** ou **Mongolique** qui comprend les populations indigènes du *Turkestan* (en partie), de la *Sibérie*, de la *Chine*, du *Japon* et de l'*Indo-Chine*.

Religions. — Les principales religions sont : 1° le *bouddhisme*, dont le chef (*dalaï-lama*) réside au Thibet, et qui compte près de 500 millions de sectateurs en Chine, au Japon, en Indo-Chine, à Ceylan ;

2° Le *brahmanisme* qui domine dans l'Inde ;

3° Le *mahométisme* qui compte des sectateurs en Chine, dans l'Indoustan, et qui domine en Perse, en Arabie, dans le Turkestan et la Turquie d'Asie ;

4° La religion philosophique de *Confucius* pratiquée en Chine et au Japon ;

5° Le *christianisme* pratiqué par les Européens qui résident en Asie, par les *Arméniens*, les *Grecs* et les *Syriens* schismatiques ou catholiques qui habitent une partie de la Turquie d'Asie et par quelques millions d'individus isolés en Chine, en Indo-Chine et aux Indes.

RÉSUMÉ.

Géographie physique de l'Asie.

BORNES. — Au nord, l'océan *Glacial arctique* ; à l'est, le détroit de Béring et l'océan *Pacifique* ; au sud, l'océan *Indien* ; à l'ouest, la mer Rouge, l'isthme de Suez, la *Méditerranée*, l'Archipel, la mer Noire, le Caucase, la mer Caspienne, le fleuve Oural et les monts Ourals.

SUPERFICIE. — 44 millions de kilomètres carrés.

MERS SECONDAIRES. — *Océan Pacifique.* Mer de Béring, mer d'Okhotsk, mer du Japon, mer Jaune, mer de Chine, golfe de Siam. — *Océan Indien.* Golfe ou mer du Bengale, mer d'Oman, golfe ou mer Persique, mer Rouge. — *Méditerranée.* Archipel, mer de Marmara, mer Noire.

PRINCIPAUX DÉTROITS. — *Entre l'océan Glacial et l'océan Pacifique*, détroit de Béring ; *entre la mer du Japon et la mer Jaune*, détroit de Corée ; *entre l'océan Pacifique et l'océan Indien*, détroit de Malacca ; *entre la mer d'Oman et le golfe Persique*, détroit d'Ormuz ; *entre la mer d'Oman et la mer Rouge*, détroit de Bab-el-Mandeb ; *entre l'Archipel et la mer de Marmara*, détroit des Dardanelles ; *entre la mer de Marmara et la mer Noire*, détroit de Constantinople.

PRINCIPALES ILES. — *Océan Pacifique.* Iles Kouriles, île Sagalien, Archipel japonais, île Formose, île Haï-nan. — *Océan Indien.* Iles Nicobar et Andaman, Ceylan, îles Maldives et Laquedives. — *Méditerranée et Archipel.* Chypre, Rhodes, Chio, Samo, Métélin.

PRESQU'ILES. — *Grandes péninsules :* Anatolie, dans la *Méditerranée* ; Arabie, Dékan, Indo-Chine (presqu'île de Malacca), dans l'*océan Indien* ; Corée, Kamtchatka, dans l'*océan Pacifique*.

PRINCIPAUX CAPS. — *Océan Glacial.* Promontoire Tchéliouskine (Sibérie). — *Océan Pacifique.* Cap Oriental, cap Lopatka (Sibérie), cap Romania (Indo-Chine). — *Océan Indien.* Cap Comorin (Dékan), Ras el Had (Arabie).

CHAINES DE MONTAGNES. — *Ligne principale de partage des eaux.* Monts Stanovoï, Iablonoï, Sayansk, Altaï, monts Célestes, Pamir, monts Hindou-Kouch, monts du Khorassan, monts Elbourz, mont d'Arménie, Taurus, Liban, depuis le cap Oriental jusqu'à la pointe du Sinaï.

PLATEAUX. 1° De l'Anatolie, limité par le Taurus et l'Anti-Taurus ; 2° de l'Iran, limité, au nord, par la ligne de partage des eaux, à l'ouest, par les monts du Kourdistan, au sud, par ceux de la Perse, à l'est, par les monts Soliman ; 3° plateau central, limité, au nord, par les monts Altaï, Sayansk ; à l'ouest, par la ligne de partage des eaux ; au sud, par les monts du Thibet, et les monts Himalaya, les plus élevés du globe (8 840 mètres) ; à l'est, par les monts de la Chine.

PRINCIPAUX FLEUVES. — 1° *Versant nord. Océan Glacial.* Obi, Iénisseï, Léna (Sibérie).

2° *Versant est. Océan Pacifique.* Anadyr, Amour (Sibérie), fleuve Jaune, fleuve Bleu, Tigre de Canton (Chine), Song-Koï, Mei-Kong, Meïnam (Indo-Chine).

3° *Versant sud. Océan Indien.* Salouen, Iraouaddy (Indo-Chine), Brahmapoutre, Gange, Indus (Indoustan), Chat-el-Arab, formé du Tigre et de l'Euphrate (Turquie d'Asie).

4° *Versant ouest. Mer Noire.* Kizil-Irmak (Turquie d'Asie).

5° Bassin intérieur. *Caspienne,* Kour; et *lac d'Aral.* Sir-Daria et Amou-Daria.

PRINCIPAUX LACS. — Baïkal, Balkach (Sibérie et Asie centrale russe), Lob, Kou-Kou-Nour, Tengri (Chine, plateau central), Zerrah (Afghanistan, plateau de l'Iran), Van et Ourmiah (plateau de l'Arménie), mer Morte (Turquie d'Asie) qui reçoit le Jourdain.

POPULATION. — 850 millions.

PRINCIPALES RACES. — I. Au nord, à l'est et au sud-est, *races mongoliques* (Sibérie, Turkestan, Chine, Japon, Indo-Chine).

II. Au sud et à l'ouest, *races blanches* (Turquie d'Asie, Arabie, Perse, Turkestan, Afghanistan, Indes).

RELIGIONS. — *Bouddhisme* (Chine, Indo-Chine, Japon, Ceylan). — *Brahmanisme* (Indoustan). — *Mahométisme* (Turquie d'Asie, Arabie, Turkestan, Perse, Afghanistan, Inde). — *Religion de Confucius* (Chine). — *Christianisme* (Turquie d'Asie et colonies européennes).

Exercices.

Carte physique de l'Asie.
Indiquer par des courbes et des teintes les grands traits du relief du continent.

CHAPITRE II

RÉGION DE L'OUEST.

I. — ARABIE

(7 à 8 millions d'habitants.)

Limites. — L'Arabie est une large presqu'île aux côtes abruptes et peu découpées, bornée, au nord, par la Turquie d'Asie; à l'ouest, par la mer Rouge, qui baigne la presqu'île du mont *Sinaï* (2,835 mètres), et par le détroit de Bab-el-Mandeb; au sud, par la mer d'Oman; à l'est, à partir de la pointe appelée par les Arabes *Ras-el-Had*, par le détroit d'Ormuz et le golfe Persique. (Superficie, 2,700,000 kilom. carrés.)

Description physique. — Dévorée par un soleil brûlant, sauf dans les fraîches vallées du sud-ouest qui produisent l'encens, les gommes et les fameux cafés de Moka, l'Arabie est sillonnée par des chaînes de montagnes granitiques (points culminants : 3,000 mètres dans le *Djebel Akhdar* (Oman) et 2,400 (mont *Tashoura*, dans l'Hadramaout). Ces montagnes soutiennent ou dominent les plateaux intérieurs, tantôt sablonneux et semés d'oasis, tantôt couverts de longues herbes que paissent les troupeaux de moutons, de chameaux, de bœufs et de chevaux, seule richesse des tribus nomades, tantôt même cultivés et parsemés de villes aux maisons de briques qui se sont élevées au bord des rares cours d'eau, pour la plupart engloutis dans les sables avant d'arriver à la mer. Le nord et le sud-est de l'Arabie sont occupés par deux déserts de sable, au nord le désert de Syrie, au sud le Néfoud ou grand désert appelé par les Arabes *Roba-el-Chali*.

La péninsule est divisée entre de nombreuses tribus sédentaires ou nomades qui professent toutes la religion musulmane. En partie soumise à l'Egypte et plus tard à l'Assyrie, qui menacèrent surtout l'Yémen, siège du fameux royaume de Saba, l'Arabie échappa à la domination romaine qui ne réussit jamais à s'établir que dans l'Arabie *Pétrée* (de *Petra* sa capitale). Après l'apparition de Mahomet et la fondation du grand empire arabe, l'Arabie ne tarda pas à échapper aux Khalifes et à redevenir indépendante. Elle l'est encore aujourd'hui en grande partie.

Divisions politiques. — La côte occidentale, aride et sablonneuse (*Hedjaz* et *Açir*), appartient à la Porte ottomane. Les villes principales sont *Médine* et la **Mecque**, célèbres par la naissance et le séjour de Mahomet. Médine a conservé le tombeau du prophète ; la Mecque située dans une vallée aride, que dominent de toutes parts des rochers nus et sans verdure, montre encore à la vénération des pèlerins la pierre noire tombée du ciel et le temple de la Kaaba. Le port de *Djeddâh* est le lieu de débarquement des pèlerins qui viennent visiter les villes saintes.

La partie méridionale (*Yémen*, *Hadramaout* et *Mahra*) est partagée entre la Porte ottomane et des princes indépendants. Les principales villes sont *Loheia*, *Hodeïda*, *Moka* sur la mer Rouge, *Sana* dans l'intérieur, dans l'Yémen, *Makhalla* dans l'Hadramaout, sur la mer d'Oman. Les **Anglais** possèdent, à l'entrée du détroit de Bab-el-Mandeb, l'île de *Périm* et la ville d'**Aden**, clef de la mer Rouge, qui a hérité du commerce de Moka.

Le sud-est (*Oman*) appartient au sultan de **Mascate**, ville située à l'entrée du détroit d'*Ormuz*, sur la mer d'Oman. La côte orientale (*El-Hasa*, v. pr. *Koeït*), dépend de la Porte ottomane ainsi que les îles *Bahreïn*.

Le centre et le nord (*Nedjed*) sont habités par des hordes de *Bédouins* nomades et pillards, et par les tribus sédentaires des *Ouahabites* (v. pr. *Riadh*), secte fanatique qui règne par la terreur et qui ne reconnaît pas l'autorité religieuse des sultans de Constantinople. La langue de toutes les tribus est l'arabe.

Parmi les voyages les plus récents en Arabie on remarque ceux de l'Anglais *Palgrave* et du Français *Halévy*.

II. — TURQUIE D'ASIE

(Superficie 1,500,000 kilomètres carrés.)

Limites. — La **Turquie d'Asie**, qui dépend comme la Turquie d'Europe du sultan de Constantinople, est bornée, au nord, par la mer Noire, le détroit de Constantinople, la mer de Marmara et les Dardanelles ; à l'ouest, par l'Archipel qui baigne les îles fertiles de *Ténédos*, de *Métélin*, de *Chio*, de *Samo* et de *Rhodes*, et par la Méditerranée qui baigne l'île de *Chypre*, riche en plantations de coton, de vignes et d'oliviers ; au sud, par l'isthme de Suez, l'Arabie et le golfe Persique ; à l'est, par la Perse et les provinces russes du Caucase.

Notions historiques. — L'histoire de la Turquie

d'Asie se confond avec celle de la civilisation orientale. — C'est là que se fondèrent les empires de Ninive et de Babylone, les royaumes de Phrygie, de Lydie, d'Arménie ; c'est là que s'établirent les Hébreux, et que naquit le christianisme ; c'est là que s'élevèrent les premières colonies grecques, qu'Alexandre remporta ses plus éclatantes victoires, que Mithridate disputa aux Romains vainqueurs des Séleucides, l'empire de l'Asie.

Les empereurs de Rome et de Constantinople furent les maîtres de ces riches contrées jusqu'au moment où les Arabes les refoulèrent jusque sur les bords de la mer Égée et de la mer Noire (septième et huitième siècle). Au moment du démembrement de l'empire des Khalifes (onzième siècle), les Seldjoukides constituèrent, dans l'Asie-Mineure, une puissance redoutable qui, ébranlée par les croisades, survécut cependant au royaume chrétien de Jérusalem, et ne tomba que sous les coups des envahisseurs Mongols, au treizième siècle. — L'Asie-Mineure fut le berceau de la puissance ottomane ; elle sera peut-être son dernier asile, en attendant que la Russie et l'Angleterre s'en disputent la possession.

Description physique et politique. — Les plaines étroites du littoral, en partie habitées par des populations de race et de religion grecques, sont d'une rare fertilité. Les arbres fruitiers, l'olivier, le mûrier, le coton, le tabac y croissent sous les rayons d'un soleil ardent, tempéré par les brises de mer. C'est là que prospèrent les grandes cités maritimes : sur la mer Noire *Trébizonde*, débouché du transit de la Perse, et *Samsoum* (ancienne province de *Pont*, vilayet de Trébizonde) ; *Sinope* (vilayet de *Kastamouni*, ancienne *Paphlagonie*) ; sur le Bosphore, *Scutari*, le faubourg asiatique de Constantinople ; sur l'Archipel, **Smyrne** (230,000 hab.), la reine de l'Asie-Mineure, unie par un chemin de fer au chef-lieu du vilayet, *Aïdin*, centre de la culture du coton (anciennes *Lydie* et *Ionie*) ; sur la Méditerranée, *Satalia*, *Tarse*, dans le vilayet d'*Adana* (ancienne *Cilicie*), *Alexandrette*, future tête de ligne du chemin de fer du golfe Persique ; *Tripoli* et

Beyrouth (100,000 h.), les héritières de Tyr et de Sidon; *Saint-Jean-d'Acre* (*Ptolémaïs*), vainement assiégé par Bonaparte en 1799; *Jaffa*, qui sert de port à Jérusalem.

Dans l'intérieur, s'élèvent, au *nord*, deux plateaux :

1° Celui d'**Anatolie** ou d'Asie-Mineure est enveloppé par les chaînes du *Taurus* et de l'*Anti-Taurus*, qui versent dans la mer Noire le fleuve *Kizil-Irmak*; c'est une plaine aride, sillonnée de rameaux volcaniques, couverte de steppes, de lacs salés, de maigres pâturages où errent, sous la conduite des hordes de Turcomans, des troupeaux de moutons, de chèvres et de bœufs à demi sauvages, et où végètent çà et là quelques villes déchues; *Brousse* (ancienne *Prusia*, en *Bithynie*), au pied du plateau, près de la mer de Marmara, avec ses filatures de soie; *Angora*, (*Ancyre*, en *Galatie*), célèbre par ses chèvres au duvet soyeux; *Tokat*, par ses mines de cuivre; *Sivas* (dans l'ancienne *Cappadoce*), par ses mines de plomb; *Kaisarieh* (*Césarée*), par ses monuments antiques, et *Konieh* (*Iconium*, dans l'ancienne *Phrygie*), par les souvenirs des croisades;

2° Le plateau d'**Arménie**, espèce de Suisse asiatique, dominé par les chaînes du *Taurus* et de l'*Ararat*, semé de lacs volcaniques (lac de *Van*, etc.), est arrosé par l'*Euphrate*, sur lequel est située la ville d'*Erzeroum*, principale étape de la route commerciale qui conduit de Trébizonde aux frontières de la Perse. Sur la terrasse inférieure du plateau (*Kourdistan*, anciennes Arménie et Assyrie), *Diarbekir* (ancienne Amide) et *Orfa* (ancienne Edesse), conservent quelques restes de la prospérité dont elles jouissaient pendant la période romaine et le moyen âge.

A l'*est*, s'ouvre une large vallée arrosée par deux grands fleuves, l'*Euphrate* et le *Tigre*, qui descendent du plateau arménien, coulent du nord-ouest au sud-est et se réunissent sous le nom de *Chat-el-Arab*, avant de se jeter dans le golfe Persique. Célèbres autrefois sous les noms de Babylonie, de Mésopotamie, d'Assyrie, ces contrées, aujourd'hui presque incultes et sans cesse menacées par les incursions des Bédouins et des Kourdes insoumis, voient décliner lentement leurs antiques capitales, *Mossoul*, près des ruines de Ninive; *Bagdad*, la ville des khalifes, situées toutes deux sur le Tigre; *Hillah*, sur l'Euphrate, qui a remplacé Babylone, et *Bassora*, sur le Chat-el-Arab, port ensablé et ville ruinée.

Au *sud* s'étend jusqu'aux limites de l'Arabie un vaste désert parcouru par les hordes nomades des Bédouins, et qui garde encore comme souvenir du commerce antique, les ruines gigantesques de Palmyre et de Baalbeck (Héliopolis).

Au *sud-ouest* s'allonge, sur le littoral de la Méditerranée, la riche province de **Syrie**, que traversent, du nord au sud, les chaînes du *Liban* et de l'*Anti-Liban*, séparées par la vallée du *Jourdain*. *Alep*, *Damas* (150,000 hab.), *Hamah*, *Antioche*, *Jérusalem*, les capitales de la Syrie et de la Palestine, sont grandes encore par leurs souvenirs, mais déchues de leur prospérité.

Population, Religions. — La population de la Turquie d'Asie s'élève à environ 16 millions d'habitants, dont 12 millions professent la religion musulmane (Turcs (10 millions), Arabes, Kourdes, Circassiens et Turcomans, et 4 appartiennent à diverses sectes : Arméniens schismatiques et catholiques (1,700,000), Grecs (1,500,000), Syriens, Maronites catholiques du Liban, Druses et Juifs.

Principauté de Samos. — L'île de Samos, peuplée de Grecs, de race et de religion, forme une principauté tributaire de la Porte Ottomane et jouissant d'une autonomie à peu près complète.

Ile de Chypre. — L'île de Chypre, par une convention particulière entre la Turquie et la Grande-Bretagne, est devenue depuis 1878 une véritable possession anglaise, bien qu'elle reste nominalement sous la suzeraineté du sultan. La superficie est de 9,600 kilomètres carrés, la population d'environ 200,000 habitants, pour la plupart Grecs d'origine et professant la religion grecque.

La capitale est *Nicosia*, au centre de l'île, entre la chaîne de *Cérines* et l'*Olympe*, qui s'élève à 2,000 mètres.

— Les principaux ports sont *Larnaka* et *Famagouste*. Les antiques cités phéniciennes et grecques de Paphos, d'Amathonte et d'Idalie ne sont plus que des ruines, mais les richesses naturelles de Chypre et surtout sa situation qui commande la Méditerranée orientale en font une station commerciale et un point stratégique d'une haute importance.

III. — TRANSCAUCASIE

(465,000 kilomètres carrés.)

La lieutenance générale du Caucase est coupée en deux par la chaîne de montagnes à laquelle elle doit son nom. La partie européenne arrosée par le *Térek* a pour principales villes *Stavropol*, *Vladikaukas*, où s'arrêtent les chemins de fer russes, et *Derbent*, sur la Caspienne; la superficie de la Transcaucasie est de 465,000 kilomètres carrés et la population de 7,240,000 habitants.

La Transcaucasie est bornée, au nord, par le Caucase; à l'est, par la mer Caspienne; au sud, par la Turquie d'Asie et la Perse; à l'ouest, par la mer Noire : c'est une région accidentée, couverte par les rameaux du *Caucase*, dont la chaîne principale court du nord-ouest au sud-est et atteint 5,660 mètres au mont Elbrouz; âpre et stérile dans les parties hautes, fertile et tempérée dans les vallées, arrosée par deux fleuves navigables, le *Kour* (ancien *Cyrus*), grossi de l'*Aras*, tributaire de la mer Caspienne, et le *Rioni* (ancien *Phase*), tributaire de la mer Noire. Cette région, connue des anciens sous les noms de *Colchide*, d'*Ibérie*, d'*Albanie* et d'*Arménie*, appartint à l'empire perse, à l'empire d'Alexandre, ne fut qu'à demi soumise par les Romains, les Parthes et les Arabes, et forma au moyen âge le royaume de Géorgie qui reconnut tour à tour la suzeraineté de la Turquie et celle de la Perse, et fut enfin conquis par la Russie.

La capitale est **Tiflis** (160,000 habitants) en Géorgie, sur le Kour; les principales villes sont : *Kars*, enlevé à la Turquie en 1878, *Élisabetpol*, près de la frontière turque, *Erivan*, au sud, près de la frontière persane, *Koutaïs*, en Imérétie, *Batoum*, *Poti*, *Soukoum-Kalé* (en Mingrélie), sur la mer Noire, et *Bakou*, sur la mer Caspienne.

La population (7,249,000 habitants) se compose de Géorgiens et d'Arméniens chrétiens, cultivateurs et commerçants, de Russes fonctionnaires et soldats, et de montagnards circassiens presque tous musulmans, race belliqueuse et indomptable, dont la Russie ne triomphe qu'en l'exilant.

La situation de la Transcaucasie, qui ouvre à la Russie les routes du Caucase (défilés de *Dariel* et de *Derbend*), qui touche à la mer Noire et à la Caspienne, qui domine la Turquie d'Asie et la Perse, sa fertilité, la richesse de ses mines (cuivre, plomb argentifère, houille, sources de pétrole de Bakou), lui donnent une grande importance stratégique et commerciale.

Le chemin de fer transcaucasien unit Batoum à Bakou par Tiflis.

IV. — PERSE

(1,650,000 kilomètres carrés).

Limites. — La **Perse**, qui appartient à un souverain indépendant (*Shah*), est bornée, au nord, par les provinces russes du Caucase, la mer Caspienne et le Turkestan, à l'est, par l'Afghanistan et le Béloutchistan, au sud, par le golfe Persique, à l'ouest, par la Turquie d'Asie.

Description physique. — Le territoire de la Perse se compose d'une série de plateaux (hauteur maximum, 2,200 mètres) qui descendent en amphithéâtre vers le golfe Persique, mais qui plongent brusquement dans la mer Caspienne et dont la ceinture est formée, au nord, par les monts du *Khorassan* et les monts *Elbourz*, à l'ouest, par ceux du *Kourdistan*, au sud, par les montagnes de la *Perse* proprement dite ou *Farsistan*, à l'est, par une chaîne qui traverse l'Afghanistan du nord au sud. A l'est s'étendent des steppes parcourus par des hordes de pasteurs nomades, et de vastes déserts sablonneux, où dorment des lacs aux eaux amères et salines ; au centre des plaines arides fertilisées à grand'peine par les canaux d'irrigation ; mais, au sud et au nord, s'étagent sur la pente des montagnes des terres bien arrosées, où réussissent le mûrier, les arbres fruitiers, le pavot à opium, la vigne, le tabac, le coton. La soie et le coton sont les principaux objets du commerce avec l'Europe, qui renvoie en échange des étoffes, des métaux travaillés, des armes, des sucres et des produits de luxe inconnus à l'industrie peu avancée de l'Orient.

Notions historiques. — La Perse moderne comprend les contrées que les anciens désignaient sous le nom de Médie, d'Hyrcanie, de Parthie, de Caramanie, de Perse et de Susiane. Soumises à l'empire d'Assyrie, elles s'en séparèrent au septième siècle avant Jésus-Christ, pour former le royaume de Médie, et plus tard le noyau de l'empire perse qui s'étendit de l'Indus à la Méditerranée. Les ruines de Persépolis et de Suse attestent encore la puissance des successeurs de Cyrus. Après la conquête d'Alexandre, les Séleucides héritèrent un moment de presque toute la partie asiatique de son empire ; mais les Parthes ne tardèrent pas à fonder dans l'Asie centrale un royaume indépendant qui s'étendit jusqu'à l'Euphrate et dont les capitales Ctésiphon et Séleucie, sur les bords du Tigre, rappelèrent un moment les splendeurs de Ninive et de Babylone. Les Arabes renversèrent le second empire perse qui avait succédé à celui des Parthes, et depuis cette époque (septième siècle après Jésus-Christ), la Perse devint la proie de tous les conquérants de l'Asie jusqu'au moment où la dynastie des Sophis y reconstitua une autorité sérieuse. Conquise de nouveau par les Afghans au dix-huitième siècle, la Perse n'a plus fait que décliner ; elle est aujourd'hui pressée entre l'Angleterre et la Russie, et paraît peu capable d'une renaissance durable.

Géographie politique. — La capitale est **Téhéran**, (210,000 hab.), sur un plateau insalubre, au pied des monts *Elbourz* ; les principales villes de l'intérieur sont :

au centre, *Hamadan*, non loin de l'antique *Ecbatane*, *Yedz*, célèbre par ses tapis, *Ispahan*, l'ancienne capitale ; au sud, *Chiraz*, fameuse par ses vins ; à l'est, *Kerman*, dans l'ancienne Caramanie ; au nord, *Meschèd*, capitale du Khorassan, *Recht* près de la Caspienne, centre du commerce des soies ; au nord-ouest, **Tauris** (180,000 hab.), le grand entrepôt du commerce avec l'Occident, non loin du lac d'*Ourmiah* et près de la frontière russe ; à l'ouest, *Kirmanschah* et *Chouster* (Suse). Les principaux ports sont *Bouchir*, sur le golfe Persique, et *Asterabad*, sur la Caspienne.

Population. — La population est de 7 à 8 millions d'habitants appartenant à une race musulmane schismatique. La plupart des tribus du nord et de l'est reconnaissent à peine l'autorité du souverain, absolu comme tous ceux de l'Orient. La Perse est entièrement sous l'influence russe.

V. — ASIE CENTRALE RUSSE
(3,760,000 kilomètres carrés.)

TURKESTAN

Le Turkestan est une région mal délimitée comprise entre la Sibérie au nord, la mer Caspienne à l'ouest, la Perse et l'Afghanistan au sud, et l'Empire chinois à l'est.

La partie orientale et méridionale est un chaos de montagnes, de plateaux et de vallées dominés par les massifs de l'*Ala-Taou*, du *Pamir* et de l'*Hindou-Kouch* ; les bords de la mer *Caspienne* et du lac d'*Aral* sont couverts de déserts sablonneux ou de steppes marécageux où errent les hordes sauvages des *Turcomans* ; le centre, arrosé par les deux grands tributaires du lac d'Aral, l'*Amou-Daria* (fleuve Noir, ancien Oxus), et le *Sir-Daria* (fleuve Blanc, ancien Iaxartes), qui descendent du revers occidental du plateau central de l'Asie, est seul fertile et cultivé. La soie et le coton sont les productions les plus importantes.

Ce pays qui correspond à la Bactriane et à la Sogdiane, deux des satrapies de l'ancien empire perse, et aux régions que les anciens désignaient sous le nom de Scythie, a été de tout temps la terre de la barbarie et de la vie nomade. C'est le *Touran* des Perses, le *Kharism* des géographes arabes, le point de départ des invasions scythiques, huniques et mongoles. La partie méridionale (Sogdiane et Bactriane) est la seule qui ait vu se fonder des États civilisés : *Bactres* dans l'antiquité, *Boukhara* et *Samarkand* au moyen âge comptaient parmi les métropoles de l'Asie. Aujourd'hui les Russes sont les maîtres de l'Asie centrale.

Ils gouvernent directement les provinces de **Sémipalatinsk** (sur l'Irtych), d'**Akmolinsk**, de **Tourgaï**, d'**Ouralsk** (sur l'Oural), qui correspondent aux steppes des Kirghizes au nord du lac Balkach, de la mer d'Aral et de la Caspienne ; celles du **Fergana**, capitale *Marghilân*, ville principale *Khokand*, près du Sir-Daria, et *Khodjend*; de **Semiretchie** (provinces des sept rivières), capitale *Viernoïe*; de **Kouldja**, capitale *Kouldja*, sur l'Ili, ancienne possession chinoise, en partie restituée à la Chine (1881) ; de **Zerafchan**, capitale *Samarkand*, l'ancienne capitale du Mongol Tamerlan ; du **Sir-Daria**, capitale *Tachkend* (125,000 habitants), près du Sir-Daria, résidence du gouverneur général de l'Asie centrale ; d'**Amou-Daria**; le territoire **Transcaspien**, capitale *Askabad*, villes principales : Krasnovodsk et Michaelow, et le territoire de **Merw** (capitale *Merw*), parcourus par les Turcomans.

Un chemin de fer, qui part de la Caspienne et qui se dirige sur Merw, atteint Samarkand et se prolonge vers la frontière de l'Inde au sud jusqu'à Kousch et jusqu'à Tachkend et Andidjan au nord ; cette ligne transcaspienne, à la fois stratégique et commerciale, rattache l'Asie centrale au réseau européen.

En dehors du territoire officiellement soumis à la Russie, le Khan de **Khiwa**, dont la capitale *Khiwa*, sur l'Amou-Daria, est une vaste agglomération de huttes d'argile, n'est plus qu'un vassal du czar; le Khan de **Boukhara** (70,000 habitants), une des plus grandes villes de l'Asie centrale et un des foyers du fanatisme musulman, garde à peine une demi-indépendance; les Turcomans sont complètement soumis, et les petites peuplades groupées dans les vallées du Pamir subissent de plus en plus l'influence russe (Khanats de Karateghine, de Darvâz, etc.).

Les Afghans sont maîtres de la partie sud-est du Turkestan (*Balk*, *Kondouz* et *Badakchan*).

La population totale du Turkestan est de 4,270,000 habitants appartenant à la race turque (*Kirghizes*, *Ousbeks*, *Sartes*, *Turcomans*) ou à la race iranienne (*Tadjiks*), qui occupe surtout les hautes vallées. Toutes ces populations sont musulmanes. De nombreux explorateurs russes, un voyageur hongrois, M. Vambéry, et des explorateurs français, MM. de Ujfalvy, Bonvalot et Edouard Blanc, ont fait connaître complètement tout le Turkestan.

VI. — AFGHANISTAN
(anciennes Arachosie, Arie et Drangiane.)

L'Afghanistan est limité, au nord, par le Turkestan dont le sépare la chaîne de l'*Hindou-Kouch*, à l'est, par les monts *Soliman* qui le séparent des possessions anglaises de l'Inde, au sud, par le Béloutchistan, à l'ouest, par la Perse.

La partie occidentale (Hérat et Seïstan) n'est que le prolongement du plateau de l'Iran. C'est une région montagneuse dans le nord (Hérat), sablonneuse dans le sud (Seïstan), arrosée par un fleuve (*Helmend*), qui se perd dans le lac presque desséché de *Zerrah* ou lac *Hamoun*.

La partie orientale est un plateau creusé de profondes vallées et dominé par les hautes cimes des monts *Soliman* et de l'*Hindou-Kouch*. La principale vallée est celle du *Caboul*, affluent de l'Indus.

On évalue la superficie à plus de 700,000 kil. carrés et la population à 4 ou 5 millions d'habitants qui professent la religion musulmane et dont la majorité est de race iranienne et parle un dialecte persan. Le pays doit son nom à une tribu turco-mongole, les Afghans, qui joua au dix-huitième siècle un rôle brillant, et s'empara un moment de toute la Perse, et d'une partie de l'Inde septentrionale.

L'Afghanistan, divisé autrefois en plusieurs États, appartient aujourd'hui tout entier à l'émir de **Caboul**, dont la capitale (Caboul) est un des centres du commerce de la haute Asie.

Les principales villes sont : au nord-ouest *Hérat*, à l'est, *Djellalabad*, et au centre, *Candahar*, qui se vante d'avoir été fondée par Alexandre.

La suzeraineté de l'émir de Caboul s'étend, au nord de l'Hindou-Kouch, sur les hautes vallées du Turkestan méridional qui communiquent avec l'Afghanistan par les défilés de Banian, de Kiptchak, etc. Les principales villes de cette région sont *Balk*, l'ancienne Bactres, *Kondouz* et *Faizabad* dans le Badakchan. Une guerre (1878-1879) entre l'émir de Caboul et l'Angleterre a eu pour conséquence l'occupation par les Anglais des principales positions stratégiques de la chaîne des monts Soliman (passes de *Khaïbers*, de *Bolan*, etc.), et l'établissement d'une sorte de protectorat anglais sur l'Afghanistan.

Les ressources naturelles du pays, peu connues et encore moins exploitées grâce à l'incurie de la population et à la difficulté des communications, paraissent se borner à l'éducation du bétail, et à la culture des céréales, des arbres fruitiers et du tabac.

VII. — BÉLOUTCHISTAN

(ancienne Gédrosie).

Le Béloutchistan, situé entre l'Indoustan à l'est, l'Afghanistan, au nord, la Perse, à l'ouest, et la mer d'Oman, au sud, est une région aride, couverte, au nord, de hautes montagnes, au sud, de déserts sablonneux, et s'abaissant vers la mer par une série de terrasses dont le climat et les productions varient avec l'altitude.

Le Béloutchistan est habité par des tribus en partie nomades, de race iranienne et qui professent le mahométisme.

La Perse possède la partie occidentale du Béloutchistan (environ 250,000 habitants) avec les villes de *Bhampour* et de *Kaskrand*; le reste du pays est soumis à l'influence anglaise. Les Anglais occupent les villes de *Gandawa* à l'est et de *Quettah* au nord; et le Khan de *Kélat*, le plus puissant des petits souverains du Béloutchistan, n'est qu'un vassal de l'Angleterre.

La population totale ne dépasse pas un million d'habitants, et la superficie 280,000 kilomètres.

RÉSUMÉ

Région de l'ouest

I

L'ARABIE (2,700,000 kilomètres carrés), est un plateau enveloppé de montagnes, sans grands cours d'eau, couvert en partie de déserts et de steppes, et situé entre la Turquie d'Asie, au nord, la mer Rouge, à l'ouest, la mer d'Oman, au sud, et le golfe Persique, à l'est. Elle est partagée entre des tribus indépendantes et diverses dominations étrangères.

L'ouest et le sud-ouest (HEDJAZ et YÉMEN, villes principales, *la Mecque*, patrie de Mahomet, *Médine*, *Djeddâh*, *Moka*, sur la mer Rouge), appartiennent à la Turquie;

Le sud et le sud-est (HADRAMAOUT et OMAN, capitale *Mascate* sur le détroit d'Ormuz), le centre (NEDJED, ville principale *Riadh*) à des princes indépendants; ADEN sur le détroit de Bab-el-Mandeb, aux Anglais.

La population est de 7 à 8 millions d'habitants, musulmans, en partie nomades; les dattes, le café, l'encens, la gomme, les chevaux, sont les principales productions.

II

La TURQUIE D'ASIE (1,500,000 kilomètres carrés), située entre la mer Noire au nord, l'Archipel et la Méditerranée, à l'ouest; l'isthme de Suez, l'Arabie, le golfe Persique, au sud; la Perse et la Transcaucasie, à l'est et au nord-est, comprend le plateau de l'Anatolie (Asie-Mineure) celui de l'Arménie, la vallée du Tigre et de l'Euphrate (anciennes Mésopotamie, Babylonie, et Assyrie aujourd'hui Kurdistan), et la région du Liban connue sous le nom de Syrie. Les îles de *Rhodes*, de *Chio*, de *Métélin* dans l'Archipel, dépendent de la Turquie d'Asie. *Samos* forme une principauté autonome, et vassale de la Porte et *Chypre* (200,000 habitants), capitale *Nicosia*, ville principale *Larnaca* est occupée depuis 1878 par l'Angleterre avec le consentement du sultan.

Les villes principales de la Turquie asiatique sont les ports de *Trébizonde* sur la mer Noire (ancien Pont), de *Smyrne* (130,000 habitants) sur l'Archipel, (ancienne Ionie), le principal entrepôt du commerce de l'Asie-Mineure ; de *Beyrouth* (100,000 habitants) de *Saint-Jean d'Acre*, de *Jaffa*, sur la Méditerranée ; les antiques cités de *Brousse* et d'*Angora*, en Anatolie ; d'*Erzeroum* sur l'Euphrate, en Arménie ; de *Mossoul* et de *Bagdad*, résidence des Khalifes arabes, sur le Tigre ; d'*Alep*, de *Damas* (150,000 habitants), d'*Antioche*, de *Jérusalem*, en Syrie.

La population est de 11 à 12 millions de musulmans et de 4 millions de chrétiens, grecs, arméniens ou syriens, schismatiques ou catholiques. Les principales langues sont le grec, l'arménien, le syriaque, le turc et l'arabe.

La Turquie d'Asie produit le coton, la soie, les laines, les huiles d'olives, les graines oléagineuses, les fruits (figues et raisins), le tabac, et exploite des mines de cuivre.

III

La Transcaucasie (465,000 kilomètres carrés), possession russe entre le Caucase au nord, la mer Caspienne, à l'est, la Perse et la Turquie d'Asie, au sud, et la mer Noire, à l'ouest, a pour capitale *Tiflis*, sur le Kour ; pour villes principales *Kars*, *Erivan*, sur les plateaux d'Arménie ; *Poti* et *Batoum* sur la mer Noire, et *Bakou* sur la Caspienne.

C'est un pays fertile, sauf dans la région la plus montagneuse, peuplé d'environ 7,249,000 habitants chrétiens et musulmans appartenant à la race blanche et parlant des dialectes d'origine très diverse.

IV

La Perse (1,650,000 kilomètres carrés), située entre la Transcaucasie, la mer Caspienne et le Turkestan, au nord, l'Afghanistan, le Béloutchistan, à l'est, le golfe Persique, au sud, et la Turquie d'Asie, à l'ouest, est un plateau en partie stérile et enveloppé de hautes montagnes. La Perse a été le siège de l'Empire des Mèdes (capitale *Ecbatane*), et de celui des Perses (capitales *Suse* et *Persépolis*) ; conquise par Alexandre elle a tour à tour appartenu aux Séleucides, aux Parthes, aux Arabes ; elle forme aujourd'hui un Etat indépendant sous le gouvernement d'un souverain (shah) absolu. La capitale est *Téhéran*. (210,000 h.).

Les villes principales sont : *Ispahan*, *Yedz*, *Hamadan*, *Tauris* (180,000 habitants) sur le plateau, *Asterabad* sur la Caspienne, et *Bouchir* sur le golfe Persique.

La population est de 7 à 8 millions d'habitants musulmans, de race blanche.

Les principales productions de la Perse sont la soie, le tabac, les laines et la noix de galle.

V

Le TURKESTAN (anciennes Bactriane, Sogdiane, partie de la Scythie asiatique) est une plaine dominée, au sud, par le massif de l'Hindou-Kouch et des monts du Khorassan ; à l'est, par le plateau de Pamir et les ramifications des monts Célestes ; au nord, par les hautes steppes des *Kirghizes*. Il est situé entre la Sibérie au nord, le Turkestan chinois à l'est, l'Afghanistan et la Perse au sud, et la mer Caspienne à l'ouest. La région des steppes (*Akmolinsk*, *Semipalatinsk*, *Tourgaï*, *Ouralsk*), la vallée du *Sir-Daria* (*Tachkend*, *Khokand*), le bassin des lacs Balkach et Issik-Koul, la vallée supérieure de l'Amou-Daria et de ses affluents (*Samarkand*) sont occupés par les possessions russes ; la vallée moyenne et inférieure de l'Amou-Daria par les Khanats vassaux de *Khiwa* et de *Boukhara* ; les bords sablonneux de la Caspienne par des tribus nomades de Turcomans (*Merw*), soumises aux Russes ; le sud du Turkestan (région de l'Hindou-Kouch) par les Afghans (*Balk*, *Kondouz*).

La population est de 4,270,000 habitants, en majorité de race turque ou mongolique et tous musulmans.

VI et VII

L'AFGHANISTAN (anciennes Arie, Drangiane et Arachosie, 700,000 kilomètres carrés) est un plateau sablonneux au sud et à l'ouest, accidenté au nord et à l'est, et situé entre le Turkestan, au nord, l'Indoustan, à l'est, le Béloutchistan, au sud, et la Perse, à l'ouest. Il forme un État indépendant gouverné par l'émir de *Caboul*. Les principales villes sont *Caboul* sur un affluent de l'Indus, *Hérat* et *Candahar*.

Le pays, habité par 4 ou 5 millions de musulmans, est aujourd'hui dominé par l'influence anglaise.

Le BÉLOUTCHISTAN (1 million d'habitants) entre l'Indoustan, à l'est, la mer d'Oman, au sud, la Perse, à l'ouest, et l'Afghanistan, au nord, est une région sablonneuse habitée par des tribus nomades qui reconnaissent pour la plupart le protectorat anglais (*Kélat*) ou la domination persane (*Bhampour*).

Exercices.

Carte physique et politique des possessions turques en Asie.
Carte de la Perse, de l'Afghanistan et du Béloutchistan avec les noms antiques rapprochés des noms modernes.

CHAPITRE III

RÉGION MÉRIDIONALE

I. — INDE

(4,100,000 kilomètres carrés).

Limites. — L'**Inde** est bornée, à l'ouest, par la mer d'Oman, le Béloutchistan et l'Afghanistan, au nord, par l'Empire Chinois, à l'est, par l'Indo-Chine, au sud-est, par le *golfe du Bengale*, au sud, par l'**océan Indien** qui baigne les îles *Laquedives* et *Maldives* et la grande île montagneuse de **Ceylan** (la *Taprobane* des anciens), avec ses riches plantations de café, de cannelle, et ses vastes forêts.

Description physique. Productions. — La partie méridionale de l'Inde est un plateau triangulaire, le **Dékan**, incliné vers le golfe du Bengale où il verse le *Godavéry*, la *Kistna* et le *Cavéry* : la base du triangle est formée par les monts *Ouindhiâ*, le sommet par le cap *Comorin*, les deux côtés par les monts *Ghâtes* orientaux et occidentaux.

La partie septentrionale de l'Inde (Indoustan) comprend deux immenses vallées, séparées par un désert sablonneux (désert de *Thor*), celle de l'*Indus* ou *Sind* et celle du *Gange*. L'Indus prend sa source dans les monts *Kara-Koroum*, coule de l'est à l'ouest, puis se détourne vers le sud, franchit les chaînes de l'Himalaya et coule du nord au sud jusqu'à la mer d'Oman. Il reçoit à droite le *Caboul*, à gauche de nombreux affluents dont le plus puissant est le *Sutledje*, qui franchit, comme l'Indus lui-

INDE.

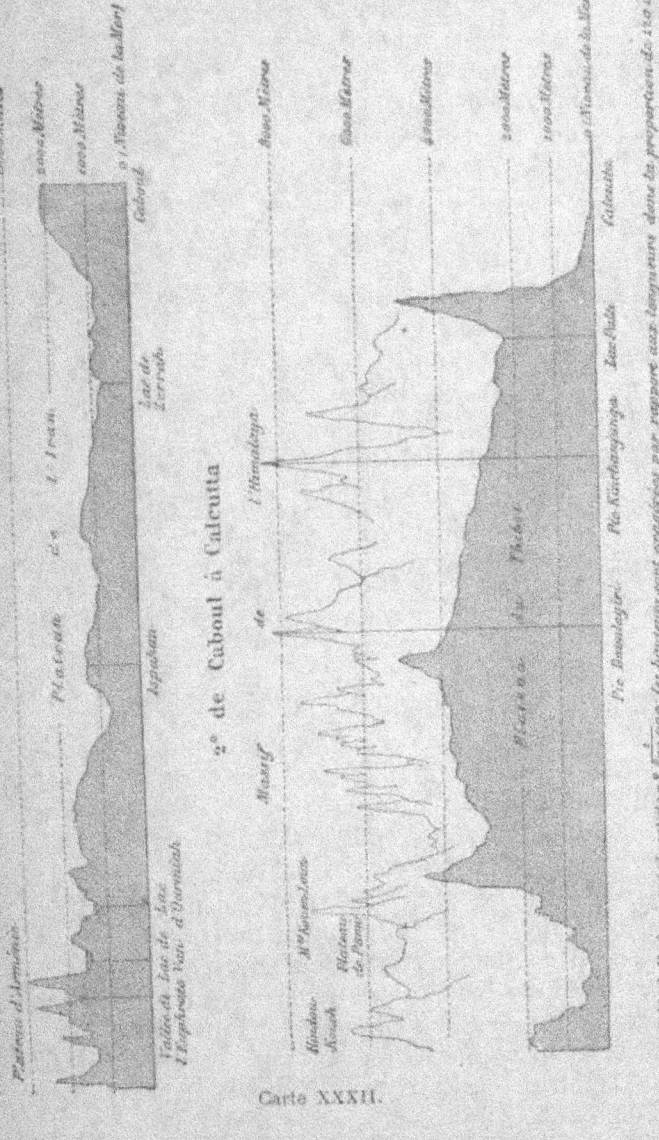

Carte XXXII.

même, le massif de l'Himalaya en y creusant une gorge de plus de 1,000 mètres de profondeur.

Le Gange descend de l'Himalaya méridional, à 4,000 mètres d'altitude et coule du nord-ouest au sud-est, ainsi que ses deux principaux affluents, à droite la *Djemmâ*, à gauche la *Gogrâ*. Il se jette dans le golfe du Bengale par plusieurs bouches confondues avec celles du *Brahmapoutre* ou *Yarou-Dzang-Bô* qui descend, ainsi que l'Indus, des hautes chaînes du Thibet et s'ouvre un passage à travers l'Himalaya.

Le nord de l'Inde est une région de montagnes gigantesques qui appartiennent au système de l'Himalaya. La chaîne septentrionale (monts *Kara-Koroum* et monts de *Gangri*) forme la limite méridionale des hauts plateaux du Thibet. La chaîne centrale, la moins élevée, n'a qu'une cime connue, le *Banderpounch* (8,400 mètres), au-dessus de 8,000 mètres. La chaîne méridionale qui se termine au sud par de brusques escarpements, bordés d'une lisière de marécages (*Teraï*), court du nord-ouest au sud-est, coupée dans tous les sens par d'étroites vallées où mugissent des torrents, que dominent des pics neigeux, et un chaos de cimes dénudées et sauvages d'une prodigieuse variété de formes. Les sommets dépassent 8,000 mètres (pic Everest, 8,840 mètres; Kintchindjunga, 8,580 mètres; Dawalaghiri, 8,176 mètres, etc.).

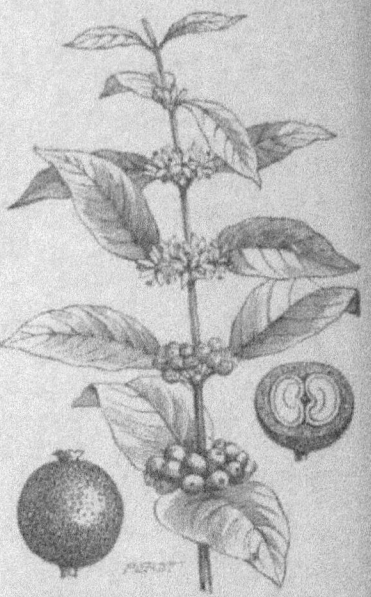

Fig. 18. — Café. Branche et fruits du caféier. (Le fruit est de la grosseur d'une merise. L'arbre a 4 à 5 mètres de hauteur).

Le climat de l'Inde, comme celui de toutes les régions

tropicales, n'a que deux saisons, celle des pluies pendant la mousson (1) du sud-ouest, d'avril en octobre, et celle de la sècheresse pendant la mousson du nord-est, d'octobre en avril ; mais il varie à l'infini suivant l'exposition et l'altitude : brûlant et malsain dans le delta fangeux du Gange et dans les plaines de l'Indoustan septentrional, couvertes de rizières, de plantations d'indigo, de pavots à opium, de mûriers, de coton, de canne à sucre de sésame, qu'interrompent çà et là des déserts sablonneux, des forêts, des jungles impénétrables, domaine du tigre royal et refuge d'innombrables reptiles ; chaud, mais plus sain sur les plateaux du Dékan où croissent le caféier, les arbres à épices, le tabac ; frais et salubre dans les riantes vallées de l'Himalaya où paissent ces troupeaux de chèvres et de moutons qui font la richesse des populations de la montagne.

Notions historiques. — Les populations primitives de l'Inde paraissent avoir appartenu à une race noire dont quelques débris subsistent encore dans la région des monts *Ouindiyâ*.

Des populations de race touranienne, à qui l'on donne le nom de *Dravidiens*, occupèrent de bonne heure le Dékan et l'île de Ceylan ; enfin, des peuples de race Kouschite, parents des Éthiopiens et des Égyptiens, précédèrent dans l'Inde septentrionale les conquérants *Aryas* qui ne s'y établirent que de 2500 à 1500 avant J.-C. Les anciens ne connaissaient l'Inde que par les récits des commerçants et des voyageurs, et par l'expédition d'Alexandre qui l'avait à peine effleurée.

Divisée en un grand nombre d'États indépendants, dont les souverains portaient le nom de *rajahs*, elle fut conquise presque tout entière, du onzième au seizième siècle, par diverses dynasties musulmanes, originaires

---

(1) On appelle moussons ou vents de semestre des courants périodiques qui, surtout dans l'océan Indien, soufflent du nord-est au sud-ouest pendant les mois d'hiver (octobre-mars), et du sud-ouest au nord-est pendant les mois d'été (avril-septembre). (Voir plus loin, livre VII, chapitre 1er, l'explication de ce phénomène.)

de l'Afghanistan ; une dynastie mongole qui descendait de Tamerlan, finit par établir sa prépondérance, et fit de Delhi la capitale de son vaste empire. La découverte de la route maritime des Indes, par Vasco de Gama (1497), ouvrit aux Européens les ports de l'océan Indien : la domination portugaise s'étendit sur une partie du littoral, depuis Ormuz jusqu'à Malacca; les Hollandais, les Anglais, les Français fondèrent à leur tour des comptoirs qui ne tardèrent pas à s'agrandir aux dépens des princes indigènes.

La Compagnie française des Indes, grâce au génie de Dupleix, parut un moment devoir l'emporter (première moitié du dix-huitième siècle), mais la guerre de Sept ans entraîna la ruine des établissements français et laissa l'empire de l'Inde à la Compagnie anglaise, qui n'eut plus à lutter que contre les indigènes. L'empire mongol, la puissante confédération des Mahrattes, le royaume de Maïssour, disparurent successivement ; mais la mauvaise administration de la Compagnie excitait de perpétuelles révoltes. La dernière qui eut lieu en 1857 et qui éclata parmi les troupes indigènes, désignées sous le nom de cipayes, ne fut réprimée qu'après une guerre sanglante, et eut pour conséquence la suppression de la Compagnie des Indes, dont les anciens domaines passèrent sous l'administration directe de la couronne d'Angleterre.

Colonies européennes. — Les seuls territoires qui n'appartiennent pas à la Grande-Bretagne sont : les comptoirs **français** de *Pondichéry*, chef-lieu des possessions françaises, *Yanaon*, sur le Godavéry, et *Karikal*, sur le golfe du Bengale (côte de *Coromandel*), *Mahé*, sur la mer d'Oman (côte de *Malabar*), et *Chandernagor*, sur un bras du Gange (273,000 hab.) ;

Fig. 19. — Riz (hauteur de la tige, 1 mètre).

Les comptoirs **portugais** (*Goa*, *Damao* et l'île de *Diu*) de la côte de Malabar (450,000 hab.);

Et quelques **États indigènes** cachés dans les vallées de l'Himalaya, tels que le *Boutan*, le *Népaul*, le *Ladak*, qui jouissent d'une demi-indépendance, et le *Kafiristan*, région peu connue et habitée par des montagnards idolâtres.

Possessions anglaises. — Les territoires directement administrés par des fonctionnaires anglais forment deux gouvernements, trois lieutenances et trois *commissariats généraux* sous la haute surveillance d'un gouverneur général.

1° La lieutenance du *Bengale* (bassin du Gange) a pour chef-lieu **Calcutta** (850,000 hab.), sur un bras du Gange, résidence du gouverneur général, entrepôt du commerce de l'indigo, de l'opium, du sucre, de la soie, des peaux et du riz; pour villes principales : *Chittagong*, *Mourchidabad*; *Patna* sur le Gange, dans le *Haut-Bengale*, *Djaggernâuth*, dans la province d'*Orissa*, villes saintes du brahmanisme, célèbres par ces monuments où l'imagination indoue a déployé toutes ses fantaisies et qu'elle a multipliés dans toutes les parties de l'Inde.

2° La lieutenance des *provinces du nord-ouest* a pour capitale **Agra**; pour villes principales : *Delhi* et *Allahabad*, toutes trois sur la Djemmâ, *Bénarès* et *Caunpour*, sur le Gange, *Luknow* dans la province d'*Aoude*.

3° La lieutenance du *Pendjab* (bassin de l'Indus) a pour capitale **Lahore**; pour villes principales : *Moultan*, sur l'Indus, *Amritsir* et *Peichawer*, sur la frontière de l'Afghanistan. Les commissariats sont ceux des *provinces centrales*, capitale *Nagpour*, de l'*Assam* (bassin du Brahmapoutre) et de la *Birmanie britannique*. (Voy. *Indo-Chine*.)

4° Le gouvernement de *Bombay* (côte de Malabar) a pour capitale **Bombay**, centre du commerce des cotons (820,000 habitants); villes principales : *Pouna*, *Sourate*, *Cambaye*, sur le golfe du même nom; *Ahmedabad*, dans le *Goudjerate*; *Haiderabad* et *Kouratchi* dans le delta de l'Indus.

5° Le gouvernement de *Madras* (côte de Coromandel et côte de Malabar) a pour chef-lieu **Madras** (450,000 hab.), sur le golfe de Bengale; pour villes principales : *Cochin*, *Calicut* et *Mangalore*, sur la côte de Malabar.

L'île de **Ceylan** forme un gouvernement distinct qui n'appartenait pas, avant 1858, aux territoires de la Compagnie. La capitale est **Colombo**, sur la côte occidentale; les principales villes : *Kandy*, au centre de l'île, et les ports de *Pointe-de-Galles*, au sud, et de *Trincomali*, au nord-est.

Possessions médiates. — Un grand nombre de territoires ont conservé leurs souverains indigènes, mais ils sont soumis à un tribut, surveillés par des garnisons anglaises et gouvernés en réalité par des résidents britanniques, qui ne laissent aux rajahs que l'apparence du pouvoir. Les principaux sont : le *Cachemire* (capitale *Srinagar*), dans l'Himalaya; le *Radjepoutana*, au nord-ouest; le *Bundelkund*, le *Goualior*, le *Scindiah*, dans l'Inde centrale; le royaume du *Nizam* (capitale *Haiderabad*, villes principales : *Aurengabad* et *Golconde*), le *Maissour* (villes principales : *Bangalore* et *Maissour*), dans le Dékan, qui relèvent du Bengale; le *Goudjerate*, le *Katch*, le *Baroda*, qui relèvent du gouvernement de Bombay, et le royaume de *Travancore*, qui relève de celui de Madras.

Population. Religions. — La population totale est de plus de 290 millions d'habitants, dont 50 millions de musulmans, surtout dans le nord, 200 millions de *brahmanistes*, qui ont conservé dans toute sa rigueur le régime religieux des castes, 3 ou 4 millions de bouddhistes (à Ceylan) et moins de 2 millions de chrétiens. Les Européens sont un peu plus de 100,000, dont 76,000 Anglais.

La domination anglaise, malgré les justes reproches adressés à l'ancienne Compagnie des Indes, a été un bienfait pour les peuples de l'Indoustan : elle a multiplié les écoles, aboli les sacrifices humains qu'autorisaient des superstitions barbares, amélioré le système d'impôts, construit un réseau de chemins de fer qui dépasse aujourd'hui 31,000 kilomètres, et porté à plus de 4 milliards 800 millions le mouvement annuel du commerce extérieur.

II. — INDO-CHINE

(plus de 2 millions de kilomètres carrés.)

Limites. — L'Indo-Chine est bornée, au nord, par la Chine ; à l'est, par l'océan Pacifique, qui forme la mer de *Chine* et le golfe de *Ton-Kin* ; au sud, par le golfe de *Siam* ; à l'ouest, par le golfe du *Bengale*, qui baigne les îles *Nicobar* et *Andaman*, et par l'Indoustan.

Description physique. — Plate et inondée sur les bords de la mer, que couvrent des rizières et des plantations d'arachides, l'Indo-Chine est traversée, du nord au sud, par plusieurs chaînes de montagnes qui forment le prolongement des montagnes du Thibet et de l'Himalaya et dont la principale, celle des *monts de Siam*, se termine au cap *Romania*, dans la presqu'île de *Malacca*. Elle est arrosée par le *Salouen* et l'*Iravaddy*, tributaires de l'océan Indien, qui prennent leur source dans le Thibet, par le *Meïnam*, qui se jette dans le golfe de Siam, par le *Mé-Kong* qui descend des montagnes du Thibet, traverse la Chine méridionale, le *Laos*, pays de forêts sauvages, situé au nord de l'Indo-Chine, et se jette dans l'océan Pacifique, et par le *Song-Koï* (fleuve Rouge), qui se jette dans le golfe de Ton-Kin.

L'Indo-Chine comprend :

1° Le royaume de **Siam**, au sud, capitale *Bangkok*, près de l'embouchure du Meïnam dans l'océan Pacifique (5,500,000 habitants : Siamois, Laotiens, Malais et Chinois).

2° Les petits États indigènes de la presqu'île de *Malacca*, ville principale *Djohore*.

3° Les **Possessions anglaises** (10 millions d'habitants), divisées en **Haute-Birmanie** (ancien royaume de Birmanie, annexé à l'empire britannique en 1886), capitale *Mandalaï*, sur l'Iraouaddy ; **Basse-Birmanie**, qui dépend de la présidence du Bengale et occupe tout le littoral jusqu'à la presqu'île de Malacca, villes principales *Rangoun*, sur l'Iraouaddy, entrepôt des bois et du riz, *Martaban*, *Maulmein* ; et établissements des *Détroits*, villes principales *Malacca*, *Poulo-Pinang* et *Singapour*, qui commandent le détroit de Malacca.

4° Les **Possessions françaises** de la **Basse-Cochinchine**, situées à l'embouchure du Meï-Kong ou rivière de *Cambodge*, et divisées en six provinces, dont le chef-lieu est *Saïgon*.

5° La France exerce en outre un protectorat : 1° Sur le royaume de *Cambodge* (capitale *Pnom-Penh*, villes principales *Oudong* et *Ang-Kor*, cité ruinée), important par ses rizières, ses pêcheries et ses vastes forêts.

2° Sur le royaume d'**Annam** ou de *Cochinchine*, situé à l'est de la presqu'île indo-chinoise (capitale *Hué*), longtemps en lutte avec la France, qui lui a enlevé la basse Cochinchine et qui, depuis 1883, lui a imposé son protectorat.

3° Sur la province de *Ton-Kin*, dépendance de l'Annam, administrée aujourd'hui par des résidents français. Le Ton-Kin a pour capitale *Hanoï*, sur le Fleuve-Rouge. Les principales villes sont *Nam-Dinh*, *Ninh-Binh*, *Sontay*, *Hong-Hoa*, *Bac-Ninh* dans le delta du fleuve, *Lang-Son*, *Cao-bang* et *Laokaï*, les deux premières au débouché des défilés qui permettent de pénétrer dans le bassin du *Si-Kiang* (Tigre de Canton), la troisième sur le haut Fleuve-Rouge, enfin les ports de *Haïphong* et de *Quang-Yen*, situés dans le delta du *Thaï-Binh* ou *Song-Kau* qui communique avec le cours du Fleuve-Rouge par des canaux intérieurs.

La population de l'Indo-Chine s'élève à 38 millions d'habitants de race jaune ou brune (malaise), qui professent en général le bouddhisme et parlent des dialectes offrant pour la plupart de grandes analogies avec ceux de la Chine. Le riz est la principale culture.

Ce sont surtout des voyageurs français, MM. Mouhot, de Lagrée et Garnier, Harmand, Dupuis et Pavie, qui ont fait connaître l'Indo-Chine.

RÉSUMÉ

Région méridionale.

I

INDE.

GÉOGRAPHIE PHYSIQUE. — L'INDE (4,000,000 kil. car.) est bornée : au nord par l'Empire chinois, à l'est par l'Indo-Chine, au sud-est par le *golfe du Bengale*, au sud par l'OCÉAN INDIEN, à l'ouest par la mer d'*Oman*, le Béloutchistan et l'Afghanistan. Les îles *Laquedives* et *Maldives* et la grande île de *Ceylan* en dépendent.

La partie méridionale de l'Inde est un plateau triangulaire, le *Dékan*, enveloppé par les monts *Ghâtes* et *Ouindhyâ*, et arrosé par le *Godavéry* et la *Kistna* (golfe du Bengale).

La partie septentrionale, l'Indoustan, comprend deux immenses vallées, celle de l'*Indus* ou *Sind* qui se jette dans la mer d'Oman, et celle du *Gange* et de ses deux principaux affluents, à droite la *Djemma*, à gauche la *Gogra*. Le *Gange* se jette dans le golfe du Bengale par plusieurs bouches voisines de celles du *Brahmapoutre*, le plus oriental des fleuves de l'Indoustan.

Ces trois fleuves descendent du massif de l'*Himalaya* qui domine au nord les plaines de l'Indoustan, et dont les sommets, les plus élevés du globe, atteignent 8,840 mètres (pic *Everest* ou *Gaurisankar*).

NOTIONS HISTORIQUES. — L'Inde a été, ainsi que l'île de Ceylan (Taprobane), connue des anciens. Les peuples qui y ont successivement dominé sont, pendant la période antique, les conquérants d'origine aryenne (2,500 avant J.-C.); au moyen âge, les Arabes et les Afghans musulmans; dans les temps modernes, les Mongols, puis les Européens, Portugais, Anglais, Français, qui se sont disputé l'empire de l'Inde. La Compagnie anglaise des Indes, après avoir vaincu les Français, finit par se rendre maîtresse de tout le pays, mais elle a été supprimée depuis 1858, et ses anciennes possessions sont aujourd'hui directement administrées par le gouvernement anglais.

GÉOGRAPHIE POLITIQUE. — Sauf les comptoirs français de *Por-*

dichéry, *Yanaon* et *Karikal*, sur le golfe du Bengale (côte de Coromandel), *Mahé*, sur la mer d'Oman (côte de *Malabar*), et *Chandernagor*, sur un bras du Gange (283,000 hab.);

Les comptoirs portugais de *Goa* et *Diu* (côte de Malabar, 450,000 hab.);

Et quelques Etats indigènes à demi vassaux, *Boutan*, *Népaul*, *Ladak*, l'Inde entière appartient à la Grande-Bretagne.

Les territoires directement administrés par des fonctionnaires anglais forment deux gouvernements, trois lieutenances, trois commissariats et trois provinces :

1° La lieutenance du *Bengale* (bassin du Gange), chef-lieu CALCUTTA (850,000 hab.), sur un bras du Gange, résidence du gouverneur général; ville principale *Patna*, sur le Gange.

2° et 3° Les lieutenances d'*Agrah* (bassin supérieur du Gange), chef-lieu AGRAH, villes principales *Delhi*, sur la Djemnah, *Bénarès*, sur le Gange, et *Lacknau*; et du *Pendjaub* (bassin de l'Indus), chef-lieu LAHORE.

4° Le gouvernement de *Bombay* (côte de Malabar), chef-lieu BOMBAY (820,000 hab.), ville principale *Kouratchi*, dans le delta de l'Indus.

5° Le gouvernement de *Madras* (côtes de Coromandel et de Malabar), chef-lieu MADRAS (450,000 hab.), sur le golfe du Bengale, villes principales *Cotchin*, *Calicut*, sur la côte de Malabar.

6° à 8° Les commissariats des PROVINCES CENTRALES, de l'ASSAM et de la BIRMANIE.

9° à 11° Les provinces de COURG, BÉRAR et ADJMIR.

12° L'île de CEYLAN, capitale *Colombo*; ville principale *Pointe-de-Galles*.

Un certain nombre de territoires tels que le *Cachemire*, le *Goudjerate*, sur la mer d'Oman, le *Scindiah* (Inde centrale), le *Maïssour* et le *Dékan* (capitale *Haïderabad*), dans la presqu'île du Dékan, sont seulement tributaires de la Grande-Bretagne.

La population totale est de plus de 290 millions d'habitants, brahmanistes, musulmans ou bouddhistes.

L'Inde compte aujourd'hui plus de 31,000 kilomètres de chemins de fer. Son commerce dépasse 4 milliards 860 millions. Elle exporte surtout le coton, l'indigo, le sucre, le café, le jute, l'opium, la soie, les laines et les châles dits de cachemire.

II

INDO-CHINE.

DESCRIPTION PHYSIQUE. — L'INDO-CHINE est bornée, au nord, par la Chine, à l'est, par l'océan Pacifique, qui forme le golfe de *Ton-Kin*, et la mer de *Chine*, au sud, par le golfe de *Siam*, à l'ouest, par le golfe du *Bengale* et l'Indoustan.

L'Indo-Chine est traversée, du nord au sud, par plusieurs

chaînes de montagnes dont la principale, celle des *monts de Siam*, se termine au cap *Romania* dans la presqu'île de *Malacca*. Elle est arrosée par le *Song-Koï*, le *Meï-Kong* et le *Meï Nam* qui se jettent dans l'océan Pacifique, le *Salouen* et l'*Iraouaddy* qui se jettent dans l'océan Indien.

1° Les Possessions anglaises dépendent en partie de la présidence du Bengale et occupent le littoral jusqu'au détroit de Malacca : villes principales *Rangoun*, sur l'Iraouaddy, *Malacca* et *Singapour*, qui commandent le détroit de Malacca.

L'Angleterre a de plus annexé en 1886 la Haute-Birmanie, capitale *Mandalaï*, sur l'Iraouaddy.

2° Les Possessions françaises de la Basse-Cochinchine, situées à l'embouchure du Meï-Kong, sont divisées en six provinces dont le chef-lieu est *Saïgon*. La France exerce en outre un protectorat sur le royaume de Cambodge, capitale *Pnom-Penh*; sur le royaume d'Annam, capitale *Hué*, et sur le Ton-Kin, dépendance du royaume d'Annam, capitale *Hanoï*, sur le Fleuve-Rouge : villes principales *Son-Tay*, *Hong-Hoa*, et le port d'*Haïphong*. La population est d'environ 23,000 habitants.

3° Le royaume de Siam, au sud, a pour capitale *Bang-kok*, sur le Méuam.

A l'Indo-Chine se rattachent les îles *Nicobar* et *Andaman*, dans le golfe du Bengale (possession anglaise).

La population totale est de 38 millions d'habitants de race jaune et en majorité de religion bouddhiste.

Les principales productions de l'Indo-Chine sont le riz, les graines oléagineuses, les bois précieux, la soie et l'ivoire.

Exercices.

Carte des Possessions anglaises de l'Inde.
Carte physique et politique de l'Indo-Chine.
Carte des Possessions françaises de la Cochinchine et du Japon.

CHAPITRE IV

RÉGION ORIENTALE

I

EMPIRE CHINOIS

Limites. — L'empire chinois est borné : au nord, par les possessions russes de Sibérie et d'Asie centrale dont il est séparé par les chaînes de l'*Altaï*, de l'*Ala-Taou* et par le plateau de *Pamir*; au sud, par l'Indoustan à qui l'immense massif de l'*Himalaya* sert de barrière et par l'Indo-Chine, à l'est, par l'océan Pacifique, qui forme la mer de *Chine*, la mer *Bleue*, la mer *Jaune* ou de *Corée*, et la mer du *Japon*, et qui baigne les îles de *Liou-Kiou*, *Formose* et *Hai-Nan*, soumise à la Chine.

Etendue. — Il occupe une superficie de plus de 11 millions 1/2 de kilomètres carrés, plus du quart de celle de l'Asie, vingt fois plus que celle de la France.

Description physique et politique. — Toute la partie septentrionale et occidentale de l'empire est occupée par un plateau, que nous avons déjà décrit sous le nom de plateau central, et qui comprend deux des régions les plus vastes de l'Asie, la **Mongolie**, au nord, et le **Turkestan** oriental ou **Boukharie**, à l'ouest. Sillonné par des chaînes de montagnes volcaniques dont la plus élevée est celle des monts *Célestes* ou *Thian-Chan*, arrosé par des fleuves qui vont se perdre dans des lacs aux eaux amères et salines (*Lob-Noor*), le plateau central avec ses déserts sablonneux (désert de Gobi), ses steppes sans fin, ses âpres vallées, son climat tour à tour brûlant ou glacé, est la patrie du nomade qui promène de pâturage en pâturage, ses chariots, ses tentes de feutre et ses troupeaux de chevaux, de chameaux, de bœufs et de moutons, seule richesse d'une terre où l'agriculture est presque inconnue. Quelques grandes villes, *Kachgar*, *Yarkand* et *Khotan*, dans la Boukharie, *Ourga*, au nord, dans la steppe des *Khalkas*, servent d'étapes aux caravanes ou de résidence aux autorités chinoises, peu respectées, du reste, de ces tribus belliqueuses et en partie indépendantes.

Au sud du plateau central, entre les monts *Kouen-Loun* et la chaîne septentrionale de l'*Himalaya* (*Kara-Koroum*), s'étend une région montagneuse et stérile, pays de pâturages où paissent d'innombrables troupeaux de chèvres et de moutons. Dans les hautes vallées dorment le lac *Tengri* (lac du Ciel), le *Kou-Kou-Nour* (lac Bleu), le *Palti*, et de ce massif descendent vers l'océan Indien, l'*Indus* et le *Brahmapoutre*, le *Salouen* ; vers l'océan Pacifique, le *Mé-Kong*, le *fleuve Bleu* (*Yang-tse-Kiang*), et le *fleuve Jaune* (*Hoang-ho*), alimentés par les neiges éternelles des Alpes thibétaines. C'est le **Thibet**, dont la capitale *Lassa* sert de résidence au chef du bouddhisme.

Au sud-est et à l'est, dans la **Chine** proprement dite, à la steppe, au désert et à la montagne succèdent des plaines ondulées qu'arrosent le *Tigre* de Canton, le *fleuve Bleu*, le *fleuve Jaune*, le *Peï-ho (fleuve Blanc)*, et d'innombrables canaux. L'extrême division de la propriété, l'immense population qui fourmille dans les campagnes comme dans les villes a décuplé la fertilité du sol. Chez les Chinois, l'agriculture est plus qu'un art, c'est un culte : pas une terre en friche, pas un pouce de terrain perdu : sur le bord de la mer et des rivières, dans les plaines au sol humide échauffé par le soleil, des rizières qui fournissent à la population indigène son principal aliment, des plantations de mûriers, de thé, de coton, de canne à sucre, de ricin ; sur le penchant des collines et sur les plateaux, des champs de blé, de sorgho, de tabac ; sur les hauteurs, des forêts où croissent les essences européennes et les bois précieux de l'Orient.

C'est là que s'élèvent les grandes cités de **Pékin** (1 million 1/2 d'hab.), la capitale de l'empire, sur un affluent du Peï-ho, de *Nankin* et d'*Han-Kéou* (1 million d'hab.), sur le fleuve Bleu, de *Sou-tcheou-fou*, sur le grand canal, la métropole déchue de l'industrie chinoise, avec ses innombrables fabriques de soieries, de laques, de porcelaines, de papier, d'encre ; les ports de *Tien-tsin*, sur le Peï-ho (950.000 hab.), de *Chang-haï* (400.000 hab.), de *Hang-tcheou*, de *Ning-po*, de *Fou-tcheou* (400.000 hab.), de *Canton* (700.000 hab.), sur l'océan Pacifique, débouchés du commerce avec l'Europe, entrepôts du thé et de la soie, que les fleuves et les canaux y apportent de l'intérieur. La Chine proprement dite, y compris les îles de Haï-Nan et de Formose (villes principales *Taï-ouan* et *Tamsouï*), renferme 18 provinces et plus de 380 millions d'habitants.

Enfin au nord-est, s'étendent jusqu'aux limites des possessions russes, la **Mandchourie**, v. pr., Moukden Kirin, région froide et mal cultivée, arrosée par les affluents de l'*Amour* et séparée de la Chine par les ruines de la grande muraille, et la presqu'île montagneuse de **Corée**, ville principale *Séoul*, qui forme un royaume autrefois tributaire de la Chine et récemment ouvert aux Européens (12 millions d'hab.).

Population. — Religions. — Langue. — La population totale de l'Empire dépasse 416 millions d'habitants appartenant presque tous à la race jaune. Les religions dominantes sont le bouddhisme (religion de Fô), et la religion philosophique de Confucius, bien que le mahométisme, le christianisme et diverses autres sectes religieuses comptent d'assez nombreux sectateurs. Le dialecte le plus répandu, le chinois, se compose de mots invariables et qui n'ont tous qu'une syllabe, mais la langue écrite emploie plusieurs milliers de caractères dont chacun exprime une idée ou représente un objet.

Notions historiques. — Les Anciens n'ont connu la Chine que vaguement. Les Romains l'appelaient *Serica* (pays de la soie), et le géographe Ptolémée place aux extrémités de l'Asie, un peuple qu'il nomme *Sinæ*. Les Chinois eux-mêmes donnent à leur pays le nom d'*Empire du Milieu*. Les premières relations suivies de la Chine avec l'Europe datent du moyen âge. A l'époque où des dynasties tartares et mongoles renversèrent les rois nationaux, un certain nombre de voyageurs, dont le plus célèbre est le Vénitien Marco Polo, pénétrèrent en Chine et firent connaître à l'Europe ces contrées mystérieuses qu'ils désignaient sous le nom de *Cathay* (treizième et quatorzième siècles). Les Portugais abordèrent en Chine au seizième siècle et y trouvèrent les indigènes redevenus maîtres du pouvoir après l'expulsion des Mongols. Les Espagnols, les Hollandais entretinrent à leur tour avec l'Empire chinois des relations commerciales qui n'atteignirent jamais un grand développement. Au dix-septième siècle une dynastie mandchoue s'empara du trône; c'est celle qui règne encore aujourd'hui. A partir du dix-huitième siècle, la Russie, la Hollande, l'Angleterre et la

France s'efforcèrent d'ouvrir plus largement les routes du commerce et les missionnaires jésuites exercèrent un moment à la cour de Pékin une puissante influence ; mais une réaction, plus politique encore que religieuse, proscrivit le christianisme en 1815 et l'Europe dut renoncer à s'ouvrir pacifiquement les portes de la Chîne. C'est après des guerres hardiment conduites et dont celle de 1860 a amené une armée anglo-française à Pékin, que les traités de Nankin en 1842 et de Tien-tsin (1858) et Pékin (1860) ont stipulé l'ouverture des principaux ports, le libre exercice du christianisme et la résidence en Chine de consuls et d'ambassadeurs européens.

Malgré ces événements, la Chine s'est efforcée de résister à la pénétration européenne, n'accordant que contrainte et forcée les concessions

Fig. 20. — Thé (hauteur de l'arbrisseau, 1 mètre à 1m,50).

de chemins de fer et provoquant sans cesse des complications dangereuses pour elle. En 1898, l'Allemagne ayant occupé le territoire de Kiao-tchéou, sur la côte méridionale de la presqu'île de Chan-toung, la Russie s'installa à Port-Arthur, l'Angleterre à Weï-haï-weï et la France exigea la cession de la baie de Kouang-tchéou-ouane.

L'hostilité contre les étrangers a produit l'insurrection dite des Boxers, qui obligea les troupes internationales à occuper Tien-tsin et Pékin (1899-1901); la cour se réfugia à Sin-gan-fou et des négociations difficiles s'engagèrent entre l'Europe et la Chine pour obtenir satisfaction de l'attaque des légations européennes à Pékin, du meurtre de l'ambassadeur d'Allemagne et des vexations de toute nature faites aux étrangers.

Institutions et gouvernement. — La Chine n'est pas, comme on se l'imagine quelquefois, un pays barbare; sa civilisation est une des plus anciennes du monde, une des plus originales, mais aussi une des plus immobiles, parce qu'elle doit tout à elle-même et qu'elle s'est développée sans contact avec les civilisations étrangères. La population est patiente, profondément attachée à ses traditions et à ses coutumes, sans qualités brillantes, mais douée d'une ténacité et d'aptitudes agricoles et commerciales qui lui assurent un rôle des plus importants dans l'avenir de l'Orient et peut-être du monde entier.

Les Chinois, qui ont devancé presque toutes nos grandes découvertes : la boussole, la poudre à canon, le papier, l'imprimerie, ont été également nos maîtres dans la fabrication des porcelaines, des soieries, des laques, dans la préparation des teintures; et, en s'initiant aujourd'hui aux perfectionnements de nos industries européennes, ils prouvent qu'ils ne sont pas incapables de progrès.

L'organisation toute patriarcale de la famille est la base de la société chinoise, et de même que le culte des ancêtres est au fond la seule religion de la Chine, l'autorité du père de famille est le seul principe politique et social sur lequel reposent toutes les institutions.

Le chef de l'État, l'empereur, est absolu et irresponsable comme le chef de la famille; son autorité n'a d'autres limites que la tradition et la coutume. Il est assisté d'un conseil d'État (haut conseil et conseil intérieur), de six ministères, d'un office des affaires étrangères, d'un office des censeurs (cour de revision et d'appel) et d'une sorte de conseil supérieur de l'instruction publique (Académie de Pékin), dont la principale attribution est la surveillance des examens qui ouvrent les carrières publiques.

On estime approximativement les revenus de l'État à environ 500 millions, les forces militaires à plus de 400,000 hommes, et le commerce extérieur à 1,500 millions.

L'administration paraît du reste assez imparfaite ; les famines sont fréquentes, et les rébellions sanglantes qui ont désolé l'Empire, le brigandage et la piraterie qui s'y exercent impunément prouvent la faiblesse de l'organisation politique.

Colonies européennes. — Les Anglais possèdent dans le golfe de Canton l'île de *Hong-Kong*, capitale *Victoria*, entrepôt de leur commerce avec la Chine ; et les Portugais, l'île et la ville de *Macao*, près de Hong-Kong, ruinée aujourd'hui par la concurrence anglaise. En outre, la Russie, l'Allemagne, l'Angleterre et la France ont occupé en 1898 les points cités plus haut le long du littoral chinois.

II. — JAPON

(382,000 kilomètres carrés ; 41,000,000 d'habitants.)

Description physique. — L'empire du Japon se compose de quatre îles principales situées dans l'océan Pacifique, à l'est du continent asiatique : au sud, les îles de *Kiou-Siou* et de *Sikhok* ; au centre, la grande île de *Nipon*, séparée de la Chine par le détroit de Corée et par la mer du *Japon* ; au nord, l'île d'*Yéso*, séparée de l'île de Nipon par le détroit de *Tsoungar*, et de l'île russe de *Sagalien* par le détroit de *La Pérouse*. L'archipel des *Kouriles*, celui des *Liou-Kiou* et l'île *Formose* lui appartiennent.

Le sol de ces îles, en général volcanique et montagneux, est bien arrosé, fertile et cultivé avec soin. Les productions les plus importantes sont le thé, la soie, la cire végétale, les bois de construction; l'industrie (laques, porcelaines, soieries, broderies, bronzes, papier) égale celle de la Chine.

Principales villes de commerce. — L'ancienne capitale du Japon était **Kioto**, au sud de l'île de *Nipon* (265,000 habitants). Le chef de l'Etat ou mikado réside aujourd'hui à **Tokio**, la plus grande ville du Japon (1,500,000 habitants, en y comprenant les faubourgs).

Située sur une baie admirable, à l'est de l'île de Nipon, non loin du géant des volcans japonais, le Fousi-Yama (3,800 mètres), Tokio, avec son avant-port *Yokohama*, est le véritable centre du Japon. Ses rues larges aux maisons basses, dont les chambres ne sont séparées que par des cloisons mobiles de papier, ses innombrables temples (plus de 1,500), ses parcs splendides, son ancienne citadelle, résidence des Taï-kouns, au temps de leur puissance, tout y rappelle encore le Japon d'autrefois et contraste avec les vêtements européens des classes élevées et des fonctionnaires, les tramways qui sillonnent la ville et les chemins de fer qui suivent les contours de la baie.

Les ports, ouverts pour la plupart au commerce étranger, sont : dans l'île de Kiou-Siou, *Nagasaki* et *Kagosima*; dans celle de Nipon, *Kobé* et *Osaka*, ports de Kioto, *Yokohama* et *Kanagawa*, ports de Tokio, *Niigata*, sur la mer du Japon ; dans l'île de Yeso, *Hakodadé*, port de *Mastmai*, la capitale de l'île.

Le pays est divisé en 35 districts provinciaux (*Ken*) et 3 districts urbains (*Fou*) servant de résidences impériales (Kioto, Tokio et Osaka). Le gouvernement des îles Kouriles et de l'île d'Yeso est organisé d'une façon spéciale.

Notions historiques. — Le Japon resta ignoré des anciens, et les voyageurs du moyen âge ne l'ont connu que par ouï-dire. Les Portugais y abordèrent pour la première fois au seizième siècle, mais ils ne tardèrent pas à être exclus des ports japonais, et les Hollandais eurent seuls pendant deux siècles et demi le privilège de trafiquer à *Nagasaki*, où le gouvernement japonais leur avait concédé un comptoir dans l'îlot de *Decima*.

De 1854 à 1858, les États-Unis, la Russie, l'Angleterre et la France arrachèrent successivement au Japon des traités de commerce qui, depuis, ont été étendus et qui ont été le signal d'une révolution intérieure.

Il y a vingt ans, le Japon était encore un État féodal. Les seigneurs héréditaires, possesseurs de grands fiefs (daïmios), relevaient nominalement de l'empereur ou *Mikado*; de fait, ils exerçaient à peu près tous les droits souverains. Depuis 1185, les Mikados avaient délégué leur autorité à des espèces d'administrateurs des domaines impériaux ou de maires du palais qui prirent le nom de *Shogouns*, plus tard de *Taïkouns*, et qui finirent par briser l'influence du clergé et l'indépendance de la noblesse féodale. Mais ce pouvoir, consacré par des victoires éclatantes sur la Corée et la Chine et par la reconnaissance populaire, finit par devenir oppressif, même pour les classes moyennes; les *Taïkouns* se virent abandonnés et, en 1863, une révolte générale des daïmios éclata contre eux. Le Mikado interposa son autorité, mais ce fut pour renverser le taïkoun (1868) et pour supprimer en même temps le régime féodal.

Le gouvernement est depuis 1889 une monarchie constitutionnelle; l'abolition des privilèges féodaux a émancipé les classes inférieures, mais l'empereur et ses ministres gouvernent sans contrôle réel, malgré l'existence d'un sénat composé des daïmios réduits au rôle de princes médiatisés et des grands fonctionnaires.

Le gouvernement s'est lancé avec une ardeur étonnante dans la voie des réformes : organisation militaire (60,000 hommes sur le pied de paix), enseignement, codes, tribunaux, chemins de fer, costume même, le Japon a tout emprunté à l'Europe; l'avenir seul dira si le sol était propre à cette culture hâtive.

Le peuple japonais, qui appartient à la race jaune, est brave, spirituel et intelligent; les religions sont nombreuses (bouddhisme, religion de Sin-to, culte des ancêtres (*Kamis*), mais le sentiment religieux ne paraît guère plus développé qu'en Chine.

Le Japon, depuis son ouverture à l'Europe, a réalisé de sérieux progrès au point de vue politique et économique. Il a créé une armée et une marine qui lui donnent la prépondérance en Extrême-Orient et lui ont permis d'enlever à la Chine vaincue l'île de Formose. Son agriculture s'est développée en même temps que son industrie et son commerce atteint actuellement 1 milliard.

RÉSUMÉ

Région orientale.

I

EMPIRE CHINOIS

GÉOGRAPHIE PHYSIQUE. — L'EMPIRE CHINOIS (11 millions 1/2 de kilomètres carrés) est borné : au nord, par les possessions russes de Sibérie ; à l'ouest, par le Turkestan ; au sud, par l'Indoustan et l'Indo-Chine ; à l'est, par l'océan Pacifique, qui forme la mer de *Chine*, la mer *Jaune* et la mer du *Japon*, et qui baigne les îles de *Formose* et de *Haï-nan*.

La partie occidentale de l'empire est un immense plateau en partie occupé par le désert de *Gobi* et les steppes de Mongolie, semé de lacs (lacs *Lob*, *Tengri*, *Palti*, *Kou-kou-nour*), coupé par la haute chaîne des monts *Célestes*, et dessiné, à l'est, par les monts *Kin-gan* et *In-Chan* ; au nord, par le système de l'*Altaï* ; à l'ouest, par les monts *Alak* et le *Pamir* ; au sud, par les massifs de l'*Himalaya* et les hauts plateaux du *Thibet*. De ce massif descendent vers l'océan Indien le *Brahmapoutre*, le *Salouen* ; vers l'océan Pacifique, le *Meï-Kong*, le *Song-Koï* et surtout le fleuve *Bleu* et le fleuve *Jaune*, qui arrosent les vastes plaines de la Chine orientale.

Les autres cours d'eau sont : au nord, l'*Amour* ou *Sagalien* et le *Peï-ho* ; au sud, le *Si-Kiang* ou *Tigre de Canton*.

NOTIONS HISTORIQUES. — La Chine, presque inconnue des anciens, qui l'appelaient *Sérique*, ne fut explorée qu'au moyen âge, par des voyageurs européens, et ne s'ouvrit au commerce des Portugais, des Hollandais, des Anglais et aux missionnaires chrétiens qu'à partir du seizième siècle. Il a fallu plusieurs expéditions victorieuses pour imposer au gouvernement chinois les traités de 1842, 1858 et de 1860, qui ont stipulé la liberté du commerce et celle des cultes chrétiens. La Chine, plusieurs fois conquise par les Mongols, est aujourd'hui gouvernée par une dynastie mandchoue.

GÉOGRAPHIE POLITIQUE. — La capitale de l'Empire est PÉKIN, sur le Peï-ho (1 million 1/2 d'habitants) ; les principales villes sont : dans la CHINE proprement dite, les ports de *Ten-tsin*, sur le Peï-ho, de *Chang-haï*, de *Ning Po* et *Hang-tcheou*, où cenmence le grand canal, de *Fou-tcheou*, de *Canton*, autrefois le seul ouvert aux Européens ; *Nankin* et *Han-Kéou*, sur le fleuve Bleu ; *Sou-tcheou*, à l'est de Chang-haï.

Les autres grandes régions de l'empire sont : au nord, la *Mandchourie* (ville principale : *Moukden*) et la *Mongolie* (ville principale : *Ourga*) ; à l'ouest, le *Turkestan* chinois (villes principales : *Kachgar* et *Yarkand*) ; au sud, le *Thibet* (ville principale : *Lassa*) ; à l'est, la presqu'île de *Corée* forme un royaume autrefois tributaire de la Chine (12 millions d'habitants).

La population, qui appartient à la race jaune et à la religion bouddhiste ou à celle de Confucius, est d'environ 416 millions d'habitants, dont plus de 380 pour la Chine. L'empire est gouverné par un empereur, dont l'autorité est absolue, mais souvent menacée par des révoltes et bravée par des brigands et des pirates.

Les principales productions de la Chine sont les céréales, le riz, le thé, le coton, la soie, les laines ; les mines sont très riches et la fabrication des soieries, du papier, de la porcelaine, des laques, très active dans la Chine proprement dite.

Colonies européennes. — Les Anglais possèdent, dans le golfe de Canton, l'île de *Hong-Kong*, capitale *Victoria*, et le port de Wei-haï-wei, et les Portugais, l'île et la ville de *Macao*, près de Hong-Kong. Les Russes sont établis à Port-Arthur, les Allemands à Kiao-tchéou et les Français à Kouang-tchéou-ouane depuis 1898.

II

EMPIRE DU JAPON

Géographie physique. — L'Empire du Japon se compose de quatre îles principales situées dans l'océan Pacifique, à l'est du continent asiatique ; au sud, les îles de *Kiou-Siou* et de *Sikkok* ; au centre, la grande île de *Nipon*, séparée de la Chine par la mer du Japon ; au nord, l'île d'*Yeso*, séparée de l'île russe de *Sagalien*, par le détroit de *La Pérouse*.

Le sol de ces îles, en général volcanique, est bien arrosé et fertile.

Principales villes. — L'ancienne capitale du Japon était Kioto (Miako), au sud de l'île *Nipon*. La capitale actuelle est Tokio, dans l'île *Nipon*.

Les ports ouverts au commerce européen par les traités signés avec le Japon, en 1858 et en 1864, sont : *Nagasaki*, dans l'île de Kiou-Siou ;

Hiogo, *Osaka*, *Yokohama*, sur l'océan Pacifique ;

Hakodadé, près de *Mutsmaï*, capitale de l'île d'Yeso.

Population, gouvernement. — La population est de 41 millions d'habitants. Les religions dominantes sont le bouddhisme et la religion de Sin-to.

L'organisation du gouvernement et de la société offrait, il y a peu d'années encore, de frappantes analogies avec le système féodal de l'Europe du moyen âge. Aujourd'hui, le souverain héréditaire (*Mikado*), après avoir renversé les *taïkouns*, espèces de maires du palais, et aboli les privilèges féodaux, a, en 1889, accordé une constitution.

Productions. — Les principaux objets que le Japon livre au commerce sont le thé et la soie. La fabrication des porcelaines, des laques, des bronzes d'art y est très avancée.

Exercices.

Carte de l'empire chinois. Ports fluviaux et maritimes.
Carte du Japon. Ports ouverts au commerce européen.

CHAPITRE V

RÉGION SEPTENTRIONALE

RUSSIE D'ASIE OU SIBÉRIE

Limites. — La **Sibérie** ou Russie d'Asie, dont le point le plus septentrional, le cap *Tchéliouskine*, marque l'extrémité nord de l'Asie continentale (77°,36' de latitude nord), est bornée : au nord, par l'océan Glacial ; à l'est, par le détroit de *Béring*, la mer d'*Okhotsk* et la mer du *Japon* ; au sud, par l'Empire chinois et par les possessions russes de l'Asie centrale ; à l'ouest, par la Russie d'Europe (mer Caspienne, fleuve Oural et monts Ourals). L'île *Sagalien* ou Sakhaline, séparée du continent par le détroit de Tarakaï, dépend de la Sibérie. La superficie totale est de 12 millions 1/2 de kilomètres carrés.

Revision de la géographie physique. — La Sibérie, limitée du côté de l'Europe par la chaîne de l'Oural, est séparée de la Chine par l'*Altaï* et les monts *Sayansk*, prolongés dans la direction du nord-est par les montagnes et les plateaux qui portent le nom de *Iablonnoï* et *Stanovoï*. Ces hauteurs se bifurquent en deux branches, dont l'une finit au cap *Oriental*, sur le détroit de Béring, et l'autre au cap *Lopatka*, dans la presqu'île volcanique du *Kamtchatka*.

SIBÉRIE.

L'intérieur est une vaste plaine, basse dans la Sibérie occidentale, plus élevée dans la Sibérie orientale, sillonnée par quelques chaînes de collines et arrosée par de nombreux cours d'eau ; les principaux sont : l'*Obi*, grossi de l'*Irtych* ; l'*Iénisseï*, grossi de l'*Angara*, qui sort du lac *Baïkal*, la *Léna*, la *Kolyma*, l'*Indighirka*, qui se jettent dans l'océan Glacial. Ces fleuves coulent du sud-est au nord-ouest.

L'océan Pacifique reçoit l'*Anadyr* et l'*Amour* ou *Sagalien*, formé par l'*Argoun* et la *Chilka*. Le fleuve coule de l'ouest à l'est et reçoit par le *Soungari* et l'*Oussouri* les eaux de la Mandchourie.

Villes principales. — La Sibérie est divisée en huit gouvernements. Les principales villes sont : à l'ouest, *Tobolsk* et *Omsk* sur l'Irtych, *Tomsk* sur un affluent de l'Obi ; au sud, *Krasnoïarsk*, sur l'Iénisseï (province d'Iénisseïsk ; *Irkoutsk* sur l'Angara, et *Kiachta*, marché du commerce avec la Chine (province d'Irkhoutsk) ; *Nertchinsk* et *Strétensk* (province de Transbaïkhalie), *Blagovetchensk* et *Khabarowka*, sur l'Amour (province de l'Amour) ; à l'est, *Yakoutsk* (province de Yakoutsk), sur la Léna ; *Petropaulowsk*, capitale du *Kamtchatka*, sur l'océan Pacifique ; *Nicolaiewsk*, à l'embouchure de l'Amour, et *Vladivostok*, au nord de la Corée (province du Littoral). La Russie a occupé, en outre, Port-Arthur et établi sa domination sur la Mandchourie.

Notions historiques. — La Sibérie était inconnue des anciens, et à peine soupçonnée des géographes du moyen âge. Elle ne fut conquise par les Russes qu'à la fin du seizième siècle : les voyages du naturaliste *Pallas* au dix-huitième siècle, de *Czenakowski* au dix-neuvième, ceux des navigateurs *Béring*, *Wrangel* et du docteur *Nordenskiold* ont fait connaître d'une manière assez complète l'intérieur et le littoral de la Sibérie.

Population. Productions. — Bien que la population de la Sibérie proprement dite ne dépasse guère 5,727,000 habitants, exilés, condamnés aux travaux des mines ou à la déportation, soldats, fonctionnaires russes et colons ou cosaques, indigènes de race jaune à demi sauvages et à demi nomades, on aurait tort de se représenter ces vastes contrées comme un désert stérile et glacé. Si les hivers sont partout longs et rigoureux, si le nord est couvert de tourbières, de forêts et de fondrières impraticables ; si, au sud, les terrains fertiles sont coupés de steppes et de marécages, la région supérieure

Fig. 21. — Le renne. (Hauteur de la figure : 0m,04 ; hauteur réelle de l'animal : 1 mètre).

des bassins de l'Obi et de l'Iénisseï, et toute la vallée de l'Amour, au pied des plateaux tourmentés de la Daourie, offrent une végétation d'une richesse incomparable, malgré les rigueurs d'un hiver de six mois. Les céréales, le lin, le chanvre, la pomme de terre y réussissent, les plantes médicinales croissent en foule sur les pentes des montagnes, et d'immenses forêts de chênes, de peupliers, de bouleaux et de sapins s'étendent jusque dans les régions polaires.

Les nomades élèvent un grand nombre d'animaux domestiques : des rennes dans le nord ; des chevaux, des bœufs et des moutons dans le sud, et les animaux sauvages, l'ours, le renard, la martre zibeline, fournissent d'admirables fourrures. On a dit que la Sibérie était le

Pérou des Russes ; ses mines, dont une partie est encore inconnue, sont en effet les plus riches de l'Asie. Les terrains aurifères, les mines d'argent, de cuivre, de fer, de platine, de graphite, les pierres précieuses, les cristaux se rencontrent en abondance, et la houille que l'on exploite à peine couvre un vaste bassin qui s'étend depuis les monts Altaï et la vallée du lac Baïkal jusqu'au centre de la Sibérie.

Progrès de la Sibérie. — La colonisation russe a fait, à la fin du dix-neuvième siècle, des progrès merveilleux en Sibérie. L'encouragement de l'immigration a porté la population, en quelques années, de 4 millions à 5,727,000 habitants. En outre, le chemin de fer transsibérien, commencé en 1891, permet d'aller en 1904 de Tcheliabinske à Stretensk sur la branche septentrionale du fleuve Amour par Omsk, Krasnoiarsk et Irkoutsk ; le tronçon oriental est terminé de Vladivostok à Khabarowka par la vallée de l'Oussouri. Depuis l'occupation de Port-Arthur, la Russie a entrepris de relier la vallée du fleuve Amour à ce port ; la section de Port-Arthur à Moukden est déjà en exploitation.

Quand le transmandchourien sera achevé, on pourra aller en moins de quinze jours de Paris à Vladivostok.

RÉSUMÉ

Région septentrionale. — Sibérie.

GÉOGRAPHIE PHYSIQUE. — La SIBÉRIE est bornée : au nord, par l'océan Glacial ; à l'est, par le détroit de *Bering*, la mer d'*Okhotsk* et l'océan Pacifique qui baigne l'île *Sakhaline* ou *Sagalien* ; au sud, par l'empire chinois et par le Turkestan russe ; à l'ouest, par la Russie d'Europe (mer Caspienne, fleuve Oural et monts Ourals). Sa superficie est de 12 millions et demi de kilomètres carrés.

La Sibérie est séparée de la Chine par l'*Altaï* et les monts *Sayansk*, prolongés, vers le nord-est, par les montagnes et les plateaux des *Jablonnoï* et des *Stanovoï* ; elle est limitée du côté de l'Europe par la chaîne de l'*Oural*.

Les principaux fleuves sont l'*Obi*, grossi de l'*Irtych* ; l'*Iénisséi*, grossi de l'*Angara*, qui sort du lac *Baïkal*, la *Léna*, qui se jettent dans l'océan Glacial.

L'océan Pacifique reçoit l'*Anadyr* et l'*Amour* ou *Sagalien*, qui coule de l'ouest à l'est.

VILLES PRINCIPALES. — Les principales villes sont : à l'ouest, *Tobolsk*, sur l'Irtych, et *Tomsk*, sur un affluent de l'Obi; au sud, *Irkoutsk*, sur l'Angara, et *Kiachta*, marché du commerce avec la Chine ; à l'est, *Yakoutsk*, sur la Léna, *Pétropaulowsk*, capitale du *Kamtchatka*, sur l'océan Pacifique, *Nicolaïewsk*, à l'embouchure du fleuve Amour, et *Vladivostok*, au nord de la Corée.

PRODUCTIONS. — La Sibérie, froide, peu habitée (5,727,000 habitants), et dont les populations indigènes, de race jaune, sont encore à demi sauvages, est riche surtout par les céréales, les bois, les fourrures et les mines d'argent, d'or, de fer, de cuivre, de platine et de graphite.

Le chemin de fer transsibérien, construit de Tcheliabinske à Stretensk et de Vladivostok à Khabarowka, permettra bientôt d'aller en moins de quinze jours de Paris à Vladivostok.

Exercices.

Tracer au tableau la carte physique et politique de la Sibérie. — Indiquer sur une carte générale de l'Asie les possessions russes et les possessions anglaises.

LIVRE V

ANCIEN CONTINENT. — AFRIQUE

I

Revision de la géographie physique de l'Afrique.

Grandes divisions. — On peut diviser l'Afrique en cinq régions :

1° Celle du **nord-est** et du **nord**, qui comprend l'Abyssinie, l'Égypte et ses dépendances, la Berbérie (Maroc, Algérie, Tunisie), la Tripolitaine et le Sahara.

2° Celle du **centre**, qui comprend le Soudan et les pays de la région équatoriale.

3° Celle de l'**ouest**, qui comprend la Sénégambie, le Soudan et la côte de Guinée.

4° Celle du **sud**, qui renferme la colonie allemande du sud-ouest africain et la colonie anglaise du Cap avec ses annexes.

5° Celle de l'**est** (côtes de Mozambique, Est Africain allemand et anglais, et pays des Somalis).

Situation. Limites. — L'Afrique est située entre le 37° degré de latitude nord et le 35° de latitude sud, le 19° degré de longitude occidentale et le 48° de longitude orientale.

Elle est bornée : au nord, par la **Méditerranée**, qui forme les golfes de la *Sidre* et de *Gabès*, et par le détroit de *Gibraltar*;

A l'ouest et au sud, par l'**océan Atlantique**, qui forme le *golfe de Guinée*;

A l'est, par l'**océan Indien**, le détroit de *Bab-el-Mandeb*, la *mer Rouge* et l'isthme de Suez.

Les points extrêmes du continent sont : au nord, le cap *Bon* (Méditerranée), à l'ouest, le cap *Vert* (Atlantique), au sud, le cap de *Bonne-Espérance* et le cap des *Aiguilles*, à l'est, le cap *Guardafui* (océan Indien).

Superficie. — La superficie de l'Afrique et des îles qui en dépendent est d'environ 30 millions de kilomètres carrés, le triple de celle de l'Europe.

Nature des côtes, disposition des montagnes. — Les côtes sont peu découpées, d'un abord difficile, surtout à l'ouest, et n'offrent qu'un petit nombre de ports. Les montagnes, presque partout parallèles au rivage, ne laissent à leur pied qu'une étroite lisière de plaines marécageuses ou sablonneuses, et forment, dans l'intérieur, des plateaux disposés en gradins d'où les fleuves descendent vers la mer par des cataractes infranchissables à la navigation.

L'Atlas et le Sahara. — Au **nord**, les massifs de l'*Atlas* (point culminant : 4,500 mètres) dominent d'un côté le littoral de la Méditerranée, de l'autre le *Sahara* ou Grand Désert, steppe immense enveloppé par des déserts de sable, semé d'oasis et de lacs salés et coupé, au centre, par de larges plateaux et par des chaînes de montagnes qui s'élèvent jusqu'à 2,400 mètres.

La vallée du Nil. — Au **nord-est** s'ouvre une étroite vallée, celle du plus grand fleuve de l'Afrique, le *Nil*. Elle s'élargit à mesure qu'elle s'enfonce dans l'intérieur du continent, et ses limites connues sont : à l'ouest, les collines sablonneuses de *Libye* et les monts du *Darfour*, prolongement des dernières terrasses du Soudan ; à l'est, les plateaux du pays des *Gallas* et de l'*Abyssinie* (points culminants : 4,000 à 5,000 mètres) et la chaîne *Arabique*.

Le Soudan. Le fleuve Niger. — A l'ouest de la vallée du Nil et au sud du Sahara s'étend le **Soudan**, plaine accidentée dont la partie centrale appartient à un bassin intérieur, celui de *Tchad*, dominé, au nord-est, par un massif montagneux qui atteindrait 2,500 mètres. La limite du Soudan est marquée sur le littoral par le massif montagneux qui verse dans l'océan Atlantique le *Sénégal* (1,600 kil.), la *Gambie* et le *Niger* (*Djoliba* ou *Kouara*, 4,800 kil.), ce rival du Nil.

Plateau central. Région des lacs. — Au sud-est du Soudan, au sud de la vallée supérieure du Nil, s'élève, à partir de l'équateur, un plateau humide, semé de lacs nombreux et qui occupe toute la partie centrale du continent. Au pied des montagnes qui en forment le talus septentrional et oriental (monts *Kénia*, *Kilima-Ndjaro*, point culminant : 6,100 mètres), dorment les lacs *Albert* et *Victoria* (*Oukérévé*), ces vastes réservoirs du Nil, et le lac *Tanganika*; dans la partie méridionale du plateau, les lacs *Bangouéolo* et *Moëro*, réservoirs du *Congo*; la pente méridionale verse dans l'océan Indien le **Zambèze**, grossi par le *Chiré*, qui sert de déversoir au grand lac *Nyassa*; sur le revers occidental coulent le *Coanza*, le *Livingstone* ou **Congo** avec ses nombreux affluents, et l'*Ogooué*, tributaires de l'océan Atlantique.

L'Afrique australe. — Enfin l'Afrique australe est un plateau triangulaire, moins élevé et plus aride que

GÉOGRAPHIE PHYSIQUE.

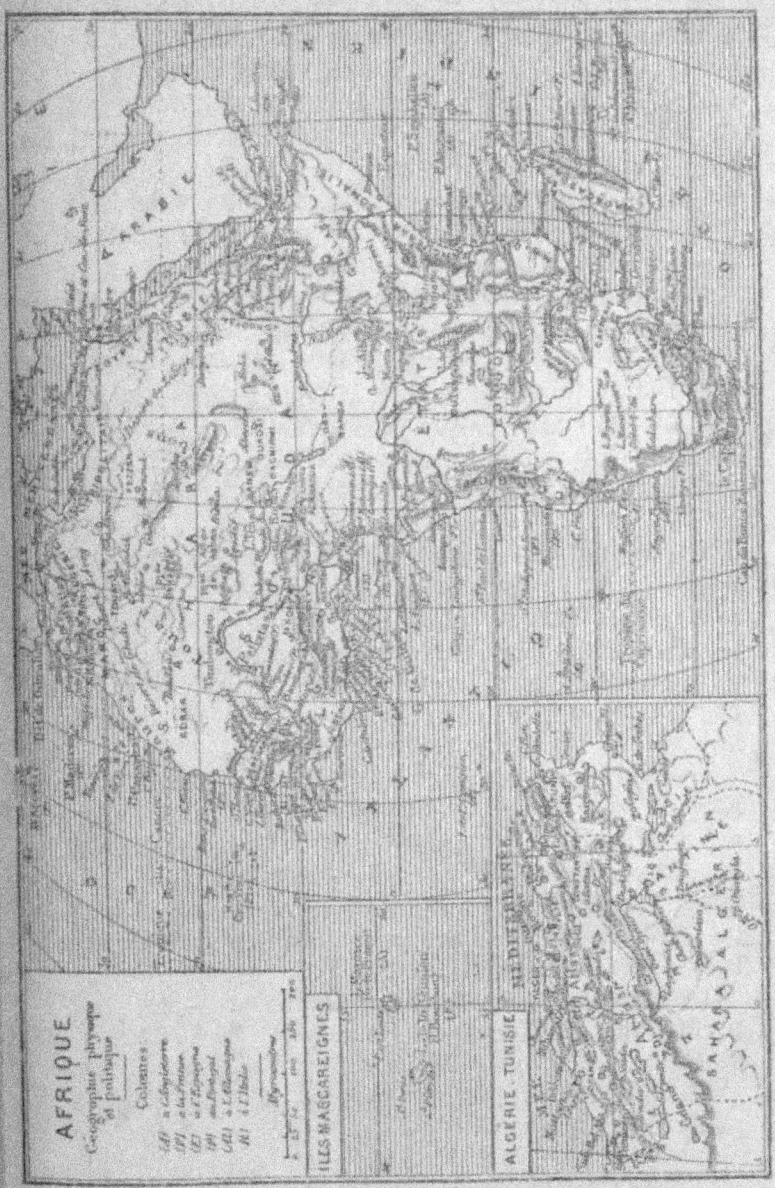

Carte XXXIII.

le plateau central, semé de lacs salés (lacs *Ngami* et *Macaricari*), creusé par quelques vallées, dont les plus importantes sont celles du fleuve *Orange*, tributaire de l'Atlantique, et du *Limpopo*, tributaire de l'océan Indien. Ce plateau est limité : à l'ouest, par le prolongement des monts qui bordent le littoral de l'Afrique occidentale; au nord, par les hauteurs qui dominent le bassin du Zambèze, à l'est, par les dernières terrasses des monts *Khalamba*; au sud, par les monts *Nieuweld*.

Climat et productions de l'Afrique. — Située en grande partie dans la zone intertropicale, l'Afrique n'a presque partout que deux saisons : celle de la sécheresse et celle des orages et des pluies torrentielles, et la chaleur n'y est tempérée que par les vents de mer ou l'élévation des plateaux. Le sol, échauffé par les rayons d'un soleil ardent, présente les extrêmes de la richesse et de la stérilité : dans les parties bien arrosées, tout le luxe d'une nature puissante et prodigue : forêts de palmiers, de cocotiers, de gommiers, de baobabs aux troncs énormes, plantations de coton, de café, d'indigo, champs de blé et de maïs dans les régions plus tempérées; dans les parties arides, au milieu des déserts de pierre et de sable, des plantes salines, des arbrisseaux épineux, des cactus aux formes bizarres et tourmentées.

Nos races domestiques se sont facilement acclimatées, surtout dans le nord et dans le sud; mais la plupart des animaux indigènes : l'autruche, le chameau, l'éléphant, le rhinocéros, la girafe, le lion, la panthère, l'hippopotame, le crocodile, les reptiles au venin mortel ou à la taille démesurée, ont quelque chose d'étrange et de gigantesque comme la végétation.

Population, races et religions. — La population totale de l'Afrique est évaluée de 150 à 190 millions d'habitants.

Elle a beaucoup diminué depuis plusieurs siècles par suite de la traite des nègres et des guerres civiles.

Au nord et à l'est domine la race blanche plus ou moins mélangée: *Arabes* sur le littoral de la Méditerranée, *Ber-*

bères dans l'Atlas et le Sahara; *Kouschites* ou *Éthiopiens* en Abyssinie, en Nubie, en Égypte; *Gallas* bruns, dans l'Afrique centrale, *Fellatas* presque noirs, dans le Soudan ;

A l'ouest, au centre et au sud, la race noire avec ses innombrables variétés (Sénégal, Soudan, Guinée, pays des Hottentots).

Au sud-est et à l'est, la race Cafre, peut-être mélangée de Malais et qui se distingue des nègres par sa chevelure flottante, son profil presque européen et sa couleur plutôt bronzée que noire.

La *religion musulmane* domine dans le nord et dans le centre de l'Afrique (Égypte, Berbérie, Sahara, Soudan); le *fétichisme* avec ses superstitions grossières dans tout le reste du continent (Sénégal,

Fig. 22. — Cocotier (hauteur de l'arbre 20 à 25 mètres).

Guinée, Afrique australe, Mozambique). Les seules populations chrétiennes sont, outre les colons européens, les *Abyssins*, les *Coptes* en Égypte, et les nègres convertis par les Portugais, les Français ou les Anglais, au Sénégal, en Guinée et dans l'Afrique australe.

RÉSUMÉ.

Révision de la Géographie physique.

BORNES. — L'Afrique, environ trois fois plus grande que l'Europe (30 millions de kilomètres carrés), a pour bornes : au nord, la *Méditerranée* (golfes de *Gabès* et de la *Sidre*) et le détroit de *Gibraltar* ; à l'ouest et au sud, l'*Atlantique*, qui forme le golfe de *Guinée* ; à l'est, l'*océan Indien*, le détroit de Bab-el-Mandeb, la mer Rouge et l'isthme de Suez, coupé par un canal maritime. Elle est située entre 37° de latitude nord, et 35° de latitude sud, 19° de longitude occidentale et 48° de longitude orientale.

Elle se termine, au sud, par le cap de *Bonne-Espérance*; à l'est, par le cap *Guardafui*; à l'ouest, par le cap *Vert*; au nord, par le cap *Bon*.

Les principales îles sont : dans l'*océan Atlantique*, les îles Açores, Madères, Canaries, du Cap-Vert, Fernan-do-Po, Annobon, Saint-Thomas, du Prince, Ascension et Sainte-Hélène; dans l'*océan Indien*, Madagascar, Nossi-bé, les Comores, la Réunion, Maurice, les Amirantes, les Seychelles et Socotora.

RELIEF DU SOL. FLEUVES. LACS. — Les *pays de plaines* sont: le Sahara ou grand désert, le Soudan, presque toute la région du littoral.

Les *plateaux* sont : au nord, les plateaux de la région barbaresque, dominés par les chaînes de l'Atlas, et ceux du Sahara central; à l'est, le plateau d'Abyssinie; au midi, le plateau de l'Afrique australe, dominé par un plateau central qui s'étend au sud de l'équateur.

Les *principales chaînes de montagnes* connues sont : au nord, l'*Atlas*; à l'ouest, les monts du *Congo*; à l'est, le massif des monts *Kénia* et *Kilima-Ndjaro*, le plus élevé de l'Afrique (6,000 mètres), et des montagnes d'Abyssinie; au sud, les monts *Khalamba* et *Nieuweld*.

Les *principaux fleuves* sont : dans le versant de la *Méditerranée*, le Nil, le plus grand fleuve de l'Afrique (6,000 kilomètres); dans le versant de l'*Atlantique*, le Sénégal, la Gambie, le Niger ou Djoliba (Soudan); le Congo ou Livingstone, le Coanza, le fleuve Orange; dans le versant de l'*océan Indien*, le Limpopo et le Zambèze.

La région intertropicale renferme de nombreux lacs : les lacs *Albert* et *Victoria*, réservoirs du Nil; le lac *Tanganyika*, les lacs *Bengouéolo* et *Moëro*, réservoirs du Congo, le lac *Nyassa*, dans le bassin du Zambèze, et le lac *Tchad*. Au nord, le lac *Melrir* (Algérie), au sud, le lac *Ngami* (Afrique australe), sont presque desséchés.

POPULATION. — On l'évalue de 150 à 190 millions. Les populations du nord et du nord-est sont, en général, de race blanche (Arabes, Berbères) et musulmanes ; celles du reste de l'Afrique appartiennent à la race nègre (Sénégal, Soudan, Guinée, Congo, Afrique centrale) ou cafre (Afrique australe, Mozambique) et sont fétichistes ou musulmanes.

Exercices.

Tracer au tableau le contour de l'Afrique. — Indiquer par des teintes différentes, sur une carte d'Afrique, les parties élevées et les parties basses. — Indiquer, sur une carte d'Afrique, l'itinéraire de Cameron, — de Stanley, — les principaux voyages de Livingstone.

CHAPITRE II

RÉGION DU NORD-EST

VALLÉE DU NIL (ÉGYPTE ET DÉPENDANCES)

I

Région du Haut-Nil. — La **région du nord-est** de l'Afrique appartient tout entière au bassin du plus grand fleuve de ce continent, le **Nil**, dont les sources, si longtemps inconnues, ont été, depuis le commencement du dix-neuvième siècle, l'objet de recherches infatigables et couronnées de succès.

Sans parler des expéditions antérieures, de *Bruce*, de *Cailliaud*, de *Combes* et *Tamisier*, les voyageurs anglais *Speke* et *Grant* ont reconnu, en 1861, que la principale branche du *Nil* (**Nil Blanc**), coupée jusqu'aux frontières de l'Égypte par de nombreuses cataractes, sort d'un lac situé sous l'équateur, l'*Oukérévé*, auquel ils ont donné le nom de *Victoria-Nyanza*. Samuel *Baker* a exploré en 1864 un autre lac, au nord-ouest du premier, l'*Albert-Nyanza*, également traversé par le Nil ; enfin, d'après les indications plus récentes du grand explorateur de l'Afrique australe, Livingstone, et de l'Américain Stanley, les vraies sources du Nil devraient être placées, soit au nord du lac Tanganyika, dans les montagnes de l'*Ouroundi* qui donnent naissance au Nil *Alexandra*, soit dans le massif du Kénia et du Kilima-Ndjaro, d'où sortent les principaux affluents du lac Victoria.

La région des sources du Nil, séparée de la côte de Zanguébar par les hauts plateaux sur lesquels se dressent le *Kénia* (6,100 mèt.) et le *Kilima-Ndjaro* (5,700 mèt.), est habitée par des populations de race nègre ou galla, divisées en petits États : *Ounyamouézi* (Pays de la Lune), au sud-est du lac Victoria, *Ouganda* et *Ounyoro*, entre le lac Victoria et le lac Albert, *Oudjidji*, sur la côte orientale du lac Tanganyika, qui se livrent au commerce de l'ivoire, de la cire et surtout à celui des esclaves, le fléau de l'Afrique intérieure. Les places de commerce sont *Tabora*, dans l'Ounyamouézi, et *Oudjidji*, sur le lac Tanganyika. Ce pays est aujourd'hui partagé entre le protectorat allemand et anglais.

Le bassin du Nil comprend, outre la région des lacs, l'Abyssinie, le Soudan oriental, la Nubie et l'Egypte.

II

L'**Abyssinie** (*Habesch*), ancienne Ethiopie (6 0,000 à 7 0,000 kilomètres carrés), bornée : au nord et à l'ouest, par la Nubie ; au sud, par le pays des *Gallas* et la côte de *Somal* ; à l'est, par la mer *Rouge*, est un plateau élevé, escarpé au sud et à l'est, coupé par de profondes vallées que creusent les affluents du Nil, et surtout le *Nil Bleu*, qui sort du lac *Tzana*, et le *Tacazzé*, principale source de l'*Atbarah*. Riche en mines inexploitées, en bestiaux, en forêts, en plantations de coton et de café, l'Abyssinie est habitée par des populations de race éthiopienne, chrétiennes pour la plupart, mais à demi barbares (environ 3 millions et demi d'habitants). Les principales divisions sont le **Tigré**, v. pr. *Axoum* et *Adoua*, l'**Amhara**, v. pr. *Gondar* et *Magdala*, célèbre par la catastrophe du *négus* d'Abyssinie, Théodoros, qui se tua en 1868, à la suite d'une guerre contre les Anglais ; et le **Choa**, v. pr. *Addis-Ababa*, capitale nouvelle de toute l'Ethiopie, et *Ankober*. Les débouchés maritimes sont l'île de *Massaouâ* (mer Rouge), possession italienne depuis 1885, et *Djibouti*, capitale de la possession française de la côte des Somalis et dépendances. L'**Italie** possède en outre quelques établissements sur le littoral et a revendiqué inutilement une sorte de protectorat sur l'Abyssinie.

III

Le pays des **Gallas**, au sud de l'Abyssinie, est un plateau stérile habité par des tribus à demi sauvages qui reconnaissaient, avant 1882, l'autorité de l'Egypte.

Le **Soudan oriental**, arrosé par le *Nil Blanc* et par ses affluents, comprend le **Kordofan**, le **Darfour** (villes principales : *Kobé* et *El-Obéid*), pays montagneux autrefois soumis à l'Egypte, mais soulevé en 1881 par un prophète ou Mahdi dont le successeur a été vaincu et tué par les Anglais, et le *Bongo*, ville principale *Gondokero*, sur le Nil.

IV

La **Nubie**, ancienne *Ethiopie*, située entre l'Egypte, au nord, la mer Rouge et l'Abyssinie à l'est, le Soudan au sud, et le désert de *Libye* à l'ouest, a appartenu jusqu'en 1899 au successeur du *Mahdi*, dont l'influence remplaça celle de l'Egypte et s'étend sur la vallée du Nil Blanc jusque dans le voisinage des grands lacs. Sauf la vallée du Nil Blanc et celles du *Nil Bleu* et de l'*Atbarah*, ses affluents de droite, la Nubie est un pays désert, sablonneux et sans eau.

La capitale est *Omdourman*, près de l'ancienne *Khartoum*, au confluent du Nil Bleu et du Nil Blanc ; les principales villes : *Dongola* et *Berber*, sur le Nil Blanc, *Sennaar*, sur le Nil Bleu ; l'Egypte a conservé le port de *Souakim*, sur la mer Rouge. Elle a renoncé à sa suzeraineté sur les pays d'*Afar*, de *Harar* et une partie du *Somal* (littoral de la mer Rouge et du golfe d'Aden). Les principaux ports sont : *Djibouti*, *Obok* et *Tadjoura*, qui appartiennent à la France, *Zeïla* et *Berbéra*, occupés par les Anglais, sur le golfe d'Aden.

V

L'**Égypte** proprement dite est bornée : au nord, par la Méditerranée ; à l'ouest, par la régence de Tripoli et le désert de Libye ; au sud, par la Nubie ; à l'est, par la mer Rouge et l'isthme de Suez.

Entre deux chaînes de collines rougeâtres et dénudées, la chaîne *arabique*, à l'est, et la chaîne *libyque*, à l'ouest, s'ouvre, à partir des cataractes de Ouady-Halfa, une vallée large de huit à dix lieues, semée de ruines antiques, obélisques, pyramides, temples à moitié enfouis dans le sable, couverte de moissons, de plantations de lin et de coton, de bouquets de palmiers ; c'est la vallée du Nil qui doit aux débordements périodiques du fleuve, grossi par les pluies des tropiques, sa fertilité proverbiale. A quelque distance de la mer, le Nil se divise et ses branches extrêmes embrassent une région fertile entre toutes, le Delta, sillonné par les bras du fleuve et par d'innombrables canaux.

Au delà de la chaîne libyque commence le désert de Libye, océan de sable semé de quelques oasis (*Siouah*, l'ancienne oasis de Jupiter Ammon, *Dakel*, etc.) ; au delà de la chaîne arabique s'étend, jusqu'à la mer Rouge, une région aride et tourmentée, un chaos de roches granitiques et de ravins desséchés.

La capitale de l'Egypte est le **Caire**, sur la rive droite du Nil (576,000 hab.), non loin de l'ancienne Memphis et de la plaine où se dressent les fameuses pyramides.

Les principales villes de la vallée du Nil sont : *Ouadi-Halfa*, *Assouan* (première cataracte), *Kéneh*, *Syoût*, *Tantah*, *Zagazig* sur le canal d'eau douce du Nil à Suez, *Damanhour* et *Mansoura* (bataille livrée par saint Louis) dans le Delta. Les villages de *Louqsor* et de *Karnak* marquent l'emplacement de l'ancienne ville de Thèbes, dont les ruines gigantesques, palais, temples, portiques, obélisques, allées bordées de sphinx au corps de lion et à la tête humaine, font encore, après cinquante siècles, l'admiration des voyageurs. Les ports sont : sur la Méditerranée, **Alexandrie** (319,000 hab.), rattachée par des voies ferrées au Caire et à Suez ; *Rosette* et *Damiette*, sur les deux principales bouches du Nil ; *Aboukir*, célèbre par les souvenirs de l'expédition d'Egypte (1798-99) et *Port-Saïd* ; sur la mer Rouge, **Suez**, et *Kosséir*.

Isthme et canal de Suez. — *Port-Saïd*, sur la Méditerranée, et *Suez*, sur la mer Rouge, marquent les deux extrémités du canal qui coupe l'isthme de Suez sur une longueur de 160 kilomètres, et qui, depuis 1869, ouvre entre l'Europe, l'Asie méridionale et l'extrême

Orient une route maritime destinée à abréger de moitié l'ancienne route par le cap de Bonne-Espérance. Le canal de Suez est dû à l'initiative d'un Français, M. de Lesseps.

Fig. 23. — Canal de Suez.

Notions historiques. — L'Égypte, dont la superficie cultivable ne dépasse pas 31,000 kilomètres carrés, a été cependant le berceau d'une des premières et des plus brillantes civilisations du monde. Ses anciens rois ont étendu un moment leur empire sur l'Éthiopie, l'Arabie occidentale, la Syrie, la vallée de l'Euphrate et du Tigre, les îles de la Méditerranée, et ses impérissables monuments ont conservé jusqu'à nous le souvenir de cette période de grandeur. Subjuguée par les Perses, puis par Alexandre, elle retrouva, sous les Ptolémées, son ancienne prospérité, puis devint une province de l'empire romain, surveillée avec un soin jaloux par les empereurs qui en tiraient les blés nécessaires à la subsistance de Rome et plus tard de Constantinople. Les Arabes s'en emparèrent au milieu du septième siècle après J.-C.

Après avoir fait partie de l'empire des Khalifes, elle fut gouvernée par des dynasties indépendantes, qui jouèrent un rôle important dans les croisades (saint Louis) et dont la dernière, celle des Mamelucks, fut renversée par les Turcs.

Les Français furent pendant quelques années maîtres de l'Égypte (1798-1801) après l'expédition de Bonaparte. Elle ne retomba au pouvoir des Turcs que pour leur échapper bientôt, grâce à l'ambition intelligente de Mehemet-Ali qui, en même temps qu'il essayait de civiliser l'Egypte, s'efforçait de la soustraire à la domination ottomane. Il en obtint du moins, pour lui-même et pour ses descendants, le gouvernement héréditaire avec les droits de la souveraineté. L'insurrection du Soudan et les troubles qui ont agité l'Egypte en 1881 et 1882 ont fourni à l'Angleterre l'occasion d'une intervention qui a eu pour résultat l'occupation du pays par les troupes anglaises et l'établissement d'une sorte de protectorat déguisé de la Grande-Bretagne. — Le *khédive* ou vice-roi d'Egypte, bien qu'il soit encore vassal de la Porte Ottomane, administre ses Etats sous la surveillance de fonctionnaires anglais. La France et les autres puissances européennes, qui ont à défendre en Egypte d'importants intérêts financiers et commerciaux, n'ont pas reconnu cette situation.

Malgré ses richesses naturelles, l'Egypte, longtemps épuisée par une administration qui opprimait le *fellah* ou paysan et qui ruinait la production nationale, traverse une crise dont il est difficile de prévoir le dénouement. La population est de 9,734,000 habitants. La population presque entière est musulmane.

RÉSUMÉ

Région du nord-est.

BASSIN DU NIL

1. Région du haut Nil. — La région du nord-est de l'Afrique appartient tout entière au bassin du plus grand fleuve de ce continent, le Nil, presque entièrement connu grâce aux explorations de *Bruce*, de *Caillaud*, de *Speke* et de *Grant*, de *Baker*, de *Livingstone* et de l'Américain *Stanley*.

La région des lacs et du Haut Nil, séparée de la côte de Zanguebar par le massif du *Kilima-Ndjaro*, est habitée par des populations de race nègre ou galla, divisées en petits Etats placés sous le protectorat anglais ou allemand.

II. L'ABYSSINIE, ancienne *Ethiopie*, est bornée : au nord, à l'ouest et à l'est, par les anciennes possessions égyptiennes ; au sud, par le pays des *Gallas* et la côte de *Somal*. C'est un plateau élevé, arrosé par le *Nil Bleu*, qui traverse le lac de *Tzana* et l'*Atbarah*, affluent du Nil. La population est chrétienne.

Les principales villes sont : *Axoum*, *Gondar*, près du lac Tzana, et *Addis-Ababa*, la capitale actuelle. L'Italie, maîtresse de l'île de *Massaouah* (mer Rouge), prétend exercer un protectorat sur l'Abyssinie. *Djibouti*, *Obok* et *Zeïla*, sur le golfe d'Aden, sont occupées, les deux premières, par les Français, l'autre par les Anglais.

III. SOUDAN ORIENTAL. — La partie orientale du Soudan, arrosée par le *Nil Blanc* et par ses affluents, comprend le KORDOFAN, le DARFOUR et le pays des Gallas, autrefois soumis à l'Egypte, mais longtemps soulevés contre elle et gouvernés par le successeur du *Mahdi* ou prophète, chef de l'insurrection.

IV. La NUBIE, pays sablonneux entre l'Egypte au nord, la mer Rouge et l'Abyssinie à l'est, le Soudan au sud et au sud-ouest, le désert de *Libye* à l'ouest, ont appartenu également au successeur du *Mahdi*.

La principale ville est *Omdourman* près de Khartoum, au confluent du Nil Bleu et du Nil Blanc. Sur la mer Rouge est situé le port de *Souakim*, qui est resté à l'Egypte.

V. L'EGYPTE proprement dite est bornée : au nord, par la Méditerranée ; à l'ouest, par la Tripolitaine et le désert de Libye ; au sud, par la Nubie ; à l'est, par la mer Rouge et l'isthme de Suez.

Elle est arrosée par le Nil, qui forme à son embouchure un vaste delta, et dont la vallée est la seule partie cultivée de l'Egypte. Le reste, à l'exception de quelques oasis, est un désert de sable ou de pierres.

L'Egypte a été le siège d'un puissant empire qui fut le berceau de la civilisation orientale : soumise tour à tour par les Perses, les Grecs (Alexandre et les Ptolémées), les Romains et les Arabes, elle fut gouvernée, du dixième au seizième siècle, par des dynasties indépendantes, puis conquise par les Turcs à qui les Français l'enlevèrent un moment (1798-1801). — Elle forme aujourd'hui un Etat vassal de l'empire ottoman, mais placé depuis 1882 sous l'influence immédiate de l'Angleterre.

La capitale de l'Egypte est LE CAIRE sur le Nil (576,000 habitants).

Les principales villes de la vallée du Nil sont *Assouan* (première cataracte du Nil), *Syout*, *Louqsor* et *Carnac* sur l'emplacement de l'ancienne ville de Thèbes. Les ports sont : sur la Méditerranée, ALEXANDRIE, *Rosette* et *Damiette*, sur les deux principales bouches du Nil, et *Port-Saïd*; sur la mer Rouge, SUEZ et *Kosséir*.

CANAL DE SUEZ. — *Port-Saïd*, sur la Méditerranée, et *Suez*,

sur la mer Rouge, marquent les deux extrémités du canal qui
coupe l'isthme de Suez, sur une longueur de 160 kilomètres, et
qui a été exécuté par M. de Lesseps.

GOUVERNEMENT ET PRODUCTIONS. — L'empire égyptien, qui
s'étendait avant 1882 sur la Nubie, le Kordofan, le Darfour et
la région des Lacs, a été, de 1897 à 1900, reconstitué par l'Angleterre et compte aujourd'hui 9,734,000 habitants arabes,
nègres ou Coptes descendants des anciens Égyptiens, en
grande partie musulmans. Il est gouverné par un vice-roi
héréditaire sous la suzeraineté nominale de la Porte Ottomane.

Les principales productions de l'Égypte sont les céréales, le
coton, le lin, les plantes oléagineuses.

Exercices.

Carte physique du bassin du Nil.
Carte physique et politique de l'empire égyptien.

CHAPITRE III

RÉGION DU NORD. — BERBÉRIE

Les États du nord, baignés par la Méditerranée et traversés par les chaînes de l'Atlas, s'appellent souvent
Berbérie, du nom de la population primitive de ces contrées : les *Berbères*.

Ce sont : la Tunisie, l'Algérie et le Maroc.

I

La **Tunisie** est bornée : au nord et à l'est par la Méditerranée, au sud par le Sahara et le pays de Tripoli, à
l'ouest par l'Algérie ; elle est sillonnée par les chaînes de
l'Atlas, et les productions (céréales, huile d'olive, fruits,
tabac, cire, laine, corail), la nature du climat et du sol,
sont à peu près les mêmes qu'en Algérie (120,000 kilom.
carrés ; 1,500,000 habitants, presque tous musulmans).

La capitale est **Tunis**, avec le port de la *Goulette*, sur
la Méditerranée, non loin des ruines de *Carthage* ; les
ports de *Bizerte*, sur la côte septentrionale ; de *Sousse*,

de *Sfax* et de *Gabès*, sur le golfe de Gabès, ont une navigation assez active ; la ville sainte de *Kairouan*, au sud de Tunis, a été longtemps la capitale.

Le bey de Tunis est devenu, par un traité signé en 1881, le protégé de la France.

Notions historiques. — La Tunisie correspond à l'ancien territoire de Carthage. Ce fut là que se fonda une des premières puissances maritimes et commerçantes de l'antiquité.

Après avoir détruit Carthage et fait de son territoire la province d'Afrique, les Romains ne tardèrent pas à la relever, et la Carthage impériale retrouva une partie de sa prospérité. Conquise par les Vandales, puis reprise par Justinien, elle ne fut enlevée à l'empire romain que par les Arabes, qui la renversèrent pour toujours. *Kairouan*, qui lui succéda, devint la capitale de dynasties indépendantes qui eurent plus d'une fois à lutter contre les chrétiens. Saint Louis vint mourir sous les murs de Tunis ; Charles-Quint s'en empara, mais ne garda pas cette conquête, et, à la fin du seizième siècle, la Tunisie devint vassale de l'empire ottoman. Depuis le dix-huitième siècle, elle se gouverne d'une manière à peu près indépendante. Le voisinage de l'Algérie et la nécessité de réprimer les brigandages des tribus tunisiennes ont forcé la France, en 1881, à imposer son protectorat à la Tunisie.

Depuis cette époque, la colonisation s'est merveilleusement développée ; des ports et des chemins de fer ont été créés et le budget tunisien présente régulièrement un excédent de recettes.

II

ALGÉRIE

Géographie physique. — L'Algérie est située entre le 30° et le 37° degré de latitude nord ; le 6° de longitude est et le 5° de longitude ouest. Elle est bornée : au nord, par la Méditerranée, sur un développement de 1,000 kilomètres de côtes ; à l'est, par la Tunisie ; au sud, par le Niger (ligne d'Ilo au lac Tchad) ; à l'ouest, par le Maroc. La superficie des territoires occupés est d'environ 600,000 kilomètres carrés.

Les côtes sont hérissées de caps nombreux : caps de *Garde*, de *Fer*, *Boujarone*, *Carbon*, *Matifou*, *Falcon*, et ne présentent que des rades ou des golfes ouverts, tels que ceux de *Bône*, de *Stora*, de *Bougie*, d'*Alger*, d'*Arzeu* et de *Mers-el-Kébir*.

Les chaînes de l'**Atlas**, qui traversent toute l'Algérie de l'ouest à l'est en inclinant vers le nord, se divisent en deux massifs à peu près parallèles : le massif méditerranéen (*Petit-Atlas*) et le massif intérieur (*Grand-Atlas*). Au premier appartiennent le *Djurjura* (2,300 mètres), le *Mouzaïa*, le *Babor*, le *Dahra*, l'*Ouarensenis* ; au second, les chaînes tourmentées de l'*Amour* et de l'*Aurès* (2,330 mètres).

La plupart des fleuves du versant méditerranéen : la *Seybouse*, le *Rummel*, l'*Oued-Sahel*, l'*Isser*, l'*Harrach*, le *Chélif*, le plus grand de nos cours d'eau algériens, l'*Habra*, la *Tafna*, dont un affluent reçoit l'*Isly*, ne sont pour la plupart que des torrents desséchés en été ; ceux du versant intérieur, l'*Oued-Djeddi*, l'*Oued-Ighargar*, se perdent dans les sables et n'ont pas d'écoulement vers la mer.

Régions naturelles. — L'Algérie se divise en trois régions physiques :

1° De la Méditerranée aux sommets de l'Atlas septentrional, le **Tell**, la région des céréales, de la vigne, des arbres fruitiers, de l'oranger, de l'olivier, du tabac, des forêts de chênes-lièges et de thuyas ; le siège des grandes exploitations minérales, mines de fer et de cuivre, carrières de marbre et d'onyx.

2° Entre le petit et le grand Atlas, la région des **Hauts-Plateaux** ou des steppes, couverte de prairies d'alfa, de pâturages qui nourrissent de nombreux troupeaux de bœufs, de moutons, de chèvres et de chevaux ; et de *Chotts* ou lacs salés (*Chott-el-Rharbi*, *Chott-el-Chergui*, lacs de *Zarès*, de *Hodna*, etc.).

3° Dans le versant méridional de l'Atlas, le **Sahara**, la région des sables et des oasis, dont les limites indécises se confondent avec le pays des Touaregs et des Chambas. La région saharienne renferme aussi des lacs salins : le plus connu est le Chott ou lac *Melrir*, qui fait partie d'une série de dépressions situées au-dessous du niveau de la Méditerranée, et qu'il serait possible d'inonder en perçant un canal à travers l'isthme de Gabès (Tunisie). Cette mer intérieure n'aurait toutefois qu'une superficie d'à peu près 20,000 kilomètres carrés et une profondeur moyenne de 7 à 8 mètres, et n'exercerait qu'une médiocre influence sur le climat du Sahara algérien. Les dépenses énormes qu'il faudrait faire ont fait écarter ce projet.

Notions historiques. — L'Algérie correspondait à l'ancienne *Numidie* et à une partie de la *Mauritanie*, si intimement mêlées à l'histoire de Carthage et de Rome.

Comme le reste de l'Afrique septentrionale, elle subit tour à tour la domination des Romains, des Vandales et des Arabes, devint au moyen âge une dépendance de la sultanie du Maroc et se divisa en petits États indépendants qui finirent par se réunir sous l'autorité d'un *dey*, vassal de la Porte Ottomane.

Alger devint, à partir du seizième

Fig. 24. — Une rue d'Alger.

siècle, un repaire de pirates redoutables pour le commerce de la Méditerranée. Charles-Quint essaya vainement de s'en emparer, et les deys continuèrent à régner sous la suzeraineté nominale du sultan de Constantinople, jusqu'à ce qu'une querelle avec la France entraînât, en 1830, la prise d'Alger et la chute de ses souverains.

La conquête de l'Algérie se poursuivit lentement sous le règne de Louis-Philippe Ier, sous la seconde république et sous le second empire. Dès 1843, la France était maîtresse du Tell; la soumission de la région des plateaux, celle des oasis de la région septentrionale du Sahara algérien (1852-54), celle de la Grande Kabylie (1858), enfin la répression des insurrections du Sud-Oranais peuvent être regardées comme les diverses étapes de la conquête.

Malgré les insurrections qui témoignent des haines et des espérances persistantes des populations indigènes, l'Algérie est entrée aujourd'hui dans la période d'organisation, et le travail administratif doit compléter l'œuvre militaire.

Géographie politique. — La colonie est administrée par un gouverneur général civil, ayant sous ses ordres les autorités civiles et militaires. Elle se divise en trois provinces partagées en territoire civil et territoire militaire.

Le territoire civil, qui comprend à peu près toute la région du Tell, forme trois départements:

1° Département d'**Alger**, chef-lieu **Alger** (98,000 h.), la ville la plus peuplée et le premier port d'Algérie, résidence du gouverneur général; sous-préfectures: *Médéa*, *Miliana*, au pied des premiers contreforts de l'Atlas, *Orléansville*, sur le Chélif, et *Tizi-Ouzou*, en Kabylie; villes principales: *Blidah*, dans la fertile plaine de Mitidja, *Boufarik*, *Cherchel* (port);

2° Département d'**Oran**, chef-lieu **Oran**, sur la Méditerranée; sous-préfectures: *Mascara*, *Tlemcen*, dans l'intérieur, *Mostaganem*, sur la côte, *Sidi-bel-Abbès*; villes principales: *Arzeu* et *Saint-Denis-du-Sig*;

3° Département de **Constantine**, chef-lieu **Constantine**, sur le *Rummel*; sous-préfectures: *Bougie*, *Bône* et

Philippeville (ports), *Batna*, *Sétif* et *Guelma*, sur les plateaux.

Les principales villes de la région des Plateaux et du Sahara sont :

1° Dans la province d'Alger : *Laghouat* et *Gardaia* ;
2° Dans la province d'Oran : *Saïda* et *Géryville* ;
3° Dans la province de Constantine : *Tébessa*, *M'sila*, *Biskra*, *Tougourt*, *Ouargla*, au sud du lac *Melrir*.

Fig. 25. — Constantine.

Population. — La population totale est de 4,429,000 habitants : environ 1 million pour les villes et leurs banlieues et 3,400,000 pour les campagnes, dont plus de 500,000 Européens.

Les Kabyles ou plutôt les Berbères, de race pure ou mélangée avec les Arabes, comptent pour plus de 2,500,000, les Arabes pour 1,200,000. Les uns et les autres sont musulmans. Les Israélites, considérés aujourd'hui comme citoyens français, sont au nombre d'à peu près 35,000, les Nègres de 10,000 à 12,000. Les Européens, concentrés dans le Tell, comptent plus de 500,000 âmes, contre 95,231 en 1845, dont 300,000 Français et 220,000 étrangers, parmi lesquels dominent les Espagnols, les Italiens, les Maltais et les Allemands.

— La moyenne est de 30 habitants par kilomètre carré pour les 140,000 kilomètres carrés du Tell.

Importance militaire et commerciale — L'Algérie, par l'étendue de ses côtes sur la Méditerranée, par la variété et la richesse de ses productions, par sa position qui domine les routes commerciales du Sahara et du Soudan, par l'influence qu'elle nous assure sur toute l'Afrique septentrionale, par les aptitudes militaires de ses populations indigènes, est la plus importante possession de la France et l'une de celles qui offrent déjà à son commerce les plus riches débouchés (550 millions d'échanges).

Les chemins de fer ont un développement de 3,300 kilomètres.

III

L'Empire du Maroc est borné : au nord, par la Méditerranée et le détroit de Gibraltar ; à l'ouest, par l'océan Atlantique ; au sud, par le Sahara ; à l'est, par l'Algérie.

Le pays est sillonné comme l'Algérie par les chaînes de l'*Atlas* et présente à peu près les mêmes caractères physiques et les mêmes régions naturelles.

Le Maroc moderne (d'un mot arabe (Maghreb) qui signifie couchant) correspond à l'ancienne Mauritanie. Soumis aux Romains depuis le règne de Claude, puis aux Vandales, et reconquis par Justinien, ce pays fut envahi au huitième siècle par les Arabes et devint indépendant des Khalifes du Caire qui y exerçaient une sorte de suzeraineté à partir du onzième siècle. Les dynasties des Almoravides et des Almohades régnèrent même en Espagne, mais le Maroc perdit son ancienne importance à partir du quatorzième siècle. Ses sultans n'ont jamais reconnu l'autorité du sultan de Constantinople.

Les villes les plus importantes sont celles de *Fez* (150,000 habitants), de *Maroc* sur le Tensif et de *Méquinez* dans l'intérieur, les ports de *Mogador*, de *Rabat*, entrepôts du commerce des laines et des peaux, sur l'océan Atlantique, de *Tanger* sur le détroit de Gibraltar, où résident les consuls européens, et de *Tétouan* sur la Méditerranée.

Les oasis du *Tafilet* et de *Figuig*, dans la région saharienne, dépendent du Maroc et servent de halte aux caravanes qui se rendent dans le Soudan. Le Touat a été en 1900-1901 occupé par la France. Les Espagnols possèdent la ville de *Ceuta* et les *présides* de *Melilla* et de *Penon-de-Velez*, sur le détroit de Gibraltar.

La population s'élève à 8 ou 9 millions d'habitants, musulmans et de race arabe ou berbère, dont beaucoup ne reconnaissent que très imparfaitement l'autorité du sultan du Maroc. Le pays n'a du reste ni finances, ni industrie, ni agriculture sérieuse, ni routes praticables, et presque tout le commerce est entre les mains des Juifs.

RÉSUMÉ

Région du nord.

BERBÉRIE

I. La Tunisie est située entre la Méditerranée au nord et à l'est, la Tripolitaine au sud, l'Algérie à l'ouest. La Tunisie formait autrefois le territoire de *Carthage*, la rivale de Rome. Les Romains en firent la province d'Afrique qui fut conquise par les Vandales, reprise par Justinien, puis définitivement enlevée à l'empire romain par les Arabes. Elle est aujourd'hui gouvernée par un bey, protégé de la France depuis 1881.

La capitale est Tunis, sur la Méditerranée, près des ruines de Carthage ; villes principales : *Bizerte, Sousse, Sfax, Kairoan, Gabes* et *Gafsa*.

Population. — 1,500,000 habitants, Arabes et Berbères, musulmans.

II. Algérie. — L'*Algérie*, possession française (600,000 kilomètres carrés), est bornée : au nord, par la Méditerranée ; à l'est, par la Tunisie ; au sud, par le Sahara ; à l'ouest, par le Maroc. Elle correspondait à l'ancienne *Numidie* et à une partie de la *Mauritanie* et fut tour à tour soumise par les Romains, les Vandales, les Arabes ; les Turcs y exercèrent, à partir du seizième siècle, une souveraineté nominale. La France a continué pendant le dix-neuvième siècle la conquête de l'Algérie, commencée en 1830 par la prise d'Alger.

Les chaînes de l'Atlas traversent toute l'Algérie de l'ouest à l'est et donnent naissance à un grand nombre de rivières : *Seybouse, Roummel, Tafna*, dont la plus considérable est le *Chélif*.

L'Algérie se divise en trois régions physiques : 1° de la Méditerranée aux sommets de l'Atlas septentrional, le *Tell*, région des céréales, de la vigne, de l'olivier, du tabac, des forêts de chênes-lièges, des mines de fer et de cuivre, des carrières de marbre ; 2° entre l'Atlas septentrional et l'Atlas méridional, la région des *Plateaux* ou steppes, couverts de lacs salés et de pâturages ; 3° au sud de l'Atlas, le *Sahara*, région des sables et des oasis.

La population totale est de 4.429,000 habitants, dont plus de 500,000 Européens et 3,900,000 indigènes, *Arabes* ou *Berbères* (Kabyles), de religion musulmane.

L'Algérie se divise en trois provinces, partagées en territoire civil et territoire militaire. Alger est la résidence du gouverneur général.

Le territoire civil forme trois départements :

1° ALGER (98,000 habitants) ; sous-préfectures : *Médéa*, *Miliana*, *Orléansville* et *Tizi-Ouzou* ; ville principale : *Blidah*.

2° ORAN, sous-préfectures : *Mascara*, *Tlemcen*, *Mostaganem* et *Sidi-bel-Abbès*.

3° CONSTANTINE, sous-préfectures : *Batna*, *Bône*, *Bougie*, *Philippeville*, *Guelma* et *Sétif*.

Les principales villes des plateaux et du Sahara sont :

1° Dans la province d'Alger : *Laghouat* ;

2° Dans la province d'Oran : *Saïda* et *Géryville* ;

3° Dans la province de Constantine : *Tébessa*, *Biskra*, *Tougourt*, *Ouargla*, au sud du lac *Melrir*.

III. L'EMPIRE INDÉPENDANT DU MAROC (ancienne *Mauritanie*) est borné : au nord, par la Méditerranée et le détroit de Gibraltar ; à l'ouest, par l'océan Atlantique ; au sud, par le Sahara ; à l'est, par l'Algérie.

Le pays est sillonné, comme l'Algérie, par les chaînes de l'*Atlas*.

Les villes les plus importantes sont celles de *Fez*, de *Maroc* et de *Méquinez*, dans l'intérieur ; les ports de *Mogador*, sur l'océan Atlantique, de *Tanger*, sur le détroit de Gibraltar, et de *Tétouan*, sur la Méditerranée.

L'oasis du *Tafilet*, dans la région saharienne, dépend du Maroc. Les Espagnols y possèdent la ville de *Ceuta*, sur le détroit de Gibraltar. Le Touat a été annexé à la France.

Exercices.

Carte physique et politique de l'Algérie et de la Tunisie.
Carte de l'empire du Maroc.

CHAPITRE IV

SAHARA. — TRIPOLITAINE

I

SAHARA

Limites et aspect physique. — Le désert du Sahara s'étend sur plus de 2,000 kilomètres entre l'Atlas et le Soudan et sur plus de 4,000 kilomètres de l'océan Atlantique à la mer Rouge. Sa superficie atteint environ 6 millions et demi de kilomètres carrés et la population qui habite les oasis est évaluée approximativement à 500,000 habitants.

Le Sahara n'est pas, comme on l'a cru longtemps, une plaine unie et sablonneuse. Il possède des montagnes comme les massifs du *Tibesti* (2,600 mètres) et d'*Ahaggar*, dans la partie centrale. Les sables n'occupent qu'une faible portion du désert, particulièrement au nord, dans la région de l'Erg, et à l'est, dans le désert de Libye; ailleurs s'étendent les plateaux pierreux des hamadas et çà et là quelques chotts ou sebkhas (chott Melrhir, sebkha d'Ijil, d'Amadghor etc.).

Des rivières, dont le cours est en grande partie souterrain, le sillonnent. Tels sont : l'oued *Zousfana*, qui alimente l'oasis de Figuig, l'oued *Saoura*, qui se prolonge vers le sud jusque dans les oasis du Touat, l'oued *Ighargar* qui, après avoir traversé l'oasis d'Ahaggar, disparaît dans les sables et se dirige vers la dépression qu'occupe le chott Melrhir.

C'est dans le Sahara oriental que se creusent les dépressions d'Audjilah et d'Aradj, qui sont à 30 et à 70 mèt. au-dessous du niveau de la Méditerranée.

Populations. — Les peuples du Sahara, tous musulmans, appartiennent surtout à la race berbère, plus ou moins mélangée de sang nègre. Ce sont surtout, à l'ouest, les Maures ; au centre, les Touareg, divisés en tribus dont plusieurs ont participé au massacre du colonel Flatters et de plusieurs voyageurs européens ; enfin, à l'est, les Tibbous au teint cuivré, redoutables par leur fanatisme.

Oasis. — Le Sahara a été exploré et parfois traversé par des voyageurs français comme *René Caillié* (1828), *Duveyrier, Soleillet, Largeau, Flatters, Foureau ;* par des Allemands tels que *Barth* (1850-56), *Nachtigal, Rohlfs, Lenz ;* enfin par des Anglais comme *Denham et Clapperton* (1822) et *Laing*.

Dans le Sahara occidental s'étendent les oasis d'*Adrar*, du *Tiris*, l'oasis de *Figuig*, contestée entre le Maroc et la France, et les trois groupes d'oasis du *Touat*, du *Gourara* et du *Tidikelt*, sur lesquels la France a établi sa domination en 1900.

Dans le Sahara central, outre *Tuggurt*, le *Mzab*, *Ouargla* et *El-Goléah*, qui se rattachent à l'Algérie, *Gafsa* et *Gabès* qui dépendent de la Tunisie, on remarque les oasis d'*Ahaggar* (cap. *Idelès*) et de l'*Aïr* (cap. *Aghadès*).

Enfin dans le Sahara central se trouvent les oasis du *Tibesti* (cap. *Bardaï*), de *Koufra*, et les oasis dépendant soit de la Tripolitaine (*Fezzan, Ghat, Ghadamès*), soit de l'Egypte (*El Khargeh, Dakel, Siouah*).

Routes de caravanes. — Le Sahara est traversé par plusieurs grandes routes commerciales suivies par les caravanes, dont les étapes sont les puits ou les oasis. A mesure que l'influence européenne s'est étendue dans le désert, ces routes se sont déplacées, les caravanes qui font le commerce des esclaves se trouvant dans la nécessité d'aboutir dans les pays encore indépendants, tels que le Maroc ou la Tripolitaine.

Les plus importantes de ces routes sont celles de *Fez* à *Tombouctou*, du *Touat* à *Kano* ou *Kouka* dans le Soudan, de *Biskra* à *Tombouctou* par la vallée de l'oued Igbargar; de *Tripoli* à *Kano*, à *Kouka*, de *Benghazy* dans l'Etat soudanais de *Oudaï ;* enfin la grande route transversale de *Tafilet* au *Caire* par le Touat et l'oasis de Ghat.

SAHARA ; TRIPOLITAINE.

Les projets d'un chemin de fer transsaharien ont été étudiés dès 1875 par l'explorateur Soleillet et l'ingénieur Duponchel, et en 1890 par le général Philebert et l'ingénieur Rolland. Mais la France s'est contentée jusqu'à ce jour de prolonger deux voies ferrées algériennes jusqu'aux abords du Sahara : celle qui part d'Arzeu jusqu'à Djenian-bou-Reszg et celle de Philippeville jusqu'à Biskra, d'où elle doit être construite jusqu'à Tuggurt et Ouargla.

II

TRIPOLITAINE

La Tripolitaine, seule partie du nord de l'Afrique se rattachant encore à l'empire ottoman, n'est que la porte d'entrée du Sahara sur le littoral de la Méditerranée. Ses limites sont indécises et sa population est évaluée à un million d'habitants.

Traversée par quelques collines telles que le Djebel Nefouça et le Djebel Ghorian, sillonnée de plateaux pierreux ou hamadas, elle a pour capitale le port de *Tripoli* (30,000 habitants), point de départ des caravanes qui se rendent au Soudan.

Elle comprend encore le plateau de *Barkah* avec le port de *Benghazy*, les oasis du *Fezzan* (cap. Mourzouk), de *Ghat*, de *Ghadamès* et d'*Audjilah*.

A Tripoli réside un pacha qui reconnaît l'autorité du sultan.

La population se compose de Berbères et d'Arabes en grande partie nomades et connus par leur fanatisme.

La Tripolitaine doit sa valeur commerciale à ses relations avec le Soudan.

RÉSUMÉ

SAHARA ; TRIPOLITAINE

I. Le SAHARA, loin d'être une plaine unie et sablonneuse, possède de hautes montagnes (monts du *Tibesti*, 2,600 mètres), des plateaux pierreux ou hamadas et des rivières dont le cours est en grande partie souterrain (Oued Ighargar).

AFRIQUE

Il est habité par trois sortes de populations : à l'ouest, les Maures ; au centre, les Touareg ; à l'est, les Tibbous.

Visité et traversé par des explorateurs français, allemands et anglais, il est semé d'oasis fort dispersées et dont les principales sont réunies entre elles par des routes de caravanes.

II. La TRIPOLITAINE, qui dépend de l'empire ottoman, n'est que la porte d'entrée du Sahara, sur le littoral de la Méditerranée. Outre sa capitale, *Tripoli*, elle comprend le plateau de *Barkah*, les oasis du *Fezzan*, de *Ghat*, de *Ghadamès* et d'*Audjilah*.

Tripoli est le principal point de départ des caravanes qui se rendent au Soudan en traversant le désert du Sahara.

Exercices.

Carte des principales routes de caravanes du Sahara.

CHAPITRE V

SOUDAN

Entre l'océan Atlantique et la mer Rouge, le Sahara et le bassin du Congo s'étend la région du Soudan, longtemps mal connue, mais sillonnée pendant le xixe siècle par de nombreux explorateurs et partagée aujourd'hui entre plusieurs puissances européennes.

Découverte du Soudan. — Pendant longtemps les voyageurs ont essayé d'aborder le Soudan en partant de Tripoli, de l'Algérie ou du Maroc et en traversant le Sahara.

Parmi les Anglais, *Denham* découvrit le lac Tchad (1822), et *Laing*, après avoir visité Tombouctou, fut assassiné dans le Sahara (1826).

L'Allemand *Barth* (1850-56) visita le Bornou, le Baghirmi, le Sokoto et séjourna quelque temps à Tombouctou. *Nachtigal* (1869-74) pénétra dans le royaume de Ouadaï et revint par la vallée du Nil. Enfin *Lenz* (1879-80) alla de Tanger à Saint-Louis par Tombouctou et la vallée du Sénégal.

Le Français *Duveyrier* signa avec les Touareg le traité

de Ghadamès (1862), mais la mission *Flatters*, qui cherchait à unir l'Algérie au Soudan, fut massacrée en plein Sahara (1881) et la route demeura fermée jusqu'à la mission *Foureau-Lamy*, qui réussit, grâce aux troupes qui l'accompagnaient, à traverser le désert et à revenir par le Congo (1898-1900).

En même temps, d'autres voyageurs cherchaient, en partant de la côte occidentale d'Afrique, à pénétrer dans le Soudan. *Mungo-Park* atteignit le premier le Niger (1796), mais périt en tentant de descendre le fleuve vers les rapides de Boussa (1806) ; le Français *René Caillié* réussit à aller du Rio-Nunez au Maroc en passant par Tombouctou (1826-28).

Le commandant *Faidherbe* étendit la domination française dans la vallée du Sénégal jusqu'à Médine (1854-54), et les expéditions militaires, organisées régulièrement chaque année à partir de 1880, développèrent l'influence française dans les régions intérieures du Soudan, en précisant les connaissances géographiques demeurées jusqu'alors assez vagues.

Enfin le lieutenant de vaisseau *Hourst* descendit entièrement le cours du Niger, malgré les rapides qui l'encombrent de Bamakou jusqu'à la mer (1894-96).

Partis de la côte de Guinée, *Clapperton* arriva jusqu'au Bornou (1826-27) ; les frères *Lander* remontèrent le Niger jusqu'aux rapides de Boussa (1830-32), et de nombreuses missions françaises (missions *Marchand*, *Toutée*, *Decœur*, *Mizon*, *Maistre*) ou allemandes (mission du lieutenant *von François*) parcoururent le Soudan méridional.

1° Soudan occidental. — Le Sénégal. — Le relief du Soudan n'est fortement accusé que dans la partie occidentale où le massif du Fouta-Djalon (2,000 mètres) se développe en forme d'éventail entre les rivières qui constituent le Sénégal, la Gambie et les rivières du Sud. Entre ces rivières et le haut Niger s'étend le plateau des Mandingues.

Formé de nombreuses rivières (Ba-oulé, Ba-koy, Ba-fing), le *Sénégal* (1,600 kilomètres) est un fleuve de plateaux dont la vallée est d'abord sillonnée de postes français (Kita, Bafoulabé) et dont le cours ne devient navigable qu'à partir de Médine, au-dessous des chutes de Félou. Le port de *Saint-Louis* (25,000 habitants), rendu inaccessible par l'existence d'une barre de sable, est situé à l'embouchure du fleuve : c'est la capitale politique de l'empire colonial français de l'Afrique occidentale.

Près du cap Vert, *Dakar* est le grand port de la Sénégambie française, relié à Saint-Louis par une voie ferrée. La vallée supérieure de la Gambie appartient à la France, tandis qu'à son embouchure, en territoire anglais, s'élève le port de *Sainte-Marie-de-Bathurst*.

Le long de la côte aboutissent une multitude de petites rivières, qui finissent dans l'Océan par de vastes estuaires dont la plupart sont malheureusement peu profonds. Telles sont : la *Casamance* (poste français à *Sedhiou*); les rios *Cacheo*, *Grande* et *Cassini*, dont les vallées appartiennent au Portugal ; le rio *Nunez* (poste français : *Boké*), le *Rio-Pongo* (près de son embouchure, *Konakry*, capitale de la Guinée française); la *Mellacorée* et la *Rokelle* (*Freetown*, capitale de la colonie anglaise de Sierra-Leone).

2° Soudan central. — Côte de Guinée. — La côte de Guinée, depuis la Rokelle jusqu'à la possession allemande de Camerouns, est basse et bordée de lagunes ; ses ports sont difficilement accessibles à cause de la barre, ligne continue de vagues qui se brisent avec violence sur les bas-fonds.

La **République de Libéria**, peuplée de nègres (capitale *Monrovia*), est indépendante); la *Côte-d'Ivoire* (capitale Grand-Bassam), qui appartient à la France, est aujourd'hui reliée au Soudan ; la *Côte d'Or* (capitale Akra) est à l'Angleterre, de laquelle dépend l'État indigène des Ashanties. L'Allemagne est établie depuis 1884 dans le *Togoland* (capitale Porto-Seguro) et dans la colonie de *Camerouns*, qui se prolonge à l'intérieur jusqu'au lac Tchad.

La France a conquis en 1892 et 1894 l'ancien royaume

de *Dahomey* (capitale *Whidah*, villes principales : *Kotonou* et *Abomey*).

Enfin de l'Angleterre dépendent le territoire de *Lagos* et les pays de la vallée inférieure du *Niger* (principal établissement : Akassa), longtemps exploité par une compagnie anglaise.

Le Niger. — Le plus grand fleuve du Soudan, le *Niger*, dont, grâce à la mission Hourst, le cours est aujourd'hui entièrement connu, descend des prolongements méridionaux du Fouta-Djalon. Son cours supérieur et moyen jusqu'en amont d'Ilo appartient à la France (principales villes : *Bamakou, Ségou, Kabra*, port de *Tombouctou, Gao* et *Say*); encombré de rapides qui rendent sa navigation difficile (rapides de Boussa), il traverse dans sa partie inférieure le Soudan anglais et finit dans le golfe de Guinée par plusieurs bouches, dont la plus navigable est la rivière *Forcados*. Entre sa source et son embouchure, « dans sa boucle », s'étendent des États indigènes partagés entre la France, l'Angleterre et l'Allemagne (principales villes : *Sikasso, Kong* et *Ouaghadougou*).

La rivière de *Sokoto*, qui traverse une partie du Soudan anglais, sert de transition avec les pays qui avoisinent le lac Tchad; la *Bénoué* traverse l'Adamawa (capitale *Yola*).

Région du lac Tchad. — Le *lac Tchad*, situé dans le Soudan central, à 270 mètres d'altitude, est encombré de roseaux et d'îles. Il reçoit le *Komadougou*, qui traverse le Bornou (capitale *Kouka*), et le *Chary*, rivière du *Baghirmi* (capitale *Massenja*), pays français dont la mission Gentil a pris possession (1897-1900).

Trois puissances se partagent les pays riverains du lac Tchad : à l'ouest, l'Angleterre possède le *Bornou* et partage avec l'Allemagne l'*Adamawa*; les rives sud, est et nord appartiennent à la France (pays du *Baghirmi*, du *Ouadaï* et du *Kanem*).

3° Soudan oriental. — Toute la partie orientale du Soudan (Darfour, Kordofan, province du Bahr-el-

Ghazal) se rattache au bassin du Nil et dépend de l'Egypte, qui est depuis 1882 occupée par l'Angleterre.

Partage politique du Soudan. — De nombreuses conventions, principalement celles de 1890 et de 1898, ont fixé les limites des zones d'influence française et anglaise dans le Soudan; des conventions particulières ont réglé les limites des deux colonies allemandes du *Togoland* et de *Camerouns*.

1° L'empire français de l'Afrique occidentale, dont les territoires sont aujourd'hui réunis à l'Algérie et au Congo, comprend plusieurs colonies : le *Sénégal*, capitale Saint-Louis; la *Guinée française*, capitale Konakry; la *Côte d'Ivoire*, capitale Grand-Bassam, et le *Dahomey*, capitale Whydah.

Beaucoup d'Etats indigènes (Fouta-Djalon, Ségou, Kénédougou, Mossi, pays de Kong) sont sous le protectorat de la France.

2° L'Angleterre possède : la *Gambie anglaise* (capitale Bathurst); la colonie de *Sierra-Leone* (capitale Freetown); la *Côte d'Or* (capitale Akra); le *Lagos* et les *territoires du Soudan anglais* (ville principale : Akassa).

3° De l'Allemagne dépendent : le *Togoland* (capitale Porto-Seguro) et la colonie de *Camerouns*.

4° Le Portugal a conservé la petite enclave de la *Guinée portugaise* (capitale Bissao).

La République nègre de *Libéria* est à peu près le seul Etat qui soit demeuré indépendant.

Populations. — La population fort dense qui occupe la région du Soudan appartient à trois races distinctes : 1° la race blanche est représentée par les Touareg dont la tribu des Aouellimiden habite la rive gauche du Niger en aval de Kabra; par les Maures placés au nord du Sénégal, et par les Arabes, fort nombreux dans les Etats du Soudan central; 2° la race nègre, en grande partie fétichiste et qui comprend les tribus des Soninkés, des Mandingues et des Sourahï; 3° les Foulah ou Peuhls, essentiellement différents des nègres et qui avaient jadis fondé entre le Niger et le lac Tchad de grands Etats tombés aujourd'hui en dissolution ; ce sont, en général, des musulmans fanatiques.

Valeur économique du Soudan. — Le climat du Soudan est le climat tropical caractérisé par la succession régulière de la saison humide et de la saison sèche ; les pluies, très abondantes sur la côte de Guinée, deviennent de plus en plus rares à mesure que l'on approche du Sahara.

De vastes forêts s'étendent au nord de la côte de Guinée et dans le Fouta-Djalon.

Le Soudan produit les céréales, principalement le riz, le maïs, le blé et le mil. Il exporte en Europe, surtout à Marseille, des quantités considérables de graines oléagineuses.

La culture du coton, de la canne à sucre et du tabac pourrait être facilement développée.

L'élevage des bœufs, moutons et chèvres est concentré dans la partie intérieure du Soudan.

Parmi les produits miniers, qui abondent surtout dans le Fouta-Djalon, il faut citer l'or (mines du Bouré et du Bambouk), l'argent, le cuivre, le fer et l'étain. L'industrie indigène se réduit à la fabrication des nattes, des cotonnades et à la préparation des cuirs.

Les voies de communication laissent encore beaucoup à désirer ; le Sénégal n'est navigable qu'à partir de Médine ; le Niger est encombré de rapides. Il y a encore peu de chemins de fer. Dakar communique avec Saint-Louis par une voie ferrée ; de Kayes, une ligne s'avance lentement au delà de Kita, vers le Niger.

On a également projeté l'établissement de chemins de fer dans les deux colonies françaises de la Côte d'Ivoire et du Dahomey. Des routes de caravanes unissent le Soudan au Maroc et à la Tripolitaine.

Enfin, tandis que l'Angleterre utilise la voie du Bas-Niger, la France s'attire vers le Sénégal le trafic des régions intérieures du Soudan.

Sokoto, Kano, et, avant sa destruction par Rabah, Kouka étaient, il y a peu de temps, les métropoles commerciales du Soudan, tandis que Tombouctou n'a cessé de décliner depuis le commencement du dix-neuvième siècle.

RÉSUMÉ

1° Le SOUDAN est une vaste et fertile région située entre le Sahara, le bassin du Congo, l'océan Atlantique et la mer Rouge. Il a été exploré pendant le dix-neuvième siècle par des voyageurs français, anglais et allemands.

Le relief le plus accusé est le massif du *Fouta-Djalon* (2,000 mètres), qui possède de nombreuses mines.

Le *Sénégal* est un fleuve de plateau qui n'est navigable qu'à partir de Médine. Le port très médiocre de *Saint-Louis* est aujourd'hui remplacé par *Dakar*. La *Gambie* est partagée entre la France et l'Angleterre.

La côte de Guinée n'a que des ports difficilement accessibles à cause de la barre.

Le *Niger* (4,200 kilomètres), entièrement connu à l'heure actuelle, est d'une navigation difficile ; la France et l'Angleterre se sont partagé sa vallée.

Le lac *Tchad*, qui est bordé par des colonies anglaise, allemande et française, forme la limite entre les possessions des différentes puissances européennes.

2° Au point de vue politique, le Soudan est partagé entre la France, l'Angleterre et l'Allemagne. L'empire colonial français de l'Afrique occidentale, qui a pour capitale *Saint-Louis*, comprend quatre colonies (Sénégal, Guinée française, Côte d'Ivoire et colonie du Bénin, et en plus le Soudan français, qui ne forme plus une colonie à part).

Trois races distinctes habitent le Soudan : les populations de race blanche (Touareg, Maures, Arabes), les nègres et les Foulah ou Peulhs.

Pays surtout agricole, le Soudan possède des mines (Fouta-Djalon), mais n'a encore que peu de voies de communication (chemins de fer de Dakar à Saint-Louis, de Kayes à Kita, routes de caravanes).

L'Angleterre et la France s'efforcent d'attirer le commerce du Soudan : la première, vers le Bas-Niger ; la seconde, vers le Sénégal.

Exercices.

Carte du Soudan.

Carte de l'empire colonial français de l'Afrique occidentale en 1900.

Tableau du partage politique du Soudan entre les puissances européennes.

CHAPITRE VI

CONGO FRANÇAIS ET ÉTAT LIBRE DU CONGO

L'immense bassin du Congo est aujourd'hui partagé entre la France, qui a fondé au nord du fleuve un vaste empire colonial, actuellement réuni au Soudan, et l'État libre, dont le souverain est le roi des Belges.

I

CONGO FRANÇAIS

Formation de la colonie du Congo français. — Dès 1841, la France avait occupé le *golfe du Gabon*, d'où elle pouvait surveiller la traite des nègres sur la côte occidentale d'Afrique.

Au moment où l'on songeait à évacuer cette possession peu prospère et au climat meurtrier pour les Européens, les explorations de *Savorgnan de Brazza* (1876-1885) vinrent démontrer la possibilité de fonder un empire colonial dans les régions intérieures, beaucoup plus salubres que le littoral.

Les missions *Crampel* (1890-91), *Dybowski* (1891) et *Maistre* (1892-93) s'efforcèrent d'unir le Congo au lac Tchad. Le commandant *Marchand* (1896-99) alla du Congo au Nil par les vallées de l'Oubangui et du Bahr-el-Ghazal et occupa sur le Nil Blanc le poste de Fachoda que l'opposition de l'Angleterre ne permit pas de conserver.

Enfin M. *Gentil* étendit la domination française dans la région du Chary et jusqu'au lac Tchad (1898-1900).

Des conventions diplomatiques avec l'Allemagne (1885 et 1894) et avec l'État libre du Congo (1887 et 1894) réglèrent les zones d'influence de ces diverses puissances, et la convention de 1899 avec l'Angleterre fixa les limites orientales du Congo français à la ligne de partage des eaux entre le bassin du Congo et celui du Nil.

Géographie physique. — Parallèlement à la côte occidentale d'Afrique se développent du nord au sud des montagnes et des plateaux (Sierra de Cristal ; 1,500 mèt.) qui séparent la région littorale du plateau d'Afrique centrale.

Sur le golfe du Gabon est située *Libreville*, capitale de la colonie du *Congo français*.

L'*Ogooué*, encombré de rapides, passe au poste de *Franceville* et finit près de la station du cap *Lopez*.

Le *Niari-Quillou*, plus navigable et dont la vallée est jalonnée de postes français, conduit vers le Congo.

Plus au sud, *Loango*, port très actif, est le point de départ d'un chemin que l'on n'a pas su doubler assez tôt d'une voie ferrée et qui mène à Brazzaville.

La rive droite du Congo, depuis le confluent de l'Oubangui jusqu'à Manyanga, appartient à la France. Un peu avant les rapides qui barrent le cours inférieur du fleuve s'élève le poste français de *Brazzaville*.

Le Congo reçoit plusieurs grands affluents qui traversent le territoire français. Ce sont : 1° l'*Oubangui* (postes de *Yacoma*, *Bangui*) qui conduit vers le bassin du Nil ; sur son affluent, la *Kémo*, est placé un poste d'où sont fréquemment parties les expéditions se dirigeant vers le Chary et le lac Tchad ;

2° La *Sangha*, qui forme une merveilleuse voie de pénétration vers l'Adamawa et le Soudan ;

3° L'*Alima*, dont les postes communiquent par une route avec Franceville et le Haut-Ogooué.

Les conventions de 1894 avec l'Allemagne et de 1899 avec l'Angleterre ont reconnu comme faisant partie de la zone d'influence française la vallée du *Chary*, puissant fleuve dont les sources sont encore peu connues et qui, grossi du *Logone*, aboutit dans le lac Tchad.

Le *Baghirmi*, le *Ouadaï* et le *Kanem* dépendent également de la France.

État politique. — Le Congo français, auquel se

rattachent les territoires du Haut-Oubangui et du Chary, est administré par un commissaire général, assisté d'un lieutenant gouverneur.

Les populations, qui appartiennent à la race nègre, vivent dans un état assez primitif, caractérisé par le régime de la tribu, l'esclavage, la polygamie et le fétichisme. En remontant le Congo, on trouve même encore des anthropophages.

État économique. — Le climat, très chaud et très humide, est malsain sur la côte et plus salubre sur les plateaux de l'intérieur.

Le Congo, pays neuf, possède de *vastes forêts* où abonde le caoutchouc. On y a développé les plantations de café. L'*ivoire*, l'*huile* et les *amandes de palme* donnent également lieu à un commerce assez actif; mais la colonie manque de voies de communication, et le *chemin de fer* construit dans l'État libre attire de plus en plus vers les ports belges de Matadi, Boma et Banane tous les produits de la vallée du Congo.

II

ÉTAT LIBRE DU CONGO

Formation de l'État libre du Congo. — En 1876 fut fondée l'Association internationale africaine qui se proposa d'organiser en commun l'exploration scientifique de l'Afrique et d'ouvrir des routes entre la côte et la région des grands lacs.

La *Conférence de Berlin* (1885), qui régla le partage de l'Afrique équatoriale, créa l'*État libre du Congo* en laissant au Portugal, au nord du grand fleuve, la petite enclave de Cabenda. Des conventions particulières fixèrent les limites entre l'État libre, les possessions portugaises et la colonie du Congo français.

Géographie physique. — Le **Congo** (4,200 kil.), dont les sources ont été découvertes par Livingstone, a pour origine le *Tchambézi*, qui se jette dans le lac Bangouélo. Sous le nom de *Louapoula*, il traverse le lac Moëro, et, grossi de la puissante rivière du *Loualaba*, coule vers le nord en dépassant l'équateur et se dirige ensuite vers le sud-ouest, formant pendant assez longtemps la limite entre le Congo français et l'Etat libre. Son cours supérieur est encombré de rapides (*Stanley-Falls*), ainsi que son embouchure (chutes d'*Issanghila* et de *Yellala*). Mais sur son cours moyen et sur ses nombreux affluents s'étend un immense réseau navigable de 15,000 kilomètres. Les principales stations belges situées sur le fleuve sont : les *Stanley-Falls*, l'*Arrouhimi*, la *Nouvelle-Anvers* et *Léopoldville*, sur le lac appelé le *Stanley-Pool*. Sur l'estuaire, *Matadi* est le point de départ de la voie ferrée qui, s'élevant sur les plateaux, atteint le Stanley-Pool ; *Boma* est la capitale politique de l'Etat libre, dont *Banane* est le débouché.

Parmi les grands affluents du Congo, il faut mentionner, à droite :

1° La *Loukouga*, qui lui amène les eaux du grand lac Tanganika ;

2° L'*Arrouhimi*, qui traverse la forêt équatoriale ;

3° L'*Oubangui*, qui forme en partie la séparation avec le Congo français (postes : les Abiras, Banziville) ;

4° La *Sangha*.

A gauche : le *Kassaï*, immense et abondante rivière qui réunit les eaux de la *Louloua* (poste : *Loulouabourg*), du *Sankourou*, du *Loukéné* et du *Kouango*.

Etat politique. — L'Etat libre du Congo a pour souverain le roi des Belges qui, grâce à une convention non encore acceptée par les Chambres belges, l'a légué moyennant certaines charges à la Belgique.

Sa situation financière a été longtemps médiocre et son commerce ne s'est développé que lentement ; mais, depuis l'établissement de la voie ferrée du Bas-Congo, la situation économique s'est beaucoup améliorée.

La population de l'Etat libre, que l'on évalue approximativement à 15 millions d'habitants, appartient à la race nègre bantoue.

Etat économique. — Une partie du bassin du Congo

dans l'Etat libre est couverte par la *forêt vierge* où abondent les bois d'acajou, de tek et le caoutchouc. Elles constituent encore à l'heure actuelle la principale ressource du pays.

Les principales cultures sont le dourah, la racine de manioc, le maïs, le sorgho, les arachides et le riz. L'élevage est rendu presque impossible par la présence de la redoutable mouche tsetsé.

Les richesses minérales assez nombreuses sont presque inexploitées.

La navigation n'est possible que sur le cours moyen du Congo et sur les affluents du grand fleuve.

La *voie ferrée de Matadi au Stanley-Pool*, inaugurée en 1898, a rapidement amené le développement commercial de l'Etat libre, qui est surtout en relation avec le port belge d'Anvers.

RÉSUMÉ
Congo français et État libre du Congo.

I. — CONGO FRANÇAIS

La colonie du CONGO FRANÇAIS a été surtout créée par *Savorgnan de Brazza* (1876-1885). Les explorations de *Crampel, Dybowski, Maistre* (1890-93) ont abouti à réunir le Congo au Soudan français et au lac Tchad. Des conventions avec l'Allemagne, l'Etat libre et l'Angleterre ont fixé ses limites. Enfin, la mission *Gentil* (1898-1900) a pris possession de la région du *Chary*.

Traversé par la *Sierra de Cristal* (1,500 mètres), le Congo français possède une assez grande étendue de côtes le long desquelles s'ouvre le golfe du *Gabon* (port : Libreville) et où aboutissent l'*Ogooué* et le *Niari*. Aux possessions françaises se rattachent la rive droite du Congo, depuis le confluent de l'Oubangui jusqu'au-dessous de Brazzaville, les vallées de l'*Oubangui* et de la *Sangha*; enfin le bassin presque entier du *Chary*, avec les rives méridionale et orientale du lac Tchad.

Le Congo français est administré par un commissaire général; la population appartient à la race nègre.

Le Congo français est un pays neuf où ont été essayées quelques cultures, mais qui manque de voies de communication.

II. — ÉTAT LIBRE DU CONGO

L'ÉTAT LIBRE DU CONGO a été fondé par la conférence de Berlin

1885) et des conventions ont fixé ses limites avec les possessions portugaises et françaises.

Le Congo (4,200 kilomètres), issu du plateau d'Afrique centrale, traverse les lacs Bangouélo et Moero, franchit l'équateur et se dirige vers le sud-ouest jusqu'à l'océan Atlantique. Il est encombré de chutes et rapides sur son cours supérieur et inférieur. (Principales stations : *Stanley Falls*, l'*Arrouhimi*, la *Nouvelle-Anvers*, *Léopoldville*, *Matadi*, *Boma* et *Banane*.)

Les principaux affluents du Congo sont : à droite, la *Loukouga*, qui écoule les eaux du lac Tanganika ; l'*Arrouhimi*, l'*Oubangui*, la *Sangha* ; à gauche, le *Kassaï*, qui réunit les eaux d'une foule de rivières.

L'Etat libre a pour souverain le roi des Belges qui, par une convention, l'a transmis à la Belgique. La population appartient à la race nègre bantoue.

Une grande partie du sol de l'Etat libre est couverte de forêts vierges.

Le chemin de fer de Matadi au Stanleypool, qui contourne les rapides du bas Congo, a eu pour conséquence le développement commercial de l'Etat libre.

Exercices.

Carte générale du Soudan.
Carte des colonies françaises de la région du Soudan.
Tableau du partage politique du Soudan.
Carte du bassin du Congo.

CHAPITRE VII

AFRIQUE AUSTRALE

L'Afrique australe, dont les explorateurs portugais *Diaz* (1486) et *Vasco de Gama* (1497) ont contourné les côtes en cherchant la route d'Europe aux Indes, a été explorée pour sa partie intérieure par *Livingstone* (1849-1873), qui parcourut le désert de Kalahari et traversa le continent africain de Saint-Paul-de-Loanda aux bouches du Zambèze.

Plusieurs voyageurs portugais ont également réussi à aller de l'Atlantique à l'océan Indien par la vallée du Zambèze ; ce sont : *Silva Porto*, au début du dix-neuvième siècle ; le *major Serpa-Pinto* ; *Brito Capello* et *Ivens*.

On trouve actuellement dans l'Afrique australe les colonies portugaises de l'Angola et du Mozambique, le Sud-Ouest africain allemand et la colonie anglaise du Cap avec les nombreux territoires qui en dépendent.

I

ANGOLA PORTUGAIS

Les conventions de 1890-91 entre l'Angleterre et le Portugal ont étendu la colonie portugaise de l'Angola jusqu'au Zambèze, et le partage avec l'Etat libre du territoire de Mouta-Yamvo lui a permis d'atteindre le Kassaï.

L'Angola est traversé du nord au sud par une ligne montagneuse (*monts Élonga* : 2,300 mètres) que traversent en formant des rapides les fleuves sortis du plateau africain (*Couanza, Kounéné*).

Les ports de la colonie sont *Saint-Paul-de-Loanda*, la capitale, relié par une voie ferrée avec Ambaca sur les plateaux ; *Saint-Philippe-de-Benguela* et *Mossamédès*.

II

SUD-OUEST AFRICAIN ALLEMAND

La colonie allemande du Sud-Ouest africain, acquise en 1884, est infertile et mal arrosée. La *baie de la Baleine*, le meilleur abri de la côte, appartient à l'Angleterre. *Angra-Pequena* est le siège de l'administration allemande. Les régions intérieures du *Damaraland* et du *Namaqualand* se rattachent à la colonie.

III

POSSESSIONS ANGLAISES

Géographie physique. — Dans sa partie méridionale, la colonie anglaise du Cap présente, au point de vue de la disposition du sol, certaines analogies avec l'Algérie.

Le long de la côte s'étend une première rangée de collines ; puis derrière le *Groote Zwarte Berg* (2,200 mètres), et plus au nord les monts *Nieuweld* (2,700 mètres), entre lesquels se développent les plateaux argileux et secs des *Korrous*. Au nord du Natal, le massif du *Drakenberg* atteint 3,400 mètres.

Au delà des caps de Bonne-Espérance et des Aiguilles s'ouvrent le long du littoral des vallées humides et verdoyantes. *Capetown* (60,000 habitants), excellente rade, *Simon'stown*, *Port-Élisabeth* et *East-London* sont les principaux ports.

Entre le Drakenberg et l'océan Indien s'étend le *Natal*, pays chaud et humide où prospèrent les cultures tropicales.

D'Urban, rade très sûre, sert de port à la capitale *Pietermaritzbourg*.

Au delà des monts Nieuweld, le *fleuve Orange* sépare la colonie du Cap du désert de Kalahari. Entre le Vaal et le Gariep qui le forment s'étend l'ancienne *République du fleuve Orange* qui, alliée du Transvaal, résista énergiquement aux Anglais. Sa capitale, *Bloemfontein*, est une ville hollandaise composée de fermes; entre le confluent du Vaal et du Gariep, *Kimberley* est le centre du grand district diamantifère.

Au nord du Vaal s'étend l'ancienne *République du Transvaal*, qui s'est immortalisée par sa longue et courageuse résistance aux Anglais. *Prétoria* était sa capitale, et dans le district aurifère du *Wittwatersrand*, Johannesbourg est le centre des mines d'or.

Le *fleuve Orange*, dont le débit diminue rapidement dans la traversée de la région sèche de son cours moyen, franchit par des chutes la ligne des montagnes côtières et finit dans une lagune obstruée par une barre.

Le *désert de Kalahari*, moins désolé que le Sahara, couvert d'herbes et de dunes de sable, s'étend au nord du fleuve; *Mafeking* est la principale ville de cette région désignée sous le nom de Betchouanaland.

Au delà du Kalahari, le vaste pays de la *Rhodesia* est traversé par le Zambèze dont les sources ne sont séparées que par des plaines sablonneuses, inondées pendant les pluies du Loualaba et des affluents du Kassaï. Après les chutes *Victoria*, plus grandioses, dit-on, que celles du Niagara, le fleuve reçoit par le *Chiré* les eaux du grand *lac Nyassi*, et, traversant le Mozambique portugais, finit par un delta près duquel s'élève le port de *Quilimané*.

Au sud du Zambèze se trouve la région marécageuse encore imparfaitement connue où le *lac Ngami* et le vaste marécage du *Makarikari* communiquent par le Koubango. Près de la côte orientale, entre le Zambèze et le Limpopo, s'étendent les plateaux boisés et riches en mines d'or du *Machonaland* et du *Manica*. *Boulouvayo* est la principale ville de l'ancienne Confédération des Matebelès, réunie à Capetown par voie ferrée, et *Fort-Salisbury* communique par une autre ligne avec le port portugais de Beïra.

La domination anglaise s'est étendue au nord du Zambèze jusqu'aux lacs *Tanganika* et *Nyassi*, dans le *pays des Barotsé* et dans la vallée du Chiré qu'exploite la Compagnie anglaise des lacs dont le siège est la station de *Blantyre*.

IV

MOZAMBIQUE PORTUGAIS

De la baie Delagoa jusqu'au fleuve de la Rovouma s'étend, le long de l'océan Indien, la *colonie portugaise de Mozambique* qui, depuis les conventions de 1890-91, comprend le cours inférieur du Zambèze à partir de Zumbo.

Sur un littoral malsain sont situés les ports de *Mozambique*, capitale de la colonie ; de *Quilimane* ; de *Beïra*, à l'embouchure du Pongoué, que remonte un chemin de fer allant aboutir dans la Rhodesia à Fort-Salisbury, et de *Sofala*.

Enfin *Lorenzo-Marquez*, sur la *baie Delagoa*, est le principal débouché du Transvaal et de Prétoria à laquelle le réunit une voie ferrée de grande importance.

Géographie politique des possessions anglaises. — A l'exception du Sud-Africain allemand et des deux colonies portugaises de l'Angola et du Mozambique, toute l'Afrique australe est au pouvoir des Anglais qui visent à réunir la colonie du Cap au Soudan égyptien et à l'Egypte par une voie ferrée ininterrompue allant du Cap au Caire.

Maîtresse de la colonie hollandaise du Cap, occupée pendant les guerres de la Révolution et cédée par les traités de 1815, l'Angleterre annexa le *Natal* (1843), forçant les Boers descendants des anciens colons hollandais et français à émigrer dans l'intérieur, où ils fondèrent (1848) les deux *républiques du fleuve Orange et du Transvaal*. En 1871, l'Angleterre enleva à la République d'Orange le district du *Griqualand* (ville principale Kimberley), où avaient été découvertes les mines de diamants ; puis le désert de Kalahari, sous le nom de *Betchouanaland* (1885) et le *Zoulouland* (1887).

Lorsque les conventions de 1889-91 eurent détruit les espérances qu'avaient conçues les Portugais de réunir par la vallée du Zambèze leurs deux possessions de l'Angola et du Mozambique, la domination anglaise s'étendit sur le *Matébéléland*, le *pays des Barotsé*, la région du *Chiré* et le *Manica*.

Le Transvaal, attaqué dès 1881 et demeuré à peu près indépendant, refusa d'accepter les prétentions anglaises au sujet des droits de douane et du droit électoral des étrangers. Ce fut le signal d'une guerre terrible dans laquelle les Boers du Transvaal et de l'Orange ont résisté pendant deux ans avec un courage héroïque. L'Angleterre a décrété, sans les avoir soumises et pacifiées, l'annexion des deux républiques boers.

Les possessions anglaises de l'Afrique australe se composent donc aujourd'hui des principaux pays suivants :

Colonie du Cap,	Capitale	Capetown.
Natal,	—	Pietermaritzbourg.
Griqualand,	—	Kimberley.
Betchouanaland,	—	Mafeking.
Matébéléland,	—	Boulouvayo.
Machonaland et Manica,	—	Fort-Salisbury.
Nyassaland,	—	Blantyre.
Colonie d'Orange,	—	Bloemfontein.
Transvaal,	—	Prétoria.

La colonie du Cap est administrée par un gouverneur général, assisté de ministres responsables et de deux Chambres. Mais la Compagnie à charte, dirigée par M. Cecil Rhodes, exerce une autorité absolue dans la Rhodesia.

La population des possessions anglaises, qui est évaluée approximativement à 7 millions d'habitants, comprend des indigènes de *race hottentote* et de *race bantoue* ou cafre (Zoulous, Betchouanas, Matébélès).

Les *Boers* sont les descendants des anciens colons hollandais et français, qui ont été peu à peu refoulés au nord du fleuve Orange. Ils forment une population agricole et pastorale, une race forte et courageuse qui a été vaincue, mais non soumise par les 200,000 hommes que les Anglais ont été obligés de mobiliser pour faire la conquête de la République d'Orange et du Transvaal.

Ressources de la colonie du Cap. — Dans la région qui s'étend entre le fleuve Orange et la mer domine le climat maritime, tempéré et humide; le Natal a un climat tropical, mais dans les Karrous règne une extrême sécheresse. Dans le désert de Kalahari et dans la Rhodesia, le climat présente un caractère continental : les pluies, rares dans le Kalahari, deviennent plus abondantes à mesure que l'on se rapproche de l'équateur.

La colonie du Cap, qui produit la *vigne* (vins de Constance), est surtout un *pays d'élevage* (moutons, autruches) et exporte la *laine*.

Les richesses minières sont considérables ; on trouve des *mines d'or* (Transvaal, Manica), de *diamants* (Kimberley) et de cuivre.

La colonie du Cap a été dotée d'un réseau fort étendu de *voies ferrées* (6,000 kilomètres). Le Cap est uni à Boulouvayo. Prétoria communique par Johannesbourg et Bloemfontein avec les ports du Cap, de Port-Elisabeth et d'East-London.

La ligne du Natal, partant de d'Urban, dessert Pietermaritzbourg et aboutit également à Prétoria, qui est aussi reliée au port portugais de Lorenzo-Marquez. Enfin la ligne de Beïra à Fort-Salisbury emprunte en partie le territoire portugais.

Le commerce de la colonie du Cap qui, avant la guerre du Transvaal, dépassait 730 millions, est depuis cette guerre considérablement paralysé.

L'Angleterre a ainsi acquis, au prix de sacrifices énormes, une zone d'influence immense dans l'Afrique australe, et elle cherche actuellement à l'étendre encore pour relier la colonie du Cap à l'Afrique orientale anglaise et à la vallée du Nil.

RÉSUMÉ

L'Afrique australe a été surtout explorée par Livingstone (1849-1863) et traversée par les Portugais *Silva Porto*, *Serpa Pinto* (1877-79), *Brito Capello* et *Ivens* (1884-85).

1° L'ANGOLA PORTUGAIS s'étend jusqu'au Kassaï et au Zambèze. Traversé par le Couanza et la Counéné, il a pour ports *Saint-Paul-de-Loanda*, *Saint-Philippe-de-Benguela* et *Mossamédès*.

2° Le SUD-OUEST AFRICAIN ALLEMAND est une colonie aride et sans valeur économique.

3° Les possessions anglaises s'étendent du cap de Bonne-Espérance aux lacs Tanganika et Nyassi.

Elles sont traversées par trois lignes de montagnes parallèles (*monts Nieuweld*, 2,700 mètres), et au nord du Natal s'étend le *massif du Brakenberg* (3,400 mètres).

Les ports de la colonie du Cap sont *Capetown* (60,000 hab.), *Port-Elisabeth* et *East London*.

Dans le Natal, *D'Urban* est le port avancé de *Pietermaritzbourg*, la capitale.

Le *fleuve Orange*, formé du *Vaal* et du *Gariep*, n'est pas navigable. Entre ses sources s'étend l'*ancienne république du fleuve Orange* (cap. *Bloemfontein*), et au nord du Vaal l'*ancienne république du Transvaal* (cap. *Prétoria*), dont les mines d'or ont excité la convoitise de l'Angleterre.

Au nord du fleuve Orange s'étend le désert de Kalabari, et plus loin la *Rhodesia* (villes principales : Boulouvayo et Fort-Salisbury).

4° Le MOZAMBIQUE PORTUGAIS, qui comprend la vallée inférieure du Zambèze à partir de Zumbo, a pour ports : *Mozambique*, *Quilimané*, *Beïra*, *Sofala* et *Lorenzo-Marquez*, situé sur la baie Delagoa.

Devenue maîtresse de la colonie hollandaise du Cap (1815), l'Angleterre a annexé successivement le *Natal* (1883), le *Gri-*

qualand (1871, ville principale : *Kimberley*), le *Betchouanaland* (1885), le *Zoulouland* (1887), la *Rhodesia* et les deux républiques boers du fleuve Orange et du Transvaal (1900).

La population (7 millions d'habitants) se compose des indigènes appartenant aux *races hottentote* et *bantoue*, et des Européens (*Boers* et *colons anglais*).

La colonie du Cap produit la *vigne* et exporte la *laine*. Il y a de riches *mines d'or* (Transvaal) et de *diamants* (Griqualand).

Elle possède 6,000 kilomètres de voies ferrées.

L'Angleterre cherche à relier ses possessions de l'Afrique australe avec l'Est-Africain anglais et avec l'Egypte.

Exercices.

Carte de l'Afrique australe.
Tableau des possessions anglaises dans l'Afrique australe.

CHAPITRE VIII

AFRIQUE ORIENTALE

L'Afrique orientale a été traversée par les voyageurs qui, partis de Zanzibar, ont cherché à résoudre le problème des sources du Nil, comme *Speke* et *Burton* (1857-59), *Speke* et *Grant* (1860-63), *Livingstone* (1863-73), *Cameron* (1873-77) et *Stanley*, dans ses trois voyages (1871, 1874-77, 1886-89).

Les explorations locales du *capitaine Dundas* (1881) et du *docteur Meyer* (1889) ont complété les connaissances que l'on possédait sur cette région.

Aspect physique. — Entre le lac Tanganika et la côte de l'océan Indien s'étend un grand plateau bouleversé par trois principaux soulèvements qui sont en général orientés, du nord au sud (1° monts *Kénia* et *Kilimandjaro*, plus de 6,000 mètres ; 2° monts *Elgon* et *Moerou*; 3° monts *Mfoumbiro* et *Rouvenzori*).

Entre ces soulèvements s'allongent des vallées dans lesquelles se succèdent des lacs (1° lacs *Stéphanie* et *Rodolphe*; 2° lacs *Naïvacha*, *Manyara* et *Nyassi*; 3° lacs *Albert*, *Albert-Edouard* et *Tanganika*).

Le lac *Victoria*, de forme triangulaire, est le plus élevé

de tous (altitude : 1,190 mètres) et se déverse au nord par le Somerset ou Nil.

Le *Nyassi* est uni au Zambèze par le *Chiré*, et les eaux du *Tanganika* s'écoulent par la *Loukouga* dans le Congo.

A la côte aboutissent des torrents : la *Rovouma*, le *Roufidgy*, le *Kingani* (Bagamoyo), le *Pangani*, l'*Oumba*, la *Tana* et la rivière *Djouba*.

Le *Nil Blanc*, qui déverse les eaux du lac Victoria, reçoit les eaux des lacs *Albert* et *Albert Edouard* et traverse la province Equatoriale avant de pénétrer dans le Soudan.

Est-Africain allemand. — Située entre la côte, la Rovouma, les lacs Nyassi, Tanganika et Victoria, l'Afrique orientale allemande a pour ports *Dar-es-Salam*, la capitale de la colonie, *Bagamoyo* et *Pangani*. Entre la côte et le lac Tanganika s'élève l'importante station de *Tabora*.

Est-Africain anglais. — L'Afrique orientale anglaise, incomplètement délimitée, s'étend jusqu'au lac Victoria et comprend, au nord de ce lac, le pays fertile et peuplé de l'Ouganda.

Parmi les ports, il faut citer *Zanzibar* (80,000 hab.), dans une île, et sur le continent *Mombaz*, capitale de la colonie, *Vitou* et *Kismayou*.

La station de *Machako* est placée entre la côte et le lac Victoria.

Côte des Somalis. — Le pays des Somalis, dans lequel furent assassinés les voyageurs *Van der Decken*, *Lucereau* et *Sacconi*, a été parcouru par M. *Revoil*, par l'expédition autrichienne du comte *Teleki*, et M. *Borelli* a relevé le cours de l'Omo.

Le climat est caractérisé comme en Arabie par une grande chaleur et une extrême sécheresse ; aussi la végétation est-elle des plus médiocres.

Le pays est habité par les *Somalis*, tribus pastorales ennemies des Européens, et par les *Gallas*, population sédentaire et agricole.

Les Italiens ont proclamé leur protectorat sur le sultanat d'*Opia* et sur la côte entre la rivière Djouba et le cap Bédouin.

Au nord, l'Angleterre occupe les ports de *Zeïla* et *Berbera* et la *colonie française de Djibouti* (ports : *Djibouti* et *Obock*) est le principal débouché de la province du *Harrar*, qui dépend de l'Ethiopie. Une voie ferrée est en construction de *Djibouti* à *Harrar*.

État actuel de l'Afrique orientale. — L'Afrique orientale, dont le partage politique est accompli depuis 1890, est en voie d'organisation économique. Ses ressources sont encore fort limitées.

Zanzibar est le principal port de commerce.

Des voies ferrées sont en construction de la côte vers les lacs Tanganika et Victoria.

RÉSUMÉ

Afrique orientale.

L'Afrique orientale a été surtout explorée par les voyageurs qui, en partant de Zanzibar, se sont efforcés de découvrir les sources du Nil.

Le plateau d'Afrique centrale est sillonné de trois grands bouleversements (mont *Kilimandjaro*, plus de 6,000 mètres) entre lesquels s'étendent des vallées lacustres.

Les principaux lacs sont les lacs *Victoria*, d'où sort le Nil, *Tanganika*, qui s'écoule dans le Congo, et *Nyassi*, dont les eaux aboutissent au Zambèze.

Dans l'Est-Africain allemand sont les ports de *Dar-es-Salam*, *Bagamoyo* et *Pangani* et la station de *Tabora*.

A l'Afrique orientale anglaise se rattachent *Zanzibar* (80,000 habitants), grand port de commerce, *Mombaz*, la station de *Machako* et l'*Ouganda*.

Les Italiens ont établi leur protectorat sur une partie de la côte aride des Somalis.

Plus au nord, *Zeïla* et *Berbera* sont occupées par l'Angleterre ; la colonie française de *Djibouti* est le principal débouché du pays du *Harrar*.

L'Afrique orientale, partagée surtout entre l'Allemagne et l'Angleterre, n'a qu'une valeur économique fort limitée.

Exercices.

Carte de l'Afrique orientale avec l'indication des possessions allemandes et anglaises.

CHAPITRE IX

ILES AFRICAINES

Autour de l'Afrique, soit dans l'océan Atlantique, soit dans l'océan Indien, se trouvent de nombreux archipels, reposant pour la plupart sur des plateaux sous-marins qui sont séparés du continent par des abîmes, et présentant souvent une végétation qui ne rappelle en rien l'Afrique.

1° **Iles françaises : Madagascar.** — Les premiers établissements français furent fondés à Madagascar sous Richelieu et Mazarin (1642-44 : à *Fenerife*, sur la baie d'Altongil et à *Fort-Dauphin* ; mais les tentatives de colonisation faites au dix-septième siècle par Colbert et sous Louis XVI par Benjowski ne réussirent pas.

Pendant le dix-neuvième siècle, les influences anglaise et française se disputèrent la prépondérance dans la grande île, de laquelle, à plusieurs reprises, les Européens furent expulsés.

La violation fréquente des traités et le désir de la reine d'exiger l'hommage des Sakalaves, qui avaient, dès 1842, accepté le protectorat français, furent les causes de la *première expédition* (1882-85). Le traité qui la termina reconnaissait la reine des Hovas comme reine de toute l'île ; mais un résident général de France était établi à Tananarive. En outre, la baie de Diégo-Suarez était cédée en toute propriété à la France, qui recevait une indemnité pécuniaire de 10 millions.

M. *Le Myre de Villers* essaya vainement de pratiquer le protectorat, et un ultimatum adressé à la reine et rejeté par le premier ministre rendit une *seconde expédition* nécessaire.

Elle fut dirigée par le *général Duchesne*. Le général Duchesne remonta par la vallée de la Betsiboka, de Majunga à Tananarive, en livrant plusieurs combats (1895). La reine dut subir les conditions de la France et le premier ministre fut déporté en Algérie.

Après un court essai de gouvernement civil, le soin de pacifier et d'organiser la nouvelle conquête fut confié au *général Galliéni* qui, en 1897, fit déporter la reine à la Réunion, puis en Algérie, et *substitua l'annexion au protectorat*.

Séparée du continent africain par le canal de Mozambique, plus étendue que la France, Madagascar est traversée par une chaîne de montagnes (*Tsiafajavona*, 2700 mètres), parallèle à la côte orientale, à laquelle succèdent vers l'ouest d'autres arêtes montagneuses supportant de vastes plateaux. Au sud se développe le *plateau des Betsiléos*.

Les fleuves (rivières de *Tamatave* et d'*Andevorante*, *Mangoro*, *Onilahi*, *Betsiboka*, grossie de l'Ikoupa) ont un régime torrentiel.

La baie de *Diégo-Suarez* est un des meilleurs mouillages de l'océan Indien. *Vohémar*, *Tamatave*, *Andevorante* et *Fort-Dauphin* sont les principaux ports de la côte orientale, le long de laquelle s'étend l'île marécageuse et française de *Sainte-Marie*.

Fig. 23. — Champ de canne à sucre (hauteur de la tige, 3m,50 à 4 mètres).

A l'ouest se rencontrent *Tullear*, *Mutseroka* et *Majunga*, qui est le débouché de la vallée de la Betsiboka.

Sur le plateau de l'Emyrne s'élève la capitale, **Tana-**

narive (60,000 habitants), principal marché de l'île. *Fianarantsoa* est la ville la plus importante du pays des Betsiléos.

L'île est administrée par un *gouverneur général* investi de pleins pouvoirs et qui commande le corps d'occupation.

Cartes XXXV et XXXVI.

La population (environ 4 millions d'habitants) appartient à la *race nègre* (*Malgaches* et *Sakalaves*) et *malaise* (*Hovas*); la *race blanche* est représentée par les *Arabes* et les *Européens* qui sont peu nombreux.

Il y a à Madagascar deux saisons : la saison sèche et la saison humide. Le climat, malsain sur les côtes, est beaucoup plus salubre sur les plateaux de l'intérieur. Le sol de Madagascar n'est pas en général très fertile ; une ceinture d'épaisses *forêts* sépare le plateau d'Emyrne des plaines basses qui l'entourent. Les principales cultures sont celles du *riz*, des *légumes*, des *fruits*, du *tabac* et du *café* ; l'élevage des *bœufs* et des *moutons* est très développé.

Les ressources minérales sont encore peu utilisées, à l'exception des *mines d'or* de Suberbieville ; l'industrie indigène est tout à fait dans l'enfance.

Madagascar a jusqu'à ce jour été dépourvue de *voies de communication*. On vient d'achever (1900) les routes de Tananarive à Tamatave et de Tananarive à Majunga, et l'on travaille à la construction de la voie ferrée de Tamatave à Tananarive.

Grâce à l'habile administration du général Galliéni et aux progrès de la pacification, le commerce se développe rapidement et l'importation des produits manufacturés anglais a diminué dans des proportions énormes.

La Réunion. — Occupée dès 1642, l'*île de la Réunion* (ancienne île Bourbon), qui est placée à 150 lieues à l'est de Madagascar, est couverte de montagnes volcaniques (*Piton des Neiges*, 3,000 mètres, et *Piton de la Fournaise*).

Les côtes ne présentent aucune rade naturelle. *Saint-Denis*, la capitale, est un port détestable; des ports artificiels ont été créés à la *Pointe-des-Galets* et à *Saint-Pierre*. A l'intérieur, *Salazie* possède des eaux thermales.

La population (170,000 habitants) se compose de Français et créoles, d'Hindous, de Cafres et de Malgaches.

Le climat est tropical, et aux changements de saison se produisent de terribles cyclones.

La Réunion produit le *café*, la *canne à sucre*, la *vanille*. L'industrie est peu active.

Une route de ceinture unit toutes les villes situées sur la côte. Saint-Denis communique avec Saint-Pierre par un *chemin de fer* qui dessert à l'ouest la Pointe-des-Galets. Enfin une ligne de paquebots unit la Réunion à Marseille.

Iles françaises secondaires. — Au nord-ouest de Madagascar, la France possède encore les petites îles de *Nossi-Bé* (cap. Hellville), de *Nossi-Cumba*, *Nossi-Mitsiou* et *Nossi-Falli*.

Dans les Comores, l'île *Mayotte* a des plantations de cannes à sucre; les autres îles de l'archipel ont été, en 1886, placées sous le protectorat français.

2° **Iles portugaises.** — Les Portugais possèdent au large des côtes occidentales d'Afrique les îles *Açores*, montueuses et fertiles, avec le port de *Ponta-Delgada*; l'île *Madère* (cap. *Funchal*), qui exporte des vins renommés; l'archipel malsain des îles du *Cap-Vert*, et dans le

470   AFRIQUE.

golfe de Guinée, les îles *du Prince* et de *Saint-Thomas*.

3° **Îles espagnoles**. — Les îles *Canaries* (principales îles : *Ténérife, île de Fer*, la *Grande-Canarie*), avec les ports de *Las-Palmas* et de *Santa Cruz*, appartiennent à l'Espagne, qui occupe encore dans le golfe de Guinée les deux îles de *Fernando-Po* et d'*Annobon*.

4° **Îles anglaises**. — Sur le plateau de Challenger, que des abîmes séparent du continent africain, s'élèvent les îles anglaises de l'*Ascension* et de *Sainte-Hélène*. Cette dernière, célèbre par la captivité de Napoléon 1er qui y mourut en 1821 et du général boer Kronje. Ces deux îles ont perdu leur importance depuis l'ouverture du canal de Suez.

Dans l'océan Indien, l'*île Maurice* (ancienne *île de France*), acquise par l'Angleterre en 1814, se rattache au groupe des Mascareignes. Montueuse, volcanique, bien arrosée, possédant un climat tropical comme la Réunion, elle a des *forêts* et produit le *sucre*, le *rhum*, la *vanille*. Parmi les habitants, on remarque beaucoup d'Hindous introduits pour l'exploitation des plantations.

La capitale, *Port-Louis* (60,000 habitants), est une excellente rade.

Au nord de Madagascar, les Anglais possèdent encore le groupe des *Seychelles* (île principale : *Mahé*, avec un port très sûr), les îles coralligènes des *Amirantes*, près du cap Guardafui ; l'île malsaine et aride de *Socotora* ; enfin, à l'entrée de la mer Rouge, l'îlot de *Périm*, qui est une importante position militaire.

RÉSUMÉ

Îles africaines.

Les îles qui entourent l'Afrique reposent en général sur des plateaux qui sont séparés par des abîmes du continent africain.

1° La FRANCE possède l'île de *Madagascar*, placée sous le protectorat français en 1885 et conquise définitivement en 1895.

Entre les lignes montagneuses parallèles qui couvrent la

partie orientale de l'île s'étendent les plateaux d'*Emyrne* et des *Betsiléos*.

Les fleuves (*Betsiboka*, grossie de l'*Ikoupa*) sont des torrents. Les côtes sont malsaines ; à l'est se trouvent les ports de *Diégo-Suarez*, *Vohémar*, *Tamatave*, *Andevorante* et *Fort-Dauphin* ; à l'ouest ceux de *Tulléar*, *Matséroka* et *Majunga*.

Tananarive (60,000 habitants), la capitale, s'élève sur le plateau d'Emyrne.

L'île, annexée à la France depuis 1897, est administrée par un gouverneur général.

La population (4 millions d'habitants) se compose d'*indigènes* (*Malgaches* et *Sakalaves*, *Hovas*) et de *blancs* (*Arabes*, *Européens*).

Le sol n'est pas très fertile ; il y a d'épaisses *forêts* ; on élève les *bœufs* et les *moutons* ; sauf l'*or*, les ressources minières sont encore peu utilisées.

L'île commence à être pourvue de *voies de communication* (routes de Tananarive à Tamatave et de Tananarive à Majunga ; chemin de fer en construction de Tamatave à Tananarive).

La France possède encore l'île de *la Réunion* (ports : *Saint-Denis*, la *Pointe-des-Galets*, *Saint-Pierre*) et plusieurs îles voisines de Madagascar.

2° Aux Portugais appartiennent les *Açores* (port : *Ponta-Delgada*), l'île *Madère* (port : *Funchal*), les îles du *Cap-Vert*.

3° Les Espagnols ont conservé les îles *Canaries* (port : *Santa-Cruz*), les îles *Fernando-Po* et *Annobon*.

4° Enfin les Anglais ont les îles de l'*Ascension* et de *Sainte-Hélène*, dans l'océan Atlantique, et, dans l'océan Indien, l'île *Maurice* (cap. *Port-Louis*), les *Seychelles*, les *Amirantes*, l'île de *Socotora* et l'île de *Périm*.

Exercices.

Tableau du partage politique des îles africaines.
Carte de Madagascar.

LIVRE VI

TERRES ARCTIQUES, AMÉRIQUE, OCÉANIE

CHAPITRE Ier

LES TERRES ARCTIQUES

Au nord de l'Amérique, de l'Europe et de l'Asie, sont dispersées, dans l'océan Glacial arctique, des terres pour la plupart désertes et glacées, qu'on peut rattacher aux continents dont elles sont les plus voisines, ou considérer comme une sorte de groupe particulier, rapproché sinon par les distances, du moins par l'analogie de la flore, de la faune et de la conformation générale.

Au nord de l'Asie, au milieu des brumes de la mer polaire, sont perdues : la terre entrevue par *Wrangel* en 1823 et les îles *Liakhow* ou de la *Nouvelle-Sibérie*, où les tribus de la Sibérie septentrionale vont chercher l'ivoire fossile.

Au nord de l'Europe, l'océan Glacial baigne, outre la *Nouvelle-Zemble*, l'*Islande* et l'île *Jean Mayen*, la terre du *Spitzberg* et la terre *François-Joseph*, découverte par l'expédition autrichienne de MM. *Payer* et *Weyprecht* (1873).

Les plus importantes des terres arctiques sont situées au nord du continent américain. Ce sont : le **Groenland**, baigné, à l'ouest, par le détroit de *Davis*, la mer de *Baffin*, les détroits de *Smith*, de *Kennedy* et de *Robeson*, à l'est, par l'océan Glacial ; terminé, au sud, par le cap *Farewell*, et dont l'intérieur et la partie septentrionale sont encore inconnus. C'est un véritable continent, en partie couvert de glaciers et de neiges éternelles, où les mousses, les lichens et quelques arbres rabougris forment toute la végétation, et qui ne nourrit d'autres animaux sauvages que l'ours blanc, d'autres animaux domestiques que le chien et le renne. Le Danemark y possède des établisse-

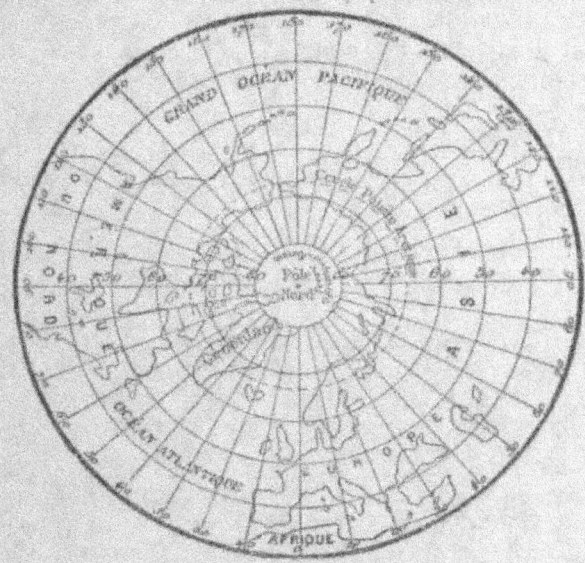

Carte XXXVII. — Le pôle nord.

ments (*Julianeshaab, Christianshaab, Upernawick*, etc.). Les indigènes, peuple aux cheveux noirs, aux pommettes saillantes, au teint cuivré, aux yeux obliques, portent le nom d'*Esquimaux*, ou d'*Innuits*.

A l'ouest du Groenland, et au nord de l'Amérique, sont situées, la *Terre de Baffin*, séparée du Groenland par le détroit de *Davis*, de l'Amérique par le détroit d'*Hudson* et du *Devon* septentrional (*North-Devon*), par le détroit de *Lancastre*;

Les îles *Cornwallis* et *Bathurst*, séparées de la terre de *Somerset* et de l'île du *Prince-de-Galles*, par le détroit de *Barrow*;

L'île *Melville* et la terre du Prince *Patrick*, séparées de la terre du *Prince-Albert* et de la terre de *Banks*, par le détroit de *Melville*, et celui de *Banks*;

Les terres de *Grinnell* et de *Grant*, séparées du Groenland par les détroits de *Smith* et de *Kennedy*.

Glacées et sans végétation, tour à tour éclairées par un soleil pâle et froid, ou plongées dans des nuits de plusieurs mois qu'illuminent les aurores boréales, la plupart de ces terres sont dépourvues d'habitants. La mer est elle-même couverte de glaces flottantes, ou de glaces fixes qui prennent le nom de banquises, et ces parages ne sont guère visités que par les canots et les traîneaux des Esquimaux, ou par de rares navigateurs qu'y attire la pêche du phoque et de la baleine.

Passage nord-ouest. — Dès le seizième siècle, les navigateurs anglais se préoccupèrent de découvrir, au nord

Fig. 47. — Le phoque.

de l'Amérique, un passage qui permît de se rendre en Chine et au Japon par une route plus courte que celle du cap de Bonne-Espérance.

Frobisher (1576-1578) retrouve le Groenland, déjà découvert au dixième siècle après J.-C. par les navigateurs normands et scandinaves qui avaient fondé des établissements à Terre-Neuve.

Davis (1585-1587) explore le détroit qui porte son nom ;
Hudson (1607-1610) découvre la mer d'Hudson ;
Baffin (1616) celle de Baffin.

En 1725, le Danois *Behring*, au service de la Russie, franchit le détroit de Behring qui sépare l'Amérique de l'Asie.

En 1819 et 1821, l'Anglais *Parry* reconnaît les détroits de *Lancastre* et de *Barrow* et explore les côtes de l'île *Melville*, de l'île *Bathurst*, etc...

De 1829 à 1833, *Ross* complète ces découvertes et passe trois hivers dans les mers glaciales.

Dans un voyage par terre (1820-1822), *John Franklin* explore la partie inconnue du littoral de l'océan Glacial ; en 1845, il part pour une expédition maritime qui doit lui coûter la vie.

Parmi les nombreux voyageurs qui s'acharnèrent, de 1848 à 1859, à la recherche de Franklin, il faut citer *Inglefield* et son compagnon, le Français *Bellot*, *Mac-Klintock*, *Mac-Lure* qui, en 1850, découvrit, en partant du détroit de Béring, le canal qui porte son nom, entre la terre du *Prince-Albert* et la terre de *Banks ;* mais ce canal, obstrué par les glaces, est impraticable même pour les plus petites embarcations. *Kane*, voyageur américain, crut apercevoir, en 1854, au delà du 81° degré de latitude nord, une mer libre de glaces, à laquelle on donna son nom. Le docteur *Hayes*, qui s'avança par terre jusqu'au 82° degré, crut voir aussi en 1862 la mer libre semblant s'étendre jusqu'au pôle, mais les voyages récents n'ont pas confirmé ces espérances. Les expéditions américaines (*Hall*, 1871) et anglaises (*Nares*, 1875) semblent avoir démontré l'impossibilité d'atteindre le pôle par la route du détroit de Smith. C'est, en effet, par la route du Spitzberg qu'ont été, jusqu'en 1900, atteintes les plus hautes latitudes.

Nansen (1893-1896), en cherchant à vérifier l'existence des courants conduisant des côtes de la Sibérie vers l'Amérique, parvint avec le navire le *Fram* au 85°55' et s'avança à pied à travers les glaces jusqu'au 86°14' de latitude nord.

Enfin le *duc des Abruzzes*, sur le navire l'*Etoile polaire*, atteignit avec des traîneaux 86°35', le point le plus rapproché du pôle nord où l'on soit parvenu jusqu'à ce jour (1899-1900).

RÉSUMÉ
Terres arctiques.

On désigne sous le nom de TERRES ARCTIQUES les terres situées au nord de l'Amérique, de l'Europe et de l'Asie et baignées par l'océan Glacial arctique.

Les principales sont : 1° au nord de l'Asie, la TERRE DE WRANGEL et la NOUVELLE-SIBÉRIE ; 2° au nord de l'Europe, la NOUVELLE-ZEMBLE, le SPITZBERG, la TERRE FRANÇOIS-JOSEPH (1873), l'ISLANDE ; 3° au nord de l'Amérique, le GROENLAND, baigné : à l'ouest, par le détroit de *Davis*, la mer de *Baffin*, les détroits de *Smith* et de *Kennedy* ; à l'est, par l'océan Glacial, et dont l'intérieur et la partie septentrionale sont encore inconnus. Le Danemark y possède des établissements. Les indigènes portent le nom d'*Esquimaux*.

A l'ouest du Groenland, la *Terre de Baffin* et le *North-Devon*, séparés par les détroits de *Barrow* et de *Lancastre* ;

Les terres de *Grinnell* et de *Grant*, séparées du Groenland par les détroits de *Smith* et de *Kennedy* ;

L'île *Bathurst* et l'île du *Prince-de-Galles* ;

L'île *Melville*, la terre du *Prince-Albert* et l'île de *Banks*, séparées par le canal de *Mac-Clure*.

PASSAGE NORD-OUEST. — Le passage qui permettrait aux navires de faire le tour de l'Amérique par le nord a été cherché sans succès depuis le seizième siècle. Les principaux explorateurs sont :

Davis (1585), *Hudson* (1607-1610), *Baffin* (1616), le Danois *Behring* (1725) ; en 1819 et 1821, l'Anglais *Parry* ; en 1829, *Ross* ; sir *John Franklin*, qui constate l'existence du passage et périt plus tard (1845-47), en essayant de le franchir ; de 1850 à 1876, *Mac-Clure*, *Kane*, *Hayes*, *Hall*, *Nares*, dont l'expédition a dépassé le 83° degré de latitude nord ; *Nansen* (1893-96) a atteint 86°14' et l'expédition du *duc des Abruzzes* (1899-1900) est parvenue jusqu'au 86°33' de latitude nord.

Exercices.

Carte des régions arctiques. Itinéraire des principales expéditions.

CHAPITRE II

NOUVEAU CONTINENT

AMÉRIQUE

L'Amérique, située entre le 37° et le 171° degré de longitude occidentale, entre le 55° degré de latitude sud et le 71° de latitude nord, se divise en deux grandes masses de terres, réunies par l'isthme étroit de Panama : l'Amérique du Nord et l'Amérique du Sud.

NOTIONS GÉNÉRALES SUR LA GÉOGRAPHIE DE L'AMÉRIQUE DU NORD

Grandes divisions. — L'Amérique du Nord comprend cinq grandes régions :

1° Au **nord**, l'Amérique anglaise (Dominion of Canada);

2° Au **centre**, les États-Unis, auxquels il faut rattacher le territoire d'Alaska ;

3°, 4° et 5° Au **sud**, le Mexique, les républiques de l'Amérique centrale et les Antilles.

Bornes et superficie. — Le continent de l'Amérique du Nord, situé entre 9° et 71° de latitude nord, 55° et 174° de longitude occidentale, est borné : au *nord*, par l'**océan Glacial arctique** ;

A l'*est*, par l'**océan Atlantique**;

Au *sud*, par le *golfe du Mexique*, la *mer des Antilles* et l'*isthme de Panama* ;

A l'*ouest*, par l'**océan Pacifique** et le *détroit de Behring*, qui le sépare de l'Asie.

La superficie totale est de 24 à 25 millions de kilomètres carrés.

Les deux versants américains. — L'Amérique du Nord est divisée en deux grands versants inégaux : celui du Pacifique à l'ouest et celui de l'océan Glacial et de l'Atlantique à l'est ; par un massif de montagnes orienté du nord au sud, depuis le *cap du Prince-de-Galles* sur le détroit de Behring, jusqu'à l'isthme de Panama, et connu sous le nom de **Montagnes Rocheuses**, *Cordillère* (chaîne) *du Mexique* et *Cordillère de l'Amérique centrale* ou *de Guatemala*. Les sommets les plus élevés atteignent près de 6,000 mètres et la hauteur moyenne est de près de 3,000.

Versant occidental. Océan Pacifique. — Le versant de l'ouest ou du Grand-Océan est une région accidentée, aux terrains granitiques, couverte dans l'intérieur de forêts, de steppes élevés et arides, de lacs salés (*Grand lac Salé, lac Pyramide, lac Walker*), de plateaux rocailleux, bordée sur le littoral d'une chaîne de montagnes volcaniques (monts de l'Alaska : volcan *Saint-Élie*, 5,500 mètres), *Chaîne des Cascades* (mont *Rainier*, *Sierra-Nevada*), qui se terminent au cap *San-Lucas*, dans la presqu'île de *Vieille-Californie* (Mexique) ; mais les bords de l'océan Pacifique offrent de riches plaines, des vallées fertiles qui contrastent avec l'aspect désolé des hauts plateaux.

L'océan Pacifique creuse, entre les rivages du Mexique et l'étroite presqu'île de Vieille-Californie, un golfe profond, le *golfe de Californie* ou *mer Vermeille*. Il baigne de nombreux groupes d'îles, semées sur les côtes depuis la presqu'île d'*Alaska* jusqu'aux limites des Etats-Unis, îles *Aléoutiennes*, *Archipel du Prince-de-Galles*, *de la Reine-Charlotte*, île *Vancouver*.

Le versant occidental est arrosé par un grand nombre de cours d'eau, dont les plus importants sont, du nord au sud, le fleuve *Youkon* (territoire d'Alaska, 3,000 kilomètres navigables), qui se jette dans la mer de Behring, la *rivière Frazer* (Amérique anglaise), l'*Orégon* ou *Columbia* (Etats-Unis), le *Rio* (1) *Sacramento* (*id.*), tributaires de l'océan Pacifique, et le *Rio Colorado* (*id.*), qui se jette dans la mer Vermeille.

Versant oriental. — Le versant oriental se subdivise en trois parties :

1° L'Amérique touche au nord à l'**océan Glacial arc-**

(1) *Rio*, en espagnol, signifie rivière ou fleuve.

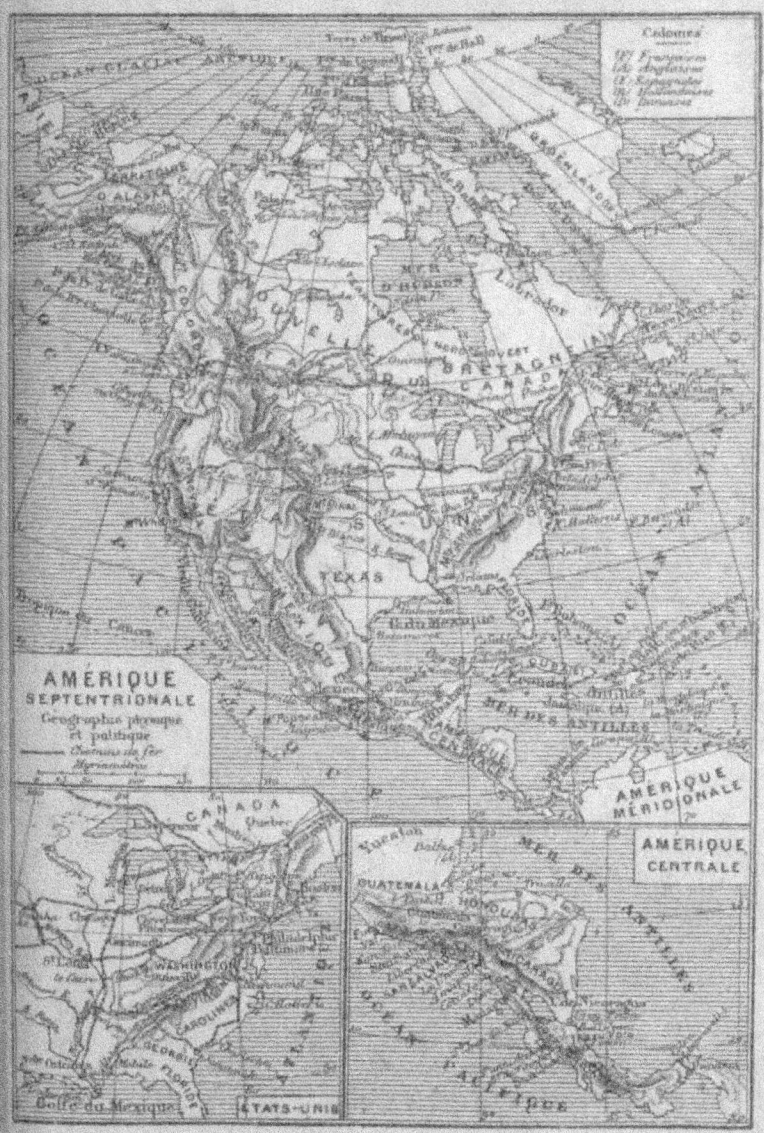

Carte XXXVIII.

tique et à la mer d'*Hudson*, immense golfe qui communique par le détroit d'*Hudson* avec l'océan Atlantique et qui baigne le nord-est de l'*Amérique anglaise*. C'est dans l'océan Glacial et dans la mer de *Baffin*, qui n'en est qu'une subdivision et qui communique avec l'Atlantique par le détroit de *Davis*, que sont dispersés ces groupes d'îles, ces terres, pour la plupart désertes et couvertes de glaces éternelles, qui ont reçu le nom de Terres Arctiques. Le versant de l'océan Glacial est limité, à l'ouest, par les *montagnes Rocheuses* (monts *Brown*, 4,850 mèt., *Hooker*, 5,200 mèt.); au sud, par des plateaux peu élevés et coupés de bas-fonds qui se prolongent jusqu'à la presqu'île du *Labrador* : c'est une région de plaines, couverte de lacs, de forêts, de tourbières et de neiges, arrosée par d'innombrables cours d'eau, dont les plus importants sont : le *Mackensie*, qui coule du sud au nord et se jette dans l'océan Glacial et qui sert de déversoir aux lacs *Atabaska* (lac de l'*Élan*), de l'*Esclave*, du *Grand-Ours*, et le fleuve *Saskatchéouanne*, qui se perd dans le lac *Ouinnipeg*, dont le déversoir, le *Nelson*, se jette dans la mer d'Hudson. Ces deux fleuves descendent des montagnes Rocheuses.

2° Le versant de **l'océan Atlantique** proprement dit, région accidentée et fertile où se rencontrent, à côté du granit et des terrains houillers, une grande variété de terrains de formation plus récente, s'étend, à l'ouest, jusqu'aux montagnes et plateaux qui portent le nom de monts *Alleghanys* et qui s'effacent dans les plaines marécageuses de la presqu'île de *Floride*, au sud-est du continent.

Les rivages sont profondément découpés et bordés d'îles, dont quelques-unes, comme *Terre-Neuve*, l'île du *Prince-Édouard*, l'île du *Cap-Breton*, *Anticosti*, sont d'une étendue considérable. De nombreux cours d'eau : l'*Hudson*, la *Delaware*, le *Potomac*, la *Rivière James* (États-Unis), portent à l'*Atlantique* les eaux du versant oriental des Alleghanys; mais le plus important est le grand fleuve *Saint-Laurent* (Canada), qui creuse à son embouchure le golfe du même nom et qui sert de déversoir à une sorte de Méditerranée formée par les cinq lacs *Ontario*, *Érié*, *Michigan*, *Huron* et *Supérieur* (250,000 kilomètres carrés de superficie).

3° Entre les monts Alleghanys, les montagnes Rocheuses (pic *Frémont*, pics *Long*, *Blanca*, etc., qui atteignent ou dépassent 4,300 mètres) et la Cordillère mexicaine (point culminant : le pic d'*Orizaba*, 5,450 mètres), s'étend le versant du golfe du Mexique. Le golfe s'étend depuis le cap *Sable* (Floride) jusqu'au cap *Catoche*, dans la presqu'île de *Yucatan*. Cette immense région, où dominent, comme bases de la composition du sol, le grès rouge, la craie, les roches carbonifères et les terres d'alluvion déposées par les fleuves, est en partie couverte de steppes qui portent le nom de prairies, en partie sillonnée de hauteurs boisées et bordée sur le littoral de lagunes et de marécages. Les principaux cours d'eau, qui coulent tous du nord au sud, sont le *Rio del Norte* (fleuve du Nord), le *Rio Colorado* du Texas, et surtout le *Mississipi* (Père des eaux : plus de 5,000 kilomètres), le roi des fleuves de l'Amérique du Nord, qui reçoit à gauche les eaux des Alleghanys par l'*Illinois* et l'*Ohio* grossi du *Tennessée*, à droite celles des montagnes Rocheuses par le *Missouri* grossi de la *Nebraska* et du *Kansas*, et qui devrait être considéré comme la branche principale, par l'*Arkansas* et par la *Rivière Rouge*.

Quant à la **mer des Antilles** (profondeur moyenne : 4,000 mètres), qui communique avec le golfe du Mexique par le canal du *Yucatan*, entre la presqu'île du même nom et l'île de *Cuba*, et dont le bassin est limité, à l'ouest, par la *Cordillère de Guatemala*, à l'est, par cette chaîne d'îles volcaniques connues sous le nom de *Grandes* et de *Petites Antilles*, elle ne reçoit aucun cours d'eau important appartenant à l'Amérique du Nord.

Population et religions. — La population totale de l'Amérique du Nord, si l'on y rattache le Mexique et les Antilles avec l'Amérique centrale, est d'environ 102 millions d'habitants. Nulle part le mélange des races n'est plus grand que sur le continent américain.

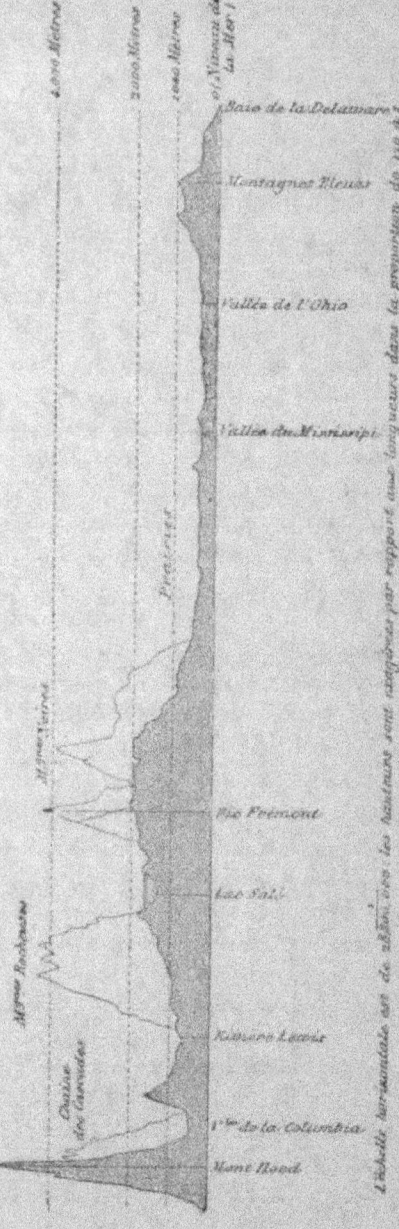

Profil de l'Amérique du Nord depuis l'Embouchure de la Columbia jusqu'à la baie de la Delaware (d'après Ewald) (1).

Carte XXXIX.

1° Les indigènes (1) de race pure, à peau rouge ou cuivrée et dont quelques-uns, par leurs langues et leurs caractères physiques, semblent se rapprocher de la grande famille mongolique, ne comptent guère que pour six millions. Décimés par la guerre, les maladies, l'ivrognerie et la misère, ou lentement absorbés par la fusion avec les races européennes, ils tendent à disparaître aux Etats-Unis et dans l'Amérique anglaise et ne dominent plus par le nombre, sinon par l'influence, qu'au Mexique et dans l'Amérique centrale.

2° Les nègres de race pure, importés d'Afrique comme esclaves par les conquérants européens, mais aujourd'hui émancipés, sont au nombre de près de sept millions aux Antilles et dans le sud des Etats-Unis.

3° Les métis de race blanche et des races indigènes sont nombreux au Mexique et dans l'Amérique centrale, tandis que les mulâtres ou métis de race blanche et de race noire sont surtout répandus aux Etats-Unis et dans les Antilles.

4° La population blanche, d'origine européenne (Anglais, Allemands, Irlandais, Français, Scandinaves), domine aux Etats-Unis et dans l'Amérique anglaise, tandis qu'elle est en minorité au Mexique (Espagnols), dans l'Amérique centrale (Espagnols) et aux Antilles (Espagnols, Anglais, Français et Hollandais). — 72 à 75 millions.

Le catholicisme domine au Mexique, dans l'Amérique centrale et la plus grande partie des Antilles ; le protestantisme, sous les formes les plus diverses, aux Etats-Unis et dans l'Amérique anglaise.

RÉSUMÉ

Amérique du Nord.

GÉOGRAPHIE PHYSIQUE. — L'Amérique du Nord a pour limites, au nord, l'*océan Glacial arctique* ; à l'est, l'*océan Atlantique* ;

(1) On leur a donné le nom d'Indiens parce que les premiers explorateurs européens croyaient, en découvrant l'Amérique, aborder aux Indes, en Asie.

au sud, le canal de *Bahama* et le détroit de Floride, le *golfe du Mexique*, la mer des *Antilles* et l'isthme de *Panama* ; à l'ouest, l'océan *Pacifique* et le détroit de *Behring*. Elle est située entre 9° et 71° de latitude nord, 55° et 171° de longitude ouest. Sa superficie est d'environ 24 millions de kilomètres carrés.

Les MERS SECONDAIRES ou grands GOLFES sont : la mer d'*Hudson*, le golfe du *Saint-Laurent*, le golfe du *Mexique* et la *mer des Antilles*, formés par l'Atlantique, la *mer de Baffin*, formée par l'océan Glacial, le golfe de *Californie*, formé par l'océan Pacifique.

Les principales PRESQU'ILES sont : au nord-est, le Labrador ; au sud-est, la Floride ; au sud, le Yucatan ; à l'ouest, la Vieille-Californie ; au nord-ouest, la presqu'île d'Alaska.

Les principaux CAPS sont : le cap *Charles*, à l'est du Labrador, le cap *Hatteras* (États-Unis), et le cap *Sable*, au sud de la Floride, dans l'Atlantique ; le cap *Saint-Lucas*, au sud de la Vieille-Californie, et le cap du *Prince-de-Galles* (océan Pacifique).

Les principales ILES sont : dans l'Atlantique, *Terre-Neuve* et les *Bermudes* ; dans le golfe du Mexique et la mer des Antilles, les îles *Bahama*, les *Grandes* et les *Petites Antilles* ; dans l'océan Pacifique, les îles *Vancouver*, de la *Reine-Charlotte*, du *Prince-de-Galles*, *Aléoutiennes* ; dans l'océan Glacial, les Terres arctiques.

La principale chaîne de MONTAGNES, qui s'élargit en vastes plateaux, est la chaîne des *Montagnes Rocheuses* et la *Cordillière du Mexique* (points culminants du continent : le *Saint-Élie*, 5,900 mètres ; le pic d'*Orizaba*, 5,450 mètres, et le *Popocatepetl*) ; à l'est de cette chaîne s'étendent les grandes plaines de l'*Amérique anglaise* et les prairies des *États-Unis*, séparées de l'Atlantique par les plateaux des Apalaches, et les monts *Alleghanys*.

Les principaux FLEUVES sont : dans le versant de l'océan Pacifique, le *Youkon*, l'*Orégon* ou *Colombia*, le *Sacramento*, le *Rio Colorado* ; dans le versant de l'océan Glacial, le *Mackensie*, déversoir des lacs du *Grand-Ours*, de l'*Esclave* et *Athabaska* ; dans le versant de l'Atlantique, la *Saskatchéouanne*, prolongée par le *Nelson*, déversoir du lac *Ouinnipeg* (mer d'Hudson), le *Saint-Laurent*, déversoir des cinq grands lacs Supérieur, Huron, Michigan, Érié, Ontario, l'*Hudson*, la *Delaware*, le *Potomac* (Atlantique) ; dans le versant du golfe du Mexique, le *Mississipi*, grossi, à droite, du *Missouri*, de l'*Arkansas* et de la *Rivière Rouge*, à gauche, de l'*Ohio*, et le *Rio Bravo del Norte*.

La POPULATION est d'environ 102 millions d'habitants de races blanche (72 à 75 millions), rouge (Indiens) ou noire (Nègres amenés autrefois d'Afrique).

Exercices.

Carte physique de l'Amérique du Nord. — Distinguer par des teintes les régions de plaines basses, les plateaux et les pays de montagnes.

CHAPITRE III

RÉGION SEPTENTRIONALE

I

TERRITOIRE D'ALASKA. — (ÉTATS-UNIS).

L'Ancienne Amérique russe, aujourd'hui **territoire d'Alaska** (1,376,000 kilomèt. carrés, 70,000 habitants), vendue par la Russie aux États-Unis, est bornée : au nord, par l'océan Glacial ; à l'ouest, par le détroit de *Behring* et par la mer de *Behring*, qui baigne les îles *Aléoutiennes* ; au sud, par l'océan Pacifique, qui baigne les îles *Kadiak* et du *Prince-de-Galles* ; à l'est, par l'Amérique anglaise (Canada).

Le territoire d'Alaska, montagneux sur le littoral de l'océan Glacial et de l'océan Pacifique, est, dans l'intérieur, un pays de plaines et de plateaux, arrosé par de nombreux cours d'eau, dont le principal est le *Youkon*, tributaire de la mer de Behring ; terre inculte, glacée par les vents et les courants maritimes qui descendent du pôle, habitée par quelques tribus sauvages d'Indiens et d'Esquimaux et par un petit nombre de colons américains. Cependant le climat du littoral occidental est moins rude, et de riches forêts, des mines de charbon de terre, d'abondantes pêcheries assurent à ces contrées un meilleur avenir. Le principal établissement est la ville de *Sitka*, dans l'île du même nom, centre du commerce des bois et des fourrures et relâche des navires baleiniers. Des mines d'or, découvertes en 1896 dans la vallée du Youkoun, ont amené le peuplement rapide, malgré un climat glacial, de la région du Klondyke.

II

AMÉRIQUE ANGLAISE (CONFÉDÉRATION CANADIENNE)

Limites. — L'Amérique anglaise (8,400,000 kilom. carrés) est bornée : au nord, par l'océan Glacial, par la mer d'*Hudson* et le détroit d'*Hudson*; à l'est, par l'Atlantique, qui forme le golfe du *Saint-Laurent*; au sud, par les États-Unis ; à l'ouest, par l'océan Pacifique et le territoire d'Alaska.

Iles. — Les îles qui s'y rattachent sont : dans l'océan Pacifique, l'île *Vancouver*; dans l'océan Atlantique, l'île *Terre-Neuve*, l'île du *Cap-Breton*, *Anticosti* et l'île du *Prince-Édouard*.

Description physique et politique. — L'Amérique anglaise est coupée, du nord au sud, par le massif des montagnes *Rocheuses* qui la divisent en deux grands versants :

A l'ouest, celui de l'**océan Pacifique**;

Au nord et à l'est, celui de l'**océan Glacial**, de la mer d'**Hudson** et de l'**océan Atlantique**.

Les côtes de l'Atlantique avaient été visitées, dès le onzième siècle, par les navigateurs normands ; retrouvé à la fin du quinzième siècle par les Anglais, les Français et les Portugais, le pays qui devait prendre au seizième le nom de *Nouvelle-France* et de *Canada* fut occupé au nom de la France par Jacques Cartier, sous François Ier, colonisé par Champlain, sous Henri IV, et perdu sous Louis XV, qui le céda à l'Angleterre (traité de Paris, 1763).

L'ensemble des possessions anglaises se divise aujourd'hui en neuf provinces, qui conservent leurs lois et leur administration distinctes ; huit d'entre elles ont constitué, sous le nom de *Dominion du Canada*, une confédération régie par un parlement colonial et par un gouverneur que nomme l'Angleterre.

Ces provinces sont : 1° à l'ouest, dans le versant du Pacifique, la **Colombie britannique**, arrosée par la rivière *Frazer*, et l'île *Vancouver*, capitale *Victoria*; région accidentée, importante par ses mines d'or et ses magnifiques forêts de cèdres et de sapins, mais dont les colons anglais n'occupent que les côtes, tandis que l'intérieur est encore parcouru par les tribus d'Indiens insoumis ;

2° Au nord, dans le versant de l'océan Glacial et de la mer d'Hudson, les vastes *Territoires du* **nord-ouest**, arrosés par le *Mackensie*, déversoir des lacs *Athabaska*, de l'*Esclave* et du *Grand-Ours* et par les rivières *Nelson* et *Severn*, déversoirs des lacs *Ouinnipeg* et *Manitoba*; et la presqu'île sablonneuse du **Labrador**; région immense couverte de lacs, de forêts et de steppes, à peine habitée par quelques tribus d'Indiens et d'Esquimaux et quelques chasseurs au service de la Compagnie des fourrures.

A l'est, dans le versant de l'Atlantique :

3° L'île du **Prince-Edouard**, capitale *Charlottetown*;

4° La presqu'île de la **Nouvelle-Ecosse** (ancienne *Acadie*, cédée aux Anglais par la France en 1713, capitale *Halifax*, sur l'Atlantique), riche en mines de houille et de fer, en forêts, en bestiaux, en cultures de toute espèce;

5° Le **Nouveau-Brunswick**, capitale *Fredericktown*, ville principale *Saint-John*;

6° Le **Bas-Canada**, dont la population est en majorité d'origine française et a conservé sa langue, pays de forêts, de prairies, de plaines fertiles et bien cultivées, arrosé par le fleuve Saint-Laurent, déversoir des grands lacs qui séparent l'Amérique anglaise des Etats-Unis, capitale *Québec*, ville principale *Montréal* (240,000 habitants), sur le Saint-Laurent;

7° Le **Haut-Canada** ou **Ontario**, baigné par le Saint-Laurent, par les lacs Supérieur, Huron, Erié et Ontario, ces deux derniers communiquant par la fameuse cataracte du **Niagara**.

Un sol aussi fertile, des forêts aussi vastes, des prairies aussi plantureuses que celles du Bas-Canada, des mines de fer et de cuivre, d'abondantes sources de pétrole ont rapidement élevé cette province au niveau de sa voisine. Les villes principales sont : *Kingston*, sur le Saint-Laurent, *Toronto* et *Hamilton*, sur le lac Ontario. La capitale de la Confédération, *Ottawa* (55,000 habitants), sur un des affluents du Saint-Laurent, est située dans la province d'Ontario;

8° Le *territoire de Manitoba* et les districts d'*Alberta* et de *Saskatchéouanne*, encore peu habités, au nord-ouest du lac Supérieur ; ville principale : *Ouinnipeg*, sur la rivière Assiniboine.

L'île de **Terre-Neuve** (110,000 kil. car., 200,000 hab.), à l'entrée du golfe du Saint-Laurent, sablonneuse et stérile, mais importante par ses pêcheries, ne fait pas partie de la Confédération. La capitale est *Saint-Jean*.

Au gouvernement du Canada se rattachent les îles *Bermudes*, groupe isolé situé dans l'Atlantique, à l'est des États-Unis, et qui appartient à l'Angleterre.

Population. — Une population active, intelligente (5 millions d'habitants), sans cesse recrutée par l'émigration anglaise et irlandaise, mais où l'élément franco-canadien tient une large place (1,600,000 hab.), a développé depuis un siècle les ressources naturelles du pays, multiplié les routes, les canaux, les chemins de fer, créé des forges, des scieries mécaniques, des tanneries, des chantiers de construction, et poursuit encore chaque jour le défrichement du sol à qui il ne manque que des bras.

Les protestants sont en majorité parmi les colons de race anglaise ; les catholiques parmi les Franco-Canadiens.

Possessions françaises. — La France possède dans le golfe du Saint-Laurent les petites îles de *Saint-Pierre* et des deux *Miquelon*, seuls débris de son empire colonial du Canada, et le droit de pêcher la morue sur le banc de *Terre-Neuve*.

RÉSUMÉ

I

Territoire d'Alaska. — États-Unis.

L'ancienne AMÉRIQUE RUSSE, aujourd'hui *Territoire d'Alaska* (États-Unis), borné : au nord, par l'océan Glacial ; à l'ouest, par le détroit et la mer de *Behring* (îles *Aléoutiennes*) ; au sud, par l'océan Pacifique ; à l'est, par l'Amérique anglaise, est traversé par le prolongement des *montagnes Rocheuses* et arrosé par le fleuve *Youkon* ; c'est une terre stérile, presque inhabitée. Le principal établissement est *Sitka*. Des mines d'or ont été découvertes dans la région du Klondyke.

II
Amérique anglaise. — Canada.

L'AMÉRIQUE ANGLAISE est bornée : au nord, par l'océan Glacial, par la mer d'*Hudson* et le détroit d'*Hudson* ; à l'est, par l'Atlantique, qui forme le golfe du *Saint-Laurent* ; au sud, par les États-Unis ; à l'ouest, par l'océan Pacifique et le territoire d'Alaska.

Les îles qui en dépendent sont : dans l'océan Pacifique, l'île *Vancouver* ; dans l'océan Atlantique, *Terre-Neuve*, l'île du *Cap-Breton*, *Anticosti*, l'île du *Prince-Édouard*.

L'Amérique anglaise est coupée, du nord au sud, par la chaîne des *montagnes Rocheuses*, qui la divisent en deux versants :

A l'ouest, celui de l'OCÉAN PACIFIQUE, arrosé par le *Frazer* ;

Au nord et au nord-est, celui de l'OCÉAN GLACIAL, qui reçoit le *Mackensie*, déversoir des lacs de l'*Esclave* et du *Grand-Ours* ; de la mer d'HUDSON, qui reçoit le *Nelson*, déversoir du lac *Ouinnipeg*, et de l'océan ATLANTIQUE, qui reçoit le *Saint-Laurent*, déversoir des cinq grands lacs *Ontario*, *Érié*, *Huron*, *Michigan* et *Supérieur*.

L'Amérique anglaise, qui a en partie appartenu à la France, sous le nom de Nouvelle-France ou Canada, est devenue une possession anglaise depuis 1763 ; elle se divise en provinces, aujourd'hui organisées en confédération, et qui portent le nom de *Dominion of Canada* ;

1° A l'ouest, la *Colombie Britannique* et l'île *Vancouver*, capitale *Victoria* ; 2° au nord, les *Territoires du Nord-Ouest* ; 3° à l'est, l'île du *Prince-Édouard*, capitale *Charlottetown* ; 4° la presqu'île de la *Nouvelle-Écosse*, capitale *Halifax* ; 5° le *Nouveau-Brunswick*, capitale *Fred-ricktown* ; 6° au sud, le *Bas-Canada*, dont la population est en majorité d'origine française ; capitale *Québec*, ville principale *Montréal*, sur le Saint-Laurent ; 7° le *Haut-Canada*, villes principales : *Ottawa*, siège du gouvernement fédéral, *Toronto*, sur le lac Ontario, et *Kingston*, sur le Saint-Laurent ; 8° le *territoire de Manitoba*, au nord-ouest des grands lacs.

L'île de *Terre-Neuve*, capitale *Saint-Jean*, importante par ses pêcheries de morues, ne fait pas partie de la confédération.

Les principales productions de l'Amérique anglaise sont : les bois, les fourrures, les céréales, les laines, les minerais de fer, de cuivre et d'or, et les produits de la pêche.

POSSESSIONS FRANÇAISES. — La France possède, dans le golfe du Saint-Laurent, les petites îles de *Saint-Pierre* et de *Miquelon*, et le droit de pêcher la morue sur le banc de *Terre-Neuve*.

Exercices.

Carte physique et politique des possessions anglaises (Dominion of Canada).

CHAPITRE IV

RÉGION CENTRALE

ÉTATS-UNIS.

Bornes et superficie. — La république des Etats-Unis est bornée, au nord, par l'Amérique anglaise, à l'ouest, par l'océan Pacifique, au sud, par le Mexique, le golfe du Mexique et le canal de Bahama, à l'est, par l'océan Atlantique. La superficie totale dépasse 9,300,000 kilom. carrés, en y comprenant l'Alaska.

Notions historiques. — Les Etats-Unis ont pour origine les colonies anglaises fondées sur le littoral de l'Atlantique de 1620 à 1732, et divisées en deux groupes, la Nouvelle-Angleterre, au nord, la Virginie, au sud. Ces colonies se soulevèrent contre la métropole en 1774 et proclamèrent leur indépendance sous le nom d'Etats-Unis en 1776. Elles étaient alors au nombre de treize : Washington, qui dirigea la guerre de l'indépendance, fut le premier président de la confédération.

Le territoire des Etats-Unis s'est agrandi depuis par l'achat de la *Louisiane* (1803) à la France, par celui de la Floride à l'Espagne (1820), et par la conquête du Texas, du Nouveau-Mexique et de la Californie enlevés au Mexique (1845-1848).

En 1860-1864, les Etats du sud qui avaient maintenu l'esclavage des noirs, essayèrent de former une confédération séparée ; une guerre sanglante éclata entre les Etats restés fidèles à l'union et la confédération nouvelle qui fut vaincue en 1865. Le rétablissement de l'union et la suppression de l'esclavage ont été la conséquence du triomphe des fédéraux.

Divisions politiques et gouvernement. — Les Etats-Unis forment aujourd'hui une *république fédérale* gouvernée par un *président*, élu pour quatre ans, et par un *Congrès*, qui se compose d'un *Sénat* (deux sénateurs par Etat), et d'une chambre des *représentants*, élue pour deux ans, dans la proportion d'un représentant par 136,000 habitants.

Le siège du gouvernement fédéral est la ville de **Washington**, sur le Potomac (250,000 hab.), qui forme un district spécial.

Chacun des Etats qui composent la confédération administre librement ses affaires intérieures, et possède ses chambres, ses finances, sa milice particulière. Les territoires qui ne peuvent s'élever au rang d'Etat, que quand la population y dépasse 136,000 individus, n'ont pas droit de suffrage au Congrès, et ne concourent pas à l'élection du président.

Les Etats sont au nombre de 44 et les territoires au nombre de 5, en comptant celui d'Alaska.

Grandes régions naturelles, description physique. — Les Etats-Unis sont divisés par les *Montagnes Rocheuses* et les *Alleghanys* en trois versants : océan Pacifique, océan Atlantique et golfe du Mexique.

La nature n'a rien refusé à cette grande république, dont les progrès étonnent et inquiètent notre vieille Europe ; une situation commerciale sans rivale, dominant les deux océans, touchant d'un côté à l'Asie, de l'autre à l'Europe ; d'admirables voies de communication naturelles, une variété infinie de climats et de produits :

1° Dans le versant de l'océan Pacifique (Etats d'*Orégon*, de *Californie*, de *Nevada*, de *Washington*, d'*Idaho*, territoires d'*Utah*, d'*Arizona*), un climat froid au nord, brûlant au midi, mais tempéré par les brises de mer et les courants du Pacifique, des plateaux granitiques, arides ou couverts de lacs salés, dominés par les cimes des montagnes Rocheuses, mais riches en mines d'argent, d'or, de cuivre et de mercure, des vallées creusées par les eaux rapides de l'*Orégon*, du *Rio-Sacramento*, du *Rio-Colorado*, et couronnées de magnifiques forêts ; sur le littoral, des plaines qui produisent en abondance les céréales, le tabac, la vigne, et que parcourent de nombreux troupeaux;

2° Dans le versant de l'Atlantique et du golfe du Mexique:

Au **nord** : (*Etats du Maine, New-Hampshire, Massachusetts, Vermont, Connecticut, New-York, Rhode-Island, New-Jersey, Pensylvanie, Delaware*), un climat salubre et tempéré, malgré les hivers rigoureux des Etats les plus septentrionaux ; des cours d'eau (*Hudson, Delaware, Susquehannah*), précieux à la fois comme voies de communication et comme forces motrices; un sol accidenté, sans grandes chaînes de montagnes, qui se prête à toutes nos cultures européennes; des mines de houille, de fer et de plomb, d'inépuisables sources de pétrole;

Fig. 28. — Le tabac.

Dans le groupe du **centre**, séparé du précédent par les monts *Alleghanys*, et baigné au nord par les grands lacs *Supérieur, Michigan, Érié* (Etats de *Kentucky, Ohio, Indiana, Michigan, Wisconsin, Illinois, Minnesota, Iowa, Missouri, Kansas, Nebraska, Colorado, Dacotah* nord et sud, *Montana, Wyoming*), un climat plus sec, un ciel plus pur que sur la côte, de vastes plaines arrosées par des fleuves immenses (*Mississipi* et ses affluents : à gauche, *Illinois, Ohio*; à droite, *Missouri*, grossi de la *Nebraska*, du

Kansas, etc.), des steppes que la civilisation transforme en terres à blés ou à maïs, en prairies et en plantations de tabac; dans la région tourmentée que dominent les *Montagnes Rocheuses*, des mines d'or et d'argent; sur le bord des grands lacs, de riches gisements de cuivre et de fer;

Dans le groupe du **sud** (*Virginies, Maryland, Caroline du Nord, Caroline du Sud, Géorgie, Floride, Alabama, Tennessée, Mississipi, Louisiane, Arkansas, Texas*, Nouveau-Mexique, Oklahoma, territoire Indien), un soleil brûlant, qui développe sur la côte des exhalaisons marécageuses et des fièvres mortelles, mais qui mûrit toutes les plantes des tropiques : coton, canne à sucre, etc.; des terrains d'alluvion d'une fertilité sans égale, coupés de montagnes granitiques et de steppes aux terrains calcaires; des cours d'eau majestueux, le *Rio del Norte*, le *Rio Colorado*, le *Mississipi* avec ses grands affluents (*Arkansas* et *Rivière Rouge*), l'*Alabama*, tributaires du golfe du Mexique; la *Rivière James*, le *Potomac*, etc., tributaires de l'Atlantique.

Fig. 29. — Maïs (la long. de la tige est de 0^m,60 à 1 mètre; celle de l'épi de 0^m,10 à 0^m,20).

Ports. Villes industrielles. — Les principaux ports sont : sur l'**océan Atlantique**, *Portland* (État du Maine); *Boston*, capitale du Massachusetts (450,000 hab.), le berceau de l'indépendance américaine; *Newport* et *Providence*, dans le Rhode-Island; **New-York** (3,437,000 hab., en y comprenant *Brooklyn* et deux autres faubourgs de la grande cité américaine situés dans l'Etat de *New-Jersey*, *Jersey-City* et *Newark*, à l'embouchure de l'Hudson, la rivale de Londres, la capitale intellectuelle et commerciale de l'Union américaine ; *Philadelphie*, sur la Delaware (1,294,000 hab.), le débouché de la Pensylvanie ; *Baltimore* (300,000 hab.), dans le Maryland, le grand marché des tabacs ; *Charleston*, dans la Caroline du Sud, qui donna le signal du soulèvement en 1860 ; *Savannah*, dans la Géorgie ;

Sur le **golfe du Mexique :** *Mobile*, dans l'Alabama ; la *Nouvelle-Orléans* (300,000 hab.), l'ancienne capitale de la colonie française de la Louisiane, à l'embouchure du Mississipi, entrepôt des cotons de la région du sud ; *Galveston*, dans le Texas ;

Sur l'**océan Pacifique :** *San-Francisco*, à l'embouchure du Sacramento (300,000 hab.), la reine de la région californienne.

Fig. 30. — Cotonnier (hauteur totale de l'arbrisseau 1m,80 à 2 mètres).

Les ports des grands lacs : *Chicago* (1,500,000 hab., Illinois), sur le lac Michigan ; *Détroit*, à l'entrée du lac Saint-Clair ; *Cleveland* (Ohio) et *Buffalo* (New-York), sur le lac Erié ; *Rochester* (New-York), près du lac Ontario ;

Les ports fluviaux : *Saint-Louis* (Missouri, 576,000 h.), *Cairo* (Illinois) et *Memphis* (Tennessée), sur le Mississipi,

Pittsbourg (Pennsylvanie), *Cincinnati* (300,000 habitants) (Ohio), *Louisville* (Kentucky) sur l'Ohio, *Richmond*, capitale de la Virginie, sur la rivière James, illustrée par la guerre civile qui désola les Etats-Unis de 1861 à 1865, *Sacramento*, capitale de la Californie, sur le Sacramento, rivalisent avec les ports maritimes.

La plupart de ces villes sont en même temps de grands centres industriels pour la préparation des farines, des alcools de grains et des viandes salées (Chicago, Cincinnati), le travail des métaux (Pittsbourg, New-York, Cleveland, Buffalo, Saint-Louis, Baltimore), les constructions navales, la filature et le tissage du coton (Providence, Philadelphie, New-York, Rochester, Pittsbourg) ou de la laine (Boston, Philadelphie, Richmond), l'horlogerie (Boston). On doit y ajouter *Lowell* (Massachusetts), avec ses grandes filatures de coton, *Francfort*, capitale du Kentucky, avec ses manufactures de lainages, *Newark* (New-Jersey), avec ses meubles et sa cordonnerie, etc.

Voies de communication. — Le développement industriel est du reste favorisé par les richesses du sol et par des moyens de communication qui se multiplient avec une rapidité merveilleuse : une marine marchande qui jauge plus de quatre millions de tonneaux, 8,000 kilomètres de canaux qui mettent le système des grands lacs en communication avec celui de l'Atlantique et du Mississipi, 290,000 kilomètres de chemins de fer exploités, qui sillonnent toute la région à l'est du Mississipi et qui permettent de franchir en six jours les 5,600 kilomètres qui séparent New-York de San-Francisco ; des lignes télégraphiques qui couvrent le continent et se rattachent à l'Europe à travers l'Atlantique : tels sont les prodiges qu'a su improviser en moins d'un siècle cette race énergique, dévorée de la fièvre du mouvement, de la spéculation, des découvertes et du progrès, et qui a inscrit sur le drapeau américain la fière devise : En avant ! (*Go ahead!*). Le commerce extérieur des Etats-Unis atteint huit milliards.

Population. — La population des États-Unis, longtemps accrue par une émigration annuelle de 450,000 à 500,000 Anglais, Irlandais, Allemands, Scandinaves et Français, sans compter les Chinois, dans le versant du Grand-Océan, s'élève à plus de 76 millions d'habitants (1900) ; elle a plus que décuplé en moins d'un siècle. Les nègres et les mulâtres y figurent pour un chiffre d'environ 7 millions dans les États du Sud ; les Indiens soumis et à demi civilisés et les tribus sauvages et guerrières qui, sous le nom d'*Apaches*, de *Sioux*, etc., parcourent encore les solitudes des prairies et des montagnes Ro-

Fig. 31. — Bison
(cet animal est de la taille des plus grands bœufs).

cheuses disparaissent comme le bison, le cheval sauvage et le castor devant les progrès de la civilisation ; c'est à peine si l'on en compte aujourd'hui 300,000. Malgré le mélange des races, la langue dominante est l'anglais.

Toutes les religions sont librement exercées aux États-Unis. Les catholiques sont nombreux dans les États du Sud et surtout dans la Louisiane, ancienne possession française, dans la Floride et le Texas, qui ont autrefois appartenu à l'Espagne ; mais la majorité de la population appartient aux diverses sectes protestantes.

ÉTATS-UNIS.

Notions de statistique. — Le *budget* fédéral s'élève à environ 2,200 millions en recettes et 1,600 millions en dépenses. Le capital de la dette fédérale, qui était de 6 milliards environ, a été accru dans des proportions considérables par la guerre avec l'Espagne (1898), qui a donné aux Etats-Unis des colonies.

L'*armée active* (armée fédérale) se compose d'une trentaine de mille hommes en temps de paix ; la milice comprend tous les citoyens de 18 à 45 ans.

Fig. 22. — Castor
(1 mètre de longueur en y comprenant la queue).

La *marine militaire* compte 82 navires à vapeur, dont 18 cuirassés.

L'*instruction publique* est richement dotée par les Etats ou les particuliers et complètement libre ; mais l'enseignement secondaire et supérieur est loin d'avoir réalisé les mêmes progrès que l'enseignement primaire.

Les Etats-Unis ont acquis en 1898 Cuba, Porto-Rico, les îles Philippines et les îles Hawaï ou Sandwich.

RÉSUMÉ

Région centrale.

Les ETATS-UNIS (superficie : 9,230,000 kilomètres carrés), ancienne colonie anglaise, indépendante depuis 1776 et agrandie depuis cette époque par l'acquisition de la Louisiane, de la Floride, du Texas et de la Californie, sont situés entre l'Atlantique à l'est, le golfe du Mexique et le Mexique au sud, l'océan Pacifique à l'ouest, la Nouvelle-Bretagne au nord. Ils forment une république fédérale comprenant 44 États et 5 territoires et gouvernée par un président élu pour quatre ans et par un congrès composé d'un sénat et d'une chambre des représentants.

Les États-Unis sont divisés par les *montagnes Rocheuses* et les *Alléghanys* en trois versants : celui de l'océan Pacifique, celui de l'océan Atlantique et celui du golfe du Mexique.

1° Le versant de l'océan Pacifique (États de *Washington*, d'*Orégon*, d'*Idaho*, de *Californie*, de *Nevada*, territoires d'*Alaska*, d'*Utah*, d'*Arizona*) est formé de plateaux dominés par les montagnes Rocheuses, et arrosés par l'*Orégon*, le *Rio Sacramento*, le *Rio Colorado* ;

2° Le versant de l'Atlantique et du golfe du Mexique comprend, au NORD, les États du *Maine*, *New-Hampshire*, *Massachusets*, *Vermont*, *Connecticut*, *New-York*, *Rhode-Island*, *New-Jersey*, *Pensylvanie*, *Delaware*. Les principaux fleuves sont : l'*Hudson*, la *Delaware* et la *Susquehannah*. Au CENTRE, au delà des monts *Alléghanys*, et au sud des grands lacs *Supérieur*, *Michigan*, *Érié*, sont situés les États de *Kentucky*, *Ohio*, *Indiana*, *Michigan*, *Wisconsin*, *Illinois*, *Minnésota*, *Iowa*, *Missouri*, *Kansas*, *Nebraska*, *Colorado*, *Dacotah Nord et Sud*, *Montana*, *Wyoming* ; c'est le bassin supérieur et moyen du *Mississipi* et de ses affluents : à gauche, l'*Illinois* et l'*Ohio* ; à droite, le *Missouri*, grossi de la *Nebraska* et du *Kansas* ;

Au SUD, les États de *Virginie orientale et occidentale*, *Maryland*, *Caroline du Nord*, *Caroline du Sud*, *Géorgie*, *Floride*, *Alabama*, *Tennessée*, *Mississipi*, *Louisiane*, *Arkansas*, *Texas*, les territoires du *Nouveau-Mexique*, de l'*Oklahoma*, et le territoire Indien, sont arrosés par le *Rio del Norte*, le *Rio Colorado*, le *Mississipi* inférieur, avec ses grands affluents (*Arkansas* et *Rivière Rouge*), l'*Alabama*, tributaires du golfe du Mexique ; la *Rivière James*, le *Potomac*, tributaires de l'Atlantique.

VILLES PRINCIPALES. — La résidence du gouvernement fédéral est *Washington*, sur le Potomac.

Les principaux ports sont : sur l'océan ATLANTIQUE, *Boston*, capitale du Massachusetts (450,000 habitants); *Providence*, dans le Rhode-Island ; NEW-YORK (3,437,000 habitants), à l'embouchure de l'Hudson ; *Philadelphie*, sur la Delaware (1,294,000 habitants), dans la Pensylvanie ; *Baltimore* (500,000 habitants), dans le Maryland ; *Charleston*, dans la Caroline du Sud ; *Savannah*, dans la Géorgie ;

Sur le GOLFE DU MEXIQUE, *Mobile*, dans l'Alabama ; la *Nouvelle-Orléans* (300,000 habitants), à l'embouchure du Mississipi; *Galveston*, dans le Texas ;

RÉGION CENTRALE. RÉSUMÉ.

Sur l'océan Pacifique, *San-Francisco*, à l'embouchure du Sacramento (300,000 habitants);

Sur les grands lacs : *Chicago* (1,500,000 habitants, Illinois), sur le lac Michigan ; *Détroit*, à l'entrée du lac Saint-Clair ; *Cleveland* (Ohio) et *Buffalo* (New-York), sur le lac Érié.

Les ports fluviaux sont : *Saint-Louis* (Missouri, 576,000 habitants), sur le Mississipi; *Pittsbourg* (Pensylvanie), *Cincinnati* (300,000 habitants, Ohio), *Louisville* (Kentucky), sur l'Ohio ; *Richmond*, capitale de la Virginie, sur la rivière James; *Sacramento*, capitale de la Californie, sur le Sacramento.

La population est de plus de 76 millions d'habitants, en majorité protestants, dont 300,000 Indiens et 7 millions de nègres ou de mulâtres); le reste d'origine européenne (Anglais, Irlandais, Allemands, Français).

Les États-Unis, avec leurs riches productions : sucre, coton, tabac, au sud ; céréales, bestiaux, moutons, porcs, bois et résines, au nord ; leurs mines d'or, d'argent, de cuivre, de mercure, de houille, leurs sources de pétrole, leur active industrie, leur admirable système de canaux et de chemins de fer (290,000 kilomètres exploités), leur marine florissante (5 millions de tonneaux), dominent le Nouveau Monde et sont appelés à jouer, dans la politique générale, un rôle de plus en plus important.

Exercices.

Carte physique des États-Unis.
Carte politique des États-Unis. Grandes villes de commerce et d'industrie.
Cartes des États-Unis en 1783, en 1861 et en 1900.

CHAPITRE V

RÉGION MÉRIDIONALE

I. — MEXIQUE

(2 millions de kilomètres carrés).

Géographie physique. — Le **Mexique** est borné au nord par les États-Unis, dont il est séparé par le *Rio-del-Norte*, à l'est par le *golfe du Mexique* et le canal de *Yucatan*, au sud par l'Amérique centrale, à l'ouest par l'océan Pacifique, qui forme entre le continent et la presqu'île de *vieille Californie*, la *mer Vermeille*, ou golfe de *Californie*.

Le Mexique est un plateau sillonné par des chaînes de montagnes et dominé par des massifs isolés dont les points culminants sont le pic d'*Orizaba* (5,450 mètres) et le volcan *Popocatepelt*. La région maritime, brûlante et insalubre (terres chaudes), produit le coton, le cacao, la canne à sucre, la vanille, les bois de teinture ; la région des plateaux (800 à 2,000 mètres, terres tempérées) nourrit d'innombrables troupeaux de bœufs et de chevaux et possède des mines d'argent d'une richesse inépuisable ; les hautes terres (terres froides) offrent une végétation analogue à celle de nos montagnes européennes.

Le plateau du Mexique renferme plusieurs lacs, mais n'a point de cours d'eau navigables.

Notions historiques. — Le Mexique était un pays civilisé avant la découverte de l'Amérique. Les *Toltèques* et les *Aztèques* ont laissé des monuments gigantesques (ruines de *Palanqué*) et avaient organisé des empires puissants. Le dernier souverain national fut renversé en 1521 par l'Espagnol Fernand Cortez, et le Mexique devint une possession de l'Espagne. Il se souleva contre la métropole en 1810 et réussit à conquérir son indépendance en 1821.

Villes principales. — La capitale est **Mexico** (420,000 hab.) située à 2,300 mètres d'altitude, l'antique résidence des chefs de l'empire mexicain. Les principaux ports sur l'océan Pacifique sont: *Guaymas*, dans l'État de Sonora, *Mazatlan* et *Acapulco*; sur l'océan Atlantique, *Matamoros*, à l'embouchure du Rio-del-Norte, *Tampico*, *Vera-Cruz* et *Campêche*, ce dernier dans la presqu'île de *Yucatan*. Les villes les plus importantes de l'intérieur sont: *Puebla* (112,000 hab.), célèbre par le siège soutenu contre les Français en 1863, *Saint-Louis de Potosi*, *Guadalaxara*, *Oaxaca*, *Guanaxato*, *Zacatecas*, *Queretaro* et *Tehuantepec*, sur l'isthme du même nom.

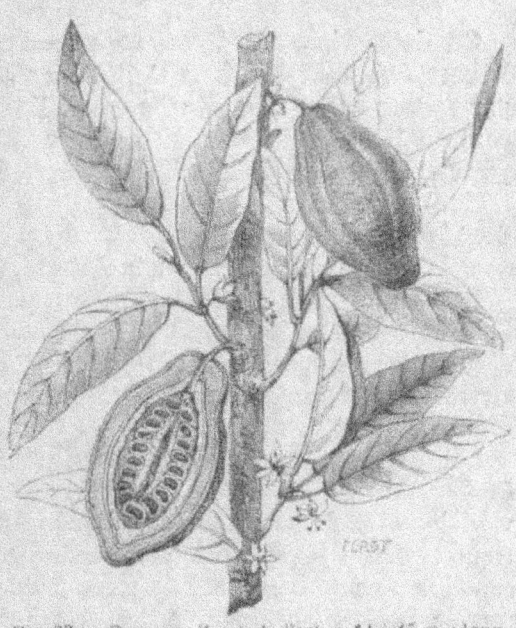

Fig. 33. — Cacaoyer (haut. de l'arbre, 11 à 15 m.; long. des feuilles, 0ᵐ,25 à 0ᵐ,30; long. du fruit, 0ᵐ,20 à 0ᵐ,25.)

Le gouvernement est une république fédérative divisée en 27 États et deux territoires et dont la constitution reproduit à peu près celle des États-Unis. Le Mexique est en proie, depuis qu'il a secoué la domination espagnole, à de fréquentes révolutions : la population se compose d'environ cinq millions d'Indiens, cinq millions de métis, et plus de deux millions de blancs d'origine espagnole. Le catholicisme est la religion nationale.

II. — AMÉRIQUE CENTRALE

On donne le nom d'**Amérique centrale** à ce grand isthme qui joint les deux Amériques et qui se termine par l'isthme plus étroit de *Panama*. Il est traversé par la continuation des chaînes volcaniques du Mexique, qui prennent le nom de *Cordillère de Guatemala*, et dont l'élévation est considérable. On y trouve plusieurs lacs, dont le principal est celui de *Nicaragua*, qui communique avec la *mer des Antilles*, par la rivière *Saint-Jean*.

Les richesses naturelles sont les forêts d'acajou, les bois de teinture, les plantations de café, de cacao, d'indigo et de coton, la cochenille et les pêcheries de perles ; l'industrie est à peu près nulle, comme dans toutes les républiques espagnoles.

L'importance de cet isthme, qui sépare les deux Océans, égale celle de l'isthme de Suez. Une communication navigable entre l'Atlantique et le Pacifique à travers l'Amérique centrale épargnerait aux navires le long détour du cap Horn, comme le canal de Suez leur épargne celui du cap de Bonne-Espérance. Aussi de nombreux projets de canaux ont-ils été proposés ; on avait songé depuis longtemps à profiter de la rivière *Saint-Jean* et du lac *Nicaragua*, et l'échec du canal de Panama a décidé les Etats-Unis à prendre des mesures pour commencer l'exécution de ce travail.

Etats de l'Amérique centrale. — L'Amérique centrale se divise en cinq républiques indépendantes (superficie totale, 444,000 kilom. carrés, 3,500,000 habitants).

1° Le **Guatemala**, qui touche aux deux mers, capitale *Guatemala*, ville principale *San-José*, sur le Pacifique (1,500,000 habitants) ;

2° Le **San-Salvador**, sur l'océan Pacifique, capitale *San-Salvador* ; ports principaux : la *Union* et la *Libertad* ;

3° Le **Honduras**, sur les deux mers, capitale *Téguci-*

galpa ; ports : *Puerto-Cortez* et *Truxillo,* sur l'Atlantique, *Amapala,* sur l'océan Pacifique ;

4° Le **Nicaragua,** sur les deux mers, capitale *Managua ;* ports principaux : *Grey-Town,* sur la mer des Antilles ; *Saint-Jean du Sud* et *Corinto,* sur l'océan Pacifique, ville principale *Léon ;*

5° Le **Costa-Rica,** sur les deux mers, capitale *San-José ;* ports principaux : *Punta-Arenas,* sur l'océan Pacifique, *Limon,* sur l'Atlantique.

Colonie anglaise de Balize. — L'Angleterre possède sur le golfe de *Honduras,* au nord du Guatemala, la colonie de *Balize,* riche en acajou et en bois de teinture.

Population. — La majorité de la population est de race indienne ou métis. Les blancs, presque tous d'origine espagnole, sont peu nombreux, mais leur langue et la religion catholique qu'ils ont apportée dans le pays se sont répandues parmi les indigènes. La civilisation est, du reste, peu avancée, les communications difficiles, et l'insalubrité du climat, au moins sur la côte, contribue à éloigner l'émigration européenne.

III. — ANTILLES OU INDES OCCIDENTALES

On appelle **Antilles** ou Indes occidentales une longue chaîne d'îles volcaniques qui s'étendent entre les deux Amériques, depuis le littoral de l'Amérique du Sud jusqu'au canal de *Bahama,* en face de la *Floride,* et qui sont baignées à l'est par l'océan Atlantique, à l'ouest par la mer des Antilles.

Principales divisions. — Les principales divisions des Antilles sont :

1° Au nord-est, les îles *Lucayes* ou *Bahama,* possession anglaise, la première terre américaine où Christophe Colomb débarqua en 1492 (*Guanahani* ou *San-Salvador*) ;

2° Au centre, les **Grandes Antilles,** qui comprennent : l'île de **Cuba,** la terre du sucre et du tabac (ports principaux : la *Havane* (250,000 hab.), la capitale, *Matanzas* et *Santiago*), séparée du Mexique par le canal de *Yucatan* et appartenant aux États-Unis (119.000 kil. car., 1,500,000 hab., dont 980,000 blancs).

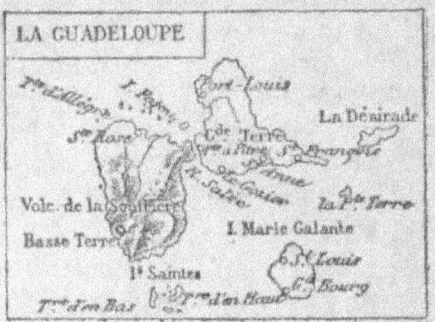

Carte XL. — La Guadeloupe, la Martinique et les petites Antilles.

L'île de **Porto-Rico**, possession des États-Unis (850,000 hab.), capitale *Saint-Jean*.

L'île de la **Jamaïque**, au sud de Cuba; capitale *Kingston*, possession anglaise (635,000 hab., presque tous noirs ou mulâtres).

L'île **Haïti**, entre Cuba et Porto-Rico. Découverte en 1492 par Christophe Colomb, cette île, qui porta d'abord le nom d'*Hispaniola*, fut le siège des premiers établissements espagnols en Amérique. La partie occidentale de l'île fut cédée à la France en 1697; mais l'abolition de l'esclavage, proclamée par la Révolution, provoqua une révolte des noirs qui chassèrent ou massacrèrent les colons (1793) et réussirent, malgré une expédition envoyée contre eux en 1802, à maintenir leur indépendance. Aujourd'hui l'île est divisée en deux républiques : à l'ouest, la république de **Haïti** (environ 960,000 habitants), capitale *Port-au-Prince*, ville principale le *Cap-Haïtien*; à l'est, la république de **Saint-Domingue** (420,000 hab.), capitale *Saint-Domingue*.

3° Au sud, les **Petites Antilles**, dont les principales sont :

Aux **Anglais** : *La Trinité*, la *Grenade*, *Saint-Vincent*, *Sainte-Lucie*, *Tabago*, la *Barbade*, la *Dominique*, *Antigoa*, *Barbouda*, *Montserrat*, *Saint-Christophe*, *Nevis* (660,000 habitants);

Aux **Hollandais** : *Curaçao*, *Saint-Eustache*, *Saba* et une partie de *Saint-Martin*;

Aux **Danois** : *Sainte-Croix*, *Saint-Jean* et *Saint-Thomas*, dont le port est un des plus fréquentés des Antilles. (Superficie totale : 360 kilomètres carrés; population : 34,000 habitants.)

Aux **Français** : La **Guadeloupe**, située entre 15°59' et 16°40' de latitude N., 63°20' et 64°9' de longitude O., et divisée en deux parties, Basse-Terre et Grande-Terre, par un étroit bras de mer : la Rivière-Salée. Cette île offre tous les contrastes des terres volcaniques : au nord, une plaine aride; au centre, des montagnes couronnées de forêts; sur les côtes, des terrains fertiles et bien arrosés. Sa population est de 160,000 habitants, dont un quinzième de race blanche, et les autres noirs, métis ou immigrants chinois.

Le siège du gouvernement est *Basse-Terre*; mais la principale place de commerce est le port de *Pointe-à-Pitre* (26,000 habitants), l'un des plus vastes et des plus sûrs de l'archipel, exposé toutefois à ces terribles tremblements de terre qui ravagent périodiquement les Antilles.

Les industries agricoles sont les seules qui méritent d'être citées, et malgré les crises désastreuses que lui ont fait traverser, ainsi qu'à nos autres colonies, l'émancipation des noirs et les guerres maritimes, la Guadeloupe doit encore sa prospérité à ses plantations de sucre, de café, de tabac et de coton.

La *Désirade*, *Marie-Galante* et le groupe *des Saintes*, qui renferment 16 à 18.000 habitants, et qui dépendent du gouvernement de la Guadeloupe, n'ont pas d'importance commerciale. L'île *Saint-Barthélemy* (2,400 habitants) a été vendue à la France par la Suède. L'eau est rare et le sol peu fertile.

La France possède une partie de l'île *Saint-Martin* qu'elle partage avec la Hollande ; la région française, qui compte 4,000 habitants, produit du sucre et du café.

La **Martinique**, située à 110 kilomètres au sud de la Guadeloupe, forme un gouvernement distinct. Sa population est de 177,000 habitants, dont 24,000 de race blanche et 153,000 noirs ou métis. Couverte au centre de montagnes, de volcans éteints et de forêts impénétrables, mais bien arrosée et fertile sur les côtes, la Martinique possède deux ports qui figurent parmi les plus sûrs des Antilles : *Saint-Pierre*, chef-lieu d'un des deux arrondissements (30,000 habitants), et *Fort-de-France*, chef-lieu du gouvernement.

L'industrie est, comme à la Guadeloupe, exclusivement agricole : la production du sucre est évaluée à 40 millions de kilogrammes en moyenne ; la culture du café, presque complètement abandonnée, tend à se relever ; celle du cacao et du coton a pris un assez grand développement.

Productions. — Les Antilles produisent le café, le sucre, le cacao, le coton, les bois de teinture et d'ébénisterie, le tabac, les épices ; on y fabrique, en distillant la canne à sucre, les liqueurs si connues sous le nom de rhum et de tafia.

Les avantages d'un sol fertile y sont malheureusement compensés par un climat brûlant, des ouragans terribles et des tremblements de terre qui ont plus d'une fois bouleversé les villes et décimé les populations.

De plus, les vieilles colonies de la France dans les Antilles subissent depuis les progrès de la fabrication du sucre de betterave une crise commerciale funeste, et à laquelle il ne semble pas facile de porter remède.

RÉSUMÉ
Région méridionale

I

Mexique (2,000,000 de kilomètres carrés, 12,000,000 habitants d'origine espagnole ou indienne). — Le Mexique est borné au nord par les Etats-Unis, dont il est séparé par le *Rio-del-Norte*, à l'est par le *golfe du Mexique*, au sud par l'Amérique centrale, à l'ouest par l'océan Pacifique, qui forme entre le continent et la presqu'île de *vieille Californie*, le golfe de *Californie*.

Le Mexique est un plateau dont le point culminant est le pic d'*Orizaba* (5,450 mètres). La région maritime y est brûlante et insalubre (terres chaudes), la région des plateaux saine et tempérée.

Conquis de 1519 à 1521 par Fernand Cortez, le Mexique a appartenu à l'Espagne jusqu'en 1821. Il forme aujourd'hui une république fédérative.

La capitale est Mexico (420,000 habitants). Les principaux ports sur l'océan Pacifique sont : *Guaymas*, *Mazatlan*, et *Acapulco* ; sur l'océan Atlantique, *Matamoros*, à l'embouchure du Rio-del-Norte, *Tampico*, *Vera-Cruz* et *Campêche*, dans la presqu'île de *Yucatan*. Les villes les plus importantes de l'intérieur sont : *Puebla*, *Saint-Louis-de-Potosi*, *Guadalaxara* et *Oaxaca*.

Les principales richesses du Mexique sont ses mines d'argent, ses bestiaux et ses produits agricoles, coton, tabac, cacao, vanille, canne à sucre.

II

Amérique centrale. — On donne le nom d'Amérique centrale à ce grand isthme qui joint les deux Amériques et qui se termine par l'isthme plus étroit de *Panama*. Il est traversé par la *Cordillère de Guatemala*. On y trouve plusieurs lacs, dont le principal est celui de *Nicaragua*, qui communique avec la *mer des Antilles* par la rivière *Saint-Jean*.

L'Amérique centrale se divise en cinq républiques indépendantes, dont la population est en majorité d'origine espagnole ou indienne (444,000 kilomètres carrés, 3,500,000 habitants).

1° Le Guatemala, qui touche aux deux mers ; capitale *Guatemala*.

2° Le San-Salvador, sur l'océan Pacifique ; capitale *San-Salvador*, port principal *la Union*.

3° Le Honduras, sur les deux mers ; capitale *Tégucigalpa*.

4° Le Nicaragua, sur les deux mers ; capitale *Managua*, ports principaux, *Grey-Town*, sur la mer des Antilles, et *Saint-Jean du Sud*, sur l'océan Pacifique.

5° Le COSTA-RICA sur les deux mers; capitale *San-José*.

L'Angleterre possède sur le golfe de *Honduras*, au nord du Guatemala, la colonie de *Balize*, riche en acajou et en bois de teinture.

III

ANTILLES. — On appelle ANTILLES ou Indes occidentales, une chaîne d'îles volcaniques, qui s'étendent entre l'Amérique du Sud et l'Amérique du Nord, depuis les bouches de l'*Orénoque* jusqu'au canal de *Bahama*, et qui sont baignées à l'est par l'océan Atlantique, à l'ouest par la mer des Antilles.

Les principales divisions des Antilles sont :

1° Au nord-est les îles *Lucayes* ou *Bahama*, possession anglaise.

2° Au centre les GRANDES ANTILLES, qui comprennent : l'île de CUBA (1,500,000 habitants), capitale *la Havane*, villes principales *Matanzas* et *Santiago*, appartenant aux États-Unis.

L'île de PORTO-RICO, possession des États-Unis, capitale *Saint-Jean*.

L'île de la JAMAÏQUE, au sud de Cuba, capitale *Kingston*, possession anglaise.

L'île HAÏTI, entre Cuba et Porto-Rico, divisée en deux républiques indépendantes fondées par les nègres et les hommes de couleur : à l'ouest, la république de HAÏTI (partie française), capitale *Port-au-Prince*, ville principale *le Cap-Haïtien* ; à l'est, la république de SAINT-DOMINGUE (partie espagnole), capitale *Saint-Domingue*.

3° Au sud les PETITES ANTILLES, dont les principales sont :

AUX ANGLAIS : La *Trinité*, la *Grenade*, *Saint-Vincent*, *Sainte-Lucie*, *Tabago*, la *Barbade*, la *Dominique*, *Antigoa*, *Barboude*, *Montserrat*, *Saint-Christophe* (660,000 habitants).

AUX FRANÇAIS : la *Martinique* (177,000 habitants); capitale *Fort-de-France*, ville principale *Saint-Pierre*.

La *Guadeloupe* (160,000 habitants), divisée en deux parties, *Basse-Terre* et *Grande-Terre* par le détroit de la rivière Salée; capitale *Basse-Terre*, ville principale *Pointe-à-Pitre*.

Les petites îles de la *Désirade*, de *Marie-Galante*, des *Saintes* de *Saint-Barthélemy*, et une partie de l'île *Saint-Martin*.

AUX HOLLANDAIS : *Curaçao*, *Saint-Eustache*, *Saba* et une partie de l'île *Saint-Martin*.

AUX DANOIS : *Sainte-Croix*, *Saint-Jean* et *Saint-Thomas*, capitale *Saint-Thomas*, port franc.

Les Antilles produisent le café, le sucre, le cacao, le coton, les bois de teinture et d'ébénisterie, le tabac, les épices, et fabriquent le tafia et le rhum (eaux-de-vie de canne à sucre).

AMÉRIQUE DU SUD.

La population se compose d'un petit nombre de blancs et d'une immense majorité de noirs ou de métis, descendants des anciens esclaves.

Exercices.

Carte de l'Amérique centrale.
Principaux projets de canaux interocéaniques (isthme de Tehuantepec, lac de Nicaragua).
Carte physique et politique du Mexique. — Carte des Antilles.

CHAPITRE VI

NOTIONS GÉNÉRALES SUR LA GÉOGRAPHIE DE L'AMÉRIQUE DU SUD

Grandes divisions. — L'Amérique du Sud se divise en plusieurs régions :

1° Au **nord**, la Colombie, l'Equateur, le Vénézuéla et les Guyanes ;

2° A l'**est** et au **centre**, le Brésil ;

3° Au **sud-est**, le Paraguay, l'Uruguay et la République Argentine ;

4° Au **sud-ouest** et à l'**ouest**, le Chili, la Bolivie et le Pérou.

Limites, îles, superficie. — L'Amérique du Sud, située entre 55° de latitude sud et 11° de latitude nord, 37° et 83° de longitude ouest, est bornée, au nord, par l'isthme de l'Amérique centrale et la *mer des Antilles*, qui forme le *golfe de Darien* (Colombie) ; au nord-est, à l'est et au sud, par l'*Atlantique* ; à l'ouest, par l'*océan Pacifique*, qui forme les golfes de *Guayaquil* et de *Panama*.

Les principales îles qui en dépendent sont :

Dans l'océan Atlantique, les îles *Falkland* ou *Malouines*, la *Terre de Feu*, séparée du continent par le détroit de Magellan, et l'*Archipel Magellanique* ;

Dans l'océan Pacifique, l'île *Wellington*, l'île *Chiloé* et les îles *Juan-Fernandez*.

La superficie totale du continent et des îles est de 18 millions de kilomètres carrés.

Ligne de partage des eaux. Versants. — L'Amérique du Sud est un immense triangle dont la forme rappelle celle de l'Afrique, coupé du nord au sud, depuis l'isthme de *Panama* jusqu'au cap *Horn* (archipel Magellanique), par la *Cordillère des Andes*, dont les sommets (*Chimborazo*, *Nevado de Sorata*, pic d'*Ilimani*, *Aconcagua*) dépassent 6,000 mètres. La Cordillère n'est qu'une longue bande de plateaux arides, balayés par des vents glacés, disposés en terrasses que dominent des cimes neigeuses et des volcans gigantesques presque toujours en activité.

Versant de l'océan Pacifique. — A l'*ouest*, dans l'étroit versant de l'océan Pacifique, ces plateaux descendent vers la mer en brusques escarpements creusés de vallées profondes où coulent des torrents, et ne laissent sur le littoral qu'une lisière de plaines au climat brûlant, au sol granitique, semé de roches volcaniques et bouleversé par les tremblements de terre.

Versant de l'océan Atlantique. — A l'*est*, dans le versant de l'océan Atlantique, s'étendent des forêts vierges, des plaines sans fin, savanes, llanos ou pampas, et se développent majestueusement des fleuves immenses qui portent à l'Océan les eaux de la double chaîne des Cordillères. Le versant oriental se subdivise en quatre grandes parties :

1° Au nord, vers la **mer des Antilles**, le seul cours d'eau important est la *Magdalena* (Colombie), qui descend du massif ou nœud d'*Almaguer*, et coule du sud au nord dans une étroite et sauvage vallée ;

2° La vallée de l'**Orénoque** est limitée par la chaîne des Andes à l'ouest, la cordillère de *Vénézuéla* au nord, et les monts de la *Parime* au sud. Le fleuve, dont la véritable source est placée dans la partie occidentale des montagnes des Guyanes, coule de l'est à l'ouest, et forme à son embouchure un vaste delta marécageux (2,300 kil.);

3° L'immense région que draine le **fleuve des Amazones** est limitée, à l'ouest, par la chaîne des *Andes*, au nord, par les plateaux qui bordent la vallée de l'Orénoque,

GÉOGRAPHIE PHYSIQUE.

Carte XLI.

au sud, par la Sierra de *Cochabamba*, les plateaux de *Matto-Grosso* et les sierras du Brésil.

Le fleuve, qui prend sa source dans les Andes du Pérou, se dirige d'abord, du sud au nord, sous les noms d'*Apurimac* et d'*Ucayale* ; puis, à partir de sa jonction avec le *Tunguragua* ou *Maragnon*, coule de l'ouest à l'est sous le nom de *Maragnon*, de *Rio Solimoëns* et de *fleuve des Amazones*. Il vient, après un cours de 7,000 kilomètres, se jeter dans l'Atlantique par un immense estuaire où débouche également, à l'est de l'île *Marajo*, le *Rio Para* ou *Tocantins*. L'Amazone reçoit à droite, le *Purus*, le *Rio Madeira*, le *Topayos* ; à gauche, le *Yapura* et le *Rio Negro*, qui communique avec l'Orénoque par un canal naturel, le *Rio Cassiquiare*.

Tous ces affluents, et un grand nombre d'autres que nous ne saurions énumérer, sont navigables pendant la plus grande partie de leur cours et le fleuve lui-même porte des navires de mer à plus de 3 000 kilomètres de son embouchure.

Le fleuve *San-Francisco* coule entre deux chaînes de montagnes granitiques, dont l'une le sépare du *Tocantins*, et l'autre longe la côte de l'Atlantique (*Sierra de Espinhaço*).

4° Au sud de l'Amazonie s'étend la région du **Rio de la Plata**, limitée au nord par le plateau de Matto-Grosso, à l'ouest par les Andes du Pérou et du Chili, qui se prolongent jusqu'à la pointe de l'Amérique.

Le **Rio de la Plata**, qui se jette dans l'océan Atlantique par une large embouchure, est formé par la réunion de l'*Uruguay* et du *Parana*, qui descend des montagnes du Brésil oriental et qui reçoit lui-même sur sa rive droite le *Paraguay*, grossi du *Pilcomayo* et du *Rio Vermejo*.

Climat. Productions. — Le climat de l'Amérique du Sud, grâce au relief du sol, présente une extrême variété : tandis que les côtes du Pacifique, les plaines basses de l'Amazone et de l'Orénoque, dévorées par un soleil de feu, produisent en abondance toutes les plantes des tropiques, le cacao, le café, le coton, l'indigo, et se couvrent

GÉOGRAPHIE PHYSIQUE. 513

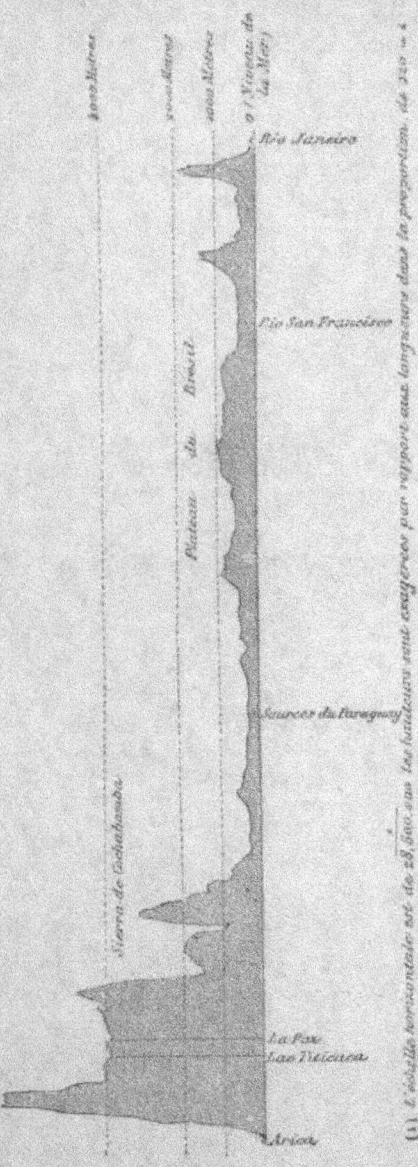

Profil de l'Amérique du Sud, de l'Océan Pacifique à l'Atlantique (d'après Ewald) (1).

Carte XLII.

(1) L'échelle horizontale est de 28,500,000 les hauteurs sont exagérées par rapport aux longueurs dans la proportion de 110 à 1.

de forêts et de savanes où bondit le jaguar, où rampent d'énormes reptiles, où voltigent des oiseaux aux couleurs éclatantes, les hautes vallées des Andes, situées sous l'équateur, jouissent d'un printemps éternel, et les plateaux qui les dominent, froids, arides, souvent couverts de neiges, n'ont d'autre végétation que de maigres pâturages, et d'autres habitants que le lama, la vigogne avec

Fig. 34. — Lama
(hauteur prise au garrot 1 mètre).

leurs épaisses toisons, et le condor, ce gigantesque vautour des Andes.

Population. — Religions. — La population de l'Amérique du Sud ne dépasse pas 36 millions d'habitants :

1° Les descendants des races indigènes : *Quichuas*, *Guaranis*, *Araucans*, *Puelches*, etc., les uns errants dans les forêts et les pampas, les autres civilisés et mêlés aux races européennes, forment encore le fond de la population.

2° Les blancs d'origine espagnole ou portugaise, bien qu'en minorité, ont imposé aux races conquises leur langue et leur croyance religieuse : le catholicisme.

3° Enfin l'esclavage a acclimaté sur le sol américain, surtout au Brésil, quelques millions de nègres dont le mélange avec les races indigènes ou européennes a produit de nombreux mulâtres.

RÉSUMÉ

Amérique du Sud. Géographie physique.

L'Amérique du Sud, située entre 55° de latitude sud et 11° de latitude nord, 37° et 83° de longitude occidentale (18 millions de kilomètres carrés), est bornée au nord par l'Amérique centrale et la *mer des Antilles*, à l'est par l'*océan Atlantique*, à l'ouest par l'*océan Pacifique*, qui forme le golfe de *Panama*.

Le principal détroit entre l'océan Atlantique et l'océan Pacifique, au sud de l'Amérique, est le détroit de *Magellan*.

Les principales îles sont : dans l'*océan Atlantique*, les îles *Falkland*, la *Terre de Feu*, l'*Archipel Magellanique* ;

Dans l'*océan Pacifique*, l'île *Wellington* et l'île *Chiloé*.

Les principaux caps sont : le cap *Saint-Roch* (pointe orientale de l'Amérique du Sud), et le cap *Horn* (pointe méridionale de l'Amérique, au sud de la Terre de Feu).

L'Amérique du Sud est divisée en deux versants : à l'ouest, celui du Pacifique ; à l'est, celui de l'Atlantique, par la *Cordillère des Andes* jusqu'au cap *Horn*.

La Cordillère, qui porte successivement les noms d'*Andes de la Nouvelle-Grenade*, de l'*Equateur*, du *Pérou* et du *Chili*, est un énorme plateau dominé par des cimes volcaniques (*Aconcagua*, *Chimborazo*, pics d'*Illimani* et de *Sorata*, dont quelques-unes dépassent 6,500 mètres).

Le plateau des Andes s'abaisse brusquement vers l'océan Pacifique ; mais dans le versant de l'Atlantique s'étendent d'immenses plaines, élevées, comme le *plateau du Brésil*, ou basses, comme les *Llanos de la Colombie*, la région boisée de l'*Amazone* et les *Pampas de la Plata*.

Les principaux fleuves sont : sur le versant de la mer des Antilles, la *Magdalena* (Colombie) ; sur le versant de l'océan Atlantique, l'*Orénoque* (Colombie), le *fleuve des Amazones* (7,000 kilomètres), le plus long du monde entier (Pérou, Equateur, Brésil), grossi à droite du Purus, de la Madeira, du Tocantins ; à gauche, du Rio-Negro ; le *San-Francisco* (Brésil) ;

le *Rio de la Plata* (Confédération Argentine et Uruguay), formé par la réunion de l'*Uruguay* et du *Parana* (Brésil, Paraguay, Confédération Argentine), qui reçoit le *Paraguay* (*id.*).

Le principal LAC est le lac *Titicaca* (Pérou).

La POPULATION est d'environ 36 millions d'habitants de race blanche (portugais ou espagnols d'origine), noire, ou d'origine indienne.

Exercices.

Tracer au tableau les contours de l'Amérique du Sud. — Indiquer sur une carte muette physique les noms des grands cours d'eau et des principales chaînes de montagnes. — Indiquer par des teintes différentes les régions basses et les régions élevées.

CHAPITRE VII

RÉGION DU NORD, DU NORD-EST ET DU CENTRE

I

La région que les géographes désignent sous le nom de **Colombie** et qui fut découverte par Colomb et Amérie Vespuce est, comme le reste de l'Amérique du Sud, à l'exception du Brésil, une ancienne possession espagnole émancipée au commencement du dix-neuvième siècle. Elle comprend trois divisions politiques :

1° La république de la **Nouvelle-Grenade** ou **État de Colombie** est bornée au nord par l'Amérique centrale, le *golfe de Darien* et la mer des Antilles, à l'est par le Vénézuéla, au sud par la république de l'Equateur et le Pérou, à l'ouest par l'océan Pacifique et le *golfe de Panama* (1,330,000 kilomètres carrés).

Traversée du nord au sud par la chaîne des Andes, qui projette au nord-est deux puissants rameaux, arrosée par la *Magdalena* et le cours supérieur de l'*Orénoque* et de ses affluents, la Colombie offre les mêmes contrastes que toute la région occidentale de l'Amérique du Sud : à l'ouest, les montagnes, les vallées profondes, les plateaux enfermés entre la double Cordillère des Andes ; à l'est des plaines immenses connues sous le nom de *Llanos*, sablonneuses pendant la saison sèche, couvertes de hautes herbes après la saison des pluies, parcourues par des troupeaux à demi sauvages et par des Indiens nomades et encore indépendants.

La Colombie est une république unitaire.

La capitale est **Santa-Fé-de-Bogota**, dans la vallée supérieure de la Magdalena. Les principaux ports sont : sur la mer des Antilles, *Sabanilla*, près de l'embouchure de la Magdalena, *Sainte-Marthe* et *Carthagène*, entrepôts des cafés, du cacao, des bois de teinture, des plantes médicinales, des minerais de cuivre et d'argent ; *Colon* ou *Aspinwall*, réuni par un chemin de fer à *Panama*, sur le Grand Océan, point de départ des lignes de navigation du Pacifique, entrepôt du transit entre les deux océans, et qui devait servir de débouché au **canal interocéanique** entrepris par M. de Lesseps et coupant l'isthme de Panama (70 kilomètres de Colon à Panama).

La population est d'environ 3 millions et demi d'habitants, d'origine espagnole ou indienne, presque tous catholiques.

2° La **république de l'Equateur** (300,000 kilomètres carrés, 1,200,000 habitants, dont la moitié de race blanche, et 200,000 Indiens indépendants), est bornée au nord par la Colombie, à l'est par le Brésil, au sud par le Pérou, à l'ouest par le Pacifique. C'est, comme la Nouvelle-Grenade, un pays de savanes et de forêts vierges à l'est, de montagnes granitiques dans sa partie occidentale que traversent les *Andes* dites de *Quito* avec leur double chaîne hérissée de cimes volcaniques : le *Chimborazo* (6,300 mètres), le *Cotopaxi* (5,900), l'*Antisana*, le *Pichincha*, etc.

La capitale est *Quito*, sur les plateaux ; le principal port, *Guayaquil*, sur un golfe du Pacifique, entrepôt du quinquina, du cacao et du tabac, seules richesses exploitées du pays.

3° La république fédérale de **Vénézuéla** (1 million de kilomètres carrés) est bornée, au nord, par la mer des Antilles et l'Atlantique, à l'est par les Guyanes, au sud par le Brésil, à l'ouest par la Colombie.

Arrosé par un des plus grands fleuves du monde, l'*Orénoque*, couvert en partie de forêts ou de llanos brûlés par le soleil, le Vénézuéla est propre cependant à toutes les cultures : café, cacao, sucre, coton, tabac, maïs, qui forme la nourriture de la masse de la population.

Le Vénézuéla est une république fédérative.

La capitale est *Caracas*, dont le port est la *Guayra*, sur la mer des Antilles ; les autres débouchés du commerce sont *Bolivar*, sur l'Orénoque, *Puerto Cabello* et *Maracaibo*, sur la mer des Antilles.

La population est d'environ 2,320,000 habitants : Indiens, nègres ou descendants des conquérants espagnols ; l'immense majorité est catholique.

II

GUYANES

(460,000 kilomètres carrés).

On donne le nom de **Guyanes** à un vaste territoire qui s'étend sur le littoral de l'Atlantique, entre les bouches de l'Orénoque et celles de l'Amazone, région arrosée par l'*Essequibo*, la rivière de *Surinam*, le *Maroni*, l'*Oyapock*, couverte de forêts et de marécages, et dont l'intérieur est à peine connu, malgré les explorations de deux voyageurs français : le docteur *Crevaux* et *Coudreau*. Elle comprend trois divisions :

1° A l'ouest, la **Guyane anglaise**, capitale *Georgetown* (282,000 habitants) ;

2° Au centre, la **Guyane hollandaise**, capitale *Paramaribo* ou *Surinam*, sur le fleuve Surinam (69,000 hab.) ;

3° A l'est, la **Guyane française**, bornée au sud par le

Brésil, au nord et à l'ouest par la Guyane hollandaise, à l'est par l'océan Atlantique, qui baigne ses côtes sur une étendue de 500 kilomètres.

La Guyane est une colonie pénitentiaire, analogue à celle que l'Angleterre fonda en Australie à la fin du siècle dernier. On n'y envoie plus aujourd'hui que des condamnés appartenant à la population indigène de nos colonies. Sa superficie est d'environ 120,000 kilomètres carrés, explorés et organisés. La population totale est de 29,000 habitants.

Carte XLIII.

L'extraction de l'or constitue la seule industrie de la colonie dont le commerce est très faible.

La côte insalubre, marécageuse, bordée de palétuviers, est cependant la seule région occupée et cultivée ; dans l'intérieur, qu'arrosent de nombreux cours d'eau, le Maroni, l'Oyapock, errent, au milieu de forêts immenses, des tribus indiennes, encore sauvages, et dont on ignore le nombre.

L'unique débouché commercial de la Guyane est le chef-lieu de la colonie, *Cayenne*, mauvais port dans une île marécageuse.

La Guyane produit toutes les plantes des tropiques : maïs, sucre, café, riz, épices, plantes aromatiques, coton, gommes, indigo, cacao, etc., mais le manque de bras et de capitaux et l'insalubrité du climat offrent aux progrès de la culture des obstacles insurmontables.

III

RÉGIONS DE L'EST ET DU CENTRE

BRÉSIL

La république fédérale du Brésil est une ancienne colonie portugaise découverte par *Alvarez Cabral* en 1500, indépendante depuis 1822 et qui, après avoir formé un empire constitutionnel jusqu'en 1889, a proclamé la république. La superficie du Brésil est de plus de 8,500,000 kilomètres carrés : il est borné au nord par le Vénézuéla et les Guyanes, à l'est par l'océan Atlantique, au sud par l'*Uruguay*, le *Paraguay* et la *République Argentine*, à l'ouest par la *Bolivie* et le *Pérou*.

Arrosé par le fleuve des *Amazones*, dont il possède tout le cours moyen et inférieur, par ses affluents : le *Rio-Negro* à gauche ; le *Purus*, la *Madeira*, à droite, par le *Tocantins*, le fleuve *Saint-François*, et par le cours supérieur du *Parana*, de l'*Uruguay* et du *Paraguay*, le Brésil devrait, avec son immense réseau navigable et ses 8,400 kilomètres de côtes, le disputer aux Etats-Unis, si son climat brûlant ne détournait le courant de l'émigration européenne.

La région orientale et méridionale est accidentée, coupée de vallées fertiles, où croissent le maïs, le coton, le café, le tabac, la canne à sucre, le cacao, le manioc ; de nombreuses chaînes de montagnes, où dorment souvent inexploitées des mines d'or, d'argent et de houille ; de plateaux arides, mais célèbres par leurs gisements de diamants, comme celui de *Parexis*. La région septentrionale et occidentale, qui forme le bassin de l'Amazone, est plate et couverte de savanes où paissent d'innombrables troupeaux, de marécages et de forêts, qui servent de refuge aux Indiens insoumis et où abondent les essences les plus précieuses : bois de teinture et d'ébénisterie, arbres résineux (caoutchouc), etc.

Le Brésil est divisé en 20 Etats : la capitale fédérale

est **Rio-Janeiro** (500,000 hab.), le plus beau port de l'Amérique du Sud, sur une admirable baie bordée de jardins, de villas et de collines verdoyantes.

Les principaux ports de commerce sont, du nord au sud, *Para* ou *Bélem*, sur l'estuaire de l'Amazone, à l'embouchure du Rio-Para, *Saint-Louis de Maranho*, *Pernambuco*, *Bahia* ou *San-Salvador*, *Santos* et *Rio-Grande du Sud*, sur l'Atlantique.

Les marchés intérieurs de la région maritime, *Saint-Paul*, au sud-ouest de Rio-Janeiro, *Villa-Rica*, *Ouro-Preto*, dans la province de *Minas-Geraës*, *Mañaos*, sur l'Amazone, communiquent avec les ports par la navigation fluviale ou par de belles routes et environ 12,000 kilomètres de chemins de fer ; mais les provinces occidentales sont sans moyens de communication régulière avec le littoral.

La population, presque toute catholique, est de 17 millions d'habitants (moins de six millions de blancs, Portugais d'origine, le reste noirs, Indiens ou métis). Le gouvernement est une république fédérale dont le président est élu pour six ans. Le pouvoir législatif appartient à un Sénat élu pour neuf ans et à une Chambre des représentants élue pour trois ans par tous les citoyens. L'esclavage des noirs est aboli depuis 1888.

RÉSUMÉ

Amérique du Sud.

RÉGION DU NORD.

La république de la NOUVELLE-GRENADE, ou ETAT DE COLOMBIE, ancienne colonie espagnole (1,330,000 kilomètres carrés, 3,320,000 habitants d'origine espagnole ou indienne), est bornée au nord par l'Amérique centrale, le golfe de *Darien* et la *mer des Antilles*; à l'est par le Vénézuéla; au sud par la république de l'Equateur; à l'ouest par l'océan Pacifique et le golfe de *Panama*.

Elle est arrosée par la *Magdalena*, par le cours supérieur des affluents de l'Orénoque, et traversée du nord au sud par les *Cordillères*.

La capitale est *Santa-Fé-de-Bogota*; les principaux ports sont : sur la mer des Antilles, *Sabanilla*, *Sainte-Marthe*, *Carthagène*, et *Colon* ou *Aspinwall* (isthme de Panama); sur l'océan Pacifique, *Panama* réuni à Colon par un chemin de fer, et futur débouché du canal interocéanique.

II

La république de l'Équateur, ancienne colonie espagnole (300,000 kilomètres carrés, 1 million d'habitants, et 200,000 indigènes insoumis), est située entre la Colombie au nord, le Pérou au sud et l'océan Pacifique à l'ouest. La capitale est *Quito*; le principal port, *Guayaquil*.

III

La république fédérale du Vénézuéla, ancienne colonie espagnole (1,000,000 kilomètres carrés, 2,320,000 habitants), est bornée au nord par la mer des Antilles et par l'Atlantique, à l'est par la Guyane anglaise, au sud par le Brésil, à l'ouest par la Colombie. Elle est arrosée par l'*Orénoque*.

La capitale est *Caracas*, avec le port de *la Guayra*; les principaux ports sont : *Maracaïbo*, et *Puerto Cabello*, sur la mer des Antilles, *Bolivar*, sur l'Orénoque.

IV

On donne le nom de Guyanes à un vaste territoire qui s'étend sur le littoral de l'Atlantique entre les bouches de l'Orénoque et celles de l'Amazone, région couverte de forêts et de marécages, et dont les divisions sont :

1° A l'ouest, la Guyane anglaise, capitale *Georgetown*;

2° Au centre, la Guyane hollandaise, capitale *Paramaribo* ou *Surinam*, sur le fleuve Surinam;

3° A l'est, la Guyane française, colonie pénitentiaire, capitale *Cayenne*, dans une île insalubre.

Les principales productions du *bassin* de l'*Orénoque* sont : le café, le cacao, le tabac, le sucre, le coton, les bois de teinture ou de construction, les peaux brutes, et les minerais d'or et d'argent.

RÉGIONS DE L'EST ET DU CENTRE

Brésil. — La *république fédérale du Brésil*, ancienne colonie portugaise indépendante depuis 1822, la contrée la plus vaste de l'Amérique du Sud, a une superficie de plus de 8,500,000 kilomètres carrés. La population est de 17 millions d'habitants, Portugais d'origine, Indiens et noirs.

Le *Brésil* est borné au nord par le Vénézuéla et les Guyanes, à l'est par l'océan Atlantique, au sud par l'*Uruguay*, le *Paraguay* et la *Confédération Argentine*, à l'ouest par la *Bolivie* et le *Pérou*.

Outre la plus grande partie du cours de l'Amazone et de ses affluents, il possède le fleuve *Saint-François* et le cours supérieur de l'*Uruguay*, du *Parana* et du *Paraguay*.

La région orientale et méridionale est accidentée, coupée de chaînes de montagnes et de plateaux arides comme celui de *Parexis*. La région septentrionale et occidentale, qui forme le bassin de l'Amazone, est couverte de savanes, de marécages et de forêts.

La capitale fédérale du Brésil est Rio-Janeiro (500,000 habitants), le premier port de l'Amérique du Sud.

Les principaux ports de commerce sont, du nord au sud : *Para* ou *Belem*, sur le bras méridional de l'Amazone ; *Saint-Louis de Maragnho*, *Pernambuco*, *Bahia*, ou *San-Salvador*, *Santos* et *Rio-Grande du Sud*.

Les villes les plus importantes de l'intérieur sont : *Barrodo-Rio-Negro* ou *Mañaos*, sur l'Amazone; *Saint-Paul*, *Ouro-Preto*.

Les principales productions du Brésil sont : le sucre, le café, le coton, le tabac, les bois de teinture, le caoutchouc, les peaux brutes, les diamants, les minerais d'or, de fer et de cuivre.

Exercices.

Carte physique et politique du Brésil, du Vénézuéla, etc.
Indiquer par des teintes différentes les pays de montagnes ou de plateaux et les plaines basses.
Carte de l'isthme de Panama. — Tracé du chemin de fer et du canal.

CHAPITRE VIII

RÉGIONS DU SUD-EST ET DE L'OUEST

I

RÉGION DU SUD-EST, BASSIN DU RIO DE LA PLATA

La région du Rio de la Plata est en partie occupée par des plaines immenses, où la terre, imprégnée de sel, n'est couverte que d'une maigre végétation, et qui portent le nom de *pampas* : c'est là que paissent, sous la conduite d'Indiens ou de métis à demi sauvages, les innombrables troupeaux de bœufs, de chevaux et de moutons qui font la richesse des régions de la Plata.

Le bassin de la Plata comprend :

1° Entre le Brésil au nord et à l'est, la République Argentine, au sud et à l'ouest, le **Paraguay**, république indépendante, arrosée par le Paraguay et le Parana, capitale *Assomption*, sur le Paraguay, ville principale *Humaïta*, théâtre de combats sanglants en 1868. Le Paraguay, dont l'origine remonte aux missions fondées par les Jésuites au dix-septième siècle, appartint à l'Espagne jusqu'en 1811. Gouverné successivement par les dictateurs Francia et Lopez, ce pays a soutenu de 1865 à 1869 contre le Brésil, l'Uruguay et la Confédération Argentine une guerre qui a dévasté son territoire et décimé la population. Population, en 1865, 1,300,000 habitants; 460,000 habitants aujourd'hui, en grande partie Indiens ou métis).

2° Les **Provinces-Unies de la Plata** ou **République Argentine**, ancienne colonie espagnole, indépendante depuis 1810, bornées à l'ouest par les Andes, qui les séparent du Chili, au sud et à l'est par l'Atlantique, au nord par la Bolivie, l'Uruguay, le Brésil et le Paraguay, sont un pays de forêts et de pampas, arrosé par le *Parana* et par ses affluents, et comprenant en outre les bassins secondaires du *Rio Colorado*, du *Rio Negro*, etc., tributaires de l'Atlantique. La capitale fédérale est *Buenos-Ayres* (600,000 habitants), sur le Rio de la Plata, habitée par de nombreux émigrants français, italiens et allemands ; v. pr. *Rosario*, sur le Rio de la Plata ; *Santa-Fé*, sur la rive droite du Parana ; *Parana*, sur la rive gauche, *Tucuman*, *Cordova*, dans l'intérieur, *Mendoza*, au pied des Andes. (Population : 4 millions et demi d'habitants environ, Indiens, métis, créoles espagnols ou immigrants européens. Superficie : 4 millions de kilomètres carrés.)

3° La **République de l'Uruguay**, ancienne colonie espagnole, forme un État indépendant depuis 1828 : elle est située entre le Brésil au nord, l'Atlantique à l'est, le Rio de la Plata au sud, et la Confédération Argentine à l'ouest ; la capitale est *Montevideo*, port à l'embouchure du Rio de la Plata. (Population : 700,000 habitants, dont plus de 200,000 émigrants français, italiens et espagnols.)

Patagonie. — 4° La **Patagonie** est une région aride et pierreuse parcourue par les tribus nomades des Indiens *Puelches*, *Téhuelches*, etc., et qui a été partagée entre la Confédération Argentine et le Chili. Ce dernier a fondé sur le détroit de Magellan le port de *Punta-Arenas*.

Terres Magellaniques. — L'Amérique du Sud se termine par deux archipels : l'un situé à l'ouest dans l'océan Pacifique, celui des îles *Chonos* et *Wellington*, occupé par le Chili ; l'autre au sud, entre l'océan Pacifique et l'océan Atlantique, l'*archipel Magellanique*, dont l'île la plus considérable, la *Terre de Feu*, est partagée entre la République Argentine et le Chili. Elle est séparée du continent par le détroit de *Magellan*, long canal sinueux découvert en 1519 par le navigateur de ce nom, et qui fait communiquer l'océan Atlantique avec l'océan Pacifique. Au sud de la Terre de Feu est située une île ou plutôt un rocher gigantesque, le cap *Horn*, qui marque l'extrémité méridionale de l'Amérique.

Les îles Falkland. — Enfin, à l'est du détroit de Magellan, les Anglais ont colonisé les îles *Falkland* ou *Malouines*, importantes par leur position sur la route du cap Horn et comme relâche pour les baleiniers des mers Australes.

II

RÉGION DE L'OUEST

1° La **République du Chili**, ancienne colonie espagnole, indépendante depuis 1810, est une longue bande de terre, limitée au nord par la Bolivie et le Pérou, au sud par le détroit de Magellan, et resserrée entre la chaîne des Andes à l'est et l'océan Pacifique à l'ouest. Apre et stérile dans sa partie septentrionale, fertile et bien arrosé au sud, jouissant d'un climat tempéré, possédant de riches mines de cuivre (*La Serena*), d'argent (*Atacama*), de houille et des dépôts de salpêtre et de guano, le Chili a été jusqu'ici un des pays les plus prospères et les plus tranquilles de l'Amérique du Sud.

Il a pour capitale **Santiago** (336,000 habitants); pour principaux débouchés commerciaux les ports de *Valparaiso* (105,000 habitants), *Talcahuano*, port de *Conception*, *Valdivia*, *Ancud*, dans l'île *Chiloé*, *Coquimbo*, *Antofagasta*, *Cobija*, *Iquique* et *Arica*, sur l'océan Pacifique.

La population est de plus de 3,200,000 habitants, catholiques, d'origine indienne et espagnole, en comptant les tribus mal soumises des *Araucans*. (Superficie : 776,000 kilomètres carrés.)

2° La **République de Bolivie**, qui doit son nom au héros des guerres de l'indépendance contre l'Espagne, Simon Bolivar, se sépara du Pérou en 1825; elle est située entre le Brésil au nord et à l'est, la République Argentine au sud, le Chili et le Pérou à l'ouest, et arrosée par le cours supérieur du *Purus*, de la *Madeira* et du *Pilcomayo*, qui descendent des massifs des Andes : c'est un pays froid et stérile sur les plateaux où l'on exploite de riches mines d'étain, d'argent (*Potosi*, etc.) et de cuivre, chaud et couvert d'une admirable végétation dans les plaines orientales à peine connues et encore livrées aux tribus d'Indiens nomades qui errent sur les bords des grands fleuves. La capitale est *la Paz;* les villes principales *Sucre* (*Chuquisaca*), *Potosi*, *Cochabamba*, sur les plateaux. La population est d'environ 2 millions d'habitants, dont plus de 1,100,000 Indiens. (Superficie : 1,335,000 kilomètres carrés.)

3° La **République du Pérou**, entre l'Equateur au nord, le Brésil et la Bolivie à l'est, le Chili au sud et l'océan Pacifique à l'ouest, est en partie couverte par la chaîne des Andes avec ses larges plateaux, ses volcans et ses lacs, dont le plus important est celui de *Titicaca*; elle est arrosée par le cours supérieur du fleuve des *Amazones* et de ses affluents. Le Pérou fut, comme le Mexique, avant la découverte du Nouveau Monde, le siège d'un puissant empire : celui des *Incas*. Conquis par l'Espagnol François Pizarre, de 1531 à 1533, il se souleva contre l'Espagne en 1821, et ce fut sur son territoire que les généraux Bolivar et Sucre remportèrent les dernières victoires de la guerre de l'indépendance, *Junin* et *Ayacucho* (1824).

La capitale est *Lima* (100,000 habitants), avec le port de *Callao*; villes principales : *Cuzco*, la ville des Incas, sur un des plateaux les plus élevés des Andes ; *Puño*, sur le lac *Titicaca*; *Arequipa*, près du littoral, dans une région volcanique ; *Payta*, *Truxillo*, *Pisco* et *Mollendo*, sur la côte. Le Pérou possède encore quelques îles importantes par leurs gisements de guano qui forment, avec les mines d'argent, de cuivre, de mercure, les gisements de nitrate de soude et de borate de chaux, le coton, la canne à sucre, la laine des troupeaux et les forêts où abonde le quinquina, la principale richesse du pays. La population est d'environ 3 millions d'habitants, Indiens civilisés, métis ou blancs d'origine espagnole, en grande majorité catholiques, ou Indiens sauvages. (Superficie : 1,140,000 kilomètres carrés.)

RÉSUMÉ

I

Région du sud-est.

Le bassin du Rio de la Plata, composé en partie de *pampas* où paissent les innombrables troupeaux de bœufs, de chevaux et de moutons, qui font la richesse de cette région, comprend :

PARAGUAY. — 1° Entre le Brésil au nord et à l'est, la République Argentine au sud et à l'ouest, le PARAGUAY (460,000 habitants), république indépendante depuis 1811, arrosée par le Paraguay et le Parana ; capitale *Assomption*, sur le Paraguay.

LA PLATA. — 2° LES PROVINCES-UNIES DE LA PLATA OU RÉPUBLIQUE ARGENTINE, ancienne colonie espagnole, indépendante depuis 1810 (4 millions de kilomètres carrés, 4,500,000 habitants), capitale *Buenos-Ayres* (600,000 habitants), sur le Rio de la Plata, habitée par de nombreux émigrants français, italiens et allemands ; villes principales : *Parana*, sur la rive gauche, et *Santa-Fé*, sur la rive droite du Parana, *Mendoza*, *Cordova*, dans l'intérieur.

Uruguay. — 3º La République de l'Uruguay (700,000 habitants), ancienne possession espagnole, État indépendant depuis 1828, entre le Brésil au nord, l'Atlantique à l'est, le Rio de la Plata au sud, et la Confédération Argentine à l'ouest ; capitale *Montevideo*, port à l'embouchure du Rio de la Plata.

Patagonie. — 4º Les bassins des fleuves secondaires situés au sud du Rio de la Plata et à l'est des Andes appartiennent à la Patagonie, région aride, parcourue par des tribus nomades d'Indiens et partagée entre le Chili et la République Argentine.

L'Amérique du Sud se termine par deux archipels : l'un situé dans l'océan Pacifique, celui des îles *Chonos*, *Wellington*, etc. ; l'autre, entre l'océan Pacifique et l'océan Atlantique, l'*Archipel Magellanique*, dont l'île la plus considérable, la *Terre de Feu*, est séparée du continent par le détroit de *Magellan*. A l'est du détroit de Magellan, les Anglais ont colonisé les îles *Falkland* ou *Malouines*.

II

Région du sud-ouest et de l'ouest. — Côte du Pacifique.

Les États de cette côte sont, du sud au nord :

1º La République du Chili, ancienne colonie espagnole, indépendante depuis 1810 (776,000 kilom. carrés, 3,200,000 habitants), entre la Bolivie et le Pérou au nord, la République Argentine à l'est, et l'océan Pacifique à l'ouest et au sud ; capitale *Santiago* ; villes principales : *Valparaiso*, le plus grand port chilien, *Valdivia*, *Concepcion*, *Coquimbo*, *Cobija*, *Iquique* et *Arica*, sur la côte.

L'île *Chiloé* dépend du Chili.

Les mines de cuivre et d'argent, le salpêtre, le guano, la houille, la laine, les céréales sont les principaux produits.

2º La République de Bolivie, séparée du Pérou en 1825 (1,335,000 kilomètres carrés, 2 millions d'habitants), entre le Brésil au nord et à l'est, la République Argentine et le Chili au sud, le Pérou à l'ouest, arrosée par le cours supérieur du *Purus*, de la *Madeira* et du *Pilcomayo*, qui descendent des monts les plus élevés des Andes, capitale *la Paz* ; villes principales : *Sucre (Chuquisaca)*, *Potosi*, dans l'intérieur. Les mines d'argent, d'étain et de cuivre, la laine et le quinquina sont les principaux produits de la Bolivie.

3° La République du Pérou formait autrefois l'empire des *Incas*, qui fut détruit par Pizarre. Le Pérou est indépendant de l'Espagne depuis 1821 (1,140,000 kilomètres carrés, 3 millions d'habitants). Il est situé entre l'Équateur au nord, le Brésil et la Bolivie à l'est, le Chili au sud, et l'océan Pacifique à l'ouest, et arrosé par le cours supérieur du fleuve des *Amazones* et du *Maragnon*, capitale *Lima*, avec le port de *Callao*; villes principales: *Cuzco* et *Arequipa*, dans l'intérieur, *Truxillo*, *Pisco* et *Mollendo* sur la côte. Le Pérou possède des gisements de salpêtre, du guano, cultive la canne à sucre, le coton et le quinquina.

Exercices.

Carte physique et politique de la Confédération Argentine; — du Pérou; — de la Bolivie. — Carte politique de l'Amérique du Sud avant 1810.

CHAPITRE IX

OCÉANIE

Grandes divisions. Races et Religions. — Le nom d'**Océanie** s'étend aux nombreux archipels disséminés dans l'océan Pacifique entre l'Amérique et l'Asie, et au continent de l'**Australie** ou Nouvelle-Hollande.

La superficie totale de l'Océanie est d'environ 11 millions de kilomètres carrés, et la population de 40 millions d'habitants.

Les géographes français l'ont divisée en trois régions (1) en prenant pour base la diversité des races qui l'habitent:

(1) Plusieurs géographes ont admis une quatrième division, la *Micronésie* (région des petites îles) entre la Malaisie à l'ouest, la Polynésie à l'est, et la Mélanésie au sud; mais cette division, qui ne repose ni sur le caractère du sol ni sur la diversité des races, commence à être abandonnée. Il est d'ailleurs facile aujourd'hui de grouper les terres océaniennes suivant les colonies européennes.

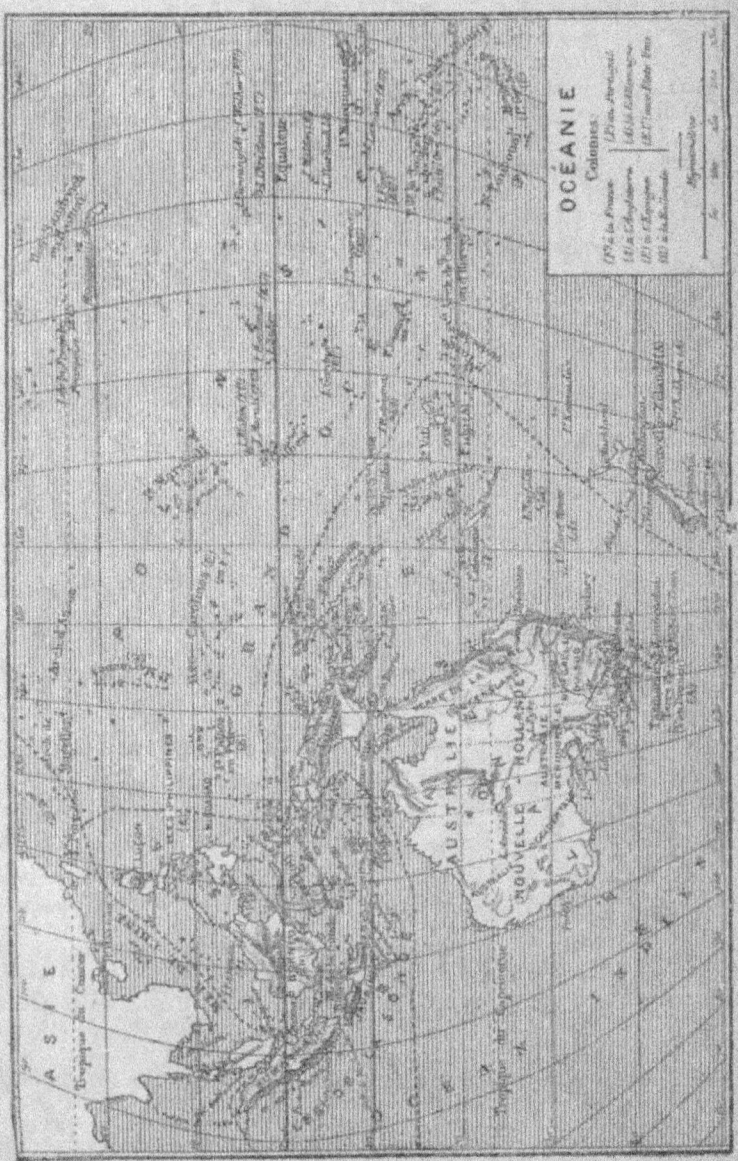

Carte XLIV.

1° Au nord-ouest, la **Malaisie**, où dominent les Malais, race au teint brun, aux longs cheveux, aux pommettes saillantes, énergique, intelligente, mais indomptable, et dont les pirateries infestent encore les mers de l'extrême Orient. La religion musulmane domine parmi les indigènes de la Malaisie.

2° A l'ouest, la **Mélanésie** (îles des noirs) habitée par des peuples de race noire, inférieurs aux Malais, livrés aux grossières superstitions du fétichisme, mais dont les récits des anciens voyageurs semblent avoir exagéré la laideur physique et l'abrutissement, race condamnée, du reste, à disparaître devant l'invasion européenne.

3° A l'est et au nord-est, la **Polynésie** (région des îles nombreuses) occupée par des populations au teint basané, aux proportions régulières, parlant des dialectes qui trahissent une origine commune, et qu'on a voulu rattacher à une émigration américaine qui aurait suivi de l'est à l'ouest la direction des vents et des courants de la région équatoriale. A l'exception de ceux qui ont été convertis par les missionnaires protestants ou catholiques, les Polynésiens, bien qu'ils aient l'idée d'un Dieu suprême, sont encore sous le joug des superstitions les plus bizarres et parfois les plus cruelles.

I

Caractères généraux de la Malaisie. — La *Malaisie* comprend : au sud, l'archipel de la *Sonde*; à l'est, l'archipel des *Moluques* et l'île *Célèbes*; au nord, les îles *Philippines*; à l'ouest, la grande île de *Bornéo*.

La plupart des îles de l'archipel Malais présentent de profondes analogies de sol et de climat : deux saisons, l'une sèche, l'autre pluvieuse pendant la mousson du nord-ouest (décembre-mars) ; un soleil brûlant, mais dont l'ardeur est tempérée par les brises de mer, des montagnes volcaniques d'où descendent de nombreux cours d'eau, une végétation dont la puissance et la variété n'ont pas d'égales (café, riz, canne à sucre, poivre, muscades, girofle, thé, coton, indigo, caoutchouc, bois d'ébénisterie), des races sauvages ou domestiques qui se rattachent évidemment à celles de l'Asie, le buffle, l'éléphant, le rhinocéros, le tigre, la panthère, les reptiles énormes, les oiseaux aux couleurs éclatantes.

La Malaisie presque tout entière est sous la domination des Européens : Hollandais, Espagnols, Portugais et Anglais.

Possessions européennes. — Les possessions de la **Hollande**, qui portent le nom d'Indes néerlandaises, sont :

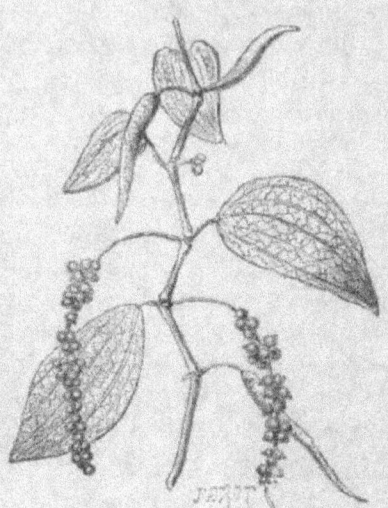

Fig. 35. — Le poivrier.

1° L'**Archipel de la Sonde**, qui comprend : la grande île de *Sumatra* (longueur : 1,600 kilomètres ; 3 à 4 millions d'habitants), séparée de la presqu'île de Malacca par le détroit de Malacca ; villes principales : *Padang* et *Bencoulen*, entrepôts du poivre et du café, les deux produits les plus importants du pays : *Atchin*, autrefois capitale d'un Etat indépendant, conquis récemment par les Hollandais ;

La grande île de *Java* (130,000 kilomètres carrés, 23.000,000 d'habitants), la plus riche des possessions hollandaises (sucre, café, riz, coton, indigo, tabac, bois précieux, gutta-percha, écaille), séparée de Sumatra par le détroit de la *Sonde*, capitale *Batavia* (100,000 habitants) ; villes principales : *Sourabaya* et *Samarang ;*

Les îles de *Banca* et de *Billiton*, célèbres par leurs mines d'étain, à l'est de Sumatra ;

Les îles de *Bali*, *Lombok*, *Sumbava*, *Florès* et *Timor*, à l'est de Java.

2° L'**Archipel des Moluques** ou îles aux Épices (*Ternate, Céram, Banda, Gilolo, Amboine*).

3° L'île **Célèbes**, villes principales : *Macassar* et *Menado*, séparée de Bornéo par le détroit de *Macassar*, terre volcanique découpée par des golfes profonds et bouleversée par les tremblements de terre.

4° L'île de **Bornéo** (520,000 kilomètres carrés, 1,400,000 habitants), la plus vaste de la Malaisie, hérissée de montagnes et arrosée par de grands cours d'eau, riche en mines d'or, de diamants et de houille, partagée entre les Hollandais au sud-est et à l'ouest (ports principaux : *Pontianak* et *Benjermassing*), et des États malais placés sous le protectorat de l'Angleterre. Le plus vaste est celui de *Bornéo*, au nord-ouest.

La population totale des établissements hollandais dépasse 32 millions d'habitants et la superficie vaut 14 fois celle de la métropole ; la langue et la race malaises et la religion musulmane y dominent ; cependant on rencontre des populations d'origine polynésienne ou de race noire dans presque toutes les îles de la Sonde, à Bornéo et aux Moluques.

Les colonies hollandaises d'Océanie ont été fondées, pour la plupart, par la Compagnie des Indes, créée en 1602 et qui ne disparut qu'en 1800. La Hollande a maintenu, dans presque toutes ses possessions, les autorités indigènes, sous la surveillance de fonctionnaires néerlandais. Les impôts, qui représentent à peu près le cinquième du produit des terres, se payent en nature (café, sucre, indigo, poivre, épices) et les indigènes sont en outre astreints à certaines corvées ; l'esclavage est aboli depuis 1837.

Les **Portugais** n'ont plus qu'une partie de l'île de *Timor* (*Dilli*, 300,000 habitants).

Les **Anglais** possèdent l'île de *Labouan*, sur la côte nord-ouest de Bornéo, et la province de *Sarawak*, dans l'île.

Les possessions des **États-Unis**, enlevées à l'**Espagne**, sont : l'archipel des **Philippines** (6 millions d'habitants), dont les principales sont *Mindanao* et *Luçon*, capitale *Manille*, renommée par ses tabacs, ses cafés et ses chanvres. La population, mêlée de Tagales, qui paraissent se rattacher à la race polynésienne, de noirs indigènes, de Chinois, etc., est en partie catholique, en partie fétichiste ;

Les îles **Carolines, Mariannes, Soulou, Palaos** ou **Pelew** (population totale : 120,000 habitants), que l'on rattache au groupe de la Micronésie, ont été vendues en 1898 par l'Espagne à l'Allemagne.

II

Mélanésie. Caractères physiques. — La Mélanésie est un monde à part, reste d'un continent disparu,

Fig. 36. — Le kangourou
(1m,50 à 2 mètres de hauteur).

dont l'Australie n'est sans doute qu'un fragment. La végétation, avec ses fougères gigantesques, semblables à celles dont on retrouve l'empreinte dans les blocs de houille, les races animales avec leurs formes étranges et comme inachevées (kangourous, ornithorynques, etc.), l'homme même (types principaux : *Papous*, cheveux laineux, et *Mélanésiens* proprement dits, cheveux lisses), avec sa barbarie toute primitive, offrent un type profondément distinct, qui devait être plus frappant encore avant qu'il n'eût été altéré par le mélange des races polynésiennes et par l'invasion de la civilisation européenne, qui modifie peu à peu la nature, et qui tend à anéantir les populations indigènes.

Cette région, découverte au seizième et au dix-septième siècle par les Espagnols, les Hollandais (*Tasman*) et les Anglais (*Dampier*), fut explorée au dix-huitième par un grand nombre de navigateurs dont les plus célèbres sont le Français *Bougainville* (1766-1769) ; l'Anglais *Cook*, qui, dans ses trois voyages (1768-1772-1776), reconnut les côtes de la Nouvelle-Zélande, découvrit la Nouvelle-Calédonie et périt en 1779 aux îles Sandwich ; enfin le Français *La Pérouse*, qui, en 1788, fit naufrage et fut massacré par les indigènes sur les côtes de l'île de Vanikoro.

Possessions hollandaises et allemandes. — La Mélanésie, bien qu'en partie occupée par les Européens, compte encore quelques terres indépendantes, presque toutes situées au nord-est du continent australien.

Les principales sont : l'archipel de *Santa-Cruz*, célèbre par le naufrage de *La Pérouse*, et les *Nouvelles-Hébrides*, qui ont été en partie colonisées par des Français.

La **Nouvelle-Guinée** ou terre des Papous, île presque aussi vaste que Bornéo, mais dont les côtes seules ont été explorées M. d'*Albertis* (Italien), M. *Raffray* (Français), M. *Maklay* (Russe), M. *Goldie* (Anglais), est partagée aujourd'hui entre les *Hollandais* (côte occidentale), les *Anglais* (côte méridionale) et les *Allemands* (côte septentrionale). L'Allemagne a pris également possession des îles de la *Nouvelle-Bretagne*, de la *Nouvelle-Irlande* et des îles *Salomon*, explorées par Bougainville (dix-huitième siècle).

Ces îles sont, pour la plupart, des terres d'origine volcanique, entourées de récifs de corail qui leur servent de base et habitées par des populations issues du mélange des noirs océaniens avec les Polynésiens ou les Malais.

Possessions anglaises. Australie. — La terre la plus importante de la Mélanésie est le continent de l'Australie ou Nouvelle-Hollande, borné au nord par le détroit de *Torrès*, qui le sépare de la Nouvelle-Guinée, par le golfe de *Carpentarie* et par la mer des *Alfourous*, qui le sépare des îles de la Sonde; à l'ouest, par l'*océan Indien*; à l'est et au sud, par l'*océan Pacifique* (7,600,000 kilomètres carrés).

La côte orientale est bordée par une chaîne assez élevée qui porte le nom d'*Alpes australiennes* ou *montagnes bleues* et d'où sortent de nombreux cours d'eau : le *Darling*, le *Murray*, qui appartiennent à un même bassin fluvial et se déversent dans l'océan Pacifique, au sud-est de l'Australie. La côte occidentale est également bordée de hauteurs boisées d'où sortent des rivières (*Murchison*, *Ashburton*, etc.). La côte méridionale est aride, sablonneuse, sans eaux courantes; celle du nord, brûlée par le soleil, mais bien arrosée et couverte de riches herbages et d'une puissante végétation. L'intérieur, avec ses déserts de sable et d'argile, qui deviennent des lacs dans la saison des pluies (lac *Torrens*, lac *Eyre*, lac *Amédée*), ses steppes, ses forêts, ses marécages, sans grands cours d'eau et sans montagnes élevées, est encore imparfaitement connu, malgré les explorations hardies de *Landsborough*, de *Kennedy*, d'*Eyre*, de *Grégory*, de *Leichardt*, de *Burke*, de *Mac-Donald-Stuart*, qui, en 1863, a traversé le continent dans toute sa longueur, du sud au nord, depuis le Pacifique jusqu'au golfe de *Carpentarie*, de *Giles*, de *Forrest*, de *Warburton*, qui ont surtout visité la région centrale et occidentale.

L'Australie a été colonisée par l'Angleterre, et déjà les chemins de fer, les lignes télégraphiques sillonnent toute la partie sud-est du continent.

Les possessions anglaises se divisent en cinq provinces et un territoire : celui du *Nord*.

1° et 2° A l'est, la *Nouvelle-Galles du Sud*, colonie fondée en 1788 pour servir de lieu de déportation, capitale *Sidney* sur le port Jackson (370,000 habitants), et la *Terre de la Reine* (Queensland), capitale *Brisbane*.

3° et 4° Au sud, la *Province de Victoria*, la terre de l'or, capitale *Melbourne* (440,000 habitants), villes principales : *Ballarat, Sandhurst et Geelong*, dans la région aurifère ; et l'*Australie méridionale*, capitale *Adélaïde* (130,000 habitants).

5° A l'ouest, l'*Australie occidentale*, devenue depuis 1840 le lieu de déportation, ville principale *Perth*.

La population coloniale est de plus de 3,400,000 habitants ; les noirs indigènes sont réduits à 50 ou 60,000.

Les principales richesses de l'Australie sont ses mines d'or, de cuivre, d'argent, de houille, ses forêts, la culture des céréales et la laine de ses nombreux troupeaux.

L'Angleterre possède, au sud de l'Australie, l'île de *Tasmanie*, qui en est séparée par le détroit de *Bass*, pays fertile, au climat sain et tempéré (150,000 habitants), capitale *Hobart-Town*, ville principale *Launceston*; et, au nord-est de la Mélanésie, les îles *Viti* ou *Fidji*.

Possessions françaises. — Les établissements français en Océanie forment un seul gouvernement, dont le chef réside à la Nouvelle-Calédonie, et comprennent dans la Mélanésie, l'Archipel de la Nouvelle-Calédonie (1853), dans la Polynésie, celui des îles Marquises, des îles de la Société (Taïti), des îles Tuamotou, des îles Gambier et Tobouaï.

Nouvelle-Calédonie. — La Nouvelle-Calédonie (17,573 kilomètres carrés), longue de 320 kilomètres et large de 50, est l'île principale d'un groupe situé entre 18° et 23° de latitude sud, 166° 17' et 165° de longitude est. Traversée par une chaîne de montagnes peu élevée, la Nouvelle-Calédonie est habitée par une population indigène de race brune (*Canaques*), qui compte environ 45,000 individus, et qui, sans être dépourvue d'intelligence, ne s'est pas encore élevée au-dessus des plus humbles débuts de la civilisation. La population européenne ne dépasse pas 28,000 individus, marins, soldats, fonctionnaires, colons et transportés ou libérés astreints à la résidence. La décision qui a transformé la Nouvelle-Calédonie et l'île des Pins en colonie pénitentiaire a augmenté dans une proportion considérable le chiffre de la population non indigène.

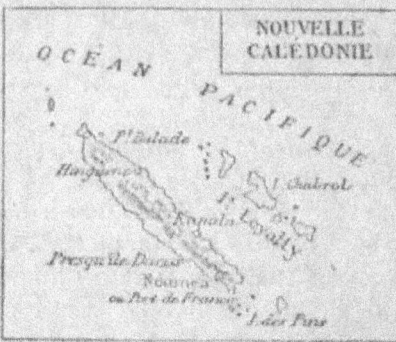

Carte XLV.

La Nouvelle-Calédonie a quelques forêts, de beaux pâturages; presque toutes les plantes des tropiques peuvent s'y cultiver, mais les seules cultures qui donnent lieu jusqu'ici à un commerce appréciable, sont la canne à sucre, menacée par les ravages des sauterelles, et le tabac. On a reconnu des gisements de fer et de houille et surtout de riches mines de nickel, et l'on pêche sur les côtes, des éponges, des huîtres à perles, et des tripangs ou biches de mer, qui sont déjà l'objet d'un commerce assez important avec la Californie et la Chine.

Les deux principaux ports sont *Nouméa*, chef-lieu de la colonie, et *Balade*.

L'île des *Pins* et le groupe des îles *Loyalty* dépend du gouvernement de la Nouvelle-Calédonie.

III

POLYNÉSIE

La **Polynésie** comprend de nombreuses îles qui reposent pour la plupart sur des bancs de corail et qui portent encore les traces des phénomènes volcaniques à qui elles doivent leur naissance; quelques-unes seulement ont été colonisées par les Européens.

Possessions anglaises. — Les possessions anglaises sont l'archipel de la **Nouvelle-Zélande**, composé de deux grandes îles, séparées par le détroit de *Cook*, et d'une troisième moins considérable. — Elles sont traversées par une chaîne élevée et couverte de glaciers; mais le littoral est fertile, et de riches mines d'or, de

Fig. 37. — Île entourée de récifs de corail.

beaux pâturages, des forêts immenses, assurent à cette colonie un brillant avenir. La capitale est *Wellington*, sur le détroit de Cook, dans l'île septentrionale; les principales villes : *Auckland*, au nord de l'île, *Nelson* et *Dunedin*, dans l'île méridionale. La population indigène, les Maoris, disparaît rapidement devant la colonisation européenne (45,000 Maoris, 575,000 Européens). L'île *Chatam*, à l'est de la Nouvelle-Zélande, les îles *Auckland*, au sud, appartiennent également à l'Angleterre.

Possessions françaises. — Le groupe des îles *Marquises*, composé de onze îles, dont la principale est *Nouka-Hiva*, est habité par quatre ou cinq mille indigènes, qui cultivent le tabac, le coton, l'indigo, et qui se livrent à la pêche du tripang. Le commerce est sans importance.

Le groupe des îles de la *Société*, doublement important par sa position sur la route de l'Australie à l'Amérique, et sur celle des baleiniers de la mer du Sud, appartient également à la France.

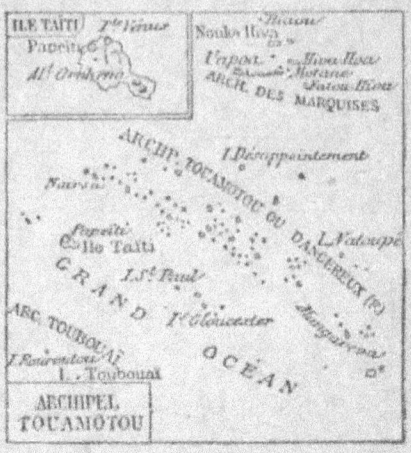

Carte XLVI.

L'île principale est celle de **Taïti** (10,000 habitants), dont le chef-lieu *Papéiti* est en même temps le meilleur port, et le seul débouché commercial de l'île.

Les îles *Tuamotou* (*Pomotou*), *Gambier*, *Toubouaï* dépendent du gouvernement de Taïti.

La population totale de ces différents groupes ne dépasse pas 25,000 habitants.

Iles Sandwich. — Les autres archipels sont, à l'ouest, ceux de *Gilbert*, de *Marshall* (Allemagne), d'*Anson* et de *Magellan*; au sud, les îles *Tonga* et *Samoa*, où l'Allemagne, les États-Unis et l'Angleterre se disputent l'influence; au centre, l'archipel de *Cook* ou d'*Hervey* et les *Sporades* de la Polynésie (Angleterre); à l'est, l'île de *Pâques* ou *Waihou* (Chili); au nord, les îles *Sandwich* ou *Haouaï* (90,000 hab.), capitale *Honoloulou*, situées entre la Californie et le Japon, civilisées par les missionnaires anglais et américains et dont les États-Unis ont pris possession en 1898.

IV

TERRES AUSTRALES

Au sud de l'Océanie, au delà du 60° degré de latitude méridionale, s'étend l'*océan Glacial antarctique*, couvert de glaces fixes et flottantes, et qui baigne des terres désertes, imparfaitement reconnues par les navigateurs qui ont osé se hasarder dans les solitudes des mers australes.

Dès l'année 1772, l'Anglais *Cook* s'aventura jusqu'au 71ᵉ degré, et découvrit l'île de *Géorgie*, et la terre de *Sandwich*, au sud-est de l'Amérique.

En 1831 et 1833, des navires anglais et américains entrevoient dans l'océan Glacial antarctique une suite de terres (*terre d'Enderby, Groënland du sud*, etc...) qui font croire à l'existence d'un continent austral. Cette opinion est confirmée par les voyages de *Dumont d'Ur-*

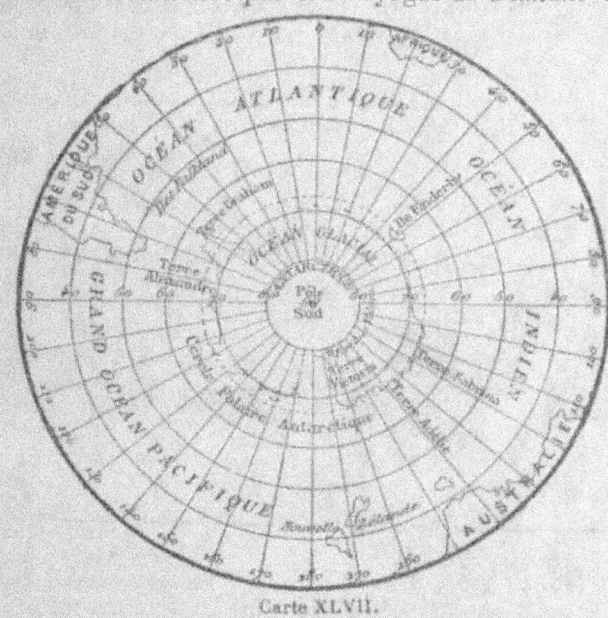

Carte XLVII.

ville, qui en 1838 découvre la terre *Louis-Philippe*, au sud de l'Amérique, en 1840 la terre *Adélie* et la terre *Clarie*, au sud de l'Australie; et par les explorations des Anglais *Wilkes* et *James Ross*, qui de 1839 à 1842 reconnaissent au sud de l'Océanie la terre *Sabrina*, et la terre *Victoria*. Ross s'avance jusqu'au 77ᵉ degré de latitude sud, *point extrême* où l'on soit arrivé dans les mers australes, et trouve, au sud de la terre Victoria, deux montagnes volcaniques, qu'il nomme, du nom de ses deux navires, *Erebus* et *Terror*.

L'existence d'un continent austral, inhabité et inhabitable, est aujourd'hui un fait acquis à la science géographique.

RÉSUMÉ.

Océanie.

Le nom d'OCÉANIE s'étend aux nombreux archipels disséminés dans l'océan Pacifique, entre l'Amérique et l'Asie, et au continent de l'AUSTRALIE ou Nouvelle-Hollande.

La superficie totale de l'Océanie est d'environ onze millions de kilomètres carrés ; la population est de 40 millions d'habitants.

I

Les géographes l'ont divisée en trois régions, d'après les races diverses qui l'habitent : au nord-ouest est située la MALAISIE ou ARCHIPEL ASIATIQUE, où dominent les Malais.

Cette région, chaude et volcanique, produit le café, le sucre, le tabac, le poivre, les épices, le riz, le coton, l'indigo, le caoutchouc.

La Malaisie comprend : 1° les POSSESSIONS HOLLANDAISES (32 millions d'habitants) : *Iles de la Sonde*, dont les principales sont : JAVA, capitale *Batavia* ; SUMATRA, ville principale *Padang*, grande île séparée de la presqu'île de Malacca par le détroit de *Malacca* ; BANCA, avec ses mines d'étain ; archipels de CÉLÈBES, *Bali*, *Florès*, *Sumbava*, *Timor* ; archipel des MOLUQUES ou îles aux épices ; île de BORNÉO, la plus vaste de l'Océanie, en partie sous le protectorat anglais.

Fig. 38. — L'orang-outang.

2° Les POSSESSIONS DES ÉTATS-UNIS, îles *Philippines*, capitale

Manille (180,000 kilom. carrés, 6 millions d'habitants); 3° Possessions allemandes : les îles *Carolines, Mariannes* et *Palaos*; 4° Quelques Possessions anglaises (*Labouan, Sarawak*) et portugaises (à *Timor*).

II

A l'ouest, la Mélanésie (îles des noirs) est habitée par des peuples de race noire, les uns à cheveux lisses (Australie), les autres à cheveux laineux (Papous, habitants de la *Nouvelle-Guinée*).

Elle comprend :

1° Les *Iles indépendantes* (Santa-Cruz, Nouvelles-Hébrides) ;

2° Les *Possessions allemandes* (nord de la Nouvelle-Guinée, dont le sud appartient à l'Angleterre et l'ouest à la Hollande, Nouvelle-Bretagne, îles Salomon) ;

3° Les *Possessions françaises* : Nouvelle-Calédonie, *capitale* Nouméa ; îles des Pins ; îles Loyalty ;

4° Le continent d'Australie (7,600,000 kilomètres carrés), borné au nord par le détroit de Torrès et le golfe de Carpentarie, à l'ouest par l'océan Indien, à l'est et au sud par l'océan Pacifique, arrosé par le Darling, le Murray, etc. (versant du Pacifique), qui sortent des Alpes australiennes (côte orientale).

L'Angleterre a fondé en 1788 ses premiers établissements en Australie. Ce pays est divisé en un territoire, celui du *Nord*, et cinq provinces : à l'est, Nouvelle-Galles du Sud, *capitale* Sidney, et Terre de la Reine, *capitale* Brisbane ; au sud, province de Victoria, *capitale* Melbourne, et Australie méridionale, *capitale* Adélaïde ; à l'ouest, Australie occidentale, *cap.* Perth. (Population : 3,100,000 Européens, 50,000 noirs indigènes).

Au sud de l'Australie, l'île de Tasmanie, *capitale* Hobart-Town ; au nord-est, les îles Fidji, *colonies anglaises*.

III

Polynésie. — La Polynésie comprend :

1° Au sud-ouest et au centre, des *Colonies anglaises*, la Nouvelle-Zélande, *capitale* Auckland (575,000 colons, 45,000 indigènes), et l'archipel de Cook ;

2° Au centre, des *Possessions françaises* : îles Marquises, Taïti, *capitale* Papéiti, îles Tuamotou, Toubouaï, Gambier ;

3° Les *Archipels* récemment occupés ou disputés entre plusieurs puissances. — Iles Sandwich ou Hawaï (Etats-Unis), au nord ; Tonga, Samoa, à l'ouest.

Terres australes.

Les terres situées dans l'océan Glacial antarctique, et reconnues de 1772 à 1842, semblent former un continent glacé et inhabitable.

Exercices.

Carte de l'Océanie.
Carte de l'Australie.
Carte de la Nouvelle-Calédonie.

LIVRE VII

REVISION GÉNÉRALE

Nous venons de parcourir tour à tour chacun des continents, et d'en étudier les divisions naturelles et politiques : il nous reste à jeter un coup d'œil sur l'ensemble du globe et sur les grands phénomènes qui jouent un rôle si important dans l'histoire de la civilisation comme dans celle du monde physique.

CHAPITRE Ier

LES MERS. — COURANTS. — GRANDES LIGNES DE NAVIGATION

Nous avons déjà vu que les mers occupent près des trois quarts de la superficie du globe, et que les géographes y reconnaissent cinq divisions principales déterminées par la situation des continents.

I

Océan Pacifique. — La plus vaste, l'océan Pacifique ou Grand-Océan, entre l'Amérique et l'Asie, parsemé d'îles, hérissé de bas-fonds, d'écueils madréporiques, de chaînes volcaniques sous-marines, soulevé par ces terribles trombes qui dévastent les côtes de la Chine et de la Malaisie, n'a été longtemps parcouru que par les jonques chinoises ou les étroites pirogues du Polynésien et du Malais. Ouvert depuis moins de quatre siècles à l'activité européenne, le Grand-Océan est déjà l'une des routes les plus fréquentées du commerce, et il est facile de prévoir le temps où il le disputera à l'Atlantique.

Sur mer comme sur terre les routes ne sont pas arbitraires : la nature les a tracées d'avance, et leur direction devient plus sûre et plus constante à mesure que l'on étudie plus profondément la physique du globe : elles sont déterminées surtout par deux phénomènes, chaque jour mieux connus, les *courants maritimes* et les *courants atmosphériques*.

Les **courants polaires** du nord, peu sensibles dans le détroit de Béring (100 mètres de profondeur) et sur les côtes d'Amérique où ils restent sous-marins, descendent sur celles d'Asie jusqu'au détroit de Corée : les courants polaires du sud glissent le long des côtes de l'Amérique méridionale jusqu'au Pérou, sous le nom de *courant de Humboldt*, et contribuent à refroidir le climat du littoral.

Le **courant de l'équateur** se dirige presque en droite ligne de l'Amérique vers l'Asie, en laissant au sud la masse des archipels et des terres de l'Océanie ; mais brisé par le continent asiatique, il se détourne vers le nord, longe les côtes orientales du Japon, et tandis qu'une de ses branches pénètre jusque dans les mers polaires en traversant le détroit de Bering, le bras principal revient sur lui-même sous le nom de *courant noir*, ou du *Japon*, en décrivant un demi-cercle qui semble tracer au navigateur la route de l'Asie aux côtes d'Amérique.

Les courants atmosphériques équatoriaux, connus sous le nom de *vents alizés*, soufflent presque constamment de l'est à l'ouest, dans l'espace compris entre les deux tropiques.

C'est en suivant les courants de l'Equateur que Magellan et les premiers navigateurs espagnols traversèrent au seizième siècle tout l'océan Pacifique ; c'est cette même route que suivent encore les paquebots qui rattachent à *Panama*, *Wellington* dans la Nouvelle-Zélande et *Sidney* en Australie : c'est le courant du Japon, sillonné aujourd'hui par les vapeurs américains (dix-neuf jours de trajet du Japon à *San-Francisco*), dont les flots portèrent en Californie, bien avant les découvertes européennes, les jonques de la Chine et de la Corée.

Mers secondaires. — Le Grand-Océan ne forme

sur les côtes de l'Amérique que deux golfes importants, celui de *Californie* ou mer *Vermeille* et celui de *Panama*, où devait déboucher le canal maritime entre le Pacifique et l'Atlantique.

Sur les côtes d'Asie, il forme les mers d'*Okhotsk*, du *Japon*, la mer *Jaune*, la mer de *Chine*, le golfe de *Siam*.

Iles et presqu'îles. Leur direction. — Les nombreux archipels de la Polynésie et de la Micronésie, disséminés dans l'océan Pacifique, semblent avoir été soulevés isolément par des éruptions volcaniques ; mais il est facile de reconnaître dans la Mélanésie et la Malaisie une grande chaîne de montagnes sous-marines, qui forme le prolongement de la presqu'île de Malacca, se dirige de l'est à l'ouest sous le nom d'îles de Sumatra, de Java, de Nouvelle-Guinée, de Nouvelle-Calédonie, puis incline vers le sud, où elle émerge de nouveau sous le nom de Nouvelle-Zélande. Une seconde chaîne volcanique, comme la première, longe les côtes d'Asie, en partant de la presqu'île de Kamtchatka (Sibérie), dont elle est le prolongement, et se dirige du nord au sud sous le nom d'archipel Japonais, d'île Formose, d'îles Philippines, d'île de Bornéo.

II

L'océan Indien, situé entre l'Asie au nord, l'Afrique à l'ouest, le continent australien à l'est, communique avec l'océan Pacifique par les détroits de *Malacca*, de la *Sonde*, etc., avec la Méditerranée par le canal de *Suez*, et se confond avec l'océan Atlantique, au sud des caps de *Bonne-Espérance* et des *Aiguilles*, en Afrique.

Mers secondaires. — L'océan Indien forme, sur les côtes d'Asie, le golfe du *Bengale*, le golfe ou mer d'*Oman* (ancienne mer *Érythrée*), le golfe *Persique*, qui communique avec la mer d'Oman par le détroit d'*Ormuz*, et le golfe *Arabique*, ou *mer Rouge*, dont le débouché est le détroit de *Bab-el-Mandeb*.

Iles et presqu'îles. — Trois grandes presqu'îles :

l'*Indo-Chine*, terminée par la presqu'île de *Malacca*, l'*Inde* (Dékan), prolongée par l'île de *Ceylan*, et l'*Arabie* s'avancent du nord au sud dans l'océan Indien. Il semble même que les montagnes de l'Inde, qui plongent dans l'océan Indien au cap *Comorin*, se continuent par une chaîne d'îles et de hauts-fonds jusqu'à la grande île de *Madagascar*, dont la direction est la même que celle des presqu'îles de l'Asie méridionale.

Courants. — C'est à la situation et à la forme de ces grands promontoires qu'il faut attribuer les perturbations des *courants* et surtout du courant *équatorial*.

Divisé par les canaux où il s'engage, repoussé vers le nord par la direction des détroits, et par l'action des courants polaires, ce courant, au sortir du détroit de Malacca, se dirige vers les côtes du Bengale où il vient se briser en mille tourbillons capricieux.

La direction régulière de l'est à l'ouest ne reparaît qu'à la hauteur de Ceylan, mais elle est presque aussitôt modifiée par les hauts-fonds qui rejettent la masse du courant au sud-ouest vers Madagascar et les côtes de l'Afrique orientale qu'elle vient frapper à la hauteur du cap *Corrientes* en Cafrerie, pour aller se perdre bientôt dans les mers australes au sud du cap des *Aiguilles*.

Les *courants polaires du sud* glissent le long des côtes occidentales de l'Australie et de l'archipel Malais, et viennent, à la hauteur du détroit de Malacca, se confondre avec le courant équatorial qu'ils contribuent à refouler vers le nord.

Les courants atmosphériques éprouvent également des perturbations sensibles : au nord du 10° parallèle sud, les vents alizés sont remplacés par des courants périodiques appelés *moussons* ou vents de semestre qui soufflent du nord-est au sud-ouest pendant l'hiver (octobre-février) et du sud-ouest au nord-est pendant l'été (mars-septembre). Ces variations s'expliquent par celles de la température du continent asiatique, dont les vastes espaces tour à tour brûlés par le soleil ou refroidis par les vents du nord et les neiges qui couvrent le plateau central produisent des courants variables assez puissants pour effacer l'influence des vents alizés.

L'océan Indien est la grande route commerciale des Indes, de l'Océanie et de l'Asie orientale : l'ouverture du canal de Suez a imprimé une nouvelle activité à la navigation à vapeur qui n'a pas à compter comme la navigation à voiles avec les caprices des vents et des courants. D'*Aden*, point de relâche de toutes les lignes de l'extrême Orient, rayonnent au sud, vers *Zanzibar*, *la Réunion* et *Maurice*, à l'est vers *Bombay*, *Madras*, *Calcutta*, *Singapour*, *Batavia* et les ports de l'Australie, *Saïgon*, *Hong-Kong* et les ports de la Chine et du Japon, des lignes de vapeurs anglais, français, hollandais, autrichiens qui font de l'océan Indien un lac européen.

III

L'océan Atlantique est situé entre l'Europe et l'Afrique à l'est et l'Amérique à l'ouest.

Caps et détroits. — Il communique avec l'océan Glacial par le détroit de *Davis*, au nord-est de l'Amérique, et par un espace ouvert au nord de l'Europe ; avec l'océan Pacifique par le détroit de *Magellan* ; il se confond avec l'océan Indien au sud du cap de *Bonne-Espérance*, avec l'océan Pacifique au sud du cap *Horn*.

Mers secondaires. — Il forme sur les côtes d'Amérique le *golfe du Mexique* et la *mer des Antilles* ; sur celles d'Afrique, le *golfe de Guinée* ; sur celles d'Europe, la *mer de France*, la *Manche*, la *mer du Nord*, la *Baltique* ; enfin il pénètre par le détroit de Gibraltar, entre l'Europe et l'Afrique, sous le nom de *Méditerranée*, et se prolonge par l'*Archipel* et la *mer Noire* jusqu'aux rivages de l'Asie occidentale.

Iles et presqu'îles. — L'Atlantique est une immense vallée maritime qui sépare l'Ancien Monde du Nouveau, et, dans cette vaste étendue, c'est à peine si quelques groupes d'îles volcaniques, les *Açores*, les *Madères*, les *Canaries*, semées sur les côtes d'Afrique, rompent l'uniformité de l'Océan. Sur les côtes septentrionales d'Amérique, l'Atlantique baigne la presqu'île de *Labrador*, celle de la *Nouvelle-Écosse* et le groupe de *Terre-Neuve*; sur les côtes d'Europe, la *Péninsule scandinave*, le *Danemark* et les *Iles Britanniques*, inclinés du sud-ouest au nord-est.

Dans la Méditerranée américaine (golfe du Mexique et mer des Antilles), les *Antilles* s'étendent du nord au sud dans le prolongement de la presqu'île de *Floride*.

Dans la Méditerranée européenne, les trois grandes péninsules *Ibérique*, *Italique*, *Hellénique*, les îles de *Corse*, de *Sardaigne*, de *Sicile*, se prolongent également dans la direction du nord au sud, tandis que l'*Asie-Mineure* s'avance de l'est à l'ouest entre la mer Noire et la Méditerranée proprement dite.

Les courants. — Dans l'océan Atlantique, les *courants de l'Équateur*, par un phénomène analogue à celui qu'ils présentent dans l'océan Pacifique, se dirigent d'abord de l'est à l'ouest, du golfe de Guinée vers la pointe orientale du Brésil, puis, brisés par le continent, se détournent vers le nord-ouest, s'engouffrent et se divisent dans les canaux des Antilles, en sortent sous le nom de *Gulf-Stream*, et viennent, en longeant les côtes de l'Amérique du Nord et en décrivant un vaste demi-cercle, réchauffer le climat de l'Europe occidentale et lancer leurs derniers effluves jusque dans les parages de l'Islande et du Spitzberg, où ils apportent les bois flottants arrachés par les fleuves aux forêts de l'Amérique.

Les *courants polaires* qui, sur les côtes d'Amérique, descendent au-dessous de Terre-Neuve et se font peu sentir sur celles de l'Europe, longent le littoral de l'Afrique depuis le Maroc jusqu'au cap Vert, et depuis le cap de Bonne-Espérance jusqu'au golfe de Guinée.

Les vents *alizés* soufflent de l'est à l'ouest, dans les parages compris entre les deux tropiques et souvent même au delà de cette limite.

Malgré les terribles ouragans des Antilles et du golfe de Guinée, les coups de vent du cap Horn et du cap de

Bonne-Espérance, l'océan Atlantique présente à la navigation les conditions les plus favorables. Aussi est-ce sur ses bords et sur ceux de la Méditerranée que s'élèvent les grandes cités maritimes, les reines du commerce : Boston, New-York, Baltimore, la Nouvelle-Orléans, la Havane, Colon, Rio-Janeiro, Buenos-Ayres, en *Amérique*; Lisbonne, Bordeaux, le Havre, Londres, Liverpool, Anvers, Amsterdam, Rotterdam, Brême, Hambourg, Copenhague, Stettin, Riga, Saint-Pétersbourg, dans le *versant nord-ouest* européen; Barcelone, Marseille, Gênes, Trieste, Constantinople, Odessa, dans le *versant sud-est*; Trébizonde, Smyrne, Beyrouth, sur le littoral asiatique; Alexandrie, Tunis, Alger, Mogador, Dakar (Sénégal), Freetown, Saint-Paul de Loanda, le Cap, sur le littoral africain, points de départ et d'arrivée de lignes de navigation à vapeur qui sillonnent toutes les mers du globe.

IV

L'océan Glacial arctique où dominent les vents et les courants polaires, commence vers le soixantième parallèle au nord de l'équateur, et s'étend au nord de l'Amérique, de l'Europe et de l'Asie jusque dans les solitudes du pôle.

Il communique librement avec l'Atlantique par un large bras de mer entre la Norvège et le Groënland, et par le détroit de *Davis*, entre le Groënland et le Labrador; avec l'océan Pacifique, par le détroit de *Béring*.

Il forme, sur les côtes de Russie, la mer *Blanche*, sur celles de l'Amérique du Nord, la mer d'*Hudson*, sur celles du Groënland, la mer de *Baffin* et la mer polaire ou *palæocrystique* (mer de vieilles glaces).

Quelques barques d'Esquimaux, quelques rares pêcheurs de phoques et de baleines, quelques explorateurs poussés par l'amour de la science, tels sont les seuls visiteurs de ces mornes régions qui nous cachent encore bien des secrets. Il semblerait pourtant que c'est entre le 70° et le

81° degré de latitude nord que le froid atteint son maximum d'intensité, et que la mer se couvre de ces immenses blocs de glace, vomis par les glaciers du Groenland, de la Nouvelle-Zemble, du Spitzberg, etc., et dont la présence annonce infailliblement la terre.

La direction générale des îles et des presqu'îles, *Groenland, Islande, Spitzberg, Terre de François-Joseph, Nouvelle-Zemble*, semble être celle du nord au sud. Les glaces flottantes descendent jusqu'au cinquantième parallèle, et les glaces fixes ou *banquises*, commencent vers le soixante-quinzième.

V

L'océan Glacial antarctique communique par un espace ouvert avec l'océan Atlantique, l'océan Indien et l'océan Pacifique, au sud de l'Amérique, de l'Afrique et de l'Océanie. Le cap Horn peut être regardé comme son extrême limite septentrionale.

Les glaces fixes y commencent vers le soixante-dixième parallèle sud, et bordent d'un rempart infranchissable les côtes du continent austral; les glaces flottantes descendent jusqu'au quarantième parallèle, et aucun navire n'a pénétré au delà du soixante-dix-huitième.

RÉSUMÉ.

Les mers comprennent cinq grandes divisions : océan Pacifique, océan Indien, océan Atlantique, océan Glacial arctique et océan Glacial antarctique.

1° OCÉAN PACIFIQUE. Entre l'Amérique à l'est et l'Asie à l'ouest.

Détroits. Entre l'océan Pacifique et l'océan Glacial arctique, détroit de *Béring*; entre l'océan Pacifique et l'océan Indien, détroits de *Malacca* et de la *Sonde*; entre l'océan Pacifique et l'océan Atlantique, détroit de *Magellan*.

Mers secondaires et grands golfes. Sur les côtes d'Asie, mers d'Okhotsk, du Japon, mer Jaune, mer de Chine, golfe de Siam. Sur les côtes d'Amérique, golfe de Californie, golfe de Panama.

Courants maritimes. Les courants se dirigent du sud au nord, le long des côtes de l'Amérique méridionale jusqu'au Pérou (courant froid de Humboldt), se réchauffent sous l'équateur, se dirigent de l'est à l'ouest en passant au nord de la Mélanésie, se détournent vers le nord le long des côtes d'Asie, puis s'infléchissent vers l'est sous le nom de courant du Japon, et viennent mourir sur les côtes de l'Amérique septentrionale.

Courants atmosphériques. Les vents alizés (vents du sud-est au sud de l'équateur, du nord-est au nord de l'équateur) soufflent entre les deux tropiques.

Chaînes et plateaux sous-marins. Deux grandes chaînes volcaniques traversent l'océan Pacifique, l'une du nord au sud dans le prolongement de la presqu'île du Kamtchatka (Japon, Formose, îles Philippines, Bornéo), l'autre du nord-ouest au sud-est dans le prolongement de la presqu'île de Malacca (Sumatra, Java, Nouvelle-Guinée, Nouvelle-Calédonie, Nouvelle-Zélande). Un vaste plateau sous-marin s'étend entre l'Asie et le continent d'Australie.

2° OCÉAN INDIEN. Entre l'Asie au nord, l'Afrique à l'ouest et l'Australie à l'est.

Détroits. Entre l'océan Indien et l'océan Pacifique, détroits de *Malacca* et de la *Sonde.*

Mers secondaires. Sur les côtes d'Asie, golfe de Bengale, mer d'Oman, golfe Persique. Entre l'Asie et l'Afrique, mer Rouge.

Courants maritimes. Les courants venant du pôle austral sont rejetés du nord-est au sud-ouest par la direction des presqu'îles asiatiques et par une ligne de hauts-fonds qui s'étend entre le cap Comorin et Madagascar.

Courants atmosphériques. Moussons du nord-est au sud-ouest pendant l'hiver (novembre-avril), du sud-ouest au nord-est pendant l'été (mai-octobre).

3° OCÉAN ATLANTIQUE. Entre l'Europe et l'Afrique à l'est, l'Amérique à l'ouest.

Détroits. Entre l'Atlantique et l'océan Glacial arctique, détroit de *Davis.* Entre l'Atlantique et l'océan Pacifique, détroit de *Magellan.* Entre l'Atlantique et la Méditerranée, détroit de *Gibraltar.*

Mers secondaires. Sur les côtes d'Amérique, golfe du Mexique, mer des Antilles. Sur les côtes d'Afrique, golfe de Guinée. Sur les côtes d'Europe, mer de France, Manche, mer du Nord, Baltique, mer Méditerranée (mer Tyrrhénienne, Adriatique, mer Ionienne, Archipel, mer Noire).

Courants maritimes. Les courants polaires descendent du nord au sud le long des côtes de l'Amérique septentrionale ; ils se dirigent du sud au nord dans l'hémisphère austral jusqu'au golfe de Guinée ; puis le courant, réchauffé sous l'équateur, court de l'est à l'ouest jusqu'au Brésil, s'engage dans la mer des Antilles et le golfe du Mexique, en sort sous le nom de Gulf-Stream, longe les côtes de l'Amérique du Nord, s'infléchit vers l'est, au sud de Terre-Neuve, et se prolonge jusque sur les côtes d'Islande et de Norvège.

Courants atmosphériques. Les vents alizés soufflent du sud-est au nord-ouest (au sud de l'équateur) et du nord-est au sud-ouest (au nord de l'équateur) entre les deux tropiques. Au delà commence la zone des vents variables.

Chaînes et plateaux sous-marins. Entre l'ancien et le nouveau continent, le fond de l'Atlantique est une immense vallée où n'émergent que quelques points isolés qui ne forment pas une chaîne continue ; au nord-ouest de l'Europe s'étend, au contraire, un vaste plateau sur lequel reposent la Grande-Bretagne et l'Irlande et qui se prolonge jusqu'à l'Islande. Les Antilles sont les sommets d'une chaîne sous-marine qui se prolonge entre l'Amérique du Nord et l'Amérique du Sud.

4° L'OCÉAN GLACIAL ARCTIQUE, au nord de l'Europe, de l'Asie et de l'Amérique, communique avec l'océan Pacifique par le détroit de Béring, avec l'océan Atlantique par le détroit de Davis, et forme en Europe la mer Blanche, sur les côtes du Groënland la mer de Baffin et la mer polaire.

5° L'OCÉAN GLACIAL ANTARCTIQUE s'étend au sud de l'Afrique, de l'Amérique et de l'Océanie, à partir du 57° degré de latitude sud.

Exercices.

Tracer sur un planisphère les grands courants de l'Atlantique et de l'océan Pacifique.

Tracer sur un planisphère les routes maritimes :
1° De Marseille au Japon par le canal de Suez ;
2° De Marseille à Sidney (Australie) par le canal de Suez ;
3° Du Havre à Valparaiso par Rio-Janeiro et le détroit de Magellan ;
4° De San-Francisco au Japon ;
5° De Saint-Nazaire à Colon (isthme de Panama) et de Panama à Valparaiso, à San-Francisco et à Melbourne ;
6° De Londres à Calcutta par le cap de Bonne-Espérance.

CHAPITRE II

LES CONTINENTS. STRUCTURE GÉNÉRALE.

Les terres occupent environ le quart de la superficie du globe, et leur masse est trois fois plus considérable dans l'hémisphère boréal que dans l'hémisphère austral.

L'ancien continent, enveloppé par l'Atlantique, l'océan Indien, l'océan Pacifique et l'océan Glacial arctique présente une surface de 85 millions de kilomètres carrés et compte près de 1,500 millions d'habitants, dont plus de 500 millions de race blanche.

I

L'Asie, située à l'est de l'ancien continent, est un immense quadrilatère, long de 10,500 kilomètres de l'ouest à l'est, large de 7,000 du nord au sud, occupant une superficie de plus de 43 millions de kilomètres carrés et présentant un développement de côtes de 60,290 kilomètres. Peu découpée au nord et à l'est, l'Asie projette au sud et à l'ouest de lourdes presqu'îles : l'Anatolie, l'Arabie, l'Inde et l'Indo-Chine. Le point culminant de l'Asie et du globe est le mont *Gaurisankar* ou pic *Everest*, dans l'Himalaya (8,840 mètres).

Elle se divise en trois zones : au sud, celle des chaleurs brûlantes et des pluies tropicales, riche et fertile, sauf sur les plateaux sablonneux de l'Arabie; au centre, la zone des plateaux, tantôt tempérée, tantôt âpre et froide, semée de terres cultivables, mais plus souvent de steppes, de sables et de marécages salés; au nord, la zone des glaces, des forêts et des tourbières.

II

L'Asie se rattache à l'Europe par deux isthmes montagneux, celui de l'*Oural* et celui du *Caucase*, que sépare une dépression profonde occupée par la mer Caspienne.

L'Europe est large de 5,400 kilomètres du sud-ouest au nord-est, longue de 3,800 du nord au sud, et occupe une superficie de 10 millions de kilomètres carrés, avec un développement de côtes de 33,800 kilomètres. Sa figure est irrégulière : de nombreuses presqu'îles, de profondes échancrures la découpent au nord, au sud et à l'ouest; son climat est partout tempéré, sauf au nord, ses plateaux peu élevés, et c'est à peine si l'on rencontre dans sa partie orientale quelques steppes et quelques marécages, rebelles à la culture.

Le point culminant de l'Europe est le mont *Blanc*, dans la chaîne des Alpes (4,810 mètres).

III

L'Afrique, qui forme la partie sud-ouest de l'ancien continent, se rattache à l'Asie par l'isthme de *Suez* : elle est baignée au nord par la Méditerranée, à l'ouest par l'Atlantique, à l'est par l'océan Indien.

Sa superficie est de 30 millions de kilomètres carrés, sa plus grande largeur de l'est à l'ouest est de 6,800 kilomètres, sa plus grande longueur du nord au sud de 8,000 kilomètres, le développement de ses côtes de 20,480 kilomètres.

C'est un triangle qui présente à l'ouest une large saillie (Sahara et Sénégambie), et une échancrure profonde (golfe de Guinée), et dont la pointe est sans cesse rongée par les courants. Des steppes, des déserts, des lacs marécageux occupent une partie du continent, et les montagnes l'entourent d'une ceinture qui s'oppose à l'écoulement des eaux.

Le point culminant de l'Afrique est le mont *Kenia* (6,100 mètres).

Direction des montagnes. — L'ancien continent est coupé du nord-est au sud-ouest par une chaîne de montagnes ou de hautes terres qui part du cap *Oriental*, sur le détroit de Béring, forme le talus septentrional du plateau central asiatique, et se bifurque à la jonction des monts *Altaï* et des monts *Alak*.

La branche septentrionale remonte au nord avec les monts Ourals, puis se prolonge à travers l'Europe du nord-est au sud-ouest jusqu'au détroit de Gibraltar, interrompue toutefois par les larges plaines de Russie et de Pologne : de l'autre côté du détroit, se dresse le vaste massif de l'*Atlas* qui dessine le bassin de la Méditerranée.

La branche méridionale forme la limite septentrionale du plateau de la Perse, incline au sud-ouest, longe la Méditerranée sous le nom de *Liban*, s'abaisse à l'isthme de Suez, borde la mer Rouge sous le nom de chaîne *Arabique*, se relève en *Abyssinie*, et longe l'océan Indien du nord au sud jusqu'au cap de *Bonne-Espérance*.

A cette ligne principale de partage qui détermine les deux grands versants de l'océan Glacial et de l'Atlantique au nord-ouest, de l'océan Pacifique et de l'océan Indien au sud-est, se rattachent les chaînes qui enveloppent les plateaux asiatiques, qui forment la charpente des grandes presqu'îles européennes, et qui bordent les rivages d'Afrique en opposant aux fleuves nés dans l'intérieur une barrière souvent infranchissable.

Direction des fleuves. — Les eaux du **versant nord-ouest** (océan Glacial et Atlantique), la *Léna*, l'*Iénissei*, l'*Obi*, en Asie ; la *Dwina*, la *Vistule*, l'*Oder*, l'*Elbe*, le *Rhin*, la *Loire*, le *Tage*, en Europe ; le *Sénégal*, le *Congo*, l'*Orange*, en Afrique, coulent presque toutes du sud-est au nord-ouest, en inclinant de plus en plus vers l'ouest, à mesure que l'on s'éloigne de l'orient. Le *Niger* ou *Djoliba*, en Afrique, fait exception et coule d'abord du sud au nord, puis de l'ouest à l'est, et du nord au sud.

Les eaux du **versant sud-est**, *Amour*, *Fleuve Jaune*, *Fleuve Bleu*, *Mé-Kong*, *Gange*, *Indus*, *Tigre* et *Euphrate*, en Asie ; *Zambèze*, en Afrique, coulent, pour la plupart, de l'ouest à l'est, en inclinant vers le sud, à mesure que l'on se rapproche de l'occident.

Quant au vaste bassin de la Méditerranée, qu'enveloppent, au sud, les chaînes africaines de l'Atlas, au nord, la ligne de partage des eaux de l'Europe, la direction des fleuves est variable.

Le *Volga*, tributaire de la Caspienne, coule du nord-ouest au sud-est, le *Don*, le *Dnieper*, du nord au sud, le *Danube*, de l'ouest à l'est, le *Rhône*, de l'est à l'ouest, puis du nord au sud ; l'*Ebre*, du nord-ouest au sud-est, le *Nil*, le plus grand fleuve de l'ancien continent, du sud au nord.

IV

L'Amérique, ou *Nouveau Continent*, baignée au nord par l'océan Glacial arctique, à l'ouest par l'océan Pacifique, au sud par les mers australes, à l'est par l'océan Atlantique, s'étend du nord au sud, au lieu de s'allonger comme l'ancien continent, de l'est à l'ouest. Elle se divise en deux grandes presqu'îles réunies par un isthme montagneux qui, dans sa partie la plus étroite, n'a pas plus de 50 kilomètres de largeur.

L'Amérique du Nord est un quadrilatère irrégulier, profondément échancré par la mer d'Hudson et par le golfe du Mexique. Sa superficie est d'environ 20,000,000 de kilomètres carrés; le développement de ses côtes de 49,140 kilomètres.

Au nord, des plaines couvertes de lacs, de forêts et de neige; à l'ouest, un pays accidenté, des vallées sauvages, des plateaux élevés; au centre, une immense vallée, en partie occupée par des steppes qui portent le nom de *prairies*; à l'est, des rivages découpés, de nombreux accidents de terrain, un pays fertile, un climat tempéré, tels sont les principaux caractères physiques de l'Amérique du Nord.

Le point culminant de l'Amérique du Nord paraît être le mont *Saint-Elie* (5,900 mètres) sur l'Alaska.

L'Amérique du Sud est un triangle dont la forme rappelle celle de l'Afrique, d'une superficie d'environ 18 millions de kilomètres carrés, coupé du nord au sud par un massif de montagnes dont les cimes neigeuses et les plateaux abrupts dominent à l'ouest une étroite lisière de plaines baignées par le Pacifique, tandis qu'à l'est s'étendent de longues vallées, des *pampas*, des savanes desséchées par le soleil, sablonneuses ou imprégnées de sel, et arrosées par des fleuves facilement navigables que la nature a refusés à l'Afrique tels que l'Orénoque, l'Amazone et le Rio de la Plata.

Le point culminant de l'Amérique du Sud paraît être

l'*Aconcagua* (Andes du Chili) ou le *Sahama* (Andes de Bolivie) qui approchent de 7,000 mètres.

Enfin, entre les deux continents s'allonge un isthme baigné à l'ouest par le Pacifique, à l'est par l'Atlantique, et qui se rétrécit à mesure qu'il descend vers le sud. A l'est de la Méditerranée, que l'Atlantique forme entre les deux Amériques, sous le nom de *golfe du Mexique* et de *mer des Antilles*, s'étendent de nombreuses îles qui ne sont que les sommets d'une chaîne sous-marine.

Direction des fleuves et des montagnes. — Le Nouveau Continent est traversé du nord au sud par une chaîne de montagnes et de plateaux qui forme la ligne de partage des eaux entre les deux océans, sous le nom de *Montagnes Rocheuses* et de *Cordillères*, depuis le cap du *Prince de Galles* (territoire d'Alaska) jusqu'au cap *Horn*.

Ces montagnes, qui se rattachent à celles de l'Ancien Continent par les îles *Kouriles* et *Aléoutiennes*, ont d'ordinaire la forme de plateaux superposés comme les gradins d'un amphithéâtre, et dominés par des cimes qui approchent de 7,000 mètres dans l'Amérique du Sud.

Parallèlement à cette chaîne principale, qui longe le littoral du Pacifique, une chaîne moins élevée court le long de l'Atlantique sous le nom d'*Alleghanys*, d'*Apalaches*, dans l'Amérique du Nord, de *Sierras du Brésil*, dans l'Amérique du Sud, et les Antilles ne sont autre chose que des anneaux de cette chaîne émergeant au-dessus de l'Océan.

Le **versant occidental**, long et étroit, n'a qu'un petit nombre de fleuves qui coulent presque tous, à l'exception du *Youkon* (territoire d'Alaska), du nord-est au sud-ouest, comme le *Frazer*, l'*Orégon*, le *Rio Colorado*, dans l'Amérique du Nord.

Le **versant oriental** est coupé de l'ouest à l'est dans les deux continents par des montagnes ou des plateaux plus ou moins élevés qui versent au nord le *Mackensie*, dans l'océan Glacial (Amérique du Nord), la *Magdalena* et le *San-Francisco* dans l'Atlantique (Amérique du

Sud); au sud le *Mississipi*, le plus grand fleuve de l'Amérique du Nord, dans le golfe du Mexique et le système du *Rio de la Plata* dans l'océan Atlantique (Amérique du Sud).

Mais le *Nelson* et le *Saint-Laurent*, déversoirs des grands lacs de l'Amérique du Nord, l'*Orénoque* et le *Fleuve des Amazones*, le plus long du monde entier, dans l'Amérique du Sud, coulent de l'ouest à l'est, et traversent les deux continents dans presque toute leur largeur.

V

Quant à l'**Océanie**, dont on évalue la superficie à 11 millions de kilomètres carrés, elle n'offre qu'un continent, l'**Australie**, quadrilatère irrégulier (7,600,000 kilom. carrés) aux côtes peu découpées et dont les montagnes parallèles au rivage semblent offrir une disposition analogue à celle de l'Afrique. Elle se divise, si on la considère au point de vue purement physique, en trois régions qui ne correspondent pas complètement à la division ethnographique. Les nombreux archipels de la *Polynésie* semblent avoir été soulevés isolément par des éruptions volcaniques; la *Mélanésie* et la *Malaisie* se rattachent au contraire à l'Asie par un plateau sous-marin dont les sommets se dressent dans le prolongement de la presqu'île de Malacca, sous le nom d'îles de Sumatra, de Java, de Sumbava, etc.

Toutefois ce plateau est coupé, à l'est de Java et de Bornéo et au sud des îles Philippines, par une fente gigantesque, espèce de vallée, qui semble marquer la limite du monde asiatique et du monde australien. D'un côté la végétation et les animaux de l'Asie; de l'autre, à Timor, à Célèbes, aux Moluques, les races animales et les végétaux particuliers à l'Australie et qui offrent un contraste si frappant avec ceux des autres continents.

Java, Sumatra, Bornéo et les îles Philippines formeraient donc une division de l'Océanie purement asiatique, tandis que Célèbes, les Moluques et l'archipel de Timor appartiendraient à cette Océanie mélanésienne dont le continent australien est le type le plus complet.

VI

Grandes chaînes volcaniques du globe. — L'ancien et le nouveau continent sont sillonnés par des chaînes volcaniques qui semblent indiquer la direction des grandes fentes de l'écorce terrestre. La plus considérable est celle qui entoure l'océan Pacifique d'une ceinture de feu ; volcans du *Kamtchatka*, du *Japon*, de *Formose*, des îles *Philippines*, des *Moluques*, de la *Nouvelle-Guinée*, de la *Nouvelle-Bretagne*, des îles *Salomon*, des *Nouvelles-Hébrides*, de la *Nouvelle-Zélande*, des *terres australes* (monts Erebus et Terror), de la *Terre de Feu*, de la chaîne des *Andes* (Aconcagua, volcan d'Arequipa, monts Cotopaxi, Antisana, Pichincha, etc.), de l'*Amérique centrale*, du *Mexique* (Popocatepetl), de la *Californie* et du territoire d'*Alaska* (mont Saint-Élie), sans compter les cratères éteints ou les volcans encore en activité de la Polynésie dont le plus remarquable est le mont *Maunaloa*, dans les îles Sandwich. La branche la plus importante qui se détache de la partie américaine de cette longue chaîne paraît être celle des *Antilles*, qui se lie par la *Jamaïque* à l'Amérique centrale.

De la chaîne asiatique se détachent au contraire deux puissants rameaux : l'un qui par les îles de *Célèbes*, de *Java*, de *Sumatra*, continue la chaîne volcanique de l'Océanie, et se lie sans doute aux volcans observés dans les monts de *Siam* et dans l'*Himalaya*; l'autre qui se rattache au groupe du Kamtchatka par les cratères éteints de la *Daourie* et des monts *Célestes*, cette arête gigantesque du plateau central asiatique. A partir des monts *Hindou-Kouch*, ces deux rameaux se rejoignent et se prolongent à travers l'Asie par les monts *Elbrouz*, les montagnes de l'*Arménie* et de l'*Asie-Mineure*. A la jonction de ces dernières avec le Liban la chaîne se bifurque de nouveau; l'une de ses branches descend vers le sud, où les bords désolés de la mer Morte conservent encore les traces de formidables bouleversements, et se prolonge à travers la mer Rouge jusqu'aux plateaux de l'Abyssinie, aux rochers calcinés d'Aden, aux îles de l'océan Indien (îles de la Réunion, Maurice, etc.); l'autre décrit à travers la Méditerranée et le continent européen un cercle irrégulier dont les contours sont dessinés par les îles volcaniques de l'*Archipel*, la *Sicile* (mont Etna), les îles *Lipari*, le *Vésuve*, les cratères éteints de l'Italie centrale, de la Provence, du Languedoc, de l'Auvergne, de l'Allemagne occidentale, de la Bohême, de la Hongrie, de la Dalmatie et de la Grèce.

Enfin, dans l'océan Atlantique, à l'ouest de l'Europe et de l'Afrique, depuis l'*Islande* jusqu'à l'île *Sainte-Hélène* paraît s'étendre une chaîne sous-marine qui part du mont *Hécla*, et qui se continue par les basaltes de l'Écosse, de l'Irlande et du Pays de Galles et les volcans des *Açores*, des îles *Canaries*, des îles du *Cap-Vert* et du golfe de Guinée.

Ce qui reste à découvrir. — Telle est dans son ensemble la géographie des continents.

L'Europe a été minutieusement explorée jusque dans ses parties les plus reculées. L'Asie est connue tout entière, bien que le plateau central (Tibet) présente encore quelques régions dont les caractères géographiques sont mal déterminés.

L'Afrique a été sillonnée, surtout depuis le commencement de notre siècle, par de nombreux voyageurs; mais les côtes seules sont bien connues; l'intérieur n'a été exploré qu'imparfaitement, et la région équatoriale offre encore quelques lacunes qu'il sera donné sans doute à notre siècle de combler.

Dans l'Amérique du Nord et dans l'Amérique du Sud, il reste de nombreuses explorations, mais peu de grandes découvertes à faire. Enfin le continent océanique, l'Australie, a été déjà traversé du nord au sud et de l'est à l'ouest, mais l'intérieur n'est guère mieux connu que celui de l'Afrique, et réserve aux voyageurs d'importantes découvertes.

Quant aux terres polaires, boréales ou australes, défendues par une barrière de glaces, elles présentent à la curiosité scientifique, plus encore qu'à l'intérêt commercial, des problèmes que le temps résoudra sans doute, mais dont la solution sera retardée par les innombrables dangers qui y attendent les explorateurs, et qui n'ont pas, comme ailleurs, pour compensation la certitude de concourir aux progrès du commerce ou de la civilisation.

RÉSUMÉ

Les continents se divisent en cinq parties : l'Europe l'Asie, l'Afrique (ancien continent), l'Amérique (nouveau continent) et l'Océanie.

ANCIEN CONTINENT. *Relief du sol.* L'Europe (10 millions de kilomètres carrés) qui le cède en étendue à l'Asie (44 millions de kilomètres carrés) et à l'Afrique (30 millions de kilomètres carrés) leur est supérieure par la densité de la population, la civilisation et la richesse.

La partie orientale et septentrionale de l'Europe et de l'Asie se compose de plaines basses, plaines de Chine et de Sibérie en Asie, dépression de la Caspienne, entre l'Asie et l'Europe, plaines de Russie, de Pologne et de l'Allemagne du Nord, en Europe.

La partie centrale se compose de terrains élevés qu'enveloppent et que sillonnent des chaînes de montagnes, plateau central asiatique, plateau de l'Iran, plateau d'Arménie, plateau d'Asie-Mineure, en Asie ; plateaux des Carpathes, de la Bohême, de l'Allemagne centrale et méridionale, massif des Alpes, massif central français, en Europe.

La partie méridionale se découpe en péninsules généralement élevées et orientées du nord au sud, Indo-Chine, plateau du Dékan, plateau de l'Arabie (en Asie), péninsule turco-hellénique, péninsule italienne, péninsule ibérique, en Europe.

En Afrique, des terres élevées dessinent presque tout le contour du continent et enveloppent les plaines basses du Sahara et du Soudan. Les points culminants sont : le massif de l'Atlas, le plateau d'Abyssinie et le plateau central.

Direction des eaux. La pente septentrionale des hautes terres d'Asie et d'Europe verse ses eaux dans l'océan Glacial et l'Atlantique, dans la direction générale du sud-est au nord-ouest (*Rhin, Elbe, Oder, Vistule*, en Europe, *Obi, Iénisseï, Léna* en Asie).

l'Europe et l'Amérique du Nord, traverse l'ancien continent des rives de l'Atlantique aux bouches de l'Amour, rattache aux États-Unis par des câbles sous-marins la France et l'Angleterre, et se prolonge, dans les mers du sud, de Marseille à Singapour, à Chang-haï, à Tokio et à Sidney.

Langues les plus répandues. — C'est aux races européennes disséminées aujourd'hui sur tous les points du globe que sont dus les progrès du monde moderne : ce sont elles qui, par la supériorité de leur civilisation, tendent à effacer ou à dominer toutes les autres, et à leur imposer jusqu'à leur religion et leurs langues. Sur 2,000 idiomes parlés dans les deux mondes, c'est à peine si une dizaine sont compris en dehors des régions habitées par les peuples auxquels ils appartiennent, et si l'on en excepte l'arabe et le malais, tous sont d'origine européenne : l'anglais est devenu dans le monde entier la langue du commerce, le français celle de la diplomatie et de la science, l'italien celle des arts; l'espagnol s'est imposé à l'Amérique centrale et méridionale, et le russe ne tardera pas à dominer dans le centre et dans le nord de l'Asie.

Les grandes puissances. — L'étendue du territoire, la densité de la population, le développement de l'agriculture, du commerce et de l'industrie, la puissance du crédit, les forces militaires et maritimes, enfin la supériorité de l'instruction et l'influence morale sont autant d'éléments qui contribuent à la grandeur et à la prospérité d'un État.

Cinq puissances marchent aujourd'hui à la tête des nations civilisées : les *États-Unis* qui, par leur admirable situation, le progrès continu de leur population, leur activité agricole, industrielle et commerciale, leur esprit de liberté et d'initiative dominent le Nouveau Monde; l'*Angleterre*, avec ses finances florissantes, ses colonies, sa marine et son commerce sans rivaux, son industrie dont le monde entier est tributaire; la *Russie*, avec son immense territoire, sa population moins instruite, mais plus docile, plus capable de foi et gouvernée par un pouvoir absolu qu'entoure un respect religieux ; enfin l'*Allemagne*, avec sa puissante organisation militaire et l'étrange combinaison qu'elle a su faire de deux forces en apparence inconciliables : la science et la barbarie.

La *France* a pour elle sa position, la fertilité de son sol, les ressources infinies dont elle a fait preuve, même après les désastres les plus accablants ; mais, pour reprendre sa place parmi les nations dominantes, il lui faut renoncer aux révolutions et aux agitations stériles, adopter une politique commerciale fondée sur les intérêts nationaux et non sur des intérêts électoraux, faire pénétrer partout l'instruction et la morale qui doit en être la compagne inséparable, enfin reconquérir à force de sagesse et de dignité la confiance du monde, qu'elle avait perdue par ses fautes autant que par ses revers.

TABLE DES MATIÈRES

	Pages.
Préface	v

LIVRE I. — Notions générales.

Chapitre I. Notions de géographie mathématique et astronomique	1
— II. Notions générales de géographie physique et politique	25

LIVRE II. — Revision de la géographie physique de l'Europe.

Chapitre I. Revision de la géographie physique de l'Europe	52

GÉOGRAPHIE DE LA FRANCE

Ire PARTIE

Notions générales et revision de la géographie physique.

Chapitre II. Situation. Limites maritimes. Principaux ports	67
— III. Limites continentales. Les places fortes	84
— IV. Relief du sol. Montagnes intérieures	93
— V. Les eaux, fleuves et lacs	99

IIe PARTIE

Géographie politique. Étude des départements.

Chapitre I. Formation territoriale de la France	125
— II. Description des départements. Versant de la Méditerranée	135
— III. Versant de la mer du Nord	155

TABLE DES MATIÈRES.

Chapitre IV. Versant de la Manche	166
— V. Versant de l'océan Atlantique	184
— VI. Versant du golfe de Gascogne	206
Tableau général des provinces et des départements	220

IIIe PARTIE

Notions de géographie administrative et économique.

Chapitre I. La population. Notions de géographie administrative	227
— II. Notions de géographie agricole, industrielle et commerciale	237

LIVRE III. — Géographie politique de l'Europe.

Chapitre I. Région du nord-ouest. (*Iles Britanniques*)	256
— II. Région du nord-ouest. (*Belgique, Pays-Bas*)	267
— III. Région centrale. (*Allemagne*)	277
— IV. Région centrale (*suite*). (*Empire austro-hongrois*)	295
— V. Région centrale (*suite*). (*Suisse*)	303
— VI. Région méridionale. (*Espagne et Portugal*)	309
— VII. Région méridionale. (*Italie*)	319
— VIII. Région du sud-est. (*Turquie, Roumanie, Bulgarie, Serbie, Monténégro, Grèce*)	330
— IX. Région orientale. (*Russie*)	
— X. Région septentrionale. (*Danemark, Suède et Norvège*)	356
— XI. Comparaison des divers États européens	361

LIVRE IV. — Ancien continent. Asie.

Chapitre I. Revision de la géographie physique de l'Asie	366
— II. Région de l'ouest. (*Arabie, Turquie d'Asie, Transcaucasie, Perse, Turkestan, Afghanistan, Béloutchistan*)	376
— III. Région méridionale. (*Indoustan, Indo-Chine*)	392
— IV. Région orientale. (*Chine, Japon*)	403
— V. Région septentrionale. (*Sibérie*)	414

LIVRE V. — Ancien continent. Afrique.

Chapitre I. Revision de la géographie physique de l'Afrique	418
— II. Région du nord-est. Vallée du Nil. (*Égypte et dépendances*)	425

TABLE DES MATIÈRES.   569

Chapitre III. Région du nord. (*Tunisie, Algérie, Maroc*). 432
— IV. Sahara, Tripolitaine............................ 441
— V. Soudan... 444
— VI. Congo français et État libre du Congo...... 451
— VII. Afrique australe............................... 456
— VIII. Afrique orientale.............................. 463
— IX. Îles africaines.................................. 466

LIVRE VI. — Terres arctiques. Amérique. Océanie.

Chapitre I. Terres arctiques........................... 472
— II. Notions générales sur la géographie de l'Amérique du Nord.......................... 477
— III. Région septentrionale (*Alaska, Amérique anglaise*)................................. 485
— IV. Région centrale. (*États-Unis*)............. 490
— V. Région méridionale. (*Mexique, Amérique centrale, Antilles*).................... 500
— VI. Notions générales sur la géographie de l'Amérique du Sud....................... 509
— VII. Région du nord, du nord-est et du centre (*Colombie, Equateur, Vénézuéla, Guyanes, Brésil*)....................................... 516
— VIII. Région du sud-est et de l'ouest. (*République Argentine, Chili, Bolivie, Pérou*)... 523
— IX. Océanie.. 529

LIVRE VII. — Revision générale.

Chapitre I. Les mers. Courants. Grandes lignes de navigation... 544
— II. Les continents. Structure générale........... 553
— III. La civilisation................................... 564

FIN DE LA TABLE DES MATIÈRES

TABLE DES CARTES

I. Plan de commune 5	XXIV. Europe centrale. Empire d'Allemagne. États scandinaves. 283
II. Mappemonde en deux hémisphères 20	XXV. Suisse 308
III. Notions générales de géographie physique 24	XXVI. Espagne et Portugal 313
	XXVII. Italie, Turquie et Grèce. 331
IV. Planisphères. Lignes isothermes 27	XXVIII. Profils de l'Europe 345
	XXIX. Profils de l'Europe 346
V. Europe physique 62	XXX. Europe politique. Russie. 350
VI. France physique 96	XXXI. Asie 369
VII. Profil de la France de Bordeaux au mont Genèvre ... 117	XXXII. Profils de l'Asie 393
	XXXIII. Afrique 424
VIII. Gaule au temps de César. 126	XXXIV. Sénégal 445
IX. Empire de Charlemagne ... 128	XXXV et XXXVI. La Réunion et Madagascar 468
X. France féodale 130	
XI. France en 1789 132	XXXVII. Pôle nord 473
XII. Empire français en 1811 . 134	XXXVIII. Amérique du Nord .. 479
XIII. Bassin du Rhône 146	XXXIX. Profil de l'Amérique du Nord 482
XIV. Bassin du Rhin 162	
XV. Bassin de la Seine 170	XL. La Guadeloupe, la Martinique et les petites Antilles. 504
XVI. Bassin de la Loire 192	
XVII. Bassin de la Garonne ... 208	XLI. Amérique du Sud 511
XVIII. France administrative.. 225	XLII. Profil de l'Amérique du Sud 513
XIX. France agricole 239	
XX. France. Voies de communication 254	XLIII. Guyane française 519
	XLIV. Océanie 530
XXI. Îles Britanniques 261	XLV. Nouvelle-Calédonie 538
XXII. Belgique 268	XLVI. Archipel de Taïti 546
XXIII. Pays-Bas 272	XLVII. Pôle sud 551

TABLE DES FIGURES ET GRAVURES

I. Courbure de la terre 3	XX. Le thé 407
II. La terre éclairée par le soleil 7	XXI. Le tenne 416
	XXII. Le cocotier 423
III. Orbite terrestre 9	XXIII. Le canal de Suez 429
IV. Points cardinaux 10	XXIV. Une rue d'Alger 435
V. Boussole marine 11	XXV. Constantine 437
VI. Les zones terrestres 13	XXVI. Champs de cannes à sucre 467
VII. Coupe idéale terrestre .. 39	
VIII. Glacier 70	XXVII. Le phoque 474
IX. Falaises d'Étretat 74	XXVIII. Le tabac 492
X. Marais salants 75	XXIX. Le maïs 493
XI. Statue de Vercingétorix.. 145	XXX. Le cotonnier 494
XII. Chaussée de basalte (Ardèche) 150	XXXI. Le bison 496
	XXXII. Le castor 497
XIII. Maison-Carrée (Nîmes).. 152	XXXIII. Le cacaoyer 501
XIV. Château de Pierrefonds . 175	XXXIV. Le lama 514
XV. La chaîne des Puys 189	XXXV. Le poivrier 532
XVI. Henri IV 218	XXXVI. Le kangourou 534
XVII. Le Vésuve 322	XXXVII. Île entourée de récifs de corail 539
XVIII. Le café 394	
XIX. Le riz 396	XXXVIII. L'orang-outang ... 542

SAINT-CLOUD. — IMPRIMERIE BELIN FRÈRES.

www.ingramcontent.com/pod-product-compliance
Lightning Source LLC
Chambersburg PA
CBHW050422240426
43661CB00055B/2238